# 现代数据通信原理与技术探析

主　编　张鑫　袁敏　李艳丽
副主编　汪源　金香　白玉峰　李艳　谢鑫刚

XIANDAI SHUJU TONGXIN
YUANLI YU JISHU TANXI

中国水利水电出版社
www.waterpub.com.cn

## 内 容 提 要

本书系统全面地介绍了数据通信原理及其技术。全书共分为13章,主要内容包括绪论、现代通信基础、确定信号与随机信号、模拟调制、数据信号的传输、模拟信号的数字化传输、最佳接收机、数据通信技术、数据通信网基础、典型数据通信网、光纤通信系统、卫星通信系统、数据通信技术应用等。

本书可用做通信、电子、计算机、自动化、仪器仪表、机电一体等专业学生的指导用书,也可做相关工程技术人员的参考书。

图书在版编目(CIP)数据

现代数据通信原理与技术探析 / 张鑫, 袁敏, 李艳丽主编. -- 北京 : 中国水利水电出版社, 2014.8(2022.10重印)
ISBN 978-7-5170-2415-6

Ⅰ. ①现… Ⅱ. ①张… ②袁… ③李… Ⅲ. ①数据通信—研究 Ⅳ. ①TN919

中国版本图书馆CIP数据核字(2014)第194721号

策划编辑:杨庆川　责任编辑:杨元泓　封面设计:马静静

| 书　　名 | 现代数据通信原理与技术探析 |
|---|---|
| 作　　者 | 主　编　张　鑫　袁　敏　李艳丽 |
| | 副主编　汪　源　金　香　白玉峰　李　艳　谢鑫刚 |
| 出版发行 | 中国水利水电出版社 |
| | (北京市海淀区玉渊潭南路1号D座 100038) |
| | 网址:www.waterpub.com.cn |
| | E-mail:mchannel@263.net(万水) |
| | sales@mwr.gov.cn |
| | 电话:(010)68545888(营销中心)、82562819(万水) |
| 经　　售 | 北京科水图书销售有限公司 |
| | 电话:(010)63202643、68545874 |
| | 全国各地新华书店和相关出版物销售网点 |
| 排　　版 | 北京鑫海胜蓝数码科技有限公司 |
| 印　　刷 | 三河市人民印务有限公司 |
| 规　　格 | 184mm×260mm　16开本　25印张　640千字 |
| 版　　次 | 2015年4月第1版　2022年10月第2次印刷 |
| 印　　数 | 3001-4001册 |
| 定　　价 | 86.00元 |

凡购买我社图书,如有缺页、倒页、脱页的,本社发行部负责调换

# 前　言

通信就是信息的传输。从 1837 年莫尔斯发明电报、1876 年贝尔发明电话以来，经百余年发展，通信由传统的电报、电话等单一品种扩展出传真、数据通信、电视广播、多媒体通信、图像通信等新业务；交换设备由机电制布线逻辑方式向计算机程序控制方式发展；传输介质由明线、无线短波、电缆，发展到微波、卫星、海缆和光缆；传输设备由模拟载波向数字脉码调制方式发展；终端设备由机电方式向微处理器控制的多功能终端发展；通信方式由人工、半自动向全自动方向发展；通信地点由固定方式转向移动方式，并逐步实现个人化。其中，数据通信是以“数据”为业务的通信，依照一定的通信协议，利用数据传输技术实现“计算机一计算机”、“计算机一终端”、“终端一终端”间的信息传输。它是自 20 世纪 50 年代，随着计算机技术和通信技术的迅速发展，特别是两者间的相互渗透与结合而发展起来的一种新兴通信方式，是继电报、电话业务之后第 3 种最大的通信业务。数据通信的基本知识和技术，已不仅仅局限在相关专业技术人员中，而越来越多地成为广大科技人员和技术管理人员学习和掌握的必备知识。

本书作为现代通信的导论，将讨论信息的处理、传输及通信系统的基本原理，侧重信息传输原理，注重新型通信网的介绍。本书以现代通信技术和现代通信系统为背景，全面、系统地论述了通信的基本理论，包括信道模型、模拟调制解调技术、信号类型、信源编码、数字信号基本特征、数据信号传输、数据编码、数据压缩、数据复用、最佳接收理论等。本书在内容安排上，既全面论述了数据通信的基本理论，又深入分析了现代数据通信新技术，并介绍了现代广泛采用的通信系统及其发展趋势。

鉴于数据通信技术内容多、涉及面广，本书在编写的过程中力求简明扼要、深入浅出，强调基本概念与基本原理的理解，尽量避免抽象的理论表述和复杂的公式推导，争取做到组织合理、联系实际、新颖实用。

全书共分为 13 章：第 1、2 章介绍了通信发展史、发展趋势和经典通信知识；第 3～5 章为数字通信的基础，主要内容包括确定信号与随机信号的分析、模拟调制、数据信号的基带和频带传输等；第 6 章对模拟信号的数字化传输进行了讨论；第 7 章探讨了几种不同类型的最佳接收机；第 8 章分别对数据通信中的数据编码技术、数据压缩技术、复用技术、交换技术、同步技术、复接技术、差错控制技术等进行了讨论；第 9、10 章较为详细地探讨了数据通信网的基本理论知识；第 11、12 章介绍了两种通信系统，分别为光纤通信系统和卫星通信系统；第 13 章主要探讨了数据通信技术的前沿应用，包括物联网、多媒体通信、三网融合、下一代网络(NGN)等。

由于受理论水平、实践经验及资料所限，虽然多次修改，书中疏漏与缺点一定存在，热忱欢迎同行和广大读者朋友批评指正。

编　者

2014 年 9 月

# 前 言

# 目　　录

# 第1章　绪论

## 1.1　数据通信概述

### 1.1.1　数据通信的发展史

数据通信是从20世纪50年代开始随着计算机网络的发展而发展起来的一种新的通信方式。数据通信的最初形式是一些面向终端的网络，以一台或多台主机为中心，通过通信线路与多个远程终端相连，构成一种集中式网络。20世纪60年代末，以美国著名的ARPANET的诞生为起点，出现了计算机与计算机之间的通信方式，以实现资源共享，开辟了计算机技术的一个新领域——网络化与分布处理技术。自20世纪70年代开始，由于计算机网络与分布处理技术的飞速发展，推动了数据通信技术的快速发展。到20世纪70年代后期，基于X.25的分组交换数据通信得到广泛应用，并进入商用化阶段。此后数据通信就日益蓬勃发展起来，采用的技术越来越先进，提供的业务越来越多，传输速率也越来越高。

数据通信具有许多不同于传统的电报、电话通信的特点，数据通信主要是“人与机”(计算机)之间的通信或“机与机”之间的通信，如图1-1所示。因而，对数据通信提出了一系列新的要求。数据通信应向用户提供及时、准确的数据，因此通信控制过程应自动实现，在传输中发生差错时应自动校正。另外，这种通信方式总是与数据传输、数据加工和存储相结合，对通信的要求会有很大的区别。例如，通信中的终端类型、传输代码、响应时间、传输速率、传输方式、系统结构和差错率等方面都与系统的应用及数据处理方式有关。因此，在实现数据通信时需要考虑的因素比较复杂。

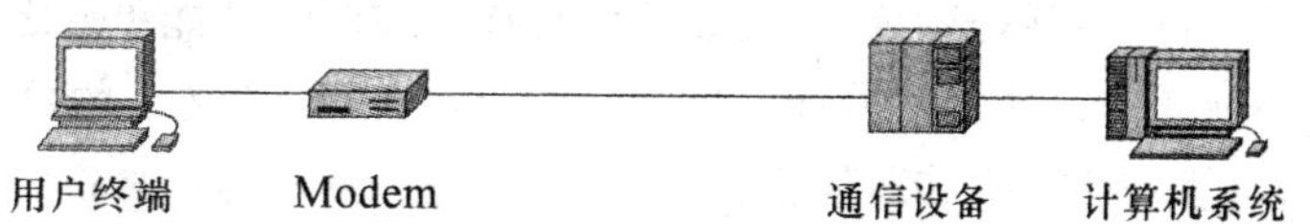


图1-1　数据通信实例

需要指出的是，数据通信的发展离不开原有的通信网络基础。从许多国家发展数据通信的过程看，数据通信网主要是利用原有的电话交换网和用户电报网来开展数据通信业务；或者是向用户提供租用电路，由用户自己组成专用数据通信网。为适应数据通信业务的大量增长，还出现了面向公众的公用数据网。

如今，数据通信已遍及各行各业，金融、保险、商业、教育、科研乃至军事部门都在使用数据通信。数据通信的发展可以分为以下5个阶段。

①第一阶段是数据通信网络发展的初期阶段。该阶段的特点是用户租用专线构成集中式专用系统，应用范围主要是进行数据收集和处理。

②第二阶段主要利用原有的电话交换网和用户电报网进行数据通信。为了解决利用用户电报网和电话交换网进行数据通信的技术问题，研制出了关键设备——调制解调器(Modem)和线

路均衡器。

③第三阶段的主要任务是研究和建设专门用于数据通信的数据通信网。这是因为随着工业化程度与计算机技术的迅速发展，对信息的传输、交换和处理提出了更高的要求。从技术上讲，就是要求接续时间短、传输质量好、传输速率高。因此建设数据通信网的目标主要是放在研究交换技术上，即采用什么样的交换技术进行数据通信。随着计算机技术的不断发展，数据通信网的交换技术经历了电路交换、报文交换和分组交换三个过程。

④第四阶段的特点是发展局域网和综合业务数字网(ISDN)。综合业务数字网强调用户业务接入的综合化。局域网和综合业务数字网出现在20世纪70年代，在20世纪80年代得到迅速发展。

⑤第五阶段的数据通信网发展方向和目标是使业务综合化、网络宽带化。期间提出并实现了宽带综合业务数字网(B-ISDN)，其核心技术是ATM交换技术。

进入20世纪90年代中后期，特别是1995年以后，因特网(Internet)的迅猛发展，深刻地冲击着地球的每个角落。Internet中的通信就是计算机网络的集合。

Internet始于1969年，最初被称为ARPANET，是美国为推行空间计划而建立的。随着计算机网络的不断发展，各种网络应运而生，在Internet形成气候后，它们都相继并入其中，成为Internet的一个组成部分。由此逐渐形成了世界各种网络的大集合，也就是今天的Internet。

### 1.1.2 数据通信的定义及研究内容

1. 数据通信的定义

数据通信是以传输数据信息为主的通信。数据通信一词是在远程联机系统出现后才开始使用的，即计算机上设置一个通信装置使其增加通信功能，将远程用户的输入/输出装置通过通信线路直接与计算机的通信装置相连，最后的处理结果也经过通信线路直接送回到远程的用户端设备。这是较早的计算机与通信相结合的例子。从这个意义讲，数据通信是计算机终端与计算机主机之间进行数据交互的通信。

数据通信可定义为：按照某种协议，利用数据传输技术在两个功能单元之间完成数据信息的有效传递与交换的一种通信方式。随着计算机的广泛应用，现代意义上的数据通信与计算机密不可分。因此，数据通信是计算机和通信相结合的产物；是计算机与计算机，计算机与终端，以及终端与终端之间的通信；是按照某种协议连接信息处理装置和数据传输装置，并进行数据的传输及处理的过程。

从数据通信的定义可以理解，数据通信包含两方面内容：数据传输前后的处理，例如数据的集中、交换、控制等；数据的传输。

由于数据通信是指两个终端之间的通信，而计算机属于高度智能化的数据终端设备，因此计算机通信属于数据通信的范畴，即数据通信包含计算机通信。由于计算机是目前应用最广泛的数据终端，因此数据通信与计算机通信几乎被很多人等同为一体。但是从功能上看，数据通信实现OSI通信协议中低三层功能，即通信子网功能，主要为数据终端之间提供通信传输能力，而计算机通信则侧重于数据信息的交互，即实现计算机内部进程之间通信。因此，数据通信面向通信，而计算机通信面向应用。计算机通信与数据通信之间是客户/业务提供者关系，即计算机通信必须以数据通信提供的通信传输能力为基础，才能得以实现各种应用。

2. 数据通信的研究内容

数据通信的主要任务是完成计算机或数据终端间数据的传输、交换、存储和处理等。从信号形式看，传输和处理的是离散数字信号，不是连续模拟信号；从通信内容看，不限于单一的语音，还包括视频、图像、文件等；从通信信道看，数据通信不限于某种具体的传输介质；从任务要求看，是计算机或其他数据终端间的通信，要求速度快、可靠性高。总之，数据通信涉及范围广，应用技术多，研究内容丰富。通常从数据通信系统各组成部分功能的角度，把数据通信研究的内容划分为以下 3 个基本方面：

(1)数据传输

数据传输研究适合传输的电信号形式，以及构成传输媒体和用来控制电信号的各种传输设备，解决如何为信息提供合适的传输通路。

(2)通信接口

通信接口研究如何把发送端的信号变换为适合于传输的电信号，或者把传输到接收端的电信号变换为终端设备可接收的形式。

(3)通信处理

通信处理作为数据通信系统最复杂的部分，主要涉及：数据处理，包括数据编码/解码、数据压缩/解压缩、差错控制等；转换处理，包括速率转换和代码转换，前者是为了适配发送端与接收端间速率的差异，后者将发送端采用的代码转换为接收端采用的代码，起代码“翻译”的作用；控制处理，包括网络控制、路由选择控制、流量控制等，这类功能涉及如何在发送端与接收端之间选择一条有效的、经济的路径，控制报文有序且安全地由发送端传输到接收端。

## 1.2　通信系统技术基础

### 1.2.1　通信系统的一般模式

通信系统的作用就是将信息从信源传送到一个或多个目的地。实现信息传递所需的一切技术设备(包括信道)的总和称为通信系统。通信系统的一般模型如图 1-2 所示。

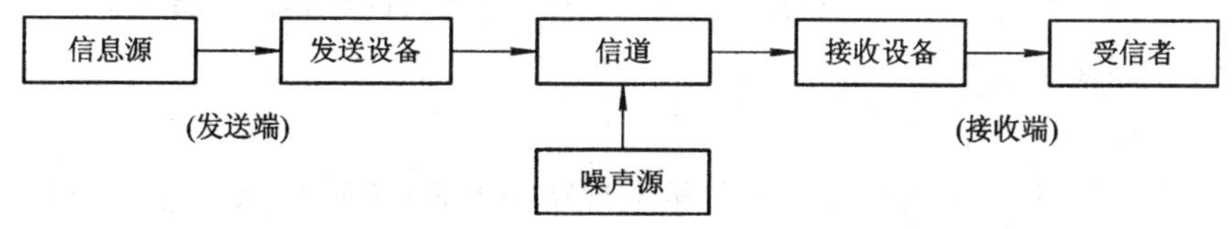


**图 1-2　通信系统的一般模型**

图 1-2 中各部分的功能简述如下。

1. 信息源

信息源(简称信源)是消息的发源地，其作用是把各种消息转换成原始电信号(称为消息信号或基带信号)。根据消息种类的不同，信源可分为模拟信源和数字信源。数字信源输出离散的数字信号，如电传机(键盘字符—数字信号)、计算机等各种数字终端；模拟信源送出的是模拟信号，如麦克风(声音—音频信号)、摄像机(图像—视频信号)。并且，模拟信源送出的信号经数字化处理后也可送出数字信号。

2. 发送设备

发送设备的功能是将信源和信道匹配起来，即将信源产生的消息信号变换成适合在信道中传输的信号。因此，发送设备涵盖的内容很多，可以是不同的电路和变换器，如放大、滤波、编码等。在需要频谱搬移的场合，调制是最常见的变换方式。

3. 信道

信道是指传输信号的物理媒质。在有线信道中，信道可以是明线、电缆、光纤；在无线信道中，信道可以是大气(自由空间)。有线和无线信道均有多种物理媒质。信道在给信号提供通路的同时，也会对信号产生各种干扰和噪声。信道的固有特性及引入的干扰与噪声直接关系到通信的质量。

4. 接收设备

接收设备的功能是放大和反变换(如滤波、译码、解调等)，其目的是从受到干扰和减损的接收信号中正确恢复出原始电信号。

5. 噪声源

噪声源不是人为加入的设备，而是信道中的噪声以及通信系统其他各处噪声的集中表示。噪声通常是随机的，其形式是多种多样的，它的存在干扰了正常信号的传输。

6. 受信者

受信者(信宿)是传送消息的目的地。其功能与信源相反，即将复原的原始电信号还原成相应的消息，如扬声器等。

### 1.2.2 通信系统的分类

1. 按通信业务分

按通信业务分，通信系统有话务通信和非话务通信。电话业务在电信领域中一直占主导地位，它属于人与人之间的通信，近年来，非话务通信发展迅速。非话务通信主要是分组数据业务、计算机通信、电子信箱、电子数据交换、数据库检索、传真存储转发、可视图文及会议电视、图像通信等。由于电话通信最为发达，因而其他通信常常借助于公共的电话通信系统进行。未来的综合业务数字通信网中各种用途的消息都能在一个统一的通信网中传输。此外，还有遥测、遥控、遥信和遥调等控制通信业务。

2. 按调制方式分

根据是否采用调制，可将通信系统分为基带传输和频带(调制)传输。基带传输是将未经调制的信号直接传送，如音频市内电话。频带传输是对各种信号调制后传输的总称。

3. 按传输媒质分

按传输媒质分，通信系统可分为有线通信系统和无线通信系统两大类。有线通信是用导线(如架空明线、同轴电缆、光导纤维、波导等)作为传输媒质完成通信的，如市内电话、有线电视、海底电缆通信等。无线通信是依靠电磁波在空间传播达到传递消息的目的的，如短波电离层传播、微波视距传播、卫星中继等。

4. 按信号特征分

按信道中所传输的是模拟信号还是数字信号，相应地把通信系统分成模拟通信系统和数字通信系统。

5.按工作波段分

按通信设备的工作频率不同可分为长波通信、中波通信、短波通信、远红外线通信等。

6.按信号复用方式分

传输多路信号有三种复用方式，即频分复用、时分复用和码分复用。频分复用是用频谱搬移的方法使不同信号占据不同的频率范围；时分复用是用脉冲调制的方法使不同信号占据不同的时间区间；码分复用是用正交的脉冲序列分别携带不同信号。传统的模拟通信中都采用频分复用，随着数字通信的发展，时分复用通信系统的应用愈来愈广泛，码分复用主要用于空间通信的扩频通信中。

### 1.2.3　模拟通信系统

1.调制的目的

调制是对信源信号进行处理，使其变为适合于信道传输的过程；相反称为解调。模拟信号的调制、解调过程如图 1-3 所示。

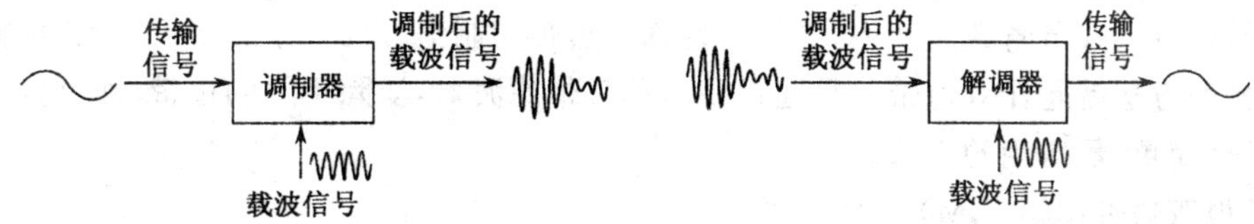


**图 1-3　模拟信号的调制解调过程**

对不同信道，根据经济技术等因素采用相应的调制方式。调制的主要目的如下：

(1)频谱变换

为有效、可靠地传输信息，需将低频信号的基带频谱搬移到适当的或指定的频段。例如，人类语音信号频率为 100～9000Hz(男性)、150～10000Hz(女性)，这种信号从工程角度看，不可能通过天线进行无线传输。因为天线辐射效率取决于天线几何尺寸与工作波长之比，一般要求天线长度应在发射信号波长的 1/10 以上，因此语音信号需通过调制，也就是将该信号搬移到 $m(t)$ 在工程上能实现传播的信道频谱范围内才能传输。

(2)实现信道多路复用

信道频率资源十分宝贵，一个物理信道如果仅传输一路信号 $m(t)$ 显然浪费了远比 $m(t)$ 频率范围宽的信道资源。FDMA 能将多个信号的频谱按一定规则排列在信道带宽相应频段，实现同一信道中多个信号互不干扰，同时传输。当然，复用方式、复用路数与调制方式、信道特性有关。

(3)提高抗干扰能力

调制能改善系统的抗噪声性能，通过调制增强了信号抗干扰的能力，例如，提高通信可靠性必须以降低有效性为代价，反之也一样。即通常所说的信噪比和带宽的互换，而这种互换是通过不同调制方式实现的。当信道噪声较严重时，为确保通信可靠性，可以选择某种合适的调制方式来增加信号频带宽度。这样，传输速率相同但所需频带增加，降低了传输的有效性，但抗干扰能力增强了。

2.常用调制方式

大部分调制系统将待发送的信号和某种载波信号进行有机结合，产生适合传输的已调信号，调制器可视为一个 6 端网络，其中一端对输入待传输的调制信号 $m(t)$，另一端对输入载波 $c(t)$，输出端对已调波 $s(t)$，使载波的 1～2 个参量成比例地受控于调制信号的变化规律。根据 $m(t)$ 和 $c(t)$ 的不同类型和完成调制功能的调制器传输函数不同，调制主要有 AM、FM、PM 等，如图 1-4所示。

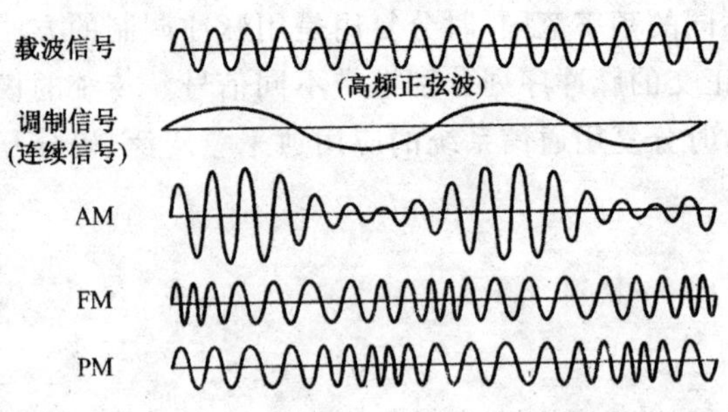


图 1-4　模拟信号的 3 种调制方式

(1)单边带调制(SSB)

单边带调制方式节省载波功率，且只需传输双边带调制信号的一个边带。因此，传输单边带信号最直接的方法就是让双边带信号通过一个单边带滤波器，滤除不要的边带，即可得到单边带信号，这是最简单、最常用的方法。

(2)常规双边带调幅(AM)

调幅是使高频载波信号的振幅随调制信号的瞬时变化而变化。也就是说，通过用调制信号来改变高频信号幅度的大小，使得调制信号的信息包含入高频信号中，通过天线把高频信号发射出去，这样调制信号也传播出去了；在接收端，把调制信号解调出来，也就是把高频信号的幅度解读出来，得到调制信号。如载波信号是单频正弦波，调制器输出的已调信号的包络与输入调制信号为线性关系，称这种调制为常规调幅(简称 AM)。该调制方式在无线电广播系统占主要地位。AM 中，输出已调信号的包络与输入调制信号成正比，其时域表达式为

$$S_{AM}(t)=[m_0+m(t)]\cos(\omega_c t+\Phi)$$

式中，$m_0$ 为外加的直流分量；$m(t)$ 为基带调制信号(通常认为平均值是 0)；$\omega_c$ 为载波的角频率；$\Phi$ 为载波的初始相位。典型的双边带调幅波形如图 1-5 所示。

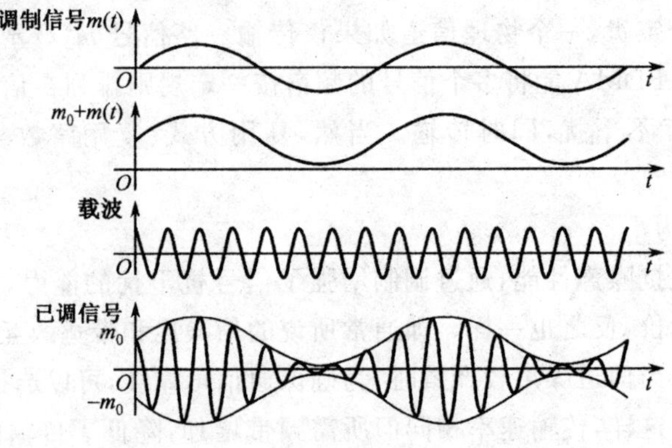


图 1-5　典型的双边带调幅波形

可以看出，用包络检波方法能恢复原始调制信号。但为了包络检波时不失真，必须满足 $m_0+m(t)\geqslant 0$，否则会因过调幅产生失真。

(3)抑制载波双边带调制(DSB-SC)

常规双边带调幅中,载波功率是无用的,因为载波不携带任何信息,信息完全由边带传输。如果要将载波抑制,只需不附加直流分量 $m_0$。即可得到抑制载波的双边带调幅。如果输入的基带信号没有直流分量,输出信号就是无载波分量的双边带调制信号,或称双边带抑制载波(DSB-SC)调制信号,简称 DSB 信号。此时的 DSB 信号实质上就是 $m(t)$ 和 $\cos\omega_c t$ 的相乘,其时域表达式为

$$S_{DSB}(t)=m(t)\cos\omega_c t$$

(4)残留边带调制(VSB)

用滤波法产生单边带信号的主要缺点是需要陡峭截止特性的滤波器,而制作这样的滤波器较为困难。为解决产生单边带信号和实际滤波器之间的矛盾,提出了残留边带调制。

### 1.2.4　数字通信系统

1.数字通信系统的构成

数字通信系统是利用数字信号来传递信息的通信系统,如图 1-6 所示。数字通信涉及的技术问题很多,其中主要有信源编码与译码、信道编码与译码、数字调制与解调、同步以及加密等。下面对这些技术作简要介绍。

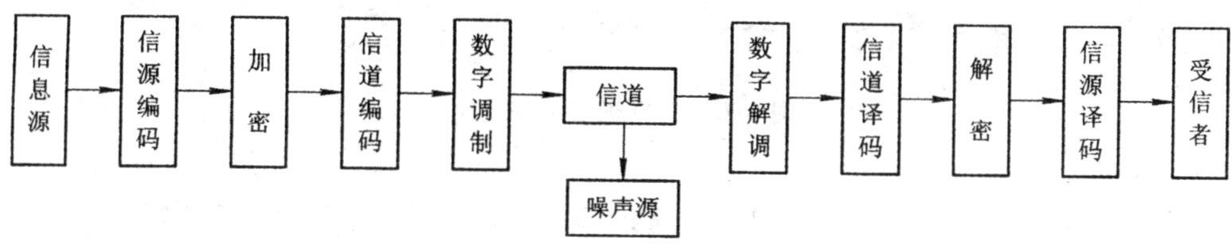


**图 1-6　数据通信系统模型**

(1)信源编码与译码

信源编码的作用之一是提高信息传输的有效性,即通过某种数据压缩技术来减少信息的冗余度(减少信息码元数目)和降低数字信号的码元速率。因为码元速率将决定传输带宽,而传输带宽反映了通信的有效性。作用之二是完成模/数(A/D)转换,即把来自模拟信源的模拟信号转换成数字信号,以实现模拟信号的数字化传输。信源译码是信源编码的逆过程。

(2)信道编码与译码

数字信号在信道传输时,由于噪声、衰落以及人为干扰等,将会引起差错。为了减小差错,信道编码器对传输的信息码元按一定的规则加入保护成分(监督元),组成所谓“抗干扰编码”。接收端的信道译码器按一定规则进行解码,从解码过程中发现错误或纠正错误,从而提高通信系统抗干扰能力,实现可靠通信。

(3)加密与解密

在需要实现保密通信的场合,为了保证所传信息的安全,人为将被传输的数字序列扰乱,即加上密码,这种处理过程称为加密。在接收端利用与发送端相同的密码复制品对收到的数字序列进行解密,恢复原来信息。

(4)数字调制与解调

数字调制就是把数字基带信号的频谱搬移到高频处,形成适合在信道中传输的频带信号。基本的数字调制方式有振幅键控 ASK、频移键控 FSK、绝对相移键控 PSK、相对(差分)相移键

控 DPSK。对这些信号可以采用相干解调或非相干解调还原为数字基带信号。对高斯噪声下的信号检测，一般用相关器接收机或匹配滤波器。

(5)同步

同步是保证数字通信系统有序、准确、可靠工作的前提条件。按照同步的功用不同，可分为载波同步、位同步、群同步和网同步。

2. 模拟信号数字化

模拟信号数字化是现代网络支持业务的基础。常用方法有差值编码(DPM)、自适应差值编码(ADPM)、脉冲编码调制(PCM)、增量调制(DM)等。其中，最典型、最基础的数字化方式是英国人 A. H. Reeves 提出的 PCM，其通信系统组成如图 1-7 所示。输入的模拟信号(语音信号)经抽样、量化、编码后变换成数字信号，经信道再生中继传输到接收端，由解码器还原出抽样值，再经低通滤波还原为模拟信号(语音信号)。通常称量化与编码组合为模/数(A/D)变换，解码与低通滤波组合为数/模(D/A)变换。可以看出，模拟信号数字化需经过采样、量化和编码 3 个步骤。

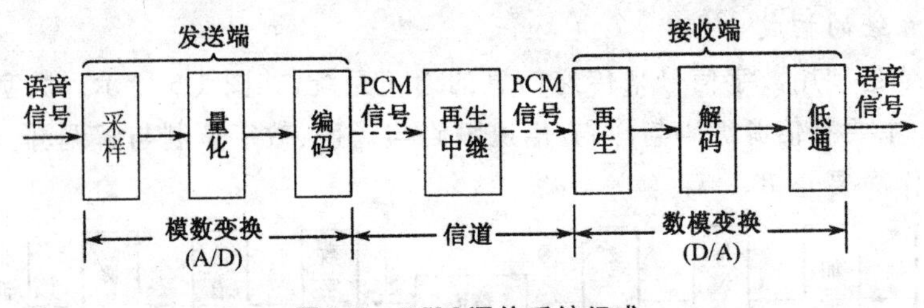


图 1-7　PCM 通信系统组成

(1)采样

采样是把模拟信号以其信号带宽 2 倍以上的频率提取样值，变为时间轴离散的采样信号的过程。采样过程所应遵循的规律称为采样定理，它说明了采样频率与信号频谱间的关系，是连续信号离散化的基本依据。该定理在 1928 年由美国人 H. 奈奎斯特(Harry Nyquist)提出，1933 年苏联人科捷利尼科夫首次用公式严格地表述这一定理。1948 年，信息论创始人 C. E. 香农(Shannon)正式作为定理引用。其基本表述为：当信号 $f(t)$ 最高频率分量为 $f_m$ 时，$f(t)$ 值可由一系列采样间隔不超过 $1/2f_m$ 的采样值来确定，即采样点重复频率 $f \geqslant 2f_m$ 则采样后的样值序列可不失真地还原成初始信号。例如，一路电话信号频带为 300～3400Hz，$f_m=3400$Hz，则采样频率2×3400Hz＝6800Hz。如按 6800Hz 的采样频率对 300～3400Hz 的电话信号采样，则采样后的样值序列可不失真地还原成初始的语音信号。实际应用时，语音信号采样频率通常取 8000Hz。采样所得到的时间上离散的样值序列，既可进行 TDMA，也可将各个采样值经过量化、编码变换成二进制数字信号。

(2)量化

量化是用有限个幅度值近似原来连续变化的幅度值，把连续幅度的模拟信号变为有限数量的离散值。采样信号(样值序列)虽然时间上离散，但仍为模拟信号，其样值在一定取值范围内可有无限多个值。为实现以数字码表示样值，采用“四舍五入”法把样值分级“取整”，使一定取值范围内的样值由无限多个变为有限个。量化后的采样信号与量化前的采样信号相比较有失真，分的级数越多，量化级差或间隔越小，失真也就越小。

(3)编码

采样、量化后的信号还不是数字信号，需转换成数字脉冲，该过程称为编码。最简单的是二进制编码，就是用比特二进制码来表示已量化样值，每个二进制数对应一个量化值，然后把它们排列，得到由二值脉冲组成的数字信息流。接收端按所收到的信息重新组成原来的样值，再经过低通滤波器恢复原信号。用这样方式组成的脉冲串的频率等于采样频率与量化比特数的积，称为所传输数字信号的数码率。显然，采样频率越高，量化比特数越大，码率就越高，所需传输带宽也越宽。例如，语音 PCM 的采样频率为 8kHz，每个量化样值对应一个 8b 二进制码，则语音数字编码信号速率为 8b×8kHz=64kbps。

图 1-8 为模拟信号 $m(t)$的数字化过程。其中，图 1-8(b)根据抽样定理，$m_S(t)$经过采样后变成时间离散、幅度连续的信号 $m_S(t)$。图 1-8(c)将 $m_S(t)$输入量化器，得到量化输出信号$m_q(t)$，采用"四舍五入"法将每个连续抽样值归结为某一临近的整数值，即量化电平。这里采用了 8 个量化级，将图 1-8(b)中 7 个准确样值 4.2、6.3、6.1、4.2、2.5、1.8、1.9 分别变换成 4、6、6、4、3、2、2。量化后的离散样值可以用一定位数的代码表示，即编码。因为只有 8 个量化电平，所以可用 3b 二进制码表示($2^3=8$)。图 1-8(d)是用自然二进制码对量化样值进行编码的结果。

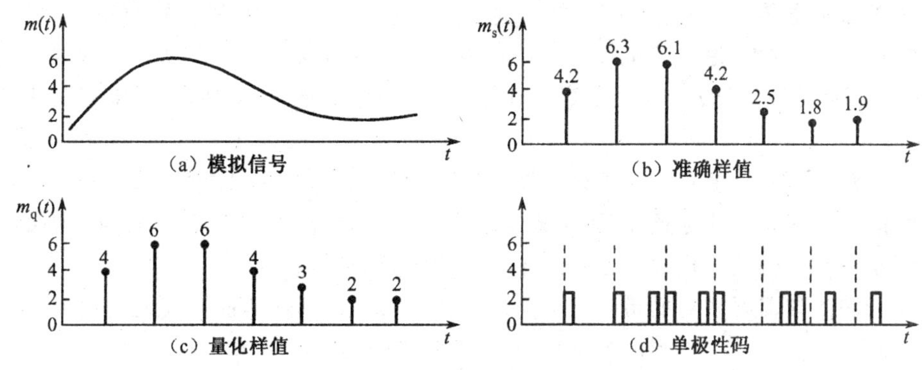


图 1-8 模拟信号的数字化过程

## 1.3 数据通信的发展趋势

数据通信的发展趋势主要体现为以下几点。

1. 多协议标记交换(MPLS)技术发展

MPLS 是一种利用数据标记引导数据包在通信网高速、高效传输的新技术，主要贡献是在无连接网络环境中引入连接的概念，能够规划、预测数据的流量和流向，有效提高网络利用率，保证用户服务质量(QoS)。MPLS 流量工程和 MPLS VPN 是该技术在网络应用的主要方面。前者将流量合理地在链路、节点上进行分配，减少和抑制网络拥塞，如网络出现故障，能快速重组路由，提升网络服务质量；后者在公用网络上向用户提供虚拟专用网(VPN)服务，不仅能满足用户对信息传输安全性、实时性、灵活性和带宽保证方面的需要，还能节约组网费用，具有广阔的发展前景。

2. 向大容量通信发展

随着因特网业务的飞速增长，以 IP 为主的数据业务对路由器、交换机处理能力及容量提出了更高要求。据预测，每 6～9 个月，因特网骨干链路的带宽就增长一倍，能否有效支持、处理这种高速增长的业务需求是网络发展的关键。为满足数据、语音和图像综合承载的业务需求，IP 网络应具有高速的包转发和处理能力、强大的组网能力、完善的质量保证机制等，这些都使得网络设备向超大容量方向发展，由目前G比特路由器向T比特路由器过渡。

3.IPv4向IPv6过渡

IPv4是20世纪70年代制定的协议标准，采用32b表示地址，目前网络均采用该标准。随着IP网络规模和用户数量迅速增长，IPv4地址空间小的问题日益突出，特别是大量移动终端和无线设备的应用，必然促进IPv4向IPv6过渡。IPv6于20世纪90年代初提出，除采用12.8b表示地址空间外，还增强了对IP安全性和IP移动性的支持，能适应未来网络发展和业务发展的需要。

4.光传输技术的融合

传统的光传输系统在承载数据业务上，一般作为数据网络和IP网络的底层传送平台，带宽采用固定连接方式，具有很强的QoS保证。但随着数据业务、特别是IP业务的快速发展，以固定带宽传输方式承载具有突发特性的数据业务时，存在网络资源利用率低、网络组织调度不灵活等局限性。为适应下一代网络(NGN)发展之需，数据通信技术与光传输技术的融合已成必然。目前，新兴的多业务传送平台(MSTP)技术越来越受到关注。该技术基于SDH演变而来，已融合了多种数据通信技术，逐步从单纯的光传输设备向多业务传送平台过渡。MSTP可以提供以太网接入、数字数据网(DDN)接入，实现对二层、三层数据的支持，具有自动迂回和低时延等特点。

随着全球互联网(Internet)的迅猛发展，以因特网技术为主导的数据通信在通信业务总量中的比例迅速上升，因特网业务已成为多媒体通信业中发展最为迅速、竞争最为激烈的领域。同时，无论是从数据传输的用户数量还是从单个用户需要的带宽来讲，都比过去大很多。特别是后者，它的增长将直接需要系统的带宽以数量级形式增长。数据通信业务收入增加也非常快，根据权威部门预测，到2005年，中国的数据用户已超过5000万，到2010年将超过2.8亿。数据通信作为未来数年内电信投资的重点，其在整个电信市场投资中所占比重将会越来越大。到2005年我国数据通信市场投资达到1000亿元以上。未来我国数据通信市场是异常巨大的，中国数据通信市场将是世界上最具诱惑力的数据通信市场。数据通信技术在未来的通信网络中将成为十分重要的骨干技术。

# 第2章　现代通信基础

## 2.1　数据通信传输信道

### 2.1.1　信道概述

1.概念

通常信道有两种理解：一种是指信号的传输介质，如对称电缆、同轴电缆、超短波及微波视距传播（包括卫星中继）路径、短波电离层反射路径、对流层散射路径以及光纤等，称此种类型的信道为狭义信道。另一种是将传输介质和各种信号形式的转换、耦合等设备都归纳在一起，包括发送设备、接收设备、馈线与天线、调制器等部件和电路在内的传输路径或传输通路，这种范围扩大了的信道称为广义信道。按照传输介质，信道可以分为有线信道和无线信道；按照传输信号的形式，信道又可分为数字信道和模拟信道。传输数字信号的信道称为数字信道，传输模拟信号的信道称为模拟信道。在信道中发生的基本物理过程是电（或光）信号的传播。

2.信道分类

信道按其信道的参数特性又可划分为恒参信道和变参信道，前者为传输特性的变化量极微且变化速度极慢的信道，后者传输特性的变化量较快且变化量较大。信号经过恒参信道时，若信道的幅度特性在信号频带内不是常数，则信号的各频率分量通过信道后将产生不同的振幅衰减，从而引起信号波形的失真；若信道的相移特性在信号频带内不是频率的线性函数，称此为群时延不是常数，则信号的各频率分量通过信道后将产生不同的时延，从而引起波形的群时延失真。一般来说，信道的带宽总是有限的，这种带限信道对数据信号传输的主要影响是引起码元波形的展宽，干扰其他码元，从而引起误码。

对于变参信道，信道的传输特性随时间的变化可分为慢变化和快变化，慢变化与传播的条件相关联，快变化又称为快衰落，与电波的多径传播相关联，表现为接收信号振幅和相位一致地随时间变化。当信号电平随机起伏，若下降到一定的门限值以下，就会导致误码甚至通信中断。宽带信号的各频率分量衰落不相关，引起波形失真。对于数据传输来说，衰落造成的主要危害是引起码间串扰。

3.信道特征

不论是何种类型的信道都有以下几个特征。

①所有信道都有输入和输出。

②大多数信道的输入和输出存在线性叠加关系，但在某些条件下会存在非线性关系。

③信号经过信道时要衰减。

④信号经过信道时产生延迟。

⑤所有信道都存在噪声或干扰。

### 2.1.2 语音信道

话音信道是指传输频带在300Hz～3400Hz的音频信道。按照与话音终端设备连接的导线数量,话音信道可分为二线信道和四线信道。在二线信道上,收发在同一线对上进行;在四线信道上,收发分别在两个不同的线对上进行。按照话音传输方式和复用方式,话音信道可分为载波话音信道和脉冲编码(PCM)话音信道。载波话音信道采用频分复用方式,传输介质为明线、对称电缆和同轴电缆,采用信号放大方式进行中继传输。随着通信系统数字化进程的加快,载波话音信道的应用越来越少,目前基本被淘汰。

### 2.1.3 实线电缆信道

实线电缆主要指双绞线(Twisted Pair)电缆和同轴电缆(Coaxial Cable)。

1. 双绞线电缆

双绞线电缆分为两种类型:非屏蔽双绞线电缆和屏蔽双绞线电缆。

(1)屏蔽双绞线电缆(STP)

屏蔽双绞线在每一对导线外都有一层金属,这层金属包装使外部电磁噪声不能穿越进来,如图2-1所示。屏蔽双绞线消除了来自另一线路(或信道)的干扰,这种干扰是在一条线路接收了在另一线路上传输的信号时发生的。例如,我们在打电话时,有时会听到其他人的讲话声,这种现象在电话通信中称为串扰。若将每一对双绞线屏蔽起来就可以消除大多数的串扰。STP的质量特性和UTP一样。材料和制造方面的因素使STP比UTP的价格要高一些,但对噪声有更好的屏蔽作用。使用这种电缆时,金属屏蔽层必须接地。

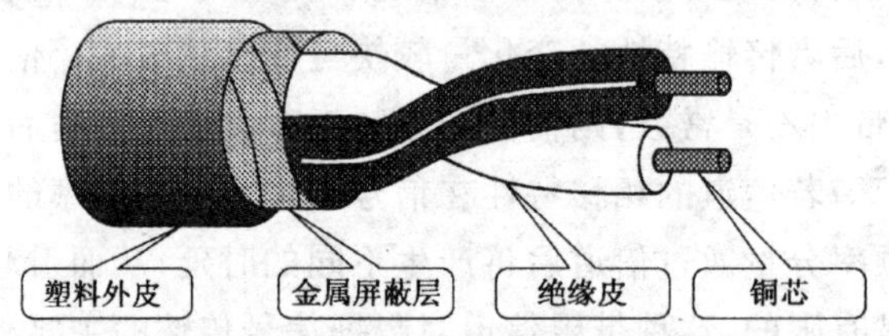


**图2-1 屏蔽双绞线**

(2)非屏蔽双绞线电缆(UTP)

非屏蔽双绞线电缆(UTP)是现今最常用的通信介质,在电话通信系统使用最多,它的频率范围(100Hz～5MHz)对于传输语音和数据都是适用的。非屏蔽双绞线电缆是在同一保护套内有许多对互绞并且相互绝缘的双导线。导线直径为0.4mm～1.4mm。两根成对的绝缘芯线对地是平衡的(即对地的分布电容相等),每一对线拧成扭绞状的目的是为了减少各线对间的相互干扰,如图2-2所示。

**图2-2 非屏蔽双绞线电缆(UTP)**

UTP的优点是价格便宜，使用简单，容易安装。在许多局域网技术中采用了高等级的UTP电缆，包括以太网和令牌环网。图2-3所示为一根有5对双绞线的电缆。

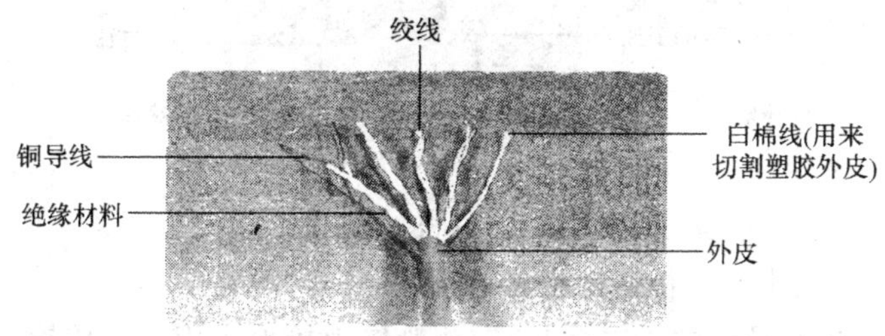


**图2-3　含有5对双绞线的电缆**

双绞线按照所使用的线材不同而有不同的传输性能，目前EIA定义了一种按质量划分UTP等级的标准，如表2-1所示。

**表2-1　EIA定义的UTP电缆类别及特点**

| UTP电缆类别 | 传输速率 | 特点 |
|---|---|---|
| 1类 | 2Mbit/s | 电话通信系统中使用的基本双绞线，适用于传输语音和速数据通信 |
| 2类 | 4Mbit/s | 适用于语音和数字数据传输 |
| 3类 | 10Mbit/s | 大多数电话系统的标准电缆，适用于数据传输 |
| 4类 | 16Mbit/s | 数据传输较高的场合 |
| 5类 | 100Mbit/s | 较高的数据传输 |
| 超5类 | 1000Mbit/s | 高速数据传输 |
| 6类 | 2.4Gbit/s | 超高速数据传输 |

根据EIA/TIA的规定，双绞线每条线都有特定的颜色与编号，如表2-2所示。

**表2-2　双绞线的颜色与编号对照**

| ELA/TIA的标准双绞线 | | | | | | | | |
|---|---|---|---|---|---|---|---|---|
| 编号 | 1 | 2 | 3 | 4 | 5 | 6 | 7 | 8 |
| 颜色 | 白橙 | 橙 | 白绿 | 蓝 | 白蓝 | 绿 | 白棕 | 棕 |

由于非屏蔽双绞线电缆的电磁场能量是向四周辐射的，因此它在高频段的衰减比较严重，但其传输特性比较稳定，可以近似认为是恒参信道。例如，音频对称电缆的衰减常随频率的升高而增大，特性阻抗随频率的升高而减小。因此，音频对称电缆主要用于近距离传输。高频对称电缆的传输频带比音频对称电缆的传输频带要宽得多，最高传输频率可达数百千赫，适合传输宽带的模拟信号和数字信号。

双绞线电缆常用来构成电话分机至交换机之间的用户环路。连接话带调制解调器(Modem)的专线模拟电路，数据终端至数字交换机和数据复用器之间的数字电路，连接基带Modem的专线数字电路及本地计算机局域网高速数据传输电路等。

2. 同轴电缆

同轴电缆能够传输比双绞线电缆更宽的频率范围(100kHz～500MHz)的信号。以网络中使用的同轴电缆为例说明同轴电缆的结构与特点。在网络中经常采用的是RG－58同轴电缆，如

图 2-4 所示。

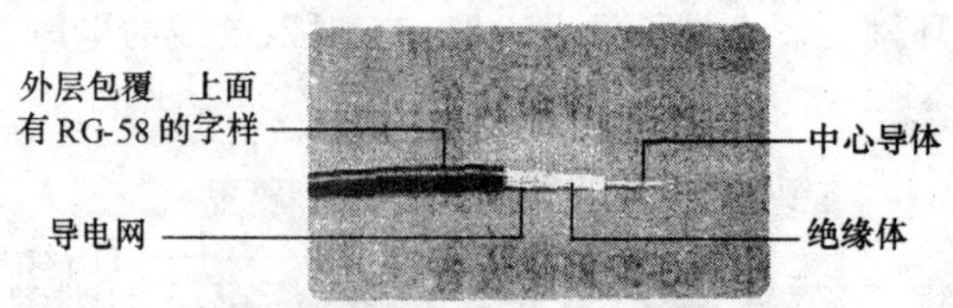


图 2-4 RG－58 同轴电缆

中心导体：RG－58 的中心导体通常为多芯铜线。

绝缘体：用来隔绝中心导体的一层金属网，一般作为接地来用。在传输的过程中，它用来当作中心导体的参考电压，也可防止电磁波干扰。

外层包覆：用来保护网线，避免受到外界的干扰，另外它也可以预防网线在不良环境（如潮湿或高温）中受到氧化或其他损坏。

各种同轴电缆是根据它们的无线电波管制级别（RG）来归类的，每一种无线电波管制级别的（RG）编号表示一组特定的物理特性。RG 的每一个级别定义的电缆都适用于一种特定的功能，以下是常用的几种规格。

RG－8：用于粗缆以太网络；RG－9：用于粗缆以太网络；RG－11：用于细缆以太网络；RG－58：用于粗缆以太网络；RG－75：用于细缆以太网络。

### 2.1.4 数字信道

数字信道是直接传输数字信号的信道。对于数字信道通常是以传输速率来划分的，例如，按我国采用的欧洲标准划分，数字信道传输系列为：数字话带零次群 64kbit/s；一次群 2.048Mbit/s；二次群 8.448Mbit/s；三次群 34.368Mbit/s；四次群 139.264Mbit/s 和 STM－1：155.52Mbit/s，STM－4：622.08Mbit/s 及 STM－16：2488.32Mbit/s。在信道的传输速率和接口均与数据终端设备相适应时，数据终端设备可直接与数字信道相连。否则，必须在数字信道两端加复用器（甚至是多路复用器）和（或）适配器等，才能使数据终端设备接入数字信道。数据通信常使用的数字信道有数字光纤信道、数字微波中继信道和数字卫星信道。

1. 数字微波中继信道

（1）数字微波中继信道的组成

数字微波中继信道是指工作频率在 0.3GHz～300GHz、电波基本上沿视线传播、传输距离依靠接力方式延伸的数字信道。数字微波中继信道由两个终端站和若干个中继站组成，如图 2-5 所示。终端站对传输信号进行插/k/分出，因此站上必须配置多路复用及调制解调设备。中继站一般不分出信号，也不插入信号，只起信号放大和转发作用，因此，不需要配置多路复用设备。

（2）数字微波中继信道的特点

数字微波中继信道与其他信道比较，具有以下特点：

①微波频带较宽，是长波、中波、短波、超短波等几个频段带宽总和的 1000 倍。

②微波中继信道比较容易通过有线信道难以通过的地区，如湖泊、高山和河流等地区。微波中继信道与有线信道相比，抵御自然灾害的能力较强。

③微波在视距内沿直线传播，在传播路径上不能有障碍物遮挡。受地球表面曲率和微波天线塔高度的影响，微波无中继传输距离只有 40km～50km。在进行长距离通信时，必须采用多个

中继站接力传输方式一。

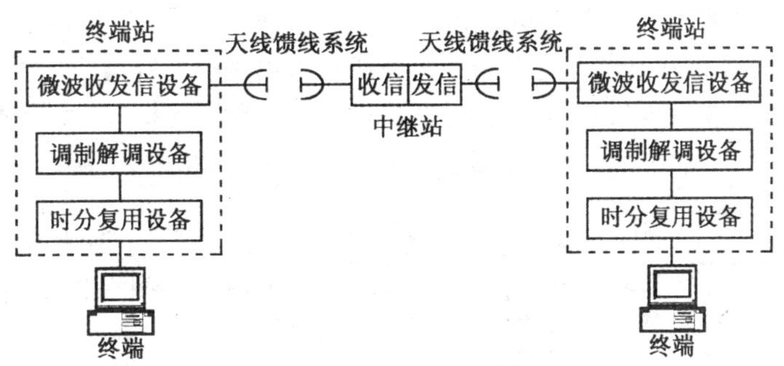


**图 2-5　数字微波中继信道组成**

④微波信号不受天电干扰、工业干扰及太阳黑子变化的影响，但是受大气效应和地面效应的影响。

⑤与光纤等有线信道相比，微波中继信道的保密性较差。当传输保密信息时，需在信道中增加保密设备。

2. 数字光纤信道

(1)光纤及其传输模式

光纤(Optical Fiber)的材质是极细小的玻璃纤维(50μm～100μm)，弹性很好，非常适合传输光波信号。光纤利用全反射将光线在信道内定向传输，光纤中心是玻璃或塑料的芯材，外面填充着密度相对较小的玻璃或塑料材料。两种材料的差异主要是它们的折射率不同。信息被编码成一束以一系列开关状态来代表“0”和“1”的光线形式。

目前的技术支持两种在光纤信道中传播光线的模式。具有多种传播模式的光纤称为多模光纤。具有一种传播模式的光纤称为单模光纤。单模光纤芯径较细，约5μm～10μm，适合长距离传输，传输效能极佳，散射率小，但价格昂贵。多模光纤，芯径较粗，约50μm～100μm，适合短距离传输，价格较低，传输效率略差于单模光纤。

多模光纤分为阶跃型和渐变型两种。阶跃型多模光纤的折射率保持不变，光波以曲折形状传播，脉冲信号畸变大。不同角度的射线具有不同的路径长度和不同的时延，结果引起严重的时延失真，如图2-6(a)所示。渐变型多模光纤的折射率纤芯中心最大，沿半径方向往外按抛物线律向前传播。虽然渐变型多模光纤各条路径的长度不同，但路径长的传播时延差别很小，时延失真比阶跃多模光纤小得多，如图2-6(b)所示。单模光纤折射率分布和阶跃型多模光纤相似，单模光纤的光信号畸变很小。

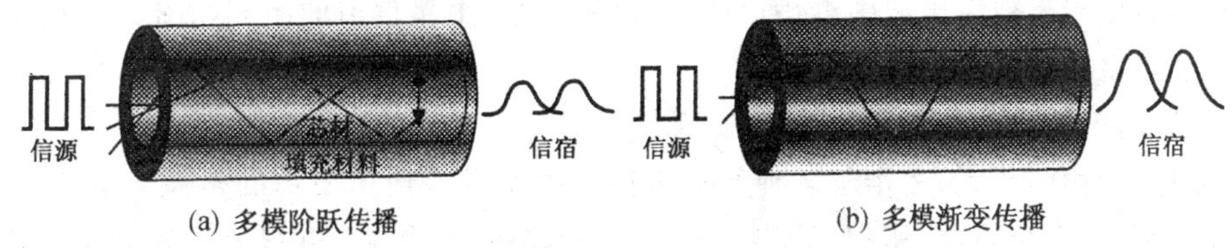


(a) 多模阶跃传播　　(b) 多模渐变传播

**图 2-6　多模传播**

(2)光纤信道

数字光纤信道是以光波为载波，用光纤作为传输介质的数字信道。光波在近红外区，频率范围为20THz～390THz，波长范围为0.76μm～15μm。光纤信道由光发射机、光纤线路、光接收机三个基本部分构成。通常将光发射机和光接收机统称为光端机。光发射机主要由光源、基带信号处理器和光调制器组成。光源是光载波发生器，目前广泛采用半导体发光二极管或激光二极管作为光源。光调制器采用光强度调制。光纤线路采用多模光纤组成的光缆。根据传输距离等具体情况，在光纤线路中可设中继器。光接收机由光探测器和基带信号处理器组成，光探测器采用 PIN 光电二极管等完成光强度的检测。光纤信道的组成如图 2-7 所示。

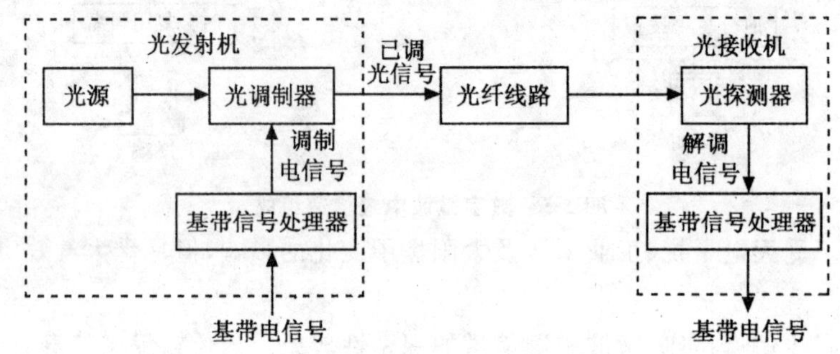


图 2-7 光纤信道的一般组成

(3)数字光纤信道的特点

数字光纤信道与其他信道比较，有许多突出的特点：

①传输容量极大。由于光纤的传输频带极宽，因此，其传输容量也极大。目前，在一普通的光纤上，仅 1.55μm 波长的窗口就可传输 10000 个光波长。

②传输频带极宽。光纤的传输频带低的可达 20MHz～60MHz，高的可达 10GMHz。因而，光纤信道特别适合宽带信号和高速数据信号的传输。

③传输损耗小。目前使用的单模光纤，每千米的传输损耗在 0.2dB 以下，特别适合于远距离传输，目前的光纤信道无中继传输距离可达 200km 左右。

④保密性能好。光波在光纤中传输时，光能向外的辐射微乎其微，从外部很难接收到光纤中的光信号，因此，光纤信道的保密性能好。

⑤抗干扰能力强。光纤抗电磁干扰、杂音信号的能力强。

⑥传输质量高。由于光波在光纤中传输稳定，且抗外界干扰能力强，因此，光纤的传输质量高。传输误码率可达 $1\times10^{-9}$以下，这是其他数字信道无法达到的。

3. 数字卫星传输信道

(1)数字卫星信道的组成

数字卫星信道由两个地球站和卫星转发器组成，地球站相当于数字微波中继信道中的终端站，卫星转发器相当于数字微波中继信道的中继站。数字卫星信道的组成如图 2-8 所示。

(2)数字卫星信道的特点

数字卫星信道与其他信道相比，具有如下特点：

①频带宽，传输容量大，适用于多种业务传输。由于卫星通信使用的是微波频段，而且一颗卫星上可以设置多个转发器，所以通信容量大，可传输电话、传真、电视和高速数据等多种通信业务。

②覆盖面积大，通信距离远，且通信距离与成本无关。卫星位于地球赤道上空约 36000km 处，可覆盖约 42.4% 的地球表面。在卫星覆盖区域内的任何两个地球站之间均可建立卫星信道。

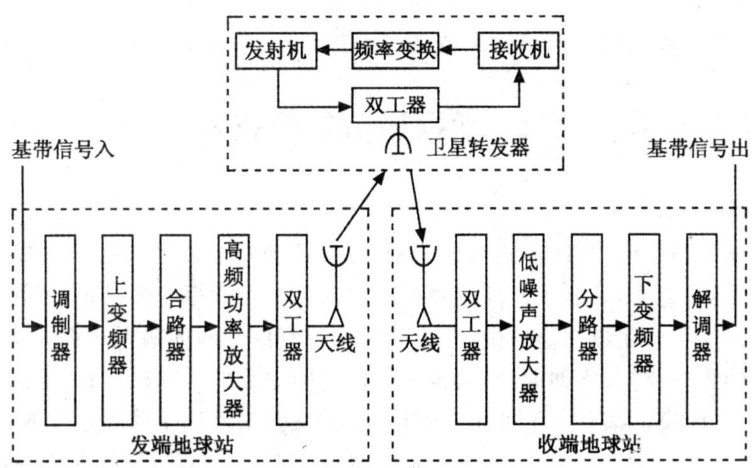


图 2-8　数字卫星信道组成

③信号传播时延大，由于卫星距离地面较远，所以微波从一个地球站到另一地球站的传播时间较长，约为 270ms，信道特性比较稳定。

④由于卫星通信的电波主要是在大气层以外的宇宙空间传播，而宇宙空间是接近真空状态的，所以电波传播比较稳定。但是大气层、对流层、电离层的变化以及日凌等会对信号传播产生影响。当出现日凌时，导致通信中断。

⑤数字卫星信道属于无线信道，当传输保密信息时，需采取加密措施。

⑥受周期性的多普勒效应的影响，造成数字信号的抖动和漂移。

### 2.1.5　信道容量

数据通信系统的基本指标就是围绕传输的有效性和可靠性来衡量的，但这两者通常存在着矛盾。在一定条件下，提高系统的有效性，就意味着通信可靠性的降低。对于数据通信系统的设计者来说，要在给定的条件下，不断提高数据传输速率的同时，还要降低差错率。从这个观点出发，很自然的会提出这样一个问题：对于给定的信道，若要求差错率任意地小，信息传输速率有没有一个极限值？香农的信息论证明了这个极限值的存在，这个极限值称为信道容量。信道容量是指信道在单位时间内所能传送的最大信息量。信息容量的单位是 bit/s，即信道的最大传信速率。

1. 模拟信道的信道容量

模拟信道的容量可以根据香农定律计算。香农定律指出：在信号平均功率受限的高斯白噪声信道中，信道的极限信息传输速率（信道容量）为

$$C=B\log_2(1+S/N)$$

信道容量是在一定 $S/N$ 下信道能达到的最大传信速率，实际通信系统的传信速率要低于信道容量，随着技术的进步，可接近极限值。

2. 数字信道的信道容量

数字信道是一种离散信道，它只能传送离散取值的数字信号。奈奎斯特准则指出：带宽为 $B$Hz 的信道，所能传送的信号的最高码元速率（即调制速率）为 $2B$ 波特。因此，离散的、无噪声的数字信道的信道容量 $C$ 可表示为

$$C=2B\log_2 M \text{ bit/s}$$

其中,$M$ 为码元符号所能取的离散值的个数,即 $M$ 进制。

## 2.2 数据通信传输技术

1. 基带传输技术

一般而言,数据信号是以脉冲形式出现的,而脉冲序列信号波形具有很丰富的频率成分,它们的频谱一般从零频(直流)开始到很高的频率。通常将未经频率变换处理(指调制)的原始数据信号称为数据基带信号。在数据通信中,把直接传输基带信号的传输方式称为基带传输,而将把基带信号经过某种频率变换(比如调制)后再进行传输的方式称为频带传输。无论是基带传输或频带传输,在传输之前通常都有一个处理基带信号波形的过程,这个处理过程的目的是将传输号处理成与信道相"匹配"的形式,因此,基带传输技术不仅是实现基带数据传输系统所必需的,而且也是频带传输的基础。频带传输无非是将波形形成后的基带信号(经过基带信号波形处理后的信号)通过频谱搬移至适当的频段去传输罢了。

基带是指未经调制变换的信号所占的频带,一般基带数字信号的频谱从零开始。为了提高频带的利用率,通常要做码型变换。信号功率谱仍从近于零频率开始,一直到一定的频率。常把高限频率和低限频率之比远大于 1 的信号称为基带信号,而把不搬移基带信号频谱的传输方式称为基带传输。

基带传输应解决以下三个问题:

①通过设计发送和接收滤波器,选择适当的基带信号波形和码型,从而使码间串扰的影响尽可能地小。

②系统的码间串扰和噪声总是不可避免的,导致它存在的主要因素是信道的不理想,所以努力改善信道特性是完善系统特性的积极措施,其方法是,通常在系统的接收滤波器和取样判决器之间插入一个均衡器来补偿信道特性的不理想和跟踪调整信道特性的变化,使信道特性尽可能理想。

③根据最佳接收机原理,通过系统发送和接收滤波器的匹配,在发送功率一定的条件下,使得噪声对系统的影响最小,也就是使系统能获得最大的输出信噪比,从而使系统的误码率最小。

数据通信中,基带传输不如频带传输使用广泛,但由于多数数据传输系统在进行信道匹配的调制之前,都有处理基带信号的过程,如果把调制部分包括在信道之中,则可等效为基带传输系统。

2. 频带传输技术

频带传输又称调制传输,它主要适用于电话网信道的传输。电话网传输信道是带通型信道,带通型信道不适合直接传输基带信号,需要对基带信号进行调制以实现频谱搬移,使信号频带适合信道频带。

频带传输系统与基带传输系统的区别在于在发送端增加了调制,在接收端增加了解调,以实现信号的频带搬移。调制和解调合起来称为 Modem。

图 2-9 给出了频带传输系统的基本结构。数据信号经发送低通滤波器基本上形成所需要的基带信号,再经调制和发送带通滤波器形成信道可传输的信号频谱,送入信道。接收带通滤波器除去信道中的带外噪声,将信号输入解调器;接收低通滤波器的功能是除去解调中出现的高次产

物，并起基带波形形成的功能；最后将恢复的基带信号送入取样判决电路，完成数据信号的传输。

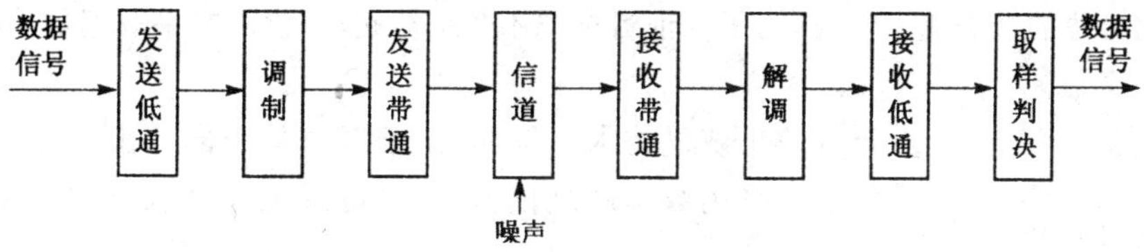


图 2-9　频带传输基本结构

频带传输系统是在基带传输的基础上实现的。对于图 2-9，在发送端把调制和发送带通滤波器两个方框去掉，在接收端把接收带通滤波器和解调两个方框去掉，就是一个完整的基带传输系统。所以，实现频带传输仍然需要符合基带传输的基本理论。实际上，从信号传输的角度，一个频带传输系统就相当于一个等效的基带传输系统。

所谓调制就是用基带信号对载波波形的某些参数进行控制，使这些参量随基带信号的变化而变化。在调制解调器中都选择正弦（或余弦）信号作为载波，因为正弦信号形式简单，便于产生和接收。由于正弦信号有幅度、频率、相位三种基本参量，因此，可以构造数字调幅、数字调相和数字调频三种基本调制方式。

3. 同步技术

为了实现信号的正确传输，发送端和接收端之间要有正确的同步，以便使接收端能够确定一个信号的开始和结束。此外，接收端还应知道每个码元的长度，以便达到正确的码元同步。

4. 拥塞控制技术

在计算机通信网中，当多个用户的呼叫量超过了网络的容量或网络对它们的处理能力时，就会出现拥塞现象。这就需要利用拥塞控制技术来保证系统的性能不被恶化。

5. 协议

计算机网络是由许多节点相互连接而成的，两个节点之间要经常交换数据和控制信息。为了使整个网络有条不紊地工作，每个节点都必须遵守事先约定好的一些规则。这些规则可能包括：两个用户是同时发送数据的，还是轮流发送数据的，同一时间内传送的数据量，数据的格式，有意外事故时应如何解决等。这一系列规则就称为协议。显然，协议对于计算机通信网络来说是必不可少的。

6. 数据在传输过程中的表现形式

数据在计算机中是以离散的二进制数字信号来表示的，但在信道中传输时，它是以数字信号表示，还是以模拟信号表示，这取决于通信信道的性质。模拟信道允许传送的是模拟信号；数字信道允许传送的是数字信号。数据在传输过程中可以用数字信号表示，也可以用模拟信号表示。

7. 寻址和路由选择

当传输媒质被两个以上设备共享时，信源系统必须以某种方式标明数据所要到达的目的地。也就是说应采取相应的寻址技术，以保证相应的目标系统正确地接收该数据。传输系统本身可能就是一个网络，它由多条路径构成，因此，通信时必须选择这个网络中的一条路径，以便使数据有一条合适的道路可行。这就是路由选择问题。

8. 差错控制与流量控制

数据在传输过程中，差错是难免的。为了保证正确的通信，需要采取一定的控制技术：差错控制和流量控制。例如，当一个文件从一台机器传送到另一台机器时，文件有时会受到意外的干扰或影响，以致完全不能接收。为此，必须采取差错控制技术，以保证接收文件的正确性。另外，当传送的数据速率比接收的数据速率快时，为了保证目标源不受信源破坏，也需要采取流量控制技术。

9. 数据恢复技术

在信息交换过程中，还需要有信息恢复技术。例如，由于系统某个部位出现故障，而引起数据处理或文件传送中断，这时就需要采用数据恢复技术，以保留系统原来状态的信息，包括在交换开始前的环境等。

10. 数据格式化

为了保证两个用户之间交换或传输的数据形式相吻合，例如，双方必须用同一种二进制码表示字符等，数据必须格式化。

除了上述技术外，还涉及其他一些技术问题，这里不再赘述。

## 2.3 通信频段划分

为了最大限度地有效利用频率资源，避免或减小通信设备的相互干扰，根据各类通信采用的技术手段、发展趋势及其社会需求量，划分规定出各类通信设备的工作频率而不允许逾越。按照各类通信使用的波长或频率，大致可将通信分为长波通信、中波通信、短波通信和微波通信等。为了使读者能够对各种通信过程中所使用的频段形成一个比较全面的印象，表 2-3～表 2-7 列出了各类通信使用的频段及其说明，以供参考。

表 2-3 通信使用频段的主要用途

| 频段名 | 频率($f$) | 波段名称 | 波长($\lambda$) | 常用媒介 | 用途 |
|---|---|---|---|---|---|
| 甚低频 VLF | 3Hz～30kHz | 超长波 | $10^8$～$10^4$m | 有线线对、长波无线电 | 音频、电话、数据终端、长距导航、时标 |
| 低频 LF | 30～300kHz | 长波 | $10^4$～$10^3$m | 有线线对、长波无线电 | 导航、信标、电力线通信 |
| 中频 MF | 0.3～3MHz | 中波 | $10^3$～$10^2$m | 同轴电缆、中波无线电 | 调幅广播、移动陆地通信、业余无线电 |
| 高频 HF | 3～30MHz | 短波 | $10^2$～$10^1$m | 同轴电缆、短波无线电 | 移动无线电话、短波广播、定点军用通信、业余无线电 |
| 甚高频 VHF | 30～300MHz | 米波 | 10～100m | 同轴电缆、米波无线电 | 电视、调频广播、空中管制、车辆通信、导航、集群通信、无线寻呼 |
| 特高频 UHF | 0.3～3GHz | 分米波 | $10^0$～$10^{-1}$m | 波导、分米波无线电 | 电视、空间遥测、雷达导航、点对点通信、移动通信 |
| 超高频 SHF | 3～30GHz | 厘米波 | $10^{-1}$～$10^{-2}$m | 波导、厘米波无线电 | 雷达、微波接力、卫星和空间通信 |
| 极高频 EHF | 30～300GHz | 毫米波 | $10^{-2}$～$10^{-3}$m | 波导、毫米波无线电 | 雷达、微波接力、射电天文学 |
| 紫外、红外可见光 | $10^5$～$10^7$GHz | 光波 | $3\times10^{-4}$～$3\times10^{-6}$ m | 光纤、激光空间通信 | 光通信 |

其中，工作频率 $f$ 和工作波长 $\lambda$ 之间可以相互转化

$$\lambda=c/f$$

其中 $c$ 为电波在自由空间中的传播速度，通常取 $c=3\times10^8 m/s$。

**表 2-4　我国陆地移动无线电业务频率(MHz)划分**

| | | |
|---|---|---|
| 29.7～48.5 | 156.8375～167 | 566～606 |
| 64.5～72.5<br>（广播为主，与广播业务公用） | 167～223<br>（以广播业务为主，固定、移动业务为次） | 798～960<br>（与广播公用） |
| 72.5～74.6 | 223～235 | 1427～1535 |
| 75.4～76 | 335～399.9 | 1668.4～2690 |
| 137～144 | 406.1～420 | 4400～5000 |
| 146～149.9 | 450.5～453.5 | |
| 150.05～156.7625 | 460.5～463.5 | |

**表 2-5　1992 年我国无线电管理委员会制定的无绳电话使用频率划分表**

| 组数 | 座机发射频率/MHz | 手机发射频率/MHz |
|---|---|---|
| 1 | 45.000 | 48.000 |
| 2 | 45.025 | 48.025 |
| 3 | 45.050 | 48.050 |
| 4 | 45.075 | 48.075 |
| 5 | 45.100 | 48.100 |
| 6 | 45.125 | 48.125 |
| 7 | 45.150 | 48.150 |
| 8 | 45.175 | 48.175 |
| 9 | 45.200 | 48.200 |
| 10 | 45.225 | 48.225 |

注：

1. 话频道间隔 25kHz，座机/手机发射功率不超过 50mW/20mW。
2. 类别为 F3E；FID；G3E。

**表 2-6　业余无线电信号频率使用分类**

| 序号 | 频率/MHz | 用途 | 序号 | 频率/GHz | 用途 |
|---|---|---|---|---|---|
| 1 | 1.8～2.1 | 共用 | 15 | 1.24～1.30 | 次要 |
| 2 | 3.5～3.9 | 共用 | 16 | 2.30～2.45 | 次要 |
| 3 | 7.0～7.1 | 专用 | 17 | 3.30～3.50 | 次要 |
| 4 | 10.1～10.15 | 次要 | 18 | 5.65～6.35 | 次要 |
| 5 | 14～14.25 | 专用 | 19 | 10～10.5 | 次要 |
| 6 | 14.25～14.35 | 共用 | 20 | 24～24.25 | 次要 |
| 7 | 18.068～1 8.168 | 共用 | 21 | 47～47.25 | 共用 |

续表

| 序号 | 频率/MHz | 用途 | 序号 | 频率/GHz | 用途 |
|---|---|---|---|---|---|
| 8 | 21～21.45 | 专用 | 22 | 75.5～76 | 共用 |
| 9 | 24.89～24.99 | 共用 | 23 | 76～81 | 次要 |
| 10 | 28～29.7 | 共用 | 24 | 142～144 | 共用 |
| 11 | 50～54 | 次要 | 25 | 144～149 | 次要 |
| 12 | 144～146 | 专用 | 26 | 241～248 | 次要 |
| 13 | 146～148 | 共用 | 27 | 248～250 | 共用 |
| 14 | 430～ 440 | 次要 | 28 | | |

注:共用为业余业务作为主要业务和其他业务共用频段;专用为业余业务作为专用频段;次要为业余业务作为次要他业务共用频段。

其中 2～9 或 12 可用于自然灾害通信;160～162MHz 为气象频段。

**表 2-7　广播及电视频率划分表**

| 波段 | 频率/MHz | 电台间隔 | 用途 |
|---|---|---|---|
| LF(LW) | 120～300kHz | | 长波调幅广播 |
| MF(AM) | 525～1605kHz | 9kHz | 中波调幅广播 |
| HF(SW) | 3.5～29.7MHz | 9kHz | 短波调幅广播及单边带通信 |
| VHF(FM) | 88～108MHz | 150kHz | 调频广播及数据广播 |
| VHF | 48.5～92MHz | 8MHz | 电视及数据广播 |
| VHF | 167～223MHz | 8MHz | 电视及数据广播 |
| UHF | 223～443MHz | 8MHz | 电视及数据广播 |
| UHF | 443～870MHz | 8MHz | 电视及数据广播 |

## 2.4　信息及其度量

### 2.4.1　信息概述

1.信息的概念

信息一词的拉丁词源是 information,意思是通知、报道或消息。信息一词在中国历史资料中最早出自唐诗,是音信、消息的意思。其科学含义直到 20 世纪中叶,才被逐渐揭示出来。事实上,任何一种通知、报道或消息,都不外乎是关于某种事物的运动状态和运动方式的某种形式的反映,因而可以用来消除人们在认识上的某种不定性。信息的日常含义和它的科学含义是相通的。信息是在当代社会使用范围最广、频率最高的词汇之一。但是对于什么是信息,人们的理解却是不同的,迄今为止,还没有一个权威的、公认的定义。不同领域的研究者站在各自的角度提出对信息内涵的不同界定。

《中国大百科全书:图书馆学情报学档案学》是这样定义信息的:“一般说来,信息是关于事物运动的状态和规律的表征,也是关于事物运动的知识。它用符号、信号或消息所包含的内容,来消除对客观事物认识的不确定性”。

国标GB 4894—1985《情报与文献工作词汇基本术语》中定义:“信息是物质存在的一种方式、形态或运动状态,也是事物的一种普遍属性,一般是指数据、消息中所包含的意义,可以使消息中所描述事件的不定性减少”。

信息(Information)与物质、能量并立为现代社会三大支柱。信息是客观世界各种事物特征和变化的反映,以及经过人们大脑加工后的再现。消息、信号、数据、资料、情报、指令均是信息的具体表现形式。

2.信息的分类

信息广泛存在于自然界、生物界和人类社会。信息是多种多样、多方面、多层次的,信息的类型亦可从不同的角度划分。

(1)按照信息的载体分

①文献信息。文献信息是指文献所表达的内载信息。它是以文字、符号、声像为编码的人类精神信息,也是经人们筛选、归纳和整理后记录下来的信息,它与人工符号本身没有必然的联系,但要通过符号系统实现其传递。文献信息也是一种相对固化的信息,一经“定格”在某种载体上就不能随外界的变化而变化。它具有易识别、易保存、易传播的优点,缺点是不能随外界的变化而变化。固态化是文献信息老化的原因。

②口头信息。口头信息指存在于人脑记忆中,通过交谈、讨论、报告等方式交流传播的信息。它反映人们的思考、见解、看法和观点,是推动研究的最初起源。口头信息具有出现早、传递快、偶发性强的特点,但缺乏完整性和系统性,大部分转瞬即逝,一部分通过文献保存,一部分留存在人类的记忆中,代代相传,而称为口述回忆或口碑资料。作为信息留存的一种形式,口头信息无时不在、无处不有,承载着人类的知识、经验和史实,是一种需要重视和开发的极为丰富的资源。

③电子信息。电子信息是计算机技术、通信技术、多媒体技术和高密度存储技术迅速发展的产物。这是当今发展最快、最具应用价值和发展前途的新型信息源。

(2)按信息产生的客观性质分

①自然信息。自然信息指自然界瞬时发生的声、光、热、电,形形色色的天气变化,缓慢的地壳运动、天体演化等。

②社会信息。社会信息指人与人之间交流的信息,既包括通过手势、身体、眼神所传达的非语义信息,也包括用语言、文字、图表等语义信息所传达的一切对人类社会运动变化状态的描述。按照人类活动领域,社会信息又可分为科技信息、经济信息、政治信息、军事信息、文化信息等。

③机械信息。机械信息是机器及其设备部件发出的各种指令,如计算机的二进制代码。

④生物信息。生物信息指生物为繁衍生存而表现出来的各种形态和行为,如遗传信息、生物体内信息交流、动物种群内的信息交流。

信息分类还有其他划分方法,如以信息的记录符号为依据,可分为语声信息、图像信息、文字信息、数据信息等;以信息的运动状态为依据,可分为连续信息、离散信息;以信息的加工层次而论,可分为初始信息(或“感知信息”、“原生信息”)和再生信息(或“二次信息”、“三次信息”),后者是对初始信息进行加工并输出其结果的形式,也是信息检索的主要对象。

3.信息的属性

(1)客观性

信息客观地存在于物质世界之中,是现实世界中各种事物运动与状态的反映;它不是虚无缥缈的，也不是可以随意想象和创造的事物，其存在是不以人的意志为转移的；它可以被人所感知、存储、传递和使用。

(2)识别性

信息是可以识别的，对信息的识别又可分为直接识别和间接识别。直接识别是指通过人的感官的识别，如听觉、嗅觉、视觉等；间接识别是指通过各种测试手段的识别，如使用温度计来识别温度、使用试纸来识别酸碱度等。不同的信息源有不同的识别方法。

(3)传载性

信息本身只是一些抽象符号，如果不借助于媒介载体，人们对于信息是看不见、摸不着的。一方面，信息的传递必须借助于语言、文字、声波、图像、胶片、磁盘、电波、光波等物质形式的承载媒介才能表现从来，才能被人所接受，并按照既定目标进行处理和存储；另一方面，信息借助媒介的传递不受时间和空间限制，这意味着人们能够突破时间和空间的界限，对不同地域、不同时间的信息加以选择，增加利用信息的可能性。

(4)共享性

信息作为一种资源，不同个体或群体在同一时间或不同时间可以共同享用。这是信息与物质的显著区别。信息交流与实物交流有本质的区别。实物交流，一方有所得，必使另一方有所失。而信息交流不会因一方拥有而使另一方失去，也不会因使用次数的累加而损耗信息的内容。信息可共享的特点，使信息资源能够发挥最大的效用。

(5)相对性

客观上信息是无限的，但人们实际获得的信息总是有限的。并且，由于不同的信息用户有着不同的感受能力、不同的理解能力和不同的目的，即使从同一事物中获得的信息量也会因人而异。

(6)时效性

信息是对事物存在方式和运动状态的反映，如果不能反映事物的最新变化状态，它的效用就会降低。即信息一经生成，其反映的内容越新，它的价值越大；时间延长，价值随之减小，一旦信息的内容被人们了解，价值就消失了。信息使用价值还取决于使用者的需求及其对信息的理解、认识和利用的能力。

4.信息的作用

信息用来提供知识、智慧、情报，其目的是用来消除人们认识上的某种不确定性，消除不确定性的程度与信息接受者的思想意识和认识结构有关。人类认识就是从外界不断获取信息不断加工的过程。在人类发展过程中物质提供材料，能量提供动力，信息提供智慧。信息已成为促进科技、经济、社会发展的新型能源，它一方面帮助人们认识客观世界，消除人们认识的某种不确定性；另一方面，为人类提供生产知识所需的原料。

### 2.4.2 信息的度量

传递的消息都有其量值的概念。在一切有意义的通信中，虽然消息的传递意味着信息的传递，但对接收者而言，某些消息比另外一些消息的传递具有更多的信息。例如，甲方告诉乙方一件非常可能发生的事情，“明天中午 12 时正常开饭”，那么比起告诉乙方一件极不可能发生的事情，“明天 12 时有地震”来说，前一消息包含的信息显然要比后者少些。因为对乙方(接收者)来说，前一件事很可能(必然)发生，不足为奇，而后一事情却极难发生，使人惊奇。这表明消息确实有量值的意义，而且，对接收者来说，事件越不可能发生，越使人感到意外和惊奇，则信息量就越大。正如已经指出的，消息是多种多样的，因此，量度消息中所含的信息量值，必须能够估计任何消息的信息量，且与消息种类无关。另外，消息中所含信息的多少也应和消息的重要程度无关。

由概率论可知，事件的不确定程度，可用事件出现的概率来描述，事件出现(发生)的可能性越小，则概率越小；反之，概率越大。基于此认识，可以得到：消息中的信息量与消息发生的概率紧密相关。消息出现的概率越小，则消息中包含的信息量就越大。且概率为零时(不可能发生事件)信息量为无穷大；概率为 1 时(必然事件)，信息量为 0。

由此可见，消息中所含的信息量与消息出现的概率之间的关系应符合如下规律。

①消息中所含信息量 $I$ 是消息出现的概率 $P(x)$ 的函数，即

$$I=I[P(x)]$$

②消息出现的概率越小，它所含信息量越大；反之，信息量越小。且

$$I=\begin{cases}0 & P=1\\ \infty & P=0\end{cases}$$

③若干个互相独立的事件构成的消息，所含信息量等于各独立事件信息量的和，即

$$I[P_1(x_1)\cdot P_2(x_2)\cdots]=I[P_1(x)]+I[P_2(x)]+\cdots$$

可以看出，$I$ 与 $P(x)$ 间应满足以上三点，则有如下关系式：

$$I=\log_a\frac{1}{P(x)}=-\log_a P(x)$$

信息量，的单位与对数的底数 $a$ 有关，$a=2$，单位为奈特(nat 或 n)；$a=10$，单位为笛特(Det)或称为十进制单位；$a=r$，单位称为 $r$ 进制单位。通常使用的单位为比特。

### 2.4.3　平均信息量

平均信息量$\overline{I}$等于各符号的信息量与各自出现的概率乘积之和。

二进制时

$$\overline{I}=-P(1)1bP(1)-P(0)1bP(0)$$

把 $P(1)=P$，$P(0)=1-P$ 代入，则

$$\begin{aligned}\overline{I}&=-P1bP-(1-P)1b(I-P)\\&=-P1bP+(P-1)1b(1-P)\end{aligned}$$

对于多个信息符号的平均信息的计算：

设各符号出现的概率为

$$\begin{bmatrix}x_1 & x_2 & \cdots & x_n\\ P(x_1) & P(x_2) & \cdots & P(x_n)\end{bmatrix}且\sum_{i=1}^{n}P(x_i)=1$$

则每个符号所含信息的平均值(平均信息量)

$$\begin{aligned}\overline{I}&=P(x_1)[-1bP(x_1)]+P(x_2)[-1bP(x_2)]+\cdots+P(x_n)[-1bP(x_n)]\\&=\sum_{i=1}^{n}P(x_i)[-1bP(x_i)]\end{aligned}$$

由于平均信息量同热力学中的熵形式相似，故通常又称为信息源的熵，平均信息量$\overline{I}$的单位为 $b$/符号。

当离散信息源中每个符号等概率出现，且各符号的出现为统计独立时，该信息源的信息量最大。

此时最大熵(平均信息量)为:

$$\begin{aligned}\overline{I} &= \sum_{i=1}^{n} P(x_i)[-\mathrm{lb}P(x_i)] \\ &= \sum_{i=1}^{n} \frac{1}{N}(\mathrm{lb}\,\frac{1}{N}) = \mathrm{lb}N(n=N)\end{aligned}$$

## 2.5 数据通信系统

### 2.5.1 数据通信系统的组成

数据通信系统是通过数据电路将分布在远地的数据终端设备与计算机系统连接起来,进而实现数据的传输、交换、存储和处理。比较典型的数据通信系统主要由数据终端设备、数据电路、计算机系统三部分组成,如图 2-10 所示。

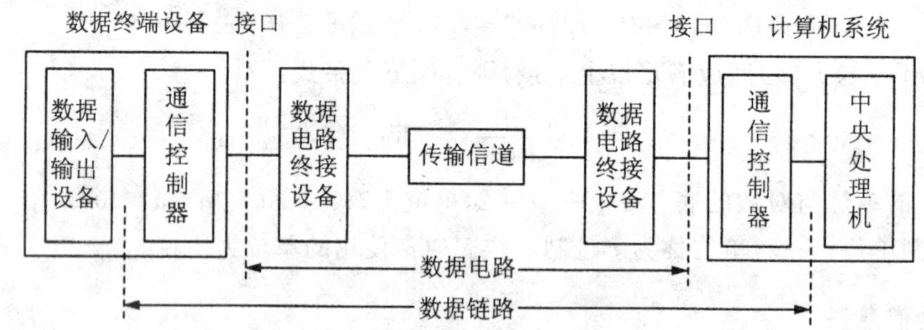


**图 2-10 数据通信系统的组成**

1. 数据终端设备

在数据通信系统中,用于发送和接收数据的设备称为数据终端设备(DTE)。DTE 可能是大、中、小型计算机、PC 机,即使是一台只接收数据的打印机也可以划入数据终端设备的范畴。DTE 属于用户范畴,其种类繁多,功能差别较大。比如,有简单终端和智能终端、同步终端和异步终端、本地终端和远程终端等。

DTE 的主要功能如下:

(1)输入/输出功能

发送时,把各种原始信息变换成计算机能够处理的二进制信息;接收时,把计算机处理的二进制信息变换成原始信息。

(2)通信控制功能

数据通信是计算机与计算机或计算机与终端间的通信,为了保证通信的有效性和可靠性,通信双方必须按一定的规程进行操作处理,如收发双方的同步、差错控制、传输链路的建立、维持和拆除及数据流量控制等,所以必须设置通信控制器(CCP)来完成这些功能,对应于软件部分就是通信协议,这也是数据通信与传统电话通信的主要区别。

2. 数据电路终接设备

数据电路终接设备(DCE),就是能够用来连接 DTE 与传输信道的设备,该设备为用户设备提供接入系统的连接点。DCE 的功能就是完成数据信号的变换,以适应信道传输特性的要求。

利用模拟信道传输，要进行“数字—模拟”变换，方法就是调制，而接收端要进行反变换，即“模拟—数字”变换，这就是解调，实现调制与解调的设备称为调制解调器（Modem）。因此调制解调器就是模拟信道的DCE。

利用数字信道传输信号时不需调制解调器，但DTE发出的数据信号也要经过某些变换才能有效而可靠地传输，由数据服务单元（DSU）和信道服务单元（CSU）共同组成了对应的DCE。DSU的功能包括码型和电平的变换、同步时钟信号的形成、包封的形成/还原等；CSU的功能包括信道特性的均衡、接续控制、维护测试等。

3. 数据电路和数据链路

在线路或信道上加入信号变换设备之后形成的二进制比特流通路，就是所谓的数据电路，它由传输信道及其两端的DCE组成。

数据链路是在数据电路已建立的基础上，通过发送方和接收方之间交换“握手”信号，使双方确认后方可开始传输数据的两个或两个以上的终端装置与互连线路的组合体。所谓“握手”信号是指通信双方建立同步联系、使双方设备处于正确收发状态、通信双方相互核对地址等。如图2-10所示，加了通信控制器后的数据电路称为数据链路。可见数据链路包括物理链路和实现链路协议的硬件和软件。只有建立了数据链路之后，双方DTE才可真正有效地进行数据传输。特别注意，在数据通信网中，数据链路仅仅操作于相邻的两个节点之间，因此从一个DTE到另一个DTE之间的连接需要通过多段数据链路的操作来实现。

4. 数据传输方式

（1）串行传输与并行传输

串行传输是指数字信号序列一个一个地按先后顺序在一条信道上传输。尽管串行方式传输数据的速度要相对慢一些，但是对于长距离通信比较适用。

并行传输是指数字信号序列以成组的方式在多条并行的信道上同时传输。这种方式的优点是传输速度快，处理简单。并行方式主要用于近距离通信，比如计算机内部的总线采用的就是并行传输方式。

（2）异步传输和同步传输

异步传输方式中，每传送一个字符都要在字符码前加一个起始位，有了这个起始位也就标志着字符码的开始，在字符码的后面加一个停止位，表示字符码的结束。这种方式适用于低速终端设备。

同步传输方式中，在发送字符之前先发送一组同步字符，用于收发双方同步，然后再传输一系列字符。在高速数据传输系统这种方式使用的比较多。

（3）工作方式

数据传输按照信息传送的方向与时间可以分为单工、半双工和全双工三种工作方式。

单工方式是指两个数据站之间只能沿一个指定的方向进行数据传输。此种方式适用于数据收集系统，如气象数据的收集、电话费的集中计算等。

半双工方式是指两个数据站之间可以在两个方向上进行数据传输，但不能同时进行。问询、检索、科学计算等数据通信系统就采用半双工方式。

全双工方式是指在两个数据站之间可以两个方向同时进行数据传输。全双工通信效率高，该系统的建造成本也要相对比较高，适用于计算机之间的高速数据通信系统。

通常使用四线线路实现全双工数据传输，双线线路实现单工或半双工数据传输。在采用频分法、时间压缩法、回波抵消技术时，双线线路也可实现全双工数据传输。

### 2.5.2 数据通信系统的模型

数据通信系统是通过数据电路将分布在远端的数据终端设备与计算机系统连接起来，实现数据传输、交换、存储和处理的系统。典型的数据通信系统主要由数据终端设备（DTE）、数据电路和中央处理机组成。但由于数据通信需求、通信手段、通信技术以及使用条件等的多样化，数据通信系统的组成也是多种多样的。图 2-11 所示为具有交换功能的一般数据通信系统组成模型。

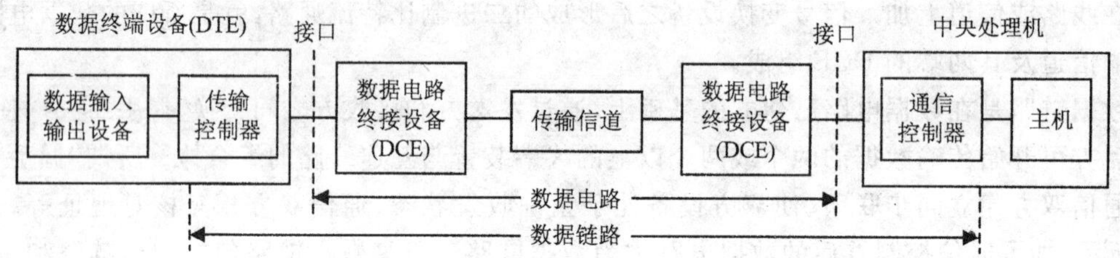


**图 2-11 数据通信系统的组成模型**

①数据终端设备（DTE）数据终端设备由数据输入设备（如键盘、鼠标和扫描仪等）、数据输出设备（显示器、打印机和传真机等）和传输控制器组成。数据终端设备的种类很多，按照使用场合可以分为通用数据终端和专用数据终端；按照性能可以分为简单终端和智能终端（如计算机等）。

②传输控制器。传输控制器按照约定的数据通信控制规程，控制数据的传输过程。例如，收发方之间的同步、传输差错的检测与纠正及数据流的控制等，以达到收发方之间协调、可靠地工作。

③数据电路终接设备（DCE）。数据电路终接设备位于数据电路两端；是数据电路的组成部分，其作用是将数据终端设备输出的数据信号变换成适合在传输信道中传输的信号。

④接口。接口是数据终端设备和数据电路之间的公共界面。接口标准由机械特性、电气特性、功能特性和规程特性等技术条件规定。

⑤数据电路（Data Circuit）。数据电路连接两个数据终端设备，负责将数据信号从一个数据终端设备传输到另一个数据终端设备。

⑥数据链路（Data Link）。数据电路加上数据传输控制功能后就构成了数据链路。

⑦通信控制器。通信控制器又称为前置处理机，用于管理与数据终端相连接的所有通信线路。

⑧中央处理机又称为主机，由中央处理单元（CPU）、主存储器、输入/输出设备及其他外围设备组成，其功能主要是进行数据处理。

### 2.5.3 数据通信系统的类型

数据通信系统按信息流方式可以分为以下几种类型。

1.数据处理/查询系统

这种类型的数据通信系统的信息流如图 2-12 所示。

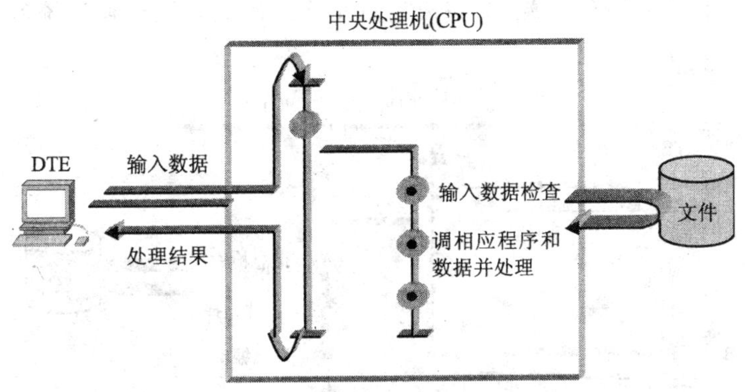


**图 2-12　数据处理/查询系统框图**

在中央处理机的文件中存有可查阅的大量数据，当数据终端查询时，终端首先与中央处理机建立数据链路，然后发送查询命令；中央处理机收到查询命令（输入数据）进行检查，根据检查结果调出相应的程序和数据进行处理，并将处理结果进行必要的编辑以适应线路传送和终端接收的形式；最后发送回终端，作为对查询的响应。例如飞机订座系统、银行系统和信息检索系统就属于此种类型

2. 数据收集和分配系统

数据收集和分配系统的信息流如图 2-13 所示。

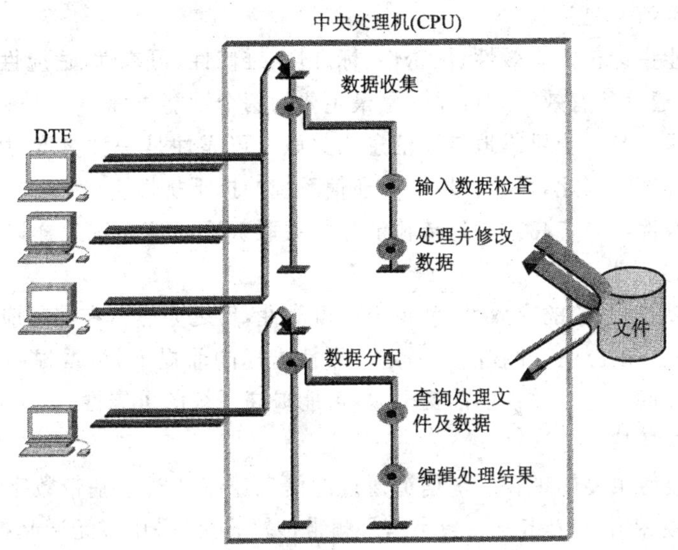


**图 2-13　数据收集和分配系统**

作为数据收集系统，从很多数据终端发来的数据被中央处理机收集，收集的数据被存入文件中，以备进一步处理，例如气象观测系统。这种系统也可以作为分配系统。

3. 信息交换系统

信息交换系统的信息流如图 2-14 所示。

若终端 A 需要将信息送到终端 B，终端 A 首先建立与中央处理机的数据链路，并将要交换的信息送到中央处理机；中央处理机收到该信息后对其进行检查和处理，并选择所需要的目的地终端 B；然后按照接收终端对信息格式的要求，对交换信息进行必要的编辑，并建立与目的地终端B的数据链路;将信息发送给终端B,完成信息交换。例如票证交换系统就是一种信息交换系统。

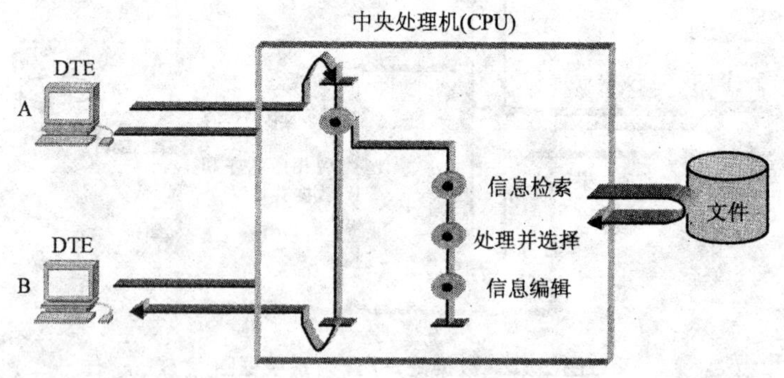


图 2-14　信息交换系统

在实际的数据通信系统中,这些形式是组合在一起使用的,可以提供更广泛的业务。

### 2.5.4　数据通信系统的性能指标

衡量、比较一个通信系统的好坏时,必然要涉及系统的主要性能指标,否则就无法衡量通信系统的好坏。无论是模拟通信还是数字、数据通信,尽管业务类型和质量要求各异,但它们都有一个总的质量指标要求,即通信系统的性能指标。

1. 一般通信系统的性能指标

通信系统的性能指标包括有效性、保密性、标准性、维修性、可靠性、适应性、工艺性等。从信息传输的角度来看,通信的有效性和可靠性是最主要的两个性能指标。

通信系统的可靠性与系统可靠地传输消息相关联。可靠性是一种量度,用来表示收到消息与发出消息的符合程度。因此,可靠性取决于通信系统的抗干扰性。

通信系统的有效性与系统高效率地传输消息相关联。即通信系统怎样以最合理、最经济的方法传输最大数量的消息。

一般情况下,要增加系统的有效性,就得降低可靠性,反之亦然。在实际应用中,常依据实际系统要求采取相对统一的办法,即在满足一定可靠性指标的前提下,尽量提高消息的传输速率,即有效性;或者,在维持一定有效性的前提下,尽可能提高系统的可靠性。

2. 通信系统的有效性指标

数字通信的有效性主要体现在一个信道通过的信息速率。对于基带数字信号,可以采用时分复用(TDM)以充分利用信道带宽。数字信号频带传输,可以采用多元调制提高有效性。数字通信系统的有效性可用传输速率来衡量,传输速率越高,则系统的有效性越好。通常可从以下三个角度来定义传输速率。

(1)码元传输速率 $R_B$

码元传输速率通常又称为码元速率,用符号 $R_B$ 表示。码元速率是指单位时间(每秒钟)内传输码元的数目,单位为波特(Baud),常用符号“B”表示。例如,某系统在 2s 内共传送 4800 个码元,则系统的传码率为 2400B。

数字信号一般有二进制与多进制之分,但码元速率 $R_B$ 与信号的进制无关,只与码元宽度 $T_B$ 有关。

$$R_B=\frac{1}{T_B}$$

通常在给出系统码元速率时，说明码元的进制，多进制($M$)码元速率 $R_{BM}$ 与二进制码元速率 $R_{B2}$ 之间，在保证系统信息速率不变的情况下，可相互转换，转换关系式为

$$R_{B2}=R_{BM}\cdot 1\text{b}M(\text{B})$$

式中，$M=2^k$，$k=2,3,4,\cdots$。

(2)信息传输速率 $R_b$

信息传输速率简称信息速率，又可称为传信率、比特率等。信息传输速率用符号 $R_b$ 表示。$R_b$ 是指单位时间(每秒钟)内传送的信息量，单位为比特/秒(bit/s)，简记为 b/s 或 bps。例如，若某信源在 1s 内传送 1200 个符号，且每一个符号的平均信息量为 lb，则该信源的 $R_b=1200$b/s。

因为信息量与信号进制数 $M$ 有关，因此，$R_b$ 也与 $M$ 有关。例如，在八进制中，当所有传输的符号独立等概率出现时，一个符号能传递的信息量为 1b8=3，当符号速率为 1200 B 时，信息速率为 1200×3=3600b/s。

(3)$R_b$ 与 $R_B$ 的关系

在二进制中，码元速率 $R_b$ 同信息速率 $R_B$ 的关系在数值上相等，但单位不同。

在多进制中，$R_{BM}$ 与 $R_{bM}$ 数值不同，单位也不同。它们之间在数值上有如下关系式

$$R_{bM}=R_{BM}\cdot 1\text{b}M$$

在码元速率保持不变的情况下，二进制信息速率如与多进制信息速率 $R_{bM}$ 之间的关系为

$$R_{bM}=(1\text{b}M)R_{b2}$$

(4)频带利用率 $\eta$

频带利用率指传输效率，也就是说，我们不仅关心通信系统的传输速率，还要看在这样的传输速率下所占用的信道频带宽度是多少。如果频带利用率高，说明通信系统的传输效率高，否则相反。

频带利用率的定义是单位频带内码元传输速率的大小，即

$$\eta=\frac{R_B}{B}$$

频带宽度 $B$ 的大小取决于码元速率 $R_B$，而码元速率 $R_B$ 与信息速率有确定的关系。因此，频带利用率还可用信息速率 $R_b$ 的形式来定义，以便比较不同系统的传输效率，即

$$\eta=\frac{R_b}{B}(\text{bps/Hz})$$

3.通信系统的可靠性指标

对于模拟通信系统，可靠性通常以整个系统的输出信噪比来衡量。信噪比是信号的平均功率与噪声的平均功率之比。信噪比越高，说明噪声对信号的影响越小，信号的质量越好。例如，在卫星通信系统中，发送信号功率总是有一定限量，而信道噪声(主要是热噪声)则随传输距离而增加，其功率不断累积，并以相加的形式来干扰信号，信号加噪声的混合波形与原信号相比则有一定程度的失真。模拟通信的输出信噪比越高，通信质量就越好。诸如，公共电话(商用)以 40dB 为优良质量，电视节目信噪比至少应为 50dB，优质电视接收应在 60dB 以上，公务通信可以降低质量要求，也需 20dB 以上。当然，衡量信号质量还可以用均方误差，它是衡量发送的模拟信号与接收端恢复的模拟信号之间误差程度的质量指标。均方误差越小，说明恢复的信号越逼真。

衡量数字通信系统可靠性的指标，可用信号在传输过程中出错的概率来表述，即用差错率来衡量。差错率越大，表明系统可靠性越差。差错率通常有两种表示方法。

(1)码元差错率 $P_e$

码元差错率 $P_e$ 简称误码率，它是指接收错误的码元数在传送的总码元数中所占的比例，更确切地说，误码率就是码元在传输系统中被传错的概率。用表达式可表示成

$$P_e=\frac{\text{单位时间内接受的错误码元数}}{\text{单位时间内系统传输的总码元数}}$$

(2)信息差错率 $P_b$

信息差错率 $P_b$ 简称误信率，或误比特率，它是指接收错误的信息量在传送信息总量中所占的比例，或者说，它是码元的信息量在传输系统中被丢失的概率。用表达式可表示成

$$P_b=\frac{\text{单位时间内接收的错误比特数(错误信息量)}}{\text{单位时间内系统传输的总比特数(总信息量)}}$$

(3) $P_e$ 与 $P_b$ 的关系

对于二进制信号而言，误码率和误比特率相等。而 $M$ 进制信号的每个码元含有 $n=1\text{b}M$ 比特信息，并且一个特定的错误码元可以有 $(M-1)$ 种不同的错误样式。当 $M$ 较大时，误比特率

$$P_b\approx\frac{1}{2}P_e$$

# 第3章 确定信号与随机信号

## 3.1 信号概述

### 3.1.1 信号的描述及分类

为了传递消息,常常需要将消息转换成便于传输和处理的信号。信号是信息的载体与表现形式,如光信号、声信号和电信号等。由于在各种信号中,电信号是一种最便于传输、控制与处理的信号;同时,实际运用中的许多非电信号,如压力、温度、流量、速度和位移等,都可以通过传感器变换成电信号,因而对电信号的研究具有重要的意义。

信号与信息的区别:信号是消息的表现形式与传送载体,消息是信号所传送的具体内容。例如,通信系统中电信号是应用最广泛的物理量,用它来传送声音、图像和文字等。

1. 信号的描述

要研究信号首先是对信号进行数学表示,信号的表示方式主要有以下两种:

(1)数学表达式

写出信号随时间或频率变化的解析式,也就是通常所说的函数。使用具体的数学表达式,把信号描述为一个或若干个自变量的函数或序列的形式,例如 $f(t)=\sin\omega_0 t$。

(2)波形

画出函数图形,包括时域或频域波形。与函数一样,一个实用的信号除用数学表达式描述外,还可用图形描述。

2. 信号的分类

(1)确定性信号和随机信号

确定信号,可以用一个确定的时间函数(或序列)表示的信号;随机信号,给定时刻的值不可预知的信号。任意给定一个自变量的值,如果可以唯一确定其信号和取值,则该信号是确定信号,否则,如果取值是随机的,则该信号是随机信号。街道上的噪声,其强度因时因地而异,无法准确预测,因此它是随机信号。研究随机信号要用概率统计的观点和方法。

(2)连续时间信号与离散时间信号

连续时间信号,在连续的时间范围内有定义。$t$ 是连续的,$f(t)$可是连续的,也可不是连续的。

表示方式:

①时间的函数(解析式),如 $f(t)=A\sin(\pi t)$。

②波形图表示如图 3-1 所示。

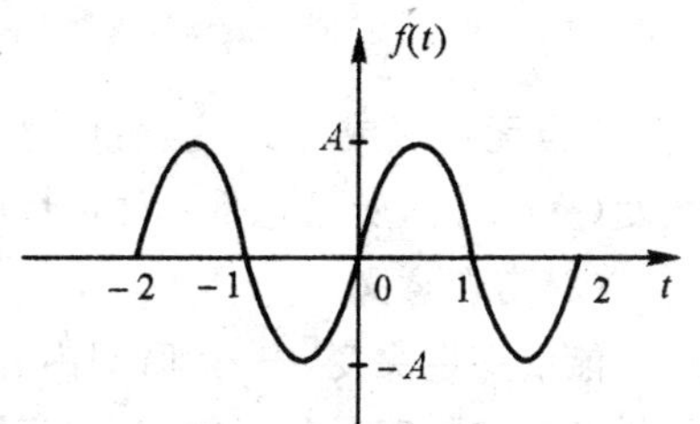


图 3-1 $f(t)=A\sin(\pi t)$

离散时间信号:在一些离散的瞬间才有定义,$t=kT$ 点上有定义,其余无定义。这样的信号其定义域为 $t=0,\pm T,\pm 2T\cdots$,则信号可以表示为 $f(kT)$,简记为 $f(k)$。

表示方式有：

①函数表示：$f(kT)=2^k k\geqslant 0$。

②逐个列出序列值：$f(kT)=\{0,1,2,4,8\cdots\}$。

③图形表示：如图 3-2 所示。

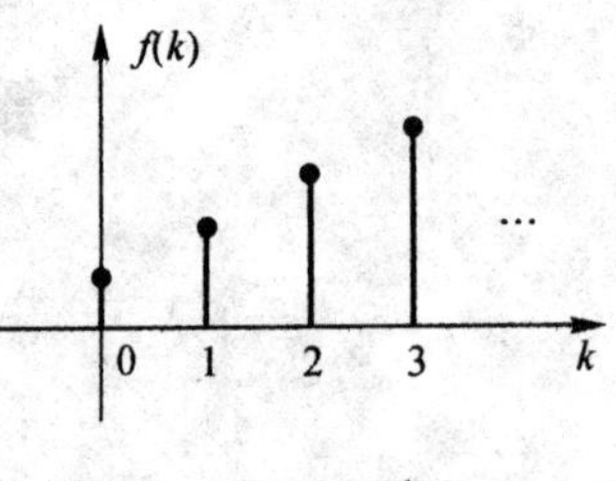


图 3-2　$f(kT)=2^k k\geqslant 0$

(3)周期信号和非周期信号

①周期信号是定义在区间$(-\infty,+\infty)$，每隔一定时间 $T$(或整数 $N$)按照相同的规律变化的信号。周期信号的波形如图 3-3 所示。

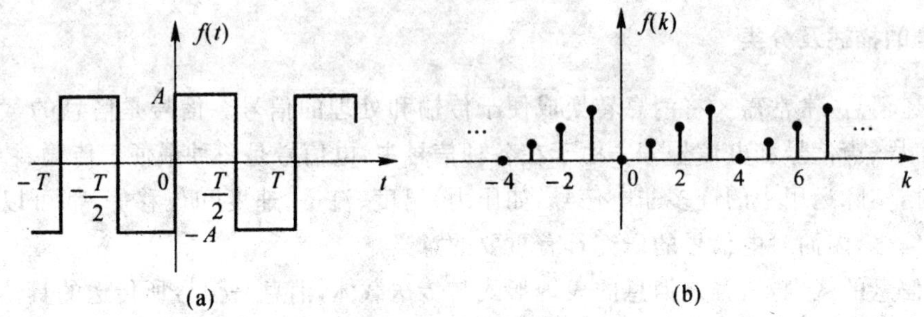


图 3-3　周期信号的波形

连续周期信号可以表示为

$$f(t)=f(t+mT),m=0,\pm 1,\cdots$$

离散周期信号可以表示为

$$f(k)=f(k+mN),m=0,\pm 1,\pm 2,\cdots$$

满足以上关系式的最小的 $T$(或 $N$)值，称为该信号的周期。

②非周期信号。不具有周期性的信号。非周期信号可以视为是周期无穷大的周期信号。

### 3.1.2　阶跃函数和冲激函数

函数本身有不连续点或其导数或积分有不连续点的这类函数统称为奇异信号或奇异函数。其中非常重要的两种奇异信号是单位冲激信号 $\delta(t)$和单位阶跃信号 $\varepsilon(t)$。在学习冲激信号和阶跃信号的时候重点把握它们的定义、性质和应用。

1. 单位阶跃信号

(1)定义

$$\varepsilon(t)\begin{cases}0,t<0\\1,t>0\end{cases}$$

0 点无定义或 1/2，注意：信号 $\varepsilon(t)$在 $t=0$ 处不是连续的，而是跃变(突变)的，所以它是一种奇特的信号，如图 3-4 所示。

(2)物理意义

能量产生突变——短时间内有大能量的信号。数学上定义阶跃信号是有实际背景的。例如，在实际的直流用电设备中，当开关闭合后设备输入端就加上了一个恒定电压，当这个恒定电压值为 1V 时，就相当于对设备加上了单位阶跃电压源，如图 3-5 所示。

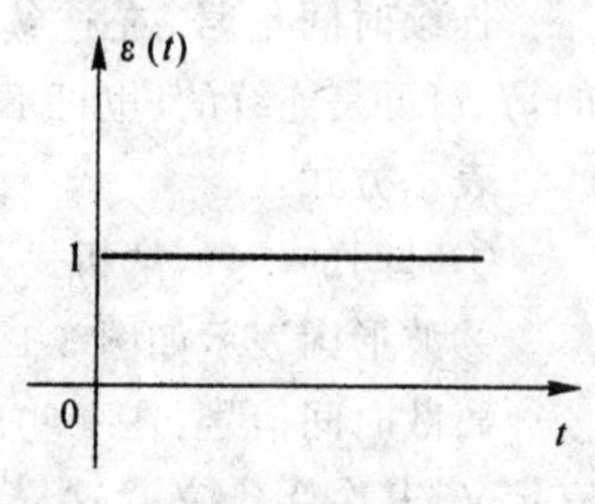


图 3-4　单位跃进信号波形

例如:对理想电容器充电时的电压 $U_c(t)$。

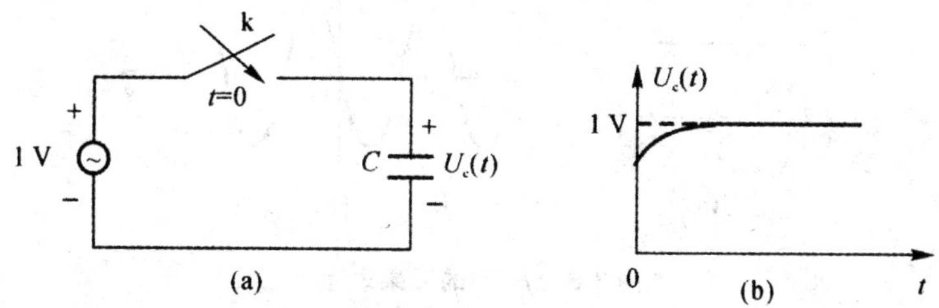


**图 3-5　单位阶跃信号的物理意义**

(3)有延迟的单位阶跃信号

$$\varepsilon(t-t_0)=\begin{cases}0, t<t_0, t_0>0\\1, t>t_0, t_0>0\end{cases}$$

由 $t-t_0=0$ 可知 $t=t_0$,即时间为 $t_0$ 时,函数不连续,有间断点,如图 3-6 所示。

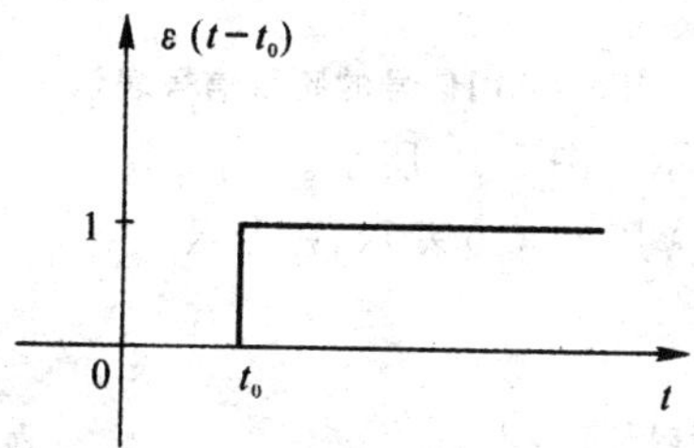


**图 3-6　有延迟的单位跃进信号波形**

(4)用单位阶跃信号描述其他信号

单位阶跃信号可以表示单边信号和持续时间有限的信号。下面来说明阶跃信号在表示信号中的应用。在后面的学习中还将学习到阶跃信号的另一个重要应用,即将复杂信号分解成阶跃信号进行分析。

①表示因果信号。所谓因果信号是指:当 $t<0$ 时,$f(t)=0$;当 $t>0$ 时,$f(t)\neq 0$。因果信号 $f_1(t)$ 的波形如图 3-7 所示。

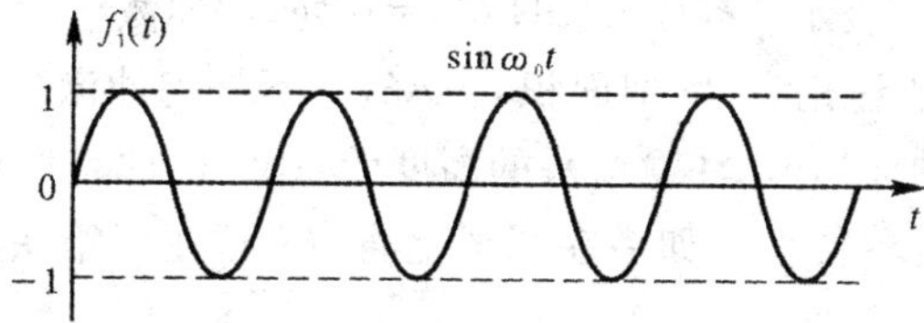


**图 3-7　因果信号 $f_1(t)$ 的波形**

以前将 $f_1(t)$ 的表达式用分段函数表示为

$$f_1(t)=\begin{cases}\sin\omega_0 t, t>0\\0, t\leqslant 0\end{cases}$$

现在可以将 $f_1(t)$ 看成 $\varepsilon(t)$ 与 $\sin\omega_0 t$ 的乘积,表示为 $f_1(t)=\sin\omega_0 t\cdot\varepsilon(t)$,如图 3-8 所示。

②构成门信号。门信号的阶跃信息表示如图 3-9 所示。

例如:写出图示信号的表达式:将 $f(t)$ 可以看成两个移位的阶跃信号 $\varepsilon(t-1)$ 和 $\varepsilon(t-2)$ 的组合,表示为 $f(t)=\varepsilon(t-1)-\varepsilon(t-2)$。

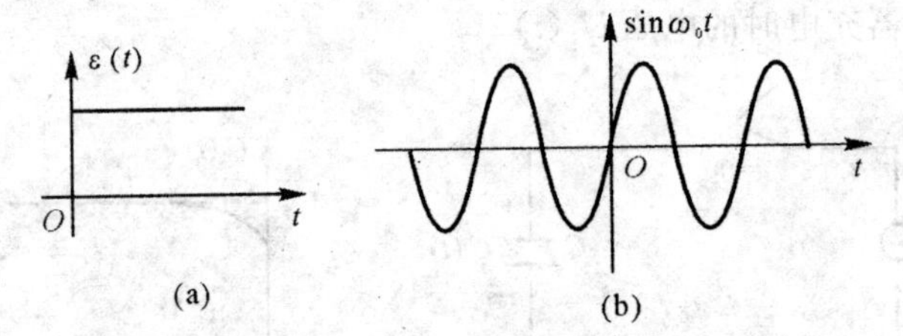


图 3-8　$f_1(t)$的因果表示

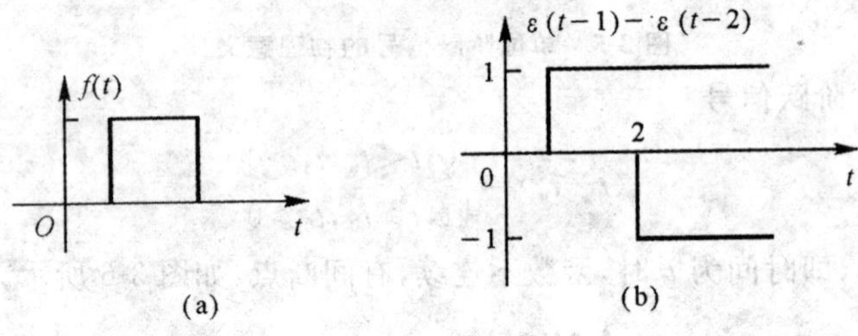


图 3-9　门信号的阶跃信号表示

③标准门函数的阶跃信号表示如图 3-10 所示。

标准门函数也称为窗函数，常用 $G_\tau(t)$表示，$\tau$ 表示门的宽度，即

$$G_\tau(t)=\varepsilon(t+\frac{\tau}{2})-\varepsilon(t-\frac{\tau}{2})$$

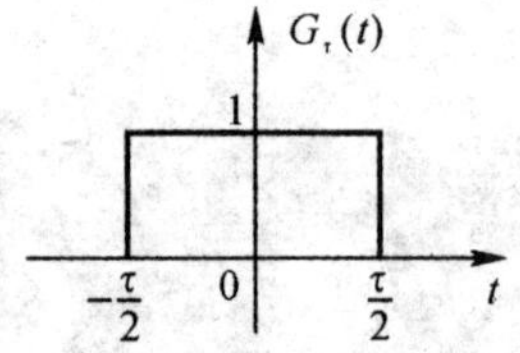


图 3-10　标准门函数的阶跃信号表示

2. 单位脉冲信号

(1)从某些函数的极限来定义

单位冲激函数可视为幅度与脉宽 $\tau$ 的乘积(矩形面积)为 1 个单位的矩形脉冲，当 $\tau$ 趋于零时，脉冲幅度趋于无穷大的极限情况，即

$$\delta(t)=\lim_{\tau\to 0}\frac{1}{\tau}[u(t+\frac{\tau}{2})-u(t-\frac{\tau}{2})]$$

如图 3-11(a)所示表示了当 $\tau\to 0$ 时，上式所述矩形脉冲的变化过程。冲激函数常用图 3-11(b)所示带箭头的线段来表示。$\delta(t)$函数只在 $t=0$ 处有“冲激”，而在 $t$ 轴上其他各点取值为零。$\delta(t)$不能研究幅度，只能讨论强度(即面积)。$A\delta(t)$不是指冲激的幅度为 $A$，而是指冲激的强度为 $A$。在画冲激信号的波形时，注意箭头的高度无意义，因此是任意的。在带箭头的线段旁注上“(1)”，表明冲激强度为单位值。如果在图形上将“$(E)$”注于箭头旁，则表示冲激强度为 $E$ 的 $\delta(t)$函数。

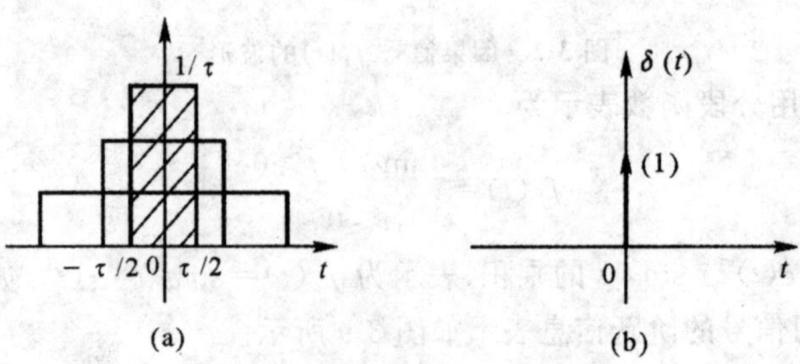


图 3-11　冲激函数的变化过程

其特点为：当面积为 1，宽度为 0 时，有幅度

$$\begin{cases}\text{无穷}, t=0 \\ 0, t=0\end{cases}$$

三角形脉冲、双边指数脉冲、抽样函数，取 $\tau\to0$ 极限，都可认为是冲激函数。

(2)狄拉克(Dirac)函数

狄拉克给出的 $\delta(t)$ 函数的定义式为

$$\begin{cases}\int_{-\infty}^{\infty}\delta(t)\,\mathrm{d}t = 1 \\ \delta(t) = 0, t\neq 0\end{cases}$$

不难看出狄拉克给函数 $\delta(t)$ 所定义的函数与上述定义按某些信号取极限来定义是一致的。

(3) $\delta(t)$ 的移位和强度表示

$\delta(t)$ 的移位和强度表示如图 3-12 所示。

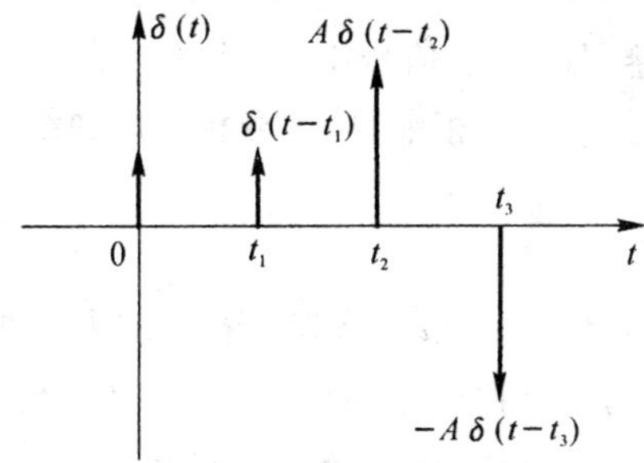


**图 3-12　$\delta(t)$的位移和强度表示**

$\delta(t)$，$t=0$ 处的冲激；$\delta(t-t_1)$，$t=t_1$ 处的冲激；$A\delta(t-t_2)$，$t=t_2$ 处，强度为 $A$；$-A\delta(t-t_3)$，$t=t_3$ 处，强度为 $-A$。

(4)冲激函数的性质

为了信号分析的需要，人们构造了 $\delta(t)$ 函数，它属于广义函数。就时间 $t$ 而言，$\delta(t)$ 可以当做时域连续信号处理，因为它符合时域连续信号运算的某些规则。但也由于 $\delta(t)$ 是一个广义函数，因此它有一些特殊的性质。

①筛选性质(取样性质)。

如果函数 $\delta(t)$ 为连续的有界函数，则有

$$f(t)\delta(t)=f(0)\delta(t) \tag{3-1}$$

式(3-1)表明，一个连续有界函数 $f(t)$ 与位于 $t=0$ 时的单位冲激函数 $\delta(t)$ 相乘，其乘积结果为位于 $t=0$ 处，强度为 $f(0)$ 的冲激函数，$t$ 取其他值时均为 0。因此，认为筛选出了 $t=0$ 时 $f(t)$ 的函数值 $f(0)$ 的信息。

如果要抽取任何一个时刻连续有界函数 $f(t)$ 的函数值的信息，则有

$$f(t)\delta(t-t_0)=f(t_0)\delta(t-t_0) \tag{3-2}$$

若对上述乘积再求积分，即

$$\int_{-\infty}^{\infty} f(t)\delta(t)\,\mathrm{d}t = f(0), \int_{-\infty}^{\infty} \delta(t)\,\mathrm{d}t = f(0)$$

该式表述了冲激函数的筛选性质，筛选出了 $f(t)$ 在 $t=0$ 的函数值 $f(0)$。

同样可以推到筛选 $f(t)$ 在 $t$ 取任何时候的函数值，$f(t_0)$ 即

$$\int_{-\infty}^{\infty} f(t)\delta(t-t_0)\,\mathrm{d}t = \int_{-\infty}^{\infty} f(t_0)\delta(t-t_0)\,\mathrm{d}t = f(t_0) \tag{3-3}$$

②奇偶性。

$$\delta(t)=\delta(-t)$$

### 3.1.3 卷积积分

1. 定义

一般而言，如果有两个函数 $f_1(t)$ 和 $f_2(t)$，积分 $y(t)=\int_{-\infty}^{\infty}f_1(\tau)f_2(1-\tau)\,\mathrm{d}\tau$ 称为 $f_1(t)$ 和 $f_2(t)$ 的卷积积分，简称卷积，即

$$y(t)=f_1(t)*f_2(t)=\int_{-\infty}^{\infty}f_1(\tau)f_2(1-\tau)\mathrm{d}\tau \tag{3-4}$$

积分限由 $f_1(t)$ 和 $f_2(t)$ 存在的区间决定，即由 $f_1(\tau)f_2(1-\tau)\neq 0$ 的范围决定。称为参变量，$-\infty<t<\infty$。

运算过程的实质是：参与卷积的两个信号中：一个不动；另一个反转后随参变量 $t$ 移动。对每一个 $t$ 的值，将 $f_1(\tau-t)$ 和 $f_2(\tau)$ 对应相乘，再计算相乘后曲线所包围的面积。

2. 卷积的性质

(1)代数性质

①交换律：$f_1(t)*f_2(t)=f_2(t)*f_1(t)$，这表明卷积结果与两函数的次序无关。

②分配律：$f_1(t)*[f_2(t)+f_3(t)]=f_1(t)*f_2(t)+f_1(t)*f_3(t)$。

③结合律：$[f_1(t)*f_2(t)]*f_3(t)=f_1(t)*[f_2(t)*f_3(t)]$。

(2)一般信号与冲激函数的卷积

卷积积分中最简单的情况是两个函数之一为冲激函数。根据定义及冲激函数的性质有

$$f(t)*\delta(t)=\delta(t)*f(t)=\int_{-\infty}^{\infty}\delta(t)f(t-\tau)\mathrm{d}\tau=f(t) \tag{3-5}$$

表明信号 $f(t)$ 和单位冲激信号 $\delta(t)$ 卷积运算的结果等于信号 $f(t)$ 本身，即

$$f(t)=f(t)*\delta(t)=\int_{-\infty}^{\infty}f(\tau)\delta(t-\tau)\mathrm{d}\tau \tag{3-6}$$

例如，求 $\delta_T(t)$，$\delta_T(t)$ 与 $f(t)$ 的卷积，如图 3-13 所示。

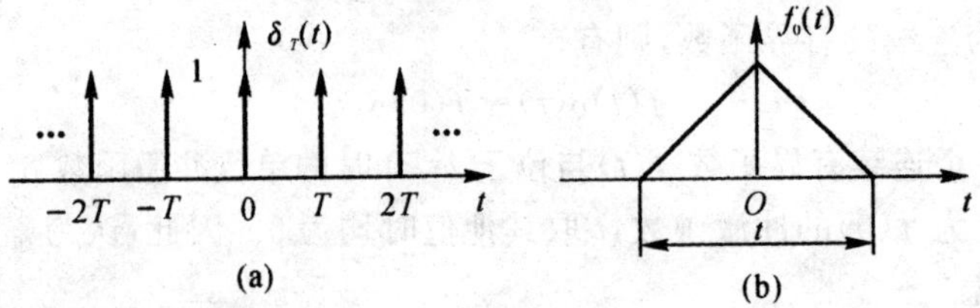


图 3-13 $\delta_T(t)$，$\delta_T(t)$ 与 $f(t)$ 的卷积

$$\begin{aligned}\delta_T(t)&=\cdots+\delta(t+2T)+\delta(t+T)+\delta(t)+\delta(t-T)\delta(t-2T)+\cdots\\&=\sum_{m=-\infty}^{\infty}\delta(t-mT)\end{aligned}$$

$$\begin{aligned}f(t)&=f_0(t)*\delta_T(t)=f_0(t)*[\sum_{m=-\infty}^{\infty}\delta(t-mT)]\\&=\sum_{m=-\infty}^{\infty}[f_0(t)*\delta(t-mT)]=\sum_{m=-\infty}^{\infty}f_0(t-mT)\end{aligned}$$

周期信号的表示:任意周期信号可以表示为

$$f(t)=\sum_{m=-\infty}^{\infty} f_0(t-mT)$$

## 3.2　确定信号的分析

### 3.2.1　周期信号的频谱

1. 周期信号的傅里叶级数

一个周期为 $T$ 的周期信号 $f(t)$,可以展开为如下的傅里叶级数:

$$f(t)=a_0+\sum_{n=1}^{\infty}(a_n\cos n\omega_0 t+b_n\sin\omega_0 t) \tag{3-7}$$

式中

$$a_0=\frac{1}{T}\int_{-T/2}^{T/2} f(t)\mathrm{d}t$$

$$a_n=\frac{2}{T}\int_{-T/2}^{T/2} f(t)\cos n\omega_0 t\mathrm{d}t$$

$$b_n=\frac{2}{T}\int_{-T/2}^{T/2} f(t)\sin n\omega_0 t\mathrm{d}t$$

其中,$\omega_0=\frac{2\pi}{T}$为基波角频率。

由三角公式,式(3-7)也可写作

$$f(t)=C_0+\sum_{n=1}^{\infty}(C_n\cos n\omega_0 t+\varphi_n) \tag{3-8}$$

式中,$C_n=\sqrt{a_n^2+b_n^2}$,$\varphi_n=-\tan\frac{b_n}{a_n}$。

周期信号还可用指数形式的傅里叶级数表示,指数形式比三角级数的形式更简化也更便于计算。根据欧拉公式

$$\cos n\omega_0 t=\frac{1}{2}(\mathrm{e}^{jn\omega_0 t}+\mathrm{e}^{jn\omega_0 t})$$

$$\sin n\omega_0 t=\frac{1}{2}(\mathrm{e}^{jn\omega_0 t}-\mathrm{e}^{jn\omega_0 t})$$

可将周期的公式表示为

$$f(t)=\sum_{n=-\infty}^{\infty} F_n\mathrm{e}^{jn\omega_0 t} \tag{3-9}$$

$$F_n=\frac{1}{T}\int_{-T/2}^{T/2} f(t)\mathrm{e}^{jn\omega_0 t}\mathrm{d}t \tag{3-10}$$

三角傅里叶级数和指数傅里叶级数不是两种不同类型的级数,它们是同一级数的两种不同的表示方法。指数函数是傅里叶变换的基础,在本课程中是最常用的表示式。

2. 周期信号频谱的特点

以周期矩形脉冲信号为例,如图 3-14 所示。

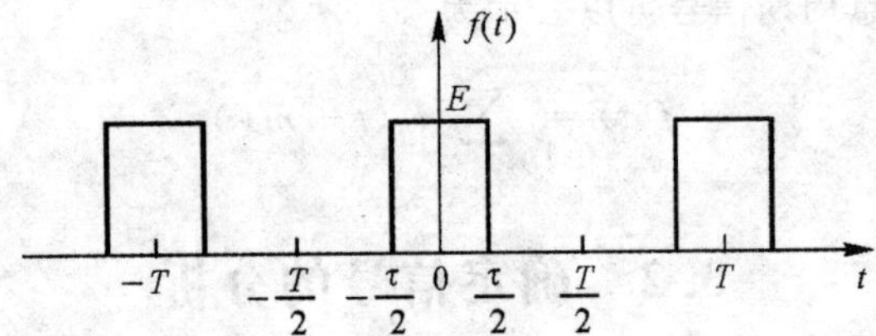


**图 3-14　周期矩形脉冲信号**

$$f(t)\begin{cases}E, |\tau|<\dfrac{\tau}{2}\\ 0, -\dfrac{T}{2}<t<\dfrac{\tau}{2}, \dfrac{\tau}{2}<t<\dfrac{T}{2}\end{cases}$$

在画频谱之前，先求其傅里叶级数的系数。

$$F_n=\frac{1}{T}\int_{-T/2}^{T/2}f(t)\mathrm{e}^{-\mathrm{j}n\Omega t}\mathrm{d}t=\frac{1}{T}\int_{-T/2}^{T/2}\mathrm{e}^{-\mathrm{j}n\Omega t}\mathrm{d}t=\frac{1}{T}\frac{\mathrm{e}^{-\mathrm{j}n\Omega t}}{-\mathrm{j}n\Omega}\Bigg|_{-\frac{\tau}{2}}^{\frac{\tau}{2}}$$

$$=\frac{1}{-jn\Omega}(\mathrm{e}^{-\mathrm{j}\frac{n\Omega t}{2}}-\mathrm{e}^{\mathrm{j}\frac{n\Omega t}{2}})=\frac{1}{-\mathrm{j}n\Omega}[-2\mathrm{j}\sin(\frac{n\Omega\tau}{2})]$$

$$=\frac{\tau}{T}*\frac{\sin(\frac{n\Omega\tau}{2})}{\frac{n\Omega\tau}{2}}$$

可将周期矩形脉冲信号的复振幅写成取样函数的形式，即

$$F_n=\frac{\tau}{T}\mathrm{Sa}(\frac{n\Omega\tau}{2})$$

其中取样函数为

$$\mathrm{Sa}(t)=\frac{\sin x}{x}$$

(1)取样函数性质

①$\mathrm{Sa}(-t)=\mathrm{Sa}(t)$，偶函数，其图形如图 3-15 所示。

②$t=0, \mathrm{Sa}(t)=1$，即$\lim\limits_{t\to 0}\mathrm{Sa}(t)=1$。

③$\mathrm{Sa}(t)=0, t=\pm n\pi, n=1,2,3\cdots$。

④ $\lim\limits_{t\to\pm\infty}\mathrm{Sa}(t)=0$。

⑤ $\int_0^{\infty}\frac{\sin t}{t}\mathrm{d}t=\frac{\pi}{2}, \int_{-\infty}^{\infty}\frac{\sin t}{t}\mathrm{d}t=\pi$。

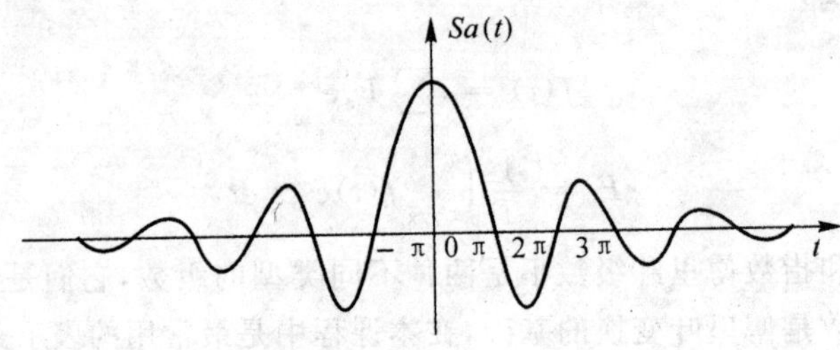


**图 3-15　Sa(t)的波形**

取 $T=5\tau$，由式子 $F_n=\frac{\tau}{T}\mathrm{Sa}(\frac{n\Omega\tau}{2})$ 可以画出周期矩形脉冲信号的频谱如图 3-16 所示。

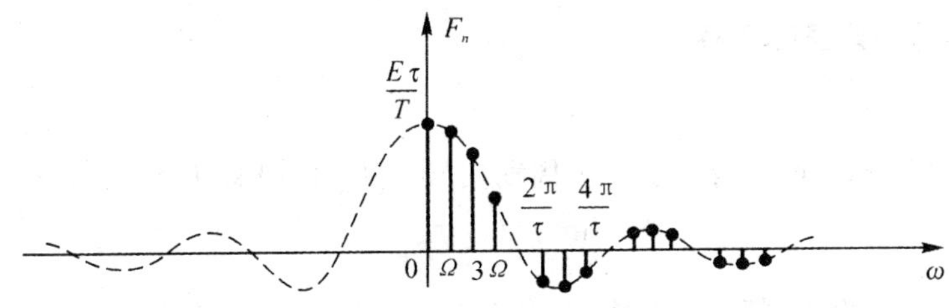


**图 3-16　周期矩形脉冲信号的频谱**

(2)周期频谱的特点

①离散性。此频谱由不连续的谱线组成，每一条谱线代表一个正弦分量，所以此频谱称为不连续谱或离散谱。

②谐波性。此频谱的每一条谱线只能出现在基波频率 Q 的整数倍频率上，即含有力的各次谐波分量。

③收敛性。此频谱的各次谐波分量的振幅虽然随 $n$Q 的变化有起伏变化，但总的趋势是随着 $n\Omega$ 的增大而逐渐减小。当 $n\Omega\to\infty$ 时，$|F_n|\to 0$。

周期性矩形脉冲信号的频谱还有自己的特点：各谱线的幅度按包络线 $\frac{\tau}{T}\mathrm{Sa}(\frac{\omega T}{2})$ 的规律变化；其最大值在 $n=0$ 处，为 $\frac{E\tau}{T}$；在 $\frac{\omega\tau}{2}=m\pi(m=\pm1,\pm2,\cdots)$ 各处，即 $\omega=\frac{2m\pi}{\tau}$ 的各处，相应的频谱分量为零。

(3)频带宽度的概念

周期矩形脉冲信号含有无穷多条谱线，也就是说，周期矩形脉冲信号可表示为无穷多个正弦分量之和。在信号的传输过程中，要求一个传输系统能将此无穷多个正弦分量不失真地传输显然是不可能的。在实际工作中，应要求传输系统能将信号中的主要频率分量传输过去，以满足失真度方面的基本要求。

在满足一定失真的条件下，信号可以用某段频率范围的信号来表示，此频率范围称为频带宽度。周期矩形脉冲信号的主要能量集中在第一个零点之内，一般把第一个零点作为信号的频带宽度见图 3-17 所示。记为

$$B_\omega=\frac{2\pi}{\tau} \text{或} B_f=\frac{1}{\tau}$$

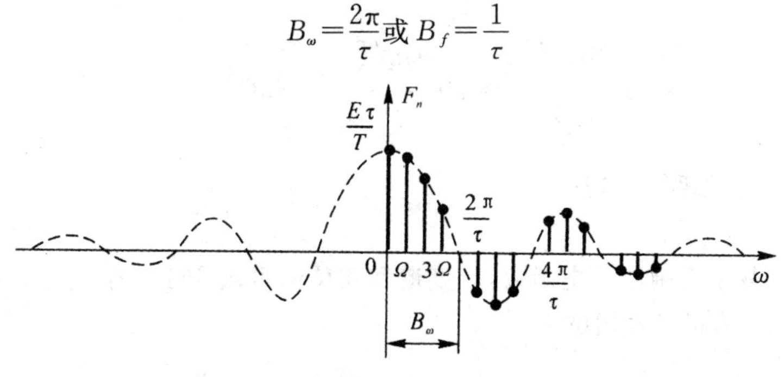


**图 3-17　频带宽度**

对于一般周期信号，将幅度下降为$\frac{1}{10}|F(n\omega_1)|_{\max}$的频率区间定义为频带宽度。

### 3.2.2 非周期信号的傅里叶变换

1. 傅里叶变换的定义

一个非周期信号 $f(t)$可以看成由一个周期信号 $f_T(t)$将周期 $T\to\infty$时所得到的，即

$$\lim_{T\to\infty} f_T(t)=f(t)$$

当 $T$ 增加时，$\omega_0=\frac{2\pi}{T}$等变小，频谱线变密，且各分量的幅度也减小，但频谱的形状不变。当$T\to\infty$时，$\omega_0=\frac{2\pi}{T}\to 0$，每个频率分量的幅度变为无穷小，而频率分量也有无穷多个，这时离散频谱变成了连续频谱。若令 $\omega_0=\mathrm{d}\omega, n\omega_0=n\mathrm{d}\omega=\omega$。$\frac{1}{T}=\frac{\mathrm{d}\omega}{2\pi}$，经推导可得

$$f(t)=\frac{1}{2\pi}\int_{-\infty}^{\infty} F(\omega)\mathrm{e}^{\mathrm{j}\omega t}\,\mathrm{d}\omega \tag{3-11}$$

$$F(\omega)=\int_{-\infty}^{\infty} f(t)\mathrm{e}^{\mathrm{j}\omega t}\,\mathrm{d}t \tag{3-12}$$

式(3-11)称为 $f(t)$的傅里叶正变换，它把一个时间域内 $t$ 的函数变换为频率域内 $\omega$ 的函数，$F(\omega)$称为 $f(t)$的频谱函数。式(3-12)称为 $F(\omega)$的傅里叶逆变换或反变换，它把一个 $\omega$ 的函数变换为$t$ 的函数。傅里叶变换简记为

$$F(\omega)=F[f(t)] \tag{3-13}$$

$$f(t)=F^{-1}[F(\omega)] \tag{3-14}$$

也可用箭头表示上述关系

$$f(t)\leftrightarrow F(\omega)$$

2. 非周期信号的频谱函数

门函数(或称矩形脉冲)与其频谱的对应关系如下：

$$g_\tau(t)\leftrightarrow \tau\mathrm{Sa}\left(\frac{\omega\tau}{2}\right)$$

频谱函数为

$$F(\mathrm{j}\omega)=\int_{-\infty}^{\infty} f(t)\mathrm{e}^{-\mathrm{j}\omega t}\,\mathrm{d}t=\int_{-\frac{\tau}{2}}^{\frac{\tau}{2}} 1\cdot \mathrm{e}^{-\mathrm{j}\omega t}\,\mathrm{d}t=\frac{\mathrm{e}^{-\mathrm{j}\frac{\omega\tau}{2}}-\mathrm{e}^{\mathrm{j}\frac{\omega\tau}{2}}}{-\mathrm{j}\omega}$$

$$=\frac{2\mathrm{j}\sin\frac{\omega\tau}{2}}{-\mathrm{j}\omega}=\tau\cdot\frac{\sin\frac{\omega\tau}{2}}{\frac{\omega\tau}{2}}=\tau\mathrm{Sa}\left(\frac{\omega\tau}{2}\right)$$

频谱：门函数频谱如图 3-18 所示。

说明：

①如果频谱函数是实函数或虚函数，幅度谱和相位谱可以合成一个图形来表示，$F(\mathrm{j}\omega)$为负代表相位为 $\pi$，$F(\mathrm{j}\omega)$为正代表相位为 0。

②门函数的带宽 $\Delta f=\frac{1}{\tau}$，脉冲宽度越窄，其占有的频带越宽。

③冲激函数 $\delta(t)$。该函数与其对应频谱的关系为 $\delta(t)\leftrightarrow 1$。

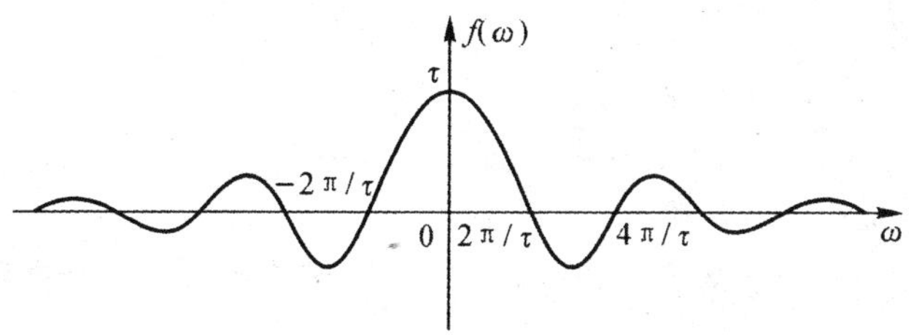


**图 3-18　门函数的频谱**

3.傅里叶变换的性质

(1)线性

若 $f_1(t)\leftrightarrow F_1(\mathrm{j}\omega)$，$f_2(t)\leftrightarrow F_2(\mathrm{j}\omega)$，则对于任意常数 $a_1$ 和 $a_2$ 有

$$a_1f_1(t)+a_2f_2(t)\leftrightarrow a_1F_1(\mathrm{j}\omega)+a_2F_2(\mathrm{j}\omega)$$

(2)对称性

若 $f(t)\leftrightarrow F(\omega)$，则 $F(\mathrm{j}t)\leftrightarrow 2\pi f(-\omega)$。

分析证明：傅里叶逆变换式是

$$f(t)=\frac{1}{2\pi}\int_{-\infty}^{\infty}F(\mathrm{j}\omega)\mathrm{e}^{\mathrm{j}\omega t}\mathrm{d}\omega$$

将上式中的自变量 $t$ 换为 $(-t)$，得

$$f(-t)=\frac{1}{2\pi}\int_{-\infty}^{\infty}F(\mathrm{j}\omega)\mathrm{e}^{-\mathrm{j}\omega t}\mathrm{d}\omega$$

将上式中的 $t$ 换为 $\omega$，将原有的 $\omega$ 换为 $t$，得

$$f(-\omega)=\frac{1}{2\pi}\int_{-\infty}^{\infty}F(\mathrm{j}t)\mathrm{e}^{-\mathrm{j}\omega t}\mathrm{d}t \text{ 或 } 2\pi f(-\omega)=\int_{-\infty}^{\infty}F(\mathrm{j}t)\mathrm{e}^{-\mathrm{j}\omega t}\mathrm{d}t$$

上式表明，时间函数 $F(\mathrm{j}t)$ 的傅里叶变换是 $2\pi f(-\omega)$。

举例说明：单位冲激函数 $\delta(t)$ 是偶函数，它的傅里叶变换是 1。根据对称性可知，在时域中常数为 1 的信号，其频谱函数是 $2\pi\delta(\omega)$，即有

$$\delta(t)\leftrightarrow 1$$

$$1\leftrightarrow 2\pi\delta(\omega)$$

(3)时移性质

若 $f(t)\leftrightarrow F(\omega)$，且 $t_0$ 为正实常数，则

$$f(t\pm t_0)\leftrightarrow F(\mathrm{j}\omega)\mathrm{e}^{\pm\mathrm{j}\omega t}$$

该性质说明：信号 $f(t)$ 在时域沿时间轴左、右移 $t_0$，对应于频域中频谱乘以因子 $\mathrm{e}^{\pm\mathrm{j}\omega t}$。也就是说，信号左、右移动会导致相移，即相位会产生附加相移，而振幅不变。

(4)频移性质

若

$$f(t)\leftrightarrow F(\omega)$$

则 $f(t)\mathrm{e}^{\pm\mathrm{j}\omega t}\leftrightarrow F[\mathrm{j}(\omega\pm\omega_0)]$。

该性质表明：信号 $f(t)$ 在时域乘以出，对应于频谱在频域中沿频率轴右移或左移。

4.卷积定理

卷积定理说明的是两函数在时域(或频域)中的卷积积分，对应于频域(或时域)中两者的傅里叶变换(或逆变换)应具有何种关系。

(1)时域卷积定理

若

$$f_1(t)\leftrightarrow F_1(\mathrm{j}\omega),f_2(t)\leftrightarrow F_2(\mathrm{j}\omega)$$

则 $f_1(t)*f_2(t)\leftrightarrow F_1(\mathrm{j}\omega)\cdot F_2(\mathrm{j}\omega)$。

上式表明,在时域中两函数的卷积积分对应于在频域中两函数的频谱的乘积。

(2)频域卷积定理

若

$$f_1(t)\leftrightarrow F_1(\mathrm{j}\omega),f_2(t)\leftrightarrow F_2(\mathrm{j}\omega)$$

则 $f_1(t)\cdot f_2(t)\leftrightarrow\frac{1}{2\pi}F_1(\mathrm{j}\omega)*F_2(\mathrm{j}\omega)$。

在时域中两函数的乘积,对应于频域中两函数之卷积分的$\frac{1}{2\pi}$倍。

5. 正弦余弦函数的傅里叶变换

因为

$$1\leftrightarrow 2\pi\delta(\omega)$$

根据频移性质

$$\mathrm{e}^{\mathrm{j}\omega_0 t}\leftrightarrow 2\pi\delta(\omega-\omega_0),\mathrm{e}^{-\mathrm{j}\omega_0 t}\leftrightarrow 2\pi\delta(\omega+\omega_0)$$

所以,正、余弦函数的傅里叶变换为

$$\cos(\omega_0 t)=\frac{1}{2}(\mathrm{e}^{\mathrm{j}\omega_0 t}+\mathrm{e}^{-\mathrm{j}\omega_0 t})\leftrightarrow\pi[\delta(\omega-\omega_0)+\delta(\omega+\omega_0)] \tag{3-15}$$

$$\sin(\omega_0 t)=\frac{1}{2\mathrm{j}}(\mathrm{e}^{\mathrm{j}\omega_0 t}-\mathrm{e}^{-\mathrm{j}\omega_0 t})\leftrightarrow\mathrm{j}\pi[\delta(\omega+\omega_0)-\delta(\omega-\omega_0)] \tag{3-16}$$

正、余弦信号的波形和频谱如图 3-19 所示。

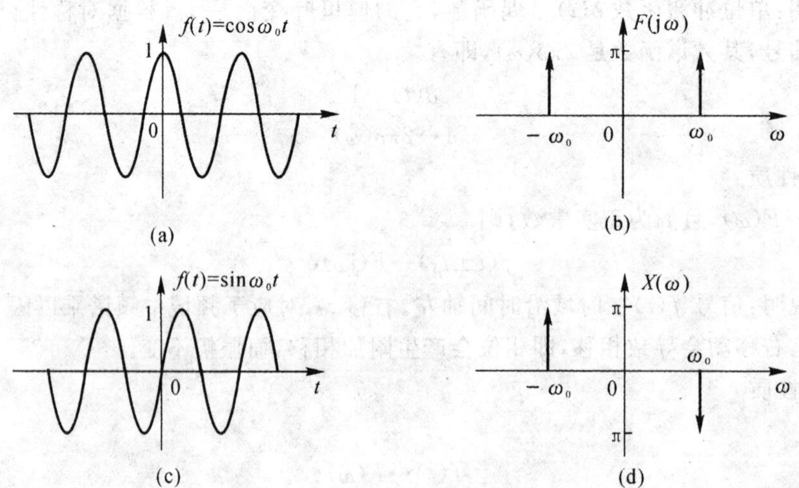


**图 3-19 正、余弦信号的波形和频谱**

(a)余弦脉冲;(b)余弦脉冲频谱;(c)正弦脉冲;(d)正弦脉冲频谱

### 3.2.3 信号的能量谱和功率谱

前面讨论了周期信号和非周期信号的时域和频域的关系。时间信号的另一个重要特征是能量和功率随频率分布的关系，即能量谱密度和功率谱密度。下面对确定信号的能量谱和功率谱进行分析，其分析方法对随机信号和噪声也同样适用。

1. 功率和能量

信号 $f(t)$（电压或电流）在 1Ω 电阻上所消耗的能量定义为信号的归一化能量，简称能量，于是在$(-T/2 \sim T/2)$时间内消耗的能量为

$$E = \int_{-T/2}^{T/2} f^2(t)\mathrm{d}\tau \tag{3-17}$$

平均功率为

$$P = \frac{1}{T}\int_{-T/2}^{T/2} f^2(t)\mathrm{d}\tau \tag{3-18}$$

当 $T\to\infty$ 时，若 $E=\int_{-\infty}^{\infty} f^2(t)\mathrm{d}\tau$ 为有限值，称信号为能量信号，此时 $P=0$，因此只能用能量表示信号，而不能用平均功率表示信号，能量信号的能量计算公式为

$$E = \int_{-\infty}^{\infty} f^2(t)\mathrm{d}\tau \tag{3-19}$$

当 $T\to\infty$ 时，若 $E=\int_{-\infty}^{\infty} f^2(t)\mathrm{d}\tau\to\infty$，此时信号不能用能量表示，只能用平均功率表示，称 $E$ 不存在而 $P$ 存在的信号为功率信号。周期信号的平均功率可以在一个周期内求

$$P = \frac{1}{T}\int_{-T/2}^{T/2} f^2(t)\mathrm{d}\tau(T\text{ 为周期}) \tag{3-20}$$

对于非周期信号，其平均功率为

$$P = \lim_{T\to\infty}\frac{1}{T}\int_{-T/2}^{T/2} f^2(t)\mathrm{d}\tau \tag{3-21}$$

式中，$T$ 为取时间平均的区间。

周期信号都是功率信号，而非周期信号可以是能量信号，也可以是功率信号。

2. 帕塞瓦尔定理

不难证明，若 $f(t)$ 为能量信号，且其傅里叶变换为 $F(\omega)$，则有如下关系

$$\int_{-\infty}^{\infty} f^2(t)\mathrm{d}t = \frac{1}{2\pi}\int_{-\infty}^{\infty} |F(\omega)|^2\mathrm{d}\omega \tag{3-22}$$

若 $f(t)$ 为周期性功率信号，则有

$$\frac{1}{T}\int_{-\frac{T}{2}}^{\frac{T}{2}} f^2(t)\mathrm{d}t = \sum_{n=-\infty}^{\infty}|F_n|^2 \tag{3-23}$$

式中，$T$ 为信号 $f(t)$ 的周期；$F_n$ 为 $f(t)$ 的傅里叶级数的复系数。式(3-22)说明时域内能量信号的总能量等于频域内各个频率分量能量的连续和。式(3-23)说明周期信号总的平均功率等于其各个频率分量功率的总和。

以上关系称为帕塞瓦尔定理。帕塞瓦尔定理说明，能量信号的总能量等于各个频率分量单独贡献出来的能量的积分；而周期功率信号的平均功率等于各个频率分量单独贡献出来的平均功率之和。不同频率间的乘积对信号的能量和功率没有任何影响。帕塞瓦尔定理把一个信号的能量 $E$ 或功率 $P$ 的计算和频谱函数 $F(\omega)$ 或频谱 $F_n$ 联系起来。这样就有了两种计算 $E$ 或 $P$ 的方法，即可以在给出信号时间函数的情况下求 $E$ 或 $P$，也可以在给出 $F(\omega)$ 或 $F_n$ 的情况下求 $E$ 或 $P$。

3. 能量谱密度和功率谱密度

设能量以 $E$ 表示，功率以 $P$ 表示，如果在频域内有

$$E=\int_{-\infty}^{\infty}E(\omega)\mathrm{d}\omega=\int_{-\infty}^{\infty}E(f)\mathrm{d}f \tag{3-24}$$

$$P=\int_{-\infty}^{\infty}P(\omega)\mathrm{d}\omega=\int_{-\infty}^{\infty}P(f)\mathrm{d}f \tag{3-25}$$

则称 $E(\omega)$ 为能量谱密度函数，而称 $P(\omega)$ 为功率谱密度函数。能量谱密度的单位为 J/Hz（焦耳/赫兹），功率谱密度的单位为 W/Hz（瓦特/赫兹），式中 $\omega=2\pi f$。能量谱密度和功率谱密度简称能量谱和功率谱。

对于能量信号 $f(t)$，其能量谱密度 $E(\omega)$ 当然一定存在。将式(3-24)与式(3-22)对照，可得

$$E(\omega)=|F(\omega)|^2 \tag{3-26}$$

由于 $|F(\omega)|^2=|F(-\omega)|^2$，故能量谱是 $\omega$ 的一个实偶函数，此时信号能量 $E$ 可简化为

$$E=\frac{1}{\pi}\int_{0}^{\infty}E(\omega)\mathrm{d}\omega=2\int_{0}^{\infty}E(f)\mathrm{d}f \tag{3-27}$$

对于功率信号，由于它的能量无穷大，所以只能用功率来描述。由式(3-21)可知，信号 $f(t)$ 的平均功率就是 $f(t)$ 的均方值。以 $\overline{f^2(t)}$ 表示 $f(t)$ 的均方值，则

$$P=\overline{f^2(t)}=\lim_{T\to\infty}\frac{1}{T}\int_{-T/2}^{T/2}f^2(t)\mathrm{d}t \tag{3-28}$$

如图 3-20(a)所示为非周期的功率信号 $f(t)$，对 $f(t)$ 只保留 $|t|^2\leqslant T/2$ 的部分，被保留的部分称为截断函数 $f_T(t)$，如图 3-20(b)所示。因为 $T$ 为有限值，所以 $f_T(t)$ 只具有有限的能量。假定 $f_T(t)$ 的傅里叶变换为 $F_T(\omega)$，那么 $f_T(t)$ 的能量 $E_T$ 为

$$E_T=\int_{-\infty}^{\infty}|f_T(t)|^2\mathrm{d}t=\frac{1}{2\pi}\int_{-\infty}^{\infty}|F_T(\omega)|^2\mathrm{d}\omega \tag{3-29}$$

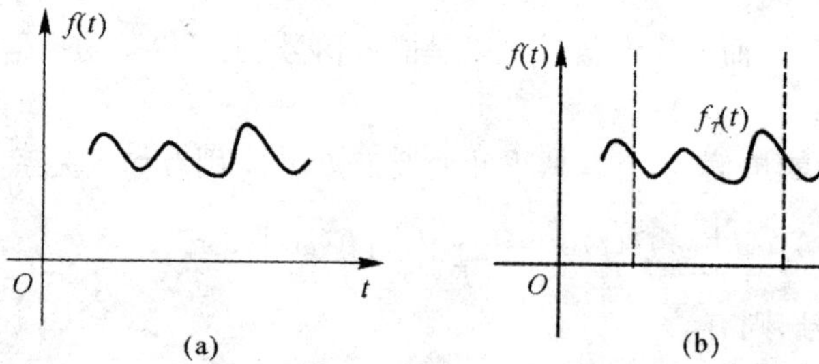


**图 3-20　功率信号及截断信号**

式(3-29)同时可表示为

$$\int_{-\infty}^{\infty}|f_T(t)|^2\mathrm{d}t=\int_{-2/T}^{2/T}|f(t)|^2\mathrm{d}t$$

所以 $f(t)$ 的平均功率为

$$P=\lim_{T\to\infty}\frac{1}{T}\int_{-T/2}^{T/2}f^2(t)\mathrm{d}t=\frac{1}{2\pi}\int_{-\infty}^{\infty}\lim_{T\to\infty}\frac{|F_T(\omega)|^2}{T}\mathrm{d}\omega \tag{3-30}$$

因为 $f(t)$ 是功率信号，所以式(3-30)中的极限存在。当 $T\to\infty$ 时，$|F_T(\omega)|^2$ 趋于一极限值，定义此极限值为功率谱密度

$$P(\omega)=\lim_{\tau\to\infty}\frac{|F_T(\omega)|^2}{T} \tag{3-31}$$

这样，功率 $P$ 可表示为

$$P=\overline{f^2(t)}=\lim_{T\to\infty}\frac{1}{T}\int_{-T/2}^{T/2}f^2(t)\mathrm{d}t=\frac{1}{2\pi}\int_{-\infty}^{\infty}P(\omega)\mathrm{d}\omega=\int_{-\infty}^{\infty}P(f)\mathrm{d}f \tag{3-32}$$

功率谱只与功率信号频谱的模值有关，而与其相位无关。凡具有相同幅度频谱特性的信号，不管其相位频谱特性如何，都具有相同的功率谱。

对于实信号有

$$|F_T(\omega)|^2=|F_T(-\omega)|^2$$

所以功率谱密度是 $\omega$ 的偶函数，即

$$P(\omega)=P(-\omega) \tag{3-33}$$

这时 $P$ 可简化为

$$P=\frac{1}{\pi}\int_0^{\infty}P(\omega)\mathrm{d}\omega=2\int_0^{\infty}P(f)\mathrm{d}f \tag{3-34}$$

4. 信号带宽 $B$

几乎所有实际信号，其能量或功率的主要部分往往集中在一定的频率范围之内，超出此范围的成分将大大减小，这个频率范围通常用信号的带宽来描述。能量谱和功率谱为定义信号带宽提供了有效的方法，根据实际系统的不同要求，信号带宽有不同的定义。以基带信号为例，常用的带宽定义方法有以下几种：

①根据占总能量或总功率的百分数确定带宽。设信号带宽为 $B$(Hz)，则根据占用百分数 $\gamma$，可列出等式

$$\frac{2\int_0^B|F(f)|^2\mathrm{d}f}{E}=\gamma \text{ 或 } \frac{2\int_0^B\lim\limits_{T\to\infty}|F_T(f)|^2\mathrm{d}f}{E}=\gamma$$

其中，$\gamma$ 可取 90%、95%或 99%。在信号频谱确定后，就可由上面两式求出带宽 $B$。

②根据能量谱或功率谱从最大值到下降 3dB 处所对应的频率间隔定义带宽（见图 3-21）。设信号的能量谱或功率谱在零频率处为最大，若满足 $E(2\pi f_1)=E(0)/2$ 或 $P(2\pi f)=P(0)/2$，则带宽 $B=f_1$。

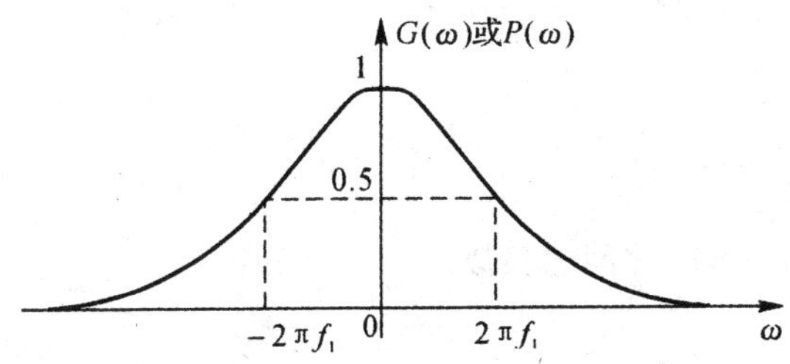


**图 3-21　能量谱或功率从最大值下降 3dB 所对应的带宽**

③等效矩形带宽。满足等式

$$B=\frac{\int_{-\infty}^{\infty}|E(f)|\mathrm{d}f}{2E(0)} \text{ 或 } B=\frac{\int_{-\infty}^{\infty}|P(f)|\mathrm{d}f}{2P(0)}$$

的带宽称为等效矩形带宽 $B$，如图 3-22 所示。

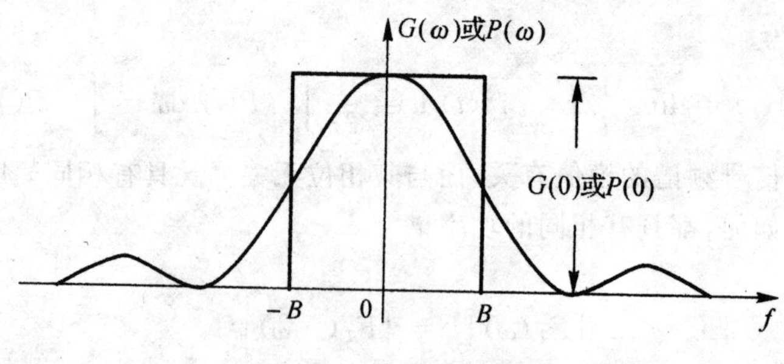


图 3-22 等效矩形带宽

### 3.2.4 波形相关

1. 互相关函数

相关类似于卷积，它也是在时域中描述信号特征的一种重要方法。通常用于相关函数衡量波形之间关联或相似程度。

设 $f_1(t)$ 和 $f_2(t)$ 为两个能量信号，则它们之间的互相关程度用互相关函数 $R_{12}(t)$ 表示，定义为

$$R_{12}(t)=\int_{-\infty}^{\infty}f_1(\tau)f_2(t+\tau)\mathrm{d}\tau \tag{3-35}$$

式中，$t$ 为独立变量，表示时移；$\tau$ 为虚设变量。

互相关函数具有如下重要特性：

①若对所有的 $t$，$R_{12}(t)=0$，则两个信号为互不相关。

②当 $t\neq0$ 时，互相关函数表达式中 $f_1(t)$ 和 $f_2(t)$ 的前后次序不同，结果不同，即

$$R_{12}(t)\neq R_{21}(t)$$

而有

$$R_{12}(t)=R_{21}(-t)$$

③当 $t=0$ 时，$R_{12}(0)$ 表示 $f_1(t)$ 和 $f_2(t)$ 在无时差时的相关性。对于能量信号

$$R_{12}(0)=R_{21}(0)=\int_{-\infty}^{\infty}f_1(\tau)f_2(\tau)\mathrm{d}\tau \tag{3-36}$$

而对于功率信号

$$R_{12}(0)=\lim_{T\to\infty}\frac{1}{T}\int_{-2/T}^{2/T}f_1(\tau)f_2(\tau)\mathrm{d}\tau \tag{3-37}$$

$R_{12}(0)$ 越大，说明 $f_1(t)$ 和 $f_2(t)$ 之间越相似。

2. 自相关函数

如果两个信号的形式完全相同，即 $f_1(t)=f_2(t)=f(t)$，此时互相关函数就变成自相关函数，记作 $R(t)$。对于能量信号

$$R(t)=\int_{-\infty}^{\infty}f(\tau)f_2(t+\tau)\mathrm{d}\tau \tag{3-38}$$

对于功率信号

$$R(t)=\lim_{T\to\infty}\frac{1}{T}\int_{-2/T}^{2/T}f(\tau)f_2(t+\tau)\mathrm{d}\tau \tag{3-39}$$

类似地，自相关函数具有如下重要特性：

①自相关函数是一个偶函数，即

$$R(t)=R(-t) \tag{3-40}$$

②自相关函数在原点的数值 $R(0)$ 为最大，即

$$R(0)\geqslant|R(-t)| \tag{3-41}$$

这表明信号在 $t=0$ 即无时移时相关性最强，当 $t$ 增加时，信号与时移后的本身信号的相关程度减弱。

③ $R(0)$ 表示能量信号的能量

$$R(0)=\int_{-\infty}^{\infty}|f(\tau)|^2\mathrm{d}\tau=E \tag{3-42}$$

或功率信号的功率

$$R(0)=\int_{-\infty}^{\infty}|f(\tau)|^2\mathrm{d}\tau=E \tag{3-43}$$

3. 相关函数与谱密度间的关系

相关函数的物理概念虽然建立在信号的时间波形之间，但相关函数与能量谱密度或功率谱密度之间却有着确定的关系。

设 $f_1(t)$ 和 $f_2(t)$ 是能量信号，且有

$$f_1(t)\leftrightarrow F_1(\omega)$$
$$f_2(t)\leftrightarrow F_2(\omega)$$

由式(3-28)可得互相关函数为

$$R_{12}(t)=\int_{-\infty}^{\infty}f_1(\tau)f_2(t+\tau)\mathrm{d}\tau=\int_{-\infty}^{\infty}f_1(\tau)\Big[\frac{1}{2\pi}\int_{-\infty}^{\infty}F_2(\omega)\mathrm{e}^{\mathrm{j}\omega(t+\tau)}\mathrm{d}\omega\Big]\mathrm{d}\tau \tag{3-44}$$

由上式显然有

$$R_{12}(t)\leftrightarrow F_2(\omega)F_1(-\omega) \tag{3-45}$$

将以上结论推广到自相关函数 $R(t)$，可得

$$R(t)\leftrightarrow F(\omega)F(-\omega)=|F(\omega)|^2 \tag{3-46}$$

由式(3-26)，又可得

$$R(t)\leftrightarrow E(\omega) \tag{3-47}$$

通常称 $F_2(\omega)F_1(\omega)$ 为互能量谱密度。由式(3-47)可知，能量信号的互相关函数与互能量谱密度互为傅里叶变换关系。由式(3-47)可知，自相关函数与能量谱密度互为傅里叶变换关系。

对于功率信号，也可得到相似的结果。

式(3-47)正好是周期信号的功率谱密度 $P(\omega)$。由此可见，周期信号的自相关函数与信号的功率谱密度为傅里叶变换对，即

$$R(t)\leftrightarrow P(\omega) \tag{3-48}$$

即功率信号的自相关函数与功率谱密度互为傅里叶变换关系。通常称为维纳—辛钦定理。综上所述，一个信号的自相关函数与其谱密度之间有确定的傅里叶变换关系。只要变换是存在的，则傅里叶变换的所有运算性质，将同样适用于自相关函数与谱密度之间。自相关函数和谱密度之间的关系给谱密度的求解提供了另一个途径，即先求信号的自相关函数，然后再取其傅里叶变换即可。

# 3.3 随机信号的分析

## 3.3.1 随机变量

1. 随机变量

自然界有许多重复出现的状态，人们根据先前的试验能够大致估计到事件是否可能发生，却不能确切预测什么时候一定发生，这样的事件被称为随机事件。例如，对一电压进行测量，测得某值；二元数字序列的某一位取值等，均为随机事件。对随机事件的观察称为随机试验。某随机试验有许多可能的结果，则可将每次试验的结果用一个变量来表示，如果变量的取值是随机的，则这种变量称为随机变量。

设随机变量用 $X$ 表示，定义随机变量 $X$ 的概率分布函数 $F(x)$ 是 $X$ 的取值小于或等于 $x$ 的概率，即

$$F(x) = P(X \leqslant x) \tag{3-49}$$

$F(x)$ 是 $X$ 的函数，对于任意点 $x$，$F(x)$ 表示一个概率。由式(3-49)可直接得到分布函数 $F(x)$ 有以下特性：

① $0 \leqslant F(x) \leqslant 1$。这是因为任何事件的概率都介于 0～1 之间。

② $F(-\infty) = 0, F(\infty) = 1$。这是因为 $x < -\infty$ 是不可能事件，$x < \infty$ 是必然事件。

③ $F(x)$ 是非降函数。即当 $x_2 > x_1$ 时，恒有 $F(x_2) \geqslant F(x_1)$。这是由于概率 $P(x_1 < X < x_2)$ 可能为负值。

在许多问题中，采用概率密度函数比采用概率分布函数更为方便。定义概率密度函数 $p(x)$ 是概率分布函数的导数，即

$$p(x) = \frac{\mathrm{d}F(x)}{\mathrm{d}x} \tag{3-50}$$

概率密度函数 $p(x)$ 具有如下性质：

① $p(x)$ 是非负函数，即 $p(x) \geqslant 0$。这是因为 $F(x)$ 是非降函数，它的导致一定是非负的。

② $\int_{-\infty}^{\infty} p(x)\mathrm{d}x = 1$，即概率密度曲线下所围的总面积为 1。

下面讨论两个随机变量的概率描述。按照同样的方法，还可将其推广到多个随机变量的描述。

设两个随机变量为 $X$ 和 $Y$，定义二维随机变量$(X,Y)$的联合概率分布函数 $F(x,y)$ 是 $X$ 小于或等于 $x$ 和 $Y$ 小于或等于 $y$ 的联合概率，即

$$F(x,y) = P(X \leqslant x, Y \leqslant y) \tag{3-51}$$

假设联合分布函数 $F(x,y)$ 是处处连续的，那么它的偏导存在并且处处连续，可表示为

$$p(x,y) = \frac{\partial^2 F(x,y)}{\partial x \partial y} \tag{3-52}$$

称函数 $p(x,y)$ 是随机变量 $X$ 和 $Y$ 的联合概率密度函数。联合分布函数 $F(x,y)$ 是 $x$ 和 $y$ 的单调非递减函数，因此式(3-52)表示的联合概率密度函数 $p(x,y)$ 总是非负的。联合概率密度曲线下所覆盖的整个体积为 1，即

$$\int_{-\infty}^{\infty}\int_{-\infty}^{\infty}p(x,y)\mathrm{d}x\mathrm{d}y=1 \tag{3-53}$$

2. 随机变量的数字特征

(1)数学期望

随机变量 $X$ 的均值或期望值为统计平均值，记作 $E(X)$，它反映了 $X$ 取值的集中位置，一般表示为

$$E(X)=\int_{-\infty}^{\infty}xp(x)\mathrm{d}x \tag{3-54}$$

数学期望的定义可以推广到更普遍的情况。若 $g(X)$ 是随机变量 X 的函数，则 $g(X)$ 的数学期望可表示为

$$E[g(x)]=\int_{-\infty}^{\infty}g(x)p(x)\mathrm{d}x \tag{3-55}$$

(2)方差

随机变量的方差是随机变量 $X$ 与它的数学期望 $E[X]$之差的二次方的数学期望，记作 $D[X]$，即

$$D[X]=E[X-E[X]^2]=\int_{-\infty}^{\infty}(x-E[X])^2p(x)\mathrm{d}x \tag{3-56}$$

方差表示随机变量 X 的取值相对于数学期望 $E(X)$ 的“离散程度”。方差一般用 $\sigma_X^2$ 表示，$\sigma_X$ 称为随机变量的标准偏差。

### 3.3.2　随机过程及统计特征

1. 随机过程的概念

随机变量是与试验结果有关的某个随机取值的量，例如，在给定的某一瞬间测量接收机输出端上噪声所测得的输出噪声的瞬时值就是一个随机变量。显然，如果连续不断地进行试验，那么在任一瞬间，都有一个与之相对应的随机变量，于是这时的试验结果就不仅是一个随机变量，而是一个在时间上不断出现的随机变量集合或者说是一个随机的时间函数。这个在时间上不断出现的随机变量集合或随机的时间函数就称为随机过程。

为了了解随机变量和随机过程之间的联系，可对通信机的输出噪声进行连续的观察。观察的结果将是一个时间函数波形，但具体的波形是无法预见的，它有可能是如图 3-23 所示的 $x_1(t)$，也有可能是 $x_2(t)$，$x_3(t)$，…，$x_n(t)$，…等。所有这些可能出现的结果 $x_1(t)$，$x_2(t)$，$x_3(t)$，…，$x_n(t)$，…的集合就构成了随机过程 $X(t)$。$x_1(t)$，$x_2(t)$，$x_3(t)$，…，$x_n(t)$，…都是时间函数，将它们称为随机过程 $X(t)$ 的实现或样本函数(简称为样本)。在一次观察中，随机过程一定取一个样本，然而究竟取哪一个样本则带有随机性。由此可知，随机过程和随机变量是相似的，不同之处在于后者的样本空间是一个实数集合，前者的样本空间是一个时间函数集合。应该说，随机过程兼有随机变量和时间函数的特点，就某一瞬间来看，它是一个随机变量，就它的一个样本来看则是一个时间函数。

2. 随机过程的统计特性

和随机变量一样，在有些情况下并不需要详细了解随机过程的整个统计特性，而只需要知道它的一些数字特征。随机过程的数字特征是由随机变量的数字特征推广而来的，其中最常用的是数学期望、方差和相关函数。

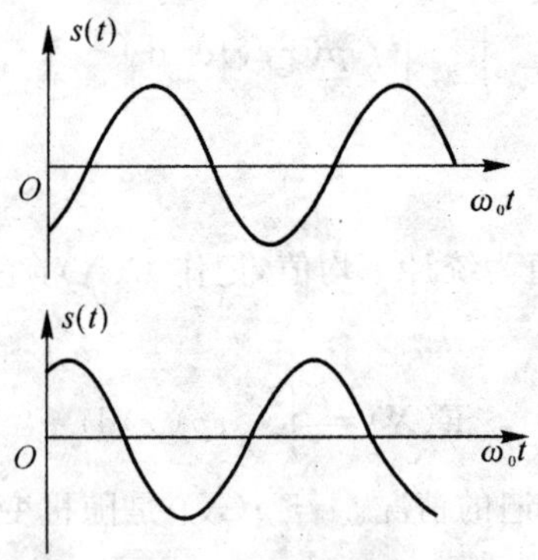


图 3-23　随机过程的样本函数

(1)随机过程的数学期望

设随机过程 $X(t)$ 在给定瞬间 $t_1$，的值为 $X(t_1)$，其概率密度函数为 $p_1(x_1;t_1)$，则 $X(t_1)$ 的数学期望为

$$E[X(t_1)]=\int_{-\infty}^{\infty}x_1p_1(x_1;t_1)\mathrm{d}x_1$$

因为这里 $t_1$ 是任取的，所以可以把 $t_1$ 直接写为 $t$，这时上式就变为随机过程的任意瞬间的数学期望，称之为随机过程 $X(t)$ 的数学期望 $E[X(t)]$，即

$$E[X(t)]=\int_{-\infty}^{\infty}xp_1(x;t)\mathrm{d}x \tag{3-57}$$

显然，$E[X(t)]$ 反映了随机过程瞬时值的数学期望随时间而变化的规律，它实际上就是随机过程各个样本的统计平均函数。如图 3-24 所示中较细的曲线表示随机过程的规个样本函数。较粗的曲线则表示数学期望 $E[X(t)]=m(t)$。

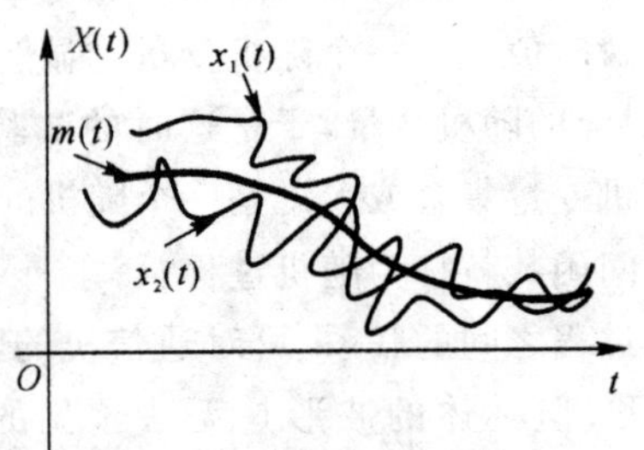


图 3-24　随机过程的数学期望

(2)方差

定义随机过程 $X(t)$ 的方差为

$$\begin{aligned}\sigma^2(t)&=D[X(t)]=E\{X(t)-E[X(t)]^2\}\\&=\int_{-\infty}^{\infty}(x-E[X(t)])^2p_1(x;t)\mathrm{d}x\end{aligned} \tag{3-58}$$

显然，$\sigma^2(t)$ 在 $t_1$ 时的值 $\sigma^2(t_1)$ 就是随机过程在 $t_1$ 瞬间的值的方差。$\sigma^2(t)$ 是 $t$ 的函数，它描述随机过程 $X(t)$ 在任意瞬间 $t$ 偏离其数学期望的程度。

(3)随机过程的相关函数

数学期望 $E[X(t)]$ 和方差 $\sigma^2(t)$ 描述了随机过程在单独一个瞬间的特征，但它们并未反映随机过程在不同瞬间的内在联系。例如，如图 3-25 所示中所画的两个随机过程 $X(t)$ 和 $Y(t)$ 具有大致相同的数学期望和方差，可是它们的内部结构却有明显的差别；$X(t)$ 的样本随时间变化较缓慢，这个过程在不同瞬间（如 $t_1$ 和 $t_2$）的取值有较强的相关性；$Y(t)$ 的样本变化较快，它在不同瞬间的取值之间相关性较弱。

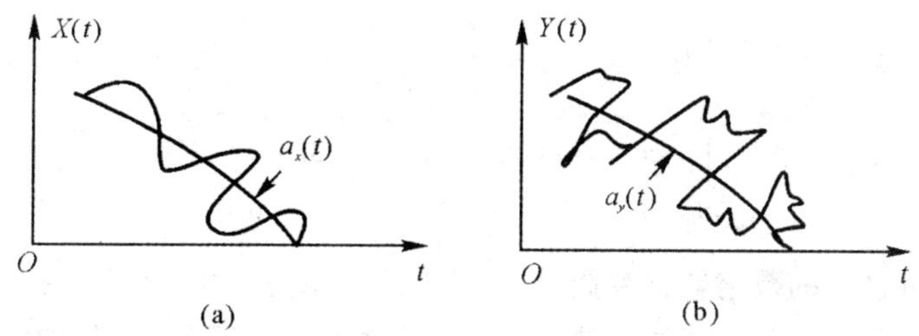


**图 3-25　数学期望和方差相同的两个随机过程**

随机过程在任意两个瞬间的取值之间的相关程度还可以用自相关函数 $R_X(t_1,t_2)$ 描述，$R_X(t_1,t_2)$ 被定义为

$$R_X(t_1,t_2)=E[X(t_1)X(t_2)]=\int_{-\infty}^{\infty}\int_{-\infty}^{\infty}x_1x_2p_2(x_1,x_2;t_1,t_2)\mathrm{d}x_1\mathrm{d}x_2 \tag{3-59}$$

### 3.3.3　平稳随机过程

1. 平稳随机过程

设 $X(t_1),X(t_2),\cdots,X(t_n)$ 是随机过程 $X(t)$ 的随机变量，它们是在 $t_1,t_2,\cdots,t_n$ 时刻所选取的样本，样本的取值分别用 $x_1,x_2,\cdots,x_n$ 表示，其概率密度函数为 $p_n(x_1,x_2,\cdots x_n;t_1,t_2,\cdots t_n)$。如果对 $X(t)$ 在 $(t_i+\tau)$ 时刻取样，得到一组新的随机变量 $X(t_1+\tau),X(t_2+\tau),\cdots,X(t_n+\tau)$，这些新变量的概率密度函数记作 $p_n(x_1,x_2,\cdots x_n;t_1+\tau,t_2+\tau,\cdots t_n+\tau)$ 如果 $n$ 与 $\tau$ 不论取任何值，都有

$$p_n(x_1,x_2,\cdots x_n;t_1,t_2,\cdots t_n)=p_n(x_1,x_2,\cdots x_n;t_1+\tau,t_2+\tau,\cdots t_n+\tau) \tag{3-60}$$

则称 $X(t)$ 为平稳随机过程。由此可知平稳随机过程的统计特性不随时间的推移而变。平稳随机过程在通信系统的研究中有着极其重要的意义，因为实践中所遇到的随机过程有很多都可以视为平稳的。

由式(3-60)可知，若 $X(t)$ 是平稳随机过程，则它的一维概率密度函数为

$$p_1(x;t)=p_1(x;t+\tau)$$

上式表明，平稳随机过程的一维概率密度函数与时间无关，因此可以写为

$$p_1(x;t)=p_1(x) \tag{3-61}$$

同理，对于平稳随机过程。它的二维概率密度函数为

$$p_2(x_1,x_2;t_1,t_2)=p_2(x_1,x_2;t_1+\tau,t_2+\tau)=p_2(x_1,x_2;\tau) \tag{3-62}$$

式中，$\tau=t_2-t_1$ 表明平稳随机过程的二维分布仅与所取的两个时间点的间隔 $\tau$ 有关，或者说，平稳随机过程具有相同间隔的任意两个时间点之间的联合分布保持不变。

根据平稳随机过程的定义，可以求得平稳随机过程 $X(t)$的数学期望、方差和自相关函数分别为

$$E[X(t)]=\int_{-\infty}^{\infty}xp_1(x;t)\mathrm{d}x=\int_{-\infty}^{\infty}xp_1(x)\mathrm{d}x=a \tag{3-63}$$

$$\sigma^2(t)=D[X(t)]=E\{X(t)-E[X(t)]^2\}$$

$$= \int_{-\infty}^{\infty} (x - E[X(t)])^2 p_1(x;t)\mathrm{d}x$$

$$= \int_{-\infty}^{\infty} (x-a)^2 p_1(x)\mathrm{d}x = \sigma^2 \tag{3-64}$$

$$R_X(t_1,t_2) = E[X(t_1)X(t_2)] = \int_{-\infty}^{\infty}\int_{-\infty}^{\infty} x_1 x_2 p_2(x_1,x_2;t_1,t_2)\mathrm{d}x_1\mathrm{d}x_2$$

$$= \int_{-\infty}^{\infty}\int_{-\infty}^{\infty} x_1 x_2 p_2(x_1,x_2;\tau)\mathrm{d}x_1\mathrm{d}x_2$$

$$= R(\tau) \tag{3-65}$$

可见，平稳随机过程的数字特征变简单了，平稳随机过程的数学期望和方差是与时间 $t$ 无关的常数；平稳随机过程的自相关函数只是时间间隔 $\tau$ 的函数，而与所选择的时间起点无关。

由于随机过程的数字特征在一定程度上描述了这个随机过程，而在通信技术中所感兴趣的主要是这些数字特征，所以常常直接用平稳随机过程在数字特征上的上述特点来定义一个随机过程是不是平稳。用式(3-65)定义的随机过程被称为是广义平稳的；相应地，用式(3-62)定义的随机过程是狭义平稳的。今后提到平稳随机过程时如不特别说明，都是指广义平稳随机过程。

2. 平稳随机过程的自相关函数

平稳随机过程的自相关函数 $R(\tau)$ 与时间起点无关，所以式(3-65)可以改写为

$$R(\tau) = E[X(t)X(t+\tau)] \tag{3-66}$$

式中，$t$ 是任取的某个瞬间，所以 $R(\tau)$ 描述了平稳随机过程在相距为 $\tau$ 的两个瞬间的相关程度。平稳随机过程的自相关函数具有下列重要性质：

①
$$R(\tau) = R(-\tau) \tag{3-67}$$

即自相关函数 $R(r)$是 $r$ 的偶函数。

②
$$R(0) = E[X(t)^2] = S \tag{3-68}$$

即自相关函数 $R(\tau)$ 在 $\tau=0$ 时的值等于平稳随机过程 $X(t)$ 的均方值，也即是 $X(t)$ 的平均功率。

③
$$R(0) \geqslant |R(\tau)| \tag{3-69}$$

即自相关函数 $R(\tau)$ 在 $\tau = 0$ 时有最大值。

3. 平稳随机过程的功率谱密度

在前面曾讨论过确定信号的功率谱密度以及它和自相关函数的关系。这些概念和关系都可以推广到平稳随机过程。

随机过程的每一个样本都是一个时间函数。此外每个样本都是在 $(-\infty,\infty)$ 整个时域上存在的，所以它又是功率信号。于是，平稳随机过程 $X(t)$ 的任一样本 $x(t)$ 的功率谱密度可以写为

$$P_x(\omega) = \lim_{T\to\infty}\frac{|X_T(\omega)|^2}{T} \tag{3-70}$$

式中，$|X_T(\omega)|$ 是样本 $x(t)$ 的截断函数 $x_T(t)$ 的频谱。显然，对于不同的样本 $x(t)$ 有不同的 $P_x(\omega)$，也就是说，$P_x(\omega)$ 是随机的，是随所考虑的样本而变的。为了得到整个随机过程的功率谱密度，需要将 $P_x(\omega)$ 对所有的样本取统计平均值，这样，可得到随机过程 $X(t)$ 的功率谱密度为

$$P_x(\omega) = E[P_x(\omega)] = E\left[\lim_{T\to\infty}\frac{|X_T(\omega)|^2}{T}\right] = \lim_{T\to\infty}\frac{E[|X_T(\omega)|^2]}{T} \tag{3-71}$$

由于 $|X_T(\omega)|^2$ 是频率的实偶函数，并且有 $|X_T(\omega)| \geqslant 0$，所 $P_x(\omega)$ 也是频率的实偶函数，并且

有 $P_x(\omega)\geqslant 0$。相应地，随机过程 $X(t)$ 的平均功率可以表示为

$$P=\frac{1}{2\pi}\int_{-\infty}^{\infty}P_X(\omega)\mathrm{d}\omega \tag{3-72}$$

同样，平稳随机过程的自相关函数和功率谱密度也服从维纳—辛钦定理，即它们互为傅氏变换对：

$$P_x(\omega)=\int_{-\infty}^{\infty}R(\tau)\mathrm{e}^{-\mathrm{j}\omega\tau}\mathrm{d}\tau=F[R(\tau)] \tag{3-73}$$

$$R(\tau)=\frac{1}{2\pi}P_x(\omega)\mathrm{e}^{\mathrm{j}\omega\tau}\mathrm{d}\omega=F^{-1}[P_x(\omega)] \tag{3-74}$$

因此，如果已知 $R(\tau)$ 和 $P_x(\omega)$ 中的一个，通过上述关系，就可以求得另一个。在平稳随机过程的理论中，维纳—辛钦定理是非常重要的。

## 3.4　信道与噪声

### 3.4.1　信道及信道内的噪音

1. 信道

信道被定义为发送设备和接收设备之间用以传输信号的传输煤质。例如，对称电缆或同轴电缆、光缆、架空明线、自由空间、电离层、对流层等都是信道。信道的这种定义比较直观。它的分类也很简单，即按传输媒质是否是实线分为有线信道和无线信道两大类。

2. 信道内的噪音

把通信系统中对信号有影响的所有干扰的集合称为噪声。信道内噪声的来源是多方面的，它们的表现形式也多种多样。根据它们的来源不同，可大致分为自然噪声、人为噪声和内部噪声。

自然噪声是指自然界存在的各种电磁波源，如闪电、雷暴及其他各种宇宙噪声等。

人为噪声来源于无关的其他信号源，例如电火花和干扰源等。

内部噪声是系统设备本身产生的各种噪声，如热噪声、散弹噪声和电源噪声等。

以上是从噪声的来源来分的，较为直观。但是从噪声对信号传输的影响来看，按噪声的性质进行分类对问题的分析更为方便。以性质划分，噪声可分为脉冲噪声、单频噪声和起伏噪声。

脉冲噪声是一种时间上无规则的，时而安静，时而突发的噪声，如电火花噪声和闪电噪声等。这种噪声的特点是突发的脉冲幅度大，但每个突发脉冲的持续时间短，并且相邻突发脉冲之间往往有较长的平静期。脉冲噪声一般有较宽的频谱，但频率越高相应的频谱成分就越小。

单频噪声是一种连续波噪声，它的频率可以通过实际测量予以确定，因此，只要相应地采取适当的措施一般可以加以防止。

起伏噪声主要包括信道内元器件所产生的热噪声、散弹噪声和宇宙噪声。这类噪声的特点是，无论在时域内还是在频域内，它们总是普遍存在和不可避免的。

脉冲噪声和起伏噪声对通信系统的影响是不同的。脉冲噪声的强度大，一般的调制解调技术均无能为力，只能把它的出现看做是不幸事件。好在脉冲噪声发生的次数少，作用的时间短，

因此一般的通信技术就不专门研究它了。但起伏噪声却是普遍存在且有持续不断的影响，因而在研究信息的传输原理时常把起伏噪声作为基本的研究对象，分析信道干扰时也主要指这类噪声，它是信道中主要的干扰源。

要研究噪声的影响必须给出噪声的数学表达式。起伏噪声是随机噪声，所以对噪声的表达要利用概率论和随机过程的知识。

### 3.4.2 常见的几种噪音

通信系统中常见的噪声：白噪声、高斯噪声、高斯白噪声和窄带高斯噪声。

1. 白噪声

通信系统中常用到的噪声之一就是白噪声。所谓白噪声是指它的功率谱密度函数在整个频率域 $(-\infty<\omega<\infty)$ 内为常数，即服从均匀分布。因为它类似于光学中包括全部可见光频率在内的白光，所以称其为白噪声。不符合上述条件的噪声称为有色噪声，它仅包含可见光的部分频率。但是，实际上完全理想的白噪声是不存在的，通常只要噪声功率谱密度函数均匀分布的频率范围远远大于通信系统工作频率范围时，就可以认为是白噪声。例如，热噪声的频率可到 $10^{13}$ Hz，功率谱密度函数在 $0\sim10^{13}$ Hz 均匀分布，故可将它视为白噪声。

理想白噪声功率谱密度通常定义为

$$P_n=\frac{n_0}{2},-\infty<\omega<+\infty \tag{3-75}$$

式中，$P_n$ 的单位是 W/Hz。

若采用单边频谱，即频率在 0 到无穷大范围内时，白噪声的功率谱密度函数又常写成

$$P_n(\omega)=n_0,-\infty<\omega<+\infty \tag{3-76}$$

功率信号的功率谱密度与其自相关函数 $R(\tau)$ 互为傅里叶变换对，即

$$R(\tau)\leftrightarrow P_n(\omega) \tag{3-77}$$

因此，白噪声的自相关函数为

$$R_n(\tau)=\frac{1}{2\pi}\int_{-\infty}^{\infty}\frac{n_0}{2}e^{j\omega\tau}d\omega=\frac{n_0}{2}\delta(\tau) \tag{3-78}$$

式(3-78)表明，白噪声的自相关函数是一个位于 $\tau=0$ 处的冲激函数，它的强度为 $\frac{n_0}{2}$。白噪声的 $P_n(\omega)$和 $R_n(\tau)$如图 3-26 所示。

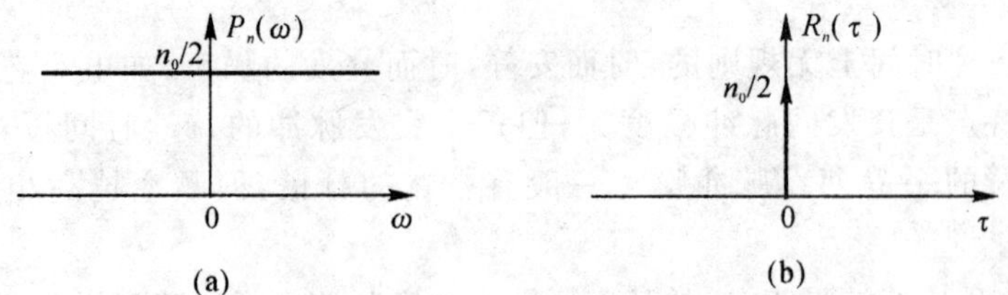


**图 3-26 理想白噪声的功率密度与自由相关函数**

2. 高斯噪声

根据概率论的极限中心定理，大量相互独立的、均匀的微小随机变量的总和趋于服从高斯分布，作为通信系统内主要噪声来源的热噪声和散弹噪声，它们都可以看成是无数独立的微小电流脉冲的叠加，所以它们是服从高斯分布的。所谓高斯噪声，就是指它的概率密度函数服从高斯分

布的一类噪声。高斯分布又称正态分布，一维高斯分布可用数学表达式表示为

$$p(x)=\frac{1}{\sqrt{2\pi}}\exp\left[-\frac{(x-a)^2}{2\sigma^2}\right] \tag{3-79}$$

式中，$a$ 和 $\sigma$ 是两个常数，$a$ 表示均值，$\sigma^2$ 表示方差，其概率密度函数的曲线如图 3-27 所示。

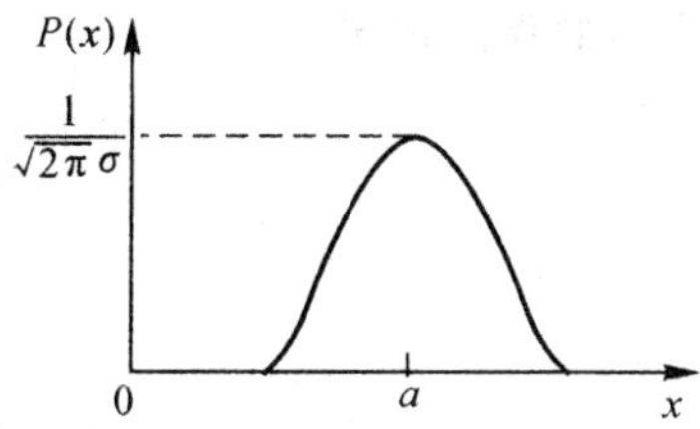


**图 3-27　高斯分布的概率密度函数**

通常，通信信道中噪声的均值 $a=0$，这时可以得到一个重要结论，即在噪声均值为 0 时，噪声的平均功率等于噪声的方差。

由式(3-79)可看到，$p(x)$ 有以下特性：

① $p(x)$ 对称于 $x=a$ 这条直线。

② $p(x)$ 在$(-\infty,a)$内单调上升，在$(a,\infty)$内单调下降，且在点 $a$ 处达到极大值 $\frac{1}{\sqrt{2\pi}\sigma}$。当 $x\to(\pm\infty)$ 时，$p(x)\to 0$ 。

③

$$\int_{-\infty}^{\infty}p(x)\mathrm{d}x=1 \tag{3-80}$$

且有

$$\int_{-\infty}^{a}p(x)\mathrm{d}x=\int_{a}^{\infty}p(x)\mathrm{d}x=\frac{1}{2} \tag{3-81}$$

④当 $\sigma$ 不变时，对于不同的 $a$，表现为 $p(x)$ 的图形左右平移，当 $a$ 不变时，对不同 $\sigma$，表现为 $P(x)$ 的图形将随 $\sigma$ 的减小而变高和变窄。

如果式(3-81)中 $a=0$，$\sigma=l$，则称这种正态分布为标准化的正态分布，即有

$$p(x)=\frac{1}{\sqrt{2\pi}}\exp\left[-\frac{x^2}{2}\right] \tag{3-82}$$

⑤误差函数定义为

$$\mathrm{erf}(\beta)=\frac{2}{\sqrt{\pi}}\int_{0}^{\beta}\exp(-y^2)\mathrm{d}y \tag{3-83}$$

互补误差函数定义为

$$\mathrm{erfc}(\beta)=1-\mathrm{erf}(\beta)=\frac{2}{\sqrt{\pi}}\int_{\beta}^{0}\exp(-y^2)\mathrm{d}y \tag{3-84}$$

互补误差函数有近似计算公式

$$\mathrm{erfc}(\beta)=\frac{1}{\beta\sqrt{\pi}}\exp(-\beta^2) \tag{3-85}$$

互补误差函数是在讨论通信系统抗噪声性能时常用到的基本公式。

3. 高斯白噪声

以上从两个角度对噪声进行了定义，白噪声是根据噪声的功率谱密度是否均匀来定义的，而

高斯噪声是根据它的统计特性服从高斯分布来定义的。通常把服从高斯分布而功率谱密度又是均匀分布的噪声称为高斯白噪声。

在通信系统理论分析中，尤其是在分析计算系统的抗噪声性能时，常常假定系统信道中噪声为高斯白噪声。这是因为高斯白噪声可以用具体数学表达式描述，因此便于推导和运算，同时，高斯白噪声也反映了具体信道的实际的噪声情况。

# 第4章　模拟调制

## 4.1　调制与解调制

### 4.1.1　调制与解调制的概念与功能

调制技术是通信学科的关键内容，通信系统的性能是由调制方法决定的，而某种新的调制方式将使通信系统发生根本性的变化。这一节主要介绍通信系统中的各种调制技术以及与之相对应的解调技术。

通信系统中的调制就是使载波的某一个参量随基带信号的变化而变化。傅里叶变换的搬移特性本书也介绍过，利用余弦信号可以将信号频谱在正负频域内分别搬移到$\pm\omega_0$的位置上，这正是调制的频域含义。其中高频余弦信号称为载波信号，基带信号称为调制信号，调制后的波形为已调波。所谓的解调就是恢复原来的基带信号的一个过程，与调制过程刚好相反。

变换信号是调制在通信系统中的主要用处，由消息变换过来的基带信号，其频谱集中在零频附近的几兆赫范围内。在有些系统中如直流电报、实线电话和有线电视等基带信号可以在信道中直接传输，即基带传输系统。但大量的通信系统如无线系统，基带信号需要经过调制转换成适合在信道中传输的形式。即便是有线系统，有时也需要经过调制将信号的频率变换到与信道的传输频带相适应。

调制的功能主要包括以下几点：

(1)提高频率以便于辐射

在无线通信系统中，是用空间辐射的方式来传输信号的。由天线理论可知，只有当辐射天线的尺寸大于信号波长的$\frac{1}{10}$时，信号才能被天线有效地辐射。这就是说，假设我们用1m的天线，则辐射频率至少需要30MHz。调制过程能够将信号频谱搬移到任何需要的频率范围，使其能够以电磁波的形式辐射出去。

(2)实现信道复用

一般说来，每个被传输信号所占用的带宽小于信道带宽，此时，一个信道只传输一路信号这完全是一种浪费，但又不能同时传输一路以上的信号，这样一来信号间的干扰就无法避免。然而通过调制，可以使各路信号的频谱搬移到指定的位置，互不重叠，从而实现在一个信道里同时传输许多信号，由于这是在频率域内实现信道的多路复用，故称之为频率复用。同样，在时间域里，利用脉冲调制或编码可使各路信号交错传输，也可实现信道复用，故称之为时间复用。

(3)改变信号占据的带宽

在通信系统中传输的常用信号类型包括音频、视频或其他类型，这些常用信号的频谱会占有许多倍频程，如果频率范围这样宽，会使传输特性发生极大变化的情况就无法避免，因此传输媒介将引入一些不可控制的对频率的选择。为此可以通过调制来避免，因为调制后信号频谱通常被搬移到某个载频附近的频带内，其有效带宽相对于最低频率而言是很小的，这是一个窄带带通信号，在很窄的频带内，传输特性的变化就要小得多。

(4)改善系统性能

以后将会看到，通信系统的输出信噪比是信号带宽的函数。根据信息论的一般原理可知，宽带通信系统一般表现有较好的抗干扰性能。也就是说，将信号变换使它占据较大的带宽。例如，宽带调频信号的传输带宽比调幅信号宽，因此它的抗干扰性能与调幅比起来要高一些。理论上可以证明，有可能用带宽来换取信噪比，带宽和信噪比的互换可由各种形式的调制来完成。

### 4.1.2　调制的分类

按照不同的划分依据，调制有很多种类，此处仅就常用的几种分类进行介绍。

1.按调制信号分

根据调制信号的不同，可将调制分为模拟和数字调制两类。在模拟调制中，调制信号是模拟信号；反之，调制信号是数字信号的调制就是数字调制。

2.按载波分

由于用于携带信息的高频载波既可以是正弦波，也可以是脉冲序列，所以就有与其相对应的调制方式。以正弦信号做载波的调制称为连续载波调制；以脉冲序列做载波的调制就是脉冲载波调制。在脉冲载波调制中，载波信号是时间间隔均匀的矩形脉冲。

3.按调制器的功能分

根据调制器对载波信号的参数改变，可把调制分为幅度调制、频率调制和相位调制。

①幅度调制。调制信号 $u_\Omega(t)$ 改变载波信号 $u_c(t)$ 的振幅参数，即利用 $u_c(t)$ 的幅度变化来传送 $u_\Omega(t)$ 的信息，如调幅(AM)、脉冲振幅调制(PAM)和振幅键控(ASK)等。

②频率调制。调制信号 $u_\Omega(t)$ 改变载波信号 $u_c(t)$ 的频率参数，即利用 $u_c(t)$ 的频率变化来传送 $u_\Omega(t)$ 的信息，如调频(FM)、脉冲频率调制(PFM)和频率键控(FSK)等。

③相位调制。调制信号 $u_\Omega(t)$ 改变载波信号 $u_c(t)$ 的相位参数，即利用 $u_c(t)$ 的相位变化来传送 $u_\Omega(t)$ 的信息，如调相(PM)、脉冲位置调制(PPM)、相位键控(PSK)等。

4.按调制前后信号的频谱结构关系分

根据已调信号的频谱结构和未调制前信号频谱之间的关系，可把调制分为线性调制和非线性调制两种。

①线性调制。输出已调信号 $u_c(t)$ 的频谱和调制信号 $u_\Omega(t)$ 的频谱之间呈线性关系，如调幅(AM)、双边带调制(DSB)、单边带调制(SSB)等。

②非线性调制。输出已调信号 $u_c(t)$ 的频谱和调制信号 $u_\Omega(t)$ 的频谱之间没有线性对应关系，即已调信号的频谱中含有与调制信号频谱无线性对应关系的频谱成分，如 FM、FSK 等。

接下来会重点介绍线性调制和非线性调制。

## 4.2　线性调制

### 4.2.1　线性调制的原理

幅度调制(线性调制)是用调制信号去控制高频载波的振幅，使其按照调制信号的规律而变化的过程。幅度调制器的一般模型如图 4-1 所示。该模型由相乘器和单位冲激响应为 $h(t)$ 的滤波器组成。

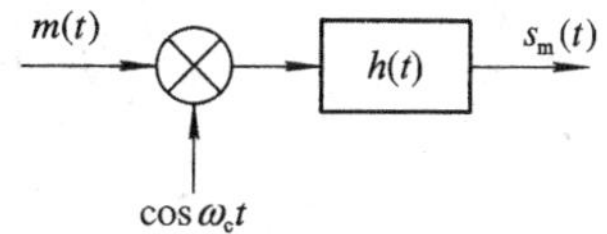


**图 4-1　幅度调制器的一般模型**

设调制信号 $m(t)$ 的频谱为 $M(\omega)$，则该模型输出已调信号的时域和频域一般表示式为

$$s_m(t) = [m(t)\cos\omega_c t] \times h(t)$$

$$s_m(\omega) = \frac{1}{2}[M(\omega+\omega_c) + M(\omega-\omega_c)]H(\omega) \tag{4-1}$$

式中，$\omega_c$ 为载波角频率，$H(\omega)\Leftrightarrow h(t)$。

从上面的两个公式可以看出，幅度已调信号，在波形上，它的幅度随调制信号规律而变化；在频谱结构上，它的频谱完全是调制信号频谱结构在频域内的简单搬移。由于这种搬移是线性的，因此，幅度调制通常又称为线性调制。

图 4-1 之所以称为调制器的一般模型，是因为在该模型中，只要适当选择滤波器的特性 $H(\omega)$，便可以得到各种幅度已调信号。例如，调幅(AM)、双边带(DSB)、单边带(SSB)和残留边带(VSB)信号等。

### 4.2.2　调幅(AM)

常规双边带调制是指用信号 $f(t)$ 叠加一个直流分量后去控制载波 $u_c(t)$ 的振幅，使已调信号的包络按照 $f(t)$ 的规律线性变化，这种调制就是所谓的调幅(Amplitude Modulation，AM)。

1. 常规双边带调制(AM)信号的时域表示

调幅就是用调制信号去控制载波的振幅，使载波的幅度按调制信号的变化规律而发生一定的变化。常规双边带调制信号的时域表达式为

$$s_{AM}(t) = [A + f(t)]u_c(t) = A_c[A + f(t)]\cos(\omega_c + \varphi_0) \tag{4-2}$$

式中，$A_c$、$\omega_c$、$\varphi_0$ 分别表示余弦载波信号 $u_c(t)$ 的幅度、角频率和初始相位，为使分析简便，通常取 $\varphi_0=0$，$A_c=1$。

如图 4-2 所示表示常规双边带信号的调制过程。其中，图 4-2(a)为基带调制信号 $f(t)$，图中它是一个低频余弦信号，初相为 0；图 4-2(b)为等幅高频载波信号 $u_c(t)$；图 4-2(c)则是调制信号叠加了一个直流分量 $A$ 后的输出 $[f(t)+A]$；图 4-2(d)就是输出的常规双边带调制信号 $s_{AM}(t)$。

可以看出，调幅输出波形 $s_{AM}(t)$ 就是使载波 $u_c(t)$ 的振幅按照调制信号 $f(t)$ 的变化而变化的高频振荡信号。将图 4-2 中高频振荡信号的各个最大点用虚线描出，这条曲线就是所谓的调幅波形 $s_{AM}(t)$ 的"包络"。显然，$s_{AM}(t)$ 的包络与调制信号 $f(t)$ 的波形相似度非常高，而频率则维持载波频率，也就是说，每一个高频载波的周期都是相等的，因而其波形的疏密程度均匀一致，与未调制时的载波波形疏密程度相同。

设图 4-2 中的低频调制信号 $f(t)$ 为

$$f(t) = A_m\cos\omega_m t = A_m\cos 2\pi f_m t \tag{4-3}$$

则双边带调制信号 $s_{AM}(t)$ 为

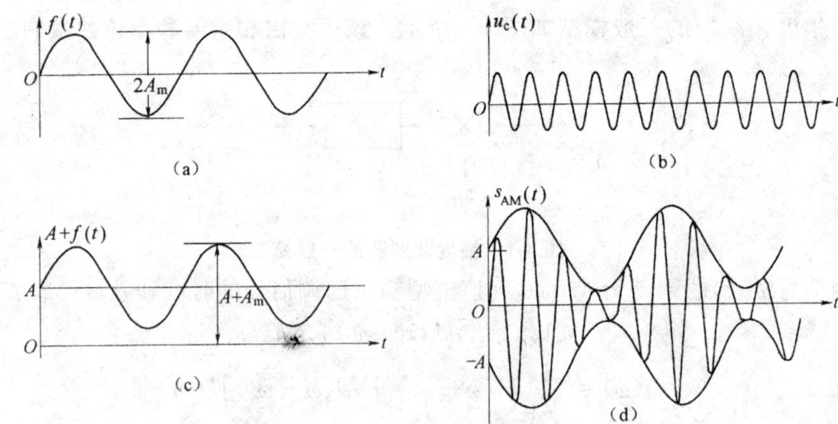


图 4-2 常规双边带调制信号波形

$$s_{\mathrm{AM}}(t) = [A + A_m \cos 2\pi f_m t]\cos\omega_c t = A[1 + m_a \cos\omega_m t]\cos\omega_c t \tag{4-4}$$

式中，$m_a$为比例常数，一般由调制电路确定，称为调幅指数或调幅度：

$$m_a = \frac{A_m}{A}$$

若 $m_a > 1$，也就意味着已调信号 $s_{\mathrm{AM}}(t)$ 的包络将严重失真，在接收端检波后无法再恢复原来的调制信号波形 $f(t)$，称这种情况为过量调幅。因此，针对这种情况，应保证调幅指数不超过1，即 $m_a \leqslant 1$。

前面所谈的是调制信号 $f(t)$ 为单频信号时的情况，但通常传送的信号（如语言、图像等）往往是由许多不同频率分量组成的多频信号。和前面单频信号调制一样，调幅波的振幅将分别随着各个频率分量调制信号的规律而变化，由于这些变化都分别和每个调制分量成比例，故最后输出的调幅信号依然和原始信号规律是保持一致的，即它的幅度携带了原始信号所代表的信息。另一方面，任何复杂信号都可以分解为许多不同频率和幅度的正弦分量之和，为了使得分析工作比较简单，都以正弦信号为例。

图 4-3 所示是调制信号为非正弦波时的已调波形。从图中可以看出，该已调信号 $s_{\mathrm{AM}}(t)$ 的包络形状与调制信号 $f(t)$ 形似度仍然比较高。同样的，当叠加的直流分量 $A$ 小于调制信号的最大值时，该信号的包络形状将不再和调制信号一致，即由于过度调幅而导致失真，所以，必须要求 $A + f(t) \geqslant 0$。

2. 常规双边带调制信号的频域表示

对常规双边带调制信号 $s_{\mathrm{AM}}(t)$ 的时域表达式可以通过傅里叶变换来实现，设 $f(t)$ 的频谱为 $F(\omega)$，即可求出其频谱表达式 $s_{\mathrm{AM}}(\omega)$ 为

$$\begin{aligned} s_{\mathrm{AM}}(\omega) &= F\{[A + f(t)]u_c(t)\} \\ &= \pi A[\delta(\omega + \omega_c) + \delta(\omega - \omega_c)] + \frac{1}{2}[F(\omega - \omega_c) + F(\omega + \omega_c)] \end{aligned} \tag{4-5}$$

从式(4-5)可以看出，常规双边带调制信号 $s_{\mathrm{AM}}(t)$ 的频谱就是将调制信号 $f(t)$ 的频谱幅度减小一半后，分别搬移到以 $\pm\omega_c$ 为中心处，再在 $\pm\omega_c$ 处各叠加一个强度为 $\pi A$ 的冲击分量，具体实现过程如图 4-4 所示。图中，$\omega_m$ 为调制信号的最高角频率。

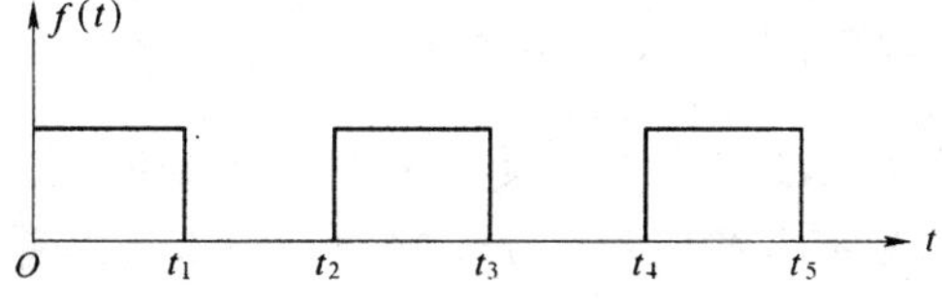


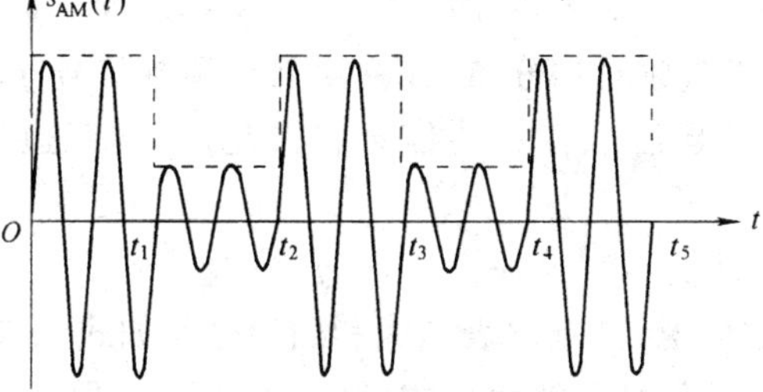


**图 4-3　非正弦波调制时的调幅波形图**

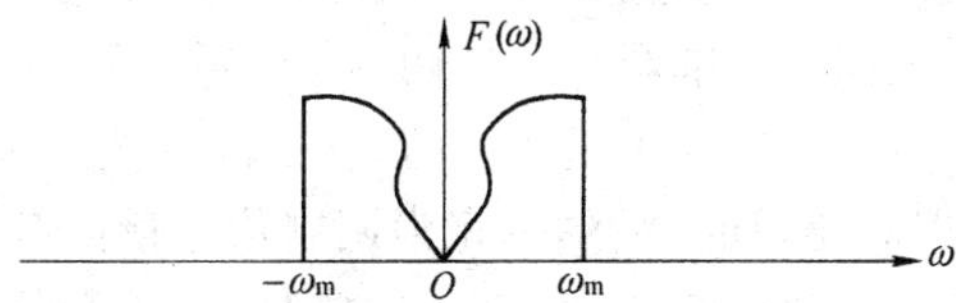


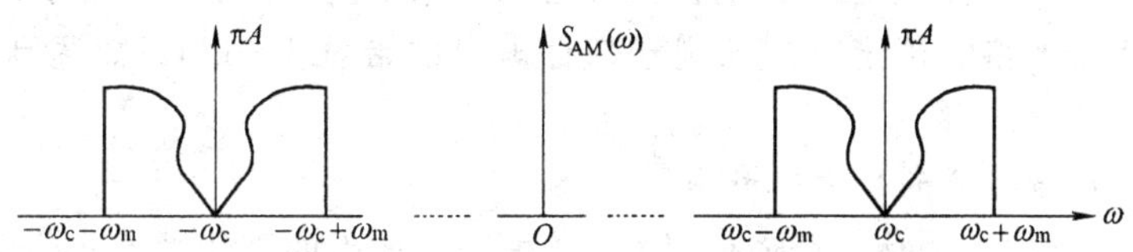


**图 4-4　常规双边带调制信号频谱**

当调制信号 $f(t)$ 是单频正弦信号 $A_m\cos 2\pi f_m t$ 时，由于 $F(\omega)$ 为 $\pm\omega_m$（或 $\pm 2\pi f_m$）处的两条谱线，故此时已调双边带信号的频谱 $s_{AM}(\omega)$ 为强度等于原调制信号谱线强度的 $\frac{1}{2}$，角频率分别为 $\pm(\omega_c\pm\omega_m)$ 的四条谱线，并在 $\pm\omega_c$ 处能够分别叠加上强度为 $\pi A$ 的冲击分量，如图 4-5 所示。

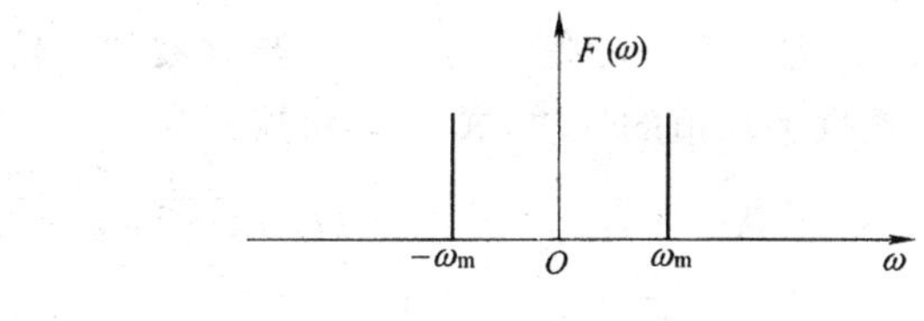


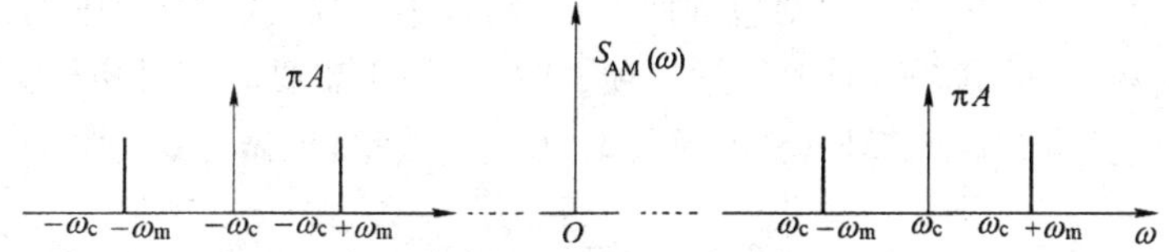


**图 4-5　单频正弦信号双边带调制信号频谱**

其实可以利用三角公式展开实现对该调制信号的时域表达式的展开，也可得出同样的结论。

$s_{AM}(t) = A[1 + m_a\cos 2\pi f_m t]\cos 2\pi f_c t$

$$= A\cos 2\pi f_c t + \frac{A}{2}[m_a \cos 2\pi(f_c + f_m)t + m_a \cos 2\pi(f_c - f_m)t] \tag{4-6}$$

由式(4-6)可以看出，该调幅波包含三个频率分量，也就是说，它是由三个正弦信号分量叠加而成的。第一个正弦分量的频率是载波频率 $f_c$，它与调制信号没有任何关系；第二个正弦分量频率等于载频与调制信号 $f(t)$ 的频率之和，即 $(f_c + f_m)$，常称之为上边频；第三个正弦分量频率等于载频与调制信号 $f(t)$ 的频率之差，即 $(f_c - f_m)$，称之为下边频。上、下边频分量是由调制导致的新频率分量，相对于载频对称分布，其幅度都与调制信号 $f(t)$ 的幅度成正比，说明上、下边频份量中都包含有与调制信号有关的信息。因此，常规双边带已调信号 $s_{AM}(t)$ 的带宽 $B_{AM}$ 为

$$B_{AM} = (f_c + f_m) - (f_c - f_m) = 2f_m \tag{4-7}$$

对于非单频信号调制的情况，其频谱表达式和图形分别如式(4-5)和图 4-4 所示。由于多个频率分量可以是由非单频调制信号分解而来的，故其频谱示意图中不再用单一谱线来表示，但基本的变换关系仍然一样，只是由对称结构的上、下边频 $\pm f_m$ 换成了关于载频对称的上、下边 $\pm B_m$。因此，非单频调制信号情况下，常规双边带调制信号的带宽为

$$B_{AM} = (f_c + f_m) - (f_c - f_m) = 2f_m \tag{4-8}$$

从式(4-6)和式(4-7)可以看出，调幅波的带宽为调制信号最高频率的 2 倍，这就是称此调制为常规双边带调制的原因所在。如用频率为 300～3400Hz 的语音信号进行调幅，则已调波的带宽为 2×3400Hz=6800Hz。为避免各电台信号之间互相干扰，对不同频段与不同用途的电台允许占用带宽都有十分严格的规定。我国规定广播电台的带宽为 9kHz，即调制信号的最高频率限制在 4.5kHz。

3. 常规双边带调制信号的功率和效率

通常情况下，可将信号的功率用该信号在 1Ω 电阻上产生的平均功率来表示，它等于该信号的方均值，即对信号的时域表达式先进行平方后，再求其平均值。因此，双边带调制信号 $s_{AM}(t)$ 的功率平均 $S_{AM}$ 为

$$\begin{aligned} S_{AM} &= \overline{s_{AM}^2(t)} = \overline{[A + f(t)]^2 \cos^2 \omega_c t} \\ &= \frac{1}{2}E\{[A^2 + f^2(t) + 2Af(t)] \cdot (1 + \cos 2\omega_c t)\} \end{aligned} \tag{4-9}$$

一般情况下，可以认为 $f(t)$ 是均值为 0 的信号，且 $f(t)$ 与载波的二倍频信号 $\cos 2\omega_c t$ 及直流分量 $A$ 之间彼此两两独立。根据平均值的性质，式(4-9)可展开为

$$\frac{1}{2}\overline{A^2} + \frac{1}{2}\overline{f^2(t)} + \overline{A} \cdot \overline{f(t)} + \frac{1}{2}\overline{A^2} \cdot \overline{\cos 2\omega_c t} + \frac{1}{2}\overline{f^2(t)} \cdot \overline{\cos 2\omega_c t} + \overline{A} \cdot \overline{f(t)} \cdot \overline{\cos 2\omega_c t} \tag{4-10}$$

上式说明：常规双边带调制信号的功率包含两个部分，其中一项[式(4-10)中的第一项]与信号无关，称为无用功率，第二项[式(4-10)中的第二项]才是我们所需要的信号功率。

一般定义信号功率与调制信号的总功率之比为调制效率，记做 $\eta_{AM}$，则

$$\eta_{AM} = \frac{\overline{f^2(t)}}{A^2 + \overline{f^2(t)}} \tag{4-11}$$

前面已经指出，只有满足条件 $A + f(t) \geqslant 0$ 时，接收端才可能无失真地恢复出原始发送信号，可以推知

$$A \geqslant |f(t)|_{max} \tag{4-12}$$

当调制信号为单频余弦信号 $f(t)=A_m\cos\omega_m t$ 时，必有 $A\geqslant A_m$。故此时信号功率为

$$\frac{1}{2}\overline{f^2(t)}=\frac{1}{4}A_m^2 \tag{4-13}$$

对于调制信号为正弦信号的常规双边带调制，其调制效率最高仅 33%。当调制信号为矩形波时，常规双边带调制的效率最高，此时也就只有 50%。因此，常规双边带调制最大的缺点就是调制效率低，其功率的大部分都消耗在载波信号和直流分量上，这是极为浪费的。

4. AM 的调制与解调

根据双边带调制信号的时域表达式 $s_{AM}(t)=[A+f(t)]\cos\omega_c t$，可以画出其调制电路框图，具体如图 4-6 所示。可以通过利用半导体器件的平方律特性或开关特性来实现图中所用的相乘器。载波信号则通过高频振荡电路直接获得，或者将其振荡输出信号再经过倍频电路来获得。

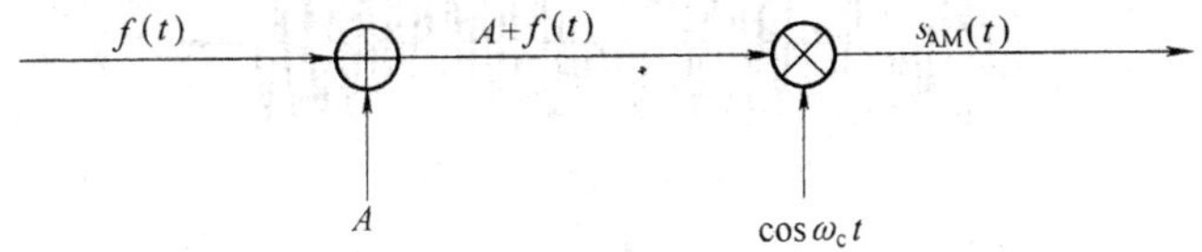


图 4-6　$s_{AM}(t)$ 调制器原理框图

由于 $s_{AM}(t)$ 信号的包络具有调制信号的形状，它的解调通常包括以下两种方式，一是直接采用包络检波法，用非线性器件和滤波器分离提取出调制信号的包络，获得所需的 $f(t)$ 信息，有的教材上也称之为 $s_{AM}(t)$ 信号的非相干检波，其原理框图如图 4-7(a)所示。相对应地，相干解调是另外一种解调方法，即通过相乘器将收到的 $s_{AM}(t)$ 信号与接收机产生的、与调制信号中的载波同频同相的本地载波信号相乘，然后再经过低通滤波，即可恢复出原来的调制信号 $f(t)$，如图 4-7(b)所示。

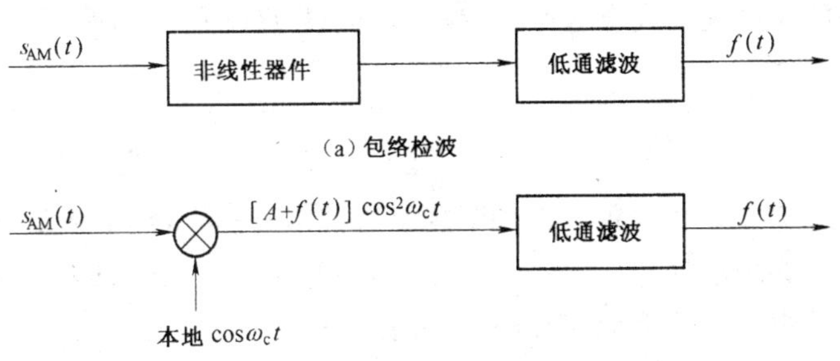


图 4-7　$s_{AM}(t)$ 信号的解调

通过对 $s_{AM}(t)$ 信号的分析，可以看出，双边带调制系统的调制及解调电路都很简单是它的最大优点，设备要求也不是很高。尤其是采用检波法解调时，只需要一个二极管和一只电容就可完成。但该调制信号抗干扰能力较差，信道中的加性噪声、选择性衰落等都会引起它的包络失真。

此外，常规双边带调制存在调制效率低的致命问题，采用正弦信号进行调制时最高仅 33%，且实际系统中，很多情况下 $m_a$ 甚至还不到 0.1，其调制效率就更低了。因此，常规双边带调制常用于通信设备成本低、对通信质量要求不高的场合，如中、短波调幅广播系统。

### 4.2.3　抑制载波双边带调制(DSB-SC)

通过前面的介绍可以知道，常规双边带调制的最大缺点就是调制效率低，其功率中的大部分

都消耗在本身并不携带有用信息的直流分量上。如果将这个直流成分完全取消，则效率可以提高到 100%，这种调制方式就是抑制载波双边带调制，简称 DSB。其已调信号的时域表达式为

$$s_{\mathrm{DSB}}(t)=f(t)\cos\omega_{c}t=f(t)\cos 2\pi f_{c}t \tag{4-14}$$

不难看出，$s_{\mathrm{DSB}}(t)$ 就是 $s_{\mathrm{AM}}(t)$ 信号当 $A=0$ 时的一个特例，其输出波形及产生过程如图4-8所示。

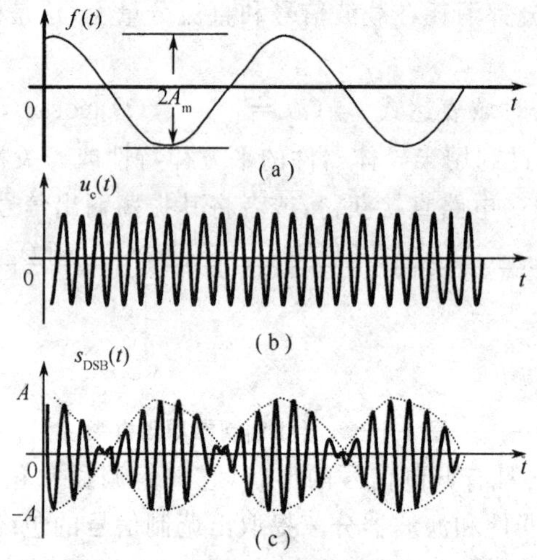


**图 4-8　抑制载波双边带调制信号 $s_{\mathrm{DSB}}(t)$ 波形**

通过图 4-8 不难看出，$s_{\mathrm{DSB}}(t)$ 信号的包络已经不再具有调制信号 $f(t)$ 的形状，所以想要对其进行解调时不可以再采用包络检测法了，但仍可使用相干解调方式。

对 $s_{\mathrm{DSB}}(t)$ 信号的时域表达式求傅里叶变换，仍然设 $f(t)$ 的频谱为 $F(\omega)$，可以得出其频谱 $s_{\mathrm{DSB}}(t)$，即

$$s_{\mathrm{DSB}}(\omega)=F[f(t)u_{c}(t)]=\frac{1}{2}[F(\omega-\omega_{c})+F(\omega+\omega_{c})] \tag{4-15}$$

这说明，抑制载波双边带调制信号的频谱和常规双边带信号一样，都是调制信号的频谱减小一半后分别搬移到以 $\pm\omega_{c}$ 为中心处，只是 $s_{\mathrm{DSB}}(\omega)$ 比 $s_{\mathrm{AM}}(\omega)$ 少了 $\pm\omega_{c}$ 处的两个强度为 $\pi A$ 的冲击分量，如图 4-9 所示。其中，$\omega_{m}$ 为调制信号的最高角频率。

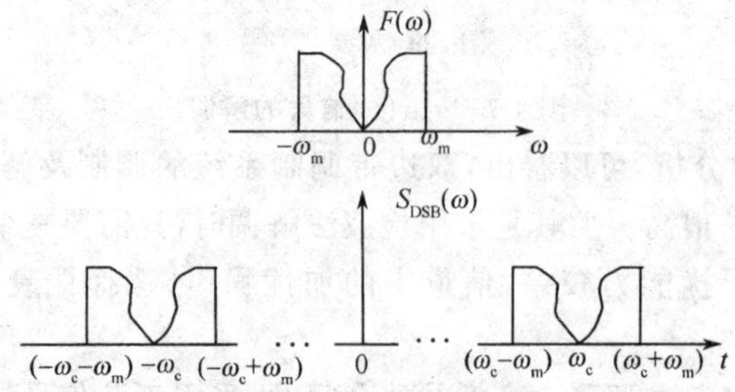


**图 4-9　抑制载波双边带调制信号频谱**

当调制信号是单频信号 $A_{m}\cos 2\pi f_{m}$ 时，其频谱 $s_{\mathrm{DSB}}(\omega)$ 如图 4-10 所示。

根据抑制载波双边带调制信号的时域表达式 $s_{\mathrm{DSB}}(t)=f(t)\cos\omega_{c}t$，可画出如图 4-11 所示的调制电路原理框图。

由于 $s_{\mathrm{DSB}}(t)$ 信号的包络不再具有调制信号的形状，原来的调制信号 $f(t)$ 的信号想要恢复

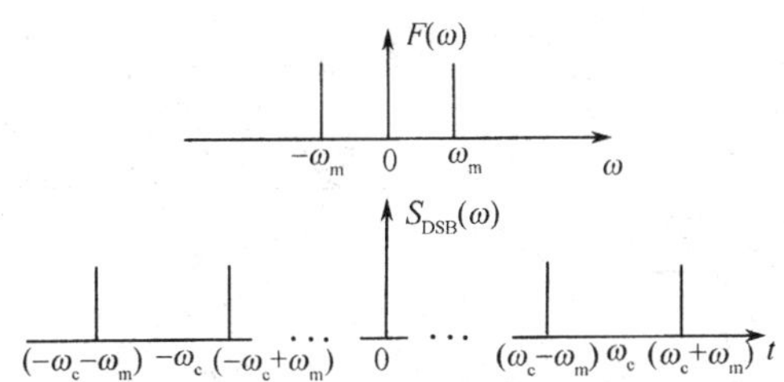


**图 4-10 单频信号的抑制载波双边带调制信号频谱**

的话，就需要借助于相干解调方式来实现了，如图 4-12 所示。

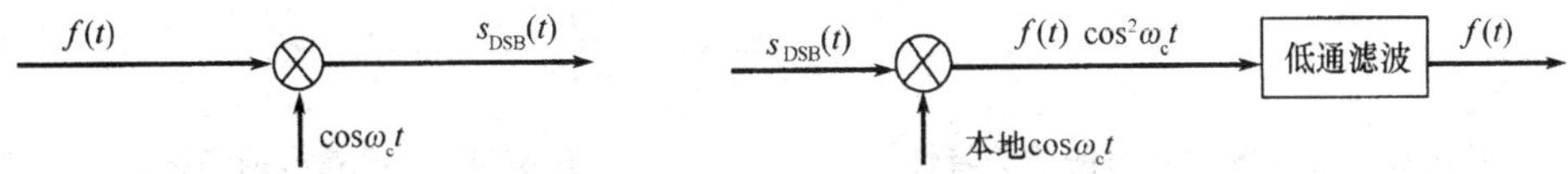


**图 4-11 $s_{DSB}(t)$ 调制器原理框图** **图 4-12 $s_{DSB}(t)$ 信号的解调**

图 4-12 中，相乘器的输出为 $s_{DSB}(t)\cdot\cos\omega_c t=f(t)\cos^2\omega_c t=\frac{1}{2}f(t)+\frac{1}{2}f(t)\cos\omega_c t$，经过低通滤波后，得到解调输出为 $\frac{1}{2}f(t)$。显然，相乘的本地载波信号是否与收到信号完全同频同相是该电路实现无失真解调的关键所在。

抑制载波双边带调制方式比常规双边带调制的效率有了很大程度的提高，但从 $s_{DSB}(t)$ 信号的频谱图可以看出，它与 $s_{AM}(t)$ 信号的带宽一样，都等于调制信号 $f(t)$ 带宽的 2 倍，即上、下边带宽度之和。但是我们知道，上、下两个边带是完全对称的，即它们携带的信息完全一样。从频带的角度来说，这两种双边带调制都浪费了一半的频率资源。针对这个问题，人们提出了单边带和残留边带两种效率高，且节约频带的调制方式，这两种调制方式将在下面介绍到。

### 4.2.4 单边带调制(SSB)

所谓的单边带通信就是只传输 DSB 信号中一个边带的通信方式。SSB 信号的产生方法通常有滤波法和相移法。

1. 滤波法形成 SSB 信号

让双边带信号通过一个边带滤波器，保留所需要的一个边带，对于另一个边带进行滤除，这个方法是产生 SSB 信号最直观的方法。这只需将图 4-1 中的形成滤波器 $H(\omega)$ 设计成如图4-13 所示的理想低通特性 $H_{LSB}(\omega)$ 或理想高通特性 $H_{USB}(\omega)$，即可分别取出下边带信号频谱 $S_{LSB}(\omega)$ 或上边带信号频谱 $S_{USB}(\omega)$，如图 4-14 所示。

由于一般调制信号都具有丰富的低频成分，经调制后得到的 DSB 信号的上、下边带之间的间隔很窄，这要求单边带滤波器在 $f_c$ 附近具有陡峭的截止特性，才能有效地抑制无用的一个边带，这个也是滤波法形成 SSB 信号的技术难点。这就使滤波器的设计和制作很困难，有时甚至难以实现。为此，在工程中往往采用多级调制滤波的方法。

2. 相移法形成 SSB 信号

SSB 信号的频域表示直观、简明，但其时域表示式的推导实现起来有一定的难度，一般需借助希尔伯特(Hilbert)变换来表述。但我们可以从简单的单频调制出发，得到 SSB 信号的时域表示式，然后再推广到一般表示式。

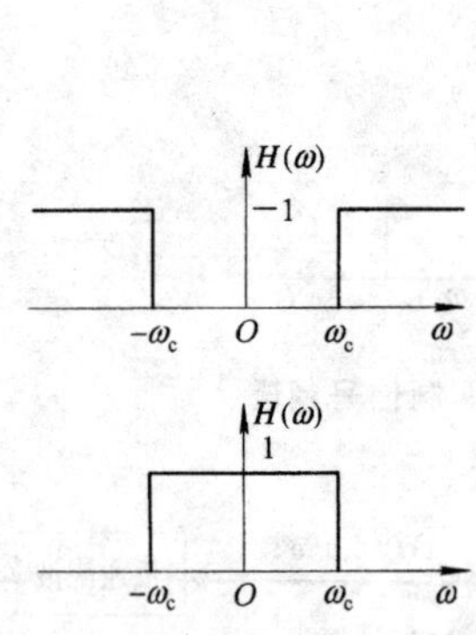


图 4-13　形成 SSB 信号的滤波特性

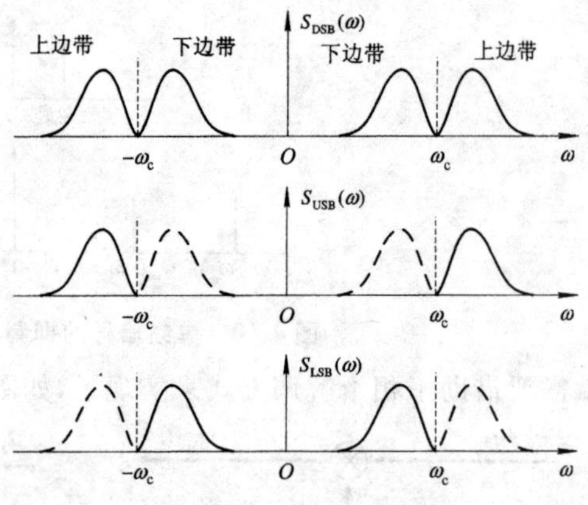


图 4-14　SSB 信号的频谱

设单频调制信号为 $m(t)=A_m\cos\omega_m t$，载波为 $c(t)=\cos\omega_c t$，两者相乘得 DSB 信号的时域表达式为

$$s_{\mathrm{DSB}}(t)=A_m\cos\omega_m t\cos\omega_c t=\frac{1}{2}A_m\cos(\omega_c+\omega_m)+\frac{1}{2}A_m\cos(\omega_c-\omega_m)$$

保留上边带,则有

$$s_{\mathrm{USB}}(t)=\frac{1}{2}A_m\cos(\omega_c+\omega_m)t=\frac{1}{2}A_m\cos\omega_m t\cos\omega_c t-\frac{1}{2}A_m\sin\omega_m t\sin\omega_c t$$

保留下边带,则有

$$s_{\mathrm{LSB}}(t)=\frac{1}{2}A_m\cos(\omega_c-\omega_m)t=\frac{1}{2}A_m\cos\omega_m t\cos\omega_c t+\frac{1}{2}A_m\sin\omega_m t\sin\omega_c t$$

把上、下边带合并起来可以写成

$$s_{\mathrm{SSB}}(t)=\frac{1}{2}A_m\cos\omega_m t\cos\omega_c t\mp\frac{1}{2}A_m\sin\omega_m t\sin\omega_c t \tag{4-16}$$

式中,“－”表示上边带信号,“＋”表示下边带信号。式中的 $A_m\sin\omega_m t$ 可以看成是 $A_m\cos\omega_m t$ 相移 $\frac{\pi}{2}$，而幅度大小不发生任何变化。这一过程就是所谓的希尔伯特变换,记为“ˆ”,即

$$A_m\,\widehat{\cos\omega_m t}=A_m\sin\omega_m t$$

上述关系虽然是在单频调制下得到的,但是它具有一般性,因为任意一个基带波形总可以表示成许多正弦信号之和。因此,把上述表述方法运用到式(4-16),调制信号为任意信号的 SSB 信号的时域表示式就不难得到

$$s_{\mathrm{SSB}}(t)=\frac{1}{2}m(t)\cos\omega_c t\mp\frac{1}{2}\hat{m}(t)\sin\omega_c t \tag{4-17}$$

式中，$\hat{m}(t)$ 为希尔伯特变换。设 $M(\omega)$ 是 $m(t)$的傅里叶变换,则 $\hat{m}(t)$ 为

$$\hat{m}(\omega)=M(\omega)\cdot[-\mathrm{j}\,\mathrm{sgn}\omega] \tag{4-18}$$

式中,符号函数

$$\mathrm{sgn}\omega=\begin{cases}1,\omega>0\\-1,\omega<0\end{cases}$$

式(4-18)的物理意义非常明显:让 $m(t)$ 通过传递函数为 $-\mathrm{j}\,\mathrm{sgn}\omega$ 的滤波器即可得到而 $\hat{m}(t)$。由此可知，$-\mathrm{j}\,\mathrm{sgn}\omega$ 即是希尔伯特滤波器的传递函数,即为

$$H_h(\omega)=\frac{\hat{m}(\omega)}{M(\omega)}=-\mathrm{jsgn}\omega \tag{4-19}$$

上式表明，从本质上来看，希尔伯特滤波器 $H_h(\omega)$ 就是一个宽带相移网络，它表示把 $m(t)$ 幅度不变，所有的频率分量均相移$\frac{\pi}{2}$，即可得到 $\hat{m}(t)$。

由式(4-17)可画出单边带调制相移法的模型，如图 4-15 所示。

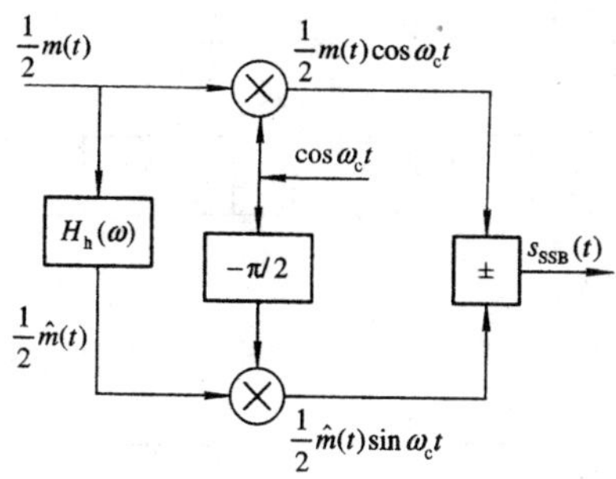


**图 4-15　相移法形成单边带信号**

宽带相移网络的制作是相移法形成 SSB 信号的难点所在，该网络要对调制信号 $m(t)$的所有频率分量都必须严格相移$\frac{\pi}{2}$，这一点即使近似达到也是困难的。为解决这个难题，可以采用混合法(也叫维弗法)。限于篇幅，这里不做介绍。

综上所述：SSB 信号的实现比 AM、DSB 要复杂，但 SSB 调制方式在传输信息时，不仅可节省发射功率，而且它所占用的频带宽度为 $B_{SSB}=f_H$，只有 AM、DSB 的一半，因此它目前已成为短波通信中一种重要的调制方式。

SSB 信号的解调和 DSB 一样不能采用简单的包络检波，因为 SSB 信号也是抑制载波的已调信号，它的包络不能直接反映调制信号的变化，相干解调就是仍然不得不使用。

### 4.2.5　残留边带调制(VSB)

残留边带调制(VSB)不像单边带那样对不传送的边带进行完全抑制，而是使它逐渐截止，这样就会使需要被抑制的边带信号在已调信号中保留了一小部分，其频谱如图 4-16 所示。

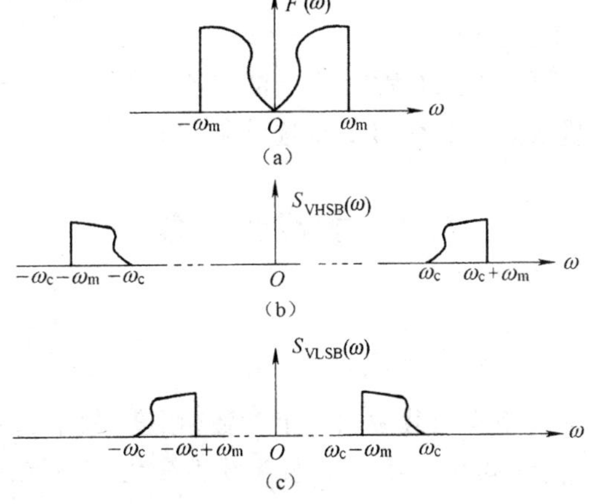


**图 4-16　残留部分边带调制信号频谱**

图 4-16(b)、(c)所示分别为残留部分下、上边带调制信号的频谱。这一点和单边带调制比较类似,残留边带调制可用滤波法来实现,只是其中滤波器由单边带滤波器 $H_{SSB}(\omega)$ 换成残留边带滤波器 $H_{VSB}(\omega)$。这两种滤波器的传递函数如图 4-17 所示。其中,图 4-17(a)、(b)两图分别对应上、下边带调制滤波器;图 4-17(c)、(d)两图则分别对应残留部分下、上边带的调制滤波器。显然,两类滤波器的区别只是 $H_{VSB}(\omega)$ 的边带特性不像 $H_{SSB}(\omega)$ 那么陡峭,故残留边带调制的实现要容易得多。

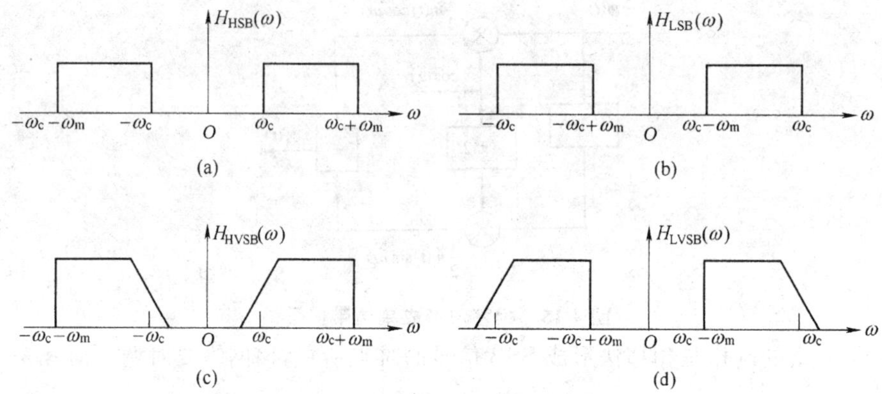


**图 4-17　单边带和残留边带调制滤波器**

残留边带信号的解调也采用相干解调法,但必须保证滤波器的截止特性将使传输边带在载频附近被抑制的部分由抑制边带的残留部分进行精确补偿,也就是说,互补对称特性是其滤波器的传递函数需要具备的,即满足条件式(4-20),接收端才能不失真地恢复原始调制信号。式(4-20)所表达的关系如图 4-18 所示。

$$H_{VSB}(\omega-\omega_c)+H_{VSB}(\omega+\omega_c)=\text{常数} \tag{4-20}$$

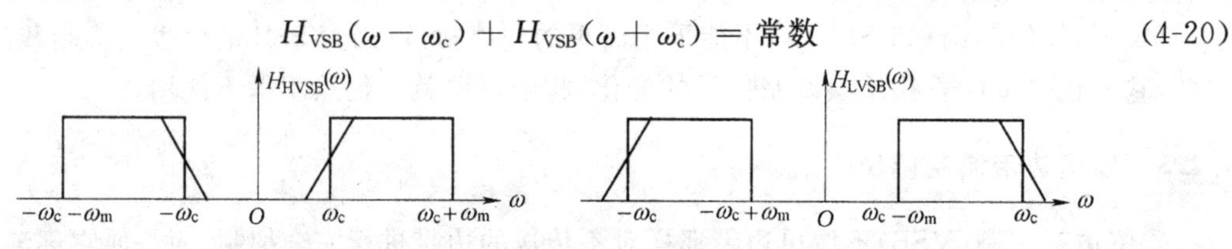


**图 4-18　残留边带滤波器的互补对称特性**

电视图像信号都采用残留边带调制,其载频和上边带信号全部传送出去,而下边带信号则只传不高于 0.75MHz 的低频信号部分。

残留边带调制在低频信号的调制过程中,由于滤波器制作比单边带要相对容易一些,且频带利用率也比较高,是含有大量低频成分信号的首选调制方式。

## 4.3　非线性调制

### 4.3.1　非线性调制的概念

从本质上来看,调制就是利用高频载波的三个参数(幅度、频率、相位)之一携带调制信号的信息。线性调制使载波的幅度随调制信号 $f(t)$ 发生线性变化,而载波的瞬时频率或相位随 $f(t)$ 而线性变化,即 $f(t)$ 控制载波的瞬时频率或相位变化,其变化的周期由 $f(t)$ 的频率决定,而幅度保持不变的调制就是角调制。根据 $f(t)$ 控制的是载波的角频率还是相位,可将角调制分为频率调制(Frequency Modulation)和相位调制(Phase Modulation)。其中,频率调制简称调频,记为 FM;相位调制简称调相,记为 PM。

角调制中已调信号的频谱不像线性调制那样还和调制信号频谱之间保持某种线性关系,其频谱结构已经完全变化,有许多新频率分量出现。鉴于此,也称角调制为非线性调制。

设载波信号为 $A\cos(\omega_c t + \varphi_0)$,则角调制信号可统一表示为瞬时相位 $\theta(t)$ 的函数

$$s(t) = A\cos[\theta(t)]$$

由此,可以推出调频信号和调相信号的时域表达式。

根据前面对调频的定义,调频信号的载波频率增量将和调制信号 $f(t)$ 成比例,即

$$\Delta\omega = K_{FM} f(t)$$

故调频信号的瞬时频率为

$$\omega = \omega_c + \Delta\omega = \omega_c + K_{FM} f(t)$$

式中,$K_{FM}$ 称为频偏指数,它完全由电路参数确定。由于瞬时角频率 $\omega(t)$ 和瞬时相角 $\theta(t)$ 之间存在如下关系

$$\omega(t) = \frac{d\theta(t)}{dt}$$

可以求得此时的瞬时相位 $\theta(t)$ 为

$$\theta(t) = \omega_c t + K_{FM}\int f(t)dt$$

故调频信号的时域表达式为

$$s_{FM}(t) = A\cos[\omega_c t + K_{FM}\int f(t)dt] \tag{4-21}$$

与此类似,调相信号的相位增量为

$$\Delta\theta = K_{PM} f(t) \tag{4-22}$$

式中,$K_{PM}$ 称为相偏指数,由电路参数决定,故调相信号的时域表达式为

$$s_{PM}(t) = A\cos[\omega_c t + K_{PM} f(t)] \tag{4-23}$$

令调制信号 $f(t) = A_m\cos\omega_m(t)$,代入式(4-21)、式(4-23),可以得出单频正弦信号的调频、调相信号表达式分别为

$$s_{FM}(t) = A\cos[\omega_c t + \beta_{FM}\sin\omega_m t] \tag{4-24}$$

$$s_{PM}(t) = A_m\cos[\omega_c t + \beta_{PM}\cos\omega_m t] \tag{4-25}$$

式中,$\beta_{FM} = \frac{K_{FM}\cdot A_m}{\omega_m} = \frac{\Delta\omega_{max}}{\omega_m} = \frac{\Delta f_{max}}{f_m}$,称为调频指数;$\Delta f_{max}$ 为调频过程中的最大频偏;$\beta_{PM}=K_{PM}A_m$,称为调相指数,它表示调相过程中的最大相位偏移 $\Delta\omega_{max}$。

显然,调频指数 $\beta_{FM}$ 和调相指数 $\beta_{PM}$ 由电路参数和调制信号的参量共同决定。

根据式(4-24)、式(4-25),可画出单频信号 $f(t) = A_m\cos\omega_m(t)$ 对载波 $A\cos\omega_c t$ 分别进行调频、调相的波形,如图 4-19 所示,其中图(a)为调频信号 $s_{FM}(t)$,图(b)为调相信号 $s_{PM}(t)$。

通过对图 4-19 中 (a)、(b)的对比可以看出,调频信号的波形疏密程度和调制信号 $f(t)$ 完全一致。当 $f(t)$ 取正的最大值时,$s_{FM}(t)$ 频率最高,即此时频偏最大,波形上对应位置处密度最大;当 $f(t)$ 取负的最小值时,$s_{FM}(t)$ 频率最低,此时频偏也最大,但波形上对应位置处却密度最小,即此时的频偏是最大负频偏。而调相信号的波形疏密程度却和调制信号 $f(t)$ 有 90°的偏差,这是因为瞬时相位和瞬时频率之间是一个微分、积分的关系。

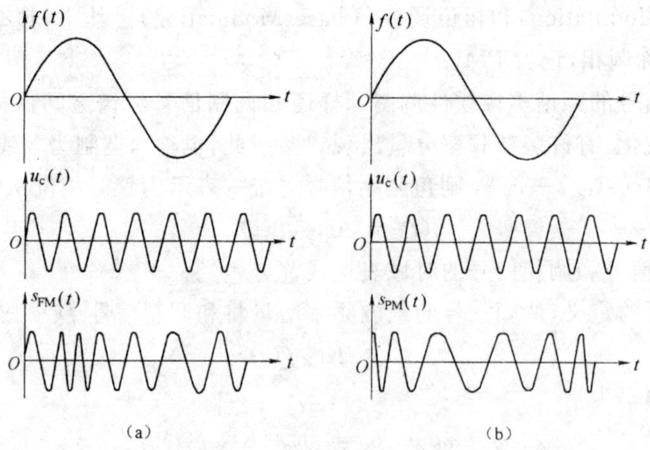


**图 4-19 调频、调相信号波形**

### 4.3.2 调频(FM)

频率调制还可进一步细分为窄带调频和宽带调频,其划分依据是瞬时相位偏移是否远小于 0.5 或$\frac{\pi}{6}$。

根据前面介绍,可以写出该划分依据的数学表示式为

$$K_{FM}\int f(t)\mathrm{d}t \leqslant \frac{\pi}{6} \text{或} 0.5(\text{弧度}) \tag{4-26}$$

当满足式(4-26)时,调频为窄带调频;否则为宽带调频。

一般将窄带调频简记为 NBFM,而宽带调频则记为 WBFM。

1. 窄带调频(NBFM)

根据频率调制信号的时域表达式及式(4-26),窄带调频信号的时域表达式为

$$\begin{aligned} s_{FM}(t) &= A\cos[\omega_c t + K_{FM}\int f(t)\mathrm{d}t\ ] \\ &= Af(t)\cdot\cos[K_{FM}\int f(t)\mathrm{d}t\ ] - A\sin\omega_c t\cdot\sin[K_{FM}\int f(t)\mathrm{d}t\ ] \end{aligned} \tag{4-27}$$

因为

$$K_{FM}\int f(t)\mathrm{d}t \leqslant \frac{\pi}{6} \text{或} 0.5(\text{弧度})$$

所以

$$\cos[K_{FM}\int f(t)\mathrm{d}t\ ] \approx 1;\sin[K_{FM}\int f(t)\mathrm{d}t\ ] \approx K_{FM}\int f(t)\mathrm{d}t$$

将其代入式(4-27)中,可得

$$s_{NBFM}(t) = A\cos\omega_c t - [AK_{FM}\int f(t)\mathrm{d}t\ ]\sin\omega_c t \tag{4-28}$$

设调制信号 $f(t)$ 为零均值信号,其频谱为 $F(\omega)$,对式(4-28)进行傅里叶变换,可得出窄带调频信号的频谱为

$$s_{NBFM}(\omega) = \pi A[\delta(\omega-\omega_c)+\delta(\omega+\omega_c)] + \frac{AK_{FM}}{2}\left[\frac{F(\omega-\omega_c)}{\omega-\omega_c} - \frac{F(\omega+\omega_c)}{\omega+\omega_c}\right] \tag{4-29}$$

若调制信号为单频信号，即 $f(t) = \cos\omega_m(t)$，由式(4-29)可画出调频信号的频谱如图 4-20(c)所示。图 4-20(a)、(b)分别为调制信号 $f(t)$、常规双边带调制信号 $s_{AM}(t)$ 的频谱。

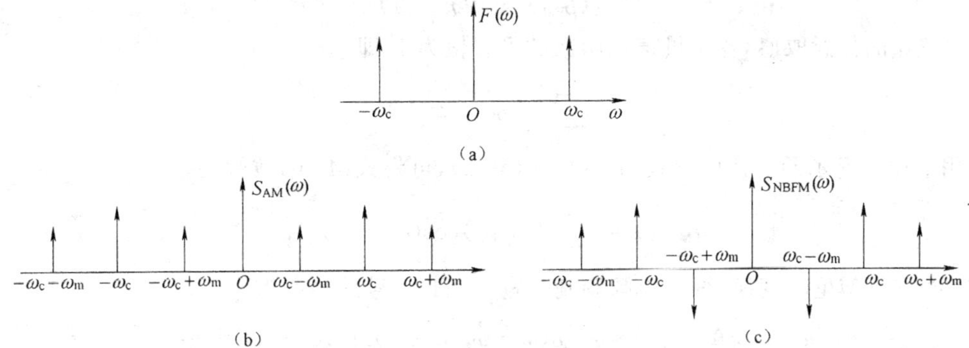


**图 4-20　单频调制时的常规调幅和窄带调频信号频谱**

图 4-20(b)、(c)非常相似，这点充分说明了窄带单频调频信号和常规调幅信号的频谱接近度比较高，它们都含有($\omega_c$)和($\omega_c \pm \omega_m$)频率分量，且两种信号的带宽一样，即 $B_{AM} = B_{NBFM} = 2f_m$，只是窄带调频信号中($\omega_c + \omega_m$)分量与($\omega_c - \omega_m$)分量是反相的，即图 4-20(c)中($\omega_c + \omega_m$)频率分量的谱线是向下的。

根据式(4-29)任意波形的窄带调频信号频谱均可以画出来，且它们同样也和常规调幅信号频谱相似，也是窄带调频信号的频谱中($\omega_c + \omega_m$)与($\omega_c - \omega_m$)彼此反向，带宽也为 $B_{NBFM} = 2f_m$($f_m$ 为调制信号的最高频率)。

2. 宽带调频(WBFM)

当调频信号的瞬时相位偏移对于前述窄带调频的条件式(4-26)无法满足时，就称此频率调制为宽带调频。

由于不满足条件式(4-26)，式(4-21)不能简化为式(4-28)那样的形式。对一般信号的调频信号分析起来难度比较大，我们主要介绍单频信号调制下的宽带调频信号，从而对宽带调频信号的基本性质有所理解和掌握。

对于单频信号进行调制生成的调频信号，根据式(4-21)、式(4-24)，利用三角公式得

$$\begin{aligned} s_{FM}(t) &= A\cos(\omega_c t + \beta_{FM}\sin\omega_m t) \\ &= A\cos\omega_c t\cos(\beta_{FM}\sin\omega_m t) - A\sin\omega_c t\sin(\beta_{FM}\sin\omega_m t) \end{aligned} \tag{4-30}$$

其中

$$\cos(\beta_{FM}\sin\omega_m t) = J_0\beta_{FM} + 2\sum_{n=1}^{\infty} J_{2n}(\beta_{FM})\cos 2n\omega_m t \tag{4-31}$$

$$\sin(\beta_{FM}\sin\omega_m t) = 2\sum_{n=1}^{\infty} J_{2n-1}(\beta_{FM})\sin(2n-1)\omega_m t \tag{4-32}$$

式中，$J_n(\beta_{FM})$ 被称为第一类 $n$ 阶贝塞尔函数，它具有如下 3 个基本性质：

① $J_{-n}(\beta_{FM}) = (-1)^n J_n(\beta_{FM})$，即：(4-33)

当 $n$ 为奇数时，$J_{-n}(\beta_{FM}) = -J_n(\beta_{FM})$

当 $n$ 为偶数时，$J_{-n}(\beta_{FM}) = J_n(\beta_{FM})$

②当调频指数 $\beta_{FM}$ 很小时，有

$$J_0(\beta_{FM}) \approx 1$$

$$J_1(\beta_{FM}) \approx \frac{\beta_{FM}}{2} \tag{4-34}$$

$$J_0(\beta_{FM}) \approx 0(n>1)$$

③对 $\beta_{FM}$ 的任意取值,各阶贝塞尔函数的平方恒为 1,即

$$\sum_{-\infty}^{\infty} J_n^2(\beta_{FM}) \equiv 1 \tag{4-35}$$

利用上述贝塞尔函数性质及式(4-31)、式(4-32),可将式(4-30)改写为

$$s_{FM}(\omega) = \sum_{-\infty}^{\infty} J_n(\beta_{FM})\cos(\omega_c + n\omega_m)t \tag{4-36}$$

对式(4-36)进行傅里叶变换,得出单频调制时宽带调频信号的频谱为

$$s_{FM}(\omega) = \pi A \sum J_n(\beta_{FM})[\delta(\omega-\omega_c-n\omega_m)+\delta(\omega+\omega_c+n\omega_m)] \tag{4-37}$$

式(4-37)说明,调频信号将生成无限多个频谱分量,各分量都以 $\omega_m$ 的间隔等距离地以载频 $\omega_c$ 为中心分布,每个边频分量( $\omega_c+n\omega_m$ )的幅度都和 $J_n(\beta_{FM})$ 的值成正比例关系,而载频分量的幅度则正比于 $J_0(\beta_{FM})$。由此可知,调频信号的带宽应当为无穷大。但通过贝塞尔函数表,我们发现,随着 $n$ 的增大,$J_n(\beta_{FM})$ 的值迅速减小,故调频产生的绝大部分高次边频分量的幅度非常小,几乎可以忽略不计。因此,实际工程分析中,都按照卡森公式来计算调频信号的带宽

$$B_{FM} = 2(1+\beta_{FM})f_m = 2(\Delta f_{max}+f_m) = 2\Delta f_{max}(1+\frac{1}{\beta_{FM}})$$

也就是说,对于 $n \geqslant (\beta_{FM}+2)$ 次的边频分量,可以忽略不计。

当 $\beta_{FM} \leqslant 1$,即窄带调频时,卡森公式可近似为 $B_{FM}=2f_m$ 。

当 $\beta_{FM} \geqslant 1$,卡森公式可近似为 $B_{FM}=2\beta_{FM}f_m=2\Delta f_{max}$ 。

由贝塞尔函数的基本性质③可知,调频信号的所有边频分量的功率之和加上载频分量的功率将为常数。可以证明,这个常数值就是未调载波的功率 $\frac{A^2}{2}$。意思就是,由于调频信号对于载波的频率疏密程度仅有部分改变,其幅度不发生任何改变,故调频前后信号的总功率不变,只是由调频前的信号功率全部分在载波上改为调频后分配在载频和各次边频分量上。

**例** 4-1 设一个由 10kHz 的单频信号调制的调频信号,其最大频偏 $2\Delta f_{max}$ 为 40kHz,试画出该调频信号的频谱,并求其载波分量以及前 5 次边频分量的功率之和。

**解**:由已知条件求出调频指数为 $B_{FM}=\frac{\Delta f_{max}}{f_m}=\frac{40}{10}=4$,查贝塞尔函数表可得

$$J_0(4)=-0.4\ ,J_1(4)=-0.07\ ,J_2(4)=0.36$$

$$J_3(4)=0.43\ ,J_4(4)=0.28\ ,J_5(4)=0.13$$

根据式(4-36),可知载波分量的功率为

$$S_0=\frac{A^2}{2}\times J_0^2(4)=0.16\times\frac{A^2}{2}=\frac{A^2}{2}\times 16\%$$

而前 5 次边频分量的功率之后为

$$S_5=\frac{A^2}{2}\times[J_1^2(4)+J_2^2(4)+J_3^2(4)+J_4^2(4)+J_5^2(4)]\times 2$$

$$=\frac{A^2}{2}\times[(-0.07)^2+0.36^2+0.43^2+0.28^2+0.13^2]=0.8294\times\frac{A^2}{2}=\frac{A^2}{2}\times 82.94\%$$

上面的计算说明，经过调频，载波分量的功率下降，分到各次边频上的功率就是其减少的功率。本例中只求了前 5 次边频分量的功率之和，它们占总功率的 82.94%，而载波分量占 16%。两部分加起来占总功率的 98.94%，即剩余的所有无限多个边频分量的功率之和仅仅占总功率的 1.06%，这些高次分量完全可以忽略不计。其频谱图如图 4-21 所示。为简便，只画出了正半轴频率部分的频谱，负半轴频谱与此完全对称。图中各谱线位置仅标（$\pm n\omega_m$）值，表示其频率为（$\omega_c\pm n\omega_m$）。

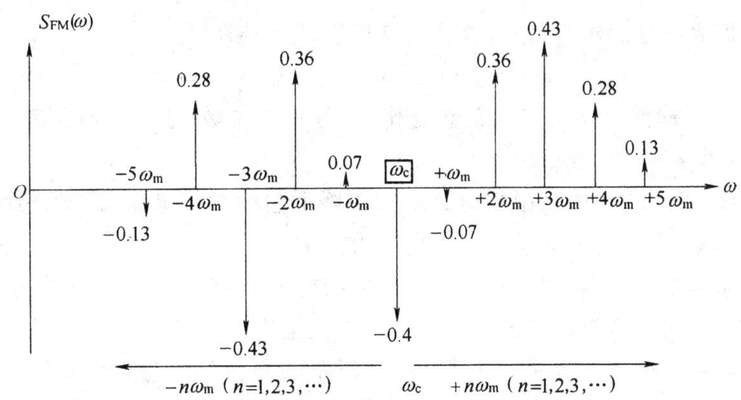


**图 4-21　调频信号的频谱分布图**

从以上数学分析及图 4-21 和式(4-37)可以看出，宽带调频的频谱由载频和无穷多个边频组成，这些边频都对称地分布在载频的两侧，相邻两点间隔 $\omega_m$。但同阶的边频分量虽然对称分布于载频两侧，且幅度相等，但偶次边频幅度的符号相同，而奇次边频相对于载频的上、下谱线幅度则符号相反，也就是说奇数阶下边频与其相应上边频互为反相。

调频信号的产生可以采用直接调频法和间接调频法两种。直接调频就是用调制信号 $f(t)$ 直接控制高频振荡器的元件参数(一般是电感或者电容)，使其振荡频率随着 $f(t)$ 的变化而发生变化。实际中最常用的变容二极管调频电路，就是利用变容二极管的容量随外加电压变化而改变的特性来改变输出振荡频率的。

直接调频线路简单，调制的频偏可以做到很大，但外界干扰因素也会引起振荡器的谐振回路变化，其振荡频率的稳定性较差，这就需要有附加的稳频电路。

间接调频则是通过调相电路来产生调频信号的。根据式(4-21)、式(4-23)可知，若首先对调制信号 $f(t)$ 积分，然后再对该积分信号调相，其输出的就是调频信号，如图 4-22 所示。由于 $f(t)$ 不直接控制振荡器的振荡频率，故其输出频率较稳定，但频偏比较小，这就意味着调频程度的深度不够，一般都需要将该调频信号进行多次倍频后才能达到要求的调频指数 $\beta_{FM}$。通常，设初始调频指数为 $\beta_{FM}$，则经过 $n$ 次倍频后，其调频指数将为 $n\beta_{FM}$。

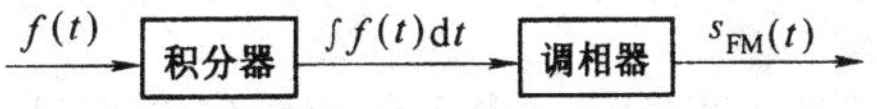

$f(t)$ → 积分器 → $\int f(t)\mathrm{d}t$ → 调相器 → $s_{FM}(t)$

**图 4-22　间接调频法原理框图**

调频信号的解调可以采用相干解调和非相干解调。最简单的非相干解调就是鉴频。鉴频器的形式很多，但它们的基本原理都是将微分器与包络检波器组合起来，提取出调频信号中调制信号 $f(t)$ 的信息，即使鉴频器输出正比于 $K_{FM}f(t)$，其框图如图 4-23 所示。图中，输入调频信号为

$$s_{FM}(t)=A\cos[\omega_c t+K_{FM}\int f(t)\mathrm{d}t]$$

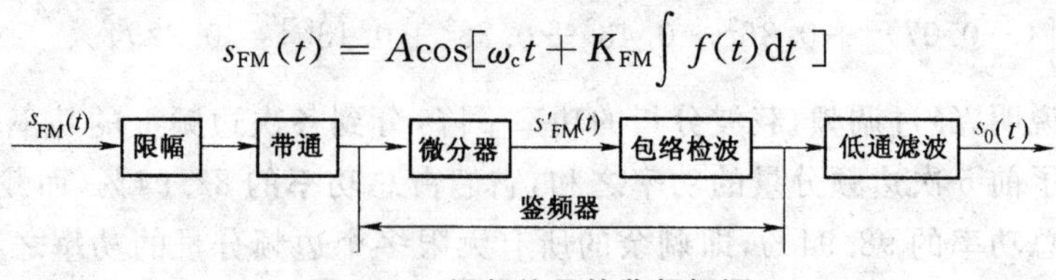


**图 4-23　调频信号的鉴频解调**

经过微分器后输出为

$$s'_{FM}(t)=-A[\omega_c+K_{FM}f(t)]\sin[\omega_c t+K_{FM}\int f(t)\mathrm{d}t]$$

由于包络检波只提取信号的包络信息，故经过滤波后，电路输出为

$$s_0(t)=K_d K_{FM}f(t)$$

式中，$K_d$ 为检波以及滤波电路引起的系数变化，这是一个常数，表征鉴频器对信号鉴频的影响或要求，就是所谓的鉴频灵敏度。

图 4-23 中的带通滤波器以及限幅电路都用来降低包络检波电路对于信道干扰等引起的幅度变化的响应灵敏度，即提高鉴频器的抗干扰能力。

在实际调频通信系统中，集成锁相鉴频器使用的比较多，它的性能要比分离元件的鉴频器有很大程度的提高。在通信接收机与 FM 收音机中被大量应用。

由于窄带调频信号可以被分解为如式(4-36)所示的同相分量与正交分量之和的形式，故它的解调可以采取如线性调制信号那样的相干解调方式，如图 4-24 所示。图中，带通滤波器的输出信号为

$$s_{NBFM}(t)=A\cos\omega_c t-[AK_{FM}\int f(t)\mathrm{d}t]\sin\omega_c t$$

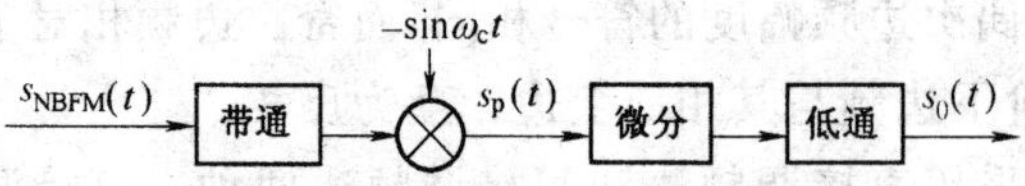

**图 4-24　窄带调频信号的相干解调**

经过相乘器后，有

$$\begin{aligned}s_p(t)&=-\frac{1}{2}A\sin\omega_c t+[AK_{FM}\int f(t)\mathrm{d}t]\sin^2\omega_c t\\&=-\frac{1}{2}A\sin\omega_c t+\frac{AK_{FM}}{2}\int f(t)\mathrm{d}t-\frac{AK_{FM}}{2}\int f(t)\mathrm{d}t\cos2\omega_c t\end{aligned}$$

经过微分以及滤波以后，其输出为

$$s_0(t)=\frac{AK_{FM}}{2}f(t)$$

明显地，该解调方法只适用于窄带调频信号。

### 4.3.3　调相(PM)

调相信号的波形以及时域表达式这部分内容前面已经介绍过，它的瞬时相位 $\theta(t)$ 是调制信号 $f(t)$ 的线性函数，即

$$s_{PM}(t)=A\cos[\omega_c t+K_{PM}f(t)]$$

和频率调制一样，调相也有宽带调相和窄带调相之分。它的划分依据是：当

$$|K_{FM}f(t)|_{max} \leqslant \frac{\pi}{6} \tag{4-38}$$

时，为窄带调相。

1. 窄带调相(NBPM)

和窄带调频相似，利用条件式(4-38)可以得出窄带调相的表达式为

$$s_{NBPM}(t) = A\cos\omega_c t - AK_{PM}f(t)\sin\omega_c t$$

与此相应的，窄带调相的频谱为

$$s_{NBPM}(\omega) = \pi A[\delta(\omega-\omega_c)+\delta(\omega+\omega_c)] + \frac{jAK_{FM}}{2}[F(\omega-\omega_c)-F(\omega+\omega_c)] \tag{4-39}$$

由式(4-39)可知，和窄带调频一样，窄带调相信号的频谱类似于常规双边带调制信号频谱，只是调相信号中调制信号的频谱在搬移到 $\pm\omega_c$ 时分别移相±90°。

2. 宽带调相(WBPM)

所谓的宽带调相就是调相信号不满足条件式(4-38)。由于宽带调相信号分析复杂，我们只考虑调制信号为单频信号时的情况。利用贝塞尔函数，可以得到单频调相信号的另一种表示形式为

$$S_{PM}(t) = A\sum_{-\infty}^{\infty} J_n(\beta_{FM})\cos\left[(\omega_c+n\omega_m)t+\frac{1}{2}n\pi\right] \tag{4-40}$$

同样地，可由式(4-40)得出单频调制时宽带调相信号的频谱为

$$S_{PM}(\omega) = \pi A\sum J_n(\beta_{FM})\left[e^{\frac{jn\pi}{2}}\delta(\omega-\omega_c-n\omega_m)+e^{-\frac{jn\pi}{2}}\delta(\omega+\omega_c+n\omega_m)\right] \tag{4-41}$$

可以看出，调相信号的频谱和调频信号相似，也包含有无限多个频率分量，且都同样以 $\omega_m$ 的间隔等距离地分布在载频 $\omega_c$ 的两侧，其幅度都和 $J_n(\beta_{FM})$ 成正比，随着 $n$ 的增加，$J_n(\beta_{FM})$ 迅速减小。因此，虽然调相信号的带宽也应当为无穷大，其带宽的计算同样可以按照卡森公式来实现

$$B_{PM} = 2(1+\beta_{PM})f_m$$

即一般只考虑到 $(1+\beta_{PM})$ 次边频分量就足够了。

由于调相指数 $\beta_{PM}=K_{PM}A_m$，而调频指数 $\beta_{KM}=\dfrac{K_{FM}A_m}{\omega_m}$，所以，当调制信号 $f(t)$ 的角频率 $\omega_m$ 增大(或减少)时，$\beta_{PM}$ 不变而 $\beta_{FM}$ 将随之减少(或增大)。故调相信号的带宽就要随 $f(t)$ 的 $\omega_m$ 增加而增加，但调频信号由于其 $\beta_{FM}$ 与 $\omega_m$ 反向变化，故调频信号的带宽随 $\omega_m$ 的变化而改变很小。这点也就导致了调频比调相应用范围广。

比较式(4-21)、式(4-23)可以发现，如果令 $g_1(t)=\int f(t)\,dt$，把 $g_1(t)$ 作为调制信号代入调相信号的表达式中，得到的将是 $g_1(t)$ 的调频信号。同样地，若令 $g_2(t)=\dfrac{df(t)}{dt}$，再把 $g_2(t)$ 作为调制信号代入调频信号表达式中，则得到的是 $g_2(t)$ 的调相信号。因此可以说，调频和调相二者之间没有本质区别，这是因为载波频率的任何改变都必然会导致其相位的变化，反之亦然。所以，也可以利用频率调制电路来实现相位调制，即将 $f(t)$ 先进行微分，再进行调频即可得到调相信号，如图 4-25 所示。

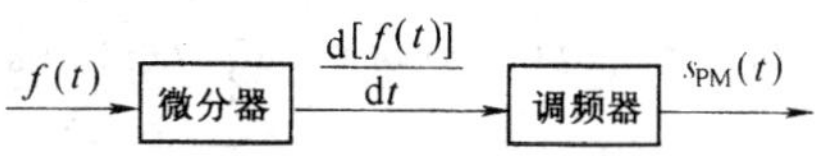

图 4-25　由调频电路获得调相信号

尽管调频和调相关系密切，但调频系统的性能要优于调相系统这一点是毋庸置疑的。故一般模拟调制中都采用调频而非调相，只是把调相电路作为产生调频信号的一种方法。

和调幅制相比，角度调制的主要优点是抗干扰性能强，而且，传输的带宽越大，抗干扰的性能就越强。这样，可以通过增加已调信号带宽的办法来换取接收机的接收端输出的信噪比的提高。缺点是占用频带宽(指宽带 FM)，设备比 AM 系统复杂。调频制主要用于调频广播、电视、通信及遥控遥测等设备中。相位调制主要用于数字通信系统和产生间接调频。

## 4.4 模拟调制系统的抗噪声性能

既然模拟调制可以被分为线性调制和非线性调制，下面首先分别介绍这两类调制的抗噪声性能。

### 4.4.1 线性调制系统的抗噪声性能分析

由于所有的线性调制都可以采用相干方式进行解调，一般情况下，系统的抗噪能力是以系统经相干解调后的输出信噪比来进行衡量的。线性调制系统相干解调模型如图 4-26 所示。

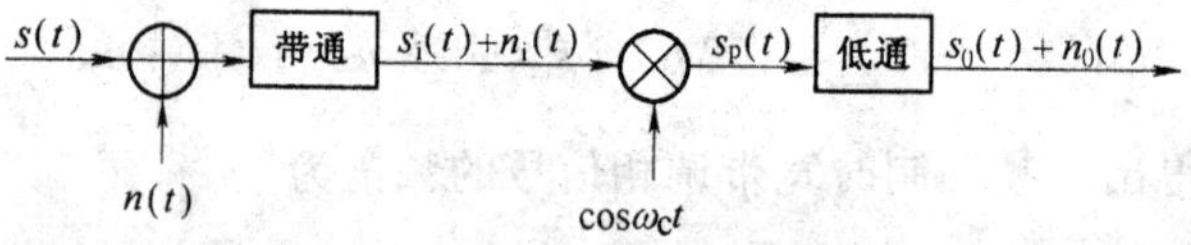

$s(t)$ → ⊕ ($n(t)$) → 带通 → $s_i(t)+n_i(t)$ → ⊗ ($\cos\omega_c t$) → $s_P(t)$ → 低通 → $s_0(t)+n_0(t)$

图 4-26 线性调制系统相干解调模型

所有线性调制信号都可用下式统一表达为

$$s(t) = s_i(t)\cos\omega_c t + s_Q(t)\sin\omega_c t \tag{4-42}$$

称式(4-42)中的第一项为同相分量，第二项为正交分量。对抑制载波的双边带调制信号，有

$$s_i(t) = f(t); s_Q(t) = 0$$

故

$$s_{DSB}(t) = f(t)\cos\omega_c t$$

而对单边带调制信号，则有

$$s_i(t) = \frac{1}{2}f(t); s_Q(t) = \mp\frac{1}{2}\hat{f}(t)$$

故

$$s_{HSB}(t) = \frac{1}{2}f(t)\cos\omega_c t - \frac{1}{2}\hat{f}(t)\sin\omega_c t$$

$$s_{LSB}(t) = \frac{1}{2}f(t)\cos\omega_c t + \frac{1}{2}\hat{f}(t)\sin\omega_c t$$

对残留边带调制信号而言，有

$$s_i(t) = \frac{1}{2}f(t); s_Q(t) = \mp\frac{1}{2}\tilde{f}(t)$$

故

$$s_{HVSB}(t) = \frac{1}{2}f(t)\cos\omega_c t - \frac{1}{2}\tilde{f}(t)\sin\omega_c t$$

$$s_{LVSB}(t) = \frac{1}{2}f(t)\cos\omega_c t + \frac{1}{2}\hat{f}(t)\sin\omega_c t$$

其中，$\hat{f}(t)$ 是调制信号通过残留边带滤波器以后的输出。

通常情况下，会把输入的噪声视为各态历经的高斯白噪声信号，它经过图中的窄带带通滤波器（通带带宽远小于中心频率 $\omega_0$ 的滤波器就是窄带滤波器）以后，其输出信号可表示为

$$n_i(t) = n_I(t)\cos\omega_0 t - n_Q(t)\sin\omega_0 t$$

且有

$$E[n_i^2(t)] = E[n_I^2(t)] = E[n_Q^2(t)] = N_i = n_0 B$$

式中，$N_i$、$n_0$ 分别为输入噪声信号的功率及单边功率谱密度；B 为带通滤波器的通带带宽。

根据解调器框图 4-26，可以得出

$$\begin{aligned} s_P(t) &= [s_i(t) + n_i(t)] \cdot \cos\omega_c t \\ &= s_I(t)\cos^2\omega_c t + s_Q(t)\sin\omega_c t\cos\omega_c t + n_I(t)\cos\omega_0 t\cos\omega_c t - n_Q(t)\sin\omega_0 t\cos\omega_c t \end{aligned}$$

经过低通以后，输出

$$s_0(t) + n_0(t) = \frac{1}{2}s_I(t) + \frac{1}{2}n_I(t)\cos(\omega_0 - \omega_c)t - \frac{1}{2}n_Q(t)\sin(\omega_0 - \omega_c)t \tag{4-43}$$

当输入常规双边带调制信号 $s_{AM}(t)$、抑制载波的双边带调制信号 $s_{DSB}(t)$ 时，输入信号功率与噪声功率分别为

$$(S_i)_{AM} = \frac{1}{2}[A^2 + \overline{f^2(t)}];(S_i)_{DSB} = \frac{1}{2}\overline{f^2(t)}$$

$$(N_i)_{AM} = n_0 W_{AM} = 2n_0 W;(N_i)_{DSB} = n_0 W_{DSB} = 2n_0 W$$

式中，$W$ 为调制信号的带宽。

则 $s_{AM}(t)$、$s_{DSB}(t)$ 的解调输入信噪比为

$$(\frac{S_i}{N_i})_{AM} = \frac{A^2 + \overline{f^2(t)}}{4n_0 W};(\frac{S_i}{N_i})_{DSB} = \frac{\overline{f^2(t)}}{4n_0 W}$$

由于双边带调制信号解调时，其带通滤波器的中心频率 $\omega_0$ 就是载波频率 $\omega_c$，故

$$s_0(t) = \frac{1}{2}s_I(t) = \frac{1}{2}f(t);n_0(t) = \frac{1}{2}n_I(t)$$

所以

$$s_0(t) = \frac{1}{4}\overline{f^2(t)};n_0(t) = \frac{1}{4}\overline{n_I^2(t)} = \frac{1}{4}N_i = \frac{1}{2}n_0 W$$

故双边带调制的输出信噪比为

$$\left(\frac{s_0}{n_0}\right) = \frac{\overline{f^2(t)}}{2n_0 W}$$

单边带信号的解调分析与此类似，只是其中带通滤波器的中心频率与载波频率不再重合，而是存在式(4-44)所示的关系，且上边带时 $\omega_0 > \omega_c$，下边带时则正好相反。

$$|\omega_0 - \omega_c| = \pi W \tag{4-44}$$

代入式(4-43)，可得

$$(s_i)_{SSB} = \frac{1}{4}\overline{f^2(t)};(N_i)_{SSB} = n_0 W$$

故

$$(s_0)_{SSB} = \frac{1}{16}\overline{f^2(t)};(N_0)_{SSB} = \frac{1}{4}[\frac{1}{2}\overline{n_I^2(t)} + \frac{1}{2}\overline{n_Q^2(t)}] = \frac{1}{4}N_i = \frac{1}{4}n_0 W$$

残留边带调制的抗噪声性能分析更为复杂一些，在此不再一一介绍。

### 4.4.2 非线性调制系统的抗噪声性能分析

由于前述调相信号在频带利用方面的缺点，实际系统中一般采用调频方式。因此，对于非线性系统的抗噪声性能分析，采用的是非相干解调时的性能来对调频信号进行分析。根据前面关于非相干解调的介绍，可以推得如下结果

$$(S_i)_{FM} = \frac{1}{2}A^2$$

$$(N_i)_{FM} = n_0 B_{FM}$$

故非相干解调的输入信噪比为

$$\left(\frac{S_i}{N_i}\right)_{FM} = \frac{A^2}{2n_0 B_{FM}}$$

其相应的输出信噪比为

$$\left(\frac{S_0}{N_0}\right)_{FM} = 3\left(\frac{\Delta f_{max}}{f_m}\right)\cdot\frac{\overline{f^2(t)}}{|f(t)|^2_{max}}\cdot\frac{A^2}{2n_0 f_m}$$

其中，$f_m$、$\overline{f^2(t)}$、$|f(t)|^2_{max}$ 分别为调制信号的最高频率、方均值和最大幅度值的平方。

当调制信号为单频信号时，相应的输出信噪比为

$$\left(\frac{S_0}{N_0}\right)_{FM} = \frac{3}{2}\beta^2_{FM}\cdot\frac{A^2}{2n_0 B_{FM}}\cdot\frac{B_{FM}}{f_m} = 3\beta^2_{FM}\cdot(\beta_{FM}+1)\cdot\frac{S_i}{N_i} \tag{4-45}$$

从式(4-45)可以看出，调频系统的解调输出信噪比较高，其输出信噪比和输入信噪比之比和调频指数 $\beta_{FM}$ 的立方近似成比例。显然，$\beta_{FM}$ 越高，输出信噪比越大，相应地，系统的信噪比的改善也就更加理想。和前面线性调制系统相比，调频系统的抗噪声性能要好得多，尤其是宽带调频系统。需要注意的是，这种性能的改善是以带宽的增加为代价的。线性调制系统的带宽最大仅为调制信号最大频率的 2 倍，而调频信号的带宽则是最高频率的 $2(\beta_{FM}+1)$倍。当 $\beta_{FM}\geqslant 1$ 时，$B_{FM}\geqslant B_{AM}$ 或 $B_{DSB}$，更不用说单边带或残留边带信号了。下面通过一个例题来说明这个问题。

**例** 4-2　若信道引入的加性高斯白噪声功率谱密度为 $n_0=0.5\times10^{-12}$ W/Hz，路径衰耗 60dB，输入单频调制信号的频率为 20kHz，输出信噪比为 50dB。试比较分别采用抑制载波的双边带调制和频率调制（调频指数为 10）时，发送端的最小发送载波功率。

**解**：两种调制情况下，已调信号带宽分别为

$$B_{DSB} = 2f_m = 40\text{kHz},\ B_{FM} = 2(\beta_{FM}+1)f_m = 440\text{kHz}$$

常规双边带调制时，由前面的分析结果可得

$$\left(\frac{S_0}{N_0}\right)_{DSB} = \frac{\overline{f^2(t)}}{2n_0 B_{DSB}} = \frac{1}{4}\cdot\frac{A^2}{n_0\cdot B_{DSB}} = \frac{1}{4}\cdot\frac{A^2}{0.5\times10^{-12}\times2\times10^4} = 10^5$$

考虑路径衰耗，采用抑制载波的双边带调制时，发送端最小载波发射功率为

$$\frac{1}{2}A^2\times10^6 = 10^3\,\text{W} = 1000\text{W}$$

调频方式时

$$\left(\frac{S_0}{N_0}\right)_{FM} = 3\beta^2_{FM}\cdot(\beta_{FM}+1)\cdot\frac{S_i}{N_i} = 3300\times\frac{A^2}{44}\times10^8 = 0.75A^2\times10^{10} = 10^5$$

考虑路径衰耗，调频方式下，发送端的最小载波发送功率为

$$\frac{1}{2}A^2\times10^6 = \frac{2}{3}\times10^{-5}\times10^6 = 6.67\text{W}$$

显然，调频系统的发射功率远低于单边带调制系统，之所以能够做到这一点是由带宽换取的。

### 4.4.3　线性调制系统和非线性调制系统的抗噪声性能比较

按照调制前、后信号频谱之间是否存在线性关系，模拟调制可分为线性调制和非线性调制两类。其中，常规双边带调制 AM、抑制载波的双边带调制 DSB、单边带调制 SSB 和残留边带调制 VSB 属于线性调制，而频率调制和相位调制则是非线性调制。总的来说，就抗干扰性来说，线性调制系统抗干扰能力较差；非线性系统则正好与此相反。

假设所有的系统在接收机输入端都具有相同的信号功率，且加性噪声都是均值为零、双边功率谱密度为 $\frac{n_0}{2}$ 的高斯白噪声，被调制信号 $f(t)$ 在所有系统中都满足

$$\begin{cases} f(t) = 0 \\ f^2(t) = \dfrac{1}{2} \\ |f(t)|_{\max} = 1 \end{cases} \tag{4-46}$$

设 $f(t)$ 为满足式(4-46)的正弦信号，且所有系统的调制、解调特性都可以达到理想状态，则各系统的输出信噪比分别为

$$\left(\frac{S_0}{N_0}\right)_{\rm DSB} = \left(\frac{S_i}{N_0 B_m}\right)$$

$$\left(\frac{S_0}{N_0}\right)_{\rm SSB} = \left(\frac{S_i}{N_0 B_m}\right)$$

$$\left(\frac{S_0}{N_0}\right)_{\rm AM} = \frac{1}{3}\left(\frac{S_i}{N_0 B_m}\right)$$

$$\left(\frac{S_0}{N_0}\right)_{\rm FM} = \frac{3}{2}\beta_{\rm FM}^2\left(\frac{S_i}{N_0 B_m}\right)$$

式中，$B_m$ 为被调制信号的带宽，也称为基带宽度。

图 4-27 所展示的是各调制系统的输入/输出信噪比特性曲线，圆点为各系统的门限，即当系统接收端输入信噪比低于此门限时，输出信噪比将迅速下降；而在门限以上，对同一输入信噪比而言，DSB、SSB 系统的输出信噪比高于 AM 系统 4.7dB 以上，而 FM($\beta_{\rm FM}=6$)的输出信噪比则优于 AM 系统 22dB。由此可见，当输入信噪比较高时，想要得到更优的系统性能的话可采用频率调制 FM 方式。

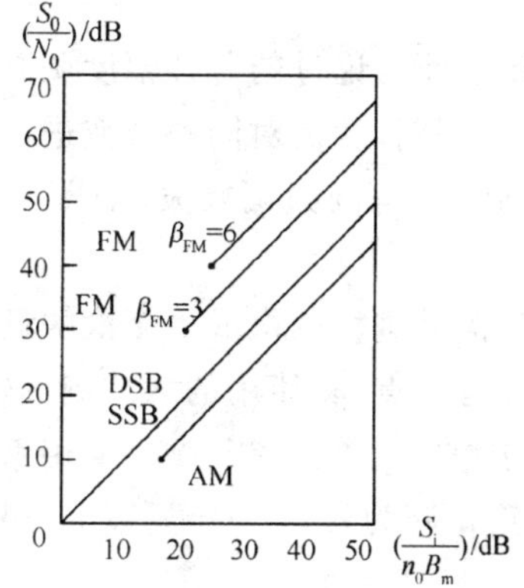


图 4-27　各种模拟调制系统的性能曲线

为了更好地熟悉、掌握各种调制方式的性能，表 4-1 列出了线性调制系统和非线性调制系统在调制信号为单频信号时的性能比较。

**表 4-1　线性、非线性调制系统在调制信号为单频信号时的性能比较**

| 调制方式 | 信号带宽 | 调制后信号 | 解调方式 | 输出信噪比 | 应用 |
|---|---|---|---|---|---|
| AM | $2f_m$ | $[A+f(t)]\cos\omega_c t$ | 1. 包络检波<br>2. 相干解调 | $\frac{A_m^2}{4n_0 B_{AM}}$<br>（相干解调时） | 很少 |
| DSB | $2f_m$ | $f(t)\cos\omega_c t$ | 相干解调 | $\frac{A_m^2}{4n_0 B_{DSB}}$ | 短波无线通信 |
| SSB | $f_m$ | $\frac{1}{2}f(t)\cos\omega_c t$<br>$\mp\frac{1}{2}\hat{f}(t)\sin\omega_c t$ | 相干解调 | $\frac{A_m^2}{8n_0 B_{SSB}}$ | 民用收音机 |
| VSB | $f_m < B < 2f_m$ | $\frac{1}{2}f(t)\cos\omega_c t$<br>$\mp\frac{1}{2}\hat{f}(t)\sin\omega_c t$ | 相干解调 | — | 电视通信 |
| FM | $2f_m(1+\beta_{FM})$ | $A\cos[\omega_c t+$<br>$K_{FM}\int f(t)\mathrm{d}t]$ | 1. 非相干解调即鉴频<br>2. 相关解调<br>（对 NBFM） | $\frac{A_m^2}{4n_0 B_{DSB}}$ | 超短波通信，微波接力通信、卫星通信 |
| PM | $2f_m(1+\beta_{PM})$ | $A\cos[\omega_c t+$<br>$K_{FM}f(t)]$ | 1. 非相干解调<br>2. 相干解调 | — | 极少 |

从抗噪声能力的角度出发，调频系统性能最好，相比较而言，单边带系统和抑制载波的双边带系统的性能要差一点，常规双边带调制系统由于绝大部分功率都分配在载波功率上，其抗噪声性能最差。调频系统的调频指数 $\beta_{FM}$ 越大，其抗噪声性能越好，但传输信号所需的带宽相应地也就更宽，常用于高质量要求的远距离通信系统如微波接力、卫星通信系统以及调频广播系统中。单边带调制系统由于传输带宽最窄，且解调输出信噪比较高，在短波无线电通信系统中使用的更多。虽然 AM 信号的抗噪声性能最差，但该调制系统线路特别简单，现在在民用收音机系统中仍然被使用。

## 4.5　复合调制与多级调制

在模拟调制系统中，除单独采用前面讨论过的各种幅度调制和频率调制外，复合调制和多级调制的情况也是会遇到的。所谓复合调制，就是对同一载波进行两种或更多种的调制。例如，对一个调频信号再进行幅度调制，得到的就是调频调幅波，如图 4-28 所示，其中调制信号（基带信号）可以不止一个。

所谓多级调制，是指将同一基带信号进行两次或更多次的调制。这种情况下，每次调制所采用的调制方式可以相同或不同，然而有一点，其使用的载波则一定是不同的。

图 4-29 给出了一个多级调制的例子。这是一个频分复用系统，$\omega_{1i}$ 是各路信号第一次调制时各自的载波频率，第一路为 $\omega_{11}$，第二路为 $\omega_{12}$，……所以 $\omega_2$ 是第二次调制的载频。

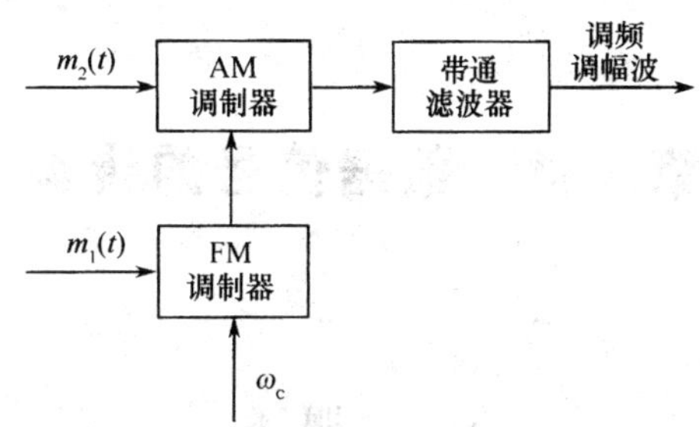


图 4-28　调频调幅波复合调制的方框图

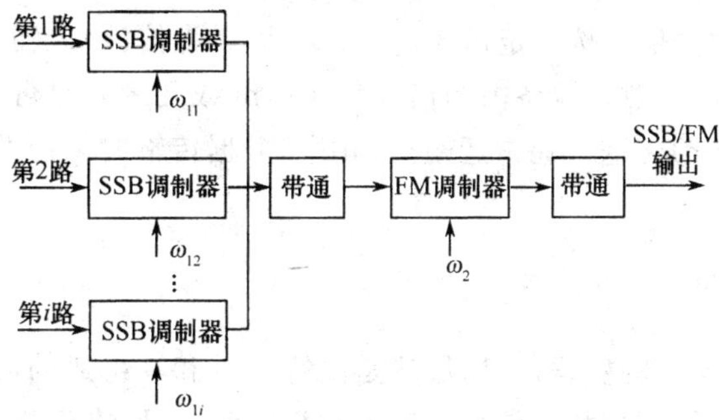


图 4-29　SSB/FM 多级调制的组成方框图

图 4-29 中，各路信号第一次采用单边带 SSB 调制方式，第二次也采用 FM 调制方式，这种调制方式可记为 SSB/FM。实际通信系统中，常见的多级调制方式除 SSB/FM 外，还有 SSB/SSB、FM/FM 等。例如，频分多路微波通信系统中的多级调制方式就是采用 SSB/FM 调制方式。

复合调制方式在模拟通信系统和数字通信系统中使用范围非常广。

综上所述，多级调制是针对基带信号而言的，即用同一个信号，对多个不同的载波先后进行多次调制；而复合调制则是针对载波信号来说的，即对同一个载波，用一个或多个信号进行若干次超过一种方式的调制。

# 第5章 数据信号的传输

## 5.1 概述

数据传输就是指将数据信号按一定形式，从一端（称之为信源）传输到另一端（信宿）。数据传输的距离有长有短，可以是数据设备内的信号传送（1m或几米），也可以是通过通信网或计算机网完成的远程（远至4km）传送。通常近距离（几米）数据传输时采用并行传输方式，远距离数据传输时采用串行传输方式。

### 5.1.1 常见数据信号波形

在通信中，从计算机发出的数据信息，虽然是由符号1和0组成的，但其电信号形式（波形）可能会有多种形式。通常把基带数据信号波形也称为码型，常见的基带数据信号波形有：单极性归零码、单极性不归零码、双极性不归零码、双极性归零码、差分码、传号交替反转码、三阶高密度双极性码、曼彻斯特码等。

1. 单极性归零（RZ）码

在传送“1”码时发送1个宽度小于码元持续时间的归零脉冲；在传送“0”码时不发送脉冲。其特征是所用脉冲宽度比码元宽度窄，即还没有到一个码元终止时刻就回到零值，因此称其为单极性归零码。脉冲宽度 $\tau$ 与码元宽度 $T_b$ 之比 $\tau/T_b$ 称为占空比。单极性RZ码的主要优点是可以直接提取同步信号，节省发射能量。

2. 单极性不归零（NRZ）码

这种码用高电平表示数据信息“1”，用低电平表示数据信息“0”，在整个码元期间电平保持不变，故称不归零码。单极性不归零码具有如下特点：

①简单，容易实现。

②有直流分量。

③判决门限介于高、低电平之间，抗噪声性能差。

④接收端不能直接提取码元同步信息。

⑤信号消耗的能量大于归零码。

由于单极性不归零码的诸多不足，它只用于极短距离的数据传输。

3. 双极性归零（RZ）码

“1”和“0”在传输线路上分别用正和负脉冲表示，且相邻脉冲间必有零电平区域存在。因此，在接收端根据接收波形归于零电平便知道一比特信息已接收完毕，以便准备下一比特信息的接收。所以，在发送端不必按一定的周期发送信息。可以认为正负脉冲前沿起了启动信号的作用，后沿起了终止信号的作用。因此，可以经常保持正确的比特同步，即收发之间不需要特别定时，且各符号独立地构成起止方式，此方式也称为自同步方式。此外，双极性归零码具有抗干扰能力强、码中不含直流成分及节省发射能力的优点。双极性归零码得到了比较广泛的应用。

4. 双极性不归零码

其信息的“1”和“0”分别对应正、负电平，它具有不归零码的缺点，但是具有双极性码的优点：

①当“1”和“0”等概时，无直流成分。

②判决电平为0，电平易设置且稳定，因此抗干扰能力强。

由于此码的特点，过去有时也把它作为线路码来用。近年来，随着高速网络技术的发展，双极性NRZ码的优点（特别是信号传输带宽窄）受到人们的关注，并成为主流编码技术。但在使用时，为解决提取同步信息和含有直流分量的问题，先要对双极性NRZ进行一次预编码，再实现物理传输。

5. 信号交替反转（AMI）码

AMI码也称为双极方式码、平衡对称码、交替极性码等。此方式是单极性方式的变形，即把单极性方式中的“0”码仍与零电平对应，而“1”码对应发送极性交替的正、负电平。这种码型实际上把二进制脉冲序列变为三电平的符号序列（故称为伪三元序列），其优点如下：

①在“1”、“0”码不等概率情况下，也无直流成分，且零频附近低频分量小。因此，对具有变压器或其他交流耦合的传输信道来说，不易受隔直流特性的影响。

②若接收端收到的码元极性与发送端完全相反，也能正确判决。

③只要进行全波整流就可以变为单极性码。如果交替极性码是归零的，变为单极性归零码后就可提取同步信息。北美系列的一、二、三次群接口码均使用经扰码后的AMI码。

6. 差分码

差分码是利用前后码元电平的相对极性来表示数据信息“1”和“0”的，是一种相对码。差分码有“1”差分码和“0”差分码。“1”差分码是利用相邻前后码元电平极性改变表示“1”，不变表示“0”；而“0”差分码则是利用相邻前后码元极性改变表示“0”，不变表示“1”。“1”差分码规则简记为1变0不变；“0”差分码规则简记为0变1不变。差分码特点是，即使接收端收到的码元极性与发送端完全相反，也能正确地进行判决。

虽然AMI码有不少优点，但信息流中出现长连“0”时，在收端提取定时信号就很困难，这是因为在长连“0”时，AMI码输出为零电平，即无信号。为了克服这一不足，一种有效且广泛被人们接受的方法是采用系列高密度双极性码（$HDB_n$）。$HDB_3$码就是$HDB_n$系列中最有用的一种。

$HDB_3$码的编码步骤如下：

①按AMI码编码。

②用000 V替代长连零小段0000 V的极性同前一个非零码的极性。

③检查V码是否极性交替。如果不交替，把当前的000V用B00V代替，B的极性与前一个非零符号相反；加B后，则后边所有非零符号反号。

检查$HDB_3$码编的正确与否，一是看“1”和B码合起来是否交替，二是看V码是否交替。二者都交替则编码正确。例如：

信息流 010000110000001110

第一步 0+10000−1+100000−1+1+10

第二步 0+1000+V−1+1000+V0−1+1−10

第三步 0+1000+V−1+1−B00−V0+1−1+10

在实际波形中，B和V都是用高电平（同“1”码）表示的。在接收端译码时，由两个相邻同极性码找到V码，即同极性码中后面那个码就是V码。由V码向前的第三个码如果不是“0”码，表明它是 B 码。把 V 码和 B 码去掉后留下的全是信码。把它全波整流后得到的是单极性码。

$HDB_3$的优点是无直流成分，低频成分少，即使有长连“0”码时也能提取位同步信号；缺点是编译码电路比较复杂。$HDB_3$是 CCITT 建设欧洲系列一、二、三次群的接口码型。

7. 曼切斯特(Manchester)

曼彻斯特码又称分相码、数字双相码。其编码规则是每个码元用连续两个极性相反的脉冲表示。具体是：“1”码用正、负脉冲表示，“0”码用负、正脉冲表示，该码的优点是无直流分量，最长连“0”、连“1”数为 2，定时信息丰富，编译码电路简单。但其码元速率比输入的信码速率提高了 1 倍。

分相码适用于数据终端设备的中速、短距离传输。例如，以太网采用分相码作为线路传输码。

当极性反转时分相码会引起译码错误，为解决此问题，可以采用差分码的概念，将数字分相码中用绝对电平表示的波形改为用电平相对变化来表示。这种码型称为条件分相码或差分曼彻斯特码。数据通信的令牌网即采用这种码型。

### 5.1.2 数据传输的基本方式

数据信号在信道中传输，可以采取多种方式，即数据传输模式。它包括串行传输和并行传输；单工传输、半双工传输和全双工传输；同步传输和异步传输。

1. 单工、半双工和全双工传输

在通信中，根据信号传送的方向与时间的不同，通信方式可以分为单工通信(电视、广播形式)、半双工通信(对讲机)、全双工通信(电话)三种方式。数据通信在传输时亦有这三种形式。

(1)单工传输

单工数据传输只支持数据在一个方向上传输，如电台广播等。严格地讲，单工信道是一个单向信道，不可逆，如图 5-1(a)所示。但是，在数据通信中，个别情况下，也会逆向传送速率非常低的一些起控制作用的“数据”。这种情况不是下面讲的双工情况，因为其中真正的数据一直都是在一个方向上传输，另一个方向只是用于检测或控制信号。

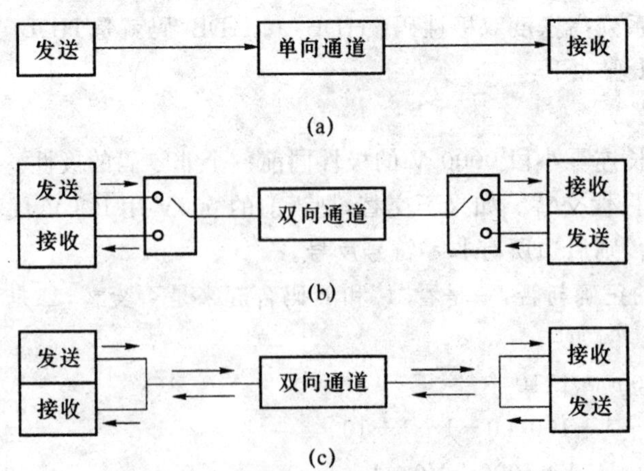


图 5-1 单工、半双工、全双工传输

(2)半双工传输

半双工数据传输允许数据在两个方向上传输，但是，在某一时刻，只允许数据在一个方向上传输，它实际上是一种切换方向的单工通信，如对讲机等，如图 5-1(b)所示。

(3)全双工传输

在全双工传输中，两个通信终端可以在两个方向上同时进行数据的收发传输，如图 5-1(c)所示。对于电信号来说，在有线线路上传输时要形成回路才能传输信号，所以一条传输线路通常由 2 条线组成，称为二线传输。这样，全双工传输就需要 4 条线组成 2 条物理线路，称为四线传输。因此，全双工可以是二线全双工，也可以是四线全双工。

2. 串行传输和并行传输

信息在信道上传输的方式有两种：串行传输和并行传输。传输方式不同，单位时间内传输的数据量也不同。而且，串行传输和并行传输的硬件开销也有很大差别。早期的设备，例如电传打字机，它们大多依靠串行传输。而目前计算机的 CPU 和输出设备中间多采用并行通信。

(1)串行传输

串行传输方式中只使用一个传输信道，数据的若干位顺序地按位串行排列成数据流。如图 5-2 所示，数据源向数据宿发送“01011011“”的串行数据，这个二进制位以串行的方式在线路上传输，直到所有位全部传完。

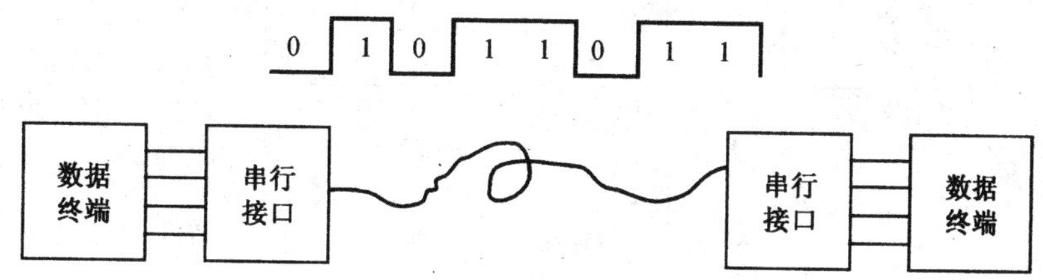


图 5-2　串行传输方式

串行传输已经使用多年，只需要一些简单的设备，节省信道(线路)，有利于远程传输，所以广泛地用于远程数据传输中。通信网和计算机网络中的数据传输都是以串行方式进行的。但串行传输的缺点是速度较低。

(2)并行传输

并行传输就是数据的每一位各占用一条信道，即数据的每一位放在多条并行的信道上同时传送。例如，要传送一个字节(8bit)，若在 8 条信道上同时传送，而若在 16 条信道上传送，一次就能传送 2 个字节了。这样，一个 16 位的并行传输，比单个信道的串行传输快 16 倍(图 5-3)。许多现代计算机在设计时都考虑并行传输的优点，CPU 和存储器之间的数据总线就是并行传输的例子，通常有 8 位、16 位、32 位和 64 位等数据总线。有些计算机还用并行方式给打印机传送信息，从而实现高速的内部运算和数据传输。并行传输提高了传输速率，付出的代价是硬件成本提高了。

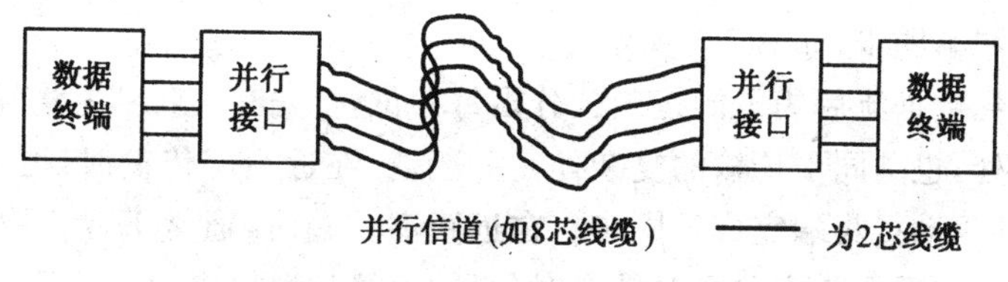


图 5-3　并行传输方式

通常在设备内部一般采用并行传输，在线路上使用串行传输。所以在发送端和线路之间以及接收端和线路之间，都需要并/串和串/并转换器。

3.异步传输和同步传输

在串行传输时,接收端如何从串行数据码流中正确地划分出发送的一个个字符所采取的措施称为字符同步。根据实现字符同步的方式不同,数据传输有同步传输和异步传输两种方式。

(1)异步传输

异步传输方式是指收、发两端各自有相互独立的位(码元)定时时钟,数据率是收发双方约定的,收端利用数据本身来进行同步的传输方式。

异步传输是一种起止式同步法,具体是在每一个字符的二进制码(8 bit)的前后分别加上起始位和结束位,以表示一个字符的开始和结束。通常起始位为"0",即一个码元宽度的零电平做起始位;结束位为一个高电平,宽度可以是 1、1.5、2 个码元宽度,如图 5-4(结束位为一个码元宽度)所示。字符可以连续发送,也可以单独发送;不发送字符时则连续发送"止"信号。因此每一个字符的起始时刻可以是任意的(这正是称为异步传输的含义,即字符之间是异步的)。

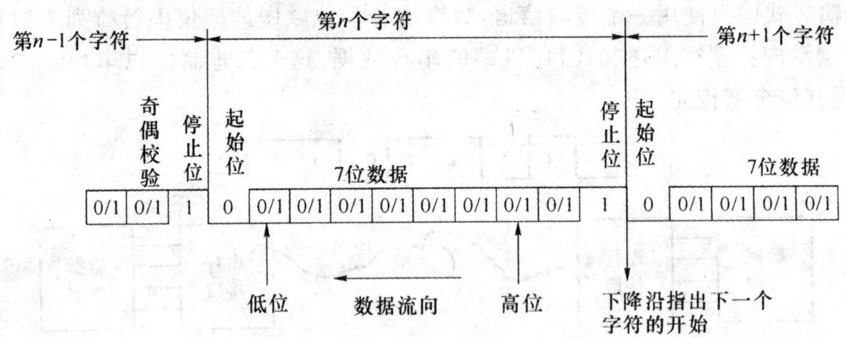


**图 5-4　异步通信格式**

异步传输一个常见的例子是使用终端与一台计算机进行通信。按下一个字母键、数字键或特殊字符键就发送一个 8 bit 的 ASCII 代码(最高位为奇偶校验位)。终端可以在任何时刻发送代码,这取决于输入速度。内部的硬件必须能够在任何时刻接收一个键入的字符(应该注意并不是所有的键盘输入都被异步传输。某些智能终端能缓存输入,然后一次性把整整一行或一屏传送给计算机,这属于同步传输)。

异步传输的优点是实现简单,不需要收发之间的同步专线。缺点是传输速率不高,而且效率较低,效率通常为 7/11 或 7/10,适用于低速通信。

(2)同步传输

在同步传输方式中,发送方以固定的时钟节拍发送数据信号,收方以与发端相同的时钟节拍接收数据。而且,收发双方的时钟信号与传输的每一位严格对应,以达到位同步。在开始发送一帧数据前需发送固定长度的帧同步字符,然后再发送数据字符,发送完毕后再发送帧终止字符,于是可以实现字符和帧同步,如图 5-5 所示。

接收端在接收到数据流后为了能正确区分出每一位,首先必须收到发送端的同步时钟,这是与异步传输不同之处,也是同步传输的复杂处。一般地,在近距离传输时,可以附加一条时钟信号线,用发方的时钟驱动接收端完成位同步。在远距离传输时,通常不允许附加时钟信号线,而是必须在发送端发出的数据流中包含时钟定时信号,由接收端提取时钟信号,完成位同步。同步传输具有较高的传输效率和传输速率,但实现较为复杂,常常用于高速数据传输中。

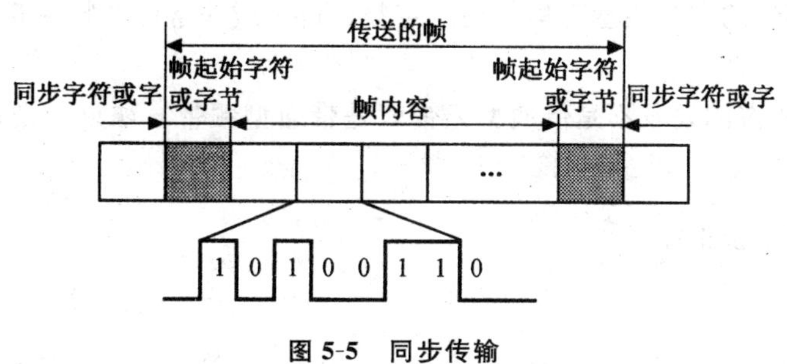


图 5-5　同步传输

### 5.1.3　数据信号的谱特征

准确地说,数据基带信号是一个随机脉冲序列。因此,研究和分析数据基带信号要用随机过程的方法来处理。

数据基带信号的时域表达式可写成

$$\mathrm{d}(t)=\sum_{n=-\infty}^{\infty}a_n x_n(t)$$

其中

$$x_n(t)=\begin{cases}g_0(t-nT_b),\text{以概率 } p \text{ 出现的“0”信号时}\\ g_1(t-nT_b),\text{以概率 } 1-p \text{ 出现的“1”信号时}\end{cases}$$

式中,$g_0(t)$ 和 $g_1(t)$ 分别是二进制代码“0”和“1”的波形;$T_b$ 为码元宽度;$a_n$ 为第 $n$ 个信息符号所对应的电平值。对于单极性信号,$a_n=0$ 或 1;对于双极性信号,$a_n=1$ 或 $-1$。

利用随机理论,可以推导出随机脉冲序列的双边功率谱密度 $P(f)$ 为

$$\begin{aligned}P(f)=&\sum_{n=-\infty}^{\infty}\left|f_b[pG_0(mf_b)+(1-p)G_1(mf_b)]\right|^2\delta(f-mf_b)\\&+f_b p(1-p)\left|G_0(f)-G_1(f)\right|^2\end{aligned}$$

式中,$G_0(f)$、$G_1(f)$ 分别为 $g_0(t)$、$g_1(t)$ 的傅立叶变换,$f_b=1/T_b$

### 5.1.4　数据信号的传输

数据信号可以并行传输,也可以串行传输;可以同步传输,也可以异步传输等。从数据传输系统的实现方法上看,数据传输有基带传输和频带传输之分。

基带传输是指从计算机等数据终端(信源)出来的数据基带信号,不经过调制(频谱搬移)而直接送到信道上传输的一种传输方式。例如,在计算机与打印机之间的近距离数据传输,在局域网和一些城域网中计算机间的数据传输等都是基带传输。基带传输实现简单,但传输距离受限。

频带传输是指数据信号在送入信道前,要对其进行调制,实现频率搬移,随后通过功率放大等环节后再送入信道传输的一种传输方式。例如,目前普通家庭用户,通过调制解调器与电话线连接上网就是频带传输方式。

## 5.2　数据信号的基带传输

通常把来自计算机、电传机、传真机等数据终端设备的信号称为基带数据信号。基带数据信

号的主要特征是:信号的主要能量都集中在从零频(直流)或非常低的频率开始,至某频率的频带范围内。

这种数据信号所占的频段不是低通型频带就是带通型频带。如果是带通型,则其下限频率也是在距零频不远处。

### 5.2.1 基带传输的基本术语

1. 字符(Character)

字符是指某个字母表或符号集中的一个,如 A、9 和 & 等。每个字符可以映射成一个二进制数字序列。字符编码有许多标准,如 ASCII、EBCDIC、博多码和 Morse 码等。

2. 文本消息(Text Message)

文本消息是指字符序列,如“HOW ARE YOU?”、“OK”、$9 576 219.18 等。为了进行数据传输,文本消息应该是一组数据流,或是有限符号集或字母表中的字母。

3. 比特流(Bit Stream)

比特流指二进制数据“0”和“1”流,比特流就是基带信号。如文本信息“HOW”用 7 比特的 ASC II 表示,其比特流可以用二电平脉冲波形表示,如图 5-6(a)所示。

4. 码元(Symbol)

数字信息在一般情况下可以表示为一个数字序列:…,$a_{-2}$,$a_{-1}$,$a_0$,$a_1$,$a_2$…,简记为 $\{a_n\}$,$a_n$ 是数字序列的基本单元,称为码元,如图 5-6(b)所示。要注意码元与符号的区别多码元是一种物理符号,可以是多进制,因此,码元是一个逻辑概念,而字符是组成消息或文本的单元,由多个比特表示。一个码元由七个比特组成,该七个比特就是一个单元,用于表示一个有限码元集中的消息码元 $m_i$,$M=2^k$,其中 $k$ 为码元的比特数,$M$ 表示码元是 $M$ 进制码元。码元可以用一组波形表示,对于基带传输,每个码元 $m_i$ 用一组基带脉冲波形 $g_1(t)$,$g_2(t)$,…,$g_{\rm m}(t)$ 表示,传送这些脉冲的速率,可以用调制速率表示;对于频带传输,每个脉冲 $g_i(t)$ 都由一组带通波形 $s_1(t)$,$s_2(t)$,…,$s_{\rm m}(t)$ 之一表示,如图 5-6(c)所示。在无线通信系统中,码元 $m_i$ 通过在 $T$ 秒内发送的数字波形 $s_i(t)$ 来实现,这里的 $t$ 为码元持续时间。下一个码元将在下一个 $t$ 秒内发送,接收机仅需要判别发送的波形是否是 $M$ 个波形中的一个。

5. 码型

基带数字信号是数字信息的电脉冲表示,电脉冲的形式称为码型。通常把数字信息的电脉冲表示过程称为码型编码或码型变换。在有线信道中传输的基带数字信号又称为线路传输码型。由码型还原成数字信息则称为译码。

不同的码型具有不同的频域特性,合理地设计码型使之适合于给定信道的传输特性,是基带传输首先考虑的问题。

### 5.2.2 基带传输的组成

基带传输的数据模型如图 5-7 所示。

(1)发送滤波器

用来产生适合于信道产生的基带信号,如图 5-8(a)所示。

信道传输受到的影响:发送滤波器输出的基带信号送入信道,基带信号在传输过程中受到以下两个因素的影响。

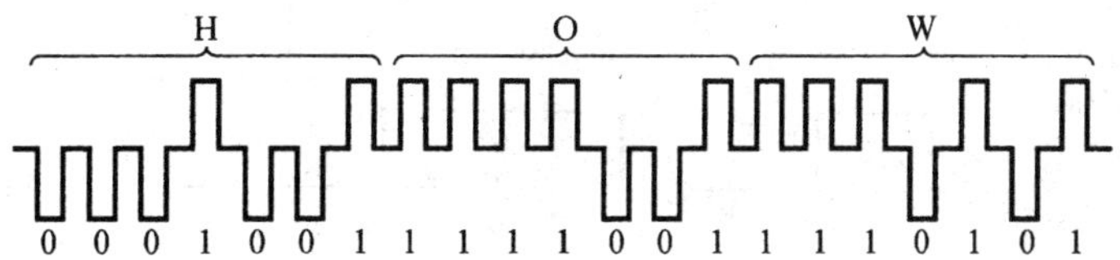


(a) 比特流(7 位 ASCⅡ)

1 二进制码元($k=1$, $M=2$)
10 四进制码元($k=2$, $M=4$)
011 八进制码元($k=3$, $M=8$)

(b) 码元 $m_i$, $i=1, 2, \cdots M, M=2^k$

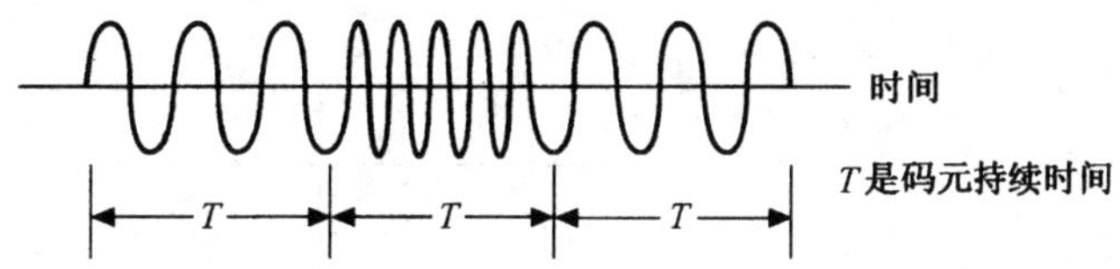


(c) 带通数字波形 $S_i(t)$, $i=1,2,\cdots M$

**图 5-6　比特流、码元及带通数据波形示意图**

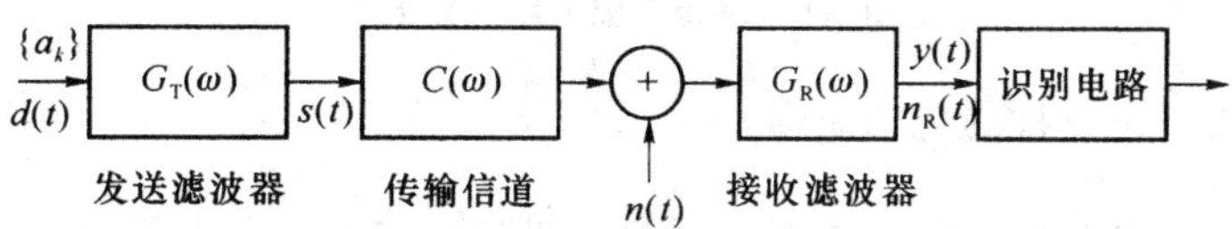


**图 5-7　基带传输的数据模型**

①受到信道特性的影响，使信号产生畸变。

②被加性噪声叠加，使信号产生随机畸变。

通过信道传输的信号如图 5-8(b)所示。为此，在接收端首先要安排一个接收滤波器，使噪声尽可能得到抑制，而使信号顺利通过。

(2)接收滤波器

接收滤波器的作用为：抑制带外噪声；均衡、调整信号波形，减小信号畸变，提高系统的可靠性。然而，在接收滤波器的输出信号中，总还是存在畸变和混有噪声，因此，为了提高系统的可靠性，一般还要有一个识别电路在接收滤波器的后面。

(3)识别电路

一般的识别电路由限幅整型器和抽样判决器组成。限幅整形器把接收信号整理为“近似”的方波，如图 5-8(c)所示。抽样判决器是在每一接收基带波形的中心附近，对其进行抽样，然后将抽样值与判决门限进行比较，获得一系列新的基带波形——再生的基带信号，如图 5-8(e)所示。

识别电路作用为：限幅、整形；抽样判决，要在最佳时刻用最佳门限判决。

注意：这里还需要有一个良好的同步系统，用来产生抽样判决器所需要的定时脉冲，如图5-8(d)所示。

将发送滤波器、信道、接收滤波器合在一起称为基带形成滤波器。其传递函数为

$$H(\omega) = G_T(\omega)C(\omega)G_R(\omega)$$

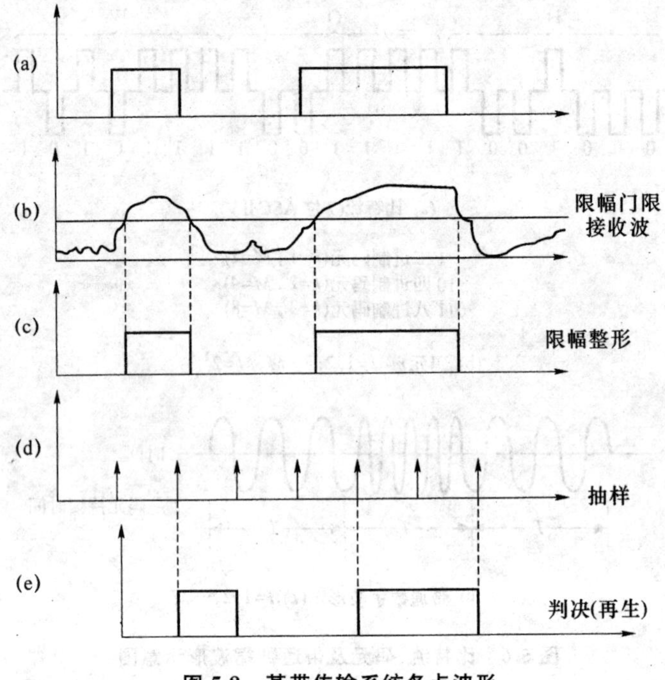


图 5-8　基带传输系统各点波形

### 5.2.3　基带传输无码间干扰的传输波形

在数字信号的传输中，码元波形是按一定的时间间隔发送的波形幅度携带信息。接收端经再生判决若能准确地恢复出幅度信息，则原始信息就能无误地传送。因此，只需要讨论特定时刻的抽样值有无串扰，而波形是否在时间上延伸是无关紧要的。换句话说，即使经传输后的整个波形发生变化，但只要在特定的时刻的抽样值能反映其携带的幅度信息，再经过抽样处理，仍能准确无误地恢复原始信息就可以了。

1. 理想低通滤波器的波形形成

(1)理想低通滤波器的特点

所谓理想低通滤波器就是将滤波网络的某些特性理想化而定义的滤波网络，它的截止频率为 $f_N$，传递函数为

$$H(f)=\begin{cases}e^{-j2\pi ft_d}, & |f|<f_N \\ 0, & |f|>f_N\end{cases}$$

理想低通滤波器的传输特性如图 5-9 所示。

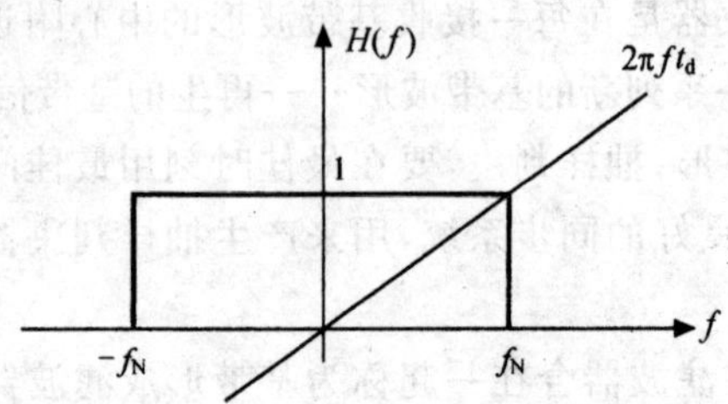


图 5-9　理想低通滤波器的传输特性

(2)理想低通滤波器的冲激响应

理论分析表明：一个冲激信号 $\delta(t)$ 在 $t=0$ 时经过一个具有如图 5-9 所示的传输特性的理想低通滤波器，就可以得到如图 5-10 所示的冲激响应波形，其数学表达式为

$$h(t)=\int_{-f_N}^{f_N} H(f)\cdot e^{j2\pi ft}\mathrm{d}f=2f_N\frac{\sin 2\pi f_N(t-t_d)}{2\pi f_N(t-t_d)}$$

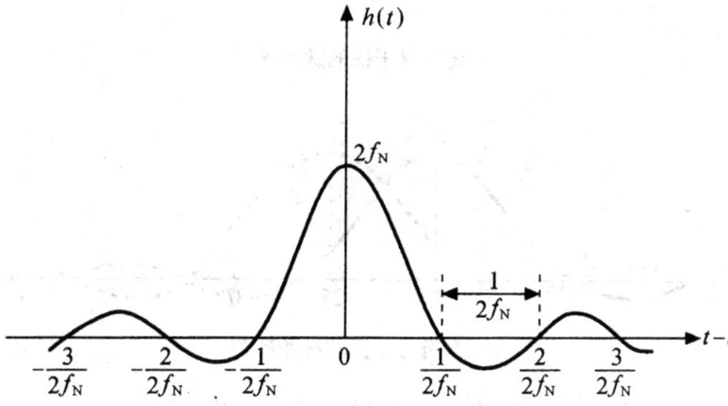

**图 5-10　理想低通的冲激响应**

理想低通滤波器的响应波形的特点如下：

①在 $t=t_d$ 处有一最大值（$2f_N$），且波形出现很长的拖尾，其拖尾的幅度随时间而逐渐衰减。

②响应值有很多零点，而且以 $t=t_d$ 为中心每隔 $1/(2f_N)$ 出现一个过零点，第一个零点是 $1/2f_N$，且以后各相邻零点的间隔都是 $1/(2f_N)$。

(3)无码间干扰

从图 5-10 的响应波形还发现：一个冲激信号经过理想低通后，其脉冲被展宽，除了在 $t=t_d$ 处幅度最大，在其他时刻，虽然没有信号输入，但仍有输出，这表明当其他时刻有另外的脉冲信号输入时，会受到当前脉冲的影响。若将单个冲激信号看作是一个码元的波形，假设有一输入如图 5-9 所示的理想低通信道，数据序列中只有两个脉冲，即 $a_1=1, a_2=1$，其他都为 0 时，当 $T=1/(2f_N)$ 和 $T\neq 1/(2f_N)$ 时的输入响应如图 5-11(a)、(b)所示。$T$ 为 $a_1$、$a_2$ 的码元间隔时间。

由图 5-11(a)可以看出：当 $T=1/2(f_N)$ 且 $t=T$ 时，$a_1$ 有最大值，而 $a_2$ 的值为"0"；当 $t=2T$ 时，$a_2$ 有最大值，而 $a_1$ 的值为"0"，也就是说，接收端在该时刻抽样时，不受其他输入脉冲的影响。而图 5-11(b)中，当 $T\neq 1/(2f_N)$ 且 $t=T$ 时，$a_1$ 有较大值，而 $a_2$ 的值不为"0"；当 $t=2T$ 时，$a_2$ 有较大值，而 $a_1$ 的值不为"0"。也就是说，接收端在该时刻抽样时，抽样是两个码元在该抽样时刻的叠加值，即两个输出脉冲响应总是相互影响的。对于一个码元信号来说，其他码元信号在其抽样判决时刻的叠加值就称为码间干扰或码间串扰。码间干扰是由于传输频带受限使输出信号波形产生拖尾所致。因此，基带数据传输时总希望码间干扰越小越好。

(4)奈奎斯特准则

如何才能保证信号在传输时不产生码间干扰，这是关系到信号是否能可靠传输的一个非常关键的问题。奈奎斯特(Nyquist)对此进行了深入的研究后，提出了无码间干扰的条件：若系统等效网络具有理想低通特性，且截止频率为 $f_N$ 时，则该系统中允许的最高码元(符号)速率为 $2f_N$，这时系统输出波形在峰值点上不会产生前后符号间的干扰。这一条件也称为奈奎斯特准则。它揭示了码元(符号)传输速率与传输系统带宽之间的匹配关系。由于该准则的重要性，又

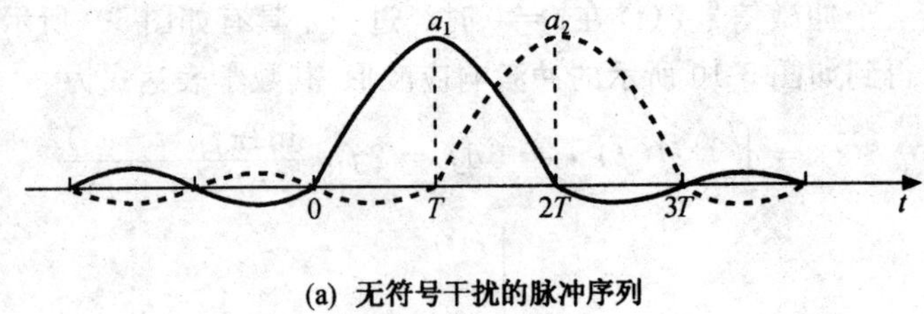


(a) 无符号干扰的脉冲序列

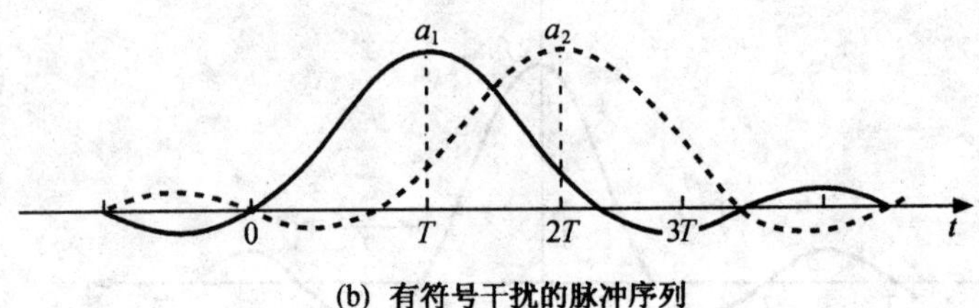


(b) 有符号干扰的脉冲序列

图 5-11 脉冲序列经理想低通信输出的波形

把 $f$ 称为奈奎斯特频带，$2f_N$（波特）称为奈奎斯特速率（极限速率），$1/2(f_N)$ 称为奈奎斯特间隔。因此，由理想低通滤波器构成的基带传输系统其频带利用率为 2bit/(s · Hz)，这是频带利用率的极限值。

2. 具有滚降特性的理想波形

理想低通信道使响应波形具有波动很大的前后拖尾，且振荡的幅度下降较慢，这意味着接收时刻稍有偏差就能引起码间干扰，没有很好地解决传输的可靠性和有效性之间的矛盾。解决这一矛盾的折中办法是采用具有滚降特性的低通滤波器，这里的"滚降"是指信号的频域过渡特性或频域衰减特性。由于其幅频特性在 $f_N$ 处呈平、滑变化，实际中容易实现。这样一来，问题的关键就转化为具有滚降特性的低通滤波器作为传输网络，是否满足无码间干扰的条件。

假设网络的幅频特性如图 5-12 所示，其中 $|f|>f_N$ 的频率。增加部分传输，使增加的传输部分，关于 $C$ 点旋转 180°，刚好添补减少部分的缺口。可以证明：具有上述幅频特性的低通网络，其冲激响应的前后尾只要每隔 $T=1/2(f_N)$ 时间经过零点，可以满足按 $T=1/2(f_N)$ 的抽样，就不会产生码间干扰。在实际中得到广泛应用的是升余弦滚降信号，其幅频特性如图 5-13 所示。

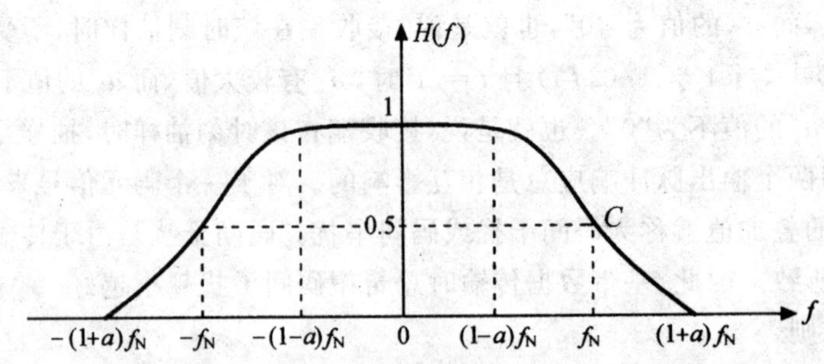


图 5-12 具有滚降幅频特征的传递函数

具有滚降特性和升余弦特性的低通网络的频带利用率可以利用 $\eta=\dfrac{2\alpha}{1+\alpha}$ 为滚降系数来计算。用滚降低通作为传输网络时，实际占用的频带展宽了，则传输效率有所下降。当 $\alpha=1$ 时，传输效率即频带利用率只有 1 bit/(s · Hz)，比理想低通减小了一半。

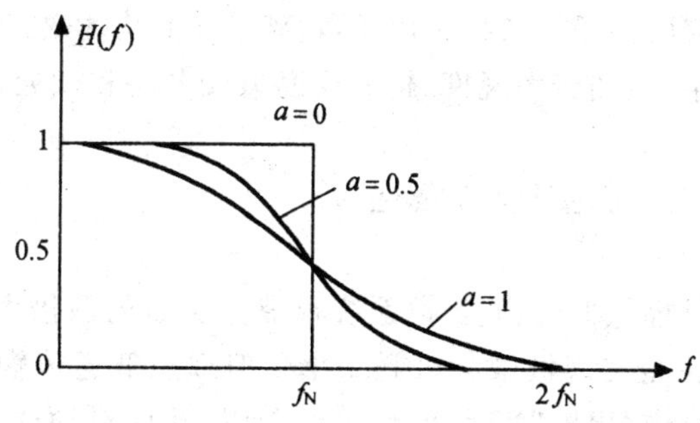


图 5-13　升余弦幅频特征

### 5.2.4　基带数据传输系统的主要技术

1. 均衡技术

在实际的基带传输系统中，由于系统不可能完全满足理想低通或等效理想低通特性，因此码间串扰是不可能完全消除的。通过校正 $H(\omega)$ 来达到降低（减少）码间串扰的技术称为均衡技术。

均衡分为时域均衡和频域均衡。频域均衡是从频率响应考虑，使包括均衡器在内的整个系统的总传输函数满足无失真传输条件。时域均衡则是直接从时间响应考虑，使包括均衡器在内的整个系统的冲激响应满足无码间串扰条件。时域均衡的基本思想是利用波形补偿的方法将失真的波形直接加以校正，如图 5-14 所示。其中图(a)为接收到的一个脉冲波形（校正前波形），拖尾较大，容易在抽样点上对其他信号形成串扰。如果设法加上一条补偿波形，使之与拖尾波形大小相等，极性相反，就可抵消掉“尾巴”。均衡后的脉冲波形如图 5-14(b)所示。

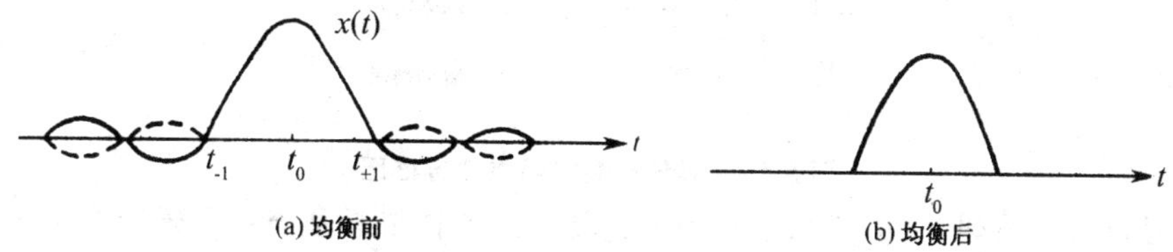


图 5-14　时域均衡的波形

时域均衡技术在实现上可以用横向滤波器来完成。横向滤波器由 1bit 迟延器、可变增益放大器和相加器组成，如图 5-15 所示。

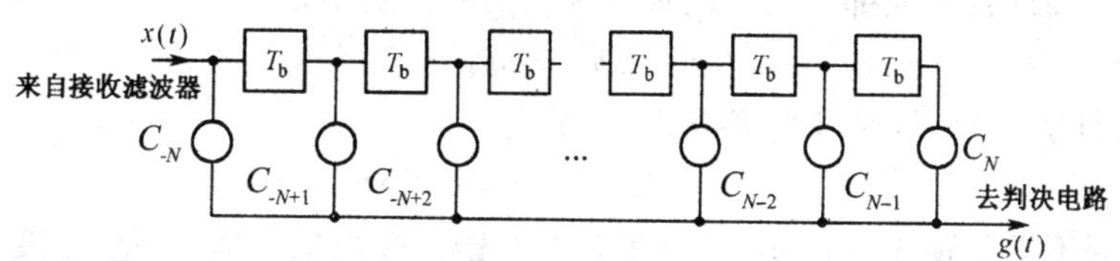


图 5-15　横向滤波器

在横向滤波器中，1bit 迟延器通常有 $2N$ 个，可变增益放大器有 $2N+1$ 个。$N$ 越大，均衡效果越好，但实现和调试起来越困难。

时域均衡按调整方式，可分为手动均衡和自动均衡。自动均衡又可分为预置式自动均衡和自适应式自动均衡。预置式均衡是在实际数传之前先传输预先规定的测试脉冲（如重复频率很低的周期性单脉冲波形），然后接近零调整原理自动（或手动）调整抽头增益；自适应式均衡是在数据传输过程中根据某种规则不断调整抽头增益，达到最佳的均衡效果，因此很受重视。这种均衡器过去实现起来比较复杂，但随着大规模、超大规模集成电路和微处理器的应用，其发展十分迅速。

均衡器接在抽样判决器之前，接收滤波器之后。

2. 部分影响技术

基带传输特性 $H(\omega)$ 是理想低通，则当以系统频带宽度 B 的两倍大小的速率传输数据信号时，不仅能消除码间串扰，还能实现极限频带利用率。但理想低通传输特性实际上是无法实现的，即使能实现，它的冲击响应“尾巴”振荡幅度大、收敛慢，从而对抽样判决定时要求十分严格，稍有偏差就会造成码间串扰。于是又提出升余弦特性，这种特性的冲激响应虽然“尾巴”振荡幅度减小，对定时也可放松要求，但是所需的频带利用率下降了。

那么能否找到一个频带利用率高且 $h(t)$ 的尾巴衰减大、收敛快的波形呢？回答是肯定的，这种波形称为部分响应波形。形成部分响应波形的技术称为部分响应技术，它是人为地在一个以上的码元区间引入一定数量的码间串扰，这种串扰是人为的、有规律的，这样做能够改变数字脉冲序列的频谱分布，从而达到压缩传输频带、提高频带利用率的目的。近年来，在高速、大容量传输系统中，部分响应基带传输系统得到推广和应用。

利用部分响应波形进行传送数据信号的系统称为部分响应系统。其编码原理方框图如图5-16所示，该图是第一类部分响应波形编码的原理方框图。图中 $a_k$ 是为输入信码的抽样值，$b_k$ 为预编码后的样值，$c_k$ 为相关编码的样值，其原理简述如下。

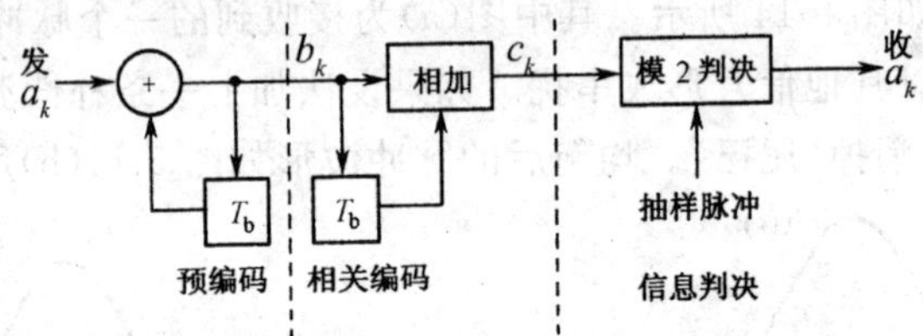


图 5-16　部分影响编码原理方框图

先对信号进行预编码，目的是为了消除差错传播。差错传播是当一个码元发生错误时，则后边的码元都会发生错误的现象。预编码是把绝对码转换成相对码，其规则为：

$$a_k = b_k \oplus b_{k-1}$$

或

$$b_k = a_k \oplus b_{k-1}$$

把 $\{b_k\}$ 送给发送滤波器，形成部分响应波形 $g(t)$。其编码规则是

$$c_k = b_k + b_{k-1}$$

然后对 $c_k$ 进行模 2 处理，便可直接得到 $a_k$，即

$$[c_k]_{\text{mod}2} = [b_k + b_{k-1}]_{\text{mod}2} = b_k \oplus b_{k-1} = a_k$$

上述整个过程不需要预先知道 $a_{k-1}$，故不存在差错传播现象。通常，把 $a_k$ 变成 $b_k$ 的过程称为预编码，而把 $c_k = b_k + b_{k-1}$（或 $c_k = a_k + a_{k-1}$。）关系称为相关编码。

部分响应波形 $g(t)$ 的形成，可由下式说明

$$g(t) = \text{Sa}(2\pi Bt) + \text{Sa}[2\pi B(t - T_b)]$$

$$= \frac{\sin(2\pi Bt)}{2\pi Bt} + \frac{\sin 2\pi B(t - T_b)}{2\pi B(t - T_b)}$$

式中，$B = 1/2T_b$ 是 Nyquist 带宽。$g(t)$ 的波形如图 5-17 所示。由图 5-17 可以看出，$g(t)$ 的尾

巴幅度明显减小，因为它是按 $1/t^2$ 衰减的。如果用 $g(t)$ 做传送波形，码元速率为 $1/T_b$，表面上看在抽样时刻发生了严重的码间串扰。其实，只是前后两个码元在当前时刻产生叠加，与其他码元基本无关，这种规律性的干扰（串扰），通过简单数学处理就可消除。

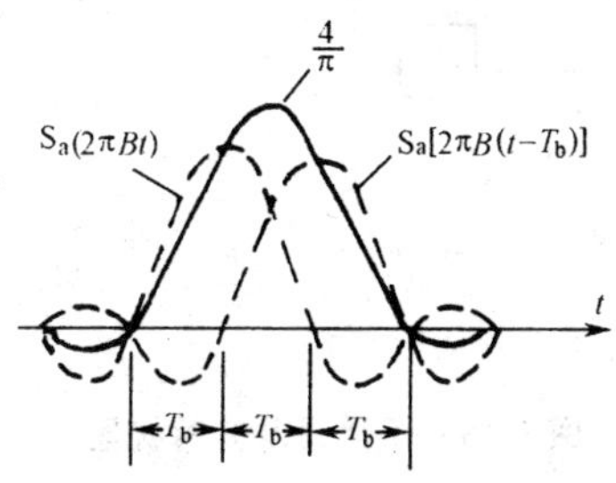


**图 5-17　部分响应**

部分响应波形的一般形式是：

$$g(t) = R_1\mathrm{Sa}(2\pi Bt) + R_2\mathrm{Sa}[2\pi B(t - T_b)] + \cdots + R_N\mathrm{Sa}[2\pi B(t - NT_b + T_b)]$$

式中 $R_1$、$R_2$、…、$R_N$ 是 $\mathrm{Sa}(x)$ 的加权值。

3. 数据的扰乱与解扰

在前面的讨论中都假定数据序列是随机的，但有时有一些特殊情况，如一段短时间的连“0”或连“1”，和一些短周期的确定性数据序列等，这时的数据序列对一个传输期间来说就不是随机的，这样的数据信号对传输系统是不利的。这主要是由于以下原因：

①可能造成传输系统失步。长“0”或长“1”序列可能造成接收端提取定时信息困难，不能保证系统具有稳定的定时信号。

②可能产生交调串音。短周期长“0”或长“1”序列具有很强的单频分量，这些单频可能与载波或已调信号产生交调，造成对相邻信道数据信号的干扰。

③可能造成均衡器调节信息丢失。时域均衡器调节加权系数需要数据信号具有足够的随机性，否则可能导致均衡器中的滤波器发散而不能正常工作。

综上所述，要数据传输系统正常工作，需要保证输入数据序列的随机性，为了做到这一点，在数据传输系统中常在发送端首先对输入数据进行扰乱。

扰乱是将输入数据按某种规律变换成长周期序列，使之具有足够的随机性。经过扰乱的数据通过系统传输后，在接收端还要还原成原始数据序列，这就需要在接收端进行扰乱的逆过程解扰。

在发送端将传送的数据序列中存在的短周期的序列或全“0”（“1”）序列按照某种规律变换为长周期的，且“0”、“1”等概率，前后独立的随机序列，即扰乱，由扰乱器来完成。

经过扰乱的数据通过系统传输后，在接收端需要还原成原始的数据，这就需要在接收端进行扰乱的逆过程，即解扰，由解扰器来完成。

(1)实现(方法)

理想情况是用一个随机序列与输入数据序列进行逻辑加，这样就能把任何输入数据序列变换为随机序列。但由于完全随机序列不能再现，故收端解扰困难。因此，实际用伪随机序列代替完全随机序列与输入数据序列进行逻辑加，产生近似扰乱效果，这样的扰乱器称为基本扰乱器。

(2)基本扰乱器组成

由若干个移位寄存器和反馈环所组成，其扰乱特性决定了移位寄存器的个数和不同的反馈环。

图 5-18 为一种最简单的扰乱器及其解扰器。

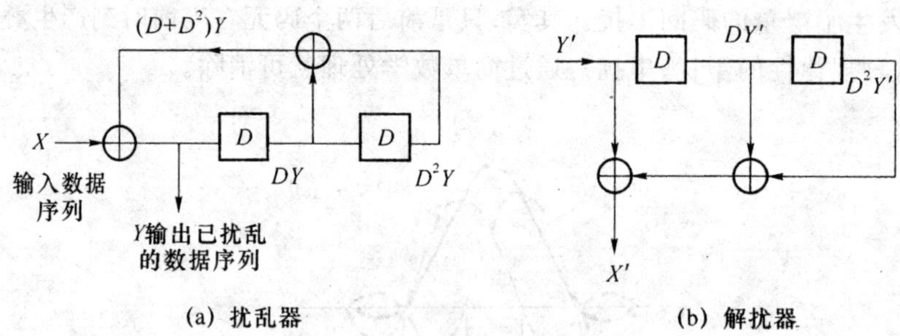


图 5-18　干扰器及其解扰器

其中，每个移位寄存器经过一次移位，在时间上延迟一个码元 $T$ 时间，在计算中可用于计算符号 $D$ 表示。设 $X$、$Y$ 分别表示扰乱器的输入和输出序列。从图 5-18(a)可得

$$X \oplus (D+D^2)Y = Y.$$

由于任何序列自身模 2 加等于 0，即可得 $X \oplus X = 0, Y \oplus Y = 0, \cdots$。

用 $(D+D^2)Y$ 加等式两边得

$$X \oplus (D+D^2)Y \oplus (D+D^2)Y = Y \oplus (D+D^2)Y$$

$$X \oplus 0 = (1 \oplus D + \oplus D^2)Y$$

于是输出为

$$Y = \frac{X}{1 \oplus D \oplus D^2}$$

Y 就是已扰乱的数据序列。

图 5-18(b)中设 $X'$、$Y'$ 分别表示解扰器的输入和输出序列。

$$X' = Y' \oplus DY' \oplus D^2Y' = (1 \oplus D \oplus D^2)Y'$$

如果没有输出误码，则 $Y' = Y$，将 $Y = \dfrac{X}{1 \oplus D \oplus D^2}$ 带入上式可得

$$X' = (1 \oplus D \oplus D^2) \cdot \frac{1}{(1 \oplus D \oplus D^2)} X = X$$

这说明解扰器恢复了原来的数据序列。

4. 基带传输系统的性能

(1)误差码的一般公式

在数据通信系统中，两终端之间进行数据传输时，出现的错误不外乎两种情况：发 1 收到 0 和发 0 收到 1，如图 5-19 所示。图中共有四个概率：发 1 收到 1 的正确概率 $P(1/1)$ 、发 0 收到 0 的正确概率 $P(0/0)$ 、发 1 收到 0 的错误概率 $P(0/1)$ 和发 0 收到 1 的错误概率 $P(1/0)$ 。$P(1/0)$ 和 $P(0/1)$ 是两个条件概率。这样，数据基带传输系统总误码率可写成

$$P_e = P(1)P(0/1) + P(0)P(1/0) = P_{e1} + P_{e0}$$

式中，$P(1)$ 和 $P(0)$ 分别是发 1 和发 0 的先验概率；$P_e = P(1)P(0/1)$ 称为漏报概率；$P_{e0} = P(0)P(1/0)$ 称为虚报概率。

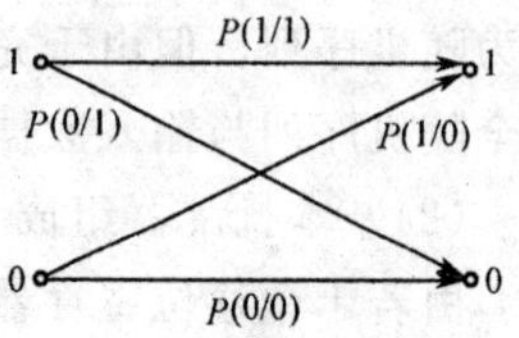


图 5-19　传输系统的概率

实质上，导致误码的原因是到达抽样判决器前的信号与噪声合成电压幅值 $V$。抽样判决器始终是按 $V \geqslant V_b$ (判决门限)判为 1，$V < V_b$ 判为 0 的规则判决的。当发 1 时，由于噪声影响，使 $V < V_b$ 就

发生把 1 误判为 0 的情况；反之，如果发 0 而由于噪声影响使 $V \geqslant V_b$，就出现把 0 误判为 1 的情况。因此，系统总误码率进一步可写成

$$P_e = P(1)P(V < V_b) + P(0)P(V \geqslant V_b)$$
$$= P(1)\int_{-\infty}^{V_b} p_1(x)\mathrm{d}x + P(0)\int_{-\infty}^{V_b} p_0(x)\mathrm{d}x$$

式中，$p_1(x)$ 和 $p_0(x)$ 分别是发 1 时和发 0 时合成电压（信号＋噪声）的概率密度函数；$V_b$ 是判决门限电平，它通常与信号幅度、$P(1)$、$P(0)$ 等有关。

（2）眼图

基带系统的性能除用误码率进行描述外，还可以利用实验手段来直观、方便地进行估计。这种方法的具体步骤是：

①用示波器跨接在抽样判决器的输入端。

②调整示波器水平扫描周期，使其与接收码元的周期同步。

③观察示波器的图形，可看出码间串扰和噪声对信号影响的大小。

在示波器上看到的图形称为眼图。眼图是二进制电信号在示波器上显示的波形，由于它很像人的眼睛，因此称为眼图。

没有码间串扰和噪声时，眼图的线条又细又清晰，“眼睛”张开得也大；当有码间串扰和噪声存在时，线条不清晰，交叉多，“眼睛”张开得就小。因此，通过眼图能大致估计噪声和码间串扰的强弱。

### 5.2.5　数据传输系统中的时钟同步

数据传输系统发送端送出的数据信号是等间隔、逐个传输的，接收端接收数据信号也必须是等间隔、逐个接收的。为了消除符号间干扰和获得最大判决信噪比，也需在接收信号最大值时刻进行取样。为满足上述两点要求，接收端就需要有一个定时时钟信号，定时时钟信号要求定时时钟信号速率与接收信号码元速率完全相同，并使定时时钟信号与接收信号码元保持固定的最佳相位关系。接收端获得或产生符合这两个要求的定时时钟信号。

在数据通信系统中通常是采用时钟提取的方法实现时钟同步，时钟提取的方法分为两类：自同步法和外同步法。在基带数据传输中，多数场合是采用自同步法。

自同步法又称内同步法，它是直接从接收的基带信号序列中提取定时时钟信号的方法。采用自同步法，首先要了解接收到的数据流中是否有定时时钟的频率分量，即定时时钟频率的离散分量如果存在这个分量，就可以利用窄带滤波器把定时时钟频率信号提取出来再形成定时信号。对某些情况，接收信号序列中不直接含有定时时钟频率分量，这时不能用窄带滤波器直接提取，但经过某种非线性处理后的接收信号序列就可以含有所需要的定时时钟频率的离散分量，这时就可以通过窄带滤波器提取定时时钟频率信号，再经形成获得定时时钟信号。自同步法的一般框图如图 5-20 所示。如接收数据流中含有定时时钟频率离散分量，图中的非性处理电路可省略不用。

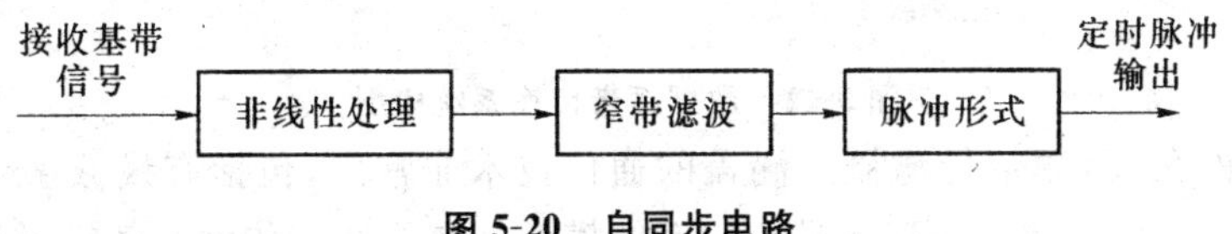


图 5-20　自同步电路

图 5-20 所示定时提取和形成电路较简单，但当传输信号幅度波动或数据序列中有较长的连“1”或连“0”时，会使所提取的定时时钟信号幅度变化使得定时时钟信号相位不稳定。另外，传输过程中信号序列瞬时中断就会使定时时钟信号丢失，造成失误。在实际应用中多采用加入锁相环电路的方法，实现电路框图如图 5-21 所示。加入锁相环电路的作用是当传输信号瞬时中断或幅度衰减时，仍可维持有定时时钟信号输出，另外，锁相环电路还可以平滑或减少定时时钟信号的相位抖动，提高定时信号的精度。

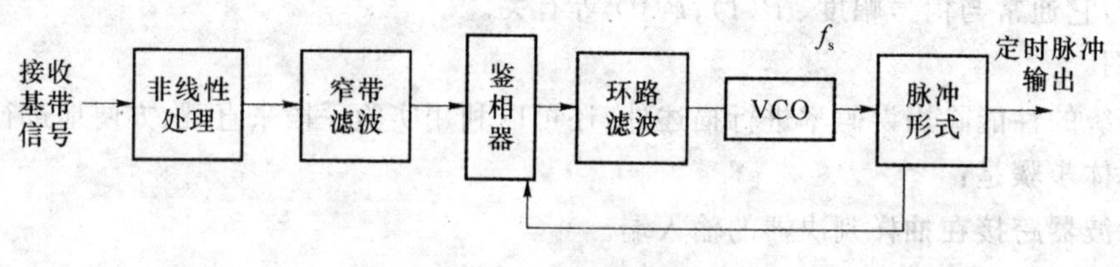


图 5-21 锁相环电路

## 5.3 数据信号的频带传输

### 5.3.1 频带传输系统模型

在远距离的情况下，特别是无线或光纤信道上不能使用基带传输(这些信道是带限信道)。因此，必须经过调制将信号频谱搬移到高频频谱上才能在信道中传输，使已调信号能通过带限信道。这种用基带数字信号控制高频载波，将基带数字信号变换为频带数字信号的过程称为数字调制。已调信号通过信道传输到接收端，在接收端通过解调器把频带数字信号还原成基带数字信号，这种数字信号的反变换称为数字解调。通常将数字调制与解调合起来称为数字调制，把包括调制和解调过程的传输系统称为数字信号的频带传输系统，也称为数字信号的载波传输系统，而把调制器和解调器简称为 Modem。

频带传输系统可以通过图 5-22 来描述。原始数据序列经基带信号形成器后变成适合于信道传输的基带信号 $s(t)$，再送到键控器来控制射频载波的振幅、频率或相位，形成数字调制信号，并送到信道。在信道中传输时还有各种干扰，接收滤波器把叠加在干扰和噪声的有用信号提取出来，并经过相应的解调器，恢复出基带数字信号或数字序列。另外，数据传输时是按一定节拍传输数字信号的，因而接收端必须有一个与发送端相同的节拍。否则，就会因收发不同步而造成混乱。在数据传输系统中，称节拍一致为位同步或码元同步。在图 5-22 中，同步环节没有示意出，这是因为它的位置往往不是固定的。

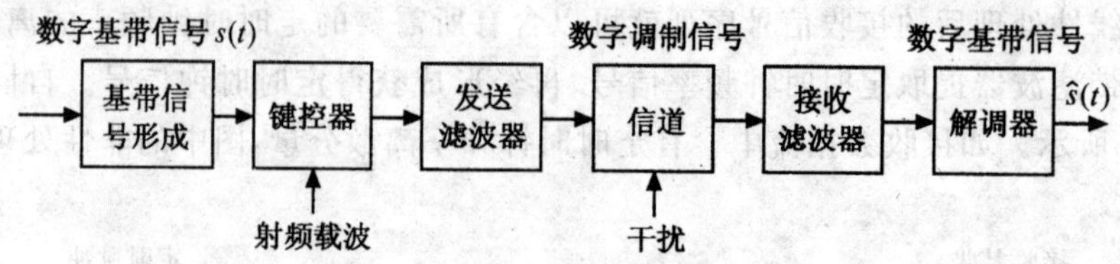


图 5-22 数据频带传输系统模型

从现代通信的角度，频带传输概念涵盖的通信技术非常广，包括有线数字传输和数字无线电。这样划分实际上是具体化上述频带传输系统模型。有线数字传输和数字无线电都要利用数字调制技术实现传输，但有线数字传输系统的介质是有线介质，如一对金属线、同轴电缆或是光缆。而数字无线电系统的传输媒介是自由空间，即无线空间。图 5-23 给出有线数字传输系统和数字无线电系统的简化方框图。在数字传输系统中，原始信息可以是数字形式，也可以是模拟形式。若是模拟形式，传输之前首先必须转化成数字脉冲，而在接收端再将数字信号转变为模拟信号。在数字无线电系统中，调制输入信号和解调输出信号都是数字脉冲，数字脉冲可以来自数字传输系统的信息源。

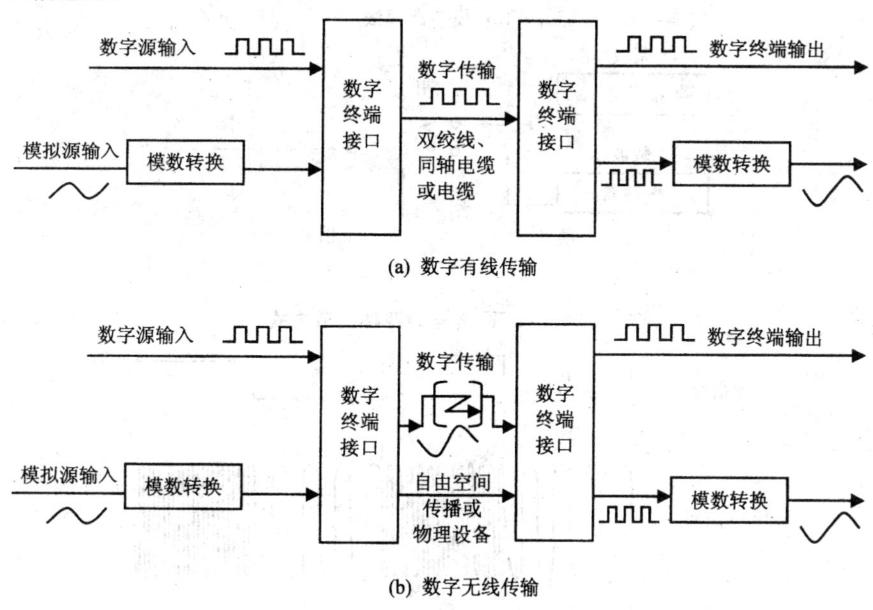


**图 5-23　两种频带传输系统**

### 5.3.2　数字调频

数字频率调制又称频移键控（FSK），二进制频移键控记为 2FSK，用基带数据信号控制载波频率。当传送“1”码时送出一个频率 $f_{e1}$，传送“0”码时送出另一个频率 $f_{e2}$，这种调制信号若为二进制信号，称为二进制频移键控，简称 2FSK。若是 $M$ 进制，则称 MFSK。当 MFSK 的进制数 $M\to\infty$ 时，MFSK→FM。调频信号比调幅信号的抗干扰能力强，在收音机广播中，调频信号不受雷电的影响，也不容易受外部噪声的影响。因此，使用调频信号传送数据要比调幅信号传送数据出现的错误少。

2FSK 设备较简单，主要应用于低速或中低速的数据传输中（是因为在相同传信率下，需要比数字调幅 ASK 和数字调相 PSK 更宽的传输带宽）。

1. 2FSK 信号调节

从原理上讲，数字调频可用模拟调频法[图 5-24(a)]来实现，也可用键控法[图 5-24(b)]来实现。模拟调频法是利用一个矩形脉冲序列对一个载波进行调频，是频移键控通信方式早期采用的实现方法。2FSK 键控法则是利用受矩形脉冲序列控制的开关电路对两个不同的独立频率源进行选通，波形见图 5-25。键控法的特点是转换速度快、波形好、稳定度高且易于实现，故应用广泛。

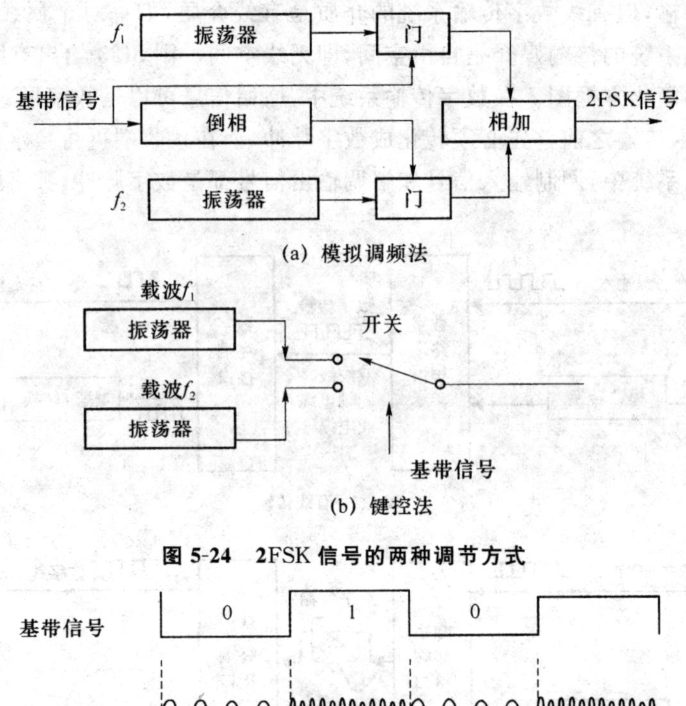


**图 5-24 2FSK 信号的两种调节方式**

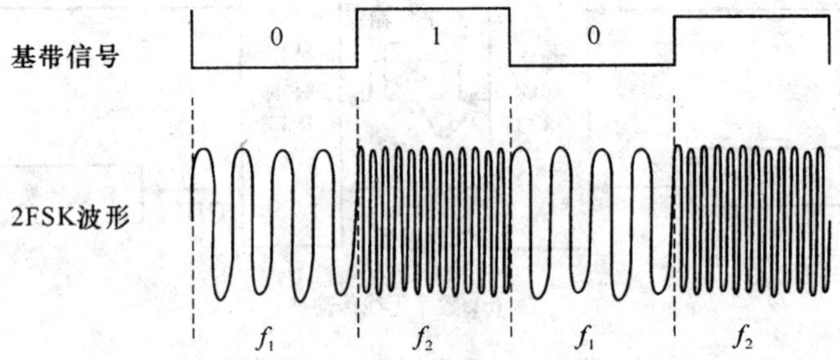

基带信号 0 1 0

2FSK波形

$f_1$ $f_2$ $f_1$ $f_2$

**图 5-25 2FSK 波形图**

2.2FSK 的信号解调

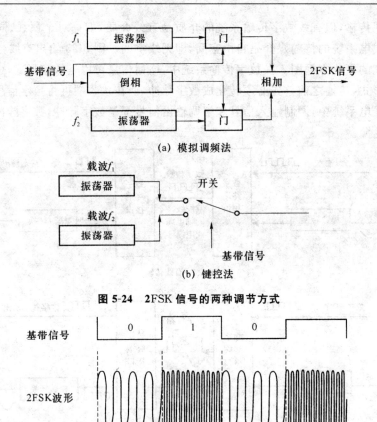

二进制频移键控信号的解调方法很多，有非相干解调方法、相干解调方法、模拟鉴频法和过零检测法。

(1)分路滤波法

如图 5-26 所示，其可视为由两路 2ASK 解调电路组成。这里，两个带通滤波器(带宽相同，皆为相应的 2ASK 信号带宽；中心频率不同，分别为 $f_1$、$f_2$)起分路作用，用以分开两路 2ASK 信号，上支路对应 $y_1(t)=s(t)\cos(\omega_1 t+\varphi_n)$，下支路对应 $y_2(t)=\overline{s(t)}\cos(\omega_2 t+\theta_n)$，经包络检测后分别取出它们的包络 $s(t)$ 及 $\overline{s(t)}$。抽样判决器起比较器作用，把两路包络信号同时送到抽样判决器进行比较，从而判决输出基带数字信号。若上、下支路 $s(t)$ 及 $\overline{s(t)}$ 的抽样值分别用 $\nu_1$、$\nu_2$ 表示，则抽样判决器的判决准则为

$$\begin{cases}\nu_1 \geqslant \nu_2\text{，判为“1”}\\ \nu_1 < \nu_2\text{，判为“0”}\end{cases}$$

(2)过零检测法

单位时间内信号经过零点的次数多少，可以用来衡量频率的高低。数字调频波的过零点数随不同载频而异，故检出过零点数可以得到关于频率的差异，这就是过零检测法的基本思想。

方框图及各点波形如图 5-27 所示。2FSK 输入信号经放大限幅后产生矩形脉冲序列，经微分及全波整流形成与频率变化相应的尖脉冲序列，这个序列就代表着调频波的过零点。尖脉冲

触发一宽脉冲发生器，变换成具有一定宽度的矩形波，该矩形波的直流分量便代表着信号的频率，脉冲越密，直流分量越大，反映着输入信号的频率越高。经低通滤波器就可得到脉冲波的直流分量，这样就完成了频率—幅度变换，从而再根据直流分量幅度上的区别还原出数字信号“1”和“0”。

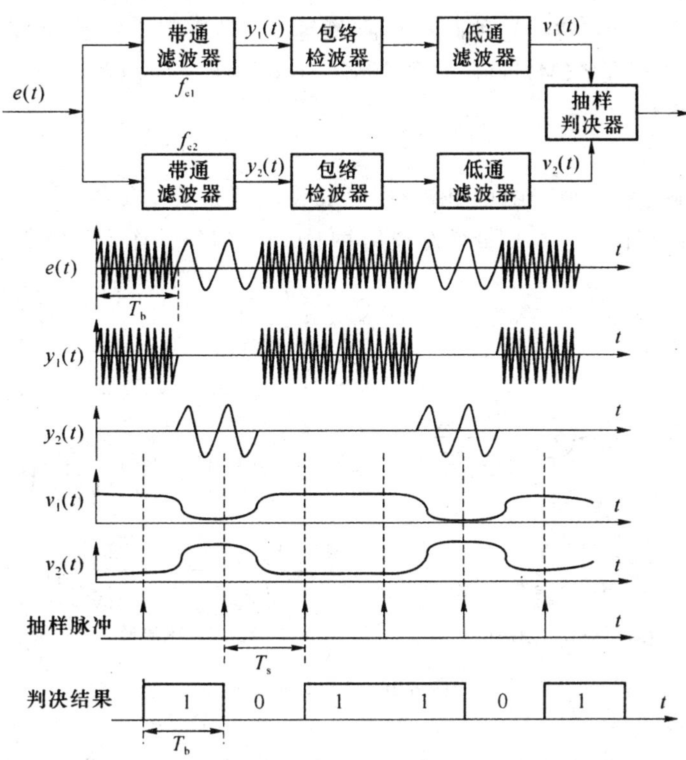


图 5-26　2FSK 分路滤波法

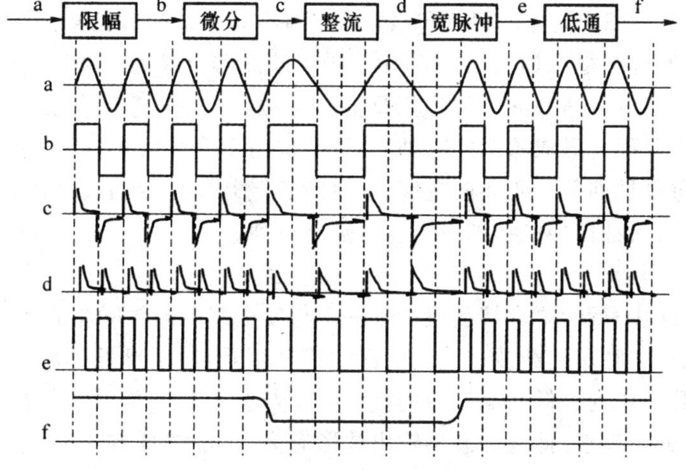


图 5-27　2FSK 过零检测法

### 5.3.3 数字调幅

用基带数据信号控制一个载波的幅度，又称数字调幅，简称 ASK。是利用数字信号来控制一定形式高频载波的幅度参数，以实现其调制的一种方式，即源信号为“1”时，发送载波，源信号为“0”时，发送 0 电平。所以也称这种调制为通、断键控。若数字信号是二进制信号，则称为二进制幅移键控(2ASK)，若是多($M$)进制，则称为 MASK，若 $M \to \infty$，则 MASK 数字信号就变成了 AM 模拟信号。

1. 2ASK

2ASK 信号调制方式及波形图见图 5-28。2ASK 信号是数字调制方式中最早出现的，也是最简单的，但其抗噪声性能较差，因此实际应用并不广泛，但经常作为研究其他数字调制方式的基础。

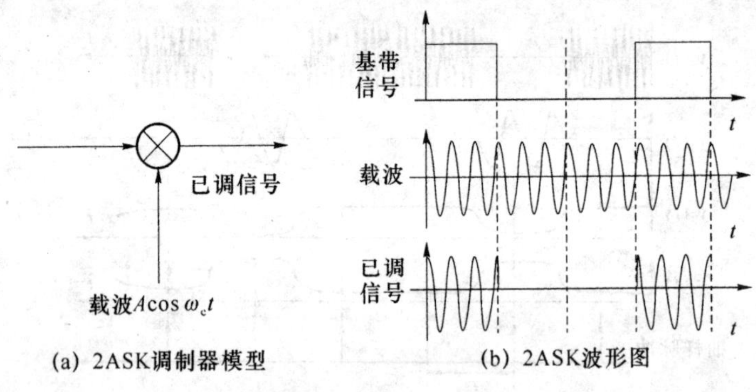


图 5-28　2ASK 调制

2. 2ASK 信号的解调

与调幅信号相似，2ASK 信号也有两种基本的解调方式：非相干解调(包络检波法)和相干解调(同步检测法)。

(1)非相干解调(2ASK 信号的幅度包络包含了基带信号的全部信息)

非相干解调的原理方框图如图 5-28 所示。带通滤波器恰好使 2ASK 信号完整地通过，经包络检测后，输出其包络。低通滤波器的作用是滤除高频杂波，使基带信号(包络) 通过。抽样判决器包括抽样、判决及码元形成器。定时抽样脉冲(位同步信号)是很窄的脉冲，通常位于每个码元的中央位置，其重复周期等于码元的宽度。不计噪声影响时，带通滤波器输出为 2ASK 信号，包络检波器输出后送入抽样、判决，即可恢复出数字序列。

(2)相干解调

相干检测就是同步解调，要求接收机产生一个与发送载波同频同相的本地载波信号，称其为同步载波或相干载波。利用此载波与收到的已调信号相乘，输出经低通滤波滤除第二项高频分量后，即可恢复出数字序列。低通滤波器的截止频率与基带数字信号的最高频率相等。由于噪声影响及传输特性的不理想，低通滤波器输出波形有失真，经抽样判决、整形后再生数字基带脉冲，如图 5-29 所示。

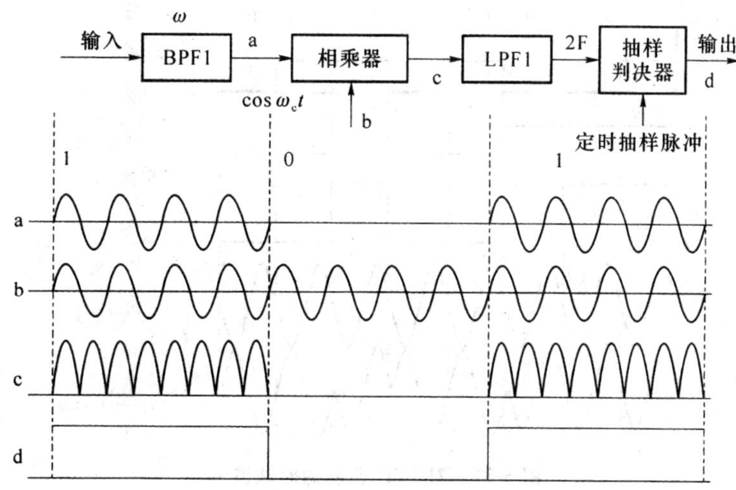


图 5-29　2ASK 的相干调节

### 5.3.4　数字调相

1. 相对相移键控制(2DPSK)

(1)相对相移键控制工作原理

传“0”信号时,载波的起始相位与前一码元载波的起始相位相同(即 $\Delta\varphi=0$);传“1”信号时,载波的起始相位与前一码元载波的起始相位相差 π(即 $\Delta\varphi=\pi$)。

当然也可以以相反的形式规定,传“1”时,$\Delta\varphi=0$;传“0”时,$\Delta\varphi=\pi$。

(2)2DPSK 的实现方式

2DPSK 的实现方式如图 5-30 所示。

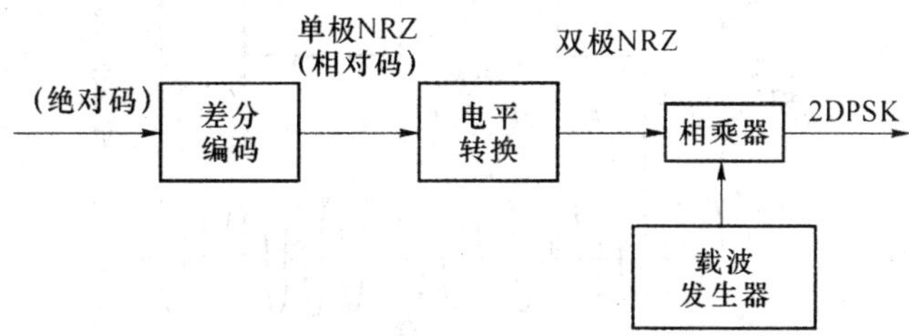


图 5-30　2DPSK 的实现方式

(3)2DPSK 的波形

2DPSK 的波形如图 5-31 所示,即相位每变化一次就出现一个“1”信号。若参考波形的相位与图中相反,则所得到的 2DPSK 波形恰好与其相反。

2. 绝对相移键控(2PSK)

绝对相移键控工作原理:传“1”信号时,发起始相位为 π 的载波;传“0”信号时,发起始相位为 0 的载波(或取相反的形式)。2PSK 原理及波形图见图 5-32、图 5-33。

但绝对相移键控有一个问题:绝对相移键控信号只能采用相干接收,而且在相干接收时由于本地载波的载波相位是不确定的,因此,解调后所得的数字信号的符号也容易发生颠倒,这种现象称为相位模糊。这是采用绝对相移键控的主要缺点,因此这种方式在实际中已很少采用。

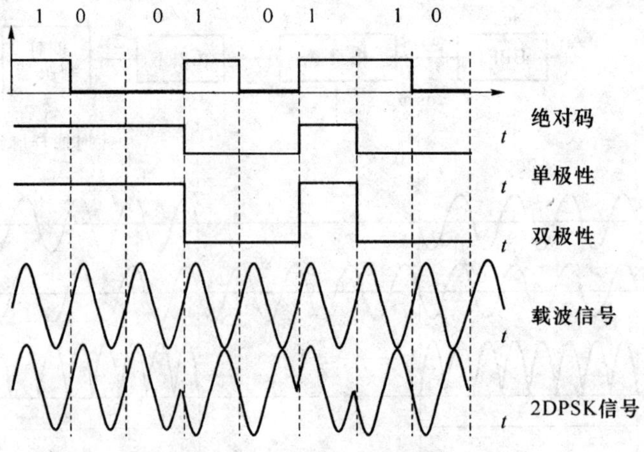


图 5-31 2DPSK 调制的时域波形

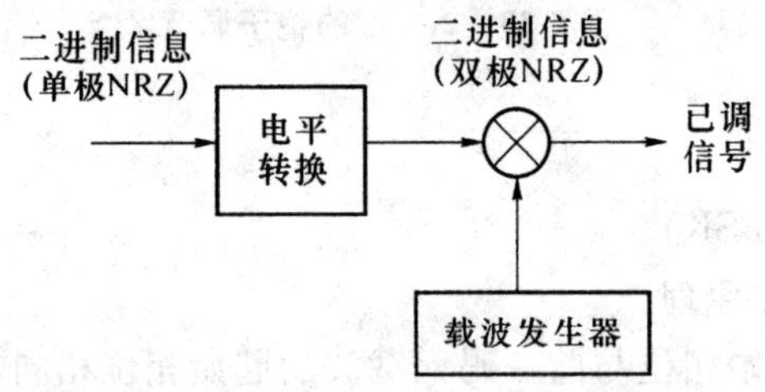


图 5-32 2SPK 原理框图

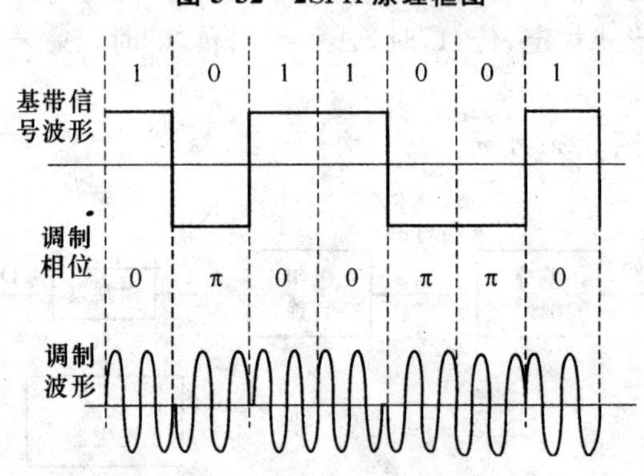


图 5-33 2SPK 波形图

3. 相移键控信号的接收

(1)2DPSK 信号的差分相干接收

2DPSK 信号的差分相干接收框图如图 5-34 所示。

(2)2PSK 信号的相干接收

2PSK 信号的相干接收框图如图 5-35 所示。

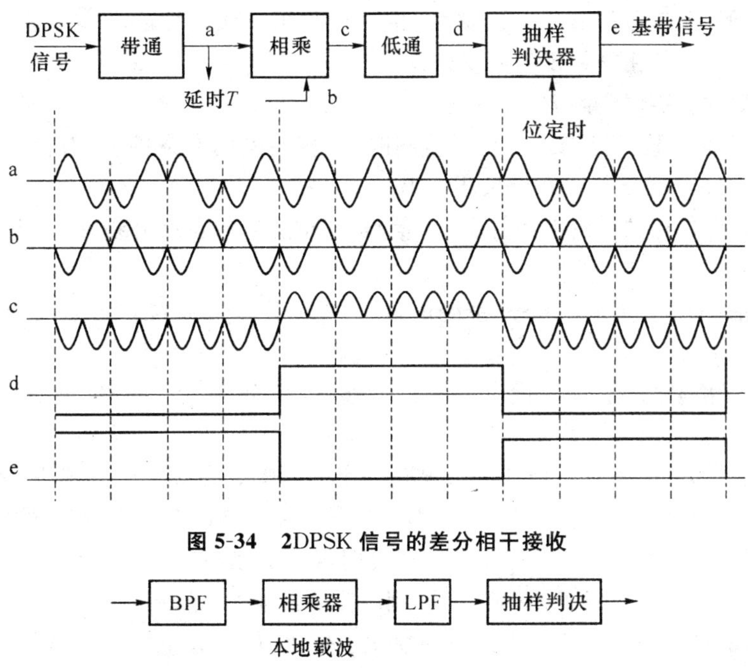


**图 5-34　2DPSK 信号的差分相干接收**

**图 5-35　2PSK 信号的相干接收框图**

## 5.3.5　二进制数字调制系统的性能

1. 误码率

在数字通信中，误码率是衡量数字通信系统最重要的性能指标之一。表 5-1 列出了各种二进制数字调制系统误码率及信号带宽。

**表 5-1　二进制数字调制系统误码率及信号带宽**

| 名称 | 2DPSK | 2PSK | 2FSK | 2ASK |
|---|---|---|---|---|
| 相干检测 | $\mathrm{erfc}\sqrt{r}$ | $\frac{1}{2}\mathrm{erfc}\sqrt{r}$ | $\frac{1}{2}\mathrm{erfc}\sqrt{\frac{r}{2}}$ | $\frac{1}{2}\mathrm{erfc}\sqrt{\frac{r}{4}}$ |
| 相干检测（$r\geqslant 1$） | $\frac{1}{\sqrt{\pi r}}\mathrm{e}^{-r}$ | $\frac{1}{2\sqrt{\pi r}}\mathrm{e}^{-r}$ | $\frac{1}{2\sqrt{\pi r}}\mathrm{e}^{-r/2}$ | $\frac{1}{2\sqrt{\pi r}}\mathrm{e}^{-r/4}$ |
| 非相干检测 | $\frac{1}{2}\mathrm{e}^{-r}$ |  | $\frac{1}{2}\mathrm{e}^{-r/2}$ | $\frac{1}{2}\mathrm{e}^{-r/4}$ |
| 带宽 | $\frac{2}{T_s}$ | $\frac{2}{T_s}$ | $\mid f_2-f_1\mid+\frac{2}{T_s}$ | $\frac{2}{T_s}$ |
| 备注 | $U_b^*=0$ | $U_b^*=0$ |  | $P(1)=P(0)$<br>$U_b=a/2$ |

应用这些公式时要注意的一般条件是：接收机输入端出现的噪声是均值为 0 的高斯白噪声；未考虑码间串扰的影响；采用瞬时抽样判决；要注意的特殊条件已在表的备注中注明。

表 5-1 中所有计算误码率的公式都是 $r$ 的函数，式中 $r=a^2/2\sigma_n^2$ 是解调器输入端的信号噪声功率比。

对二进制数字调制系统的抗噪声性能做如下两个方面的比较。

(1)同一调制方式不同检测方法的比较

对表 5-1 做纵向比较可以看出，对于同一调制方式不同检测方法，相干检测的抗噪声性能优于非相干检测。但是,随着信噪比 $r$ 的增大,相干与非相干误码性能的相对差别越不明显。另外,相干检测系统的设备比非相干的要复杂。

(2)同一检测方法不同调制方式的比较

对表 5-1 做横向比较,可以看出:相干检测时,在相同误码率条件下,对信噪比 $r$ 的要求是:2PSK 比 2FSK 小 3dB,2FSK 比 2ASK 小 3dB。

非相干检测时,在相同误码率条件下,对信噪比 $r$ 的要求是 2DPSK 比 2FSK 小 3dB,2FSK 比 2ASK 小 3dB。

反过来,若信噪比 $r$ 一定,2PSK 系统的误码率低于 2FS 系统,2FSK 系统的误码率低于 2ASK 系统。

因此,从抗加性白噪声上讲,相干 2PSK 性能最好,2FSK 次之,2ASK 最差。

2.对信号特性变化的敏感度

信道特性变化的灵敏度对最佳判决门限有一定的影响。在 2FSK 系统中,是比较两路解调输出的大小来做出判决的,不需人为设置的判决门限。在 2PSK 系统中,判决器的最佳判决门限为 0,与接收机输入信号的幅度无关。因此,判决门限不随信道特性的变化而变化,接收机总能工作在最佳判决门限状态。对于 2ASK 系统,判决器的最佳判决门限为 $a/2$［当 $P(1)=P(0)$ 时］,它与接收机输入信号的幅度有关。当信道特性发生变化时,接收机输入信号的幅度将随之发生变化,从而导致最佳判决门限随之而变。这时,接收机不容易保持在最佳判决门限状态,误码率将会增大。因此,从对信道特性变化的敏感程度上看,2ASK 调制系统最差。

当信道有严重衰落时,通常采用非相干解调或差分相干解调,因为这时在接收端不易得到相干解调所需的相干参考信号。当发射机有严格的功率限制时,则可考虑采用相干解调,因为在给定的传码率及误码率情况下,相干解调所要求的信噪比比非相干解调小。

3.频带宽度

各种二进制数字调制系统的频带宽度也示于表 5-1 中,其中 $T_s$ 为传输码元的时间宽度。从表 5-1 可以看出,2ASK 系统和 2PSK(2DPSK)系统频带宽度相同,均为 $\frac{2}{T_s}$,是码元传输速率 $R_B=1/T_s$ 的 2 倍;2FSK 系统的频带宽度近似为 $|f_2-f_1|+\frac{2}{T_s}$,大于 2ASK 系统和 2PSK(2DPSK)系统的频带宽度。因此,从频带利用率上看,2FSK 调制系统最差。

### 5.3.6 多进制数字调制系统

多进制相位键控简称为多相制,它是用已调信号中载波的多种不同相位(或相位差)来代表多进制数字信息的。多相制有两种形式的信号矢量图,如图 5-36 所示。图中虚线为基准相位(参考相位),对绝对移相而言,基准相位为未调载波初相,对相对移相而言,基准相位为前一码元载波的终相(通常载波周期是码元宽度的整数倍,此时也可认为是前一码元的初相),矢量图中各相位值都是对参考相位而言的,正为超前,负为滞后。

相位选择法产生 4PSK 信号的原理框图如图 5-37 所示。串/并变换将输入的二进制码转换成四进制码(双比特码组),逻辑选相电路在每一双比特二进制,码组输入后,只能选择对应的一种相位的载波输出。例如,如果采用图 5-36 中所示的第一种相位配置形式($\pi/2$ 型),则当输入双比特码组 AB 为 00 时,输出相位为 0 的载波,AB 为 10 时,输出相位为 $\pi/2$ 的载波……,从而形成 4PSK 信号。

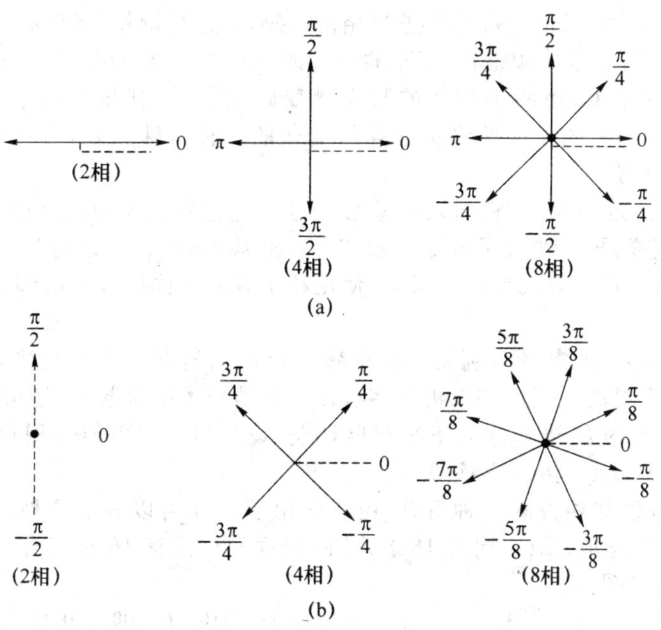


图 5-36　多相制的两种配置矢量图

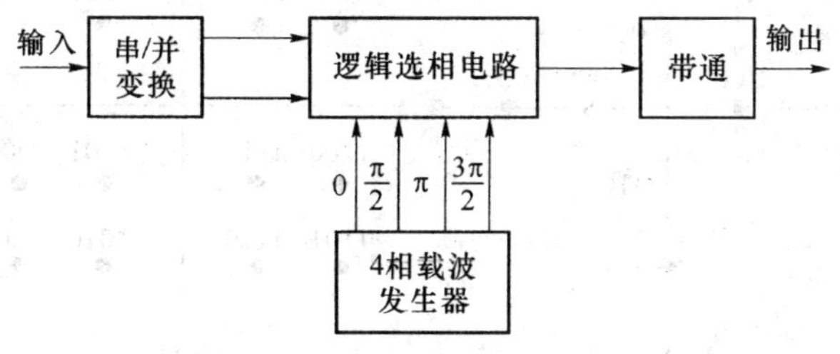


图 5-37　相位选择法原理框图

多相制有如下特点：

①在码元速率相同时，多相制的带宽与二相制带宽相同，但多相制的信息速率是二相制的 $\log_2 M$ 倍，因此，多相制的频带利用率也是二相制的 $\log_2 M$ 倍。

②多相制的误码率高于二相制，并且随着 $M$ 的增大而增加。这是因为 $M$ 越大，信号矢量之间的最小相位差就越小。

③多相制与多电平调制相比，带宽、信息速率及频带利用率相同（在码元速率、进制数 $M$ 相同时）。但多相制属恒包络调制，发信机功率得到充分利用，因此它的平均功率大于多电平调制，相应的误码率也比多电平调制要小。因此，目前卫星通信、微波通信等广泛采用多相制。

### 5.3.7　改进的数字调制方式

1. MSK

当信道中存在非线性的问题和带宽限制时，幅度变化的数字信号通过信道会使已滤除的带外频率分量恢复，发生频谱扩展现象，同时还要满足频率资源限制的要求。因此，对已调信号有两点要求：一是要求包络恒定；二是具有最小功率谱占用率。因此，现代数字调制技术的发展方向是最小功率谱占有率的恒包络数字调制技术。现代数字调制技术的关键在于相位变化的连续性，从而减少频率占用。近年来新发展起来的技术主要分两大类：一是连续相位调制技术（CPFSK），在码元转换期间无相位突变，如 MSK、GMSK 等；二是相关相移键控技术（COR-

PSK)，利用部分响应技术，对传输数据先进行相位编码，再进行调相(或调频)。

MSK(最小频移键控)是移频键控 FSK 的一种改进形式。在 FSK 方式中，每一码元的频率不变或者跳变一个固定值，而两个相邻的频率跳变码元信号，其相位通常是不连续的。所谓 MSK 方式，就是 FSK 信号的相位始终保持连续变化的一种特殊方式，可以看成是调制指数为 0.5 的一种 CPFSK 信号。

实现 MSK 调制的过程为：先将输入的基带信号进行差分编码，然后将其分成 I、Q 两路，并互相交错一个码元宽度，再用加权函数 $\cos(\pi t/2T_s)$ 和 $\sin(\pi t/2T_s)$ 分别对 I、Q 两路数据加权，最后将两路数据分别用正交载波调制。MSK 使用相干载波最佳接收机解调。

2. QAM

在二进制 ASK 系统中，其频带利用率是每赫兹 1bit/s，若利用正交载波调制技术传输 ASK 信号，可使频带利用率提高一倍。如果再把多进制与其他技术结合起来，还可进一步提高频带利用率。能够完成这种任务的技术称为正交幅度调制(QAM)。它不但使用相位，而且还使用幅度。其中有 8QAM、16QAM、64QAM 等。

8QAM 使用了幅度和相位的 8 种组合，由于使用了 3bit 可以表示 8 种组合，因此每一种组合代表一个码元，每个码元 3bit。同理 16QAM 的幅度和相位有 16 种组合，每个组合代表一个码元，每个码元 4bit，见图 5-38。

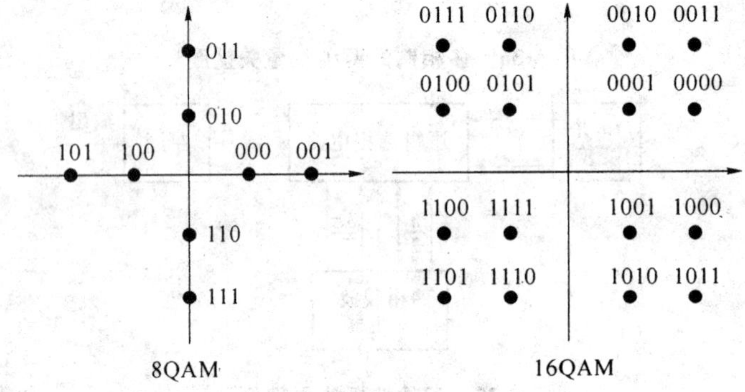


**图 5-38　8QAM 和 16QAM**

3. GMSK

GMSK 是一种特殊的数字 FM 调制方式。给 RF 载波频率加上或者减去 67.708kHz 表示 1 和 0。使用两个频率表示 1 和 0 的调制技术记做 FSK(频移键控)。在 GSM 中，数据速率选为 270.833kbit/s，正好是 RF 频率偏移的 4 倍，这样做可以把调制频谱降到最低并提高信道效率。比特率正好是频率偏移 4 倍的 FSK 调制称做 MSK(最小频移键控)。在 GSM 中，使用高斯预调制滤波器进一步减小调制频谱。它可以降低频率转换速度，否则快速的频率转换将导致向相邻信道辐射能量。

0.3GMSK 不是相位调制(也就是说不是像 QPSK 那样由绝对相位状态携带信息)，它是由频率的偏移，或者说是相位的变化携带信息。GMSK 可以通过 I/Q 图表示。如果没有高斯滤波器，当传送一连串恒定的 1 时，MSK 信号将保持在高于载波中心频率 67.708kHz 的状态。如果将载波中心频率作为固定相位基准，67.708kHz 的信号将导致相位的稳步增加。相位将以每秒 67708 次的速率进行 360°旋转。在一个比特周期内(1/270.833kHz)，相位将在 I/Q 图中移动四分之一圆周，即 90°的位置。数据 1 可以看成相位增加 90°。两个 1 使相位增加 180°，三个 1 使相位增加 270°，依此类推。数据 0 表示在相反方向上相同的相位变化。

实际的相位轨迹是被严格控制的。GSM 无线系统需要使用数字滤波器和 I/Q 或数字 FM 调制器精确地生成正确的相位轨迹。GSM 规范允许实际轨迹与理想轨迹之间存在均方根值不超过 5°、峰值不超过 20°的偏差。

# 第6章　模拟信号的数字化传输

## 6.1　模拟信号的数字传输系统

1. 模拟信号的数字传输系统的组成

模拟信号的数字传输系统组成框图如图6-1所示。它由三部分组成。

①模数转换(A/D转换)。包括抽样、量化和编码三部分电路。抽样是把模拟信号在时间上离散化,变为脉冲幅度调制(PAM)信号。量化是把PAM信号在幅度上离散化,变为量化值(共有 $N$ 个量化值)。编码是用二进码来表示 $N$ 个量化值,每个量化值编 $l$ 位码,则有 $N=2^l$ 。

②数字通信系统。

③数模转换(D/A转换)。包括译码和重建(低通滤波器)。

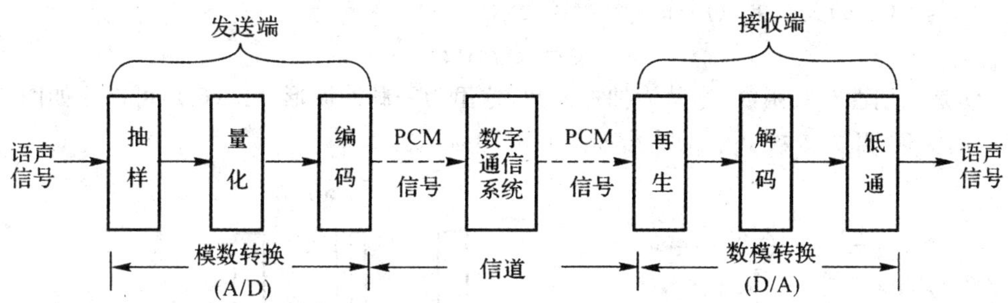


图6-1　模拟信号的数字传输系统组成框图

2. 工作过程

模数转换部分的作用是将模拟信号转换为数字信号(通常是二进制数字信号)。模拟信号 $X(t)$ 输入后,首先由抽样电路将它抽样转换成一系列时间离散的抽样值 $X(nT_s)$,然后用量化器把这些样值量化成幅度离散值,最后,编码电路将离散值转换成数字信号并送入数字通信系统进行传输,可以采用前面讲的基带和频带两种方式传输。

接收端的数模转换部分的作用是把接收到的数字信号恢复成模拟信号,数字信号到接收端后,首先由译码电路将它变换成量化后的抽样值,然后由低通滤波器平滑后恢复成模拟的消息信号。

## 6.2　抽样定理

### 6.2.1　抽样过程及实现

将时间上连续的模拟信号变为时间上离散的抽样值的过程就是抽样。抽样定理主要是讨论能否由离散的抽样值序列重新恢复原始模拟信号的问题,这是所有模拟信号数字化的理论基础。

抽样定理告诉我们，若要传输模拟信号，不一定要传输模拟信号本身，可以只传输抽样定理得到的抽样值。因此抽样定理为模拟信号的数字传输奠定了理论基础。

抽样定理：指在一个频带限制在（0，$f_H$）内的时间连续信号 $f(t)$，如果以抽样频率 $f_S \geqslant 2f_H$ 对它进行抽样，那么根据这些抽样所得的抽样值就能完全恢复原信号。

抽样的物理过程可以用如图 6-2 所示的开关抽样器加以说明。图 6-2 中输入的是一连续的模拟信号 $x(t)$，输出信号为一时间上离散了的已抽样信号 $x_S(t)$。高速电子开关 S 对 $x(t)$ 周期性的接通和断开，周期为 $T_S$，接通时间为 $\tau$，则 $x_S(t)$ 是一个周期为 $T_S$，宽度为 $\tau$ 的脉冲序列，脉冲的幅度与开关接通时间内 $x(t)$ 的幅度相同，即图中阴影部分。

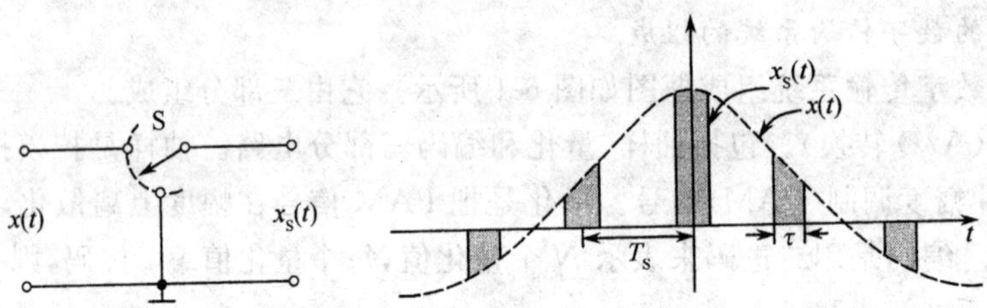


**图 6-2　开关抽样器**

$x_S(t)$ 与 $x(t)$ 的关系可以用如下数学式表示

$$x_S = x(t)s(t) \tag{6-1}$$

式中，$s(t)$ 是周期性开关函数，称其为抽样函数，这里为一脉冲波形。式(6-1)可以用如图 6-3(a)所示的框图实现，开关函数 $s(t)$ 的波形如图 6-3(b)所示。

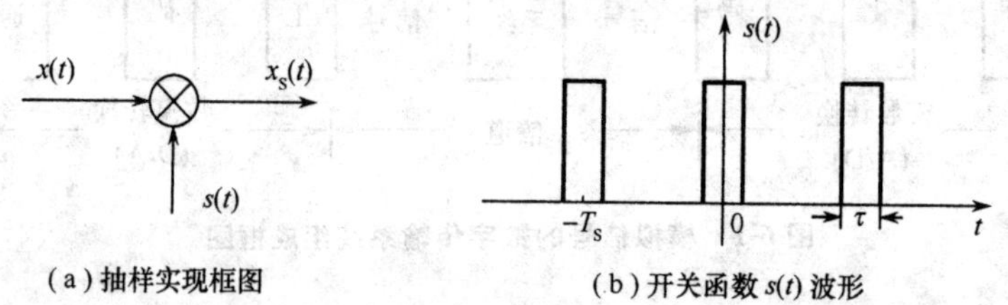


（a）抽样实现框图　（b）开关函数 $s(t)$ 波形

**图 6-3　抽样实现**

按照抽样波形的特征，可以把抽样分为三种情况。

1. 自然抽样

$x_S(t)$ 在抽样时间 $\tau$ 内的波形与 $x(t)$ 的波形完全一样，都是随时间变化的，即同样一个取样间隔内幅度是不平的。前面提到的开关抽样就是这种抽样。图 6-4(a)画出了采用此种抽样方式得到的波形。

2. 平顶抽样

平顶抽样所得的波形虽然在不同抽样时间间隔内的幅度不同，但在同一抽样间隔内的幅度不变，是平的，因此称为平顶抽样，其波形如图 6-4(b)所示。

3. 理想抽样

理想抽样的抽样函数 $s(t)$ 用一个周期冲击函数代替，也就是接通时间 $\tau \to 0$，此时输出的 $x_S(t)$ 是间隔为 $T_S$ 的冲激脉冲序列，其幅度同 $x(t)$ 在该抽样点的幅度相同，其采样所得波形如图 6-4(c)所示。理想抽样只是理论存在而实际上不能实现的。但引入理想抽样对分析问题带来很大的方便，当抽样函数 $s(t)$ 为脉冲宽度 $\tau \geqslant T_S$ 的周期脉冲时，可以近似认为是理想抽样。接下来以理想抽样为例分析抽样定理。

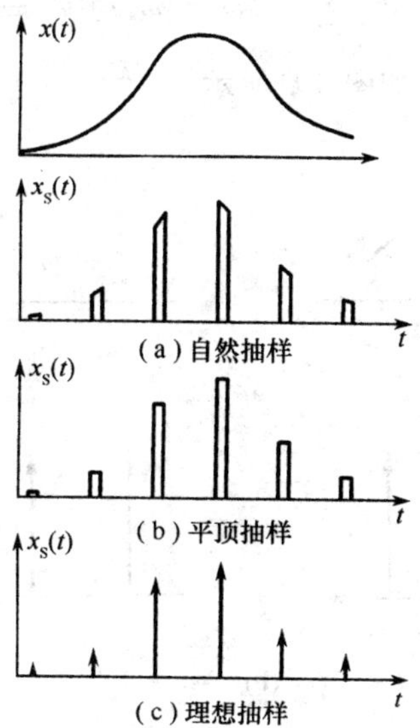


图 6-4　三种抽样波形

### 6.2.2　低通信号的抽样定律

一个频带限制在(0, $f_{\rm H}$ )(Hz)内的低通信号 $f(t)$，如果 $f_{\rm s} \geqslant 2f_{\rm H}$ (Hz)的抽样频率(或以 $T_{\rm s} \leqslant 1/2(f_{\rm H})$ $H$(s)的抽样间隔)对其进行等间隔的抽样，则 $f(t)$ 将由所得到的抽样值完全确定。该定理称为低通信号的均匀抽样定理。

由抽样定理知，若信号 $f(t)$ 的频谱在某一频率 $f_{\rm H}$ (Hz)之上为零，则 $f(t)$ 中的全部信息完全包含在其间隔不大于 $1/2(f_{\rm H})$ (s)的均匀抽样值中。或者说，对信号中的最高频率分量，至少在一个周期内要取两个样值。通常把最小的抽样频率 $f_{\rm s} \geqslant 2f_{\rm H}$ 称为奈奎斯特(Nyquist)速率。下面证明该定理。

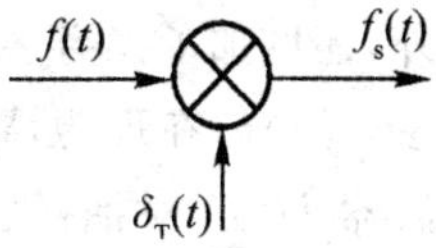

图 6-5　抽样过程

设 $f(t)$ 为低通信号，其频谱为 $F(\omega)$。抽样脉冲序列是一个周期为 $T_{\rm s}$ 的周期冲激函数 $\delta_T(t)$。抽样过程是 $f(t)$ 与 $\delta_T(t)$ 相乘的过程如图 6-5 所示。

抽样后的信号 $f_{\rm s}(t)$ 为

$$f_{\rm s}(t) = f(t)\delta_{\rm T}(t) = f(t)\sum_{k=-\infty}^{\infty}\delta(t-kT_{\rm s}) = (t)\sum_{k=-\infty}^{\infty}f(kT_{\rm s})\delta(t-kT_{\rm s}) \tag{6-2}$$

式中，$f(kT_{\rm s})$ 为 $t = kT_{\rm s}$ 时信号 $f(t)$ 的瞬间抽样值。

由频域卷积定理，可得信号 $f_{\rm s}(t)$ 的频谱 $F_{\rm s}(\omega)$ 为

$$F_{\rm s}(\omega) = \frac{1}{2\pi}[F(\omega) * \delta_{\rm T}(\omega)] \tag{6-3}$$

式中，$\delta_{\rm T}(\omega)$ 为抽样脉冲序列 $\delta_{\rm T}(t)$ 的频谱，由于

$$\delta_{\rm T}(\omega) = \frac{2\pi}{T_{\rm s}}\sum_{k=-\infty}^{\infty}\delta(\omega - k\omega_{\rm s}) \tag{6-4}$$

式中，$\omega_{\rm s} = \dfrac{2\pi}{T_{\rm s}}$，将式(6-4)带入式(6-3)可得

$$F_s(\omega)=\frac{1}{T_s}\left[F(\omega)*\sum_{k=-\infty}^{\infty}\delta_T(\omega-k\omega_s)\right]=\frac{1}{T_s}\sum_{k=-\infty}^{\infty}F(\omega-k\omega_s) \tag{6-5}$$

抽样过程中各点的信号及频谱如图 6-6 所示。

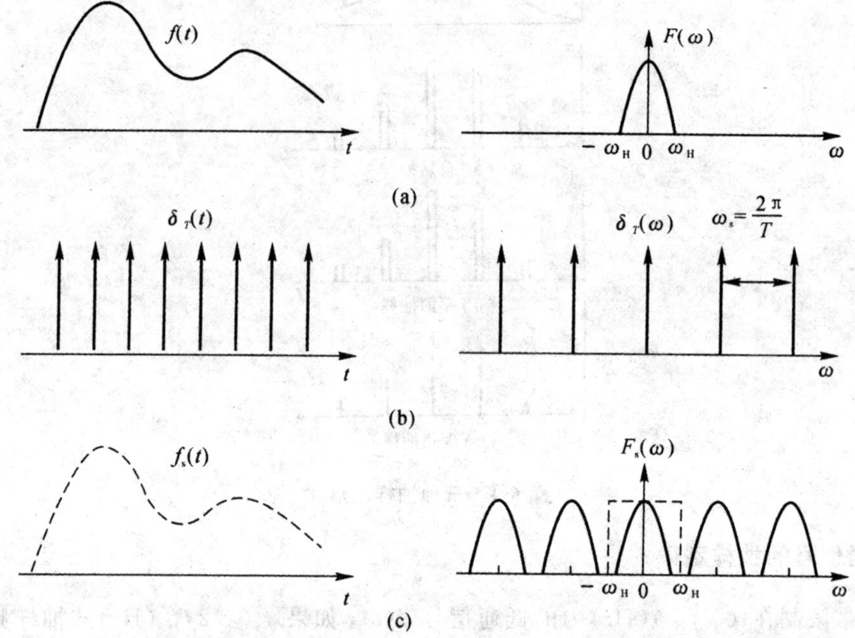


**图 6-6 抽样过程中各点信号及其频谱**

由图 6-6 可见，抽样信号的频谱是以 $\omega_s$ 为周期的周期性频谱，除了保留了 $f(t)$ 原来的频谱以外，还增加了无穷多个间隔为 $\omega_s$ 的 $F(\omega)$ 分量。在满足 $\omega_s \geqslant 2\omega_H$ 的条件下，周期性频谱无混叠现象。这样，在理想情况下，收端只要用一个截止频率为 $\omega_c$（且满足 $\omega_H \leqslant \omega_c \leqslant \omega_s - \omega_H$）的理想低通滤波器 $H(\omega)$ 对抽样后的脉冲序列进行滤波，就可以无失真地恢复原始信号 $f(t)$，如图 6-7 所示。

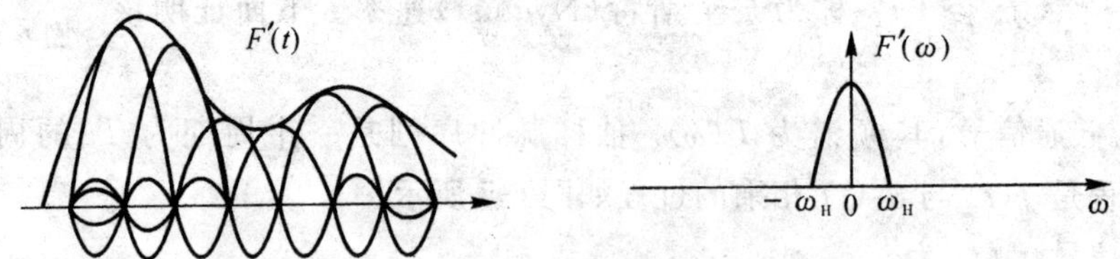


**图 6-7 抽样信号的恢复**

以上证明了，只要抽样频率 $f_s \geqslant 2f_H$，那么抽样信号 $f_s(t)$ 中就包含有信号的 $f(t)$ 的全部信息，否则，抽样信号的频谱会出现混叠现象，带来恢复信号的失真。

以上讨论的是低通信号的冲激脉冲抽样过程，称为理想抽样，难以实现。在实际系统中，常采用有一定宽度的窄脉冲序列对信号进行抽样，这就是自然抽样。

### 6.2.3 带通信号的抽样定律

实际通信中我们遇到更多的信号是带通信号，这种信号的带宽 $B$ 远小于其中心频率。若带通信号的上截止频率为 $f_H$，下截止频率为 $f_L$，此时并不一定需要抽样频率达到 $2f_H$ 或更高。只要此时的抽样频率 $f_S$ 满足

$$f_S = 2B(1+\frac{M}{N}) \tag{6-6}$$

则接收端就可以完全无失真地恢复出原始信号，这就是带通信号的抽样定理。

式(6-6)中，$B = f_H - f_L$；$M = \frac{f_H}{B} - N$，$N$ 小于 $\frac{f_H}{B}$ 的最大正整数。由于 $0 \leqslant M < 1$，带通信号的抽样频率在 2～4B 内。由式(6-6)可以画出带通信号抽样频率 $f_S$ 和 $f_L$ 的关系，如图 6-8 所示。

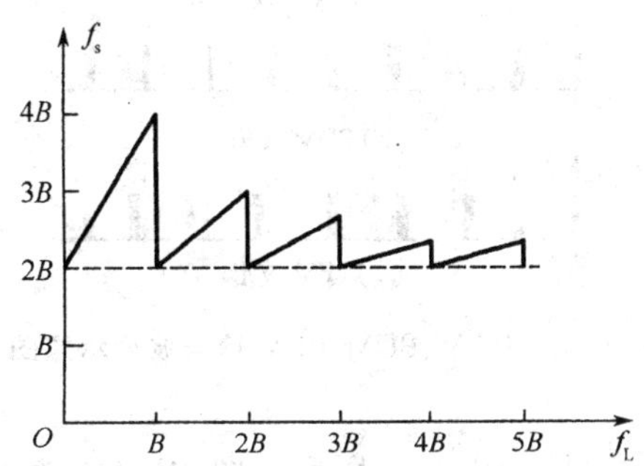


**图 6-8　带通信号抽样频率 $f_S$ 和 $f_L$ 的关系**

我们通过一个例子来理解带通信号的抽样过程。设带通信号 $f(t)$ 的频谱 $F(\omega)$ 如图6-9(a)所示，且该信号的最低频率 $f_L$、最高频率 $f_H$ 均为带宽 $B$ 的整数倍。现用 $\delta_T(t)$ 对 $f(t)$ 抽样，抽样频率 $f_S$ 取 $2B$，$\delta_T(t)$ 的频谱升 $\delta_T(\omega)$ 如图 6-9(b)所示，可得抽样信号的频谱如图 6-9(c)所示。显然，此时 $F_S(\omega)$ 中的频谱互相不重叠，即已抽样信号通过一个通带为( $f_L$，$f_H$ )的理想带通滤波器后，就可重新获得 $F(\omega)$，进而无失真地恢复 $f(t)$。

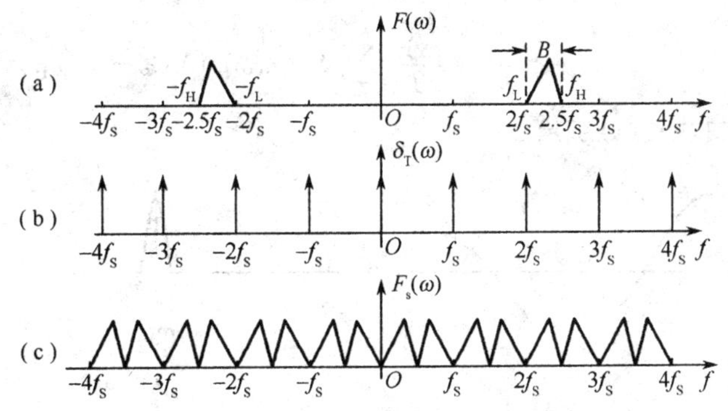


**图 6-9　$f_L = nB$ 时带通信信号的抽样谱**

### 6.2.4　脉冲幅度调制 PAM

脉冲调制是以离散脉冲序列为载波的调制方式，一般地，按基带信号 $x(t)$ 改变脉冲参数(幅度、宽度、时间位置)的不同，可把脉冲调制分为脉冲幅度调制(PAM)、脉冲宽度调制(PDM)和脉冲位置调制(PPM)，其波形分别如图 6-10(a)、(b)、(c)所示。显然，PAM 信号的脉冲高度随基带信号 $x(t)$ 的变化而变，PDM 的脉冲位置不变而脉冲宽度随 $x(t)$ 的变化变化，PPM 则是脉冲位置随 $x(t)$ 发生变化。

脉冲幅度调制(PAM)是载波幅度随基带信号变化而变化的调制方式。如果载波由冲激脉冲组成，则抽样定理就是脉冲振幅调制所依循的原理。由于实际中没有真正的冲激脉冲序列，只能采用窄脉冲序列来实现。因而,研究窄脉冲作为脉冲载波的 PAM 方式具有较强的实际应用价值。由于窄脉冲抽样分自然抽样和平顶抽样,因此 PAM 的实现方式也有自然抽样和平顶抽样两种。

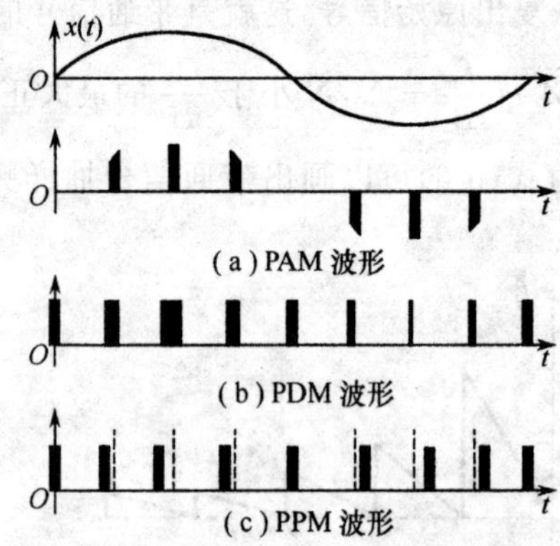


**图 6-10　PAM、PDM、PPM 信号波形示意图**

1. 自然抽样

采用自然抽样 PAM 调制方式如图 6-11 所示。图中 $x(t)$ 为基带信号,$s(t)$ 为脉冲载波,$x_S(t)$ 为抽样信号。

设基带信号 $x(t)$ 的波形及频谱如图 6-11 (a)、(b)所示,脉冲载波 $s(t)$ 由脉宽为 $\tau$、周期为 $T_S$ 的矩形脉冲序列组成,其波形及频谱如图 6-11(c)、(d)所示,抽样频率 $f_s = 2f_H$。则已抽样信号 $x_S(t) = x(t)s(t)$,其频谱表示为

$$X_S(\omega) = \frac{1}{2\pi}[X(\omega) * S(\omega)]$$

$$= \frac{A\tau}{T_S}\sum_{n=-\infty}^{\infty} Sa(n\tau\omega_H)X(\omega - 2n\omega_H) \tag{6-7}$$

其波形和频率如图 6-11(e)、(f)所示。

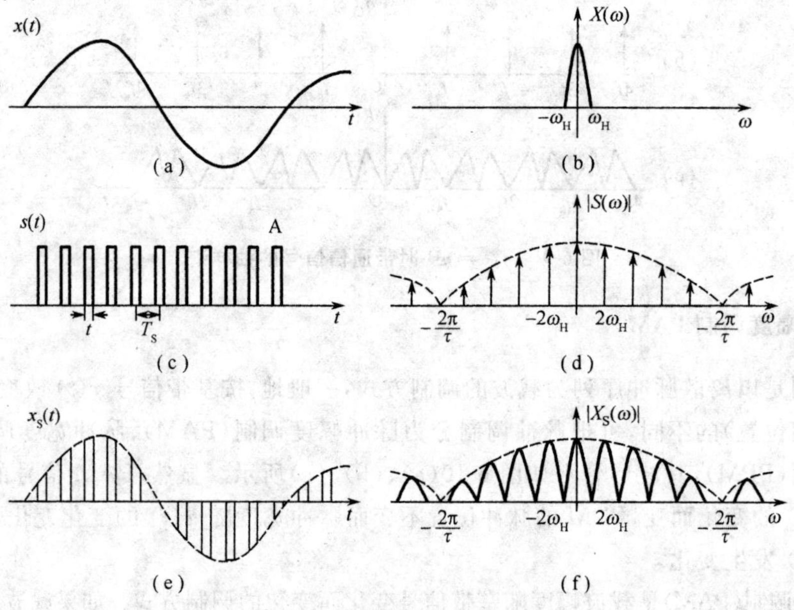


**图 6-11　自然抽样的 PAM 波形和频率**

比较式(6-5)和式(6-6)可以看出，采用窄脉冲抽样的频谱与采用冲激脉冲抽样的频谱类似，区别在于其包络按 $Sa(x)$ 函数逐渐衰减。因此采用低通滤波器就可以从 $X_S(\omega)$ 中取出原频谱 $X(\omega)$。上述比较表明，PAM 的调制与解调过程与理想抽样一样。

2. 平顶抽样实现 PAM

自然抽样虽然很容易实现，但其抽样信号在抽样期间的输出幅度值随输入信号的变换而变化，这将使得编码无法完成。因为每个编码都和两个固定的抽样值对应，所以一次抽样期间内只能有一个抽样值用于编码，也就是说，用于编码的抽样值必须是恒定不变的。为此人们研制出另一种抽样电路，它可以在抽样期间内使输出的抽样信号幅度保持不变，这就是平顶抽样。实际抽样过程中，平顶抽样是先通过窄脉冲序列完成自然抽样后，再利用脉冲形成电路来实现的，如图 6-12(a)所示，其抽样波形如图 6-12(b)所示。

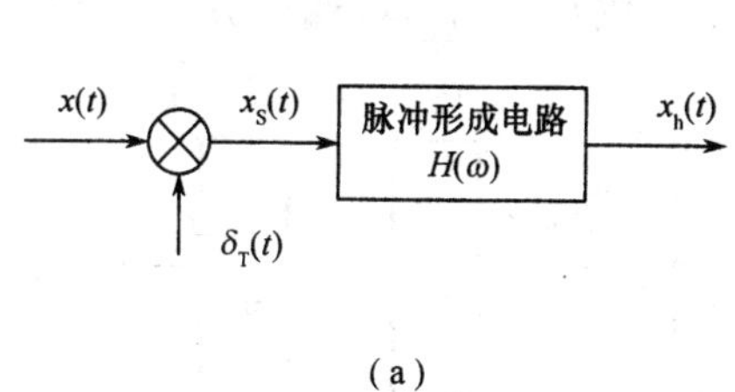


(a)

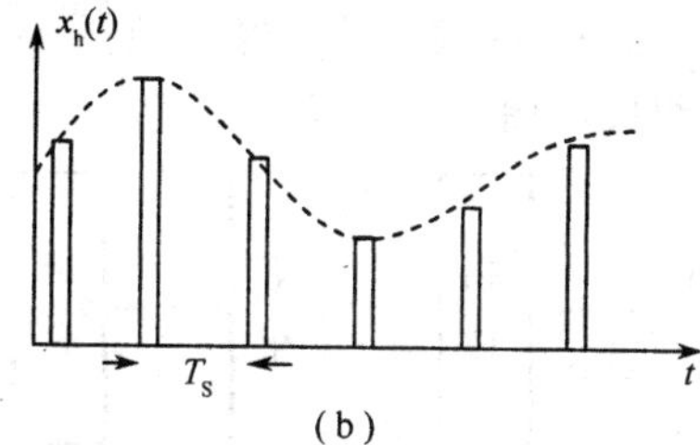


(b)

**图 6-12　平顶抽样实现框图和波形**

抽样脉冲为冲击序列 $\delta_T(t)$，模拟输入信号 $x(t)$ 与 $\delta_T(t)$ 相乘便得到理想抽样信号 $x_S(t)$，$x_S(t)$ 通过脉冲形成电路后将得到平顶抽样信号 $x_h(t)$。设 $x(t)$ 的频谱为 $X(\omega)$，$\delta_T(t)$ 的频谱为 $\delta_T(t)$，$x_S(t)$ 的频谱为 $X_S(\omega)$，$x_h(t)$ 的频谱为 $X_H(\omega)$，脉冲形成电路的网络函数为 $H(\omega)$，则有

$$X_H(\omega) = X_S(\omega)H(\omega)$$

利用式(6-5)上式可写为

$$X_H(\omega) = \frac{1}{T}H(\omega)\sum_{n=-\infty}^{\infty}X(\omega - 2n\omega_H) = \frac{1}{T}\sum_{n=-\infty}^{\infty}H(\omega)X(\omega - 2n\omega_H) \tag{6-8}$$

由式(6-8)可以看出，平顶抽样 PAM 信号的频谱 $X_H(\omega)$ 是由 $H(\omega)$ 加权后的周期性重复的频谱 $X(\omega)$ 所组成的。因此，不能直接用低通滤波器从 $X_H(\omega)$ 中滤出所需的基带信号，因为这时 $H(\omega)$ 不是常系数，而是角频率 $\omega$ 的函数。

为了从该平顶抽样信号中恢复出原始基带信号 $x(t)$，可以采用如图 6-13 所示的方法。

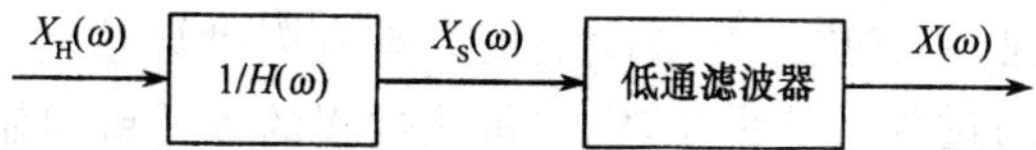


**图 6-13　平顶抽样 PAM 信号恢复**

由式(6-8)可以看出，不能直接使用低通滤波器滤出的所需信号，是因为 $X_H(\omega)$ 受到了 $H(\omega)$ 的加权。如果我们在接收端低通滤波器之前用特性为 $\frac{1}{H(\omega)}$ 的网络对此加以修正，则低通滤波器的输入信号频谱变成为

$$X_S(\omega) = \frac{1}{H(\omega)}X_H(\omega) = \frac{1}{T}\sum_{n=-\infty}^{\infty}X(\omega - 2n\omega_H)$$

## 6.3　脉冲编码

### 6.3.1　脉冲编码调制的基本原理

脉冲编码调制(Pulse Code Modulation,PCM)的概念早在 1937 年就由法国工程师瑞维斯(A. H. Reeves)提出。但限于当时的器件水平,直到 1946 年美国的 Bell 实验室才制造出第一台 PCM 数字电话终端机。20 世纪 60 年代以后,晶体管 PCM 终端机开始大量应用于市话网的中继线路中,使市话电缆传输电话的路数增加了几十倍。以后随着超大规模集成电路的 PCM 编、解码器的出现,使得 PCM 在通信系统中获得了更广泛的应用。

PCM 是一种将模拟信号经过抽样、量化和编码变换成数字信号的编码方式。PCM 通信系统的基本组成如图 6-14 所示。

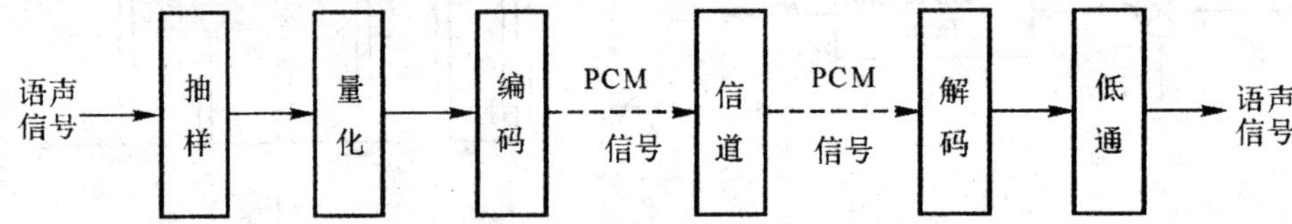


**图 6-14　PCM 通信系统的基本组成**

PCM 主要包括抽样、量化和编码三个步骤。抽样是将时间上连续的模拟信号变为时间上离散的抽样信号的过程;量化是把抽样信号变为幅度离散的数字信号;编码则是将量化后的数字信号(多进制)表示为二进制码组输出的过程。从调制的角度来看,PCM 编码过程可以认为是一种特殊的调制方式,即用模拟信号去改变脉冲载波序列的有无,所以 PCM 称为脉冲编码调制。

PCM 码组经数字信道传输到接收端后,先对 PCM 码组进行译码,然后通过理想低通滤波器滤波,就得到重构的模拟信号 $f'(t)$。

### 6.3.2　抽样信号的量化

模拟信号 $x(t)$ 经抽样后得到的样值序列 $\{x(nT_S)\}$ 在时间上是离散的,但在幅度上的取值却是连续的,即 $\{x(nT_S)\}$ 可以有无限多种取值。这种样值是无法用有限位数的数字信号来表示,因为 $n$ 位数字信号最多能表示 $M=2^n$ 种样值。因此,编码之前还必须对抽样所得的样值序列 $\{x(nT_S)\}$ 做进一步处理,使其成为在幅度上也只有有限种取值的离散样值。这个对抽样信号的幅度进行离散化处理的过程就是量化,完成量化过程的器件就叫做量化器。

如图 6-15 所示,采样值 $x(nT_S)$ 的取值范围为 $m_0\sim m_5$,把( $m_0,m_5$ )分成 5 个部分,每个部分看成一个子区间,在每个子区间中取一个代表点,比如在[ $m_i,m_{i+1}$ ]区间对应的代表点为 $q_{i+1}$,于是凡是采样值处于 $m_i\leqslant x(nT_S)\leqslant m_{i+1}$,就用 $q_{i+1}$ 代表它,也就是把它量化成 $q_{i+1}$,记为

$$\hat{x}(nT_S)=q_{i+1},m_i\leqslant x(nT_S)\leqslant m_{i+1}$$

信号量化是通过量化器完成的,如图 6-16 所示。其中,$x(nT_S)$ 为量化器输入,$x(nT_S)$ 为量化器输出。

显然量化是有误差的,量化误差为

$$\Delta=x(nT_S)-\hat{x}(nT_S) \tag{6-9}$$

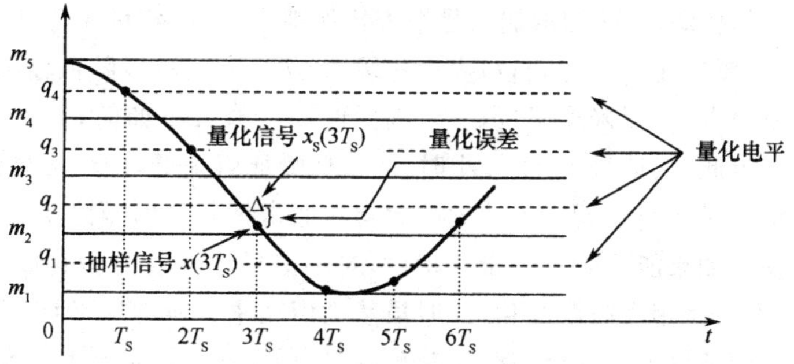


**图 6-15　信号样本的量化和量化误差**

**图 6-16　量化器框图**

式中，Δ 的规律由 $x(nT_S)$ 的取值规律决定。对于确定的输入信号，Δ 是一个确定的 $x(nT_S)$ 的函数。但如果输入信号 $x(nT_S)$ 是随机信号，则 Δ 就是一个随机变量。量化误差的存在对信号的解调会产生负面影响，它就相当于一种干扰，所以通常又把量化误差称为量化噪声。量化噪声的平均功率就是它的均方误差。则量化噪声的平均功率为

$$\sigma_q^2 = E\{[x(nT_S) - x(nT_S)]^2\} = E\{\Delta^2\} \tag{6-10}$$

1. 均匀量化

均匀量化器的量化特性是一条等阶距的阶梯型曲线，如图 6-17 所示。

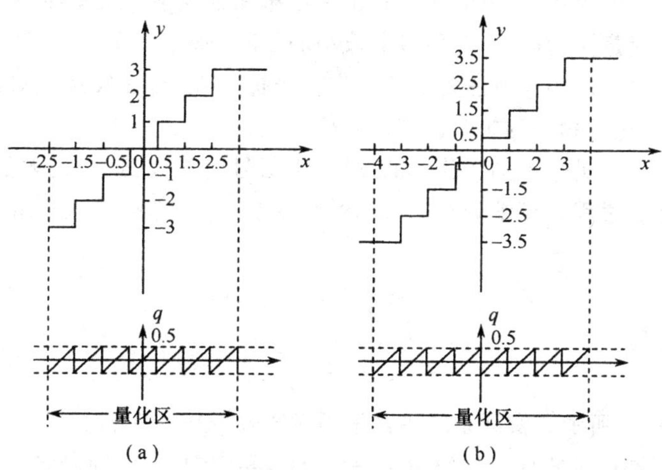


**图 6-17　均匀量化特征和量化误差**

设量化器的量化范围为$(-V, +V)$，量化间隔数为 $M$，则量化间隔 $\Delta_i$ 为

$$\Delta_i = \frac{V-(-V)}{M} = \frac{2V}{M}$$

代入式(6-10)，则得均匀量化条件下的噪声功率为

$$\sigma_q^2 = \frac{\Delta_i^2}{12} = \frac{V^2}{3M^2} \tag{6-11}$$

由式(6-11)可知，均匀量化器量化噪声功率与信号的统计特性无关，而只与量化间隔有关；

其输出噪声功率随着量化级数 $M$ 的增加而呈平方比例地下降;随着量化范围 $V$ 的增加而呈平方比例的增大。因此,只要量化器不过载,增大量化级数 $M$ 则一定可以降低输出噪声。

均匀量化的主要缺点:只要确定了量化器,则无论抽样值大小如何,其量化噪声的平均功率值都是固定不变的。因此,当信号 $x(t)$ 较小时,输出信噪比就很低,即弱信号的量化信噪比就可能无法达到额定要求而对还原解调产生较大的影响。通常把满足信噪比要求的输入信号的取值范围定义为动态范围。如果能找到一种量化特性,对小信号用小阶距量化以减小量化噪声功率来提高信噪比;而对大信号用大阶距量化,此时虽然噪声功率有所增加,但由于信号功率大,故仍然能保持信噪比在额定值以上。这样,就能在较宽的信号动态范围内满足对信噪比的要求,这就是使用非均匀量化的原因。

对均匀量化的量化电平用 $n$ 位二进制数码来表示,就得到其相应的数字编码信号,通常称为规位线性 PCM 编码信号。由于 $n$ 位数码最多可以有 $2^n$ 种组合,所以 $n$ 与量化间隔数 $M$ 的关系为:$n = \log_2 M$。

2.非均匀量化

由于量化台阶固定,量化噪声不变,因此当信号 $f(t)$ 较小时,信号的量化信噪比也就很小。这样对小信号来说量化信噪比就难以达到给定的要求。通常,把满足信噪比要求的输入信号的取值范围定义为动态范围。因此均匀量化时,信号的动态范围将受到较大的限制。

实际系统中遇到的信号大都具有非均匀分布特性,出现小信号的概率很大,如话音信号就是这样。统计表明,大约在 50%的时间内,语音信号的瞬时值要低于其有效值的 1/4。因此,改善小信号时的量化信噪比非常重要。

为了提高小信号时的量化信噪比,实际系统中常采用非均匀量化。非均匀量化是根据信号的不同取值区间来确定量化台阶的,对信号取值小的区间,量化台阶小;对信号取值大的区间,量化台阶也大。非均匀量化的实现方法是对信号进行压扩处理,即在发送端对信号进行压缩后再均匀量化;在接收端则进行相应的扩张以恢复原信号。

所谓压缩是指对信号进行不均匀放大的过程,小信号时放大倍数大,大信号时放大倍数小;扩张则是压缩的反变换过程。压缩器是一个非线性变换电路,它将输入变量 $x$ 变换成另一个变量 $y$,即

$$y = g(x)$$

接受端采用一个传输特性为

$$x = g^{-1}(y)$$

压扩原理如图 6-18 所示。实际系统中常采用对数式压扩特性。

对话音信号进行抽样时的抽样频率为 $f_s = 8\text{kHz}$,相应地,抽样间隔 $T_s = 125\mu\text{s}$。即对语音信号来说,每秒钟应取 8000 个样值,或以 $125\mu\text{s}$ 的间隔进行抽样。对语音信号进行压扩时,CCITT G.71 建议给出了两种对数压扩特性,即 $\mu$ 律压扩和 $A$ 律压扩。北美和日本等国采用 $\mu$ 律压扩标准,我国和欧洲则采用 $A$ 律压扩标准。

(1)$\mu$ 律对数压缩特性

$\mu$ 律对数压缩特性为

$$y = \frac{\ln(1+\mu x)}{\ln(1+\mu)}, 0 \leqslant x \leqslant 1$$

式中,$\mu$ 为压缩系数,$x$ 为压缩器输入信号的归一化值,$y$ 为压缩器输出信号的归一化值。

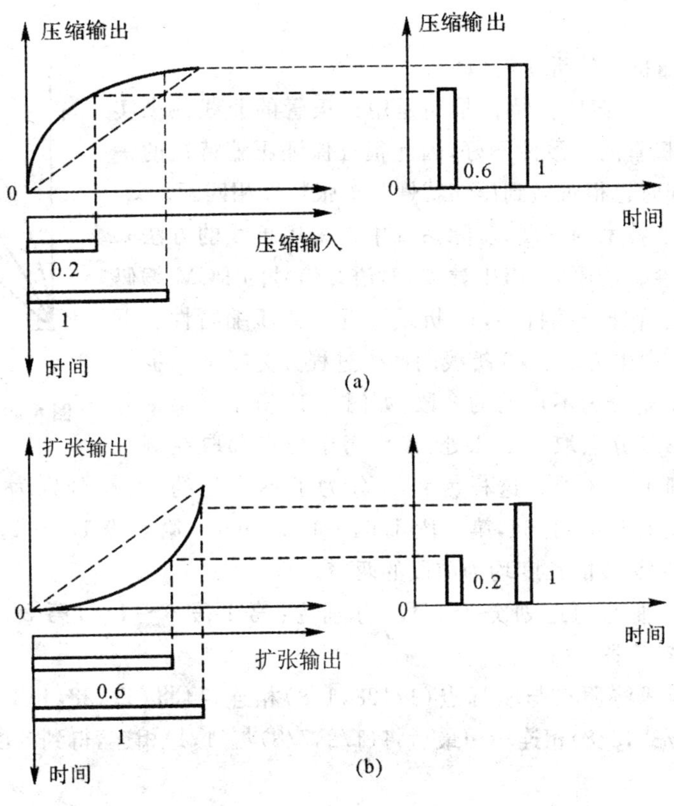


**图 6-18　压扩原理**

(a)压缩器特征;(b)扩张器特征

$\mu$ 律对数压缩特性如图 6-19 所示。其中,如图 6-18 所示为压缩特性。由图可见,当$\mu=0$时,压缩特性是一条通过原点的直线,故没有压缩效果。当 $\mu=100$ 时,有明显的压缩效果。目前国际上对语音信号采用 $\mu=225$ 的压缩标准。另外,需要说明的是,$\mu$ 律压缩特性曲线是以原点奇对称的,图中只画出了 $x$ 正向部分。

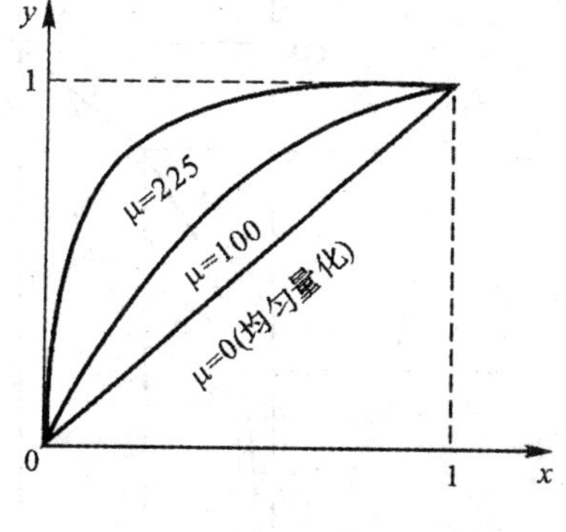


**图 6-19　$\mu$ 律对数压缩特性图**

(2)$A$ 律压缩特性

$A$ 律压缩特性为

$$y=\begin{cases}\dfrac{Ax}{1+\ln A},0\leqslant x\leqslant\dfrac{1}{A}\\[2mm]\dfrac{1+\ln Ax}{1+\ln A},\dfrac{1}{A}\leqslant x\leqslant 1\end{cases}\tag{6-12}$$

式中,$A$ 为压缩系数,$x$ 为压缩器输入信号的归一化值,$y$ 为压缩器输出信号的归一化值。

由式(6-12)可知,$A$ 律压缩特性由两部分组成:在小信号($0\leqslant x\leqslant\dfrac{1}{A}$)时,为线性压缩特性;在大信号($\dfrac{1}{A}\leqslant x\leqslant 1$)时,为对数压缩特性。$A$ 律压缩特性如图 6-20 所示,和 $\mu$ 律一样,$A$ 律压缩特性曲线也是以原点为奇对称的,图中只画出了 $x$ 正向部分。由图可见,当 $A=1$ 时没有压缩效果,$A$ 越大,压缩效果越明显。对语音信号的 PCM 编码来说,目前国际上采用 $A=87.6$ 的压缩标准。

(3)对数压缩特性的折线近似

理想的 $A$ 律或 $\mu$ 律压扩特性早期是用二极管的非线性来实现的。但由于二极管的一致性不好,因此很难保证压缩特性的一致性与稳定性,同时也很难做到压缩特性与扩张特性相匹配。

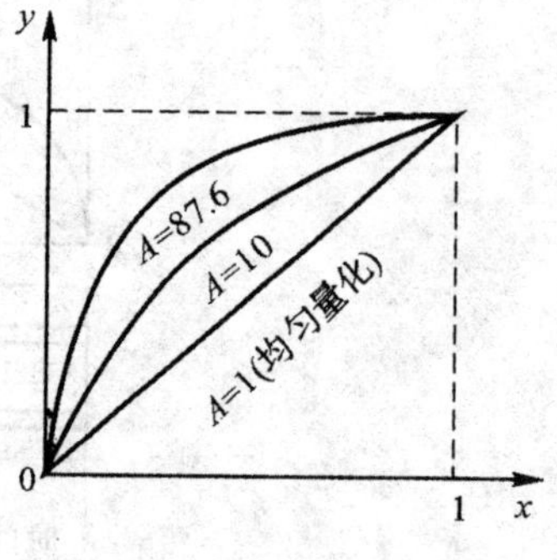


图 6-20　$A$ 律对数压缩特性

随着数字电路技术的发展,实际系统中常采用折线的方法来近似对数压缩特性。按原 CCITT 建议,对语音信号的 PCM 编码采用 13 折线逼近 $A$ 律压缩特性,15 折线逼近 $\mu$ 律压缩特性。下面介绍 13 折线的产生方法。13 折线的产生过程分为以下三步。

第一步,把 $x$ 划分为不均匀的 8 段,如图 6-21 所示。第一分点取在 1/2 处,第二分点取在 1/4 处,以后每个分点都取在剩余段的 1/2 处,直到 1/128 处。这样就将 $x$ 分为了不均匀的 8 段,分别为(从左到右):第 1 段 0～1/128,第 2 段 1/128～1/64,第 3 段 1/64～1/32,……,第 8 段 1/2～1。注意,第 1 段和第 2 段长度相同。以后每段的长度均为前段的两倍。

第二步,把 $y$ 轴均匀地划分为 8 段,分别为:第 1 段 0～1/8,第 2 段 1/8～2/8,第 3 段 2/8～3/8,……,第 8 段 7/8～1。

第三步,用直线将原点与坐标点(1/128,1/8)相连,再将(1/128,1/8)与(1/64,2/8)相连,(1/64,2/8)与(1/32,3/8)相连……最后将(1/2,7/8)与(1,1)相连,得到 8 段直线连成的折线。

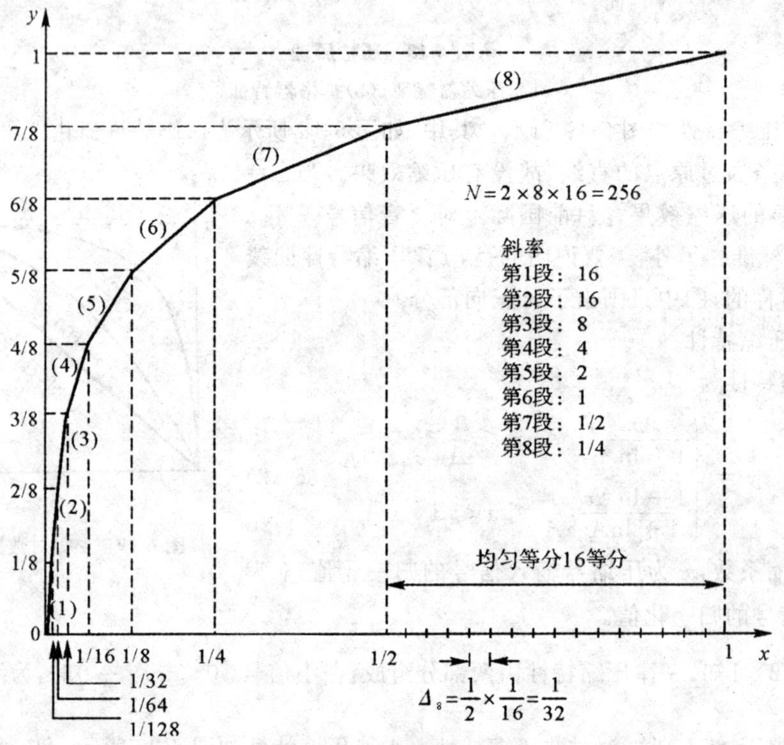


图 6-21　13 折线的产生方法

各段直线的斜率 $k$ 分别为:第 1 段 $k_1=\dfrac{1/8}{1/128}=16$,第 2 段 $k_2=\dfrac{1/8}{1/128}=16$,第 3 段

$k_3 = \frac{1/8}{1/64} = 8$，第 4 段是 $k_4 = \frac{1/8}{1/32} = 4$，第 5 段 $k_5 = \frac{1/8}{1/16} = 2$，第 6 段 $k_6 = \frac{1/8}{1/8} = 1$，第 7 段 $k_7 = \frac{1/8}{1/4} = \frac{1}{2}$，第 8 段 $k_8 = \frac{1/8}{1/2} = \frac{1}{4}$。由于第 1 段和第 2 段直线的斜率相同，都为 16，所以实上只有 7 段直线。当输入信号为负时，压缩特性对原点奇对称，因此在第三象限中还有 7 段直线(图中未画出)。由于负方向的第 1 段和第 2 段直线与正方向的第 1 段和第 2 段直线的斜率相同，因而，正负双向折线实际上由 13 段直线组成，故称其为 13 折线。

下面考察 13 折线与 $A$ 律压缩特性曲线的近似程度。由式(6-12)中的第一个等式 $y = \frac{Ax}{1+\ln A}$，可求出该段直线的斜率为 $k' = \frac{A}{1+\ln A}$，将 $A = 87.6$ 代入此式，可得 $k' = \frac{87.6}{1+\ln 87.6} = 16$，该值与 13 折线正方向第 1 段直线的斜率相同。故认为 13 折线与 $A = 87.6$ 的 $A$ 律压缩特性曲线最为逼近。因此，13 折线也称为 $A = 87.6$ 的 13 折线。

(4)非均匀量化过程

有了 13 折线之后，再看量化的过程。量化是通过对图 6-21 中的输出信号 $y$ 均匀地分层实现的。在图 6-21 中，在 $y$ 轴表示的输出信号被均匀地划分为 8 段的基础上，再将每段均匀地划分为 16 等份，这样输出信号共有 $8 \times 16 = 128$ 个均匀的量化级。由 13 折线的对应关系可以看出，输出信号 $y$ 的均匀量化对应到输入信号 $x$ 是非均匀量化。即以上对输出信号 $y$ 的均匀量化过程，对应输入信号 $x$ 来说，是在 $x$ 不均匀的 8 段上进行的，每段均匀地划分为 16 等份，这样对输入信号 $x$ 也分为了 $8 \times 16 = 128$ 个量化级，但这 128 个量化级是不均匀的。小信号时，量化台阶小，大信号时，量化台阶大。最小的是第 1 段，由于第 1 段的长度为归一化值的 1/128，再将它等分为 16 小段故量化台阶 $\Delta_1 = \frac{1}{128} \times \frac{1}{16} = \frac{1}{2048}$；第 2 段的长度与第 1 段的长度相同，因而第 2 段的量化台阶与第 1 段相同为 $\Delta_2 = \frac{1}{128} \times \frac{1}{16} = \frac{1}{2048}$；第 3 段的量化台阶为 $\Delta_3 = \frac{1}{64} \times \frac{1}{16} = \frac{1}{1024}$；第 4 段的量化台阶为 $\Delta_4 = \frac{1}{32} \times \frac{1}{16} = \frac{1}{512}$；……；第 8 段的量化台阶为 $\Delta_8 = \frac{1}{2} \times \frac{1}{16} = \frac{1}{32}$。由此可见小信号时量化台阶仅有归一化值的 $\frac{1}{2048}$。而大信号时量化台阶为归一化值的 $\frac{1}{32}$，两者相差 64 倍。同时还可以看出，若 $\Delta_1$ 为量化台阶进行均匀量化，则量化级数应为 2048，而采用非均匀量化时，量化级数仅为 128。

### 6.3.3　编码

模拟信号经抽样和量化后变成了在时间和幅度上都离散的数字信号，但它是多电平(多进制)数字信号，电平数取决于量化级数。这种多电平数字信号是不适合在信道中直接传输的。因此，还必须将这些多进制数字信号转换成适合在信道中传输的二进制信号。在 PCM 系统中，把量化后的信号电平值转换成二进制码的过程称为编码。

从理论上说，任何一种可逆的二进制码都可以用于 PCM 编码。常见的二进制码有三种，即 NBC(Natural Binary Code，自然二进制码)、FBC(Folded Binary Code，折叠二进制码)和 RBC(Gray or Reflected Binary Code，格雷二进制码组)。如表 6-1 所示列出了这些码的编码规律。

自然二进制码就是一般的十进制正整数的二进制表示。格雷二进制码的特点是相邻电平的编码仅有一位之差。

**表 6-1　PCM 编码时常用的码组**

| 量化电平 | NBC | FBC | RBC |
|---|---|---|---|
| 0 | 000 | 011 | 000 |
| 1 | 001 | 010 | 001 |
| 2 | 010 | 001 | 011 |
| 3 | 011 | 000 | 010 |
| 4 | 100 | 100 | 110 |
| 5 | 101 | 101 | 111 |
| 6 | 110 | 110 | 101 |
| 7 | 111 | 111 | 100 |

由表 6-1 可看出，FBC 的特点是码组的上半部和下半部除极性位外，呈倒影关系，这相当于相对零电平对称折叠，故被形象地称为折叠码。因此，当信号幅度的绝对值相同时，折叠码组除第 1 位外都相同。也就是说，用第 1 位码表示极性后，双极性信号可以采用单极性编码方法，从而可以大为简化编码过程。

折叠码的另一个优点是误码对小信号的影响较小，这对语音信号编码十分有利，因为语音信号出现小信号的概率较大。例如，由大信号的 111 误为 011 时，从表 6-1 可看出，对 NBC 解码后得到的样值与原信号相比，误差为 4 个量化级；而对折叠二进制码，误差为 7 个量化级。因而，大信号时误码对折叠二进制码影响很大。但如果误码发生在由小信号的 100 误为 000 时，情况就不一样了。这时对自然二进制码来说误差还是 4 个量化级；而对折叠二进制码，误差只有 1 个量化级。因而在 PCM 通信系统中，采用折叠二进制码比用自然二进制码优越。

在 PCM 编码时，除了码组类型的选择外，还有码组位数 $N$ 的确定。码位数 $N$ 与量化的分层数 $L$ 密切相关。在输入信号变化范围一定时，量化台阶 $\Delta$ 越小，量化的分层数 $L$ 越大，量化噪声就越小，通信质量当然也越好，但用的码位数 $N$ 越多。一般从话音的可懂度来说，采用 3～4 位非线性编码（非均匀量化编码）即可，但有明显失真。当编码位数增加到 7～8 位时，语音质量就比较理想了。

按原 CCITT 建议，对语音信号来说，采用 $A$ 律 13 折线 PCM 编码时，量化分层数 $L = 2 \times 128 = 256 = 2^8$，因此语音信号 PCM 编码时需要的码位数 $N = 8$。这样对一路语音信号进行 PCM 编码后的信息速率 $R_b$ 为

$$R_b = Nf_s = 8 \times 8000 = 64\text{kb/s}$$

式中，$f_s = 8000$ Hz，为语音信号的抽样频率。即一路语音信号进行 PCM 编码后的信息传输速率为 64kb/s。

在实际的 PCM 系统中常把量化器和编码器合在一起。常用的编码器有：并行编码器、计数式编码器和逐位比较反馈型编码器。逐位比较反馈型编码器的工作原理对应表 6-1 中的自然码编码过程。在编第一位码时，将样值脉冲与整个信号电平的 1/2 进行比较；编第二位码时，将样值脉冲与整个信号电平的 1/4 进行比较，依次下去编出 $N$ 位码组。下面讨论其编码过程。

编码器的任务就是根据输入的样值脉冲输出相应的 8 位二进制码字 $D_1D_2D_3D_4D_5D_6D_7D_8$。8 位二进制码一般按极性码、段落码及段内码的顺序排列，如表 6-2 所示。

**表 6-2　8 位码的排列顺序**

| 极性码 | 段落码 | 段内码 |
|---|---|---|
| $D_1$ | $D_2D_3D_4$ | $D_5D_6D_7D_8$ |

具体编码过程如下：

$D_1$ 极性码。当样值脉冲为正值时，$D_1$ 编为“1”码；当样值脉冲为负值时，$D_1$ 编为“0”码。

$D_2D_3D_4$ 段落码。表 6-3 所示列出了段落码与段落号之间的关系，可以看出段落码选用的是自然码组。表 6-3 中还列出了各段以最小量化台阶 $\Delta=\frac{1}{2048}$ 为单位的起始电平和各段落量台阶与最小量化台阶 Δ 的关系。当样值(以 Δ 为单位)给定时，可由各段起始电平值确定样值属于哪一段，确定后就用该段的段落码表示。

**表 6-3　段落码电平表**

| 段落号 | 1 | 2 | 3 | 4 | 5 | 6 | 7 | 8 |
|---|---|---|---|---|---|---|---|---|
| 段落码( $D_2D_3D_4$ ) | 000 | 001 | 010 | 011 | 100 | 101 | 110 | 111 |
| 起始电平 | 0 | 16 | 32 | 64 | 128 | 256 | 512 | 1024 |
| 各段量化台阶与 Δ 的比值 | 1 | 1 | 2 | 4 | 8 | 16 | 32 | 64 |

$D_5D_6D_7D_8$ 段内码又称为电平码。由于每段均匀分为 16 等级，故每级可用 4 位二进制码表示，如表 6-4 所示。段内码选用的也是自然码组。编码时将输入信号的抽样值量化到 16 个量化级中的某一级上，然后就用该级的电平码表示。

**表 6-4　段内码电平表**

| | 段内码 | | | |
|---|---|---|---|---|
| | $D_5$ | $D_6$ | $D_7$ | $D_8$ |
| 15 | 1 | 1 | 1 | 1 |
| 14 | 1 | 1 | 1 | 0 |
| 13 | 1 | 1 | 0 | 1 |
| 12 | 1 | 1 | 0 | 0 |
| 11 | 1 | 0 | 1 | 1 |
| 10 | 1 | 0 | 1 | 0 |
| 9 | 1 | 0 | 0 | 1 |
| 8 | 1 | 0 | 0 | 0 |
| 7 | 0 | 0 | 1 | 1 |
| 6 | 0 | 1 | 1 | 0 |
| 5 | 0 | 1 | 0 | 1 |
| 4 | 0 | 1 | 0 | 0 |
| 3 | 0 | 0 | 1 | 1 |

续表

| | 段内码 | | | |
|---|---|---|---|---|
| | $D_5$ | $D_6$ | $D_7$ | $D_8$ |
| 2 | 0 | 0 | 1 | 0 |
| 1 | 0 | 0 | 0 | 1 |
| 0 | 0 | 0 | 0 | 0 |

在给出以上编码规则后，再看逐位比较反馈型编码器的编码过程。逐位比较反馈型编码器的原理框图如图 6-22 所示。由图 6-22 可见，逐位比较反馈型编码器包括以下四个部分：全波整流、极性判别、比较电路和本地译解码器。

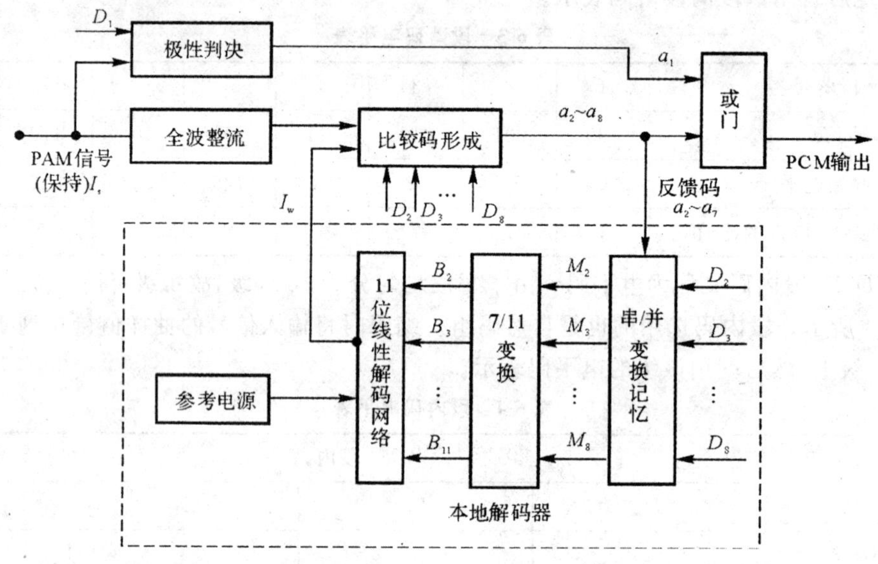


**图 6-22　逐位比较反馈型编码器原理框图**

全波整流是将双极性脉冲变成单极性脉冲。极性判别电路用来判别输入样值脉冲的极性，编出第一位极性码 $D_1$。当样值为正时，编“1”码；样值为负时，编“0”码。比较器将通过保持电路后的样值电流 $I_s$ 多次与权值电流 $I_w$ 进行比较，每比较一次产生一位编码。且当 $I_s > I_w$ 时，编“1”码；反之编“0”码。每个样值要进行 7 次比较，编出 7 位码。

每次比较所需的权值电流 $I_w$ 均由本地译码器产生。本地译码器包括记忆电路、7/11 位码变换电路及恒流源。记忆电路用来寄存输入的二进制码，因为除第一次比较外，以后每次比较都要根据前面几次比较的结果来确定权值电流 $I_w$，因此 7 位码组中的前 6 位均应由记忆电路寄存下来。恒流源产生权值电流 $I_w$ 时有 11 个基本的权值电流支路，这些支路电流值为 1,2,4,8,16,32,64,128,256,512,1024，每次权值电流 $I_w$ 输出时需要 11 个脉冲来控制。由于比较器输出的是 7 位非线性码，因此需要有 7/11 位码变换电路进行转换。7/11 位码变换电路完成的实际上是非均匀量化到均匀量化的转换过程。

### 6.3.4　译码

译码就是将收到的 PCM 码组还原为发送端抽样脉冲幅度的过程。译码得到的抽样脉冲信号经过低通滤波器后，就可恢复原始的模拟信号。译码电路的类型主要有三种：电阻网络型、级联型和级联—网络混合型。这里以电阻网络型译码电路为例说明 PCM 译码一过程。电阻网络型译码电路如图 6-23 所示。

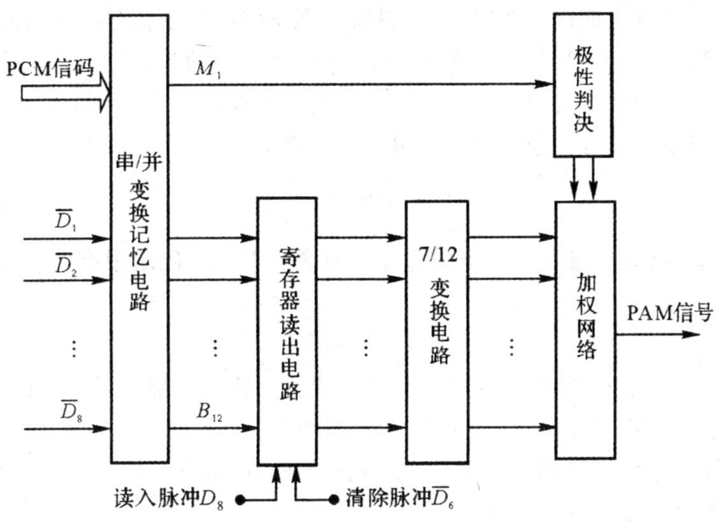


**图 6-23　电阻网络型译码电路**

由图 6-23 可见，接收端译码电路与发送端本地译码器相似。但发送端译码器只译出信号的幅度，而不译出极性。接收端译码电路必须把极性码 $D_n$ 译成正负控制信号。另外还应注意到，接收端译码器将发送端译码器中的 7/11 转换器变成了 7/12 转换器。这是因为在接收端为了减小量化误差，增加了半个量化级的权值电流支路。接收端译码器中的另一个独特部件是寄读器，它的作用是把存入的信号在一定的时刻并行输出到恒流源中译码逻辑电路上去，以产生所需的各种逻辑控制脉冲去控制恒流源及电阻网络的开关，从而驱动权值电流支路产生译码输出。

### 6.3.5　PCM 系统的噪声

实际 PCM 通信系统中，影响信号恢复质量的因素很多，如抽样频率不够高，将引起抽样信号的频谱出现重叠而产生失真；接收端低通滤波器的特性如果不理想，也将使其他额外频谱分量串入而导致失真。此外，收/发两端抽样脉冲不同步、收端的抽样脉冲出现抖动等也会引起失真。但这些失真都可以通过合理设计和设备改善，使其影响可以减弱到足以忽略的程度。

所有信道都存在着干扰，信道干扰主要有乘性干扰和加性干扰。乘性干扰与信道特性有关，在信道理想的前提下可以被忽略；但加性干扰却是始终存在的，它来自干扰源的激励或辐射影响。干扰会影响接收端对信号码元的准确判决，从而造成误码；还会影响接收端位同步和帧同步脉冲的准确性，从而进一步引起误码。所以干扰的影响最终也表现为使输出信号产生失真。

设 $D(t)$ 表示系统本身在信号变换过程中所引入的失真分量，$n(t)$ 代表干扰引起的输出失真分量，$g(t)$ 代表输出的有用信号分量，则接收端的输出电压 $x(t)$ 可表示为

$$x(t) = g(t) + D(t) + n(t)$$

在以下的分析中，假设 $D(t)$ 仅为量化引起的噪声，即量化噪声；$n(t)$ 为加性干扰引起的加性噪声。由于量化噪声与加性噪声来源不同，且相互独立，可以分别进行讨论。一般来说系统的抗噪声性能与信噪比（$S/N$）有关，系统的总信噪比定义为

$$\frac{S}{N} = \frac{E[g^2(t)]}{E[g^2(t)] + E[n^2(t)]}$$

显然，信噪比愈大，系统的抗噪声性能愈好。

PCM 信号由于在传输过程中受到加性干扰，将影响接收端的正确判决，使得二进制"1"码可能被判为"0"，而"0"码也可能误判为"1"码。错误的概率将取决于信号的类型和接收机输入端的平均信号噪声功率比。因为 PCM 信号的每一码组代表一定的量化抽样值，所以其中只要有一位发生错误，则恢复的抽样值就会与发送的样值不同。若误码率 $P_e = 10^{-4}$，每一个码组由 8 位码元组成，则一个码组中只有一个错码的码组错误概率为

$$P'_e = 8P_e = \frac{1}{1250}$$

即平均每发送 1250 个码组，将会有一个码组发生错误。而一个码组中有两个码元错误的码组错误概率为

$$P''_e = C_8^2 P_e^2 = 2.8 \times 10^{-7}$$

可见，$P''_e$ 远小于 $P'_e$。同理，错三个或者更多位码元的概率就更低了。因此，一般只考虑仅有 1 位码元错误的情况。在加性噪声为高斯白噪声的情况下，每一个码组中出现的误码可认为是彼此独立的。设每个码元的误码率为 $P_e$，下面来分析图 6-24 所示的一个自然码组，计算它由于误码而造成的噪声功率。

**图 6-24 一个自然码组**

在一个长为 $n$ 的自然码组中，假定自最低位到最高位的加权数值分别为 $2^0$、$2^1$、$2^2$，…，$2^{i-1}$，…，$2^{n-1}$，量化间隔为 $d$，则第 $i$ 主位对应的抽样值为 $2^{i-1}d$。如果第 $i$ 位码发生误码，其产生的误差为 $\pm 2^{i-1}d$。显然，最高位误码所造成的误差最大为 $2^{n-1}d$。最低位误差最小，只有 $\pm d$。因假定每个码元出现差错的可能性相同，所以，在一个码组中，如果只有一个码元发生差错，它所造成的均方误差为

$$\sigma_n^2 = \frac{1}{n}\sum_{i=1}^{n}(2^{i-1}d)^2 = \frac{d^2}{n}\left(\frac{2^{2n-1}}{3}\right) \approx \frac{d^2}{3n}2^{2n}$$

我们不难发现，当一个码组发生了错误，则接收端译码器将输出一个相应错误的抽样值，其误差的均方值为 $\sigma_n^2$；如果一个码组不发生差错，则译码器输出的抽样值无误。因此，误码引起的接收端输出噪声功率就由这些抽样值误差的均方值确定。设每个码元发生错误的概率为 $P_e$，则一个码组出现误码的概率为 $nP_e$，当误码率 $P_e$ 比较小时，由于误码而造成的平均输出噪声功率 $N_n$ 可近似为

$$N_n = \sigma_n^2 nP_e = \frac{2^{2n}}{3}d^2 P_e$$

因此，只考虑由加性噪声引起误码时，系统的输出信噪比为

$$\frac{S}{N_n} = \frac{\frac{d^2}{12}(2^{2n}-1)}{\frac{2^{2n}}{3}d^2 P_e} \approx \frac{\frac{d^2}{12}2^{2n}}{\frac{2^{2n}}{3}d^2 P_e} = \frac{1}{4P_e}$$

可见，由误码引起的信噪比与误码率成反比。误码率越小，误码造成的噪声功率就越小，信噪比就越大。在 PCM 基带传输系统中，通常都可以使误码率降到 $10^{-6}$ 以下，因此误码的影响不

大，这时系统中量化噪声是主要的。为改善系统的输出信噪比，应设法减小量化误差，使用量化级数 $N$ 大一些的量化器。但如果输入信噪比较低，则加性噪声的影响将成为主要误差因素，此时为降低误码率可以适当减少量化级数 $N$，以便提高系统的总信噪比。

### 6.3.6　PCM 信号的带宽

对模拟信号来说，PCM 编码后信号占据的带宽远大于模拟信号自身的频谱带宽。如单路话音信号带宽不超过 4kHz，对话音信号进行 PCM 编码后的信息速率为 64kb/s，其带宽远大于 4kHz。那么，PCM 信号的带宽该如何计算呢，下面讨论这个问题。

对一个宽度为 $T$ 的矩形脉冲来说，为了不使脉冲失真太大，则要求传输此脉冲的信道带宽 $B_{ch}$ 为

$$B_{ch} \geqslant \frac{1}{2T}$$

在 PCM 编码时，单路编码信号的码元速率为 $R = Nf_s = 2Nf_H$，故每位二进制码元的宽度为 $T = \frac{1}{R}$，带入上式可得

$$B_{ch} \geqslant \frac{R}{2} = \frac{2Nf_H}{2} = Nf_H$$

式中，$N$ 为编码位数，$f_H$ 为模拟信号的最高频率。由上式可见，数字信号的最小带宽是码元速率的一半。

如果是 $n$ 路 PCM 信号时分复用，则总码元速率 $R$ 为

$$R = nNf_s = 2nNf_H$$

这时，信号的最小带宽应为

$$B_{ch} = \frac{R}{2} = nNf_H$$

例如，如果对 32 路语音信号进行 PCM 时分复用编码，语音信号的抽样频率 $f_s = 8\text{kHz}$，编码位数 $N = 8$，则 32 路时分复用信号的总码元速率 $R$ 为

$$R = 32 \times 8 \times 8000 = 2048\text{kb/s}$$

因而信号的带宽为 $B_{ch} = \frac{R}{2} = 1024\text{kHz}$。

# 第7章　最佳接收机

## 7.1　最佳接收机概述

最佳接收机并不像它的名字所指的那样绝对最佳，它只是一个相对概念，是指在某一个特定的标准或准则下达到最佳的某种接收方式，但对于其他准则，该接收方式则不一定是最佳了。因此，每个接收准则都有与其相对应的最佳接收机。当然，不同的准则在一定条件下也可能等效，此时它们各自的最佳接收机实际上也是一样的。

### 7.1.1　匹配滤波器

在数字通信系统中，滤波器是其中重要部件之一，滤波器特性的选择直接影响数字信号的恢复。在数字信号接收中，滤波器的作用有两个方面，第一是使滤波器输出有用信号成分尽可能强；第二是抑制信号带外噪声，使滤波器输出噪声成分尽可能小，减小噪声对信号判决的影响。

通常对最佳线性滤波器的设计有两种准则：一种是使滤波器输出的信号波形与发送信号波形之间的均方误差最小，由此而导出的最佳线性滤波器称为维纳滤波器；另一种是使滤波器输出信噪比在某一特定时刻达到最大，由此而导出的最佳线性滤波器称为匹配滤波器。在数字通信中，匹配滤波器具有更广泛的应用。

我们知道，解调器中抽样判决以前各部分电路可以用一个线性滤波器来等效，接收过程等效原理图如图7-1所示。图中，$s(t)$ 为输入数字信号，信道特性为加性高斯白噪声信道，$n(t)$ 为加性高斯白噪声，$H(\omega)$ 为滤波器传输函数。

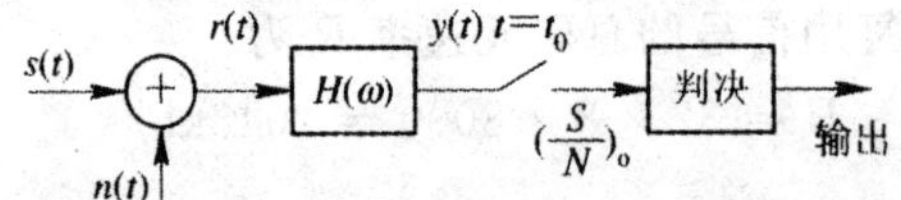


图7-1　数字信号接收等效原理图

由数字信号的判决原理我们知道，抽样判决器输出数据正确与否，与滤波器输出信号波形和发送信号波形之间的相似程度无关，也即与滤波器输出信号波形的失真程度无关，而只取决于抽样时刻信号的瞬时功率与噪声平均功率之比，即信噪比。信噪比越大，错误判决的概率就越小；反之，信噪比越小，错误判决概率就越大。因此，为了使错误判决概率尽可能小，就要选择滤波器传输特性使滤波器输出信噪比尽可能大的滤波器。当选择的滤波器传输特性使输出信噪比达到最大值时，该滤波器就称为输出信噪比最大的最佳线性滤波器。下面就来分析当滤波器具有什么样的特性时才能使输出信噪比达到最大。

分析如图7-1所示的模型。设输出信噪比最大的最佳线性滤波器的传输函数为 $H(\omega)$，滤波器输入信号与噪声的合成波为

$$r(t) = s(t) + n(t)$$

式中，$s(t)$ 为输入数字信号，其频谱函数为 $S(\omega)$。$n(t)$ 为高斯白噪声，其双边功率谱密度为 $\frac{n_0}{2}$。由于该滤波器是线性滤波器，满足线性叠加原理，因此滤波器输出也由输出信号和输出噪声两部分组成，即

$$y(t) = s_0(t) + n_0(t)$$

式中输出信号的频谱函数为 $S_0(\omega)$，其对应的时域信号为

$$\begin{aligned} s_0(t) &= \frac{1}{2\pi}\int_{-\infty}^{\infty} S_0(\omega)\mathrm{e}^{\mathrm{j}\omega t}\mathrm{d}\omega \\ &= \frac{1}{2\pi}\int_{-\infty}^{\infty} S(\omega)H(\omega)\mathrm{e}^{\mathrm{j}\omega t}\mathrm{d}\omega \end{aligned}$$

滤波器输出噪声的平均功率为

$$\begin{aligned} N_0 &= \frac{1}{2\pi}\int_{-\infty}^{\infty} P_{n_0}(\omega)\mathrm{d}\omega \\ &= \frac{1}{2\pi}\int_{-\infty}^{\infty} P_{n_i}(\omega)\,|H(\omega)|^2\mathrm{d}\omega \\ &= \frac{1}{2\pi}\int_{-\infty}^{\infty} \frac{n_0}{2}\,|H(\omega)|^2\mathrm{d}\omega \\ &= \frac{n_0}{4\pi}\int_{-\infty}^{\infty} |H(\omega)|^2\mathrm{d}\omega \end{aligned}$$

在抽样时刻 $t_0$，线性滤波器输出信号的瞬时功率与噪声平均功率之比为

$$r_0 = \frac{|s_0(t_0)|^2}{N_0} = \frac{\left|\frac{1}{2\pi}\int_{-\infty}^{\infty} H(\omega)S(\omega)\mathrm{e}^{\mathrm{j}\omega t_0}\mathrm{d}\omega\right|^2}{\frac{n_0}{4\pi}\int_{-\infty}^{\infty} |H(\omega)|^2\mathrm{d}\omega} \tag{7-1}$$

由式(7-1)可见，滤波器输出信噪比 $r_0$ 与输入信号的频谱函数 $S(\omega)$ 和滤波器的传输函数 $H(\omega)$ 有关。在输入信号给定的情况下，输出信噪比 $r_0$ 只与滤波器的传输函数 $H(\omega)$ 有关。使输出信噪比 $r_0$ 达到最大的传输函数 $H(\omega)$ 就是我们所要求的最佳滤波器的传输函数。式(7-1)是一个泛函求极值的问题，采用施瓦兹(Schwartz)不等式可以容易地解决该问题。

施瓦兹不等式为

$$\left|\frac{1}{2\pi}\int_{-\infty}^{\infty} X(\omega)Y(\omega)\mathrm{d}\omega\right|^2 \leqslant \frac{1}{2\pi}\int_{-\infty}^{\infty} |X(\omega)|^2\mathrm{d}\omega\,\frac{1}{2\pi}\int_{-\infty}^{\infty} |Y(\omega)|^2\mathrm{d}\omega \tag{7-2}$$

式中，$X(\omega)$ 和 $Y(\omega)$ 都是实变量 $\omega$ 的复函数。当且仅当

$$X(\omega) = KY^*(\omega) \tag{7-3}$$

时，式(7-2)中等式才能成立。式(7-3)中 $K$ 为任意常数。

将施瓦兹不等式用于式(7-1)，并令

$$X(\omega) = H(\omega)$$
$$Y(\omega) = S(\omega)\mathrm{e}^{\mathrm{j}\omega t_0}$$

可得

$$r_0 = \frac{\left|\frac{1}{2\pi}\int_{-\infty}^{\infty} H(\omega)S(\omega)\mathrm{e}^{\mathrm{j}\omega t_0}\mathrm{d}\omega\right|^2}{\frac{n_0}{4\pi}\int_{-\infty}^{\infty} |H(\omega)|^2\mathrm{d}\omega}$$

$$\leqslant \frac{\frac{1}{4\pi^2}\int_{-\infty}^{\infty}|H(\omega)|^2\mathrm{d}\omega\int_{-\infty}^{\infty}|S(\omega)\mathrm{e}^{\mathrm{j}\omega t_0}|^2\mathrm{d}\omega}{\frac{n_0}{4\pi}\int_{-\infty}^{\infty}|H(\omega)|^2\mathrm{d}\omega}$$

$$= \frac{\frac{1}{2\pi}\int_{-\infty}^{\infty}|S(\omega)|^2\mathrm{d}\omega}{\frac{n_0}{2}} \tag{7-4}$$

根据帕塞瓦尔定理有

$$\frac{1}{2\pi}\int_{-\infty}^{\infty}|S(\omega)|^2\mathrm{d}\omega = \int_{-\infty}^{\infty}s^2(t)\mathrm{d}t = E$$

式中，$E$ 为输入信号的能量。代入式(7-4)有

$$r_0 \leqslant \frac{2E}{n_0} \tag{7-5}$$

式(7-5)说明，线性滤波器所能给出的最大输出信噪比为

$$r_{0\max} \leqslant \frac{2E}{n_0}$$

根据施瓦兹不等式中等号成立的条件 $X(\omega) = KY^*(\omega)$，可得不等式(7-4)中等号成立的条件为

$$H(\omega) = KS^*(\omega)\mathrm{e}^{-\mathrm{j}\omega t_0} \tag{7-6}$$

式中，$K$ 为常数，通常可选择为 $K=1$。$S^*(\omega)$ 是输入信号频谱函数 $S(\omega)$ 的复共轭。式(7-6)就是我们所要求的最佳线性滤波器的传输函数，该滤波器在给定时刻 $t_0$ 能获得最大输出信噪比 $\frac{2E}{n_0}$。这种滤波器的传输函数除相乘因子 $K\mathrm{e}^{-\mathrm{j}\omega t_0}$ 外，与信号频谱的复共轭相一致，所以称该滤波器为匹配滤波器。

从匹配滤波器传输函数 $H(\omega)$ 所满足的条件，我们也可以得到匹配滤波器的单位冲激响应

$$\begin{aligned}
h(t) &= \frac{1}{2\pi}\int_{-\infty}^{\infty}H(\omega)\mathrm{e}^{\mathrm{j}\omega t_0}\mathrm{d}\omega \\
&= \frac{1}{2\pi}\int_{-\infty}^{\infty}KS^*(\omega)\mathrm{e}^{-\mathrm{j}\omega t_0}\mathrm{e}^{\mathrm{j}\omega t_0}\mathrm{d}\omega \\
&= \frac{K}{2\pi}\int_{-\infty}^{\infty}\left[\int_{-\infty}^{\infty}s(\tau)\mathrm{e}^{-\mathrm{j}\omega\tau}\mathrm{d}\tau\right]^*\mathrm{e}^{-\mathrm{j}\omega(t_0-t)}\mathrm{d}\omega \\
&= K\int_{-\infty}^{\infty}\left[\frac{1}{2\pi}\int_{-\infty}^{\infty}\mathrm{e}^{\mathrm{j}\omega(\tau-t_0+t)}\mathrm{d}\omega\right]s(\tau)\mathrm{d}\tau \\
&= K\int_{-\infty}^{\infty}s(\tau)\delta(\tau-t_0+t)\mathrm{d}\tau \\
&= Ks(t_0-t)
\end{aligned}$$

即匹配滤波器的单位冲激响应为

$$h(t) = Ks(t_0-t) \tag{7-7}$$

式(7-7)表明，匹配滤波器的单位冲激响应 $h(t)$ 是输入信号 $s(t)$ 的镜像函数，$t_0$ 为输出最大信噪比时刻。其形成原理如图 7-2 所示。

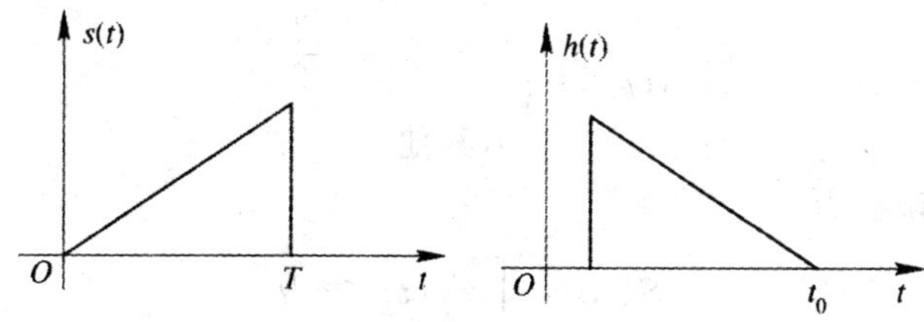


图 7-2　匹配滤波器单位冲激响应产生原理

对于因果系统,匹配滤波器的单位冲激响应 $h(t)$ 应满足

$$h(t)=\begin{cases}Ks(t_0-t),t\geqslant 0\\0,t<0\end{cases} \tag{7-8}$$

为了满足式(7-8)的条件,必须有

$$s(t_0-t)=0,t<0$$

$$s(t)=0,t_0-t<0 \text{ 或 } t>t_0$$

上式条件说明,对于一个物理可实现的匹配滤波器,其输入信号 $s(t)$ 必须在它输出最大信噪比的时刻 $t_0$ 之前结束。也就是说,如果输入信号在 $T$ 时刻结束,则对物理可实现的匹配滤波器,其输出最大信噪比时刻 $t_0$ 必须在输入信号结束之后,即 $t_0\geqslant T$。对于接收机来说,$t_0$ 是时间延迟,通常总是希望时间延迟尽可能小,因此一般情况可取 $t_0=T$。

如果输入信号为 $s(t)$,则匹配滤波器的输出信号为

$$\begin{aligned}s_0(t)&=s(t)*h(t)\\&=\int_{-\infty}^{\infty}s(t-\tau)h(\tau)\mathrm{d}\tau\\&=\int_{-\infty}^{\infty}s(t-\tau)Ks(t_0-\tau)\mathrm{d}\tau\end{aligned}$$

令 $t_0-\tau=x$,有

$$\begin{aligned}s_0(t)&=K\int_{-\infty}^{\infty}s(x)s(x+t-t_0)\mathrm{d}x\\&=KR(t-t_0)\end{aligned} \tag{7-9}$$

式中,$R(t)$ 为输入信号 $s(t)$ 的自相关函数。上式表明,匹配滤波器的输出波形是输入信号 $s(t)$ 的自相关函数的 $K$ 倍。因此,匹配滤波器可以看成是一个计算输入信号自相关函数的相关器,其在 $t_0$ 时刻得到最大输出信噪比 $r_{\text{omax}}=\dfrac{2E}{n_0}$。因为输出信噪比与常数 $K$ 无关,所以通常取 $K=1$。

**例 7-1**　设输入信号如图 7-3(a)所示,试求该信号的匹配滤波器传输函数和输出信号波形。

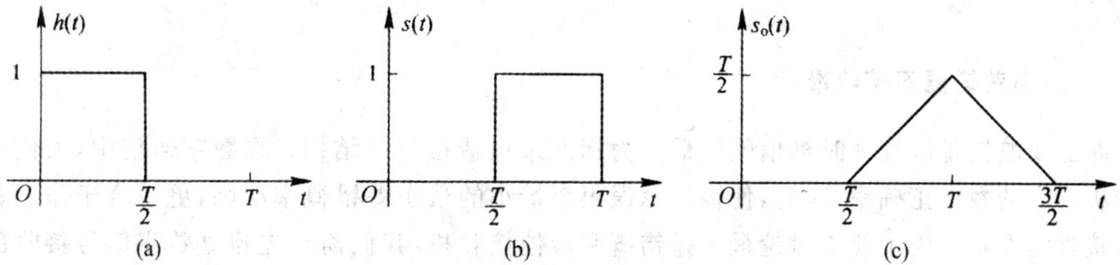


图 7-3　信号时间波形

**解:**(1)输入信号为

$$s(t)=\begin{cases}1, 0 \leqslant t \leqslant \dfrac{T}{2}\\0,其他\end{cases}$$

输入信号 $s(t)$ 的频谱函数为

$$\begin{aligned}S(\omega)&=\int_{-\infty}^{\infty}s(t)e^{-j\omega t}dt\\&=\int_{0}^{\frac{T}{2}}e^{-j\omega t}dt\\&=\frac{1}{jw}(1-e^{-j\frac{T}{2}\omega})\end{aligned}$$

匹配滤波器的传输函数为

$$\begin{aligned}H(\omega)&=S^{*}(\omega)e^{-j\omega t_0}\\&=\frac{1}{j\omega}(e^{j\frac{T}{2}\omega}-1)e^{-j\omega t_0}\end{aligned}$$

匹配滤波器的单位冲激响应为

$$h(t)=s(t_0-t)$$

取 $t_0=T$，则有

$$H(\omega)=\frac{1}{j\omega}(e^{j\frac{T}{2}\omega}-1)e^{-j\omega T}$$

$$h(t)=s(T-t)$$

匹配滤波器的单位冲激响应如图 7-3(b)所示。

(2)由式(7-9)可得匹配滤波器的输出为

$$\begin{aligned}s_0(t)&=R(t-t_0)\\&=\int_{-\infty}^{\infty}s(x)s(x+t-t_0)dx\\&=\begin{cases}-\dfrac{T}{2}+t, \dfrac{T}{2}\leqslant t<T\\\dfrac{3T}{2}-t, T\leqslant t\leqslant\dfrac{3T}{2}\\0,其他\end{cases}\end{aligned}$$

匹配滤波器的输出波形如图 7-3(c)所示。可见，匹配滤波器的输出在 $t=T$ 时刻得到最大的能量 $E=\dfrac{T}{2}$。

### 7.1.2 最小差错概率接收准则

匹配滤波器是以抽样时刻信噪比最大为标准来构造接收机结构。在数字通信中，人们更关心判决输出的数据正确率，因此，使输出总误码率最小的最小差错概率准则，更适合于作为数字信号接收的准则。为了便于讨论最小差错概率最佳接收机，我们需首先建立数字信号接收的统计模型。

1. 数字信号接收的统计模型

在数字信号的最佳接收分析中，我们不是采用先给出接收机模型然后分析其性能的分析方法，而是从数字信号接收统计模型出发，依据某种最佳接收准则，推导出相应的最佳接收机结构，然后再分析其性能。

数字通信系统的统计模型如图 7-4 所示。图中消息空间、信号空间、噪声空间、观察空间及判决空间分别代表消息、发送信号、噪声、接收信号波形及判决结果的所有可能状态的集合。各个空间的状态用它们的统计特性来描述。

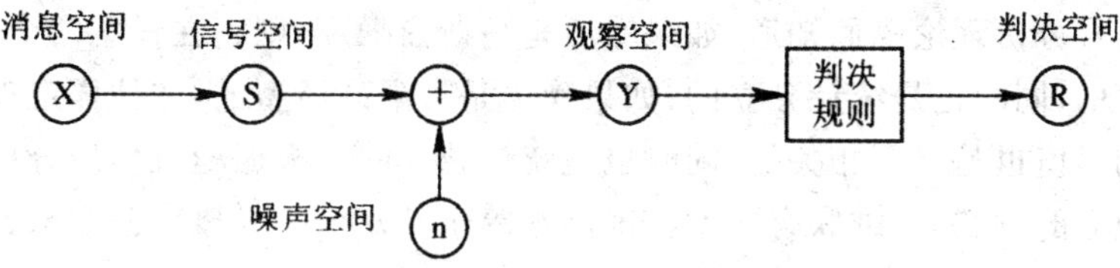


图 7-4　数字通信系统的统计模型

在数字通信系统中，消息是离散的状态，设消息的状态集合为

$$X = \{x_1, x_2, \cdots, x_m\}$$

如果消息集合中每一状态的发送是统计独立的，第 $i$ 个状态 $x_i$ 的出现概率为 $P(x_i)$，则消息 $X$ 的一维概率分布为

$$\begin{bmatrix} x_1 & x_2 & \cdots & x_m \\ P(x_1) & P(x_2) & \cdots & P(x_m) \end{bmatrix}$$

根据概率的性质有

$$\sum_{i=1}^{m} P(x_i) = 1$$

如果消息各状态 $x_1, x_2, \cdots, x_m$ 出现的概率相等，则有

$$P(x_1) = P(x_2) = \cdots = P(x_m) = \frac{1}{m}$$

消息是各种物理量，本身不能直接在数字通信系统中进行传输，因此需要将消息变换为相应的电信号 $s(t)$，用参数 $S$ 来表示。将消息变换为信号可以有各种不同的变换关系，通常最直接的方法是建立消息与信号之间一一对应的关系，即消息 $x_i$ 与信号 $s_i(i = 1, 2, \cdots, m)$ 相对应。这样，信号集合 $S$ 也由 $m$ 个状态所组成，即

$$S = \{s_1, s_2, \cdots, s_m\}$$

并且信号集合各状态出现概率与消息集合各状态出现概率相等，即

$$\begin{aligned} P(s_1) &= P(x_1) \\ P(s_2) &= P(x_2) \\ &\vdots \\ P(s_m) &= P(x_m) \end{aligned}$$

同时也有

$$\sum_{i=1}^{m} P(s_i) = 1$$

如果消息各状态出现的概率相等，则有

$$P(s_1) = P(s_2) = \cdots = P(s_m) = \frac{1}{m}$$

$P(s_i)$ 是描述信号发送概率的参数，通常称为先验概率，它是信号统计检测的第一数据。

信道特性是加性高斯噪声信道，噪声空间 $n$ 是加性高斯噪声。在前面各章分析系统抗噪声性能时，用噪声的一维概率密度函数来描述噪声的统计特性，在本章最佳接收中，为了更全面地描述噪声的统计特性，采用噪声的多维联合概率密度函数。噪声 $n$ 的 $k$ 维联合概率密度函数为

$$f(n)=f(n_1,n_2,\cdots,n_k)$$

式中，$n_1,n_2,\cdots,n_k$ 为噪声 $n$ 在各时刻的可能取值。

根据随机信号分析理论我们知道，如果噪声是高斯白噪声，则它在任意两个时刻上得到的样值都是互不相关的，同时也是统计独立的；如果噪声是带限高斯型的，按抽样定理对其抽样，则它在抽样时刻上的样值也是互不相关的，同时也是统计独立的。根据随机信号分析，如果随机信号各样值是统计独立的，则其 $k$ 维联合概率密度函数等于其 $k$ 个一维概率密度函数的乘积，即

$$f(n_1,n_2,\cdots,n_k)=f(n_1)f(n_2)\cdots f(n_k)$$

式中，$f(n_i)$ 是噪声 $n$ 在 $t_i$ 时刻的取值 $n_i$ 的一维概率密度函数，如果 $n_i$ 的均值为零，方差为 $\sigma_n^2$，则其一维概率密度函数为

$$f(n_i)=\frac{1}{\sqrt{2\pi}\sigma_n}\exp\left\{-\frac{n_i^2}{2\sigma_n^2}\right\}$$

噪声 $n$ 的 $k$ 维联合概率密度函数为

$$f(n)=\frac{1}{(\sqrt{2\pi}\sigma_n)^k}\exp\left\{-\frac{1}{2\sigma_n^2}\sum_{i=1}^{k}n_i^2\right\} \tag{7-10}$$

根据帕塞瓦尔定理，当 $k$ 很大时有

$$\frac{1}{2\sigma_n^2}\sum_{i=1}^{k}n_i^2=\frac{1}{n_0}\int_0^T n^2(t)\mathrm{d}t$$

式中，$n_0=\dfrac{\sigma_n^2}{f_{\mathrm{H}}}$ 为噪声的单边功率谱密度。代入式(7-10)可得

$$f(n)=\frac{1}{(\sqrt{2\pi}\sigma_n)^k}\exp\left\{-\frac{1}{n_0}\int_0^T n^2(t)\mathrm{d}t\right\}$$

信号通过信道叠加噪声后到达观察空间，观察空间的观察波形为

$$y=n+s$$

由于在一个码元期间 $T$ 内，信号集合中各状态 $s_1,s_2,\cdots,s_m$ 中之一被发送，因此在观察期间 $T$ 内观察波形为

$$y(t)=n(t)+s_i(t),i=1,2,\cdots,m$$

由于 $n(t)$ 是均值为零，方差为 $\sigma_n^2$ 的高斯过程，则当出现信号 $s_i(t)$ 时，$y(t)$ 的概率密度函数 $f_{s_i}(y)$ 可表示为

$$f_{s_i}(y)=\frac{1}{(\sqrt{2\pi}\sigma_n)^k}\exp\left\{-\frac{1}{n_0}\int_0^T[y(t)-s_i(t)]^2\mathrm{d}t\right\},i=1,2,\cdots,m$$

$f_{s_i}(y)$ 称为似然函数，它是信号统计检测的第二数据。

根据 $y(t)$ 的统计特性，按照某种准则，即可对 $y(t)$ 做出判决，判决空间中可能出现的状态 $r_1,r_2,\cdots,r_m$ 与信号空间中的各状态 $s_1,s_2,\cdots,s_m$ 相对应。

2. 最佳接收准则

在数字通信系统中，最直观且最合理的准则是“最小差错概率”准则。由于在传输过程中，信号会受到畸变和噪声的干扰，发送信号 $s_i(t)$ 时不一定能判为 $r_i$ 出现，而是判决空间的所有状态

都可能出现。这样将会造成错误接收，我们期望错误接收的概率愈小愈好。

在噪声干扰环境中，按照何种方法接收信号才能使得错误概率最小？我们以二进制数字通信系统为例分析其原理。在二进制数字通信系统中，发送信号只有两种状态，假设发送信号 $s_1(t)$ 和 $s_2(t)$ 的先验概率分别为 $P(s_1)$ 和 $P(s_2)$，$s_1(t)$ 和 $s_2(t)$ 在观察时刻的取值分别为 $a_1$ 和 $a_2$，出现 $s_1(t)$ 信号时 $y(t)$ 的概率密度函数 $f_{s_1}(y)$ 为

$$f_{s_1}(y)=\frac{1}{(\sqrt{2\pi}\sigma_n)^k}\exp\left\{-\frac{1}{n_0}\int_0^T[y(t)-a_1]^2\mathrm{d}t\right\}$$

同理，出现 $s_2(t)$ 信号时，$y(t)$ 的概率密度函数 $f_{s_2}(y)$ 为

$$f_{s_2}(y)=\frac{1}{(\sqrt{2\pi}\sigma_n)^k}\exp\left\{-\frac{1}{n_0}\int_0^T[y(t)-a_2]^2\mathrm{d}t\right\}$$

$f_{s_1}(y)$ 和 $f_{s_2}(y)$ 的曲线如图 7-5 所示。

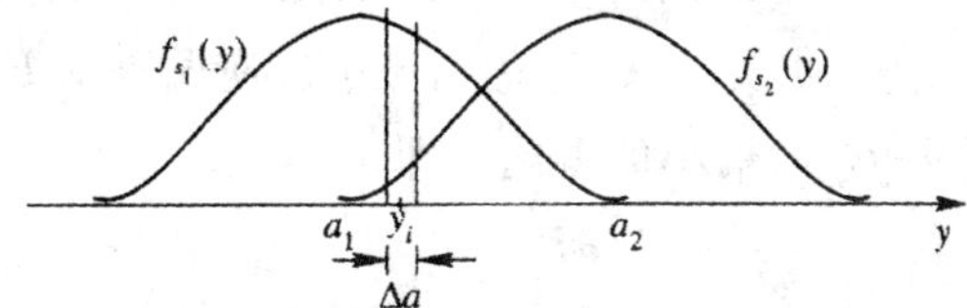


**图 7-5　$f_{s_1}(y)$ 和 $f_{s_2}(y)$ 的曲线图**

如果在观察时刻得到的观察值为 $y_i$，可依概率将 $y_i$ 判为 $r_1$ 或 $r_2$。在 $y_i$ 附近取一小区间 $\Delta a$，$y_i$ 在区间 $\Delta a$ 内属于 $r_1$ 的概率为

$$q_1=\int_{\Delta a}f_{s_1}(y)\mathrm{d}y$$

$y_i$ 在相同区间 $\Delta a$ 内属于 $r_2$ 的概率为

$$q_2=\int_{\Delta a}f_{s_2}(y)\mathrm{d}y$$

可以看出

$$q_1=\int_{\Delta a}f_{s_1}(y)\mathrm{d}y>q_2=\int_{\Delta a}f_{s_2}(y)\mathrm{d}y$$

即 $y_i$ 属于 $r_1$ 的概率大于 $y_i$ 属于 $r_2$ 的概率。因此，依大概率应将 $y_i$ 判为 $r_1$ 出现。

由于 $f_{s_1}(y)$ 和 $f_{s_2}(y)$ 的单调性质，图 7-5 所示的判决过程可以简化为图 7-6 所示的判决过程。

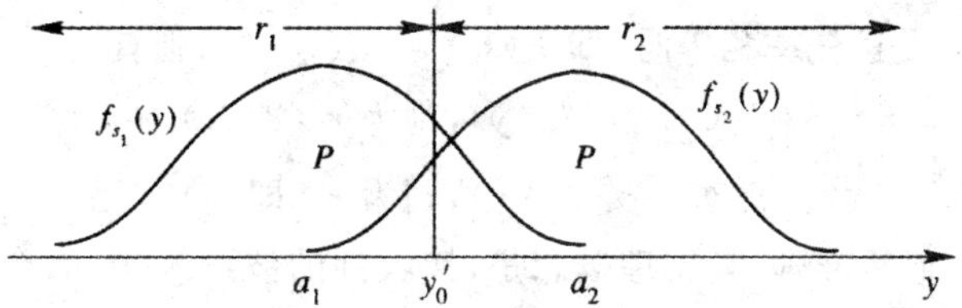


**图 7-6　判决过程示意图**

根据 $f_{s_1}(y)$ 和 $f_{s_2}(y)$ 的单调性质，在图 7-6 中 $y$ 坐标上可以找到一个划分点 $y_0'$。在区间$(-\infty, y_0')$，$q_1>q_2$；在区间$(y_0',\infty)$，$q_1<q_2$。根据图 7-6 所分析的判决原理，当观察时刻得到的观察值 $y_i\in(-\infty,y_0')$ 时，判为 $r_1$ 出现；如果观察时刻得到的观察值 $y_i\in(y_0',\infty)$ 时，判为 $r_2$ 出现。

如果发送的是 $s_1(t)$，但是观察时刻得到的观察值 $y_i$ 落在 $(y_0',\infty)$ 区间，被判为 $r_2$ 出现，这时将造成错误判决，其错误概率为

$$P_{s_1}(s_2)=\int_{y_0'}^{\infty}f_{s_1}(y)\mathrm{d}y$$

同理，如果发送的是 $s_2(t)$，但是观察时刻得到的观察值 $y_i$ 落在 $(-\infty,y_0')$ 区间，被判为 $r_1$ 出现，这时也将造成错误判决，其错误概率为

$$P_{s_2}(s_1)=\int_{-\infty}^{y_0'}f_{s_2}(y)\mathrm{d}y$$

此时系统总的误码率为

$$\begin{aligned}P_e&=P(s_1)P_{s_1}(s_2)+P(s_2)P_{s_2}(s_1)\\&=P(s_1)\int_{y_0'}^{\infty}f_{s_1}(y)\mathrm{d}y+P(s_2)\int_{-\infty}^{y_0'}f_{s_2}(y)\mathrm{d}y\end{aligned}\tag{7-11}$$

由式(7-11)可以看出，系统总的误码率与先验概率、似然函数及划分点 $y_0'$ 有关，在先验概率和似然函数一定的情况下，系统总的误码率 $P_e$ 是划分点 $y_0'$ 的函数。不同的 $y_0'$ 将有不同的 $P_e$，我们希望选择一个划分点 $y_0$ 使误码率 $P_e$ 达到最小。使误码率 $P_e$ 达到最小的划分点 $y_0$ 称为最佳划分点。$y_0$ 可以通过求 $P_e$ 的最小值得到。即

$$\frac{\partial P_e}{\partial y_0}=0$$

$$-P(s_1)f_{s_1}(y_0)+P(s_2)f_{s_2}(y_0)=0$$

由此可得最佳划分点将满足如下方程

$$\frac{f_{s_1}(y_0)}{f_{s_2}(y_0)}=\frac{P(s_2)}{P(s_1)}\tag{7-12}$$

式中，$y_0$ 即为最佳划分点。

如果观察时刻得到的观察值 $y$ 小于最佳划分点 $y_0$，应判为 $r_1$ 出现，此时式(7-12)左边大于右边；如果观察时刻得到的观察值 $y$ 大于最佳划分点 $y_0$，应判为 $r_2$ 出现，此时式(7-12)右边大于左边。因此，为了达到最小差错概率，可以按以下规则进行判决

$$\begin{cases}\dfrac{f_{s_1}(y_0)}{f_{s_2}(y_0)}>\dfrac{P(s_2)}{P(s_1)},\text{判为 } r_1(\text{即 } s_1)\\[2ex]\dfrac{f_{s_1}(y_0)}{f_{s_2}(y_0)}<\dfrac{P(s_2)}{P(s_1)},\text{判为 } r_2(\text{即 } s_2)\end{cases}\tag{7-13}$$

以上判决规则称为似然比准则。在加性高斯白噪声条件下，似然比准则和最小差错概率准则是等价的。

当 $s_1(t)$ 和 $s_2(t)$ 的发送概率相等时，即 $P(s_1)=P(s_2)$ 时，则有

$$\begin{cases}f_{s_1}(y)>f_{s_2}(y),\text{判为 } r_1(\text{即 } s_1)\\f_{s_1}(y)<f_{s_2}(y),\text{判为 } r_2(\text{即 } s_2)\end{cases}$$

上式判决规则称为最大似然准则，其物理概念是，接收到的波形 $y$ 中，哪个似然函数大就判为哪个信号出现。

以上判决规则可以推广到多进制数字通信系统中，对于 $m$ 个可能发送的信号，在先验概率相等时的最大似然准则为

$$f_{s_i}(y)>f_{s_j}(y),\text{判为 } s_i,i=1,2,\cdots,m;j=1,2,\cdots,m,i\neq j$$

最小差错概率准则是数字通信系统最常采用的准则，除此之外，贝叶斯(Bayes)准则、尼曼—皮尔逊(Neyman—Pearson)准则、极大极小准则等有时也被采用。

## 7.2　确知信号最佳接收机

在数字通信系统中，接收机输入信号根据其特性的不同可以分为两大类，一类是确知信号，另一类是随参信号。所谓确知信号是指一个信号出现后，它的所有参数(如幅度、频率、相位、到达时刻等)都是确知的。如数字信号通过恒参信道到达接收机输入端的信号。在随参信号中，根据信号中随机参量的不同又可细分为随机相位信号、随机振幅信号和随机振幅随机相位信号(又称起伏信号)。本节讨论确知信号的最佳接收机问题。

信号统计检测是利用概率和数理统计的工具来设计接收机。所谓最佳接收机设计是指在一组给定的假设条件下，利用信号检测理论给出满足某种最佳准则接收机的数学描述和组成原理框图，而不涉及接收机各级的具体电路。本节分析中所采用的最佳准则是最小差错概率准则。

### 7.2.1　二进制确知信号最佳接收机结构

接收端原理图如图 7-7 所示。设到达接收机输入端的两个确知信号分别为 $s_1(t)$ 和 $s_2(t)$，它们的持续时间为$(0,T)$，且有相等的能量，即

$$E = E_1 = \int_0^T s_1^2(t)\,\mathrm{d}t = E_2 = \int_0^T s_2^2(t)\,\mathrm{d}t$$

噪声 $n(t)$ 是高斯白噪声，均值为零，单边功率谱密度为 $n_0$。要求设计的接收机能在噪声干扰下以最小的错误概率检测信号。

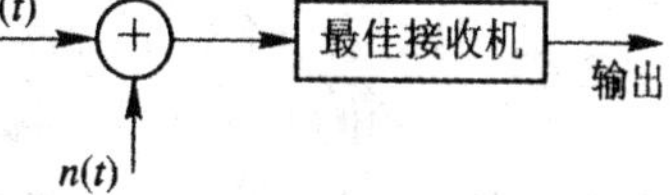


图 7-7　接收端原理

根据上一节的分析我们知道，在加性高斯白噪声条件下，最小差错概率准则与似然比准则是等价的。因此，我们可以直接利用式(7-13)似然比准则对确知信号做出判决。

在观察时间$(0,T)$内，接收机输入端的信号为 $s_1(t)$ 和 $s_2(t)$，合成波为

$$y(t) = \begin{cases} s_1(t) + n(t)，发送\ s_1(t)\ 时 \\ s_2(t) + n(t)，发送\ s_2(t)\ 时 \end{cases}$$

由上一节分析可知，当出现 $s_1(t)$ 或 $s_2(t)$ 时，观察空间的似然函数分别为

$$f_{s_1}(y) = \frac{1}{(\sqrt{2\pi}\varphi_n)^k}\exp\left\{-\frac{1}{n_0}\int_0^T[y(t)-s_1(t)]^2\mathrm{d}t\right\}$$

$$f_{s_2}(y) = \frac{1}{(\sqrt{2\pi}\varphi_n)^k}\exp\left\{-\frac{1}{n_0}\int_0^T[y(t)-s_2(t)]^2\mathrm{d}t\right\}$$

其似然比判决规则为

$$\frac{f_{s_1}(y_0)}{f_{s_2}(y_0)} = \frac{\dfrac{1}{(\sqrt{2\pi}\varphi_n)^k}\exp\left\{-\dfrac{1}{n_0}\displaystyle\int_0^T[y(t)-s_1(t)]^2\mathrm{d}t\right\}}{\dfrac{1}{(\sqrt{2\pi}\varphi_n)^k}\exp\left\{-\dfrac{1}{n_0}\displaystyle\int_0^T[y(t)-s_2(t)]^2\mathrm{d}t\right\}} > \frac{P(s_2)}{P(s_1)} \tag{7-14}$$

判为 $s_1(t)$ 出现，而

$$\frac{f_{s_1}(y_0)}{f_{s_2}(y_0)} = \frac{\dfrac{1}{(\sqrt{2\pi}\varphi_n)^k}\exp\left\{-\dfrac{1}{n_0}\displaystyle\int_0^T[y(t)-s_1(t)]^2\mathrm{d}t\right\}}{\dfrac{1}{(\sqrt{2\pi}\varphi_n)^k}\exp\left\{-\dfrac{1}{n_0}\displaystyle\int_0^T[y(t)-s_2(t)]^2\mathrm{d}t\right\}} < \frac{P(s_2)}{P(s_1)} \tag{7-15}$$

则判为 $s_2(t)$ 出现。式中，$P(s_1)$ 和 $P(s_2)$ 分别为发送 $s_1(t)$ 和 $s_2(t)$ 的先验概率。整理式(7-14)和(7-15)可得

$$U_1+\int_0^T y(t)s_1(t)\mathrm{d}t > U_2+\int_0^T y(t)s_2(t)\mathrm{d}t \tag{7-16}$$

判为 $s_1(t)$ 出现，而

$$U_1+\int_0^T y(t)s_1(t)\mathrm{d}t < U_2+\int_0^T y(t)s_2(t)\mathrm{d}t \tag{7-17}$$

则判为 $s_2(t)$ 出现。式中

$$\begin{cases} U_1=\dfrac{n_0}{2}\ln P(s_1) \\ U_2=\dfrac{n_0}{2}\ln P(s_2) \end{cases} \tag{7-18}$$

在先验概率 $P(s_1)$ 和 $P(s_2)$ 给定的情况下，$U_1$ 和 $U_2$ 都为常数。

根据式(7-16)和式(7-17)所描述的判决规则，可得到最佳接收机的结构如图 7-8 所示，其中比较器是比较抽样时刻 $t=T$ 时上下两个支路样值的大小。这种最佳接收机的结构是按比较观察波形 $y(t)$ 与 $s_1(t)$ 和 $s_2(t)$ 的相关性而构成的，因而称为相关接收机。其中相乘器与积分器构成相关器。接收过程是分别计算观察波形 $y(t)$ 与 $s_1(t)$ 和 $s_2(t)$ 的相关函数，在抽样时刻 $t=T$，$y(t)$ 与哪个发送信号的相关值大就判为哪个信号出现。

如果发送信号 $s_1(t)$ 和 $s_2(t)$ 的出现概率相等，即 $P(s_1)=P(s_2)$，由式(7-18)可得 $U_1=U_2$。此时，图 7-8 中的两个相加器可以省去，则先验等概率情况下的二进制确知信号最佳接收机简化结构如图 7-9 所示。

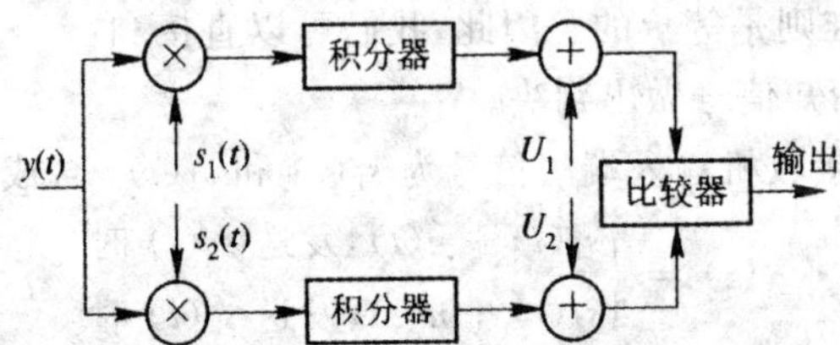


**图 7-8 二进制确知信号最佳接收机结构**

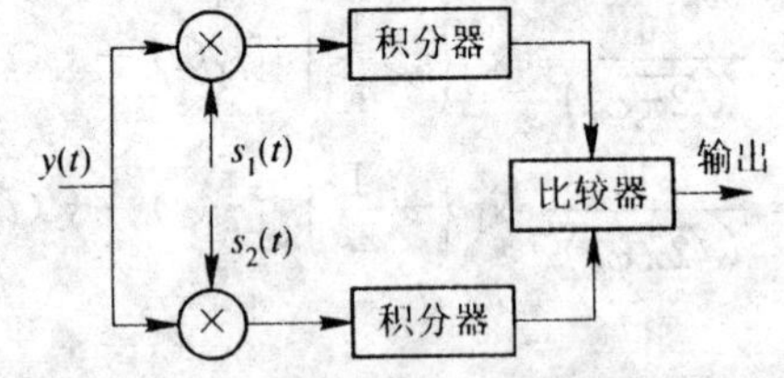


**图 7-9 二进制确知信号最佳接收机简化结构**

由 7.1 节匹配滤波器分析我们知道，匹配滤波器可以看成是一个计算输入信号自相关函数的相关器。设发送信号为 $s(t)$，则匹配滤波器的单位冲激响应应为

$$h(t)=s(T-t)$$

如果匹配滤波器输入合成波为

$$y(t)=s(t)+n(t)$$

则匹配滤波器的输出在抽样时刻 $t=T$ 时的样值为

$$u_0(t)=\int_0^T y(t)s(t)\mathrm{d}t \tag{7-19}$$

由式(7-19)可以看出匹配滤波器在抽样时刻 $t=T$ 时的输出样值与最佳接收机中相关器在 $t=T$ 时的输出样值相等，因此，可以用匹配滤波器代替相关器构成最佳接收机，其结构如图 7-10 所示。

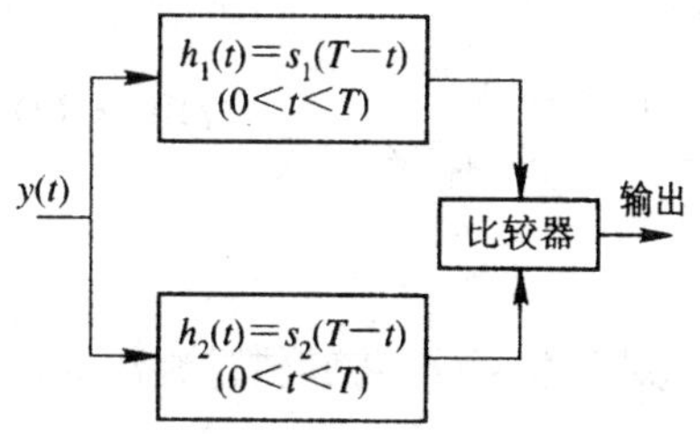


**图 7-10　匹配滤波器形式的最佳接收机**

在最小差错概率准则下，相关器形式的最佳接收机与匹配滤波器形式的最佳接收机是等价的。另外，无论是相关器还是匹配滤波器形式的最佳接收机，它们的比较器都是在 $t=T$ 时刻才做出判决，也即在码元结束时刻才能给出最佳判决结果。因此，判决时刻的任何偏差都将影响接收机的性能。

### 7.2.2　二进制确知信号最佳接收机误码性能

由上一节分析可知，相关器形式的最佳接收机与匹配滤波器形式的最佳接收机是等价的，因此可以从两者中的任一个出发来分析最佳接收机的误码性能。下面从相关器形式的最佳接收机角度来分析这个问题。

最佳接收机结构如图 7-8 所示，输出总的误码率为

$$P_e=P(s_1)P_{s_1}(s_2)+P(s_2)P_{s_2}(s_1)$$

其中，$P(s_1)$ 和 $P(s_2)$ 是发送信号的先验概率。$P_{s_1}(s_2)$ 是发送 $s_1(t)$ 信号时错误判决为 $s_2(t)$ 信号出现的概率；$P_{s_2}(s_1)$ 是发送 $s_2(t)$ 信号时错误判决为 $s_1(t)$ 信号出现的概率。分析 $P_{s_1}(s_2)$ 与 $P_{s_2}(s_1)$ 的方法相同，我们以分析 $P_{s_1}(s_2)$ 为例。

设发送信号为 $s_1(t)$，接收机输入端合成波为

$$y(t)=s_1(t)+n(t)$$

其中，$n(t)$ 是高斯白噪声，其均值为零，方差为 $\sigma_n^2$。如果

$$U_1+\int_0^T y(t)s_1(t)\mathrm{d}t>U_2+\int_0^T y(t)s_2(t)\mathrm{d}t$$

则判为 $s_1(t)$ 出现，是正确判决。如果

$$U_1+\int_0^T y(t)s_1(t)\mathrm{d}t<U_2+\int_0^T y(t)s_2(t)\mathrm{d}t \tag{7-20}$$

则判为 $s_2(t)$ 出现，是错误判决。

将 $y(t)=s_1(t)+n(t)$ 代入式(7-20)可得

$$U_1+\int_0^T[s_1(t)-n(t)]s_1(t)\mathrm{d}t<U_2+\int_0^T[s_1(t)-n(t)]s_2(t)\mathrm{d}t$$

代入 $U_1=\frac{n_0}{2}\ln P(s_1)$ 和 $U_2=\frac{n_0}{2}\ln P(s_2)$，并利用 $s_1(t)$ 和 $s_2(t)$ 能量相等的条件可得

$$\int_0^T n(t)[s_1(t)-s_2(t)]\mathrm{d}t<\frac{n_0}{2}\ln\frac{P(s_2)}{P(s_1)}-\frac{1}{2}\int_0^T[s_1(t)-s_2(t)]^2\mathrm{d}t \tag{7-21}$$

式(7-21)左边是随机变量，令为 $\xi$，即

$$\xi=\int_0^T n(t)[s_1(t)-s_2(t)]\mathrm{d}t \tag{7-22}$$

式(7-22)右边是常数，令为 $a$，即

$$a=\frac{n_0}{2}\ln\frac{P(s_2)}{P(s_1)}-\frac{1}{2}\int_0^T[s_1(t)-s_2(t)]^2\mathrm{d}t$$

式(7-21)可简化为

$$\xi<a$$

判为 $s_2(t)$ 出现，产生错误判决。则发送 $s_1(t)$ 将其错误判决为 $s_2(t)$ 的条件简化为 $\xi<a$ 事件，相应的错误概率为

$$P_{s_1}(s_2)=P(\xi<a) \tag{7-23}$$

只要求出随机变量 $\xi$ 的概率密度函数，即可计算出式(7-23)的数值。

根据假设条件，$n(t)$ 是高斯随机过程，其均值为零，方差为 $\sigma_n^2$。根据随机过程理论可知，高斯型随机过程的积分是一个高斯型随机变量。所以 $\xi$ 是一个高斯随机变量，只要求出 $\xi$ 的数学期望和方差，就可以得到 $\xi$ 的概率密度函数。

$\xi$ 的数学期望为

$$\begin{aligned}E(\xi)&=E\left\{\int_0^T n(t)[s_1(t)-s_2(t)]\mathrm{d}t\right\}\\&=\int_0^T E[n(t)][s_1(t)-s_2(t)]\mathrm{d}t\\&=0\end{aligned}$$

$\xi$ 的方差为

$$\begin{aligned}\sigma_\xi^2&=D[\xi]\\&=E[\xi]^2\\&=E\left\{\int_0^T\int_0^T n(t)[s_1(t)-s_2(t)]n(\tau)[s_1(\tau)-s_2(\tau)]\mathrm{d}t\mathrm{d}\tau\right\}\\&=\int_0^T\int_0^T E[n(t)n(\tau)][s_1(t)-s_2(t)][s_1(\tau)-s_2(\tau)]\mathrm{d}t\mathrm{d}\tau\end{aligned} \tag{7-24}$$

式中，$E[n(t)n(\tau)]$ 为高斯白噪声 $n(t)$ 的自相关函数，由第 3 章随机信号的分析可知

$$E[n(t)n(\tau)]=\frac{n_0}{2}\delta(t-\tau)=\begin{cases}\dfrac{n_0}{2}\delta(0),t=\tau\\0,t\neq\tau\end{cases}$$

将上式代入式(7-24)可得

$$\sigma_\xi^2=\frac{n_0}{2}\int_0^T[s_1(t)-s_2(t)]^2\mathrm{d}t$$

于是可以写出 $\xi$ 的概率密度函数为

$$f(\xi)=\frac{1}{\sqrt{2\pi}\sigma_\xi}\exp\left\{-\frac{\xi^2}{2\sigma_\xi^2}\right\}$$

至此，可得发送 $s_1(t)$ 将其错误判决为 $s_2(t)$ 的概率为

$$P_{s_1}(s_2)=P(\xi<a)=\frac{1}{\sqrt{2\pi}}\int_b^\infty\exp\left\{-\frac{x^2}{2}\right\}\mathrm{d}x$$

利用相同的分析方法，可以得到发送 $s_2(t)$ 将其错误判决为 $s_1(t)$ 的概率为

$$P_{s_2}(s_1)=\frac{1}{\sqrt{2\pi}}\int_{b'}^{\infty}\exp\left\{-\frac{x^2}{2}\right\}\mathrm{d}x$$

系统总的误码率为

$$\begin{aligned}P_e&=P(s_1)P_{s_1}(s_2)+P(s_2)P_{s_2}(s_1)\\&=P(s_1)\left[\frac{1}{\sqrt{2\pi}}\int_b^{\infty}\exp\left(-\frac{x^2}{2}\right)\mathrm{d}x\right]+P(s_2)\left[\frac{1}{\sqrt{2\pi}}\int_{b'}^{\infty}\exp\left(-\frac{x^2}{2}\right)\mathrm{d}x\right]\end{aligned}\tag{7-25}$$

式中，$b$ 和 $b'$ 分别为

$$b=\sqrt{\frac{1}{2n_0}\int_0^T[s_1(t)-s_2(t)]^2\mathrm{d}t}+\frac{\ln\dfrac{P(s_1)}{P(s_2)}}{2\sqrt{\dfrac{1}{2n_0}\displaystyle\int_0^T[s_1(t)-s_2(t)]^2\mathrm{d}t}}\tag{7-26}$$

$$b'=\sqrt{\frac{1}{2n_0}\int_0^T[s_1(t)-s_2(t)]^2\mathrm{d}t}+\frac{\ln\dfrac{P(s_2)}{P(s_1)}}{2\sqrt{\dfrac{1}{2n_0}\displaystyle\int_0^T[s_1(t)-s_2(t)]^2\mathrm{d}t}}\tag{7-27}$$

由式(7-25)、式(7-26)和式(7-27)可以看出，最佳接收机的误码性能与先验概率 $P(s_1)$ 和 $P(s_2)$、噪声功率谱密度 $n_0$ 及 $s_1(t)$ 和 $s_2(t)$ 之差的能量有关，而与 $s_1(t)$ 和 $s_2(t)$ 本身的具体结构无关。

一般情况下先验概率是不容易确定的，通常选择先验等概的假设设计最佳接收机。在发送 $s_1(t)$ 和 $s_2(t)$ 的先验概率相等时，误码率 $P_e$ 还与 $s_1(t)$ 和 $s_2(t)$ 之差的能量有关，如何设计 $s_1(t)$ 和 $s_2(t)$ 使误码率 $P_e$ 达到最小，是我们需要解决的另一个问题。

比较式(7-26)和式(7-27)可以看出，当发送信号先验概率相等时，$b=b'$，此时误码率可表示为

$$P_e=\frac{1}{\sqrt{2\pi}}\int_A^{\infty}\exp\left\{-\frac{x^2}{2}\right\}\mathrm{d}x=\frac{1}{2}\mathrm{erfc}\left(\frac{A}{\sqrt{2}}\right)\tag{7-28}$$

式中

$$A=\sqrt{\frac{1}{2n_0}\int_0^T[s_1(t)-s_2(t)]^2\mathrm{d}t}\tag{7-29}$$

为了分析方便，我们定义 $s_1(t)$ 和 $s_2(t)$ 之间的互相关系数为

$$\rho=\frac{\displaystyle\int_0^T s_1(t)s_2(t)\mathrm{d}t}{E}$$

式中，$E$ 是信号 $s_1(t)$ 和 $s_2(t)$ 在 $0\leqslant t\leqslant T$ 期间的平均能量。当 $s_1(t)$ 和 $s_2(t)$ 具有相等的能量时，有

$$E=E_1=E_2=E_b$$

将 $E_b$ 和 $\rho$ 代入式(7-29)可得

$$A=\sqrt{\frac{E_b(1-\rho)}{n_0}}$$

此时，式(7-28)可表示为

$$P_e=\frac{1}{2}\mathrm{erfc}\left[\sqrt{\frac{E_b(1-\rho)}{2n_0}}\right]\tag{7-30}$$

上式即为二进制确知信号最佳接收机误码率的一般表示式。它与信噪比 $\dfrac{E_b}{n_0}$ 及发送信号之间的

互相关系数 $\rho$ 有关。

由互补误差函数 erfc($x$)的性质我们知道，互补误差函数 erfc($x$)是严格单调递减函数。因此，随着自变量 $x$ 的增加，函数值减小。由式(7-30)可知，为了得到最小的误码率 $P_e$，就要使 $\sqrt{\frac{E_b(1-\rho)}{2n_0}}$ 最大化。当信号能量 $E_b$ 和噪声功率谱密度 $n_0$ 一定时，误码率 $P_e$ 就是互相关系数 $\rho$ 的函数。互相关系数 $\rho$ 愈小，误码率 $P_e$ 也愈小，要获得最小的误码率 $P_e$，就要求出最小的互相关系数 $\rho$。

根据互相关系数 $\rho$ 的性质，$\rho$ 的取值范围为

$$-1 \leqslant \rho \leqslant 1$$

当 $\rho$ 取最小值 $\rho=-1$ 时，误码率 $P_e$ 将达到最小，此时误码率为

$$P_e = \frac{1}{2}\text{erfc}\left[\sqrt{\frac{E_b}{n_0}}\right] \tag{7-31}$$

上式即为发送信号先验概率相等时，二进制确知信号最佳接收机所能达到的最小误码率，此时相应的发送信号 $s_1(t)$ 和 $s_2(t)$ 之间的互相关系数 $\rho=-1$。也就是说，当发送二进制信号 $s_1(t)$ 和 $s_2(t)$ 之间的互相关系数 $\rho=-1$ 时的波形就称为最佳波形。

当互相关系数 $\rho=0$ 时，误码率为

$$P_e = \frac{1}{2}\text{erfc}\left[\sqrt{\frac{E_b}{2n_0}}\right] \tag{7-32}$$

如果互相关系数 $\rho=1$，则误码率为

$$P_e = \frac{1}{2}$$

如果发送信号 $s_1(t)$ 和 $s_2(t)$ 是不等能量信号，如 $E_1=0, E_2=E_b, \rho=0$，发送信号 $s_1(t)$ 和 $s_2(t)$ 的平均能量为 $E=\frac{E_b}{2}$，在这种情况下，误码率表示式(7-32)变为

$$P_e = \frac{1}{2}\text{erfc}\left[\sqrt{\frac{E_b}{4n_0}}\right] \tag{7-33}$$

根据式(7-31)、式(7-32)和式(7-33)画出的 $P_e \sim \frac{E_b}{n_0}$ 关系曲线如图 7-11 中的③、②、①所示。

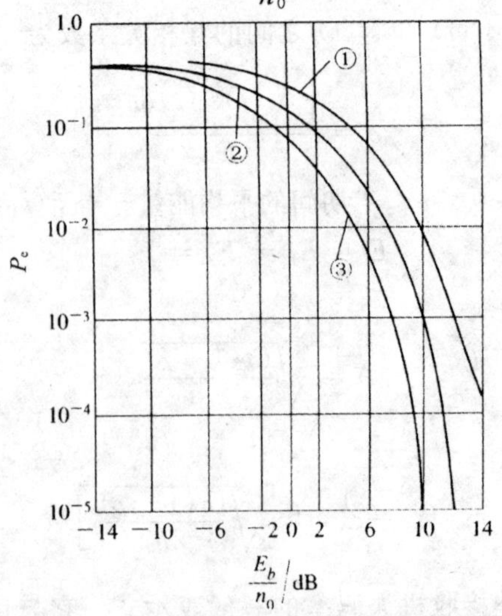


图 7-11 二进制最佳接收机误码率曲线

我们知道，双极性信号的误码率低于单极性信号，其原因之一就是双极性信号之间的互相关系数 $\rho=-1$，而单极性信号之间的互相关系数 $\rho=0$。2PSK 信号能使互相关系数 $\rho=-1$，因此 2PSK 信号是最佳信号波形；2FSK 和 2ASK 信号对应的互相关系数 $\rho=0$，因此 2PSK 系统的误码率性能优于 2FSK 和 2ASK 系统；2FSK 信号是等能量信号，而 2ASK 信号是不等能量信号，因此 2FSK 系统的误码率性能优于 2ASK 系统。

## 7.3　随机信号最佳接收机

确知信号最佳接收机是信号检测中的一种理想情况。实际中，由于种种原因，接收信号的各分量参数或多或少带有随机因素，因而在检测时除了不可避免的噪声会造成判决错误外，信号参量的未知性使检测错误又增加了一个因素。因为这些参量并不携带有关假设的信息，其作用仅仅是妨碍检测的进行。造成随参信号的原因很多，主要有：发射机振荡器频率不稳定，信号在随参信道中传输引起的畸变以及雷达目标信号反射等。

随机相位信号简称随相信号，是一种典型且简单的随参信号，其特点是接收信号的相位具有随机性质，如具有随机相位的 2FSK 信号和具有随机相位的 2ASK 信号都属于随相信号。对于随相信号最佳接收问题的分析，与确知信号最佳接收机的分析思路是一致的。但是，由于随相信号具有随机相位，使得问题的分析显得更复杂一些，最佳接收机结构形式也比确知信号最佳接收机复杂。

### 7.3.1　二进制随相信号最佳接收机结构

二进制随相信号具有多种形式，我们以具有随机相位的 2FSK 信号为例展开分析。设发送的两个随相信号为

$$s_1(t,\varphi_1)=\begin{cases}A\cos(\omega_1 t+\varphi_1),0\leqslant t\leqslant T\\0,\text{其他}\end{cases}$$

$$s_2(t,\varphi_2)=\begin{cases}A\cos(\omega_2 t+\varphi_2),0\leqslant t\leqslant T\\0,\text{其他}\end{cases}$$

式中，$\omega_1$ 和 $\omega_2$ 为满足正交条件的两个载波角频率；$\varphi_1$ 和 $\varphi_2$ 是每一个信号的随机相位参数，它们的取值在区间$[0,2\pi]$上服从均匀分布，即

$$f(\varphi_1)=\begin{cases}\dfrac{1}{2\pi},0\leqslant\varphi_1\leqslant 2\pi\\0,\text{其他}\end{cases}$$

$$f(\varphi_2)=\begin{cases}\dfrac{1}{2\pi},0\leqslant\varphi_2\leqslant 2\pi\\0,\text{其他}\end{cases}$$

$s_1(t,\varphi_1)$ 和 $s_2(t,\varphi_2)$ 的持续时间为$(0,T)$，且能量相等，即

$$E_b=E_1=\int_0^T s_1^2(t,\varphi_1)\mathrm{d}t=E_2=\int_0^T s_2^2(t,\varphi_2)\mathrm{d}t$$

假设信道是加性高斯白噪声信道，则接收机输入端合成波为

$$y(t)=\begin{cases}s_1(t,\varphi_1)+n(t),\text{发送 }s_1(t,\varphi_1)\text{ 时}\\s_2(t,\varphi_2)+n(t),\text{发送 }s_2(t,\varphi_2)\text{ 时}\end{cases}$$

式中，$n(t)$ 是加性高斯白噪声，其均值为零，方差为 $\sigma_n^2$，单边功率谱密度为 $n_0$。

在确知信号的最佳接收机中，通过似然比准则可以得到最佳接收机的结构。然而在随相信号的最佳接收机中，接收机输入端合成波 $y(t)$ 中除了加性高斯白噪声之外，还有随机相位，因此不能直接给出似然函数 $f_{s_1}(y/\varphi_1)$ 和 $f_{s_2}(y/\varphi_2)$。此时，可以先求出在给定相位 $\varphi_1$ 和 $\varphi_2$ 的条件下关于 $y(t)$ 的条件似然函数 $f_{s_1}(y/\varphi_1)$ 和 $f_{s_2}(y/\varphi_2)$，即

$$f_{s_1}(y/\varphi_1) = \frac{1}{(\sqrt{2\pi}\varphi_n)^k}\exp\left\{-\frac{1}{n_0}\int_0^T [y(t) - s_1(t,\varphi_1)]^2 \mathrm{d}t\right\}$$

$$f_{s_2}(y/\varphi_2) = \frac{1}{(\sqrt{2\pi}\varphi_n)^k}\exp\left\{-\frac{1}{n_0}\int_0^T [y(t) - s_2(t,\varphi_2)]^2 \mathrm{d}t\right\}$$

由概率论知识可得

$$\begin{aligned}
f_{s_1}(y) &= \int_{\Delta\varphi_1} f_{s_1}(y,\varphi_1)\mathrm{d}\varphi_1 = \int_{\Delta\varphi_1} f(\varphi_1) f_{s_1}(y/\varphi_1)\mathrm{d}\varphi_1 \\
&= \frac{1}{2\pi(\sqrt{2\pi}\varphi_n)^k}\int_0^{2\pi}\exp\left\{-\frac{1}{n_0}\int_0^T [y(t) - s_1(t,\varphi_1)]^2 \mathrm{d}t\right\}\mathrm{d}\varphi_1 \\
&= \frac{1}{2\pi(\sqrt{2\pi}\varphi_n)^k}\int_0^{2\pi}\exp\left\{-\frac{E_b}{n_0} - \frac{1}{n_0}\int_0^T y^2(t)\mathrm{d}t + \frac{2}{n_0}\int_0^T Ay(t)\cos(\omega_1 t + \varphi_1)\mathrm{d}t\right\}\mathrm{d}\varphi_1 \\
&= \frac{K}{2\pi}\int_0^{2\pi}\exp\left\{\frac{2}{n_0}\int_0^T Ay(t)\cos(\omega_1 t + \varphi_1)\mathrm{d}t\right\}\mathrm{d}\varphi_1
\end{aligned} \tag{7-34}$$

式中，$K = \dfrac{\exp\left\{-\dfrac{E_b}{n_0} - \dfrac{1}{n_0}\displaystyle\int_0^T y^2(t)\mathrm{d}t\right\}}{(\sqrt{2\pi}\varphi_n)^k}$ 为常数。

令随机变量 $\xi(\varphi_1)$ 为

$$\begin{aligned}
\xi(\varphi_1) &= \frac{2}{n_0}\int_0^T Ay(t)\cos(\omega_1 t + \varphi_1)\mathrm{d}t \\
&= \frac{2A}{n_0}\int_0^T y(t)(\cos\omega_1 t\cos\varphi_1 - \sin\omega_1 t\sin\varphi_1)\mathrm{d}t \\
&= \frac{2A}{n_0}\int_0^T y(t)\cos\omega_1 t\mathrm{d}t\cos\varphi_1 - \frac{2A}{n_0}\int_0^T y(t)\sin\omega_1 t\mathrm{d}t\sin\varphi_1 \\
&= \frac{2A}{n_0}(X_1\cos\varphi_1 - Y_1\sin\varphi_1) \\
&= \frac{2A}{n_0}\sqrt{X_1^2 + Y_1^2}\cos\left(\varphi_1 + \arctan\frac{Y_1}{X_1}\right) \\
&= \frac{2A}{n_0}M_1\cos(\varphi_1 + \varphi_0)
\end{aligned}$$

式中，$X_1 = \int_0^T y(t)\cos\omega_1 t\mathrm{d}t, Y_1 = \int_0^T y(t)\sin\omega_1 t\mathrm{d}t, M_1 = \sqrt{X_1^2 + Y_1^2}$，于是，式(7-34)可表示为

$$\begin{aligned}
f_{s_1}(y) &= \frac{K}{2\pi}\int_0^{2\pi}\exp\left\{\frac{2A}{n_0}M_1\cos(\varphi_1 + \varphi_0)\right\}\mathrm{d}\varphi_1 \\
&= KI_0\left(\frac{2A}{n_0}M_1\right)
\end{aligned} \tag{7-35}$$

式中，$K$ 为常数，$I_0\left(\frac{2A}{n_0}M_1\right)$ 为零阶修正贝塞尔函数。

同理可得，出现 $s_2(t)$ 时 $y(t)$ 的似然函数 $f_{s_2}(y)$ 为

$$f_{s_2}(y) = KI_0\left(\frac{2A}{n_0}M_2\right) \tag{7-36}$$

式中，$X_2 = \int_0^T y(t)\cos\omega_2 t\mathrm{d}t, Y_2 = \int_0^T y(t)\sin\omega_2 t\mathrm{d}t, M_2 = \sqrt{X_2^2 + Y_2^2}$。

代入 $M_1$ 和 $M_2$ 的具体表示式可得

$$M_1 = \left\{\left[\int_0^T y(t)\cos\omega_1 t\mathrm{d}t\right]^2 + \left[\int_0^T y(t)\sin\omega_1 t\mathrm{d}t\right]^2\right\}^{\frac{1}{2}} \tag{7-37}$$

$$M_2 = \left\{\left[\int_0^T y(t)\cos\omega_2 t\mathrm{d}t\right]^2 + \left[\int_0^T y(t)\sin\omega_2 t\mathrm{d}t\right]^2\right\}^{\frac{1}{2}} \tag{7-38}$$

假设发送信号 $s_1(t,\varphi_1)$ 和 $s_2(t,\varphi_2)$ 的先验概率相等，采用最大似然准则对观察空间样值做出判决，即

$$f_{s_1}(y) > f_{s_2}(y)\text{，判为 } s_1 \tag{7-39}$$

$$f_{s_1}(y) < f_{s_2}(y)\text{，判为 } s_2 \tag{7-40}$$

将式(7-35)和式(7-36)代入式(7-39)和式(7-40)可得

$$KI_0\left(\frac{2A}{n_0}M_1\right) > KI_0\left(\frac{2A}{n_0}M_2\right)\text{，判为 } s_1$$

$$KI_0\left(\frac{2A}{n_0}M_1\right) < KI_0\left(\frac{2A}{n_0}M_2\right)\text{，判为 } s_2$$

判决式两边约去常数 $K$ 后有

$$I_0\left(\frac{2A}{n_0}M_1\right) > I_0\left(\frac{2A}{n_0}M_2\right)\text{，判为 } s_1 \tag{7-41}$$

$$I_0\left(\frac{2A}{n_0}M_1\right) < I_0\left(\frac{2A}{n_0}M_2\right)\text{，判为 } s_2 \tag{7-42}$$

根据零阶修正贝塞尔函数的性质可知，$I_0(x)$ 是严格单调增加函数，如果函数 $I_0(x_2) > I_0(x_1)$，则有 $x_2 > x_1$。因此，式(7-41)和式(7-42)中，根据比较零阶修正贝塞尔函数大小做出判决，可以简化为根据比较零阶修正贝塞尔函数自变量的大小做出判决。此时判决规则简化为

$$\frac{2A}{n_0}M_1 > \frac{2A}{n_0}M_2\text{，判为 } s_1$$

$$\frac{2A}{n_0}M_1 < \frac{2A}{n_0}M_2\text{，判为 } s_2$$

判决式两边约去常数并代入 $M_1$ 和 $M_2$ 的具体表示式后有

$$M_1 > M_2\text{，判为 } s_1$$

$$M_1 < M_2\text{，判为 } s_2$$

即

$$\left\{\left[\int_0^T y(t)\cos\omega_1 t\mathrm{d}t\right]^2 + \left[\int_0^T y(t)\sin\omega_1 t\mathrm{d}t\right]^2\right\}^{\frac{1}{2}} >$$
$$\left\{\left[\int_0^T y(t)\cos\omega_2 t\mathrm{d}t\right]^2 + \left[\int_0^T y(t)\sin\omega_2 t\mathrm{d}t\right]^2\right\}^{\frac{1}{2}} \tag{7-43}$$

判为 $s_1$，而

$$\left\{\left[\int_0^T y(t)\cos\omega_1 t\mathrm{d}t\right]^2 + \left[\int_0^T y(t)\sin\omega_1 t\mathrm{d}t\right]^2\right\}^{\frac{1}{2}} <$$

$$\left\{\left[\int_0^T y(t)\cos\omega_2 t\mathrm{d}t\right]^2+\left[\int_0^T y(t)\sin\omega_2 t\mathrm{d}t\right]^2\right\}^{\frac{1}{2}} \tag{7-44}$$

判为 $s_2$。

式(7-43)和式(7-44)就是对二进制随相信号进行判决的数学关系式，根据以上二式可构成二进制随相信号最佳接收机结构如图 7-12 所示。

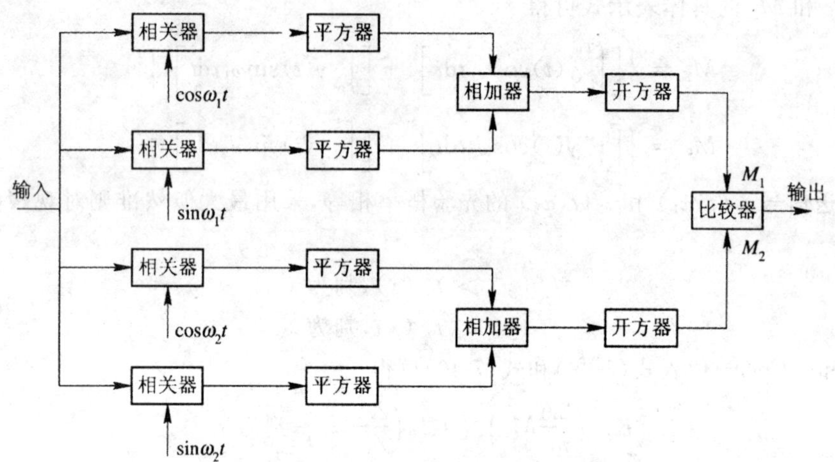


**图 7-12　二进制随相信号最佳接收机结构**

上述最佳接收机结构形式是相关器结构形式。可以看出，二进制随相信号最佳接收机结构比二进制确知信号最佳接收机结构复杂很多，实际中实现也较复杂。与二进制确知信号最佳接收机分析相类似，可以采用匹配滤波器对二进制随相信号最佳接收机结构进行简化。

由于接收机输入信号 $s_1(t,\varphi_1)$ 和 $s_2(t,\varphi_2)$ 包含有随机相位 $\varphi_1$ 和 $\varphi_2$，因此无法实现与输入信号 $s_1(t,\varphi_1)$ 和 $s_2(t,\varphi_2)$ 完全匹配的匹配滤波器。我们可以设计一种匹配滤波器，它只与输入信号的频率匹配，而不匹配到相位。与输入信号 $s_1(t,\varphi_1)$ 频率相匹配的匹配滤波器单位冲激响应应为

$$h_1(t)=\cos\omega_1(T-t),0\leqslant t\leqslant T$$

当输入 $y(t)$ 时，该滤波器的输出为

$$\begin{aligned}e_1(t)&=y(t)*h_1(t)\\&=\left[\int_0^t y(\tau)\cos\omega_1\tau\mathrm{d}\tau\right]\cos\omega_1(T-t)-\left[\int_0^t y(\tau)\sin\omega_1\tau\mathrm{d}\tau\right]\sin\omega_1(T-t)\\&=\left\{\left[\int_0^t y(\tau)\cos\omega_1\tau\mathrm{d}\tau\right]^2+\left[\int_0^t y(\tau)\sin\omega_1\tau\mathrm{d}\tau\right]^2\right\}^{\frac{1}{2}}\cos[\omega_1(T-t)+\theta_1]\end{aligned} \tag{7-45}$$

式中

$$\theta_1=\arctan\frac{\int_0^t y(\tau)\sin\omega_1\tau\mathrm{d}\tau}{\int_0^t y(\tau)\cos\omega_1\tau\mathrm{d}\tau}$$

式(7-45)在 $t=T$ 时刻的取值为

$$\begin{aligned}e_1(T)&=\left\{\left[\int_0^T y(\tau)\cos\omega_1\tau\mathrm{d}\tau\right]^2+\left[\int_0^T y(\tau)\sin\omega_1\tau\mathrm{d}\tau\right]^2\right\}^{\frac{1}{2}}\cos\theta_1\\&=M_1\cos\theta_1\end{aligned}$$

可以看出，滤波器输出信号在 $t=T$ 时刻的包络与图 7-12 所示的二进制随相信号最佳接收机中

的参数 $M_1$ 相等。这表明，采用一个与输入随相信号频率相匹配的匹配滤波器，再级联一个包络检波器，就能得到判决器所需要的参数 $M_1$。

同理，选择与输入信号 $s_2(t,\varphi_2)$ 的频率相匹配的匹配滤波器的单位冲激响应为

$$h_2(t)=\cos\omega_2(T-t),0\leqslant t\leqslant T$$

该滤波器在 $t=T$ 时刻的输出为

$$\begin{aligned}e_2(T)&=\left\{\left[\int_0^T y(\tau)\cos\omega_2\tau\mathrm{d}\tau\right]^2+\left[\int_0^T y(\tau)\sin\omega_2\tau\mathrm{d}\tau\right]^2\right\}^{\frac{1}{2}}\cos\theta_2\\&=M_2\cos\theta_2\end{aligned}$$

从而得到了比较器的第二个输入参数 $M_2$，通过比较 $M_1$ 和 $M_2$ 的大小即可做出判决。根据以上分析，可以得到匹配滤波器加包络检波器结构形式的最佳接收机如图 7-13 所示。因为没有利用相位信息，所以这种接收机是一种非相干接收机。

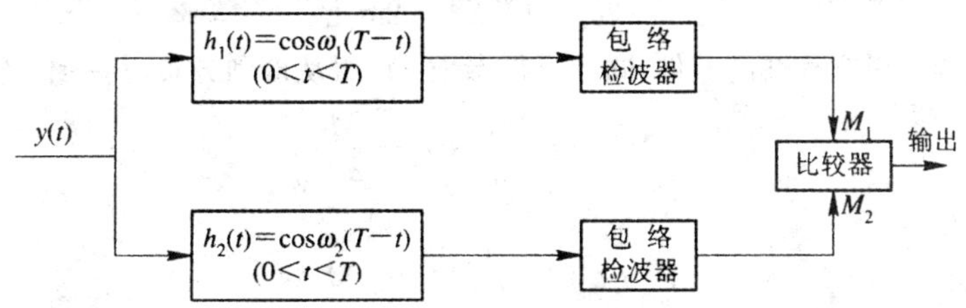


**图 7-13　匹配滤波器形式的随相信号最佳接收机结构**

### 7.3.2　二进制随相信号最佳接收机误码性能

二进制随相信号与二进制确知信号最佳接收机误码性能分析方法相同，总的误码率为

$$P_e=P(s_1)P_{s_1}(s_2)+P(s_2)P_{s_2}(s_1)$$

当发送信号 $s_1(t,\varphi_1)$ 和 $s_2(t,\varphi_2)$ 出现概率相等时

$$P_e=P_{s_1}(s_2)=P_{s_2}(s_1)$$

因此只需要分析 $P_{s_1}(s_2)$ 或 $P_{s_2}(s_1)$ 其中之一就可以，我们以 $P_{s_1}(s_2)$ 为例进行分析。

在发送 $s_1(t,\varphi_1)$ 信号时出现错误判决的条件是

$$M_1<M_2\text{，判为 }s_2$$

此时的错误概率为

$$P_{s_1}(s_2)=P(M_1<M_2)\tag{7-46}$$

其中，$M_1$ 和 $M_2$ 如式(7-37)和式(7-38)。

与 7.2 节 2FSK 信号非相干解调分析方法相似，首先需要分别求出 $M_1$ 和 $M_2$ 的概率密度函数 $f(M_1)$ 和 $f(M_2)$，再来根据式(7-46)计算错误概率。

接收机输入合成波为

$$\begin{aligned}y(t)&=s_1(t,\varphi_1)+n(t)\\&=A\cos(\omega_1t+\varphi_1)+n(t)\end{aligned}$$

在信号 $s_1(t,\varphi_1)$ 给定的条件下，随机相位 $\varphi_1$ 是确定值。此时 $X_1$ 和 $Y_1$ 分别为

$$X_1=\int_0^T y(t)\cos\omega_1t\mathrm{d}t=\int_0^T n(t)\cos\omega_1t\mathrm{d}t+\frac{AT}{2}\cos\varphi_1$$

$$Y_1=\int_0^T y(t)\sin\omega_1t\mathrm{d}t=\int_0^T n(t)\sin\omega_1t\mathrm{d}t+\frac{AT}{2}\sin\varphi_1$$

$X_1$ 和 $Y_1$ 的数学期望分别为

$$E[X_1]=E\left[\int_0^T n(t)\cos\omega_1 t\mathrm{d}t+\frac{AT}{2}\cos\varphi_1\right]=\frac{AT}{2}\cos\varphi_1$$

$$E[Y_1]=E\left[\int_0^T n(t)\sin\omega_1 t\mathrm{d}t+\frac{AT}{2}\sin\varphi_1\right]=\frac{AT}{2}\sin\varphi_1$$

$X_1$ 和 $Y_1$ 的方差为

$$\sigma_M^2=\sigma_{X_1}^2=\sigma_{Y_1}^2=\frac{n_0 T}{4}$$

由此可知，$X_1$ 和 $Y_1$ 是均值分别为 $\frac{AT}{2}\cos\varphi_1$ 和 $\frac{AT}{2}\sin\varphi_1$，方差为 $\frac{n_0 T}{4}$ 的高斯随机变量。参数 $M_1$ 服从广义瑞利分布,其一维概率密度函数为

$$f(M_1)=\frac{M_1}{\sigma_M^2}I_0\left(\frac{ATM_1}{2\sigma_M^2}\right)\exp\left\{-\frac{1}{2\sigma_M^2}\left[M_1^2+\left(\frac{AT}{2}\right)^2\right]\right\}$$

根据 $\omega_1$ 和 $\omega_2$ 构成两个正交载波的条件,同理可得参数 $M_2$ 服从瑞利分布,其一维概率密度函数为

$$f(M_2)=\frac{M_2}{\sigma_M^2}\exp\left\{-\frac{M_2^2}{2\sigma_M^2}\right\}$$

错误概率 $P_{s_1}(s_2)$ 为

$$\begin{aligned}P_{s_1}(s_2)&=P(M_1<M_2)\\&=\iint\limits_{\Delta} f(M_1)f(M_2)\mathrm{d}M_1\mathrm{d}M_2\\&=\int_0^{\infty}f(M_1)\left[\int_{M_1}^{\infty}f(M_2)\mathrm{d}M_2\right]\mathrm{d}M_1\\&=\frac{1}{2}\mathrm{e}^{-\frac{E_b}{2n_0}}\end{aligned}$$

总的误码率为

$$P_e=P_{s_1}(s_2)=\frac{1}{2}\mathrm{e}^{-\frac{E_b}{2n_0}}$$

由误码率表示式可以看出,二进制随相信号最佳接收机是一种非相干接收机。误码率性能曲线如图 7-14 所示。

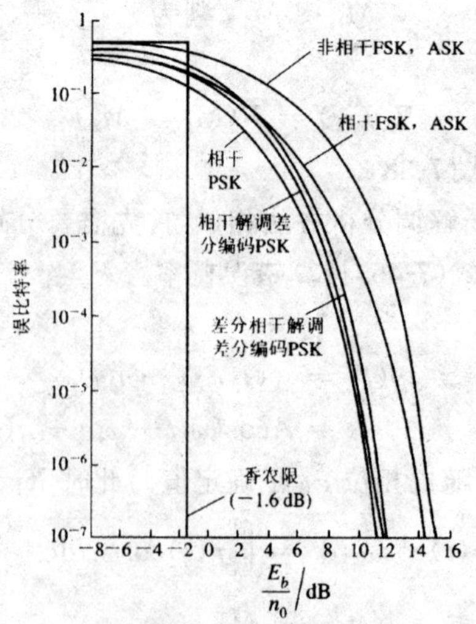


图 7-14　二进制数字调制系统误码率性能曲线

## 7.4　起伏信号最佳接收机

前面讨论的确知信号和随机信号，通常是数字信号通过恒参信道后所形成的。本节将要讨论的起伏信号是指振幅服从瑞利分布、相位服从均匀分布的信号，它可以看成数字信号通过瑞利衰落信道后的信号形式。处理起伏信号的最佳接收问题，其原理和方法与随机信号没有什么两样，下面的讨论也会尽可能地借助前面已经讲过的内容和概念。

我们首先来分析 $m$ 进制 FSK 起伏信号的接收，这是衰落信道中最常用的基本信号形式之一。假设在观察时间 $(0,T)$ 内到达接收机输入端的接收波形 $y(t)$ 为

$$y(t)=\begin{cases}s_1(t,\varphi_1,a_1)+n(t)\\ s_2(t,\varphi_2,a_2)+n(t)\\ \cdots\cdots\\ s_m(t,\varphi_m,a_m)+n(t)\end{cases}$$

式中，$s_1(t,\varphi_1,a_1),s_2(t,\varphi_2,a_2),\cdots,s_m(t,\varphi_m,a_m)$ 为 $m$ 个可能的起伏信号，即

$$\begin{cases}s_1(t,\varphi_1,a_1)=a_1\cos(\omega_1 t+\varphi_1)\\ s_2(t,\varphi_2,a_2)=a_2\cos(\omega_2 t+\varphi_2)\\ \cdots\cdots\\ s_m(t,\varphi_m,a_m)=a_m\cos(\omega_m t+\varphi_m)\end{cases} \tag{7-47}$$

式中，$\omega_1,\omega_2,\cdots,\omega_m$ 为确知的角频率；$a_1,a_2,\cdots,a_m$ 为服从同一瑞利分布的随机变量。同上一节中从 $f_{s_1}(y,\varphi_1)$ 出发求 $f_{s_1}(y)$ 一样，这里也从 $f_{s_1}(y,\varphi_1,a_1)$ 出发求 $f_{s_1}(y)$。只是此时似然函数不仅依赖于随机相位 $\varphi_1$，还依赖于随机振幅 $a_1$。整理式(7-47)可得

$$\begin{aligned}f_{s_i}(y)&=K_0{}'\int_0^T\frac{a_i}{\sigma_n^2}\exp\left[-\frac{a_i^2}{2}\left(\frac{a_i}{\sigma_n^2}+\frac{T}{n_0}\right)\right]I_0\left(\frac{2a_i}{n_0}M_i\right)\mathrm{d}a_i\\&=K_0{}'\frac{n_0}{n_0+T\sigma_n^2}\exp\left[\frac{2\sigma_n^2M_i^2}{n_0(n_0+T\sigma_n^2)}\right]\end{aligned}$$

其中 $\sigma_n^2$ 是 $n(t)$ 的方差，且有

$$K_0{}'=\frac{\exp\left[-\frac{1}{n_0}\int_0^T y^2(t)\,\mathrm{d}t\right]}{(\sqrt{2\pi}\sigma_n)^k}$$

$$M_i=\sqrt{\left[\int_0^T y(t)\cos\omega_i t\,\mathrm{d}t\right]^2+\left[\int_0^T y(t)\sin\omega_i t\,\mathrm{d}t\right]^2}$$

根据似然函数大小的判决规则，令 $i$、$j=1,2,\cdots,m(i\neq j)$，此时的判定规则为：

如果 $K_0{}'\frac{n_0}{n_0+T\sigma_n^2}\exp\left[\frac{2\sigma_n^2M_i^2}{n_0(n_0+T\sigma_n^2)}\right]>K_0{}'\frac{n_0}{n_0+T\sigma_n^2}\exp\left[\frac{2\sigma_n^2M_j^2}{n_0(n_0+T\sigma_n^2)}\right]$，则判 $s_i$ 出现。这个判决规则可等效成如下规则：

如果 $M_i>M_j$，$i$、$j=1,2,\cdots,m(i\neq j)$，则判 $s_i$ 出现。 (7-48)

从式(7-48)可以看出，起伏信号的最佳接收机结构和图 7-9 的结构相同。值得注意的是，虽然随机信号和起伏信号的最佳接收机结构相同，但是它们有着不同的最佳性能。

# 第 8 章　数据通信技术

## 8.1　数据编码技术

编码(Encode 或 Coding)在通信与信息处理学科中,意思是把有限个状态(数值)转换成数字代码(二进制)的过程。在数据通信的终端设备中,始终会遇到如何把原始的消息(如字符、文字、话音等)转换成用代码表示的数据的问题,这个转换过程通常称为数据编码,也称为信源编码(Source Coding)。与信源编码相对应的另一类编码是信道编码(Channel Coding)。它是为提高数据信号的可靠传输而采取的差错控制技术,将在后面讨论。本节讨论把字符、文字及话音如何变换成数据代码。下面首先介绍几个基本概念。

代码:通常指用二进制数组合形成的码字集合。

码字:用代码表示的基本数据单元。

### 8.1.1　国际 5 号码(IA5 码)

国际 5 号码(IA5 码)是把字符转换成代码的一种编码方案。该方案是 1963 年美国标准化协会提出的,称为美国信息交换标准代码(ASCII,American Standard Code for Information Interchange),随后被国际标准化组织(ISO,International Standard Organization)和国际电报电话咨询委员会(CCITT)采纳,并发展成为国际通用的信息交换用标准代码。IA5 码是用 7 位二进制代码表示出每个字母、数字、符号及一些常见控制符的,它是一种 7 位代码。7 位二进制代码可以表示 $2^7=128$ 个不同字符(状态)。7 位 IA5 码与 1 位二进制码配合,可以进行字符校验。IA5 码表如表 8-1 所示。表中每个字符由 7 位二进制数 $b_6b_5b_4b_3b_2b_1b_0$ 组成,高 3 位 $b_6b_5b_4$ 指明字符所处的列;低 4 位 $b_3b_2b_1b_0$ 指明字符所处的行。表示方法是列前行后。例如,大写字母“B”的 IA5 码为 1000010;“T”的 IA5 码为 1010100。

**表 8-1　IA5 码表**

| | | | | $b_7$ | 0 | 0 | 0 | 0 | 1 | 1 | 1 | 1 |
|---|---|---|---|---|---|---|---|---|---|---|---|---|
| | | | | $b_6$ | 0 | 0 | 1 | 1 | 0 | 0 | 1 | 1 |
| | | | | $b_5$ | 0 | 1 | 0 | 1 | 0 | 1 | 0 | 1 |
| $b_4$ | $b_3$ | $b_2$ | $b_1$ | 行\列 | 0 | 1 | 2 | 3 | 4 | 5 | 6 | 7 |
| 0 | 0 | 0 | 0 | 0 | NUL | $TC_7$ (DLE) | SP | 0 | @ | P | 、 | p |
| 0 | 0 | 0 | 1 | 1 | $TC_2$ (SOH) | $DC_1$ | ! | 1 | A | Q | a | q |
| 0 | 0 | 1 | 0 | 2 | $TC_2$ (STX) | $DC_2$ | ′ | 2 | B | R | b | r |

续表

| | | | | $b_7$ | 0 | 0 | 0 | 0 | 1 | 1 | 1 | 1 |
|---|---|---|---|---|---|---|---|---|---|---|---|---|
| | | | | $b_6$ | 0 | 0 | 1 | 1 | 0 | 0 | 1 | 1 |
| | | | | $b_5$ | 0 | 1 | 0 | 1 | 0 | 1 | 0 | 1 |
| $b_4$ | $b_3$ | $b_2$ | $b_1$ | 列<br>行 | 0 | 1 | 2 | 3 | 4 | 5 | 6 | 7 |
| 0 | 0 | 1 | 1 | 3 | $TC_3$<br>(ETX) | $DC_3$ | # | 3 | C | S | c | s |
| 0 | 1 | 0 | 0 | 4 | $TC_4$<br>(EOT) | $DC_1$ | ¤ | 4 | D | T | d | t |
| 0 | 1 | 0 | 1 | 5 | $DC_5$<br>(ENQ) | $TC_8$<br>(NAK) | % | 5 | E | U | e | u |
| 0 | 1 | 1 | 0 | 6 | $TC_6$<br>(ACK) | $TC_9$<br>(SYN) | & | 6 | F | V | f | v |
| 0 | 1 | 1 | 1 | 7 | BEL | $TC_{10}$<br>(ETB) | , | 7 | G | W | g | w |
| 1 | 0 | 0 | 0 | 8 | $FE_0$<br>(BS) | CAN | ( | 8 | H | X | h | x |
| 1 | 0 | 0 | 1 | 9 | $FE_1$<br>(HT) | EM | ) | 9 | I | Y | i | y |
| 1 | 0 | 1 | 0 | 10 | $FE_2$<br>(LF) | SUB | * | : | J | Z | j | z |
| 1 | 0 | 1 | 1 | 11 | $FE_3$<br>(VT) | ESC | + | ; | K | [ | k | { |
| 1 | 1 | 0 | 0 | 12 | $FE_4$<br>(FF) | $IS_4$<br>(FS) | , | < | L | \ | l | \| |
| 1 | 1 | 0 | 1 | 13 | $FE_5$<br>(CR) | $IS_3$<br>(GS) | — | = | M | ] | m | } |
| 1 | 1 | 1 | 0 | 14 | SO | $IS_2$<br>(RS) | • | > | N | ^ | n | — |
| 1 | 1 | 1 | 1 | 15 | SI | $IS_1$<br>(US) | / | ? | O | — | o | DEL |

对表 8-1 中第 0、1 列的控制字符，含义解释如下。

通令控制字符

| | |
|---|---|
| SOH(Start of Heading) | 标题开始 |
| STX(Start of Text) | 正文开始 |
| ETX(End of Text) | 正文结束 |
| EOT(End of Transmission) | 传输结束 |
| ENQ(Enquiry) | 询问 |
| ACK(Acknowledge) | 确认 |
| DLE(Data Link Escape) | 数据链转义 |
| NAK(Negative Acknowledge) | 否认 |
| SYN(Synchronous) | 同步 |

ETB(End of Transmission Block)　　块传输结束

格式控制符

BS(Backspace)　　退格

HT(Horizontal Tab)　　横向制表

LF(Line Feed)　　换行

VT(Vertical Tab)　　纵向制表

FF(Form Feed)　　换页

CR(Carriage Return)　　回车

设备控制符

DC1(Device Control1)　　设备控制 1

DC2(Device Control2)　　设备控制 2

DC3(Device Control3)　　设备控制 3

DC4(Device Control4)　　设备控制 4

信息控制符

US(Unit Separator)　　单元分隔

RS(Record Separator)　　记录分隔

GS(Group Separator)　　块分隔

FS(File Separator)　　文件分隔

其他控制符

NUL(Null)　　空白

BEL(Bell)　　警告

SO(Shift-out)　　移出

SI(Shift-in)　　移入

CAN(Cancel)　　作废

EM(End of Medium)　　媒体结束

SUB(Substitution)　　代替

ESC(Escape)　　转义

DEL(Delete)　　删除

SP(Space)　　间隔

需要说明的是,ASCII 码与 IA5 码唯一的区别是在第 2 列与第 4 行交叉点上,ASCII 表是符号“＄”,IA5 表中是“¤”。我国在 1980 年颁布的国家标准(GB 1988—80)《信息处理交换用八位编码字符集》与 IA5 码的唯一区别也在第 2 列第 4 行,用“￥”取代“¤”。

### 8.1.2　EBCDIC 码

把字符变换成代码的第二种编码方案是扩展二一十进制交换码(EBCDIC,Extended Binary Coded Decimal Interchange Code)。它是一种 8 位代码。8 位二进制码有 $2^8=256$ 种组合,可以表示 256 个字符和控制符。EBCDIC 码目前只定义了 143 种,剩余了 113 个,这对需要自定义字符的应用非常有利。

由于 EBCDIC 是 8 位码(1 字节),已无法提供奇偶核验位,因此不宜长距离传输。但 EBC-

DIC 的码长与计算机字节长度一致，故可作为计算机的内部传输代码。

EBCDIC 编码表如表 8-2 所示。

**表 8-2　EBCDIC 编码表**

| | | | | $b_7$ | 0 | 0 | 0 | 0 | 0 | 0 | 0 | 0 | 1 | 1 | 1 | 1 | 1 | 1 | 1 | 1 |
|---|---|---|---|---|---|---|---|---|---|---|---|---|---|---|---|---|---|---|---|---|
| | | | | $b_6$ | 0 | 0 | 0 | 0 | 1 | 1 | 1 | 1 | 0 | 0 | 0 | 0 | 1 | 1 | 1 | 1 |
| | | | | $b_5$ | 0 | 0 | 1 | 1 | 0 | 0 | 1 | 1 | 0 | 0 | 1 | 1 | 0 | 0 | 1 | 1 |
| | | | | $b_4$ | 0 | 1 | 0 | 1 | 0 | 1 | 0 | 1 | 0 | 1 | 0 | 1 | 0 | 1 | 0 | 1 |
| $b_3$ | $b_2$ | $b_1$ | $b_0$ | 行\列 | 0 | 1 | 2 | 3 | 4 | 5 | 6 | 7 | 8 | 9 | 10 | 11 | 12 | 13 | 14 | 15 |
| 0 | 0 | 0 | 0 | 0 | NUL | DLE | DS | | SP | & | — | | | | | | { | ) | } | 0 |
| 0 | 0 | 0 | 1 | 1 | SOH | $DC_1$ | SOS | | | | / | | a | j | ～ | | A | J | | 1 |
| 0 | 0 | 1 | 0 | 2 | STX | $DC_2$ | FS | SYN | | | | | b | k | s | | B | K | S | 2 |
| 0 | 0 | 1 | 1 | 3 | ETX | $DC_3$ | | | | | | | c | l | t | | C | L | T | 3 |
| 0 | 1 | 0 | 0 | 4 | PF | RES | BYP | PN | | | | | d | m | u | | D | M | U | 4 |
| 0 | 1 | 0 | 1 | 5 | HT | NL | LF | RS | | | | | e | n | v | | E | N | V | 5 |
| 0 | 1 | 1 | 0 | 6 | LC | BS | EOB/ETB | UC | | | | | f | o | w | | F | O | W | 6 |
| 0 | 1 | 1 | 1 | 7 | DEL | IL | ESC/PRB | EOT | | | | | g | p | x | | G | P | X | 7 |
| 1 | 0 | 0 | 0 | 8 | | CAN | | | | | | | h | q | y | | H | Q | Y | 8 |
| 1 | 0 | 0 | 1 | 9 | RLF | EM | | | | | | | i | r | z | | I | R | Z | 9 |
| 1 | 0 | 1 | 0 | 10 | SMM | CC | SM | | ≮ | ! | \| | : | | | | | | | | |
| 1 | 0 | 1 | 1 | 11 | VT | | | | • | $ | , | # | | | | | | | | |
| 1 | 1 | 0 | 0 | 12 | FF | IFS | | $DC_4$ | 〈 | ★ | % | @ | | | | | | | | |
| 1 | 1 | 0 | 1 | 13 | CR | IGS | ENR | NAK | ( | ) | — | ' | | | | | | | | |
| 1 | 1 | 1 | 0 | 14 | S0 | IRS | ACK | | + | ; | 〉 | = | | | | | | | | |
| 1 | 1 | 1 | 1 | 15 | SI | IUS | BEL | SUB | \| | ¬ | ? | " | | | | | | | | |

### 8.1.3　国际 2 号码(IA2 码)

IA2 码是一种 5 位代码，又称波多(Baudot)码。波多码广泛用于电报通信中，是起止式电传电报中的标准用码，在低速数据传输系统中仍使用这种码。5 位码只能表示出 $2^5=32$ 个符号。但通过转移控制码"数字/字母"可改变代码意义，因此可有 64 种表示，实际中应用了其中 58 个，IA2 码表如表 8-3 所示。

**表 8-3　IA2 码表**

| 序号 | IA2 代码 | | | | | 意义 | |
|---|---|---|---|---|---|---|---|
| | $b_5$ | $b_4$ | $b_3$ | $b_2$ | $b_1$ | 文字挡 | 数字挡 |
| 1 | 0 | 0 | 0 | 1 | 1 | A | — |
| 2 | 1 | 1 | 0 | 0 | 1 | B | ? |

续表

| 序号 | IA2 代码 | | | | | 意义 | |
|---|---|---|---|---|---|---|---|
| | $b_5$ | $b_4$ | $b_3$ | $b_2$ | $b_1$ | 文字挡 | 数字挡 |
| 3 | 0 | 1 | 1 | 1 | 0 | C | : |
| 4 | 0 | 1 | 0 | 0 | 1 | D | |
| 5 | 0 | 0 | 0 | 0 | 1 | E | 3 |
| 6 | 0 | 1 | 1 | 0 | 1 | F | |
| 7 | 1 | 1 | 0 | 1 | 0 | G | |
| 8 | 1 | 0 | 1 | 0 | 0 | H | |
| 9 | 0 | 0 | 1 | 1 | 0 | I | 8 |
| 10 | 0 | 1 | 0 | 1 | 1 | J | |
| 11 | 0 | 1 | 1 | 1 | 1 | K | ( |
| 12 | 1 | 0 | 0 | 1 | 0 | L | ) |
| 13 | 1 | 1 | 1 | 0 | 0 | M | — |
| 14 | 0 | 1 | 1 | 0 | 0 | N | , |
| 15 | 1 | 1 | 0 | 0 | 0 | 0 | 9 |
| 16 | 1 | 0 | 1 | 1 | 0 | P | 0 |
| 17 | 1 | 0 | 1 | 1 | 1 | Q | 1 |
| 18 | 0 | 1 | 0 | 1 | 0 | R | 4 |
| 19 | 0 | 0 | 1 | 0 | 1 | S | ! |
| 20 | 1 | 0 | 0 | 0 | 0 | T | 5 |
| 21 | 0 | 0 | 1 | 1 | 1 | U | 7 |
| 22 | 1 | 1 | 1 | 1 | 0 | V | = |
| 23 | 1 | 1 | 0 | 1 | 1 | W | 2 |
| 24 | 1 | 1 | 1 | 0 | 1 | X | / |
| 25 | 1 | 0 | 1 | 0 | 1 | Y | 6 |
| 26 | 1 | 0 | 0 | 0 | 1 | Z | + |
| 27 | 0 | 1 | 0 | 0 | 0 | 回车 | |
| 28 | 0 | 0 | 0 | 1 | 0 | 换行 | |
| 29 | 1 | 1 | 1 | 1 | 1 | ↓文字换挡 | |
| 30 | 1 | 1 | 0 | 1 | 1 | ↑数字换挡 | |
| 31 | 0 | 0 | 1 | 0 | 0 | 间隔 | |
| 32 | 0 | 0 | 0 | 0 | 0 | 空格 | |

### 8.1.4 信息交换用汉字编码

国际 5 号码、国际 2 号码和 EBCDIC 都是将字符转换成代码的编码方案，这些不能解决传输汉字消息的问题。我国在明码电报通信中，用 4 位十进制数组成的代码表示一个汉字，然后用

ASCII 码或波多码再表示出十进制数字，最后变换成电信号形式传输。例如，汉字“我”转换成 4 位十进制数为 2053，对应的 ASCII 码为 10110010 00110000 00110101 00110011。这里已经考虑了 7 位 ASCII 码的校验位(最高位，偶校验)。

为了使汉字能够在计算机中存储和处理，国家标准局 1979 年开始制订“信息交换用汉字编码”标准工作，于 1981 年 5 月正式使用“国家标准信息交换用汉字编码字符基本集”。现在广泛用于计算机表示汉字信息的“区位码”就是这种代码之一。

汉字变成代码的过程是分两步实现的，即采用由“外码”和“内码”组成的两级编码方法。汉字的外码是指计算机与人之间进行交换的一种代码，它与汉字的录入方式有直接关系。同一汉字，采用不同的录入方式，则汉字的外码就不同。例如，汉字“啊”的外码，在区位码录入方式下是“1601”(16 区 0 行 1 列)，在拼音录入方式下是“a”，在五笔字型方式下是“kbsk”。

汉字的内码则是指最终进入系统内部，用来存储和处理的机器代码。目前在微机上一般采用一个汉字用两个字节表示的形式，每个字节的高位置成“1”，作为汉字标记，用来区分与 ASCII 码的不同。

在计算机上，汉字录入的过程是外码转换成内码的过程，即将汉字和一些符号的外码键入计算机后，计算机通过查表的方法把外码转换成内码。

### 8.1.5　语音的数据编码

语音作为数据通信的信源，已是非常普遍了。那么，如何将语音信号变成数据信号呢？实际上，这部分内容是数字通信必须涉及的内容。

语音通常在经过电话机(或话筒)后，变成了一个电压或电流随时间连续变化的模拟电信号。电信号通常要经过采样、保持、量化和编码几个步骤后，方能变换成数字信号，在数据信道上传输。

采样把一个幅度和时间都连续变化的模拟信号变成了一个幅度上连续、时间上离散的离散信号。语音信号的采样速率 $f_s$ 通常按采样定理来计算，即

$$f_s \geqslant 2f_m$$

式中，$f_m$ 为语音信号的最高频率。语音信号的最高频率 $f_m$ 一般取为 4kHz，所以采样速率通常为 8kHz。

量化是为了把无限多个幅度值(幅度连续)变成有限个幅度值，即用一个标准的值替代出现在这个标准值误差范围内的所有可能值。量化的方法有均匀量化和非均匀量化。

编码是按照一定的规则，把量化后的幅度值用二进制数表示出来的过程。

把模拟电信号通过采样、量化、编码变成数字信号的过程标为脉冲编码调制(PCM，Pulse Code Modulation)。采用 $A$ 律特性(13 折线)的 PCM 后，编码器输出的单路数字话音速率是 8×8=64(kbit/s)。在这里，每个量化值的大小用 8bit 二进制数表示。

## 8.2　数据压缩技术

信息时代带来了信息爆炸，数字化的信息产生了巨大的数据量。例如，单路 PCM 数字电话的数码率为 64kbit/s，高保真双声道立体声数据率为 705.6kbit/s，彩色数字电视的数码率为 106.32Mbit/s，高清晰度数字电视的数码率达 1327.104Mbit/s。这些数据如果不压缩，直接传

输必然造成巨大的数据量,使传输系统效率低下。因此,数据的压缩是十分必要的。实际上,各种信息都具有很大的压缩潜力。

数据压缩(Data Compression)就是通过消除数据中的冗余,达到减少数据量,缩短数据块或记录长度的过程。当然,压缩是在保持数据原意的前提下进行的。数据压缩已广泛应用于数据通信的各种终端设备中。

数据压缩的方法和技术比较多。通常把数据压缩技术分成两大类:一类是冗余度压缩,也称为无损压缩、无失真压缩、可逆压缩等;另一类是熵压缩,也称有损压缩、不可逆压缩等。

冗余度压缩就是去掉或减少数据中的冗余,当然,这些冗余是可以重新插入到数据中去的。冗余压缩是随着香农的信息论而出现的,信息论中认为数据是信息和冗余度的组合。典型的冗余度压缩方法有:Huffman 编码、游程长度(Run-length)编码、Lempel-Ziv 编码、算术编码和 Fano-Shannon 编码等。

熵压缩是在允许一定程度失真的情况下的压缩,这种压缩可能会有较大的压缩比,但损失的信息是不能再重新恢复的。熵压缩的具体方法有预测编码、变换编码、分析一综合编码等。

具体对音频(语音)信号和图像信号的压缩方法及技术归纳如下:

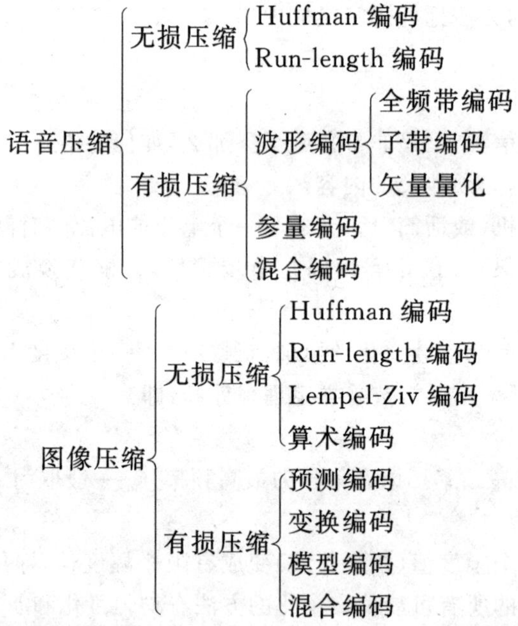


下面简单介绍几种数据压缩技术。

### 8.2.1 Lempel-Ziv 编码

Lempel-Ziv 编码(LZ 算法)是目前各种 Modem 和计算机数据压缩软件 ZIP 常采用的算法,应用非常广泛。

LZ 算法使用定长代码表示变长的输入,而且 LZ 代码具有适应性,它可根据输入信息属性的变化对代码进行分配、调整。LZ 算法对于用 Modem 传输文本的信息特别合适。

LZ 算法被用来对字符串进行编码,为此,在传输及接收方都要对有同样代码串的字典进行维护。当有字典中的串被输入传输方时,就以相应的代码代替该串;接收方接收到该代码后.就以字典中对应的串来代替该代码。在进行传输时,新串总被加入到传输方和接收方的字典中,而旧的串就被删除掉了。

为了描述方便,先根据标准注释定义几个参量:

C1:下一个可得的未用代码字。

C2:代码字的大小,默认值为 9bit。

N2:字典大小的最大值=代码字数=$2^{C_2}$。

N3:字符大小,默认值为 8bit。

N5:用于表示多于一个字符的串的第一个代码字。

N7:可被编码的最大串长度。

在这个字典中总是包含着所有单字符的串及一些多字符的串。因为有这种总是将新串加入字典的机制,所以对于字典中的任一多字符的串,它们开始部分的子串也在字典中。例如,如果串 MZOW 在字典中,它有一个单代码字,则串 MZO 及 MZ 也都在这个字典中,它们都有相应的代码字,在逻辑上可将这个字典表示为一个树的集合,其中每个树根都与字母表中的一个字符相应。所以在默认条件下(N3=8bit),集合中就有 256 棵树,该例示于图 8-1 中,每一棵树都表示字典中以某一字符开始的串的集合,每一节点都表示一个串,它所包含的字符可由从根开始的路径定义出。图 8-1 中的树表示以下的串在字典中:A,B,BA,BAG,BAR,BAT,BI,BIN,C,D,DE,DO 及 DOG。

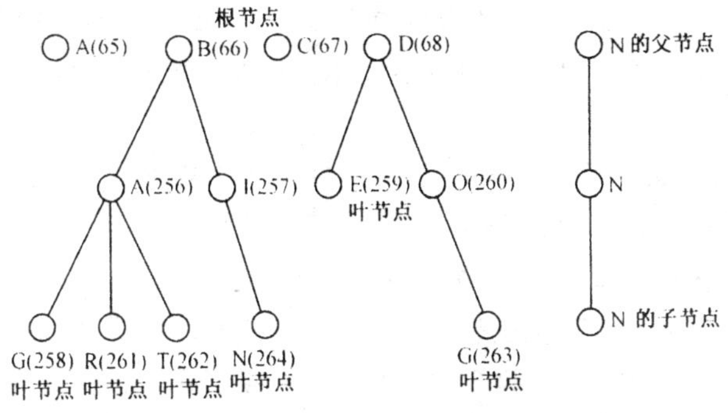


**图 8-1　LZ 字典基于树的表示图**

所插入的数字又为相应串的字符码。单字符串的字符代码就是该字符的 ASCII 码。对于多字符串,其可得的第一个代码就是 N5,在本例中是 256。因此,对于一个 9bit 的代码,除了可表示 256 个单字符串外,还可表示 256 个多字符串。

LZ 算法主要由 3 部分组成。

①串匹配及编码。

②将新串加入到字典中。

③从字典中删除旧串。

LZ 算法总是将字典中最长的匹配字符串与输入进行匹配。传输方将输入划分为字典中的串,并将划分好的串转换为相应的代码字。因为所有的单字符串总在字典中,所以所有的输入都可划分为字典中的串,当接收方接收到这一代码字流后,将每个代码字都转换为对应的字符串。该算法总是在搜索,将搜索到的新串加入到字典中,将以后可能不再出现的旧串从字典中删除掉。

那么能否将一个新串加入到字典,关键要看字典是否是满的。通常传输方都要保留一个变量 C1,作为下一个可得的代码字。当系统进行初始化时,C1=N5,它是全部单字符串被赋予的第一个值，通常情况下，C1 以值 256 开始，只要字典为空，当一个新串被赋予代码值 C1 后，C1 自动加 1。

如果字典已满，就要采用循环检测的过程，选出可能不再出现的旧串并删除。

### 8.2.2 Huffman 编码

Huffman(哈夫曼)编码是根据字符出现的频率来决定其对应的比特数的，因此这种编码也称为频率相关码。通常，它给频繁出现的字符(如元音字符及 L、R、S、T 等字符)分配的代码较短。所以在传送它们时，就可以减少比特数，达到压缩的目的。

下面举例说明 Huffman 编码的思想。设一个数据文件字符、对应频率及 Huffman 编码如下。

$$\begin{pmatrix} \text{A} & \text{B} & \text{C} & \text{D} & \text{E} \\ 25\% & 15\% & 10\% & 20\% & 30\% \\ 01 & 110 & 110 & 10 & 00 \end{pmatrix}$$

假定 0111000 1110 110 110 111 为 Huffman 码，我们知道，使用固定长度的编码有一个好处，即在一次传输中，总是可以知道一个字符到哪里结束，下一个字符在哪里开始。比如说，在传输 ASCII 代码时，每 8 个数据比特定义一个新的字符，哈夫曼编码则不然。那怎样解释哈夫曼编码的比特流呢？怎么知道一个字符结束和下一个字符开始的确切位置呢？

为解决上述问题，哈夫曼编码具有无前缀属性(No-Prefix Property)的特性。也就是说，任何字符的代码都不会与另一个代码的前缀一致。比如，A 的哈夫曼编码是 01，那么绝不会有别的代码以 01 开始。

站点是这样恢复 Huffman 码的。当一个站点接收到比特时，它把前后比特连接起来构成一个子字符串。当子字符串对应某个编码字符时，它就停下来。在上面字符串的例子中，站点在形成子字符串 01 时停止，表明 A 是第一个被发送的字符。为了找到第 2 个字符，它放弃当前的子字符串，从下一个接收到的比特开始构造一个新的子字符串。同样，它还是在子字符串对应某个编码字符时停下来。这一次，接下来的 3 比特(110)对应字符 B。注意在 3 个比特都被收到之前，子字符串不会与任何哈夫曼编码匹配。这是由 Huffman 码无前缀属性所决定的。站点持续该动作直到所有的比特都已被接收。则站点收到的代码的字符串是 ABECADBC。

创建一个 Huffman 编码一般有 3 个步骤：

①为每个字符指定一个只包含 1 个节点的二叉树。把字符的频率指派给对应的树，称之为树的权。

②寻找权最小的两棵树。如果多于两棵，就随机选择。然后把这两棵树合并成一棵带有新的根节点的树，其左右子树分别是所选择的那两棵树。

③重复前面的步骤直到只剩下最后一棵树。

结束时，原先的每个节点都成为最后的二叉树的一个叶节点。和所有的二叉树一样，从根到每个叶节点只有一条唯一的路径。对于每个叶节点来说，这条路径定义了它所对应的哈夫曼编码。规则是，对每个左子节点指针指派一个 0，而对每个右子节点指针指派一个 1。

仍以上面的例子说明如何建 Huffman 码树。

图 8-2 是一个创建 Huffman 编码的过程图。其中图 8-2(a)是初始树。字母 B、C 对应的树权最小，因此把它们两个合并起来，得图 8-2(b)。第二次合并有两种可能：或者把新生成的树和 D 合并起来，或者把 A 和 D 合并起来。可随意地选择第一种，图 8-2(c)显示了结果。持续该过

程最终将产生图 8-2(e)中的树。从中可以看到，每个左子节点指针分配一个 0，每个右子节点指针分配一个 1。沿着这些指针到达某个叶节点，就能得到它所对字符的哈夫曼编码。

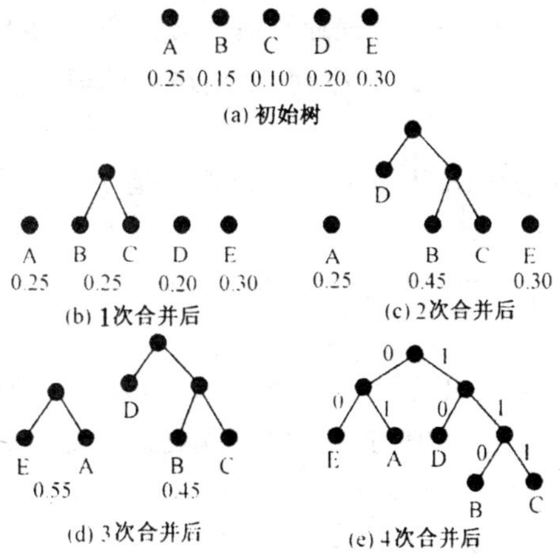


**图 8-2　合并 Huffman 树**

由图 8-2(e)可以得出每个字母对应的编码：A，01；E，00；D，10；B，110；C，111。这与本节开始举例时假定的编码一致。

### 8.2.3　相关编码

上面介绍的两种压缩技术都有它们各自的应用，但针对某些情况，它们的用处不大。一个常见的例子是视频传输，相对于一次传真的黑自传输或者一个文本文件，视频传输的图像可能非常复杂。也许除了电视台正式开播前的测试模式以外，一个视频图像是极少重复的。前面的两种方法用来压缩图像信号希望不大。

尽管单一的视频图像重复很少，但几幅图像间会有大量的重复。所以，尝试不把每个帧当做一个独立的实体进行压缩，而是考虑一个帧与前一帧相异之处。当差别很小时，对该差别信息进行编码并发送，具有潜在价值。这种方法称为相关编码(Relative Encoding)或差分编码(Differential Encoding)。

其原理相当简单明了。第一个帧被发送出去，并存储在接收方的缓冲区中。接着发送方将第二个帧与第一个帧比较，对差别进行编码，并以帧格式发送出去。接收方收到这个帧后，把差别应用到它原有的那个帧上，从而产生发送方的第二个帧，然后把第二个帧存储在缓冲区，继续该过程不断产生新的帧。

相关编码在对视频图像数据压缩时，特别是在会议实况转播时，非常有效。因为常常会议的背景都一样，仅是演讲者个别还在变化，所以采用相关编码，能使数据量得到非常大的压缩。

### 8.2.4　游程编码

游程编码主要适用于各种连续重复字符多的场合。例如，对于由 1 和 0 组成的二进制数字串，其压缩率可能较高。压缩率是未被压缩的数据量(长度)与已被压缩的数据量(长度)之比。

游程编码的基本原理是用一个特殊字符组来代替序列中每个长的游程。这个特殊字符组一般由三部分组合而成：

第一部分：标号——压缩标志，表示其后面使用压缩。

第二部分:字符——表示要压缩的对象(字符)。

第三部分:数字——表示压缩字符的长度。

对于 aaaaaaabbbcdefffff 序列,进行游程编码后为 $S_c$a7$S_c$b3cde$S_c$f5,压缩比为 3∶2。

对111111111000000001010000 111111序列,采用游程编码后为 $S_c$19$S_c$08101$S_c$04$S_c$16,数据压缩比为 2∶1。特殊标号用 $S_c$表示,认为第三部分数字是 1 位十进制数,如果要压缩的数目超过 9,则可采用分段压缩的方法。例如

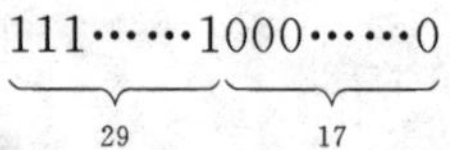

采用游程压缩,依据上面的假定,可压缩为:$S_c$19$S_c$19$S_c$1911$S_c$09$S_c$08。

当然,实际中第一部分和第三部如何选定,要根据具体压缩的数据源的游程统计特性,以及实际需要来确定。这里仅是示意而已。

衡量一个数据压缩方法的优劣,主要要看该压缩方法的压缩效率如何。压缩率也称为压缩比,即

数据压缩比=压缩前长度(数据量)∶压缩后长度(数据量)

另外,压缩技术的硬件实现难易程度,软件实现压缩时耗费的时间等,也是评价的方面。

# 8.3 数据通信复用技术

## 8.3.1 多路复用概述

1. 多路复用的必要性

数据通信系统经常需要在两地间同时传输多路信号,最简单的方法是使用多条线路,每条线路传输一路信号,但该方法会造成传输系统效率和资源的巨大浪费,因为传输介质作为通信网络的重要基础设施,在整个通信网投资中占很大比例。考虑到传输介质带宽通常远高于所传输的一路音频或视频信号需要的带宽,如果仅传输一路信号,显然造成极大的资源浪费,经济上、工程上也难以承受。

为更有效地利用传输系统,诞生了多路复用技术,它能在同一传输介质上“同时”传输多路信号,显著提高系统传输能力,扩大容量、降低成本,实质是物理信道的共享。多路复用技术通过将彼此无关的低速率信号按一定的方法和规则合并成一路复用信号,并在一条公用信道传输,到达接收端后再进行分离,包括复合、传输和分离 3 个过程,如图 8-3 所示。

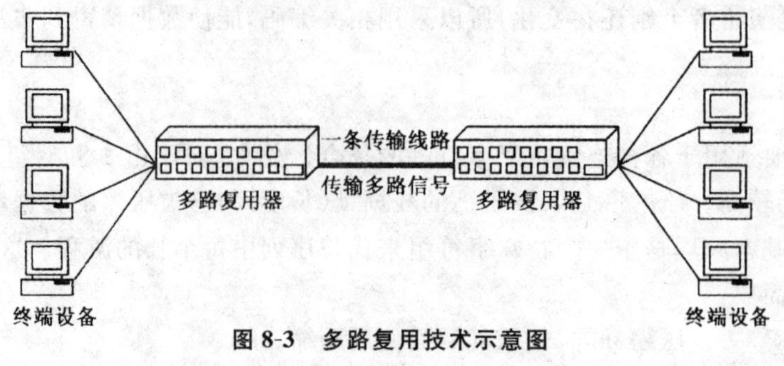


图 8-3　多路复用技术示意图

(1)有线通信方面

早期,一对传输线只能传输一路电话,效率极低。载波电话的发明使一对传输线可传输两路电话,线路利用率提高了1倍。此后又开发了3路、12路、60路载波电话等,使线路传输能力提高了几倍、几十倍。同轴电缆载波系统更使通信容量提高到几千路、上万路。20世纪70年代后期,光纤通信开始使用,一条光纤就可以通数千路、几万路电话。WDMA甚至实现了一根光纤开通几十万路电话,且还在继续提高,其通信容量发展异常迅猛,而这些都是多路复用技术的成果。

(2)无线通信方面

20世纪30年代初,无线通信中就使用了多路复用技术;20世纪40年代以后,微波通信中更广泛地应用该技术;20世纪80年代,模拟调频微波通信容量已达1800～2700路;20世纪80年代末发展起来的数字微波通信,多路复用的容量更高。1965年后,卫星通信发展很快,到20世纪90年代,新的卫星通信系统应用多路复用技术,可承载约35000路电话和多个电视节目的传输,显著提高了系统的通信容量。

数据通信系统中广泛使用多路复用技术,主要源于两方面原因:数据传输速率越高,传输系统的性价比越高,对给定的传输设备和传输介质,单位带宽费用随传输数据率的提高而降低;多数通信设备要求达到的数据传输率并不高。

2. 多路复用的基本原理

多路复用理论依据是信号的分割原理。实现信号分割的基础是信号间的差别,这种差别可以体现频率、时间等参量上。当物理信道的可用带宽超过单个原始信号所需的带宽时,可将该物理信道的总带宽分割成若干个固定带宽的子信道,并利用每个子信道传输一路信号,达到多路信号公用一个信道,或多路信号组合在一条物理信道传输的目的,充分利用了信道的容量。

具体而言,各路信号在进入同一有线、无线传输媒质前,先把它们调制为互相不会混淆的已调制信号,通过多路复用器汇集到一起,然后进入传输媒质传输到对方;接收设备端的多路复用器用解调技术对这些信号加以区分,并使它们恢复成原来的信号,再将其分别发送给多个用户,达到多路复用的目的。其基本原理如图8-4所示。

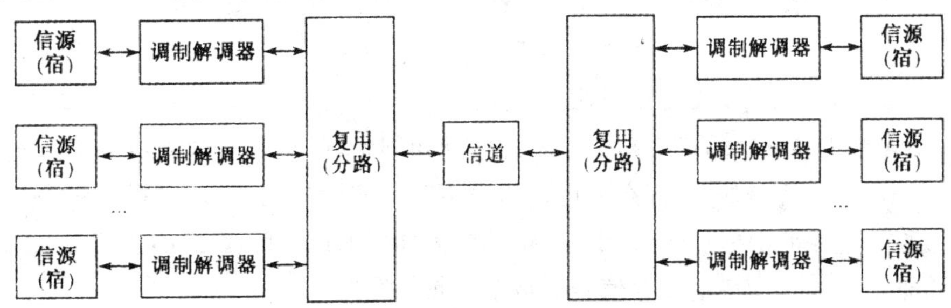


**图8-4　多路复用基本原理**

3. 多路复用的本质

多路复用的本质是研究如何将有限的通信资源在多个用户间进行有效切割、分配,在保证多用户通信质量的同时尽可能地降低系统的复杂度并获得较高系统容量的技术。其中,对通信资源的切割与分配就是对多维信号空间的划分,在不同的维度上进行不同的划分就对应着不同的多路复用,常见的维有信号时域、频域等。信号空间划分的目标是使得各用户信号在所划分的维上达到正交,这样用户就可共享有限的通信资源而不会相互干扰。实际应用时,不同用户间的信号往往难以完全正交，只能做到准正交。常用的多路复用技术有 FDMA、TDMA、CDMA、WDMA 等，下面分别介绍这些复用技术的原理、特点及应用。

### 8.3.2 频分多路复用(FDMA)

1. FDMA 概述

按频率分割信号的方法称为频分复用，是模拟通信的主要手段。基本原理：不同传输媒体具有不同的带宽，FDMA 对整个物理信道的可用带宽进行分割，并利用载波调制技术实现原始信号的频谱迁移，使得多路信号在整个物理信道带宽允许的范围内实现频谱上的不重叠，实现一个信道的公用。

为防止多路信号间的相互干扰，使用隔离频带来分隔各子信道。具体过程：信道的可用频带被分成若干互不交叠的频段，每路信号用其中一个频段传输，用带通滤波器(BPF)将它们分别滤出来，然后依次解调接收，再经低通滤波器(LPF)还原为原始信号。FDMA 原理框图如图 8-5 所示。

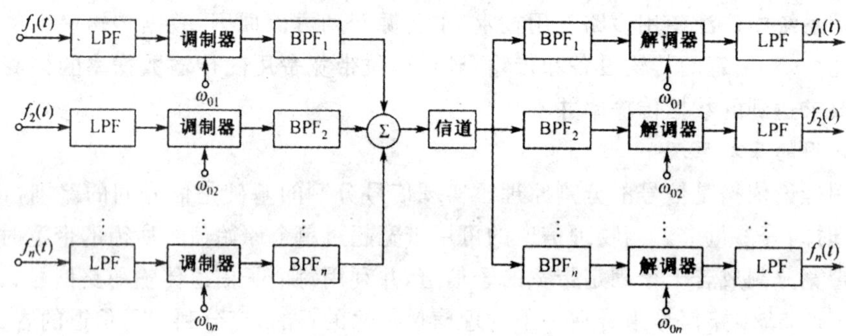


**图 8-5 FDMA 原理框图**

由于发送端并非严格的限带信号，各路信号首先经过低通滤波，以便限制各路信号的最高角频率 $\omega_m$，然后对各路信号进行线性调制。各调制器载波频率不同。选择载频时，应考虑到边带频谱的宽度。同时，为防止邻路信号间相互干扰，应留有一定保护频带，即

$$f_{c(i+1)} = f_{ci} + (f_m + f_p), i = 1,2,\cdots,n$$

式中，$f_{ci}$ 与 $f_{c(i+1)}$ 分别为第 $i$ 路与 $i+1$ 路载频频率，$f_m$ 为每路最高频率，$f_p$ 为邻路间保护频带。

邻路间保护频带 $f_p$ 越宽，则邻路信号干扰指标相同情况下，对带通滤波器的要求就可以宽一些，但占用的总频带要增加，对提高信道复用率不利。实际应用时，通常提高带通滤波器的性能指标，尽量减小邻路间的保护频带 $f_p$。各路已调信号相加送入信道之前，为避免它们的频谱重叠，还要经带通滤波。信道传输 $n$ 路信号的最小总频带宽度

$$B_n = (n-1) \times (f_m + f_p) + f_m$$

2. FDMA 的特点

FDMA 是应用最早的一种多路复用技术，主要用于模拟通信系统，如电话通信、卫星通信、广播电视、第一代移动通信等。优点是技术成熟，易于实现，能充分利用信道带宽。但存在以下局限性：信道的非线性失真改变了实际的频率特性，易造成邻路信号干扰；保护频带占用一定的信道带宽，降低了信道复用率；所需设备随复用数量的增多而增加，小型化困难；不能提供差错控制技术。

3. FDMA 的应用

(1)电话系统

FDMA 最典型的应用是话音信号频分多路复用载波通信系统。通话用户发出的声音频率结构不完全相同，但频谱能量主要集中在 300～3400Hz，滤波器将每个话音信号的带宽限制在 3100Hz 左右，当多个通道被复用在一起时，每个通道分配 4kHz 的带宽，以使彼此频带间隔足够远，防止出现串音。一个实际的分级结构系统框图如图 8-6 所示。

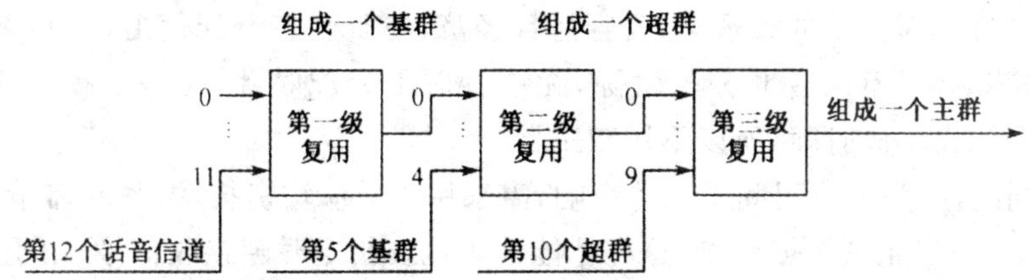


**图 8-6　多路载波电话分级结构系统框图**

(2)CATV

FDMA 的另一个应用是有线电视(CATV)。目前，CATV 传输介质使用宽带同轴电缆，特性阻抗为 75Ω，传输带宽 500MHz。每个电视频道仅需 6MHz 传输带宽，理论上一条同轴电缆可同时承载 83 个电视频道。由于需要保护频带，实际应用时小于这个理论值。

### 8.3.3　时分多路复用(TDMA)

1. TDMA 概述

TDMA 指信道达到的数据传输率大于各路信号的数据传输率总和时，可以将使用信道的时间分成一个个的时间片(时隙)，按一定规则将这些时间片轮流分配给各路信号，每路信号只能在特定时间片内独占信道传输，所以信号间不会互相干扰。该技术主要用于数字通信。

由抽样理论可知，抽样能将时间上连续的信号变成离散信号，其在信道上占用时间的有限性为多路信号沿同一信道传输提供了条件。具体说，就是把时间分成一些均匀的时隙，将各路信号的传输时间分配在不同的时隙，达到互相分开、互不干扰的目的。图 8-7 为 TDMA 示意图。各路信号加到快速、重复、匀速旋转的电子开关 $K_1$，即可实现对各路信号的周期性抽样。可以看出，发端分配器起抽样和复用合路的作用。合路后的抽样信号经量化、编码，通过信道传输；收端将接收的信号解码，由收端分配器(电子开关 $K_2$)依次接通每路信号，再经低通平滑，重建原始信号，故收端的分配器起 TDMA 的分路作用。

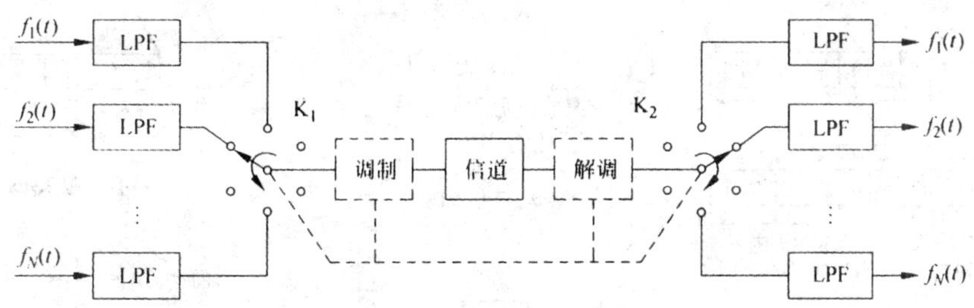


**图 8-7　TDMA 示意图**

TDMA 的同步技术包括位同步和帧同步。图 8-7 中，为保证正常通信，收端、发端电子开关 $K_1$、$K_2$需同频、同相：同频指 $K_1$、$K_2$旋转速度完全相同；同相指发端电子开关 $K_1$连接第一路信号时，收端电子开关 $K_2$ 也须连接第一路，否则收不到本路信号。因此，收端、发端应严格同步。

2. TDMA 的特点

TDMA 广泛应用于数字通信系统，许多模拟通信的信号传输也采用。有些系统综合采用 FDMA＋TDMA，如全球移动通信系统（GSM）采用 FDMA 信道，并将其分割成若干时隙，用于 TDMA 传输。

TDAM 的优点：抗干扰能力强，避免了 FDMA 固有的互调干扰；不存在频率分配问题，对时隙的管理、分配通常比对频率的管理、分配容易且经济，便于动态分配信道，故频谱利用率高；采用语音检测等技术，实现有语音时分配时隙，无语音时不分配时隙，进一步提高系统容量；TDMA 的发射、接收均在不同时隙，所以不用双工器。

TDMA 的局限性：为消除码间干扰的影响，需采用自适应均衡技术；系统需精确定时、同步，保证各终端的信号不发生重叠或混淆，这样才能准确地在指定时隙接收信号；用于同步控制的开销较大，往往也是比较复杂的技术难题。

3. PCM30/32 系统

为提高传输网络利用率，通信系统常采用各种多路复用技术，如 FDMA、TDMA 等。我国电话通信采用的是 PCM30/32 系统，称为基群或一次群。根据前面的介绍，TDMA 基本原理是将时间分割成若干时隙（TS），每路信号分配一个时隙，帧同步码和其他业务信号、信令信号等分配 1～2 个时隙，这种按时隙分配的重复性比特即为帧结构。由于 PCM 基群的话路只占用 30 个时隙，而帧同步码及每个话路的信令信号码等非语音信息占用 2 个时隙，因此这种帧结构的基群称 PCM30/32 系统。

根据原 CCITT 的建议，PCM 基群系统帧结构如图 8-8 所示。PCM30/32 基群的最大帧结构是复帧，1 个复帧内有 16 个子帧，编号 $F_0$、$F_1$、…、$F_{15}$，称 $F_0$、$F_2$、…、$F_{14}$ 为偶帧，$F_1$、$F_3$、…、$F_{15}$ 为奇帧，每帧 32 个时隙（$TS_0$、$TS_1$、…、$TS_{31}$）。PCM 帧周期 TS＝125μs，每个时隙 8b，构成一个码字。当某一时隙用于传输语音信号时，该时隙传输抽样频率 8kHz，则每路码率为 8b×8kHz＝64 kbps。PCM30/32 路系统的总码率为 8000 帧/s×32 路时隙/帧×8b/路时隙＝2048kbps。

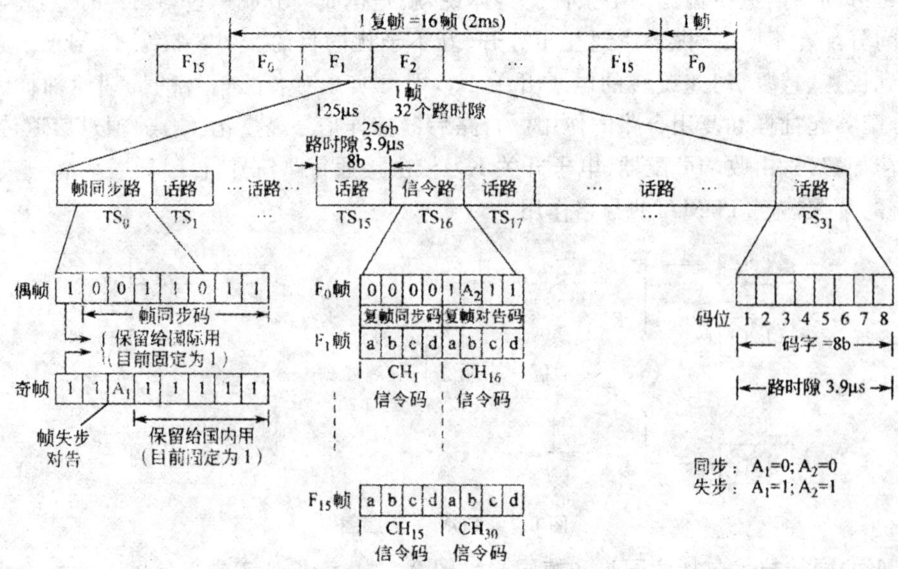


图 8-8　PCM30/32 路帧结构

当然，各时隙也可传输非语音编码的数字信号。

图 8-8 中，32 个时隙的构成如下。

①偶帧 $F_0$、$F_2$、…、$F_{14}$ 的 $TS_0$ 用于传输帧同步码，码型为 0011011。

②奇帧 $F_1$、$F_3$、…、$F_{15}$ 的 $TS_0$ 用于传输帧失步对告码等。

③每一子帧 $TS_0$ 的第 1 比特用于 CRC 校验码，不用时为“1”。

④$TS_1$、$TS_2$、…、$TS_{15}$ 及 $TS_{17}$、$TS_{18}$、…、$TS_{31}$ 共 30 个时隙用于传输第 1～30 路语音信号。

⑤$TS_{16}$ 用于传输复帧同步信号等。当 $TS_{16}$ 用于传输随路信令时，它的安排是子帧 $F_0$ 的 $TS_{16}$ 时隙用于传输复帧失步对告码及复帧同步码，子帧 $F_1$ 的 $TS_{16}$ 时隙传输第 1 路和第 16 路的信令信号，$F_2$ 子帧的 $TS_{16}$ 时隙传输第 2 路和第 17 路信令信号，依此类推。每一子帧内的 $TS_{16}$ 时隙只能传输 2 路信令信号码，这样 30 路的信令信号传输一遍需要 15 个子帧的 $TS_{16}$ 时隙，每个话路信令信号码的重复周期为一个复帧周期。复帧同步码为“0000”，为避免出现假复帧同步，各话路的信令信号比特 abcd 不可同时为“0”：如果目前 d 比特不用，此时要固定发“1”；如果 bcd 均不用，要固定发“101”。目前所用的基群设备，$TS_{16}$ 一般用于传输随路信令信号。PCM30/32 路系统帧结构时隙分配如图 8-9 所示。

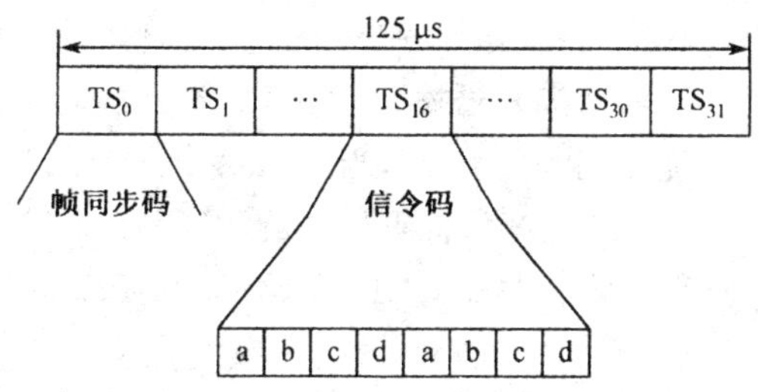


图 8-9　PCM30/32 路系统帧结构时隙分配

4. 时分多路复用器

时分多路复用器的输入可以是不同速率的数字信号。为了把这些低速异步数字信号变为与时分复用器时钟同步的信号，必须使用速率适配技术，即先将各路输入信号经由速率适配器后再送到复用器。其实，速率适配器为终端到复用器的发送和接收数据提供了必要的缓冲和控制功能。借助在速率适配器内的缓冲器或存储器，来补偿终端与复用器运行速率上的差异。TDNIA 常用的速率适配方法有采样法、跃变编码法和止码元调整法 3 种。采用采样法和跃变编码法的 TDMA 系统，输入数据速率和字符结构不受限制，属于系统透明，码型、速率独立的 TDMA；止码元调整法利用字符止码元进行速率适配，对不同速率、不同字符结构的数据信号，复用设计各不相同，属于系统不透明，码型、速率相关的 TDMA。ITU-T 已作出的有关时分复用器的建议有 R. 101、R. 102、R. 111、R. 112、X. 50 和 X. 51 等。

通常，TDMA 系统适用于“点一点”通信，能为用户提供向低速率混合的通信线路，这给网络设计与终端选择带来了很大的灵活性。而 FDMA 系统仅用于低速终端，适合于多点结构通信，即只通过一条多点线路为相距很远的多个终端提供最经济的服务。显然，所用的系统类型受终端、所处的地理位置和传输速率等因素的限制，实际应用时常将 TDMA 与 FDMA 混合使用，以提供更好的服务。

### 8.3.4 码分多路复用(CDMA)

1. CDMA 概述

CDMA 是将每个信道作为编码信道实现传输的技术。它为每个用户分配一个独特的“码序列”,因基于不同“码序列”区分各用户,故称“码分多路复用”。由于每个信道都有各自的代码,因此可在同一信道传输,实现信道复用,为解决有限频带与用户数量之间的矛盾提供了有力手段。作为一种先进的复用技术,CDMA 原为军方通信开发,美国高通(Qualcomm)公司解决了 CDMA 中至关重要的功率控制问题。

目前,CDMA 已广泛应用于移动通信、卫星通信等,具有 FDMA、TDMA 无可比拟的优点。但卫星通信和移动通信的带宽问题限制了 CDMA 技术优势的发挥。光纤通信具有丰富的带宽,能很好地弥补带宽限制的缺陷,故光 CDMA(OCDMA)成为近年来备受瞩目的热点技术。

2. CDMA 的原理

CDMA 信道从频域或时域看都是重叠的,可占有相同频段和时间。CDMA 中,每一比特时间被分割成 $m$ 个($m$ 通常为 64 或 128)短的码片。每个站使用一个唯一的 $m$ 位码片序列。发送站传输数字“1”时,就发送该码片序列;发送数字“0”时,发送该码片序列的反码。这样就实现了站点传输码型的唯一性。接收站需已知发送站码片序列,才可从复合信号中将发送站的信号分离出来。例如,A 站使用 8b 码片序列 00010011,当 A 站发送“1”时,发送序列 00010011;如 A 站发送“0”,发送序列 11101100。为表达方便,将码片中的“0”用“−1”表示、“1”用“+1”表示,则 A 站的码片序列表示为−1−1−1+1−1−1+1+1。4 路 CDMA 原理框图如图 8-10 所示。

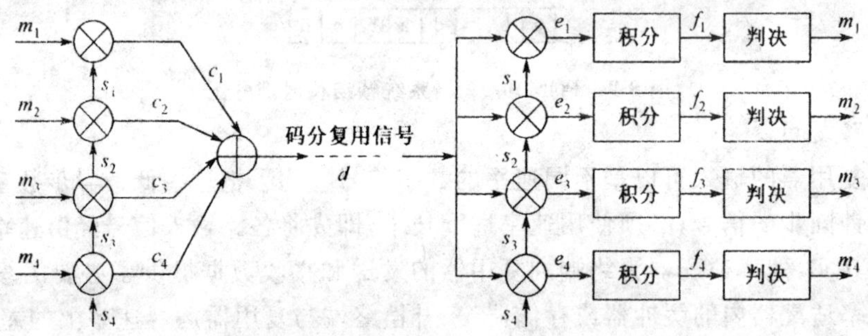


图 8-10 4 路 CDMA 原理框图

3. CDMA 的特点

CDMA 主要特点如下:

①CDMA 系统的许多用户共享同一频率。

②通信容量大。理论上,信道容量完全由信道特性决定,但实际的系统很难达到理想情况,故不同的多址方式通信容量各异。CDMA 是干扰限制性系统,任何干扰的减少都直接转化为系统容量的提高。因此,降低干扰功率的话音激活技术等可以自然地用于提高系统容量。

③容量的软件性。FDMA 和 TDMA 中同时可接入的用户数是固定的,无法再多接入任何一个用户。CDMA 系统中,增加用户只会使通信质量略有下降,通常不会出现阻塞现象。

④由于信号被扩展在一个较宽频谱上,可以减少多径衰落。如果频谱带宽比信道的相关带宽大,则固有的频率分集将减少快衰落。

⑤CDMA 系统中,信道数据速率很高,因此,码片时长很短,通常比信道的时延扩展小得多,

因为序列有低的自相关性，所以大于一个码片宽度的时延扩展部分，可受到接收机的自然抑制。另一方面，如采用分集接收最大合并比技术，可获得最佳的抗多径衰落效果。而TDMA系统中，为克服多径造成的码间干扰，需要用复杂的自适应均衡，均衡器的使用增加了接收机复杂度。

⑥低信号功率谱密度。CDMA系统中，信号功率被扩展到比自身频带宽度宽百倍以上的频带范围，功率谱密度显著降低，由此可得到两方面的好处：一是具有较强的抗窄带干扰能力，二是对窄带系统的干扰很小，有可能与其他系统公用频段，使有限的频谱资源得到更充分的使用。

CDMA系统存在两方面问题：一个是来自非同步CDMA网中不同用户的扩频序列不完全正交，这与FDMA和TDMA不同，FDMA和TDMA具有合理的频率保护带或保护时间，接收信号近似保持正交，CDMA对这种正交性难以保证，会引起各用户间的相互干扰——多址干扰；另一个问题是"远－近"效应，指多个移动用户共享同一信道时，由于各用户位置动态变化，基站接收到的各用户信号功率相差很大，即使各用户到基站距离相等，深衰落的存在也会使到达基站信号各不相同，强信号对弱信号有着明显的抑制作用，会使弱信号的接收性能很差，甚至无法通信，这种现象称"远－近"效应。为解决该问题，CDMA通过对每个用户功率的调整，使得每个用户到达接收机的能量相等，相互间干扰基本一致。

4. FDMA、TDMA、CDMA的比较

①FDMA把可使用的频段划分为若干占用较小带宽的频道，这些频道在频域上互不重叠，各频道都是独立信道，分配给相应用户。接收设备使用带通滤波器，只允许指定频道的能量通过。该方式技术成熟，易于与模拟系统兼容，对信号功率控制要求较低；但系统设计需周密的频率规划，设备间易产生互调干扰。

②TDMA把时间分成周期性的帧，每帧再分割成若干时隙，且帧或时隙均互不重叠，这样每个时隙就是独立信道。然后根据一定的时隙分配原则，使各用户在每帧内只按指定的时隙传输信息。在满足定时和同步的条件下，通信终端只要在指定的时隙内接收，就能在合路的信号中把发给它的信号区分出来。

③CDMA既不分频道又不分时隙，信道靠采用不同的码型来区分。类似的信道属于逻辑信道，这些逻辑信道无论从频域或者时域来看都是相互重叠的，或者说它们均占用相同的频段和时间。

上述3种复用方式示意图如图8-11所示。可以看出：FDMA独占频率而共享时间，以不同频率信道实现通信；TDMA独占时隙而共享频率，以不同时隙实现通信；CDMA频率和时间资源均共享，以不同代码序列实现通信。

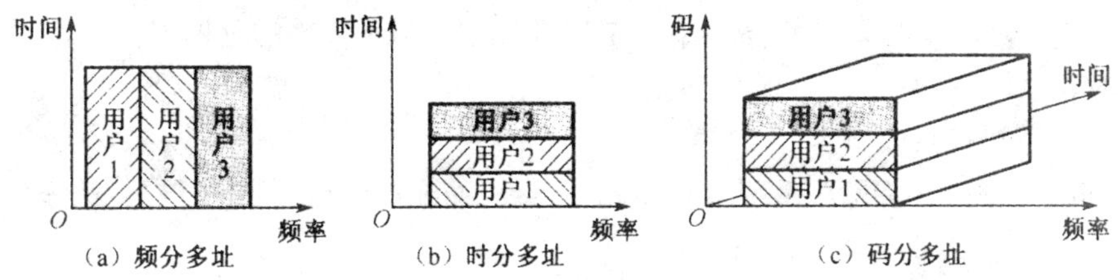


**图8-11　3种常用多路复用示意图**

### 8.3.5　波分多路复用(WDMA)

1. WDMA概述

WDMA与FDMA相似，称为光频分复用；但WDMA应用于光纤通信，传输光信号。由于

在光的频域上信号频率差别较大，多采用波长定义频率上的差别，故称 WDMA，其实质是利用光具有不同波长的特征。随着光纤的广泛使用，基于光信号传输的复用技术日趋受到重视。早期只能在一根光纤上复用 2 路光信号，技术的发展已能在一根光纤上复用 80 路甚至更多的光信号，这种真正多路的光信号的复用称为密集波分多路复用(DWDM)。

WDMA 发展迅速的主要原因：光电器件的迅速发展、成熟和商用化，使得 WDMA 成为可能；利用 TDMA 方式已接近半导体技术的极限，TDMA 已无太多潜力，且传输设备价格高，从电复用转移到光复用，即从光频上用各种复用方式来提高复用速率，是目前商用化最简单的光复用技术。

2. WDMA 的原理

WDMA 是为了充分利用光纤极其巨大的带宽资源，根据各信道光波频率或波长的不同，将光纤的低损耗窗口划分成若干信道，把光波作为信号载波。发送端，采用合波器(MUX)将不同波长的信号光载波合并起来经一根光纤传输；接收端，采用分波器(DEMUX)将这些不同波长、承载不同信号的光载波分开的复用方式。由于不同波长的光载波信号可看成互相独立，因而一根光纤中可实现多路光信号的复用传输。双向传输的问题也很容易解决，只需将两个方向的信号分别安排在不同波长传输即可。根据波分复用器不同，可复用的波长数各异，从几个至几十个，甚至上百个，现在商用化的一般是 16 波长、32 波长，这取决于所允许的光载波波长的间隔大小。WDMA 的系统结构图如图 8-12 所示。

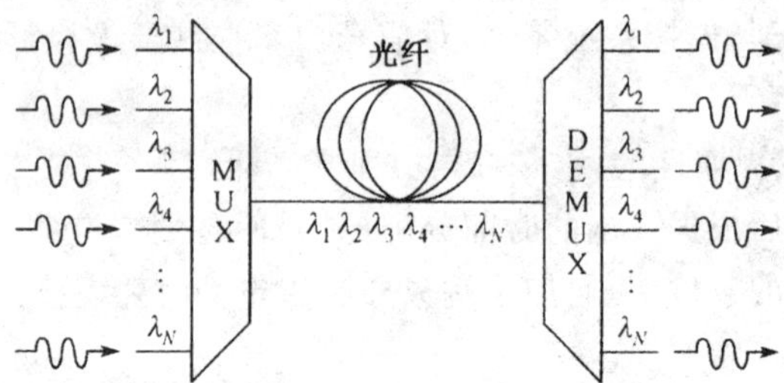


**图 8-12　WDMA 的系统结构图**

WDMA 的本质是光域上的频分复用 FDMA，每个波长通路通过频域的分割实现；根据波长 $\lambda$ 和频率 $f$ 的关系 $f=\frac{v}{\lambda}$($v$ 为光速)，对波长的分割实际上也是对频率的分割。但 WDMA 与 FDMA 有不同之处：传输介质不同，WDMA 是光信号的频率分割，而 FDMA 是电信号的频率分割；每个通路上，WDMA 传输的是高速率数字信号，而 FDMA 传输的是模拟信号。

3. WDMA 的特点

WDMA 的主要优点如下：

①系统可靠性高。WDMA 系统多采用光电器件，而光电器件可靠性很高，故系统可靠性有保证。

②超大容量传输。由于 WDMA 复用光通路速率可以为 2.5Gbps、10Gbps 等，复用光通路数量可为 4、8、16、32，乃至更多，因此 WDMA 的传输容量可达 300～400Gbps，甚至更大。

③节约光纤资源。例如，对 16 个 2.5Gbps 系统而言，单波长系统需 32 根光纤，WDMA 系统仅需 2 根。

④各信道透明传输，平滑升级、扩容。只要增加复用信道数量与设备就可以增加系统的传输容量以实现扩容。WDMA 各复用信道相互独立，故各信道可分别透明地传输语音、数据、图像

等不同业务信号，彼此互不干扰，给使用带来极大便利。

⑤可组成全光网络。全光网络是未来光纤传输网的发展方向。在全光网络中，各种业务的上下、交叉连接等都是在光路上通过对光信号进行调度来实现的，消除了光/电转换中电子器件的瓶颈。WDMA 可以与其他技术相结合组成高度灵活性、高可靠性、高生存性的全光网，以适应宽带传输网的发展需要。

WDMA 技术存在以下局限性：

①WDMA 是新的技术，其行业标准制定较粗略，不同商家产品互通性差，特别是在上层的网络管理方面。为确保 WDMA 在网络中的应用，需保证 WDMA 产品的互操作性及 WDMA 系统与传统系统间互连、互通。

②WDMA 的网络管理，特别是具有复杂上/下通路需求的 WDMA 网络管理尚未成熟。在网络中大规模采用时，需对 WDMA 进行有效的网络管理。

③一些重要光器件如可调谐激光器等的不成熟限制了光传输网的发展。通常光网络中需采用 4～6 个能在整个网络中进行调谐的激光器，但目前这种可调谐激光器尚难商用化。

总体而言，WDMA 把复用方式从电信号转移到光信号，显著提高传输速率，实现了光信号直接复用、放大，无需变换为电信号处理，且各波长彼此独立，对传输的数据格式透明，故 WDMA 技术的应用标志着光纤通信时代的“真正”到来。由于明显优势，对幅员辽阔的发展中国家而言，WDMA 技术推广、应用显得尤为重要。全光网络作为通信网的发展方向，可直接处理光信号，既简化网络结构，降低成本，又显著提高网络稳定性、可靠性。如果说 20 世纪的通信是电网络时代，21 世纪则是新颖的光网络时代。

## 8.4　数据通信交换技术

### 8.4.1　交换技术概述

交换是采用交换机或节点机等，通过路由选择技术在进行通信的双方之间建立物理的/逻辑的连接，形成一条通信电路，实现通信双方的信息传输和交换的一种技术。从数据通信资源分配的角度看，交换就是按照某种方式动态地分配传输线路资源的技术。它是数据通信通信系统的核心，具有强大的寻址能力，交换技术不仅解决了数据通信网络智能化问题，也促进了数据通信系统的发展。

1. 交换的必要性

通信网的目的就是保证用户能在任何时间、以任何方式、与任何地点的任何人、实现任何形式的信息交流。比如，两个人通话的最简单方式是各自拿话机，用一条通信线路连接起来实现通话，即最简单的“点一点”通信。但是，当有多个终端要实现相互间通信，采用上述两两之间通过传输线路分别连接的方法，显然难以实现。因为 $n$ 个用户彼此直连需要 $n\times(n-1)/2$ 条电路，即使只有 100 个用户的小单位，“端一端”直连也需要 4950 对线，这种终端间只通过传输线路两两互连的方法实现多个用户的通信显然不现实。

解决上述问题的方法是在用户分布区域的中心位置安装一个公共设备，各用户都直接接入该公共设备。某用户要与所选定的对象通信时，此公共设备能按发信用户的愿望，在这些用户间建立起承担所需通信业务的电路连接，以实现相互间的信息交流，并在通信结束后及时拆除这些电路连接。这种采用公共设备解决各用户间选择性连接的技术称为交换技术，承担各用户传输来的信息转接到其他用户终端的任务。多个交换节点组成的通信网如图 8-13 所示。各用户的通信终端不是两两互连，而是连到交换机上，由交换机完成用户终端间的通信连接；用户终端只需要一对线对与交换机相连。用户间通过交换设备连接方式使多个终端的通信成为可能。当然，一个交换机的容量和服务半径有限，随着用户的增多和通信范围的扩大，必须规划好交换节点的数量、分布和层次，配置好各节点交换机容量，组织好交换节点间的业务流量、流向和路由，即以各级交换节点为枢纽，传输链路做经纬，组织好通信网。可以说，通信网是由交换设备、传输设备和终端设备组成的。

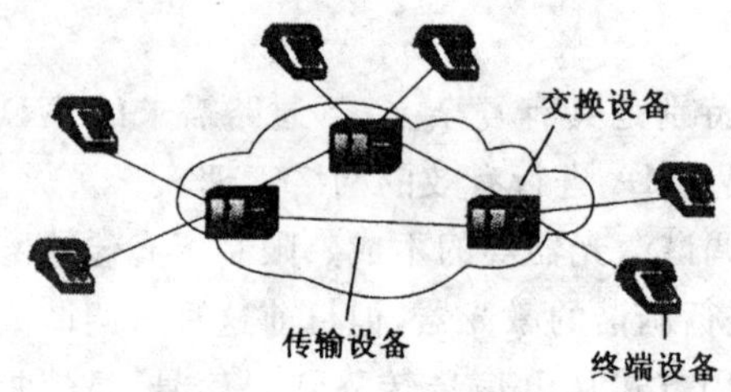


图 8-13　多个交换节点组成的通信网

对数据通信系统而言，交换是个相当重要的方面。用户的网络拓扑结构通常分为有交换的拓扑结构和无交换的拓扑结构两种。数据通信时，为避免建立多条“点一点”信道，必须使终端设备和某种形式的交换设备相连，通过交换中心集中和转送数据，能显著节省通信线路的投资。通信网的有效性、可靠性和经济性直接受网络所采用交换方式的影响。

2. 交换技术简史

美国人阿尔蒙·B. 史端乔于 1889—1891 年潜心研究一种能自动接线的交换机，并于 1891 年 3 月 10 日获得“步进制自动电话接线器”发明专利，1892 年 11 月 3 日在美国拉波特城投入使用，这是世界上第一个自动电话局。从此，电话通信跨入一个新时代。

电话交换由“机电”方式向“程控”演变，是 20 世纪电话通信的重大变革。程控交换利用计算机技术，由预先编好的程序来控制电话接续工作。1965 年 5 月，美国贝尔系统的 1 号交换机问世，它是世界上第一部程控电话交换机。1970 年，法国开通了世界上第一部数字程控交换机，采用时分复用技术和大规模集成电路。进入 20 世纪 80 年代，数字程控交换机开始普及。它与数字传输相结合，构成综合业务数字网，不仅实现电话交换，还实现传真、数据、图像通信等的交换，具有速度快、体积小、容量大、灵活性强、服务功能多、便于改变交换机功能、便于建设智能网等优点。数据通信网采用的交换方式有电路交换、报文交换、分组交换、帧交换、ATM 交换、网间互联协议(IP)、光交换等。其中，采用较多的是电路交换、报文交换和分组交换。

3. 通信交换系统基本结构

具有交换功能的网络称为交换网络，交换中心称为交换节点。通常，交换节点泛指网内的各类交换机，它具有为两个或多个设备创建临时连接的能力。不论是何种类型的交换节点，都是由交换网络、通信接口、控制单元以及信令单元等组成，如图 8-14 所示。从交换机内部连接功能看，交换的基本功能就是在任意的接口之间建立连接，这种建立连接的功能由交换系统内部的交换网络完成。

交换网络是由若干个交换单元按照一定的拓扑结构和控制方式构成的，也就是说交换单元是构成交换网络的最基本部件。按所交换信息类型的不同，可将交换网络分为数字交换网和模拟交换网。也可按照交换网络的工作原理分为空分交换网和时分交换网:如果交换网络入线、出线间建立的连接是一条实际的物理线路连接,则为空分交换网;如果交换网络入线、出线间建立的连接是基于时隙交换的,则为时分交换网。

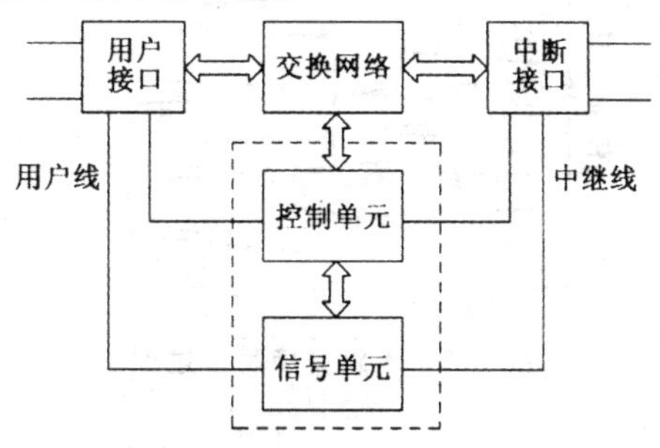


**图 8-14　交换节点组成**

①交换网络。交换网络主要是与硬件有关的交换结构,其基本功能是提供用户通信接口之间的连接,整个连接过程受控制单元的程序控制。

②通信接口。通信接口分用户接口和中继接口两种。

③控制单元。交换系统应能在程序控制下有条不紊地完成大量接续连接,以确保服务质量(QoS)。

### 8.4.2　电路交换技术

1. 电路交换概述

电路交换是最早用于信息通信的交换方式,是"端一端"通信的最简单方式。它为通信双方寻找并建立一条全程双向的物理通路供传输信号,直至通信结束。电路交换属于预分配电路资源系统,即一次接续期间,电路资源始终分配给一对用户固定使用,不管这条电路实际有无信息传输,电路总被占用,直到双方通信完毕拆除连接为止。数据通信网发展初期,根据电话交换原理发展了电路交换方式。

虽然建立电路连接所需呼叫时延较长,但信息传输阶段,信息交换除传播时延外,不需要中间交换节点的额外处理,故电路交换适用于高负荷的持续通信和实时性要求强的场合,尤其适合电话通信、文件传输、高速传真等交互式通信。电路交换最明显的缺点是:只要建立了一条电路,不管双方是否在通信,这条电路都不能改做他用,直到拆除为止。电话通信时,由于讲话双方总是一个在说、一个在听,电路空闲时间约 50%,考虑到讲话过程中的停顿,空闲还要多些,不过尚可以容忍。但数据通信时,由于人机交互时间长,空闲时间高达 90%,且当时数字中继线路昂贵,应用困难,因此电路交换不适合传输突发性、间断型数字信号的"计算机一计算机"、"计算机一终端"间的通信,于是诞生了新颖的分组交换方式。

2. 电路交换过程

图 8-15 所示为电路交换过程,具体包括线路建立、信息传输、线路释放。

(1)线路建立

发起方站点 A 向某终端站点 C 发送一个请求,该请求通过中间节点 B 传输至终点 C。如中间节点有空闲物理线路可用,则接收请求,分配线路,并将请求传输给下一中间节点,整个过程持续进行,直至终点;如中间节点没有空闲物理线路可用,整个线路的"串接"将无法实现。仅当通信的两个站点之间建立起物理线路之后,才允许进入信息传输阶段。线路一旦被分配,在未释放之前，其他站点将无法使用，即使某一时刻线路上并没有信息传输。

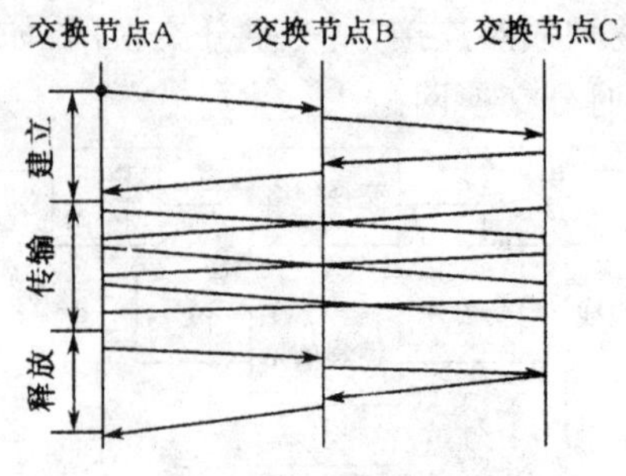


图 8-15　电路交换基本过程

(2)信息传输

在已经建立物理线路的基础上，A－C 站点间进行信息传输。信息既可以从发起方 A 站点传往响应方站点 C，也允许相反方向的传输。由于整个物理线路的资源仅用于本次通信，通信双方的信息传输延迟仅取决于电磁信号沿媒体传输的延迟。

(3)线路释放

当 A－C 站点间信息传输完毕，执行释放线路的动作。该动作可以由任一站点发起，线路释放请求通过途径的中间节点 B 送往对方，释放线路资源。

3. 电路交换的特点

电路交换主要优点如下：

①线路一旦接通，不会发生冲突。电路交换独占性使得线路建立之后、释放线路之前，即使无任何信息传输，通信线路也只有特定用户可以使用，不允许其他用户共享，故不会发生冲突。

②实时性好。一旦线路建立，通信双方的所有资源均用于本次通信，除有限的传输延迟外，不再有其他延迟，具有较好的实时性。

③电路交换设备简单，不提供任何缓存装置。对占用信道的用户而言，信息以固定的速率进行传输，可靠性和实时响应能力都很好。由于通信实时性强，适用于交互式会话类通信。

④用户信息透明传输，要求收发双方自动进行速率匹配。

电路交换存在以下局限性。

①建立线路所需时间长。通常需 10～20s，对电话通信尚可接受，但对计算机通信等就显得相当漫长。

②线路利用率较低。电路交换的外部表现是通信双方一旦接通便独占一条实际的物理线路，实质是在交换设备内部，由硬件开关接通输入线－输出线。由于电路建立后仅供通信双方使用，即使无信息传输，所建立的电路也不能被其他用户利用，因此线路利用率较低，尤其对具有突发性的计算机通信而言效率更低。

③对突发性通信不适应，系统效率低。与电话通信使用的模拟信号不同，计算机通信具有突发性、间歇性，数字信息在传输过程中真正使用线路的时间仅 1%～10%，因此电路交换不能适应网络发展需求。

④对数据通信系统而言，可靠性要求很高，而电路交换系统不具备差错控制的能力，无法发现并纠正传输过程中的错误。因此，电路交换方式达不到系统要求的指标。

⑤电路交换方式没有信息存储能力，不能平滑通信量，不能改变信息的内容，很难适应具有不同类型、不同规格、不同速率和不同编码格式的计算机之间，或计算机与终端间的通信。

### 8.4.3 报文交换技术

1. 报文交换概述

为克服电路交换方式传输线路利用率低等缺点，研究出报文交换方式。该交换方式中，收、发用户间不存在直接的物理信道。因此用户间无需建立呼叫，也不存在拆线过程。它将用户报文存储于交换机的存储器，当所需输出的电路空闲时，再将该报文发向接收交换机和用户终端。故报文交换又称“存储一转发”。这种“存储一转发”方式能有效提高中继线和电路利用率，实现不同速率、不同协议、不同代码终端间的数据通信。但该方式网络传输时延大，且占用大量存储空间，不适于安全性高、时延小的数据通信，常用于公众电报和 E-mail 等业务。其原理框图如图 8-16 所示。

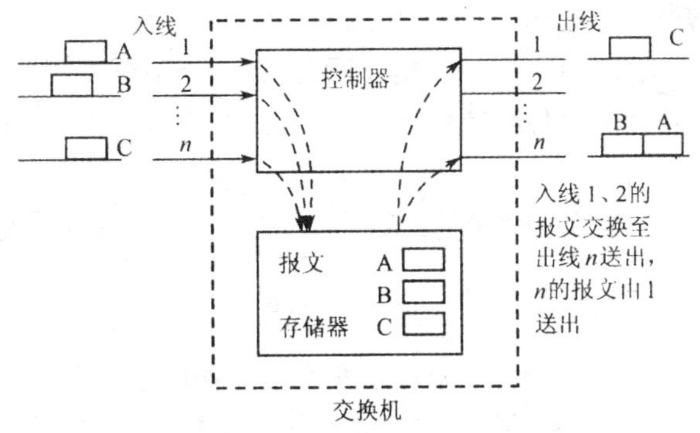


**图 8-16　报文交换原理框图**

报文交换基本原理：中间节点由具有存储能力的计算机承担，用户信息可暂时保存在中间节点上。报文交换无需同时占用整个物理线路。如果某站点希望发送一个报文，先将目的地地址附加在报文上，然后将整个报文传输给中间节点；中间节点暂存报文，根据地址确定输出端口和线路，排队等待线路空闲时再转发给下一节点，直至终点。

2. 报文交换的特点

在报文交换中，多个用户共享一条事先已存在的物理通路，但不要求通信源端与宿端间建立专用通路，这是它与电路交换本质的不同。报文交换属于“存储一转发”交换方式。

报文交换的优点：各链路传输速率可不同，不必要求两个端系统工作于相同的速率；传输中的差错控制可在各条链路上进行，不必由端系统介入，简化了端设备；由于采用逐段转接方式工作，任何时刻某报文只占用一条链路的资源，不必占用通路上的所有链路资源，且通信双方即使一直保持着通信连接关系，但只要不发送数据，就不占用任何通信资源，提高了网络资源的共享程度和利用率。

报文交换的局限性：由于“存储一转发”和排队，增加了数据传输的延迟；报文长度未做规定，报文只能暂存在磁盘上，磁盘读取占用了额外的时间；任何报文都必须排队等待，不同长度的报文要求不同长度的处理和传输时间；报文交换难以支持实时通信和交互式通信的要求；报文交换机要有高速处理能力和大的存储器容量，因此设备费用高。

### 8.4.4 分组交换技术

1. 分组交换概述

分组交换是在计算机技术发展到一定程度，人们除了打电话直接沟通，通过计算机和终端实现"计算机一计算机"间的通信,在传输线路质量不高、网络技术手段还较单一的情况下应运而生的一种交换技术。随着信息技术的迅猛发展,特别是计算机的广泛应用,对数据交换提出了更高的要求,主要包括:接续速度尽量快、时延小,适应用户交互通信要求;能适应不同速率的数据交换,以满足不同用户的需要;具有适应数据用户特性变化的能力,如多样化的数据终端和多样化的数据业务。但电路交换和报文交换难以满足上述要求。电路交换要求通信双方信息传输速率、编码格式、通信协议等完全兼容,限制了不同速率、不同编码格式、不同通信协议的双方进行通信;报文交换解决了不同类型用户间的通信问题,无需像电路交换那样在传输过程中长时间建立一条物理通路,可以在同一条线路上以报文为单位进行多路复用,显著提高了线路利用率,但时延较长,不适于实时及会话式通信,难以满足许多通信系统的交互性要求。分组交换将电路交换和报文交换的优点结合,较好地解决了上述问题。

分组交换也称包交换,它利用统计时分复用原理,将一条数据链路复用成多个逻辑信道,最终构成一条主叫、被叫用户之间的信息传输通路(称为虚电路),实现信息的分组传输。分组交换方式不以电路连接为目的,而是以信息分发为目的,要传输的信息不能直接送到线路,而是要先加工处理。进行分组交换的通信网称为分组交换网,所用的传输信道既可以是数字信道,也可以是模拟信道。

2.分组交换原理

分组交换采用"存储一转发"技术,但不像报文交换那样以报文为单位进行交换,而是将报文划分成有固定格式的分组进行交换、传输,每个分组按一定格式附加源与目的地址,分组编号、分组起始、结束标志、差错校验等信息,以分组形式在网络中传输。当分组以比特串形式传送至本地分组交换机后,不管是否接通目的地址设备,都先存储起来,然后检查目的地址,在本地分组交换机路由表中找到该目的地址规定的发送通路,按允许的最大发送速率转发该分组。同样,每个中转分组交换机均按此方式"存储一转发"各分组,直到将分组送到目的地的DTE。分组交换原理如图8-17所示。

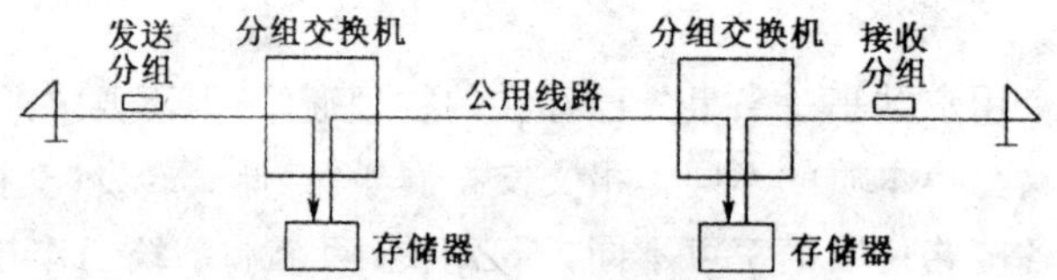


图8-17 分组交换原理示意图

图8-18表示分组的分解过程,这里的报文被分成3个分组,每个分组中的帧检验序列(FCS)表示用于分组差错控制的检验序列。分组是交换处理和传输处理的对象。接入分组交换网的用户终端设备有两类:一类是分组型终端,它能按照分组格式收、发信息;另一类是一般终端,它只能按照传统的报文格式收/发数据。由于在分组网内配备有分组装拆功能的分组装拆设备,实现了不同类型的用户终端互通。

3.分组交换传输类型

在分组交换方式中,数据包有固定的长度,交换节点只要在内存中开辟一个小的缓冲区即可。分组交换时,发送节点对要传送的信息分组并分别编号,加上源地址和宿地址,以及约定的头和尾信息,该过程称为信息打包。一次通信中,所有分组在网络传播有数据报和虚电路两种方式。

数据报方式类似于报文交换,每个分组在网络中的传播路径完全由网络当时状况随机决定,

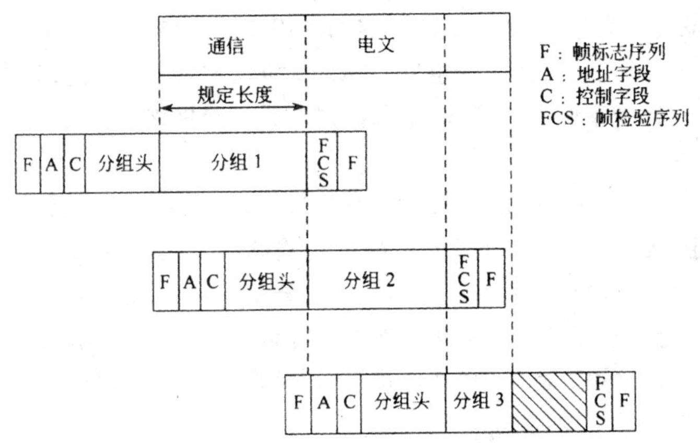


图 8-18　分组的分解

因为每个分组都有完整的地址信息，所以都能到达目的地。但到达目的地的顺序可能和发送的顺序不一致。有些早发的分组可能在中间某段交通拥挤的线路上耽搁了，比后发的分组到得迟，目标主机必须对收到的分组重新排序才能恢复原来的信息。通常，发送端要有设备对信息进行分组和编号，接收端也要有设备对收到的分组拆去头尾，重新排序，具有这些功能的设备叫分组拆装设备，通信双方各有一个。数据报方式适合单向传输信息。

虚电路方式类似于电路交换，这种方式要求发送端与接收端间建立一个所谓的逻辑连接。通信开始时，发送端首先发送一个要求建立连接的请求消息，这个请求消息在网络中传播，途中的各个交换节点根据当时的交通状况决定哪条线路来响应这一请求，最后到达目的端。如果目的端给予肯定回答，逻辑连接就建立了。以后由发送端发出的一系列分组都走这同一条通路，直到会话结束，拆除连接。和线路交换不同的是，逻辑连接的建立并不意味着别的通信不能使用这条线路。它仍然具有线路共享的优点。按虚电路方式通信，接收方要对正确收到的分组给予回答确认，通信双方要进行流量控制和差错控制，以保证按顺序正确接收，所以虚电路方式更适合交互式通信。

数据报和虚电路作为分组交换两种具体形式，二者的比较如表 8-4 所示。通信网络中有时也把数据报称为无连接服务，把虚电路称为面向连接的服务。

表 8-4　数据报与虚线路比较

| | 数据报 | 虚线路 |
|---|---|---|
| 端一端的连接 | 不需要 | 必须有 |
| 目的站地址 | 每个分组均有目的站的全地址 | 仅在连接建立阶段使用 |
| 分组的顺序 | 到达目的站是可能不按发送顺序 | 总是按发送顺序到达目的站 |
| 端一端的差错控制 | 由用户端主机负责 | 由通信子网负责 |
| 端一端的流量控制 | 由用户端主机负责 | 由通信子网负责 |

4. 分组交换的特点

分组交换方式中，由于能以分组方式进行数据的暂存交换，经交换机处理后，很容易实现不同速率、不同规程的终端间通信。

分组交换的优点如下：

①线路利用率高。分组交换以虚电路的形式进行信道的多路复用，实现资源共享，可在一条

物理线路上提供多条逻辑信道，极大地提高线路的利用率。使传输费用明显下降。

②不同种类终端可以相互通信。分组网以 X.25 协议向用户提供标准接口，数据以分组为单位在网络内存储转发，使不同速率终端，不同协议的设备经网络提供的协议变换功能后实现互相通信。

③可靠性高。分组传输时，可以在中继线和用户线上分段独立地进行差错校验，显著降低误码率($<10^{-9}$)。由于“报文分组”在分组交换网中传输路由可变，网络线路或设备如发生故障，“分组”可以自动地选择一条新的路由避开故障点，使通信不会中断，传输可靠性高。

④经济性好。信息以“分组”为单位在交换机中存储和处理，不要求交换机具有很大的存储容量，降低了网内设备的费用。此外，网络计费按时长、信息量计费，与传输距离无关，特别适合那些非实时性，而通信量不大的用户。

⑤分组多路通信。因为每个分组都包含有控制信息，所以分组型终端可以同时与多个用户终端进行通信，可把同一信息发送到不同用户。

分组交换存在以下局限性：

①由网络附加的传输信息多，对长报文通信的传输效率较低。把一份报文划分为许多分组在交换网内传输时，为了保证这些分组能按照正确的路径安全、准确地到达终点，要给每个数据分组加上控制信息(分组头)。此外，还要设计许多不包含数据信息的控制分组，以实现数据通路的建立、保持和拆除，并进行差错控制和流量控制等。因此，分组交换传输效率不如电路交换和报文交换。

②技术实现复杂。分组交换机要对各种类型的“分组”进行分析处理，为“分组”在网中的传输提供路由，必要时自动调整路由；交换机还要为用户提供速率、代码和规程的变换，为网络的管理和维护提供必要的报告信息等。这些都要求分组交换机要有很高的处理能力，相应的实现技术也就更为复杂。

5.电路交换与分组交换的比较

电路交换和分组交换是现代通信网常用的交换方式。前者是以电路连接为目的的交换方式，对应于同步时分复用，缺点是线路利用率低；后者是以信息分发为目的的交换方式，对应异步时分复用，多个通信过程可共享一个信道。可以说，电路交换是“宏观的”、“粗放的”，只关注电路本身，不管传输的信息；分组交换较为“细致”、“精微”，对传输的信息进行管理。表 8-5 归纳了两种交换方式的主要特性。

**表 8-5　电路交换与分组交换特性的比较**

| 比较特性 | 电路交换 | 分组交换 |
|---|---|---|
| 传输通路性质 | 物理的 | 逻辑的 |
| 通路的使用 | 专用的 | 共享的 |
| 数据传输单元 | 报文 | 分组或报文 |
| 通路的初始建立 | 要求呼叫建立 | 不要求(虚电路除外) |
| 通路的维持 | 一次通信期间维持 | 不维持(虚电路除外) |
| 节点上的存储 | 不要求 | 存储一个分组或报文 |
| 节点上的时延 | 几乎无时延 | 存储转发时延 |
| 数据速率适应性 | 单一速率 | 多速率 |

续表

| 比较特性 | 电路交换 | 分组交换 |
| --- | --- | --- |
| 对过载的反应 | 呼损 | 存储(虚呼叫阻塞),时延增加 |
| 链路利用率 | 低 | 高 |
| 链路带宽分配 | 固定 | 动态 |
| 额外开销 | 传输期间无额外开销 | 分组头的开销 |
| 计费方式 | 按时间 | 按分组数 |

(1)交换形式

电路交换采用固定时隙分配,每个连接占用具有相同比特数的时隙,故电路交换本质上只支持单一速率的交换,不能适应多种业务的要求;分组交换将用户信息封装在单个的分组中进行交换,各分组的长度和间隔时间可变,可支持多种速率的交换。

(2)交换速率方面

电路交换中,处理工作主要在连接建立和连接释放过程,所以可达到高速率的数据交换;分组交换中,由于每个分组都要进行分组头的处理,包括对分组的路由选择、差错控制等,网络忙时,各分组在发送前还需要排队等待空闲的网络资源,故交换速率受到限制。

(3)信令方面

电路交换有严格的信令系统,负责连接的建立、释放和管理,信令和用户信息可经由不同信道;分组交换没有与连接有关的信令系统,由各分组的分组头完成与信令系统类似的功能。

(4)路由选择

电路交换中,各连接的路由是连接建立时由复杂的路选算法在整个网络中确定的,信令系统在路由经过的各个网络设备内填写路由表以标识交换信息,一条连接上的一次通信中所有信息都经过相同的路由;分组交换中,路由信息由各个分组头携带,交换设备查看到来的分组头中的地址信息,并根据网络状态选择一条路由,将分组转发到下一级网络设备,同一业务的不同分组在网络传输路径各异。

(5)资源分配

电路交换中,网络资源可由信令系统在连接建立时分配,分配给一条连接的网络资源不能被别的连接占用,只有在连接释放后才收回网络资源;分组交换中,分组只在发送时才占用网络资源,网络资源可由各个业务共享。

(6)信息损伤方面

电路交换具有较好的时间透明性,即连接建立后,各连接独自占用一定的网络资源,通过网络时无需竞争、排队,时延较小。另外,因为同一连接的信息经过相同路由,所以时延抖动也小。

(7)支持业务方面

分组交换有较大灵活性,可实现多速率交换,并允许多种业务共享网络资源。

(8)设备复杂性方面

电路交换需要复杂的路由选择算法,分组交换需要复杂的队列管理机制。

(9)语义透明性方面

因传输引起的信息丢失和差错特性方面,分组交换由于携带了差错控制信息,具有一定的检错或纠错能力,有较好的语义透明性。

# 8.5 数据通信同步技术

## 8.5.1 同步技术概述

同步是数据通信的重要方面，是数据通信系统正常、有效工作的前提和基础，同步性能的好坏直接影响通信系统的性能。为了使整个通信系统有序、准确、可靠地工作，收发双方必须有一个统一的时间标准。这个时间标准就是靠定时系统去完成收发双方时间的一致性，即同步。数据通信系统能否正常、有效地工作，很大程度上依赖于正确的同步。

按传输同步信息方式的不同，分为外同步法和内同步法：前者发送端发送特定的同步信息以便接收端检测、同步；后者发送端不发送特定的同步信息，而是从接收信号中提取同步信息。

通常，按同步功能的不同，分载波同步、位同步、群同步和网同步 4 种。

(1)载波同步

载波同步又称载波恢复电路。采用相干解调时，在接收端需要恢复出一个与发射端调制载波同频同相的相干载波，这个载波的获取就为载波同步。接收端恢复相干载波的方法分为插入导频法和直接提取载波法。

(2)位同步

位同步它是数字通信系统最基本的同步方法，分外同步法和内同步法两大类。内同步法中最简便的是滤波法，较为实用的是脉冲锁相法和数字锁相法。

(3)群同步

数字信息在传输前，总是由若干码元组成一个帧进行发送，接收时，必须知道这些帧的起止时刻。在接收端产生与帧起止时刻相一致的定时脉冲序列，称为帧同步。群同步的任务是完成群的相位校准，实现群同步的方法有起止式同步法、连贯式插入法和间歇式插入特殊码字同步法。

(4)网同步

网同步是通信网内各点间可靠通信的保证，包括全网同步和准同步。实现全网同步的方法有主从同步法和互控同步法；实现准同步的方法有码速调整法和水库法。

## 8.5.2 常用同步技术

1. 载波同步

(1)载波同步概述

载波同步用来从接收信号中提取相干解调所需的参考载波，这个参考载波要求与接收到的信号中的被调载波同频同相。接收端恢复相干载波的方法很多，通常分两类：一类是发送端，在发送数字信息流的同时发送载波或与之有关的导频信号，称为插入导频法；另一类是从接收的已调信号中提取出载波，称为直接提取载波法。

载波同步系统要求高效率、高精度、同步建立时间快、保持时间长等。所谓高效率是为了获得载波信号而尽量少消耗发送功率。用直接法提取载波时，发送端不专门发送导频，效率高；用插入导频法时，由于插入导频要消耗一部分功率，降低了系统的效率。所谓高精度，是指提取出的载波应该是相位尽量精确的相干载波，或者是相位误差尽量小。

相位误差由稳态相差和随机相差组成。前者指载波信号通过同步信号提取电路以后，在稳态下所引起的相差；后者是随机噪声的影响而引起同步信号的相位误差。实际的同步系统中，由于同步信号提取电路不同，信号和噪声形式各异，相位误差的计算方法也不同。

(2)插入导频法

为了使接收端能恢复载波，发送端除发送信号外还插入一个导频供接收端用，这种载波同步方法称为插入导频法，导频的插入可以在频域或时域进行。

1)频域插入导频

插入导频位置应在信号频谱的 0 点处，否则导频与信号频谱成分重叠在一起，接收时难以取出。以抑制载波的双边带调制系统插入导频为例，其发送端框图如图 8-19 所示。$S_a(t)$是计算机输出的"0/1"序列，由于基带信号中存在直流成分和极低频成分，经调制后频谱非常靠近载波，在载波处再加入载波导频将会受到干扰，接收端难以提取纯净的载波。为了在载频位置插入导频，对发送的数字信号进行变换，使其频谱中的直流和相邻的低频信号滤除或衰减，然后经低通滤波器加给环形调制器，由带通滤波器取出上、下边带送给加法器。同时送给加法器的还有载波移相 90°后所得的 $a_c\sin\omega_c t$。发送端必须正交插入导频，不能加入 $A\cos\omega_c t$ 导频信号，否则接收端解调后会出现直流分量，这个直流分量无法用低通滤波器滤除，将对基带信号的提取产生影响。

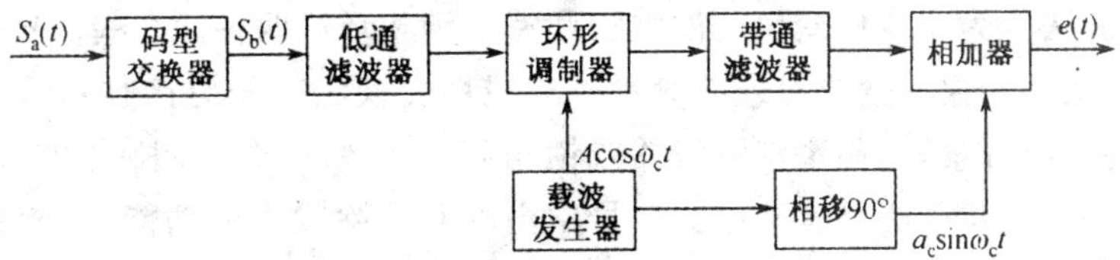


**图 8-19　插入导频发发送端框图**

接收端提取载波框图如图 8-20 所示。

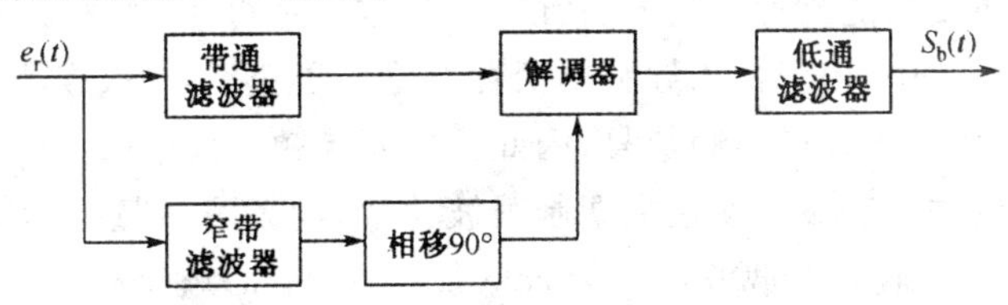


**图 8-20　接收端提取载波框图**

2)时域插入导频

该方法对被传输的数据信号和导频信号在时间上加以区别，其数据传输格式如图 8-21 所示。每帧数据除一定位数的数据信息外，还要传送位同步信号、帧同步信号和载波同步信号。接收端把载波标准信号提取出来并与本地振荡器比较，如果两者相位不同，产生误差电压，调整本地振荡信号的相位，使本振的信号和收到的载波同相。由于载波标准信号是断续的，因此调整也是断续的。用调整过的本地振荡信号作为载波去解调接收信号，其接收端载波提取框图如图 8-22 所示。图中虚线围起部分叫锁相环，作用是保持振荡器信号和载波标准信号同相。

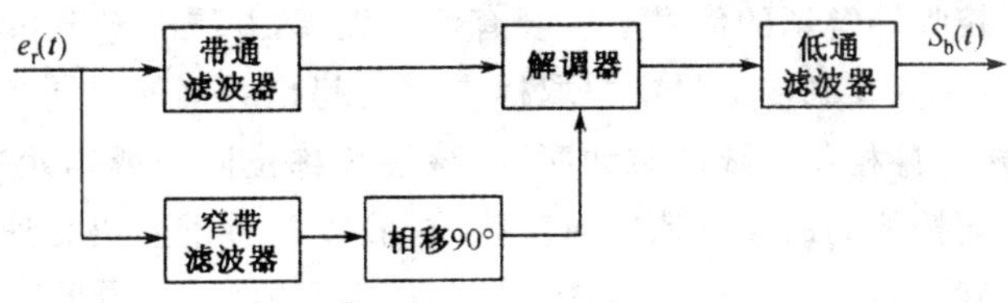


**图 8-21　时域插入导频法的数据传输格式**

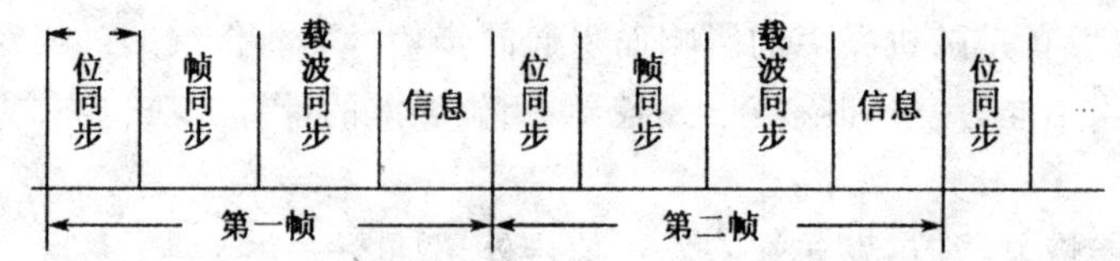


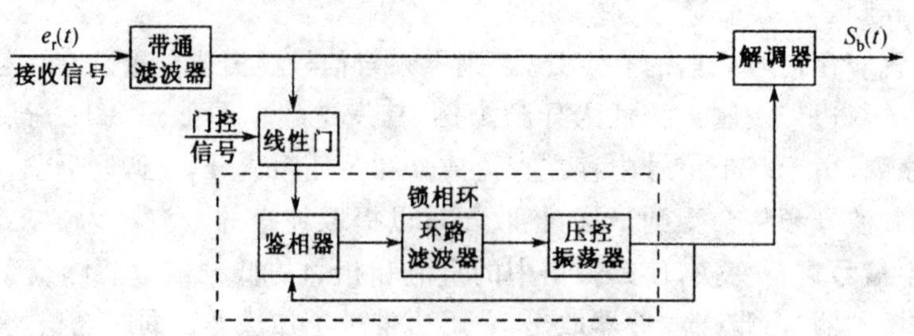


图 8-22 时域插入导频接收端载波提取框图

(3)直接提取载波法

直接提取载波法分为非线性变换—滤波法和特殊锁相环法两种。有些信号尽管本身不含载波分量,但采用非线性变换后会含有载波分量。非线性变换法首先对接收到的信号进行非线性处理,得到相应的载波分量,再用窄带滤波器或锁相环进行滤波,滤除调制谱与噪声信号的干扰,得到相干载波。特殊锁相环法具有从已调信号中消除和滤除噪声的功能,并能鉴别出发送端的载波分量和接收端的载波分量的相位差,恢复出相干载波。

(4)载波同步性能指标

载波同步系统的主要性能指标有效率、精度、同步建立时间、同步保持时间。

①效率。插入导频法中,由于插入导频要消耗部分发送功率,要求载波信号应尽量少地消耗发送功率,而直接法中由于不发送导频信号,因此比插入导频法效率高。

②精度。指提取的同步载波与发送端调制载波比较,应该有尽量少的相位误差。如果发送端的调制载波为 $\cos\omega t$,接收端的载波信号为 $\cos(\omega t+\Delta\varphi)$,$\Delta\varphi$ 就是相位误差,应尽量小。

③同步建立时间 $t_s$。指系统从开机到实现同步或失步状态所经历的时间。显然,同步建立时间 $t_s$ 越短越好,这样同步建立越快。

④同步保持时间 $t_h$。同步保持时间 $t_h$ 越长越好,这样一旦建立同步便可以保持较长时间的同步。

2.位同步

(1)位同步概述

位同步是数字通信最基本同步方式,使接收端对每一位数据都要和发送端保持同步,目的是解决收发双方时钟频率一致性问题。

数字通信系统中,接收端解调的信号必然会有信道失真,并混有噪声和干扰的数字波形。为正确解调、检测,接收端应从收到的信号中提取标志码元起止时刻的位同步信息,并产生与接收信号码元的重复频率相同且相位一致的脉冲序列,该过程称位同步或码元同步。数字序列按一定速率依次传输,接收端按相同的速率依次对应接收,收发双方不但码元速率相同,码元的长短也要相同。另外,采样判决时刻应该对准最佳采样判决点。因此,位同步是在接收端设法产生一个与发送端发送来的码元速率相同,且时间上对准最佳判决点的定时脉冲序列。有了准确、可靠的位同步,即可用较低的误码率恢复所接收的畸变信号。位同步分外同步法和内同步法两大类。

(2)外同步法

外同步法中,接收端的同步信号事先由发送端送来。发送数据前,发送端先向接收端发出一串同步时钟脉冲,接收端按照这一时钟脉冲频率和时序锁定接收端的接收频率,以便在接收数据的过程中始终与发送端保持同步。传输位定时信息的方法既可采用单独信道,也可以和数字信号共同用一个信道。

外同步方法有多种,最简单的有插入导频法。用该方法提取位同步信号时,要注意避免或减弱插入导频对原基带信号的影响,减弱导频信号对原基带信号影响的原理图如图 8-23 所示。接收端用窄带滤波器提取导频信号,经移相整形形成定位脉冲。为减少导频对信号的影响,应从接收的信号中减去导频信号。窄带滤波器从输入基带信号中提取出导频信号后,一路经移相做位同步信号用;另一路经过移相后和输入的基带信号相减。如果相位和振幅调整得使加于相减器的两个导频信号的振幅和相位都相同,则相减器输出的基带信号就消除了导频信号的影响。

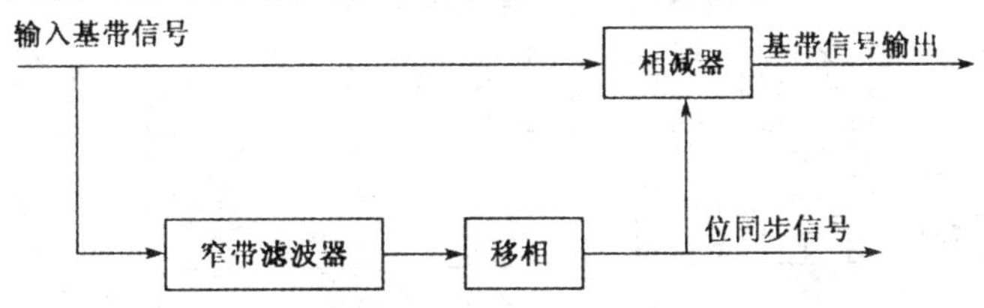


**图 8-23　减弱导频信号对原基带信号影响的原理图**

(3)内同步法

内同步法也称为直接法,指能从数据信号波形中提取同步信号的方法。发送端不需要专门发送位同步信息,接收端直接从收到的信号中提取同步信号,如著名的曼彻斯特编码,常用于局域网传输,编码每位中间有一跳变,该跳变既做时钟信号,又做数据信号,从高到低跳变表示“1”,反之表示“0”。

内同步法有滤波法、脉冲锁相法和数字锁相法。其中,最简便的是滤波法,但提取出来的位定时不稳定、不可靠,很少采用。脉冲锁相法和数字锁相法在接收端设有本地时钟源,时钟源的频率和发送端的时钟脉冲很接近,为了使它和发送端时钟完全同步,将解调后的基带信号进行过零检测,获得“0/1”码的过渡点作为定时基准信号来调节接收端的时钟源。数字通信中,常采用数字锁相法。

(4)数字锁相法

锁相法基本原理是接收端利用一个相位比较器,比较接收码元与本地码元定时(位定时)脉冲的相位,如果两者相位不一致,即超前或滞后,将产生一个误差信号,通过控制电路去调整定时脉冲的相位,直至获得精确的同步为止。

数字锁相法原理框图如图 8-24 所示。由晶体组成的高稳定度标准振荡源产生的信号,经形成网络获得周期为 $T$,但相位滞后了 $T/2$ 的两列脉冲序列 $u_1$ 和 $u_2$,分别如图 8-25(a)、(b)所示。通过常开门和或门,加到分频器,经 $n$ 次分频形成本地位同步脉冲序列。

为了与发送端时钟同步,分频器输出与接收到的码元序列同时加到比相器进行比相。如果两者完全同步,比相器没有误差信号,则本地位同步信号作为同步时钟;如果本地位同步信号相位超前于码元序列,比相器输出一个超前脉冲去关闭常开门,扣除 $u_1$ 中的一个脉冲,使分频器输出的位同步脉冲滞后 $1/n$ 周期;如果本地位同步脉冲比码元脉冲相位滞后,比相器输出一个滞后脉冲去打开常闭门，使 $u_2$ 中的一个脉冲能通过常闭门和或门，因为 $u_1$ 和 $u_2$ 相差半个周期，所以由 $u_2$ 中的一个脉冲插入到 $u_1$ 中不产生重叠。正由于分频前插入一个脉冲，故分频器输出同步脉冲提前 $1/n$ 周期，实现了相位的离散式调整。经过若干次调整后即可达到本地与接收码元的同步。标准振荡器产生的脉冲信号周期为 $T$、频率为 $nf_1$，$n$ 次分频器输出信号频率为 $f_1$，经过调整后分频器输出频率为 $f_b$，但相位上与输出相位基准有一个很小的误差。上述工作过程的波形如图 8-25 所示。

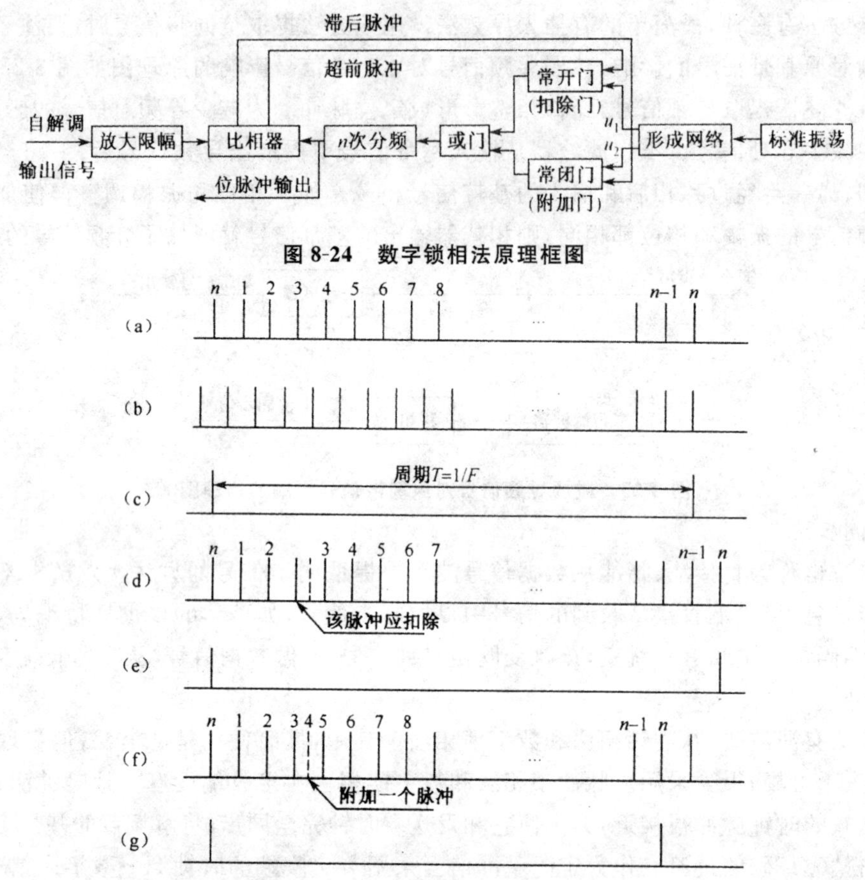


图 8-24　数字锁相法原理框图

图 8-25　数字锁相输出脉冲波形

(5)位同步系统性能指标

位同步系统性能指标除效率以外，通常用相位误差、同步建立时间、同步保持时间、同步带宽等衡量。数字锁相法位同步系统的主要性能指标如下。

①相位误差 $\theta_e$。由于位同步脉冲的相位在跳变地调整引起的，$\theta_e=360°/n$($n$ 为分频器的分频次数)。位同步信号平均相位和最佳取样点的相位间的偏差称为静态相差，静态相差越小，误码率越低。对数字锁相法提取位同步信号而言，相位误差主要由位同步脉冲的相位数字式调整引起。显然，$n$ 越大，相位误差 $\theta_e$ 越小。

②同步建立时间 $t_s$。指失去同步后重新建立同步所需的最长时间，$t_s=nT$，通常 $t_s$ 越短越好。

③同步保持时间 $t_c$。同步建立后，一旦输入信号中断，由于收发双方的固有位定时重复频率之间总存在频差，接收端同步信号的相位就会逐渐发生漂移，时间越长则相位漂移越大，直至漂

移量达到某一准许的最大值，即算失步。从含有位同步信息的接收信号消失开始，到位同步提取电路输出的正常位同步信号中断为止的这段时间，称为位同步保持时间，$t_c = K/\Delta f$（$K$ 为常数），同步保持时间 $t_c$ 越长越好。

④同步带宽 $\Delta f_s$。能进行同步的最大频差称为同步带宽，$\Delta f_s = F_0/(2n)$（$F_0$ 为输入码元的重复频率）。如果该频差超过一定范围，则接收端位同步脉冲的相位无法与输入信号同步，因此 $\Delta f_s$ 越小越好。

3. 群同步

(1)群同步概述

群同步又称为异步传输，任务是完成群的相位校准。数字通信系统中，接收端为了正确恢复所传消息的内容，必须知道每群码元序列的起止位置。由于数据信号的结构是事先规定好的，字、句、帧由一定数目的码元组成，因此，在接收端将位同步信号分频后，很容易得到字、句、帧的重复频率。但仅仅只有重复频率，没有字符数据的起点，是无法正确恢复信息内容的，所以必须使接收端字、句、帧信号的起止位置与发送端的字、句、帧信号的起止位置对应起来，即进行相位校准，才能恢复发送端的数据。接收端要识别这些字、句、帧，应从收到的信号中提取标志相应起止时刻的信息，这类同步方式分别称字同步、句同步和帧同步。因为字、句、帧由不同数目码元群组成，所以统称群同步。

群同步系统基本要求：正确建立同步的概率要大，错误同步的概率要小；初始捕获同步的时间要短；既要迅速发现失步，以便能及时恢复同步，又要能长期保持正确的同步；在数据比特流中专为群同步目的插入的冗余比特要少。为实现群同步，要在数据序列中插入特殊的同步码或同步字符。群同步传输每个字符由4部分组成，如图8-26所示。

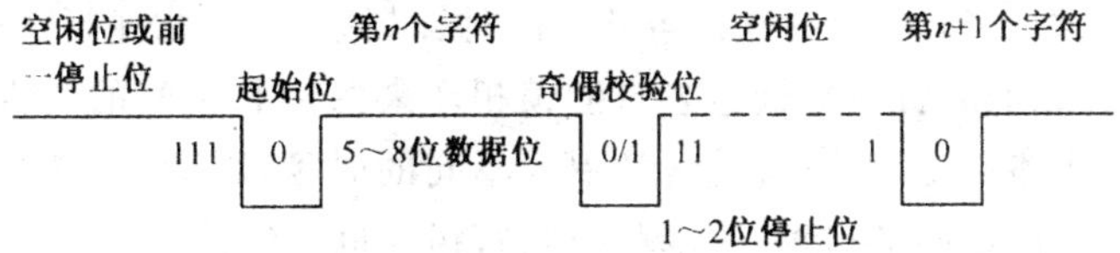


图8-26　群同步的字符格式

(2)群同步实现方法

实现群同步的方法有内同步法和外同步法：前者对要传输的信息进行编码，使它本身具有分群能力来实现群同步；后者在数据流中插入特殊的群同步码作为每个信息群的起始标志，接收端识别出这个特殊码即可实现群同步。群同步码应具有尖锐的自相关函数，以便于识别，并可减少漏掉的和虚假的同步信号。

数据传输时，字符可顺序出现在比特流中，字符间的间隔时间是任意的，但字符内各个比特用固定的时钟频率传输。字符间的异步定时与字符内各个比特间的同步定时，是群同步的特征。

(3)衡量群同步性能的指标

衡量群同步性能的主要指标有漏同步概率 $P_1$、假同步概率 $P_2$、群同步平均建立时间 $t_s$ 等。

①由于干扰的影响会引起同步码组中的一些码元发生错误，使识别器漏识别已发出的同步码组，出现这种情况的概率称为漏同步概率 $P_1$。

②消息码元中，可能出现与所要识别的同步码组相同的码组，这时会被识别器误认为是同步码组而实现假同步，出现这种情况的概率称为假同步概率 $P_2$。

③群同步系统建立同步时间应该短，且在群同步建立后应有较强的抗干扰能力。其中，集中

式插入群同步平均建立时间 $t_s$ 为

$$t_s \approx NT(1+P_1+P_2)$$

式中，$N$ 为每群的码元数，$T$ 为码元宽度，$P_1$ 为漏同步概率，$P_2$ 为假同步概率。

4. 网同步

“点一点”通信时，完成了载波同步、位同步和帧同步即可进行可靠的通信。但现代通信往往需要在许多点之间实现相互连接而构成通信网，只有网同步才能实现全网的通信。为保证通信网内各点间可靠的通信，必须在网内建立统一的时间标准，称为网同步。

网同步实现方式有两种：一种是全网同步，通信网各站的时钟彼此同步，各地的时钟频率和相位都保持一致，实现这种网同步的有主从同步法和互控同步法；另一种是准同步，也称独立时钟法，各站均采用高稳定性的、相互独立的时钟，允许其速率偏差在一定范围内，转接设备中设法把各支路输入的数据码速流进行调整和处理后，变成相互同步的数码流，变换过程中要采取一定的措施使信息不致丢失，实现这种方式的有码速调整法和水库法。其中，码速调整法在“数据通信复接技术”中介绍；水库法依靠各交换站设置稳定度极高的时钟源和容量大的缓冲存储器，长时间间隔内不会发生“取空”或“溢出”的现象，因为容量足够大的存储器就像水库一样很难抽干或灌满，可用于流量的自然调节，所以称水库法。

这里主要介绍全网同步的主从同步法和互控同步法。

(1)主从同步法

主从同步法包括单主时钟主从同步法和等级主从同步法。

1)单主时钟主从同步法

通信网内设立一个主站，它具有高稳定度的主时钟源，再将主时钟源产生的时钟逐站传输至网内的各个从站去，如图 8-27 所示。这样各从站的时钟频率(定时脉冲频率)都直接或间接来自主时钟源，所以网内各站的时钟频率通过各自的锁相环来保持和主站的时钟频率的一致。由于主时钟到各站的传输线路长度不等，会使各站引入不同的时延，因此，各站都要设置时延调整电路，以补偿不同的时延，使各站的时钟不仅频率相同，相位也一致。

单主时钟主从同步法的优点：实现容易、单一时钟、设备比较简单。

单主时钟主从同步法的缺点：如主时钟源发生故障，使全网各站都因失去同步而不能工作；当某一中间站发生故障时不仅该站不能工作，其后的各站因失步而不能正常工作。

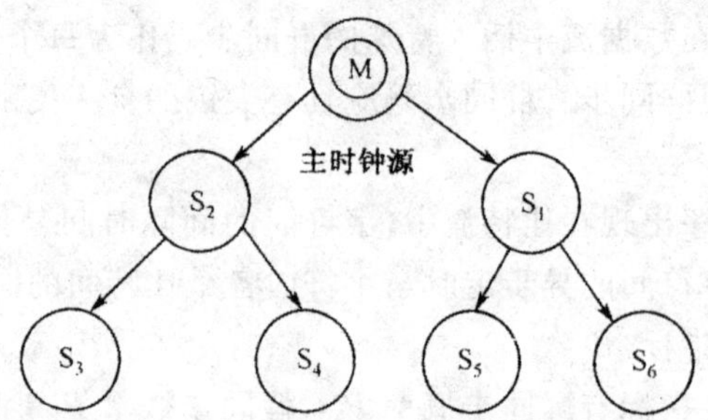


**图 8-27 单主时钟主从同步法**

2)等级主从同步法

等级主从同步法与单主时钟主从同步法所不同的是全网所有的交换站都按等级分类，其时钟都按照其所处的地位水平分配一个等级，如图 8-28 所示。主时钟发生故障时，主动选择具有最高等级的时钟作为新的主时钟，即主时钟或传输信道出现异常则由副时钟源替代，通过图中

$S_2$所示通路供给时钟。这种方式改善了可靠性，但较为复杂。

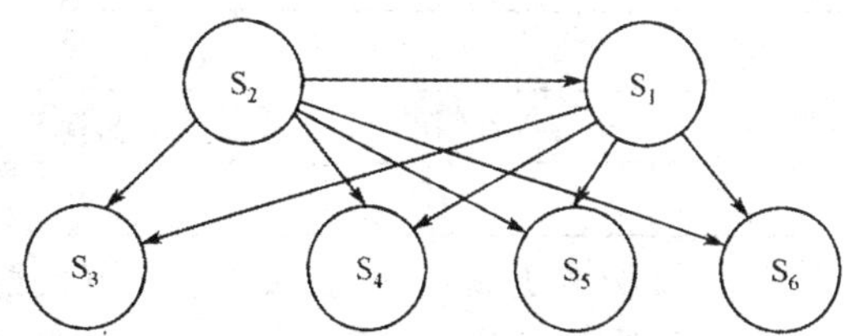


图 8-28　等级主从同步法

(2)互控同步法

互控同步法克服了主从同步法过分依赖主时钟源的缺点，网内各站都有自己的时钟，并将数字网高度互连实现同步，消除了仅有一个时钟可靠性差的缺点。各站的时钟频率都锁定在固有振荡频率的平均值(称为网频频率)实现网同步。这是一个相互控制过程，当网中某站发生故障时，网频频率将平滑地过渡到一个新的值。这样，除发生故障的站外，其余各站仍能正常工作，提高了通信网工作的可靠性。该方法缺点是每个站的设备都较复杂。

# 8.6　数据通信复接技术

## 8.6.1　复接技术概述

1. 复接技术的必要性

在时分制数字通信系统中，为提高传输容量和传输效率，常将若干个低速数字信号合并成一个高速数字信号流，以便在高速宽带信道中传输。数字复接技术就是解决传输信号由低次群到高次群的合成的技术。例如，传输 120 路电话时，可将 120 路话音信号分别用 8kHz 抽样频率抽样，对每个抽样值 8b 编码，数码率为 8000kHz×8b×120＝7680kbps。由于每帧时间 125$\mu$s，每个路时隙的时间只有 1$\mu$s 左右，这样每个抽样值 8b 编码的时间仅 1$\mu$s，编码速度极高。它对编码电路及元器件的速度、精度要求都很高，实现起来非常困难。但这种方法从原理上讲是可行的，这种对 120 路话音信号直接编码复用的方法称 PCM 复用。

为进一步提高传输容量，将几个经 PCM 复用后的数字信号再时分复用，形成更多路的数字通信系统。显然，经复用后信号的数码率进一步提高，但对每个基群的编码速度没有提高，实现起来容易，目前广泛采用。由于数字复用采用数字复接方法实现，又称数字复接技术。

2. 两种复接标准

数字复接技术是解决 PCM 信号由低次群到高次群合成的技术。每一等级群路不但可以传输多路数字电话，还可以传输其他相同速率的可视电话或数字电视等数字信号。

目前，国际上流行两种 PCM 制式，如表 8-6 所示。美国、日本等采用的 PCM24 路一次群(1544kbps)，称为 T1 制式；我国与欧洲采用 PCM30/32 路一次群(2048kbps)，称为 E1 制式。

表 8-6　两类数字速率系列

| 类别 | 群号 | 一次群 | 二次群 | 三次群 |
|---|---|---|---|---|
| T1 制式 | 数码率/Mbps | 1.544 | 6.312 | 32.064 |
| | 话路数 | 24 | 24×4＝96 | 95×5＝480 |

续表

| 类别 | 群号 | 一次群 | 二次群 | 三次群 |
|---|---|---|---|---|
| E1 制式 | 数码率/Mbps | 2.048 | 8.448 | 34.368 |
| | 话路数 | 30 | 30×4=120 | 120×4=480 |

两种制式分别以一次群为基础，构成更高速率的二、三、四、五次群。CCITT 对分群标准化提出如下建议：PCM30/32 称为一次群（30 路），4 个一次群组成二次群（4×30 路=120 路），4 个二次群组成三次群（4×120 路=480 路），4 个三次群组成四次群（4×480 路=1920 路）。PCM30/32 数字电话高次群组成如图 8-29 所示。分群复接技术在数字微波接力通信、数字卫星通信和光纤通信中也广泛应用。

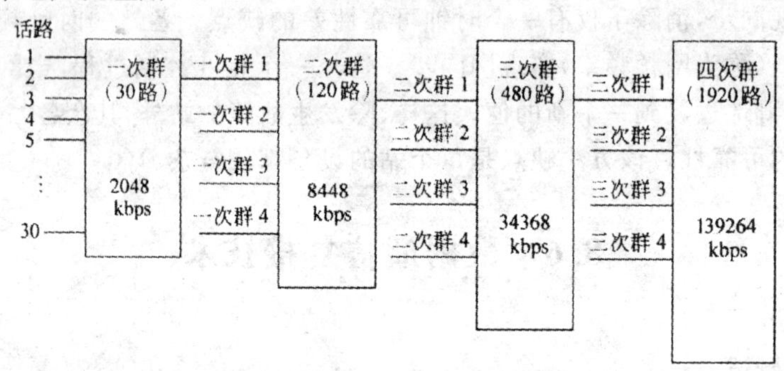


图 8-29　PCM30/32 数字电话高次群组成

### 8.6.2　复接技术的实现

1. 数字复接系统的构成

数字复接实质上是对数字信号的时分多路复用。分群复接系统包括数字复接器、数字分接器。前者由定时、码速调整和复接单元等组成，将 $n$ 个低次群数字信号按时分复用的方式合并为高次群的单一合路数字信号，实现方法有同步复接和异步复接；后者由帧同步、定时、数字分接和码速恢复等单元组成，将一个高次群的合路信号分解为原来的 $n$ 个低次群数字信号。数字复接系统的构成如图 8-30 所示。

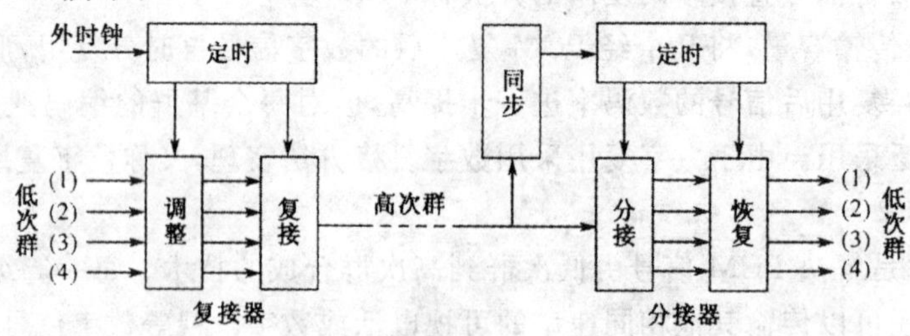


图 8-30　数字复接系统的构成

数字复接时，如果复接器的各个支路信号与本机定时信号是同步的，称为同步复接器；如果不是同步的，称为异步复接器；如果各支路数字信号与本机定时信号标称速率相同，但容差很小，称为准同步复接器。

在数字复接器中，码速调整单元完成对输入各支路信号的速率和相位进行必要的调整，形成与本机定时信号完全同步的数字信号，使输入到复接单元的各支路信号是同步的。定时单元受内部时钟或外部时钟控制，产生复接需要的各种定时控制信号。调整单元及复接单元受定时单元控制。分接器中，合路数字信号和相应的时钟同时送给分接器。分接器的定时单元受合路时钟控制，因此，其工作节拍与复接器定时单元同步。同步单元从合路信号中提出帧同步信号，用它再去控制分接器定时单元。恢复单元把分解出的数字信号恢复出来。

2. 数字信号复接的方法

(1)按位复接、按字复接、按帧复接

①按位复接。按位复接又叫比特复接，即复接时每支路依次复接一个比特。该方法简单易行，设备也简单，存储器容量小，目前被广泛采用，缺点是对信号交换不利。

②按字复接。对 PCM30/32 系统而言，一个码字有 8b，它将 8b 先储存起来，在规定时间 4 个支路轮流复接，这种方法有利于数字电话交换，但要求有较大的存储容量。

③按帧复接。每次复接一个支路的一帧(256B)，该方法优点是复接时不破坏原来的帧结构，有利于交换，但要求更大的存储容量。

(2)同步复接和准同步复接

①同步复接。同步复接用一个高稳定的主时钟来控制被复接的几个低次群，使这几个低次群的码速统一在主时钟的频率上，这样就达到系统同步复接的目的。同步复接只需要进行相位调整就可以实施数字复接。确保各参与复接的支路数字信号与复接时钟严格同步，是实现同步复接的前提条件。同步复接优点是复接效率较高、复接损伤较小等，但只有确保同步环境才能进行，因为一旦主时钟出现故障，相关的通信系统将全部中断，通常限于局部区域使用。

②准同步复接。在准同步复接中，参与复接的各支路码流时钟的标称值相同，码流时钟实际值在一定容差范围内变化。例如，具有相同的标称速率和相同稳定度的时钟，但不是由同一个时钟产生的两个信号通常就是准同步。准同步复接分接相对于同步复接增加了码速调整及码速恢复的环节，使各低次群达到同步之后再进行复接。准同步复接分接允许时钟频率在规定的容差域内任意变动，对于参与复接的支路时钟相位关系就没有任何限制。因此，准同步复接、分接不要求苛刻的速率同步和相位同步，只要求时钟速率标称值及其容差符合规定即可，应用极为广泛。

3. 数字复接中的码速变换

(1)码速变换的必要性

几个低次群数字信号复接成一个高次群数字信号时，如果各个低次群(如 PCM30/32 系统)的时钟是独立产生的，即使标称数码率相同(2048kbps)，但它们的瞬时数码率也可能不同，因为各个支路的晶体振荡器的振荡频率不可能完全相同，几个低次群复接后的数码就会产生重叠或错位，如图.8-31 所示。这样复接合成后的数字信号流，接收端无法分接恢复成原来的低次群信号。因此，数码率不同的低次群信号不能直接复接。

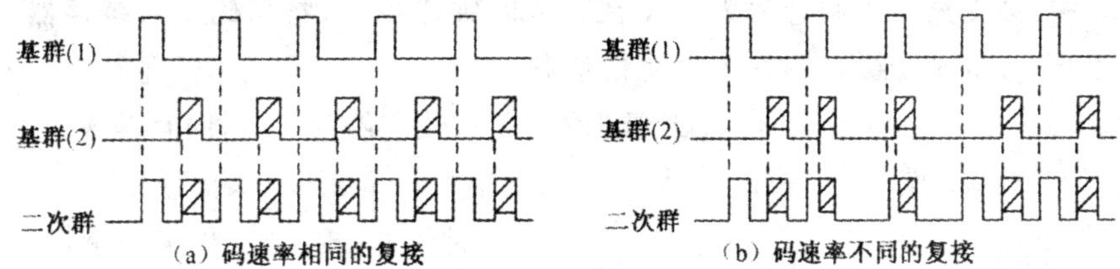


**图 8-31　码速率对数字复接的影响**

由此可见，将几个低次群复接成高次群时，必须采取适当的措施，以调整各低次群系统的数码率使其同步，这种同步是系统与系统之间的同步，称系统同步。系统同步方法分同步复接和异步复接两种。前者用高稳定的主时钟来控制被复接的几个低次群,各低次群码速统一在主时钟频率上,达到系统同步的目的,缺点是一旦主时钟出现故障,通信系统将全部中断,多用于局部区域;后者各低次群使用独立时钟,彼此时钟速率不一定相等,复接时先要进行码速调整,使各低次群同步后再复接。

不论同步复接或异步复接,都需要码速变换。虽然同步复接时各低次群的数码率完全一致,但复接后的码序列中还要加入帧同步码、对端告警码等码元,这样数码率就要增加,因此需要码速变换。码速调整有正码速调整、负码速调整和正/负码速调整3种,这里主要介绍正码速调整。

(2)正码速调整

ITU-T 规定以 2048kbps 为一次群的 PCM 二次群的码速率为 8448kbps。考虑到 4 个 PCM 一次群在复接时插入了帧同步码、告警码、插入码和插入标志码等,各基群数码率由 2048kbps 调整到 2112kbps,则 4×2112kbps=8448kbps。码速调整后的速率高于调整前的速率,称为正码速调整,其框图如图 8-32 所示。每个参与复接的数码流都必须经过一个码速调整装置,将瞬时数码率不同的数码流调整到相同的、较高的数码率,然后进行复接。

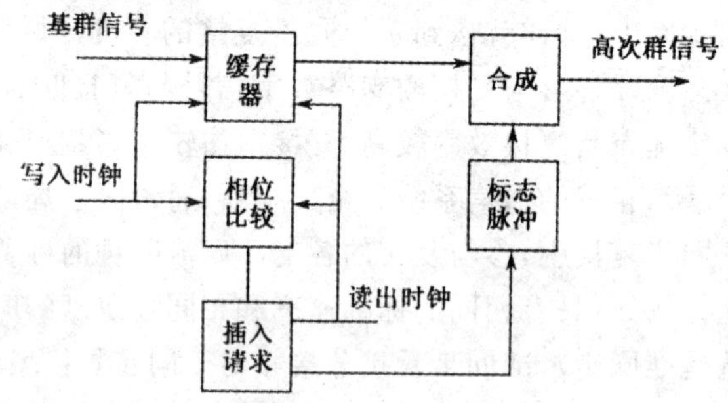


图 8-32 正码速调整框图

码速调整主体是缓冲存储器及控制电路,输入支路的数码率 $f_1$=2.048Mbps±100bps,输出数码率为 $f_m$=2.112Mbps。正码速调整就是因 $f_m>f_1$ 而得名。

设计正码速调整方法主要需要考虑"取空"的问题。假定缓存器中的信息原来处于半满状态,随着时间推移,由于 $f_m>f_1$,缓存器中的信息势必越来越少,如果不采取特别措施,终将导致缓存器中的信息被取空,再读出的信息将是虚假的。为防止缓存器的信息被取空,需采取一些措施。一旦缓存器中的信息比特数降到规定数量时,就发出控制信号,关闭控制门,读出时钟被扣除一个比特。由于没有读出时钟,缓存器中的信息就不能读出去,而这时信息仍往缓存器存入,因此缓存器中的信息就增加一个比特。如此重复下去,就可将数码流通过缓冲存储器传送出去,而输出信码的速率则增加为 $f_1$。

在图 8-33 中,某支路输入码速率为 $f_m$,在写入时钟作用下,将信码写入缓存器。读出时钟频率为 $f_m$,由于 $f_m>f_1$,缓存器处于慢写快读状态,最后会出现"取空"现象。如果加入控制门,当缓冲存储器中的信息尚未"取空"而快要"取空"时,让它停读一次,同时插入一个脉冲(非信息码),以提高码速率,如图 8-33 中①、②所示。从图中可以看出,输入信号以 $f_1$ 的速率写入缓存器,读出脉冲以 $f_m$ 速率读出。由于 $f_m>f_1$,读、写时间差(相位差)越来越小,到第 6 个脉冲到来时,$f_m$ 与 $f_1$ 几乎同时出现,造成"取空"现象。为防止"取空",这时停读一次,同时插入一个脉冲。何时插入根据缓存器的储存状态决定,而储存状态的检测可通过相位比较器完成。

接收端,分接器先将高次群信码进行分接,分接后的各支路信码分别写入各自的缓存器。为了去掉发送端插入的插入脉冲，首先要通过标志信号检出电路检出标志信号，然后通过写入脉冲扣除电路扣除标志信号。扣除了标志信号后的支路信码的顺序与原来信码的顺序一样，但在时间间隔上是不均匀的，中间有空隙，如图 8-33 中③所示。但从长时间来看，其平均时间间隔，即平均码速与原支路信码 $f_1$ 相同，因此，接收端要恢复原支路信码，必须先从图 8-33 中③输入码流波形中提取 $f_1$ 时钟。已扣除插入脉冲的码流经鉴相器、低通滤波器之后获得一个频率等于时钟平均频率的读出时钟，再利用这一时钟从缓存器中读出码元。

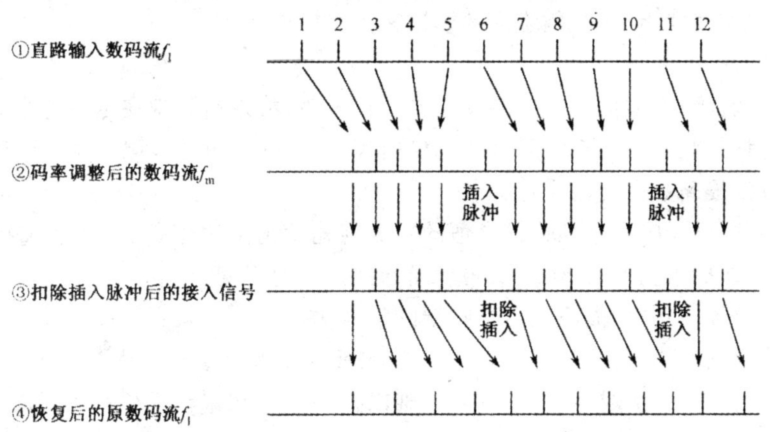


图 8-33　脉冲插入方式码速调整示意图

负码速调整的原理与正码速调整类似，这时复接器供给的取样时钟频率低于所有各支路数字流的速率，由于写得快、读得慢，存储器会“溢出”，此时可以通过复接设备的调整，使“溢出”现象不再发生：正/负码速调整时，选择取样时钟频率等于各支路时钟的标称值，由于各支路实际速率的不同，既可能出现正码速调整，又可能出现负码速调整的情况。

码速调整优点是各支路可工作于异步状态，故使用灵活、方便。但存储器读出脉冲的时钟是从不均匀的脉冲序列中提取出来的，有相位抖动，影响同步质量。

# 8.7　数据通信差错控制技术

## 8.7.1　差错控制概述

1. 差错简介

(1)差错的概念

所谓差错，就是在通信接收端收到的数据与发送端实际发出的数据出现不一致的现象。数据通信系统基本任务是准确、可靠、迅速的传输和处理数据信息。远距离数据传输中，传输系统的各个部分都可能产生差错，当设备的可靠性和稳定性足够高时，通常认为差错主要来源是数据传输信道。

数据传输信道造成传输差错的主要原因：信道存在噪声，如宇宙噪声、工业干扰等，使接收到的数据与发送端不一致，出现差错；信道特性不理想，被传输的数据信号产生相位失真、幅度失真、谐波失真、频率偏移等，导致收到的数据产生差错。

(2)差错的类型

通信信道的噪声分热噪声和冲击噪声两种，分别产生随机差错和突发差错。

①热噪声。热噪声是由传输介质导体的电子热运动产生的，主要特点：时刻存在，幅度较小且强度与频率无关，但频谱很宽，是一类随机噪声。由热噪声引起的差错称为随机差错。此类差错的某个码元出错具有独立性，差错是孤立的，与前后码元无关。

②冲击噪声。冲击噪声由电源开关跳火、外界强电磁场变换、电机启动或停止等短暂原因造成，噪声幅度较大，是引起传输差错的主要原因。其持续时间比数据传输中的每比特发送时间长，引起的差错是成群的，会引起相邻多个数据位出错。冲击噪声引起的传输差错称为突发差错，特点是差错呈突发状，计算机网络中的差错多为突发差错。

(3)差错控制

差错控制是指在数据通信过程中能发现或纠正差错，将差错限制在尽可能小的允许范围内。误码率是衡量或评价数据通信系统质量的重要指标，当实际信道的误码率达不到用户要求时，可采用以下几种方法提高数据传输质量。

①改善信道的电气性能，包括选择合适的数据传输信道来改善传输特性，选择合适的调制、解调方式，增加系统抗干扰能力等，使误码率降低到允许的程度。

②增大发送信号的功率，提高数据接收端的信噪比。

③采用时域或频域均衡技术，消除码间串扰，降低误码率。

上述方法受技术和经济成本等因素制约，难以得到理想结果。通常采用差错控制来降低系统误码率，基本思想：通过对信息码元序列作某种变换，使原来彼此相互独立，没有关联的信息码元序列，产生某种规律性或相关性，接收端根据这种规律性或相关性来检查，以至纠正传输过程中的差错。良好的差错控制方法能使误码率降低几个数量级。

2.差错控制技术

差错控制技术指发送端利用信道编码器在数字信息中增加一些监督信息，并事先规定好两者间关系，用这些附加的信息来检测传输中发生的错误(检错编码)或纠正错误(纠错编码)。1948年香农发表的《通信的数学理论》论文，阐述了通信系统有效性和可靠性之间的关系："在存在噪声的信道上，可以定义一个被称为最大信息速度的通信容量，如果用低于这个通信容量的速度发送数据，则存在着某种编码方法，采用这种方法可以使数据的误码变得足够小"。这个结论说明了编码方法的重要性，指出数据信息进行某种抗干扰编码是检测甚至纠正错误的有效手段。

为检测和纠正错误，研究出多种方法，基本方法有时间冗余法、设备冗余法和数据冗余法3种。它们都是为了提高传输的可靠性，只是采取的措施不同。时间冗余法是靠占用同一设备(包括传输媒体)的时间冗余提高传输可靠性；设备冗余法通过使用较多的信道，即依靠设备(包括传输媒体)的冗余提高传输可靠性；数据冗余法则是上述两种方法的综合，通过对数据块进行某种抗干扰编码提高传输可靠性。

可见，抗干扰编码是差错控制的主要技术之一。利用不同的变换方法可构成多种抗干扰编码，实现不同的差错控制方式。

### 8.7.2 差错控制方式

差错控制的根本目的是发现传输过程中出现的差错并加以纠正，其工作方式基于两点：一是通过抗干扰编码，使系统接收端能发现错误并准确判断错误的位置，自动纠正它们；二是接收端仅能发现错误，但不知差错的确切位置，无法自动纠错，必须通过请求发送端重发等方式达到纠错目的。根据上述两点，差错控制有前向纠错(FEC)、检错重发(ARQ)、混合纠错(HEC)和反馈校验(IFQ)等基本工作方式,如图 8-34 所示。对不同类型的信道,可采用相应的差错控制方式。

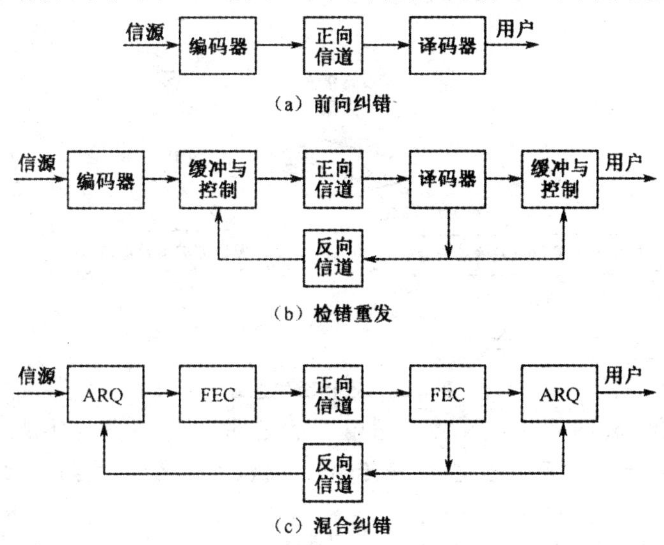


**图 8-34　差错控制基本方式**

1. 前向纠错方式

前向纠错又称自动纠错,该方式中,发送端将要发送的数据附加上一定的冗余纠错码一并发送,接收方根据纠错码对数据进行差错检测。当接收的数据有差错且在纠错能力之内时,接收端能自动纠正传输中的错误。其工作原理如图 8-35 所示。

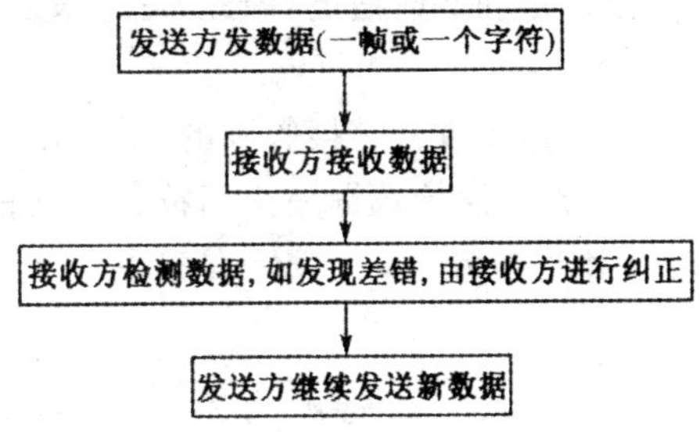


**图 8-35　前向纠错原理**

该方式的优点:不需要反馈信道,可进行单向通信或一对多的同时通信(广播),特别适合移动通信;控制电路简单;无需反复重发而延误传输时间,对实时传输有利。

该方式的主要缺点:编码效率低,纠错设备较复杂,成本高。随着编译码理论的发展和 VLSI 成本的降低,该方法在数字通信系统,特别是单工通信系统应用较广泛。

2. 检错重发方式

检错重发又称自动请求重发,是通信网络常用的差错控制方式。该方式中,发送方将要发送的数据附加上一定的冗余检错码一并发送,接收方根据检错码对数据进行差错检测。如发现差错,则接收方返回请求重发的信息,发送方在收到请求重发的信息后,重新传送数据,直到接收端正确接收为止;如没有发现差错,则发送下一个数据。为保证通信正常进行,需引入计时器以防整个数据帧或反馈信息丢失,并对帧进行编号以防接收方多次收到同一帧并递交给网络层。其工作原理如图 8-36 所示。

该方式的优点:译码设备简单,易于实现,对各种信道的不同差错有一定的适应能力,特别是

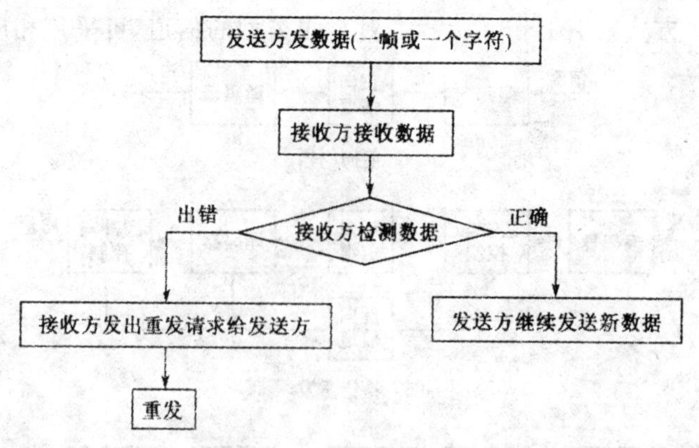


图 8-36 检错重发原理

对突发错误和信道干扰较严重时更为有效,适用于短波、散射、有线等干扰情况特别复杂的信道。

该方式的主要缺点:需要反馈信道,信息传输效率低,不适应实时传输系统。

3.混合纠错方式

混合纠错是前向纠错方式和检错重发方式的结合。发送端发送具有检错和自动纠错能力的码元。接收端收到码组后,检查差错情况:如果错误在码元的纠错能力范围以内,则自动纠错;如果超过了码元的纠错能力,但能检测出来,则经过反馈信道请求发送端重发。

这种方式具有前向纠错方式和检错重发方式的优点,可达到较低的误码率,但需双向信道和较复杂的译码设备和控制系统。

该方式特别适合于复杂的短波信道和散射信道,因此,近年来在卫星通信等应用较广泛。

4.反馈校验方式

反馈校验方式中,双方传输数据时,接收方将接收到的数据原封不动地通过反馈信道重新发回发送方,由发送方检查反馈数据是否与原始数据完全相符。如不相符,则发送方发送一个控制信息通知接收方删去出错的数据,并重新发送该数据,直到正常为止;如相符,则发送下一个数据。其原理如图 8-37 所示。

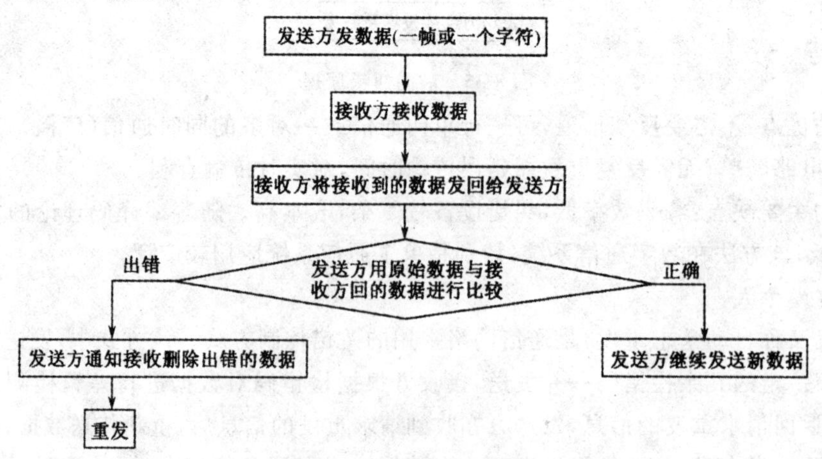


图 8-37 反馈检测原理

该方式的优点:方法和设备简单,不需要纠(检)错编译系统。

该方式的主要缺点:需要双向信道,且传输效率低,实时性差。

反馈校验方式适合传输速率及信道差错率较低，具有双向传输线路及控制简单的系统。

可以看出，不同类型信道应采用相应的差错控制技术。通常，反馈纠错可用于双向数据通信；前向纠错则用于单向数字信号的传输，如广播数字电视系统，因为这种系统没有反馈通道。

### 8.7.3　差错控制编码

1. 差错控制编码的原理

差错控制的核心是差错控制编码，分检错码和纠错码两种。前者能自动发现差错的编码；后者不仅能发现差错，还能自动纠正差错的编码。差错控制编码基本原理：发送端将信息序列分成码组 M，以某种规律对某个码组附加一些监督码元，形成新的码组 C，并使码组 C 中的码元之间具有一定的相关性（或规律性），然后传输到接收端。接收端根据这些相关性来检验码组 C 是否正确：如有错，错在哪一位；对错误的码元是删除还是纠正；最后，将码组 C 还原成信息码组 M。

发送端，将信息码组 M 变换成信道码组 C 的过程，称为信道编码或纠错编码；接收端，将信道码组 C 还原成信息码组 M 的过程，称为信道译码或纠错译码。需注意的是，信道编码不同于信源编码：信源编码目的是为了提高数字信号的有效性，尽可能压缩信源冗余度，所去掉的冗余度是随机的、无规律的；信道编码目的是提高数字通信的可靠性，加入冗余码用来减少误码，代价是传输速率降低了，即以减少有效性来提高可靠性，所增加的冗余度是特定的、有规律的，故可利用来在接收端检错和纠错。

2. 差错控制编码的有关概念

（1）信息码元与监督码元

信息码元又称信息序列、信息位，是发送端由信源编码后得到的信息数据，通常以 $k$ 表示。由信息码元组成的信息组为：$M=(m_{k-1},m_{k-2},\cdots,m_0)$。二元码情况下，每个信息码元 $m$ 取值只有“0”或“1”，总的信息码组数共有 $2^k$ 个，即不同信息码元取值的组合共有 $2^k$ 组。

监督码元又称监督位或附加数据比特，这是为了检纠错码而在信道编码时加入的判断数据位。通常以 $r$ 表示，即为：$n=k+r$ 或 $r=n-k$。

经过分组编码后的码又称为$(n,k)$码，即表示总码长为 $n$ 位，其中信息码长（码元数）为后位，监督码长（码元数）为 $r=n-k$。通常称其为长为 $n$ 的码字或码组。

（2）许用码组与禁用码组

信道编码后的总码长为 $n$，总的码组数应为 $2^n$，即为 $2^{k+r}$。其中被传送的信息码组有 $2^k$ 个，通常称为“许用码组”；其余的码组共有$(2^n-2^k)$个，不传送，称为“禁用码组”。发送端误码控制编码的任务正是寻求某种规则从总码组$(2^n)$中选出“许用码组”；而接收端译码的任务则是利用相应的规则来判断及校正收到的码字符合“许用码组”。上述 $2^k$ 个不同的长度为 $n$ 的许用码组的集合称为分组码，它能够检错或纠错的原因是每个 $n$ 重中有多余的码元。

（3）码重与码距

分组编码后，每个码组中码元为“1”的数目称为码的重量，简称码重。两个码组对应位置上取值不同的位数称码组距离，又称码距、汉明距离，用 $d$ 表示。例如，“000”与“101”间码距 $d=2$；“000”与“111”间码距 $d=3$。对于$(n,k)$码，许用码组为 $2^k$ 个，各码组间距离最小值称为最小码距，用 $d_0$ 表示，$d_0$ 的大小与信道编码检纠错能力密切相关。

（4）编码效率

用差错控制编码提高通信系统的可靠性，是以降低有效性为代价换来的，用编码效率 $R$ 来

衡量分组码($n,k$)的有效性:

$$R = k/n = k/(k+r)$$

显然,监督位越多($r$ 越大),检纠错能力越强,但相应的编码效率也随之降低。

3.检错和纠错能力

这里以重复码为例,讨论差错控制编码的检错和纠错能力。如果分组码中的监督元在信息元之后,而且是信息元的简单重复,则称该分组码为重复码。这是一种简单实用的检错码,有一定的纠错能力。例如,(2,1)重复码,两个许用码组是“00”与“11”, $d_0 = 2$,接收端译码,当出现“01”、“10”禁用码组时,可以发现传输中的 1 位错误。如果是(3,1)重复码,两个许用码组是“000”与“111”, $d_0 = 3$;当接收端出现 2 个或 3 个“1”时,判为“1”,否则判为“0”。此时,可纠正 1 个错误,或者该码可以检出两个错误。可以看出,码的最小距离 $d_0$ 直接关系着码的检错和纠错能力,它们之间的关系可归纳如下。

任意分组码($n,k$),如果要在码组内:

①检测 $e$ 个随机错误,则要求码的最小码距 $d_0 \geqslant e+1$。

②纠正 $t$ 个随机错误,则要求码的最小码距 $d_0 \geqslant 2t+1$。

③纠正 $t$ 个同时检测 $e(e \geqslant t)$ 个随机错误,则要求码的最小码距 $d_0 \geqslant t+e+1$。

对纠(检)错编码的基本要求是:纠错和检错能力尽量强,编码效率尽量高,码长尽量短,编码规律尽量简单。在实际使用中,要根据具体指标要求,保证有一定的纠(检)错误的能力和编码效率,并且要易于实现,节省费用。

4.差错控制编码的分类

随着数字通信技术的发展,研究开发了各种误码控制编码方案,各自建立在不同的数学模型基础上,并具有不同的检错与纠错特性,可以从不同的角度对误码控制编码进行分类。

①按照误码控制的不同功能,分检错码、纠错码和纠删码等。检错码仅具备识别错码功能而无纠正错码功能;纠错码不仅具备识别错码功能,同时具备纠正错码功能;纠删码不仅具备识别错码和纠正错码的功能,当错码超过纠正范围时还可把无法纠错的信息删除。

②按照信息码元和监督码元之间的函数关系,分线性码和非线性码。如果两者呈线性关系,即满足一组线性方程式,称为线性码,反之称非线性码。

③按照对信息码元处理方式的不同,分为分组码和卷积码。分组码中,编码后的码元序列每 $n$ 位分为一组,其中包括 $k$ 位信息码元和 $r$ 位附加监督码元,即 $n = k+r$,每组的监督码元仅与本组的信息码元有关,而与其他组的信息码元无关,分组码进一步分为循环码和非循环码;卷积码编码后码元序列也划分为码组,但每组的监督码元不但与本组的信息码元有关,而且与前面码组的信息码元也有约束关系。

④按照码组中信息码元在编码前后是否相同,分系统码和非系统码。前者编码后的信息码元序列保持原样不变;后者信息码元会改变其原有的信号序列,故译码电路更为复杂,较少选用。

⑤按照误码产生原因不同,分纠正随机错误的码与纠正突发性错误的码。前者多用于产生独立的局部误码的信道;后者多用于产生大面积的连续误码的情况。

⑥按照构造差错控制编码的数学方法,分为代数码、几何码和算术码。代数码建立在近世代数基础上,是目前发展最为完善的编码,线性码是代数码的一个最重要的分支。

常见差错控制编码方式如图 8-38 所示。其中,简单的差错控制编码方法有奇偶校验码、行列监督码、正反码、恒比码、群计数码等,它们的编码方法简单、易于实现,应用广泛;线性分组码可以用线性方程组和矩阵来描述，是一类重要的纠错码，应用非常广泛；汉明码是最早提出的线性分组码，是一种能纠正单个错误的完备码；循环码也是线性分组码，因为容易采用近世代数进行分析和构造，特别是它的编译码器易于实现，所以在实际系统中应用非常广泛；卷积码每个码段的 $n$ 个码元不仅与该码段的信息元有关，且与前面 $m$ 段内的信息元有关，即它的监督元对本码段以及前面 $m$ 段内的信息元均起监督作用，卷积码无论编码还是译码，各子码都不能独立进行。对具体的数字设备，为提高检错、纠错能力，通常同时采用几种误码控制方式。

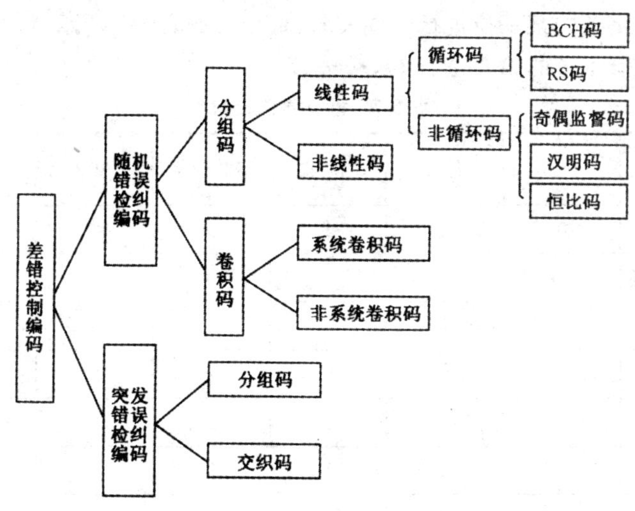


**图 8-38　常见差错控制编码方式**

下面主要介绍数据通信系统常用的奇偶校验码和循环冗余码。

5. 奇偶校验码

(1)奇偶校验码概述

奇偶校验码也称奇偶监督码，是一种最简单的线性分组检错编码方式。首先把信源编码后的信息数据流分成等长码组，在每个信息码组之后加入一位(1b)监督码元作为奇偶检验位，使得总码长 $n$(包括信息位 $k$ 和监督位“1”)中的码重为偶数(偶校验)或为奇数(奇校验)。如果传输过程中任何错误，收到的码组必然不再符合奇偶校验的规律，据此可以发现误码。奇校验和偶校验具有完全相同的工作原理和检错能力，采用任一种均可。

由于两个“1”的模 2 相加为“0”，因此利用模 2 加法可以判断一个码组中码重是奇数或偶数。模 2 加法等同于“异或”运算。以偶监督为例，假设码字 $A=[a_{n-1},a_{n-2},\cdots,a_1,a_0]$，偶校验应满足

$$a_{n-1}\oplus a_{n-2}\oplus\cdots\oplus a_1\oplus a_0=0$$

式中，$a_{n-1},a_{n-2},\cdots,a_1$ 为信息元，$a_0$ 为监督元。

监督位码元 $a_0$ 可由下式求出

$$a_0=a_1\oplus a_2\oplus\cdots\oplus a_{n-2}\oplus a_{n-1}$$

可以看出，这种奇偶校验编码只能检出单个或奇数个误码，无法检知偶数个误码，对连续多位突发性误码也不能检知，故检错能力有限。另外，编码后码组的最小码距 $d_0=2$，没有纠错码能力。

(2)奇偶校验码类型

奇偶校验码常用于反馈纠错。在实际使用时，奇偶校验分以下 3 种方式。

1)水平奇偶校验

将要发送的整个数据分为定长 $p$ 位的 $q$ 段，对各个数据段的相应位横向进行编码，产生一个奇偶校验冗余位。该方法不但能检测出各段同一位上的奇数个错，还能检测出突发长度≤$p$ 的所有突发错误。其漏检率比垂直奇偶校验方法低，但实现水平奇偶校验时，一定要使用数据缓冲器。

2)垂直奇偶校验

整个数据段所有字节的某一位进行奇偶校验，奇校验如表 8-7 所示，该数据段由 8B 组成，垂直奇偶校验分别对所有字节的第 0 位、1 位、……、7 位进行。

**表 8-7　垂直奇偶校验**

| 节<br>字节 | 位 7 | 位 6 | 位 5 | 位 4 | 位 3 | 位 2 | 位 1 | 位 0 |
|---|---|---|---|---|---|---|---|---|
| 字节 1 | 1 | 0 | 1 | 1 | 0 | 1 | 1 | 0 |
| 字节 2 | 1 | 1 | 0 | 1 | 0 | 0 | 1 | 1 |
| 字节 3 | 1 | 1 | 1 | 0 | 0 | 1 | 0 | 0 |
| 字节 4 | 0 | 0 | 0 | 0 | 1 | 0 | 0 | 0 |
| 字节 5 | 1 | 1 | 0 | 1 | 0 | 0 | 0 | 1 |
| 字节 6 | 0 | 1 | 0 | 1 | 1 | 0 | 1 | 0 |
| 字节 7 | 0 | 0 | 1 | 1 | 1 | 1 | 1 | 0 |
| 字节 8 | 1 | 0 | 0 | 1 | 0 | 0 | 0 | 1 |
| 校验字节 | 0 | 1 | 0 | 1 | 0 | 0 | 1 | 0 |

垂直奇偶校验能检出每列中的所有奇数个错，但检不出偶数个错，对突发错的漏检率约 50％。

3)水平垂直奇偶校验

它是水平奇偶校验和垂直奇偶校验的综合，既对每个字节进行校验，又在垂直方向对所有字节的某一位进行校验，又称矩阵码。表 8-8 是水平垂直奇偶检验(奇校验)的示意。矩阵码既能检测出奇数个错，也能检测出偶数个错。

**表 8-8　水平垂直奇校验**

| 节<br>字节 | 位 8 | 位 7 | 位 6 | 位 5 | 位 4 | 位 3 | 位 2 | 位 1 | 水平校验位 |
|---|---|---|---|---|---|---|---|---|---|
| 字节 1 | 1 | 0 | 1 | 1 | 0 | 1 | 0 | 1 | 0 |
| 字节 2 | 1 | 1 | 1 | 1 | 1 | 1 | 1 | 1 | 1 |
| 字节 3 | 0 | 0 | 1 | 0 | 1 | 1 | 0 | 1 | 1 |
| 字节 4 | 1 | 1 | 1 | 0 | 0 | 0 | 1 | 1 | 0 |
| 字节 5 | 0 | 0 | 0 | 0 | 0 | 0 | 0 | 1 | 0 |
| 字节 6 | 1 | 1 | 0 | 0 | 1 | 1 | 0 | 0 | 1 |
| 字节 7 | 1 | 0 | 1 | 0 | 1 | 1 | 0 | 1 | 0 |

续表

| 字节＼节 | 位8 | 位7 | 位6 | 位5 | 位4 | 位3 | 位2 | 位1 | 水平校验位 |
|---|---|---|---|---|---|---|---|---|---|
| 字节8 | 0 | 1 | 0 | 0 | 1 | 1 | 1 | 0 | 1 |
| 重直校验位 | 0 | 1 | 0 | 1 | 0 | 1 | 0 | 1 | 1 |

水平垂直奇偶校验能检测出所有3位或3位以下的错误、奇数个错、大部分偶数个错以及突发长度不超过 $p+1$ 的突发错，可使误码率降至原误码率的1/100到1/10000，还能纠正部分差错，适用于中低速传输系统和反馈重传系统。

(3)关于行列监督码

行列监督码是二维奇偶校验码，又称矩阵码，这种码可以克服奇偶校验码不能发现偶数个差错的缺点，并且是一种用以纠正突发差错的简单纠正编码。

其基本原理与简单的奇偶校验码相似，不同的是每个码元受纵和横两次监督。编码方法：将若干要传输的码组编成一个矩阵，矩阵中每行为一码组，每行的最后加上一个监督码元，进行奇偶校验，矩阵中的每列由不同码组相同位置的码元组成，每列最后也加上一个监督码元，进行奇偶校验。如果用×表示信息位，用⊗表示监督位，则矩阵码结构如图8-39所示。这样，它的一致监督关系按行及列组成，每行每列都是一个奇偶监督码。当某行或某列出现偶数个差错时，该行或该列虽不能发现，但只要差错所在的列或行没有同时出现偶数个差错，就能发现差错。可见，矩阵码发现错码的能力很强，但编码效率比奇偶校验码低。

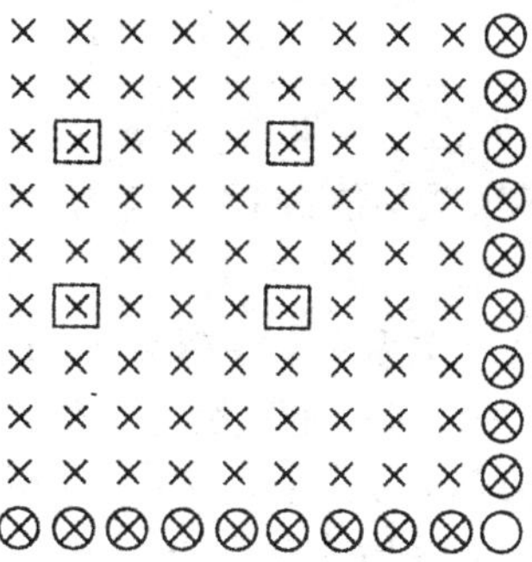

**图8-39　矩阵码结构**

6.循环冗余码

(1)循环冗余码概述

循环冗余码又称循环码(CRC码)，是一种重要的线性分组码，1957年由Prange提出。由于容易采用近世代数进行分析和构造，检错能力强，特别是编译码器实现简单，是目前应用最广泛的检错码编码方法。采用CRC校验，能查出所有的单位错、双位错、所有具有奇数位的差错、所有长度小于16位的突发错误，还能查出99%以上17位、18位或更长位的突发性错误，误码率比方块码低1～3个数量级。数据通信网络中，CRC被广泛采用。

循环码编码过程涉及多项式知识，它有以下3个主要数学特征。

①循环码具有循环性，除了具有线性码的一般性质外，还具有循环性，即循环码组中任一码组循环移位所得的码组仍为该循环码中的一许用码组。

②循环码组中任两个码组之和(模2)必定为该码组集合中的一个码组。

③循环码每个码组中，各码元之间还存在一个循环依赖关系，$b$ 代表码元，则有

$$b_i = b_{i+4} \oplus b_{i+2} \oplus b_{i+1}$$

(2)关于生成多项式 $g(x)$

代数理论中,为便于计算,常用码多项式表示码字。$(n,k)$循环码的码字,其码多项式(以降幂顺序排列)为

$$A(x) = a_{n-1}x^{n-1} + a_{n-2}x^{n-2} + \cdots + a_1 x + a_0$$

如果一种码的所有码多项式都是多项式 $g(x)$ 的倍数,则该 $g(x)$ 为该码的生成多项式。在$(n,k)$循环码中,任意码多项式 $A(x)$ 都是最低次码多项式的倍式。

CRC 码把待发送的二进制数据序列当作一个信息多项式 $m(x)$ 的系数,发送之前用收发双方预定的一个生成多项式 $g(x)$ 去除,求得一个余数,将余数加到待发送的数据序列之后就得到 CRC 检验码。发送方将校验码发往接收方,接收方用同样的生成多项式 $g(x)$ 去除收到的二进制数据序列,如果余数为 0 则说明传输正确,否则说明收到的数据有错。接收方通知发送方重发。

CRC 的生成多项式是经过长期研究和实践确定的,因此 CRC 码的检错能力很强,实现也不复杂,是目前应用最广的检错码。生成多项式 $g(x)$ 国际标准有多种,目前广泛使用的有以下几种。

①CRC－12:CRC12＝ $X^{12} + X^{11} + X^3 + X^2 + 1$。

②CRC－16:CRC16＝ $X^{16} + X^{15} + X^2 + 1$。

③CRC－CCITT:CRC16＝ $X^{16} + X^{12} + X^5 + 1$。

(3)循环码编码方法

编码时,首先要根据给定的$(n,k)$值选定生成多项式 $g(x)$,即从 $x^n + 1$ 的因式中选一 $r$ 次多项式作为 $g(x)$。循环码中所有码多项式均能被 $g(x)$ 整除,根据这一原则,可以对给定的信息进行编码。

设 $m(x)$ 为信息多项式,其最高幂次为 $k-1$。用 $x^r$ 乘 $m(x)$,得到 $x^r \times m(x)$ 的次数小于 $n$。用 $g(x)$ 除 $x^r \times m(x)$,得到余式 $r(x)$,$r(x)$ 的次数必小于 $g(x)$ 的次数,即小于$(n-k)$。将此余式加于信息位之后作为监督位,即将 $r(x)$ 与 $x^r \times m(x)$ 相加,得到的多项式必为一个码多项式,因为它必然能被 $g(x)$ 整除,且商的次数$\leqslant(k-1)$。因此,循环码的码多项式可表示为

$$A(x) = x^r \times m(x) + r(x)$$

式中,$x^r \times m(x)$ 代表信息位,$r(x)$ 是 $x^r \times m(x)$ 与 $g(x)$ 相除得到的余式,代表监督位。

根据上述原理,循环码编码主要步骤如下:

①用 $x^r$ 乘 $m(x)$,这一运算实际上是在信息码后附加上 $r$ 个“0”,以给监督位留出地方。

②用 $g(x)$ 除 $x^r \times m(x)$,得到商 $Q(x)$ 和余式 $r(x)$。

③编出的码组为 $A(x) = x^r \times m(x) + r(x)$。

编码电路主要由生成多项式构成的除法电路及适当的控制电路组成。

(4)循环码译码方法

因为任意码多项式 $A(x)$ 都应能被生成多项式 $g(x)$ 整除,所以在接收端可以将接收码组 $B(x)$ 用生成多项式去除。传输时未发生错误,接收码组和发送码组相同,即 $A(x) = B(x)$,故接收码组 $B(x)$ 必定能被 $g(x)$ 整除;如果传输时发生错误,则 $B(x) \neq A(x)$,当 $B(x)$ 除以 $g(x)$ 时,除不尽有余项。据此,可以用余项是否为零来判别码组中有无误码。接收端为纠错而采用的译码方法比检错时复杂得多。同样,为了能够纠错,要求每个可纠正的错误图样必须与某

特定余式有一一对应关系。

循环码译码纠错可按下述步骤进行：

①用生成多项式 $g(x)$ 去除接收码组 $B(x)=A(x)+E(x)$，得出余式 $r(x)$。

②按余式 $r(x)$ 用查表的方法或通过某种运算得到错误图样 $E(x)$，即可确定错码位置。

③从 $B(x)$ 中减去 $E(x)$，以便得到已纠正错误的原发送码组 $A(x)$。

与编码电路类似，循环码的译码电路主要由除法电路、缓冲移位寄存器及相应的控制电路组成。

# 第 9 章　数据通信网基础

## 9.1　数据通信网概述

### 9.1.1　数据通信网的概念

数据通信网(Data Communication Network,DCN)是数据通信系统的网络形态。一个多用户计算机系统的远程联机数据通信就构成网络的形态,图 9-1 所示就是一个远程联机系统。

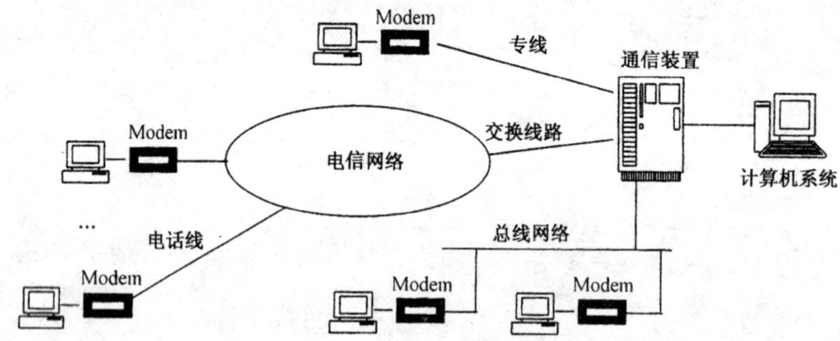


**图 9-1　远程联机系统**

随着时间的推移,数据通信网的概念也进一步扩展,它常常是广域计算机通信网或计算机网络的基础通信设施的代名词。例如,以太网、公用数据网、ISDN、ATM 网等,这些网络都可以划入数据通信网的范畴。从网络角度看,数据通信网的主要作用是为各种信息网络提供"通信子网"资源。因此,数据通信网与"通信子网"在功能概念上是等价的,如图 9-2 所示。

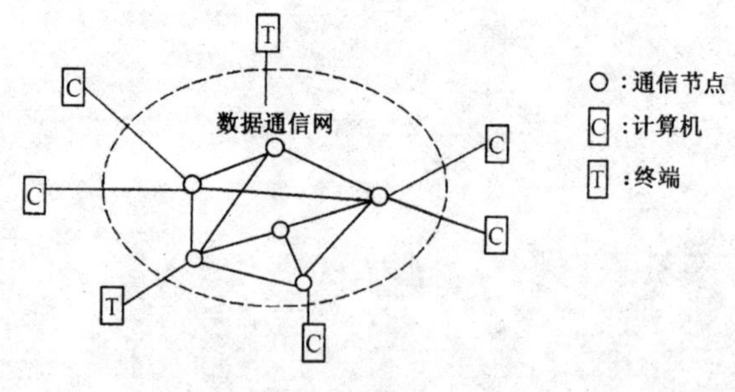


**图 9-2　数据通信网**

从硬件组成上看,数据通信网由完成数据传输、处理、交换功能的节点和链路两部分组成,从网络结构上看,数据通信网由硬件部分和软件部分组成。

从传输技术角度考虑,数据通信网可分为交换网和广播网,交换网可进一步划分为线路交换(空分制式线路交换、时分制式线路交换)网、存储—转发网络(报文交换、分组交换)、快速分组交换网、ATM 信元交换网;广播网可进一步划分为卫星网、分组无线电网、环状局域网。

### 9.1.2　数据通信网的特征

通过前面的介绍，可以知道数据通信网通常由分布在各地的计算机或数据终端、数据传输设备、数据交换设备等通过数据传输线路互相连接而成。对于采用集中管理控制的网络还设有网络管理控制中心。

1. 分组交换方式

数据通信网采用电路交换、报文交换和分组交换3种方式。报文交换出现于分组交换之后，是电报通信的交换方式。同分组交换一样，报文交换也采用存储转发技术，不过由于中继节点要在完整收到下一个报文后，才向下一节点转发，所以它的效率要比分组交换相对低一些，目前已很少采用。分组交换是将用户数据和控制信息按一定格式编成分组，在交换机上以分组为单位进行接收、存储、处理和转发。对于一份较长的电文，可分为若干个有序的分组，在网内不一定按顺序传送，但接收端则按顺序加以组合，恢复成原电文。当前，数据通信网主要采用分组交换技术。在分组交换网络中，通常以“数据报”和“虚电路”两种方式提供网络服务。

2. 分组交换技术特征

①灵活性强。相对于电路交换，分组交换向用户提供了不同速率、不同代码、不同同步方式、不同通信控制规程的数据终端之间能够相互通信的灵活的通信环境。

②时延小。相对于报文交换，由于分组相对报文短，因此，分组交换中信息的传输(包括缓冲、处理等)时延较小，即使是有所变化也是在较小范围内发生的，能够较好地满足会话型通信的实时性要求。

③可靠性高。每个分组在网络中传输时可以在中继线和用户线上分段独立地进行差错校验，使信息在分组交换网中传输的比特误码率大大降低，一般可达$10^{-10}$以上。在数据报方式中，由于分组在分组交换网中传输的路由是可变的，当网中的线路或设备发生故障时，分组可自动地选择一条新的路由避开故障点，这样就保证了通信的稳定性和不间断性。

④利用率高。实现线路的动态统计时分复用，通信线路(包括中继线和用户线)的利用率很高。多条信息通路可以在一条物理线路上实现。

⑤经济性好。信息以分组为单位在交换机中存储和处理，对交换机的存储容量要求不是特别高，降低了网内设备的费用。对线路的动态统计时分复用也大大降低了用户的通信费用。分组交换网通过网络控制和管理中心(NCC)对网内设备实行比较集中的控制和维护管理，节省维护管理费用。

⑥传输效率较低。由于网络附加的传输信息较多，对长报文通信的传输效率比较低。把一份报文划分成许多分组在交换网内传输，为了保证这些分组能够按照正确的路径安全准确地到达终点，要给每个数据分组加上控制信息(分组头)，除此之外，还要设计许多不包含数据信息的控制分组，用它们来实现数据通路的建立、保持和拆除，并进行差错控制以及数据流量控制等。可以看出，在交换网内除了有用户数据传输外，还有许多辅助信息在网内流动，对于较长的报文来说，分组交换的传输效率比电路交换和报文交换的传输效率低。

⑦技术实现复杂。分组交换机要对各种类型的分组进行分析处理，为分组在网中的传输提供路由，并且在必要时自动进行路由调整，为用户提供速率、代码和规程的变换，为网络的维护管理提供必要的报告信息等，要求交换机要有较高的处理能力。

3. 数据报

数据报方式是将每一个分组当作一份独立的报文来看待，终点地址的信息在任何分组中都有所体现，分组交换机为每一个分组独立地寻找路径，因此一份报文包含的不同分组可能沿着不同的路径到达终点，在网络的终点需要重新排序。

数据报方式的特点如下：

①用户之间的通信不需要经历呼叫建立和呼叫清除阶段，对于短报文通信传输效率比较高。

②数据分组传输时延较大，而且离散度大。

③对网络故障的适应能力较强。

4. 虚电路

虚电路是在两个用户终端通信之前预先通过网络建立的逻辑通路，它是主叫用户通过与网络联系并与被叫端协商而建立的。一条双向的无差错的有序的逻辑通路就是由虚电路来提供的。

在虚电路方式中，一次通信要经历建立虚电路、数据传输和拆除虚电路 3 个阶段。一旦建立了虚电路，就会一直保持下去直到虚电路被拆除或因故障而中断。对于因故障而中断的数据传输，需要重新建立虚电路，以继续未完成的数据传输。但虚电路无法处理网络发生的拥塞情况。

由于虚电路的概念是以分组对物理线路统计时分复用为基础的，一个终端可在一条物理电路上与多个终端同时进行通信，因此，与电路交换相比，虚电路具有合理高效利用线路资源的特点。

虚电路方式的特点如下：

①一次通信具有呼叫建立、数据传输和呼叫清除 3 个阶段。分组中不需要包含终点地址，对于数据量较大的通信传输效率高。

②分组按已建立的路径顺序通过网络，分组的顺序容易保证，分组传输时延比数据报小，而且不容易产生数据分组的丢失。

### 9.1.3 数据通信网的体系结构

现代通信网是一个巨大的高级复杂实体，想要通过一般概念化的方法对整体进行分析非常困难，必须用系统工程方法来处理。可对其进行分解合成，并利用分层和分段的概念来表示通信网的理想结构，这即我们所说的通信网络体系结构。通信网络体系结构适用于网络的功能结构，也适用于网络的系统结构。可以借助该概念来分析网络的功能和结构或进行其硬件和软件的设计。

建立通信网的网络体系结构，必须完成以下 3 个具体工作：

①按一定规则把网络划分成为许多部分，并明确每一部分所包含的内容。

②建立参考模型。将各部分组合成通信网，并明确各部分间的参考点。

③设置标准化接口，对参考点的接口标准化。接口标准化，实质就是从整体上使通信网最优化。但局部可能暂时出现一些问题，如成本上升、处理信息量增加，并导致性能下降。一旦硬件大规模集成化和高速化，这些问题就会从根本上得到解决。

设计一个庞大而复杂的通信网，需要从功能和实现作为切入点，将通信网设定为多个拓扑的结构，从而达到如下目的：

①完成功能结构，规定网络的功能模块，它取决于通信网业务和远行管理要求。

②完成系统结构，规定网络中应配置的硬件及相应的软件，它取决于通信网所采用的传输技术。

通信网的网络体系结构由硬件和软件组成。硬件部分即拓扑结构；有关网络体系结构中的软件部分是有关通信网的协议和网络管理结构，以及传送标准结构的论述。

根据 OSI/RM 七层模型，整个通信网的体系结构，按其功能可分成高功能层和传送层两大部分。前者包括高级接续业务功能和网络运行管理维护操作(OAM)功能；后者主要是关于传送用户信息方面的功能。对于用户信息传输和交换网络逻辑功能的所有内容有所涉及。

高功能层是为实现高级业务控制和 OAM&P 功能的，包含高级接续业务系统和网络管理系统。该层对提高业务质量，降低通信成本起着非常重要的作用。它能适应各种业务内容的变更及追加新业务，是一种对实时性要求较低的功能部件。高功能层功能结构可分成下面所述的两类。

1. 高级接续业务系统结构

从网络功能考虑，它可划分成两部分：

①业务平台——实现多种业务所共用的功能。

②各业务特有的功能模块。

当要加入新业务时，只要在业务平台提供的功能和数据库等基础上，开发该业务特定的控制规程并装入网内即可，如图 9-3 所示。这实际上就是为实现业务多样化和便于导入尚未确定的新业务，而呈现的智能网功能。

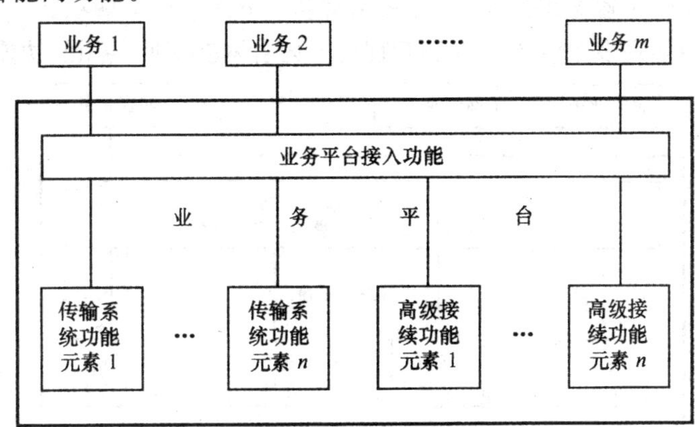


**图 9-3　业务平台概念**

高级接续业务系统可用业务管理、业务控制、业务执行 3 个功能层结构来表示，具体详见图 9-4，其中，业务生成的核心就是业务管理层。

想要将业务设计者和用户两者所设计的新业务的各项规定变成为业务控制程序和业务数据，就需要借助于业务管理层来实现，并将其向下装入有关节点，还要对各用户的接入、高级接续业务的业务量状况等进行网管处理。

业务控制层则是利用由业务生成的进程所提供的业务进行如下控制：

①分析由业务执行层送来的业务要求，选择适当的业务控制程序。

②和业务执行层协同，与业务利用者交换控制信息。

③对照业务数据(与号码译码有关的各种条件和个人通信位置信息等)，并根据控制程序的内容实现所需的业务。

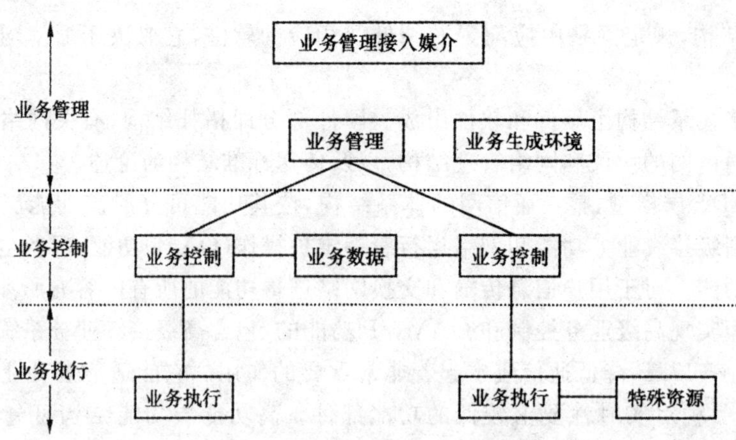


图 9-4　高级接续业务分层结构

业务执行层在运行网络方面是根据业务控制信息实现的，它由业务执行功能和特殊资源功能共同构成。前者包括构成业务平台的一部分业务、检测逻辑和进行接续控制的业务功能元素等；后者包括接收、发送、查询信息等。

2. 网络管理系统结构

网络管理系统结构是指计划、业务指令、运行和故障处理等所有管理业务，它强调各种管理业务内部功能间或各管理业务间的配合。类似于高级接续业务系统，为能对客户要求、经营方针、业务运营形式的变化迅速做出反应，也可将网管功能分成为以下两项。

①网管系统平台：实现多个管理业务和管理业务内各网功能间共用的功能，如图 9-5 所示。

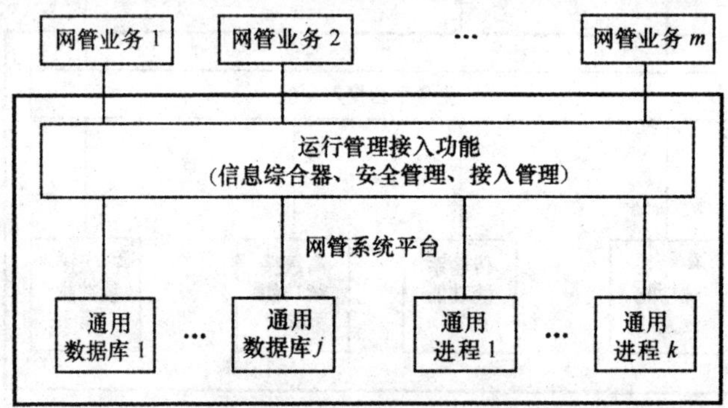


图 9-5　网管系统平台概念

②网管业务功能模块：利用平台来实现特定的网管功能。

高功能层功能结构分别是有关协议的模型和管理网模型。

协议模型与语音、数据等多种业务有关，分属于计算机通信、有线通信、移动通信、卫星通信的协议分层结构。其中有国际通用标准，例如，ISO 推荐的 OSI 模型，ITU-T(原 CCITT)推荐的 No. 7 信令系统等；还有一些技术规范是个别公司自己拟定的，例如，IBM 的系统网络体系结构(SNA)、DEC 的数字网络体系结构(DNA)等，还有因特网 TCP/IP 协议分层结构等。

为了满足越来越庞大和复杂的通信的网络运行、管理和维护 OAM 开发出了网络管理中的电信管理网(TMN)这一管理系统，且对该系统的具体实现过程也有一个标准化。

# 9.2　通信网拓扑结构

通信网拓扑结构是引用拓扑学中研究与大小、形状无关的点、线特性的方法，把通信网络单元定义为节点，两节点间的线路定义为链路，网络节点和链路的几何位置就是网络的拓扑结构。从拓扑结构来看，节点就是通信网内部的主机、终端、交换机。拓扑结构选择是通信网设计的重要环节，和通信网络的性能、功能、可靠性、经济性等有直接关系。基本拓扑结构包括总线拓扑、环状拓扑、星状拓扑、网状拓扑、复合拓扑等，这些结构各有优缺点。实际应用时，很少仅用一种拓扑结构而是多种拓扑结构共同使用。

网络物理拓扑和逻辑拓扑间还是有一定的区别的：物理拓扑是指网络布线的连接方式；逻辑拓扑是指网络的访问控制方式。20 世纪 90 年代以来，网络物理拓扑多向星状网演化。

## 9.2.1　总线拓扑结构

1. 总线拓扑结构概述

用一条中央主电缆作为公共总线，将各节点连接起来的方式称为总线拓扑，如图 9-6 所示。所有节点通过相应的硬件接口直接连到总线，任一节点发出的信息都可以沿总线向两端传输，总线中任一节点都能够接到发出的信息。由于从发送节点向两端扩散传输，各节点可以在不影响系统其他设备工作的情况下脱离总线，上述过程类似于广播电台发射的电磁波向四周扩散，因此，总线拓扑结构网络又称广播式网络。

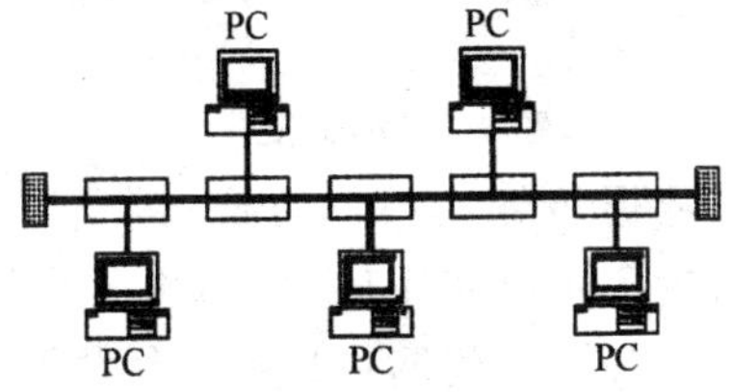


**图 9-6　总线拓扑**

总线上传输信息通常以基带型串行传输，每个节点的网络接口硬件均具有收、发功能，接收端负责接收总线上的串行信息，将其转换成并行信息送给节点机；发送端将并行信息转换成串行信息发送到总线。连接在总线的设备通过监察总线传输信息来检查发给自己的数据，一个设备想要接收信息的话，需要其地址相符才可以，其他设备即使收到也只能简单地忽略。当两个设备想在同一时间发送数据时，以太网上会发生碰撞现象，使用“带有碰撞检测的载波侦听多路访问”(CSMA/CD)协议能将碰撞的负面影响降到最低。

2. 总线拓扑结构的特点

总线拓扑结构优点：结构简单灵活；设备投入少，价格低；布线要求简单，扩充容易，配置、使用和维护方便；任一节点失效或增删不影响网络工作；共享能力强，适合于一点发送、多点接收的场合。

但其也存在以下局限性：信号随距离的增加而衰减，传输距离非常的有限；总线带宽是通信网络的瓶颈，总线结构上的若干节点共享并“争用”传输介质，故节点数目较多时通信能力下降；由于单个网段的距离长度受到严格限制，这也就导致了基于该结构的网络的负载能力有限；每次仅能一个端用户发送数据，其他端用户必须等待到获得发送权，访问获取机制较复杂；由于所有节点公用一条总线，总线传输信息易发生冲突和碰撞，实时性较差，主要适用于通信网实时性要求较低的场合。

### 9.2.2　环状拓扑结构

1.环状拓扑结构概述

环状拓扑结构各节点通过通信线路连接成一条闭合的环状通信线路，是“点—点”结构，如图9-7所示。环状网中每个节点对占用环路传输数据都有相同权力，任何节点均可请求发送信息，请求一旦被批准，便可以向环路发送信息。由于环路公用，一个节点发送的信息必须经过环路中的全部接口。只有当传输信息的目的地址与环上某节点的地址相符时，信息才被该节点的环接口所接收；否则，信息传至下一节点的接口，直到发送到该信息的发送节点接口为止。环状网中的数据沿固定方向流动。环状拓扑结构的每个节点都与两个相邻的节点相连，存在“点—点”链路，但这些操作都是以单向方式进行的，因此有上游端用户和下游端用户之称。例如，节点 $N+1$ 需将数据发送到节点 $N$ 时，要绕环一周才能到达节点 $N$。

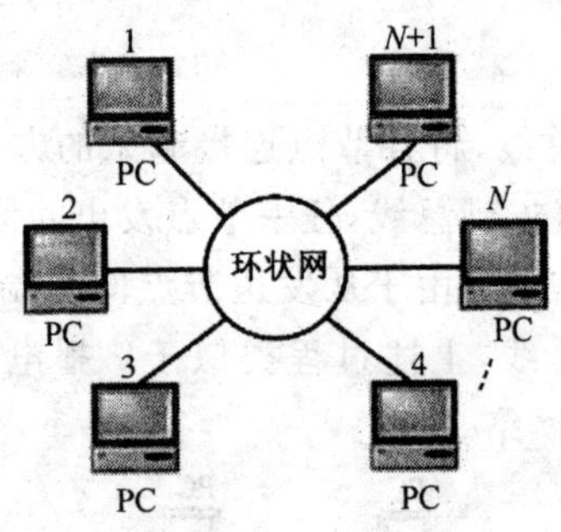


图 9-7　环状拓扑

在环状网中，一般情况下，对数据传输的控制室通过“令牌”实现的，这种思想 1985 年由 IBM 推出，在光纤分布式数据接口(FDDI)应用后，该结构的应用范围进一步扩大。只有获得“令牌”的计算机才能发送数据，保证任一时间网络只有一台设备可以传输信息，对于冲突现象有效地避免。环状网有单环和双环两种结构。由于环上传输的任何信息都必须穿过所有端点，如果环的某点断开，环上所有“端—端”间的通信便会终止。为克服这种网络拓扑结构的脆弱，每个端点除与一个环相连外，还连接到备用环(双环)，当主环发生故障时，自动转到备用环。双环结构常用于以光导纤维作为传输介质的环状网中，目的是设置一条备用环路，当光纤环发生故障时，可迅速启用备用环，提高环状网的可靠性。令牌环网和 FDDI 是最为常见的环状网。

2.环状拓扑结构的特点

环状拓扑结构优点：由于两节点间只有唯一的通路，信息在环状网中沿固定方向流动，简化了路径控制；当有旁路时，某个节点发生故障可自动旁路，从而保证了网络的可靠性；网络确定时，传输时间固定，适用于对数据传输实时性要求较高的应用场合；重负荷场合，比“争用”信道的总线式网络传输速率高；信息吞吐量大，通信网络周长可达 200km，节点达数百个；由于光纤适合信号单方向传输和“点—点”连接，因此环状结构最适合光纤传输介质。这种结构在数据传输实时性要求较高的场合比较适用，负荷较重的大型通信网也适用。

但其也存在以下局限性：节点过多时传输效率低，响应时间长；灵活性差，由于环路封闭，故扩展起来有一定的难度；可靠性差，单环时任何节点的故障都会导致全网瘫痪；实现困难，建设、维护费用高。

### 9.2.3　星状拓扑结构

1. 星状拓扑结构概述

星状拓扑以中央节点为中心，“点—点”方式是各节点和中心节点之间的连接方式，如图9-8所示。中央节点执行集中式通信控制策略，接收各分散节点的信息再转发给相应节点，具有中继交换和数据处理功能。当某一节点要传输数据时，首先向中心节点发送请求，以便同另一目的节点建立连接。一旦两节点建立连接，这两点间就像一条专用线路连接起来一样进行数据通信。星状结构是最古老的连接方式，普遍使用的电话就属于这种结构。星状网的组成通过中心设备将许多“点—点”连接，显然，中央节点是星状网的瓶颈。早期的星状网，中央节点是一台功能强大的计算机，既具有独立的信息处理能力的同时又具备信息转接能力；目前，中央节点多采用交换机、集线器等网络转接、交换设备。

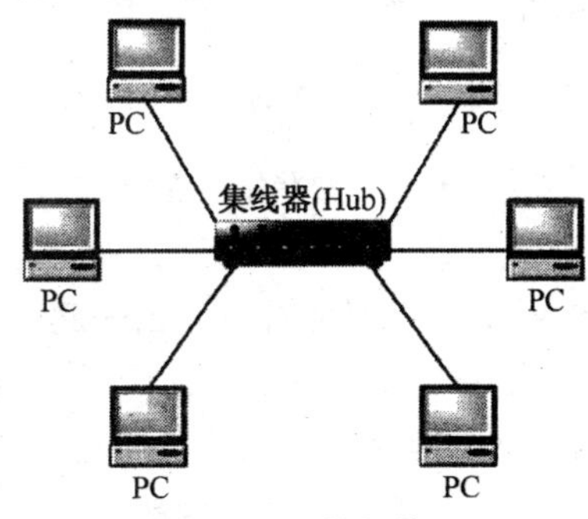


图 9-8　星状拓扑

目前使用最普遍的以太网(Ethernet)就是星状结构，这种结构便于集中控制，因为“端—端”用户间的通信必须经过中央节点。该结构要求中央节点具有极高的可靠性，因为中心节点一旦损坏整个系统就无法正常运作。为此，中央节点多采用双机热备份，以提高系统可靠性。还应指出，以集线器构成的网络结构，虽然呈星状布局，但使用的访问媒体的机制仍为共享介质的总线方式。星状结构适用性广，可应用于各种中小型通信网，常见的采用星状物理拓扑的网络有100BaseT 以太网、令牌环网和 ATM 网等。

2. 星状拓扑结构的特点

星状拓扑结构优点：网络结构简单，组建、安装、使用、维护与管理都很方便；传输速率高，每个节点独占一条传输线路，数据传输堵塞现象得以有效地消除；易于检查故障，可利用交换机或集线器上的指示灯判断通信网是否出现故障；扩展性好，交换机或集线器可以在不影响通信网运行的情况下删除、增加节点；集线器或交换机上的多种类型接口，可连接多种传输介质；每个节点与中心节点使用单独的连线，单个边节点的故障不会影响整个通信网，易于节点故障的处理；造价和维护费用低。

但其也存在以下局限性：中心节点故障会导致整个通信网瘫痪；负荷激增时，中心节点负荷过重；通信线路都是专用线路，需较多传输介质，线路利用率低；使用集线器的通信网，重负荷时系统响应和性能下降的比较严重，网络共享能力不是特别理想。

### 9.2.4　其他拓扑结构

1. 树状拓扑结构

树状结构又称分级集中式网络，如图 9-9 所示。它是星状结构的扩展，采用分级结构，具有一个节点和多级分支节点，特点是网络成本低、结构较简单。网络中，任意两节点间不形成回路，每个链路都支持双向传输，节点扩充灵活。树状结构与星状结构相比，由于通信线路较短，故连网成本低，易于维护，网络中节点扩充方便、灵活，查询链路路径较为方便。但这种结构的网络系统中，除叶节点及相连的链路外，网络系统的正常运行可以受到任何一个工作站及其链路的影响。树状结构适用于分级管理的场合或控制型网络。

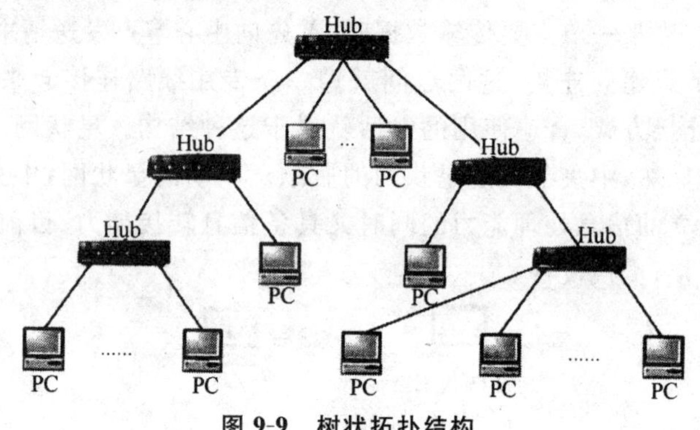


图 9-9　树状拓扑结构

2. 网状拓扑结构

如果通信网络终端设备有限，可以将它们都直接连在一起，这种方式形成的网络称为全互连网络(网状网络)，如图 9-10 所示。图中 6 个设备全互连情况下，需 15 条传输线路。如果 $n$ 个设备互连，所需线路 $n\times(n-1)/2$ 个。显然，该方式只在地理范围不大，设备数很少时才有可能使用，主要用于强调可靠性的网络，如 ATM 网、帧中继网等。网状拓扑分一般网状拓扑和全连接网状拓扑两种。前者每个节点至少与其他两个节点直接相连；后者每个节点都与其他所有节点相连通，最大限度提供了通信带宽，系统容错能力强，即使网络中一个节点或一段链路发生故障，信息可通过其他节点和链路传输，可靠性极高，相应地，为了部署这种结构的网络需要耗费大量的传输介质，且成本高、布线困难、网络结构复杂。

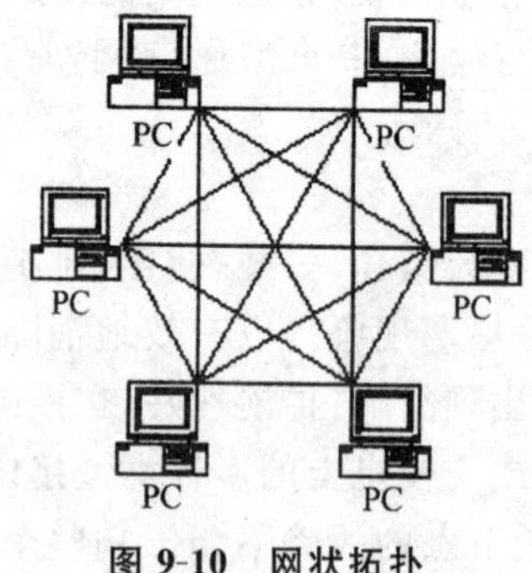


图 9-10　网状拓扑

# 9.3　数据通信网协议

## 9.3.1　数据通信协议概述

1. 通信协议的概念

协议是定义了人或过程之间的约定，也可以看作是基本行为规范。例如，在高速公路上行车必须要遵守交通规则，交通规则是交通管理部门人为制定的，所有行车人都必须要遵守统一的行车规则，才能确保高速公路畅通无阻。这种规定相当于一种协议。而计算机连网也要遵守“交通规则”，这就是网络协议。对于数据通信来说，通信的发送和接收之间需要一些双方共同遵守的约定，这些约定就称为通信协议（或通信规程）。由于不同类型的计算机使用的代码和程序存在一定的差异，所以这些代码需要通过采取某种方法来进行翻译，使两台计算机之间能够相互通信。因此，协议也可以理解为计算机之间进行通信时所使用的一种双方都能理解的语言。数据通信协议定义了各种计算机和设备之间相互通信、数据管理和数据交换等的整套规则。

2.通信协议的组成要素

通信协议由以下要素共同组成。

（1）语法

语法规定通信双方彼此“如何讲”，即确定协议元素的格式，对通信双方采用的数据格式、编码进行定义。例如，报文中内容的组织形式（如报文的顺序、形式等）。

（2）语义

语义规定通信双方彼此“讲什么”，即确定协议元素的类型和内容，也就是对发出请求、执行的动作以及对方的应答做出解释。例如，报文由几部分组成，控制数据是由哪个环节实现的，哪个环节是真正的通信内容。

（3）定时关系

定时关系规定通信执行的顺序，即确定通信进程中通信的状态的变化。定义了何时进行通信，先讲什么，后讲什么，讲话的速度等；采用的是异步传输还是同步传输。

3.通信协议的功能

通信协议是一个复杂和庞大的通信规程的集合，它必须具备以下的功能。

（1）分割和重组

协议数据单元（PDU）就是通过协议进行交换的数据块。通信所传送的数据通常是由有限大小的数据单元组成。分割就是将较大的数据单元分割成较小的数据单元。与此相对应，重组就是分割的反过程。

（2）封装与拆装

各个数据块（PDU）不仅含有数据，控制信息也包括在内。控制信息可分为以下三种。

①地址：指出发送方和/或接收方的地址。

②差错检测码：为差错控制而包含的某种形式的帧检验序列。

③协议控制：用于实现协议功能的附加信息。

在数据单元附加一些控制信息称为封装（Encapsulation），相对应的就是拆装（或拆封）。

（3）寻址

寻址是使设备能彼此识别，同时可以进行路径选择。

（4）排序

排序是指控制报文的发送与接收的顺序。

（5）差错控制

为了防止数据以及控制信息丢失或损坏就有了差错控制，通常是由协议的各种不同级别共同执行的一种功能。

（6）流量控制

协议的流量控制是由接收方执行的一种功能，对于发送方发送数据的数量或速率能够进行有效的限制。

(7)连接控制

协议的连接控制用来控制通信双方之间建立和终止链路的过程。

(8)传输服务

协议可以提供各种额外的传输服务,主要有:

①优先级设置。

②安全性。

③服务等级。

以上的协议功能在学习TCP/IP和其他协议时,都会接触到。

### 9.3.2 协议的分层结构

1.分层的概念

在遵守一定的约定和规程的前提条件下,网络连接的计算机系统之间的通信才能够有效保证,才能保证相互连接和正确交换信息。这些约定和规程是事先制定的,并以标准的形式固定下来。计算机网络协议与人的会话规则很相似,要想顺利地进行会话,会话双方必须用同一规则发音、连词造句,只能讲英语的人和只能讲汉语的两个人之间无法实现直接对话。说得简单一点,网络协议就是网络的"建筑标准",网络怎么"打地基",怎样建第一层,怎样建第二层,怎样建第三层,上一层建筑和下一层建筑之间如何协调,这就是所谓的网络体系结构的层次化概念。对于采用这种层次化设计的网络体系结构,在用户要求追加或更改通信程序的功能时,对于整个结构的改动不是特别大,只需拆换一部分,对有关层次的程序模块修改一部分即可。因此,为了简化问题、减少协议设计的复杂性就出现了协议分层次。所谓层(Layer)是指系统中能够提供某一种或某一类服务功能的"逻辑构造"。这样协议分层使得每一层都建立在下层之上,每一层的目的都是为其上层提供一定的服务。在理解协议与分层的概念中,应掌握以下几个术语。

(1)系统

系统是包含了一个或多个实体的在物理意义上明确存在的物体,它通常具有数据处理和通信功能,例如,计算机、终端和遥感器等都称为系统。协议中的每一层都完成各自的功能,又称为子系统。

(2)实体(Entity)

在一个计算机系统中,所谓的"实体"就是任何能完成某一特定功能的进程或程序。实体是子系统的一种活动元素,一个实体的活动体现在一个进程上。实体既可以是一个软件实体,例如,用户应用程序、文件传送软件、数据库管理系统、电子邮件工具;实体也可以是硬件实体,如智能输入/输出芯片。其中能发送和接收数据的实体,称为"通信实体"。不同机器上同一层的实体称为对等实体(Peer Entity)。

(3)接口

接口是指相邻层之间要完成的过渡条件,接口类型不外乎硬件接口或者是软件接口,如数据格式的转换、地址映射等。在协议分层中,接口通常是逻辑的而不是物理的,所以又称为"服务访问点(SAP)",它实际上是一种端口的概念。

(4)服务

服务是指某一层及其以下各层通过接口提供给上一层的一种能力,通常每一种服务可以通过某一个或某几个协议来实现。

2. 层间通信

在计算机通信网中，协议分层后，产生协议堆栈。其中每一协议对应一个软件模块，负责处理一个子问题。图 9-11 给出协议分层的概念框架。

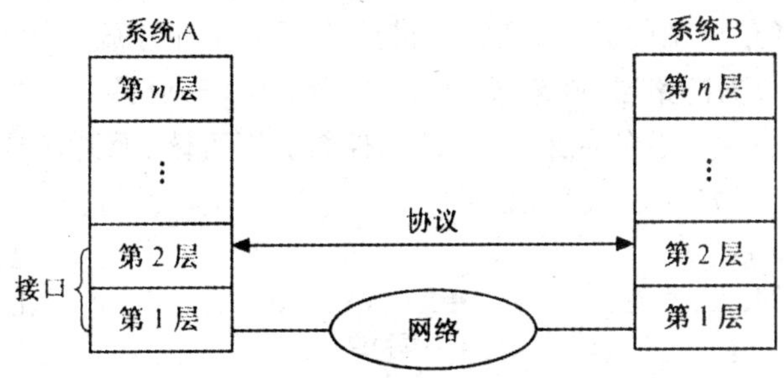


**图 9-11　协议分层的概念框架**

应注意协议与接口是两个不同的概念，对于不同的计算机系统之间相同性质的两个进程之间的通信，即对等层使用的是“协议”。而对于同一个计算机系统内，两个相邻的不同性质的进程之间的通信，即相邻层之间是通过“接口”来实现的。协议和接口都是通过服务原语实现的。所谓服务原语就是指服务在形式上由一组原语(Primitive)(或操作)来描述的。这些原语供用户和其他实体访问该服务，即通过这些原语通知服务提供者采取某些动作。服务原语还可以进一步划分为以下四类。

(1)请求(Request)

请求是指由($N$+1)实体向($N$)实体发出的要求 $N$ 实体向它提供指定的($N$)服务。

(2)指示(Indication)

指示是指由($N$)实体向($N$+1)实体发出的指示对等实体有某种请求。

(3)响应(Response)

响应是指由($N$+1)实体向($N$)实体发出的表示对($N$)实体送来的指示原语的响应。

(4)证实(Confirm)

证实是指由($N$)实体发向($N$+1)实体发出的表示请求的($N$)服务的结果。

当($N$+1)实体(即服务使用者)向($N$)实体请求服务时，二者之间要进行一些交互过程，此过程如图 9-12 所示。

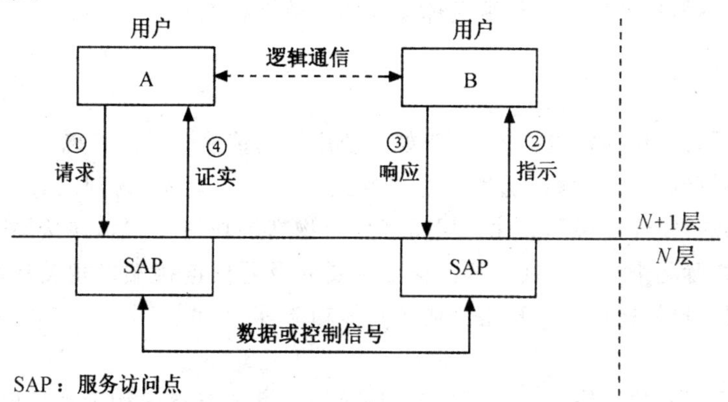


**图 9-12　服务原语的交互过程**

### 9.3.3 OSI 参考模型

1. OSI 参考模型概述

1981 年，ISO 开始致力于制定一套普遍适用的规范集合，使得全球范围的计算机平台可进行开放式通信。数据通信模型的开发、理解可借助于所创建的开放系统互连（OSI/RM）协议来实现。OSI 分物理层、数据链路层、网络层、传输层、会话层、表示层和应用层 7 层，每层有相应功能集，并与相邻层交互作用。总的说来，各层能确保数据以可读、无错、排序正确的格式传输。其体系结构参考模型及协议如图 9-13 所示。

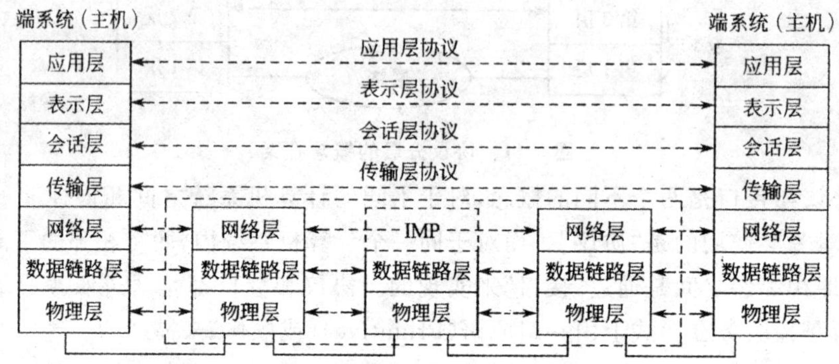


**图 9-13 OSI 体系结构参考模型**

2. OSI 的目的

OSI 是个概念模型，并不是指的具体网络，每层只有原则性说明。“标准化”就是建立 OSI 的目的所在，即任何一层只要符合 OSI 标准的产品均可被符合该标准的其他产品取代。OSI 目的主要有 3 点：

①为研究制定 OSI 各层标准规定了范围，并为所有有关标准的一致性提供共同的参考。

②提供概念和功能的抽象模型，OSI 作为制定系统互连标准的基础，为专家在此基础上创造性地独立工作提供了便利。

③为实现技术的发展和用户要求的扩展，以及现存系统能向 OSI 标准逐步过渡。提供充分的灵活性。

由于 OSI 不规定实现它所描述的功能和特定层的具体规范，也不提供互连结构设施和协议的精确定义，因此不能作为评价和检测具体实现的一致性根据。

3. OSI 各层介绍

(1)物理层

物理层以“位”为单位传输数据流，对于如何使用物理传输介质进行确定，实现两节点间的物理连接，使得比特位流的传输保持透明。这里需说明两点。首先，物理层直接与物理信道相连接，是 7 层中唯一的“实连接层”，其他各层间接使用物理层功能，为“虚连接层”；其次，“透明”表示实际存在的事物看起来像不存在一样。该层主要涉及通信连接端口相关特性、数据同步和传输方式、网络物理拓扑结构以及物理层完成的其他功能等。

(2)数据链路层

网络层与物理层间的通信是通过该层实现控制的，目的节点的物理地址的确定是该层的主要作用，并实现接收方和发送方数据帧的时钟同步。通过校验、确认和重发等手段，将不可靠的物理链路改造成对网络层而言无差错的数据链路；协调收发双方的数据传输速率，进行流量控制，防止接收方因来不及处理发送方来的高速数据导致缓冲器溢出及线路阻塞。数据链路层将传输数据组织成的数据链路协议数据单元，称为数据“帧”。数据帧中包含地址、控制、数据及校验码等信息。这样一来，数据链路层就把一条有可能出差错的实际链路，转变成让其上一层(网络层)看起来好像是一条不出差错的链路。

(3)网络层

将网络地址翻译成对应的物理地址是网络层的主要功能，并决定如何将数据从发送方路由到接收方。通信子网建立能够建立网络的连接。

(4)传输层

传输层的目的是提供一种独立于通信子网的可靠的数据传输服务，即对高层隐藏通信子网的结构，使高层用户无需关心通信子网存在与否。包括建立、管理两端站点中应用程序间的连接，实现“端—端”的数据传输、差错控制和流量控制；服务访问点寻址；传输层数据源端分段和在目的端重新装配；连接控制等。OSI之所以定义了5种传输服务类型，以便向高层提供满意的传输服务，之所以这么做是以针对不同的网络服务类型为出发点的。

(5)会话层

会话层提供两个互相通信的应用进程间的会话机制，建立、组织和协调双方的交互，并使会话获得同步。会话层、表示层、应用层构成OSI的高三层，对应用进程提供分布处理、会话管理、信息表示、修复最后的差错等。会话层对于应用进程的服务要求也能够有效满足，弥补传输层不能完成的剩余部分工作。

(6)表示层

表示层为用户提供执行会话层服务的手段，提供描述数据结构的方法，管理当前所需的数据结构集，完成数据的内部格式与外部格式间的转换。

(7)应用层

应用层是OSI的最高层，直接为应用进程提供服务。其主要作用是实现多个系统应用进程相互通信的同时，完成一系列业务处理所需的服务，文件传输、访问管理等就是常用的服务。

可以看出，OSI的低三层属于通信子网，为用户间提供透明连接，操作主要以每条链路为基础；高三层属资源子网，保证信息以正确形式传输；传输层是高三层和低三层的接口，保证透明的“端—端”连接，使得用户的服务质量要求被满足，并向高三层提供合适的信息形式。有一点需要注意的是，OSI只定义了每层向其高层所提供的服务，并没有定义互连结构的服务和协议提供的细节，它并非具体实现的协议描述，只是为制定标准而提供的概念性框架，是功能参考模型。为了对OSI有更深刻的理解，表9-1给出了用户A与用户B通信联系时各层操作的简单含义。

**表9-1　主机间通信及各层操作的含义**

| 主机 $H_A$ | 控制类型 | 对等层协议规定的通信联系 | 通俗含义 | 数据单位 | 主机 $H_B$ |
|---|---|---|---|---|---|
| 应用层 | 进程控制 | 用户进程之间的用户信息交换 | 做什么 | 用户数据 | 应用层 |
| 表示层 | 表示控制 | 用户数据可以编辑、交换、扩展、加密、压缩或重组为会话信息 | 对方看起来像什么 | 会话报文 | 表示层 |
| 会话层 | 会话控制 | 建议和撤出会话，如会话失败应有秩序的恢复或关闭 | 轮到谁讲话和从何处讲 | 会话报文 | 会话层 |

续表

| 主机 $H_A$ | 控制类型 | 对等层协议规定的通信联系 | 通俗含义 | 数据单位 | 主机 $H_B$ |
|---|---|---|---|---|---|
| 传输层 | 传输“端—端”控制 | 会话信息经过传输系统发送，保持会话信息的完整 | 对方在何处 | 会话报文 | 传输层 |
| 网络层 | 网络控制 | 通过逻辑链路发送报文组，会话信息可以分为几个分组发送 | 走哪条路可到达该处 | 分组 | 网络层 |
| 数据链路层 | 链路控制 | 在线路上发送帧及应答 | 应该怎样走 | 帧 | 数据链路层 |

4.OSI 体系结构中的数据传输过程

在 OSI 参考模型中，各种用户应用进程的接入是由应用层来提供的，与实际物理媒体的连接是由物理层提供的。同一个系统中相邻上下层之间是客户/业务提供者(Client/Sever)关系，即上层向下层请求服务，下层向上层提供服务，上层功能必须得到下层功能的支持才能得以实现。不同系统之间只有同等层才能对话，即执行同层协议的双方之间才能建立逻辑上的通信关系，但并不能直接进行通信。由于只有物理层之间才有能直接发送和接收数据的实际物理连接，因此除了物理层之外，其余各层间的通信必须通过其相邻层及其以下各层的通信才能完成。OSI 体系结构中的数据传输过程如图 9-14 所示。

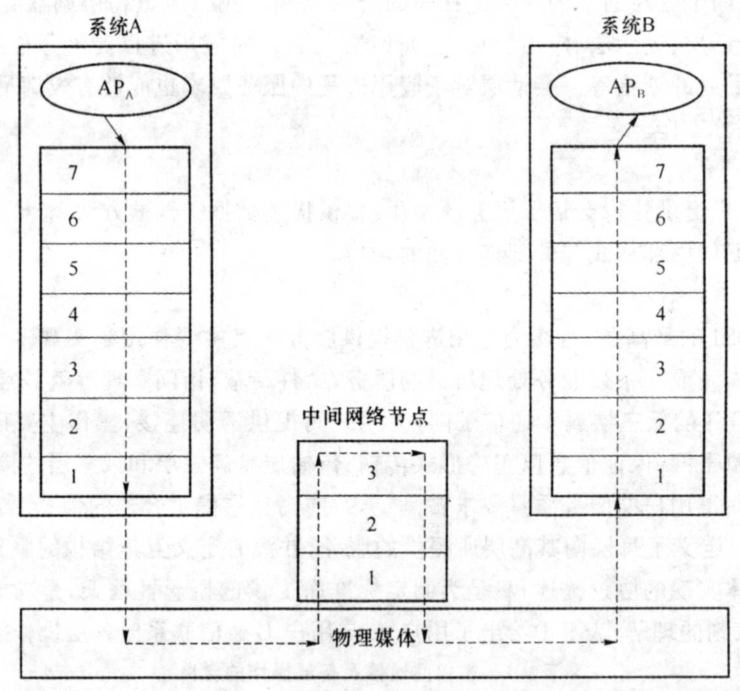


图 9-14　OSI 体系结构中的数据传输过程

在 OSI 体系结构的数据传输过程中，开放系统 A 和 B 之间要进行 A 到 B 的数据传输时，应用进程 $AP_A$ 先将其数据交给系统 A 的 OSI 模型中的第七层实体，该层只能把数据传给其相邻的第六层，请求它将数据传给系统 B 中与其对等的第六层，然后才能传递到系统 B 的第七层实体。而系统 A 中接收了第七层数据的第六层，为了把数据传给系统 B 中的同等层，又必须把接收的数据传给其相邻的下一层(即第五层)，并请求它传递给系统 B 中对等的第五层，依次递推，直至把数据传到最低层物理层，这时才能将数据从连接在物理层之间的物理媒体上传送出去。数据沿物理媒体经中间节点转发至系统 B 的物理层，再逐层往其相邻的上层传递，直到第七层后交给应用进程 $AP_B$接收为止。

5. OSI 模型中各层的协议数据单元结构

在数据传递过程中，每一层对上一层来的数据附加上本层协议规定的控制信息，通信双方的同层实体其间通信行为的控制是就是根据该信息内容来实现的。控制信息的格式（语法）及其控制通信的规则（语义）构成了本层执行的通信协议。图 9-15 表示出了 OSI 模型中各层的协议数据单元(Protocol Data Unit，PDU)结构。

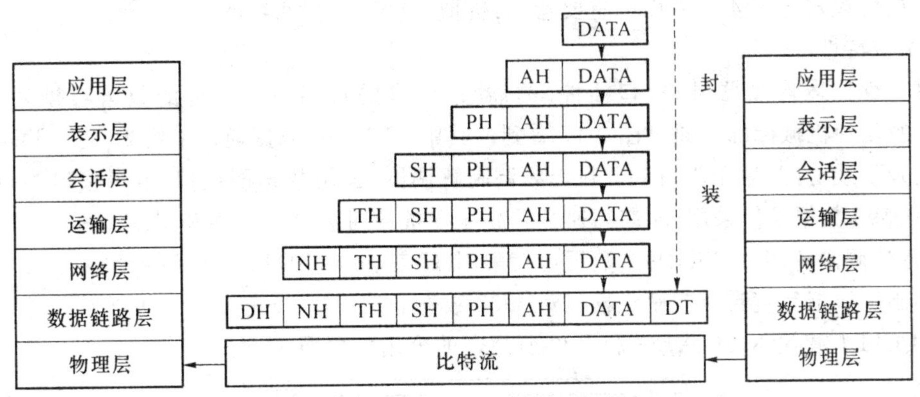


**图 9-15**　OSI 参考模型中的数据封装结构

图 9-15 中，当一台主机需要传送用户的数据（DATA）时，应用进程 $AP_A$通过应用层的接口将原始数据进入应用层。在应用层，用户的数据被加上应用层的控制信息（即报头）(Application Header，AH)，形成应用层协议数据单元（Application Protocol Data Unit，APDU)，然后被递交到下一层——表示层。

整个应用层递交的数据包被表示层看成是一个整体进行封装，加上表示层的报头（Presentation Header，PH)后形成表示层协议数据单元（PPDU)，PPDU 又被传至第五层形成会话层协议数据单元（SPDU)。

同样，数据层层下传，会话层、传输层、网络层、数据链路层也都要分别给上层递交下来的数据加上自己的报头。它们是会话层报头（Session Header，SH)、传输层报头（Transport Header，TH)、网络层报头（Network Header，NH)和数据链路层报头（Data link Header，DH)。其中，数据链路层还要给网络层递交的数据加上数据链路层报尾（Data link Termination，DT)形成最终的一帧数据。这样数据分别在第四、三、二层上形成传输层协议数据单元（TPDU)、数据分组和数据帧，在第一层中完成比特流传送，任何控制信息都不会添加。

数据帧以比特流方式通过物理层传到接收端后，目标主机的物理层把它递交到上层——数据链路层。数据链路层负责去掉数据帧的帧头部 DH 和尾部 DT（同时还进行数据校验）。如果数据是正确的话，则递交到上层——网络层。网络层、传输层、会话层、表示层、应用层也要做类似的工作。这样数据从第一层依次传送到第七层，每层根据控制信息进行必要的操作，并取出附加在数据中的相应控制信息内容，最终，原始数据被递交到目标主机的具体应用程序中。

### 9.3.4　物理层协议

数据通信系统的构成如图 9-16 所示，图中表明 DTE 通过 DCE 实现相互之间的数据通信。

两个 DCE 之间通过通信子网互连。在 DTE 与 DCE 之间的接口中有关比特传送的规定就是物理层协议，它占据 OSI 模式中的最低层。

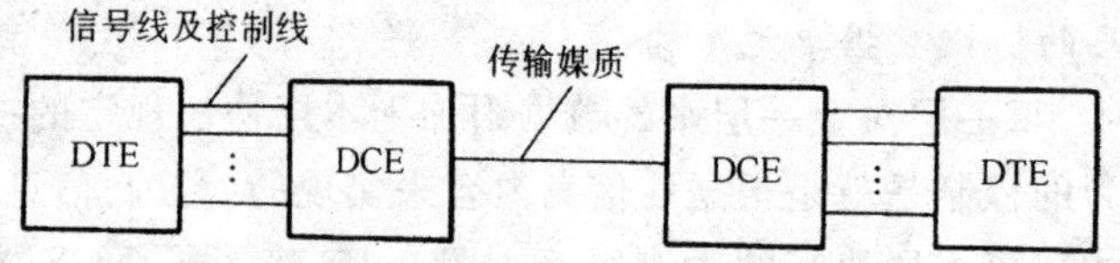


图 9-16　DTE 和 DCE 之间的接口

物理层协议规定了 4 个方面的重要特性：机械、电气、过程和功能。

(1)机械特性

机械特性描述连接器（即接口插件）的插头、插座的规格、尺寸，针的数量与排列情况等。ISO 制定的几种机械标准可通过图 9-17 看到。其中 ISO2110 数据通信采用 25 芯 DTE/DCE 接口接线器及引线分配，用于串行和并行音频调制解调器、公用数据网接口、电报接口和自动呼叫设备；ISO2593 数据通信采用 34 芯高速数据终端设备备用接口接线器和引线分配，用于 CCITT V. 35 的宽带调制解调器；ISO4902 数据通信采用 37 芯和 9 芯 DTE/DCE 接线器及引线分配，用于音频调制解调器和宽带调制解调器；ISO4903 数据通信采用 15 芯 DTE/DCE 接线器及引线分配，用于 CCITT 建议 X. 20、X. 21 和 X22 所规定的公用数据网接口。

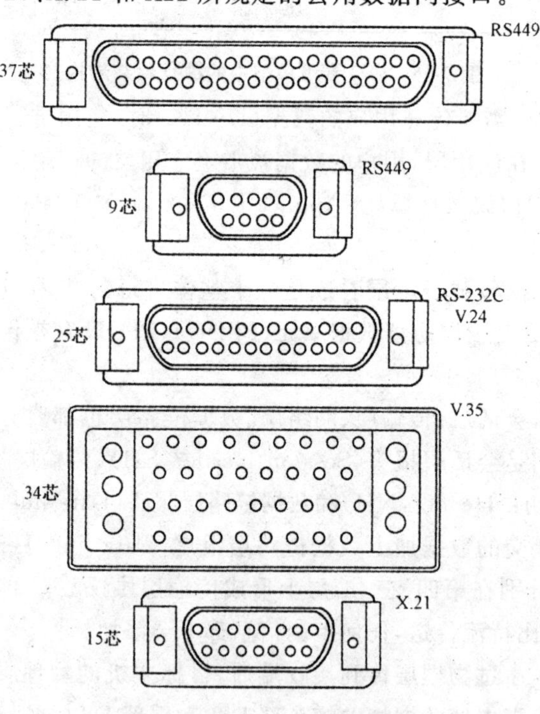


图 9-17　ISO 物理层连接器

(2)电气特性

数据交换信号以及有关电路的特性是由电气特性说明的。这些特性主要包括最大数据传输率的说明、表示信号状态（逻辑电平、通/断、传号/空号）的电压或电流电平的识别，以及接收器和发送器电路特性的说明，并给出了与互连电缆相关的规则等。在 CCITT 公布的几种电气特性标准中，V. 10/X. 26 具有新型的非平衡式电气性能，与之相兼容的标准有 EIA RS-423A 等；V. 11/X. 26具有新型的平衡式电气特性，与之兼容的标准有 EIA RS-422A 等；V. 28 具有非平衡式电气特性，与之相兼容的标准有 EIA RS-232C。

(3)过程特性

过程特性规定了 DTE 和 DCE 接口电路的通信过程，过程特性是指信号时间次序的应答关系和操作过程规则。

(4)功能特性

功能特性规定了 DTE 和 DCE 接口间的电路功能，数据传送、控制、定时和接地等功能也包括在内。通过在某一根连接线上传送确定的信号可以实现这些信号。

DTE 和 DCE 之间的接口是二者之间的界面，它使得不同厂家产品能够互换和互连。常用的物理接口标准有：RS-232C/CCITT V.24 建议、X 系列建议和 G.703 建议。

### 9.3.5 数据链路控制层协议

1. 数据链路概述

(1)数据链路的概念

数据通信与电话通信的区别体现在，当数据电路建立后，为了进行有效的、可靠的数据传输，不得不对传输操作实施严格的控制和管理。完成数据传输的控制和管理功能的规则，称为数据链路传输控制规程，也就是数据链路层的协议。对于数据通信来说，通信双方的逻辑连接关系的建立是在两个 DTE 之间执行过一种数据链路控制规程后才能实现。因此，数据链路就是发送方和接收方之间证实能可靠地传输数据的路由，数据链路示意图如图 9-18 所示。

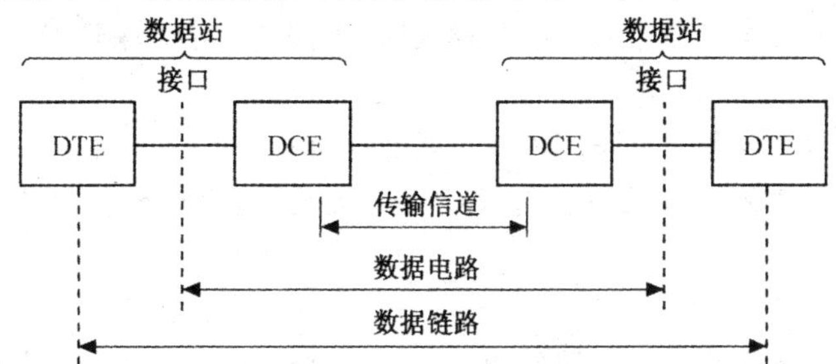


图 9-18　数据链路构成

(2)数据链路与物理连接

物理连接与物理介质是两个不同的概念，前者受时间限制，后者没有时间性。一连串的脉冲信号可以表示物理连接的建立和拆除过程。对于数据通信系统，要完成一次通信，只有建立好物理连接之后，才能实现数据链路的建立。在一次物理连接上可以进行多个通信，即可以建立多条数据链路。物理连接只有在拆除数据链路到建立数据链路这段时间，才是空闲的。因此，数据链路与物理连接一样，都受时间限制，即是通常所说的它们具有生存期。

(3)数据链路的结构

数据链路的结构分为两种：即点对点和点对多点的数据链路。环形链路属于点对多点的派生结构，图 9-19 给出了它们的结构示意图。

(4)数据链路的主要控制功能

①链路管理。数据链路的建立、维护和释放以及控制信息传输的方向等都属于链路管理的范畴。

②流量控制。数据链路的最重要的功能之一就是流量控制。它负责调整在某个时间段内可

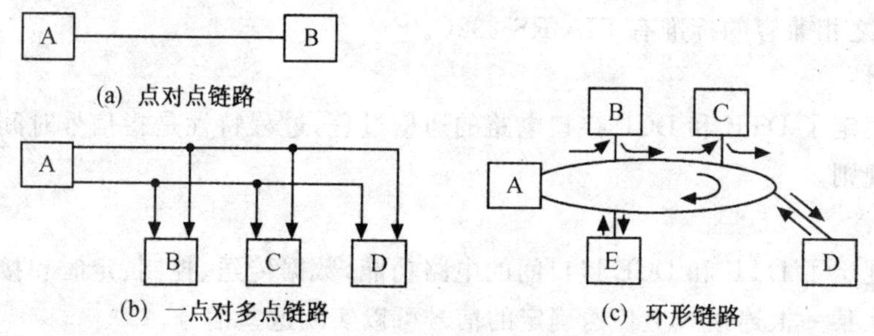


图 9-19 数据链路结构

以发送多少数据(关键是传输速率),即能够决定暂停、停止或继续发送信息,不能使接收方过载。

③帧同步控制。在数据链路中,数据传送是以帧为基本单位的,当出现差错时,可将出现差错的帧重传一次。帧同步是指收方应能从收到的比特流中正确地区分出一帧的开始和结束。

④差错控制。在计算机通信中,自动检错重发 ARQ 方式是使用比较多的技术。链路上产生的差错可由收方来检测。对于正确接收的帧予以确认,对接收有差错的帧要求发方重发。为了防止帧的错收或漏收,发方对帧进行编号处理,接收方应核对帧编号。在数据链路中,流量控制的功能的实现是和差错控制是结合的,是数据链路的重要功能。

⑤透明传输。数据通信中的透明传输意味着必须能够把任何比特信息组合当作数据发送,也就是发方送出的数据与接收方收到的数据在内容和次序上需要保持完全一致,而且对用户数据没有限制。数据链路对用户数据信息没有进行任何处理,使数据信息“透明地”传输到对方。当所传送的数据中出现了与控制信息一样的模式时,数据链路必须采取措施,使收方不至于将数据误认为是控制信息。

⑥异常状态的恢复。各种异常情况的发现是数据链路控制规程需要具备的功能,例如,序列不合法、码组流停止、应答帧丢失及重发超过规定的次数等,能够重新启动,恢复到正常的工作状态。

(5)数据链路控制规程种类

数据链路控制规程是实现数据链路层的协议。数据链路协议可以分为两大类:异步数据链路协议(异步协议)和同步数据链路协议(同步协议)。异步协议对于比特流中的每个字符都单独处理;同步协议则将整个比特流当作一个整体,并将其分成大小相等的一个个字符串处理。

①异步协议。异步协议在调制解调器中被采用的比较多,它引入了起始位和结束位以及字符之间的可变长度的空隙。在过去的几十年里出现了许多异步数据链路协议,例如,XModem、YModem 及 ZModem 等。异步协议并不复杂,但要通过采用额外的起始位和结束位构成数据单元的方式实现,其传输速率受到限制,因而逐渐被更高速的同步协议替代。

②同步协议。相比于异步协议而言,同步协议的速度要快得多,不失为一种很好的选择。同步协议分成两个类型:面向字符的协议和面向比特的协议。面向字符的协议(或面向字节的协议)是将传输帧看作是一系列字符,每个字符通常包含一个 8 比特的字节,所有控制信息是以 ASCⅡ码的编码形式出现。

面向比特的协议是将传输帧看作是一系列比特,通过比特流在帧中的位置和与其他比特的组合模式来表达其含义。根据内嵌在比特模式中的信息的不同,面向比特的协议中的控制信息可以是一个或多个比特。

目前,面向比特的协议适用面要比面向字符的协议要广。

2. 面向字符的协议

下面以基本型传输控制规程为例介绍一下面向字符的协议。

(1)基本特征

面向字符的协议最基本的特征是以字符为最小控制单位，对传输的控制是通过规定了 10 个控制字符用于传输控制来实现的，如表 9-2 所示。作为基本型传输控制规程，其基本特征还有：差错控制采用反馈重发的纠错方式，检错采用行列监督码；通信方式为双向交替型(半双工)；数据传输仅仅局限于采用起止式的异步传输方式，同步传输方式也可采纳；字符编码采用 CCITT 建议的国际 5 号编码表。

**表 9-2　控制字符表**

| 类别 | 名称 | 英文名称 | 功能 |
|---|---|---|---|
| 格式字符 | 标题开始 | SOH(Stan of Head) | 表示信息报(电)文标题的开始 |
| | 正文开始 | STX(Start of Text) | 表示信息报文(电文)正文开始 |
| | 正文结束 | ETX(End of Text) | 表示信息报文(电文)正文结束 |
| | 码组传输结束 | ETB(End of Transmission Block) | 正文码组结束 |
| 基本控制符 | 询问 | ENQ(Enquiry) | 询问对方要求回答 |
| | 传输结束 | EOT(End of Transmission) | 表示数据传输结束 |
| | 确认 | ACK(Acknowledge) | 对询问的肯定应答 |
| | 否定回答 | NAK(Negative Acknowledge) | 对询问的否定应答 |
| | 同步 | SYN(Synchronous Idle) | 用于建立同步 |
| | 数据链转义 | DLE(Data Link Escape) | 用来与后继字符一起组成控制功能 |

(2)报文格式

报文是由字符序列构成的，字符进行数据传输时所规定的排列形式就是报文格式。按功能区分，报文分为两类：信息报文和监控报文。信息报文传送正文信息，监控报文传送收、发双方的应答及监控信息。监控报文按传输方向又分为两种：正向监控报文和反向监控报文。与信息报文传送方向一致的称为正向监控报文，否则就可称之为反向监控报文。

①信息报文。信息报文的 4 种格式如图 9-20 所示。信息报文包括正文和标题(报头)。正文是组成一次数据传输的字符序列，它由被传送信息组成。与报文正文的传送和处理相关的一些辅助信息字符序列就是标题，标题中包括的信息有发信地址、收信地址、优先权、保密措施、信息报文名称、报文级别、编号、传输路径等。

在图 9-20 中，格式(a)是基本格式，其中，对报文长度没有明确规定；格式(c)是在正文很长的情况下，为便于差错控制需要分成 $n$ 个组所采用的格式；格式(d)是在标题需分成 $m$ 组时采用的格式。

②监控报文。监控信息也可作为报文进行发送和接收，传输控制字符和图形字符共同组成了监控信息，其格式如图 9-21 所示。引导字符称为前缀，前缀长度不超过 15 个字符，通常包含标识信息、地址信息、状态信息以及通信控制所需的信息。

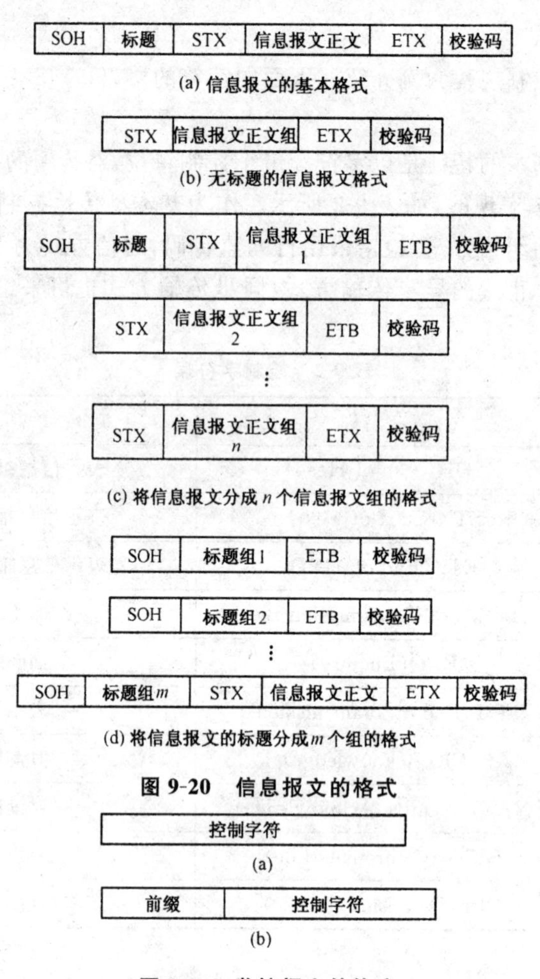


(a) 信息报文的基本格式

(b) 无标题的信息报文格式

(c) 将信息报文分成 $n$ 个信息报文组的格式

(d) 将信息报文的标题分成 $m$ 个组的格式

**图 9-20　信息报文的格式**

(a)

(b)

**图 9-21　监控报文的格式**

表 9-3 和表 9-4 分别给出正向监控报文和反向监控报文表示的含义。在同步传输中把两个或多个 SYN 序列放在前面，以建立收发两站同步。

**表 9-3　正向监控报文**

| 功能 | | 传输控制字符 |
|---|---|---|
| 探询地址，选择地址 | | ENQ |
| 选择 | 站选择 | (前缀)ENQ |
| | 标识和状态 | (前缀)ENQ |
| | 脱离中性 | (前缀)ENQ |
| 返回控制站或返回中性状态 | | (前缀)EOT |
| 询问(催促应答) | | (前缀)ENQ |
| 放弃 | 码组放弃 | (前缀)ENQ |
| | 站放弃 | (前缀)EOT |
| 拆线 | | (前缀)DLE EOT |

**表 9-4　反向监控报文**

| | | | | |
|---|---|---|---|---|
| 对信息电文的应答 | 肯定应答 | 对非编号方式应答(对每个码组) | | (前缀)ACK |
| | | 对编号方式应答 | 对偶数编号码组 | (前缀)DLE0 |
| | | | 对奇数编号码组 | (前缀)DLE1 |
| | 否定应答 | | | (前缀)NAK |
| | 要求暂停发送 | | | (前缀)DLE |
| 对选择序列的应答 | 肯定应答 | 非编号方式应答 | | (前缀)ACK |
| | | 编号方式应答 | | (前缀) DLE0 |
| | 否定应答 | | | (前缀)NAK |
| 对探寻序列的否定应答 | | | | (前缀)EOT |
| 请求 | 返回控制站 | | | (前缀)EOT |
| | 返回中性状态 | | | (前缀)EOT |
| | 码组中断 | | | (前缀)EOT |
| | 站中断 | | | (前缀)DLE< |
| | 拆线 | | | (前缀)DLE EOT |

(3)工作过程简述

对数据链路建立、数据传送和释放数据链路三个阶段就是由控制规程包含的。下面简述基本型控制规程工作过程。

①建立数据链路。争用方式和探询/选择方式是数据链路建立的两个方式。两种方式分别如图 9-22 和图 9-23 所示。

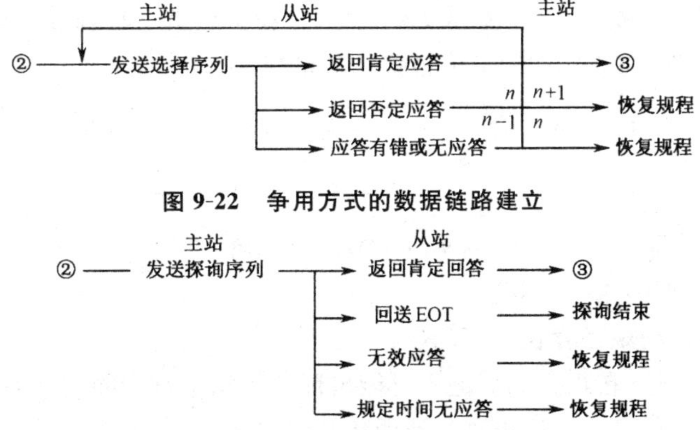


**图 9-22　争用方式的数据链路建立**

**图 9-23　探寻/选择方式的数据链路建立**

在争用方式中，处于中性状态的两站都可发送选择序列争当主站，想要成为主站需要先发出选择序列并被对方确认。收到选择序列的站可以有以下几种响应：

- 返回肯定回答，确立主从关系，转入发送数据阶段。
- 返回否定应答、应答有错或无应答，且选择序列重发几次仍然如此，使用恢复规程。

在探询/选择方式中，为了依次询问各辅助站是否有数据信息要发送，控制站会发出探寻序列。得到的响应有以下几种：

·返回肯定回答:辅助站成为主站,进入发送数据阶段。

·回送 EOT:意味着控制站对该辅助站探询结束。

·无效应答或在规定时间时无应答:执行恢复规程。

恢复规程是发现和处理异常情况的准则,采用计时器和计数器方法启动,有恢复规程 R1、恢复规程 R2、恢复规程 R3 和恢复规程 R4 四种。

②数据传送。建立链路后,进入数据传送阶段,如图 9-24 所示。

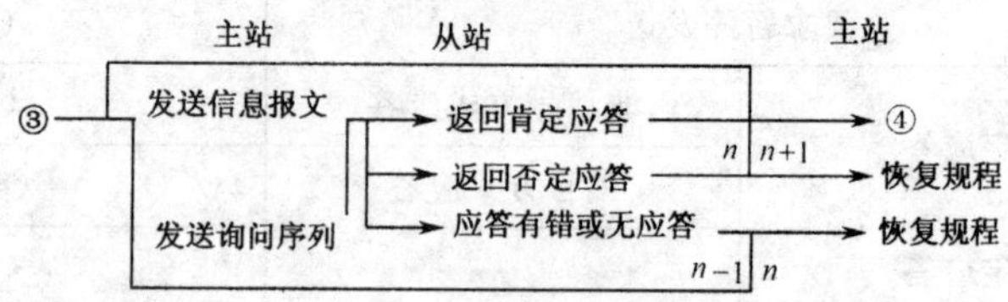


**图 9-24 数据传送**

主站向从站发送信息报文时有以下几种响应:

·肯定应答:表示接收无错,且已做好下一次的报文接收准备,若主站不再发送信息,就转入结束状态。

·否定应答:说明发现差错,主站重发原信息码组,若重发几次仍为否定应答,则转入恢复规程。

·应答有错或无应答:几次后进入恢复规程。

·要求暂停发送应答:表明从站对收到的报文来不及处理。

·中断请求应答:表明从站不能继续收信息。

主站发送询问序列是在其未收到从站的应答信息的情况下发生的,在超过一定时间后仍无应答,则转入恢复规程。

③释放数据链路。当主站成功地发送完全部信息报文,或发送数据时出现异常,或被探询的辅助站没有信息发送或不能发送时,需要结束通信,数据链路就会被释放。释放数据链路可用图 9-25 表示。主站和从站都可发送 EOT 来结束传输过程。

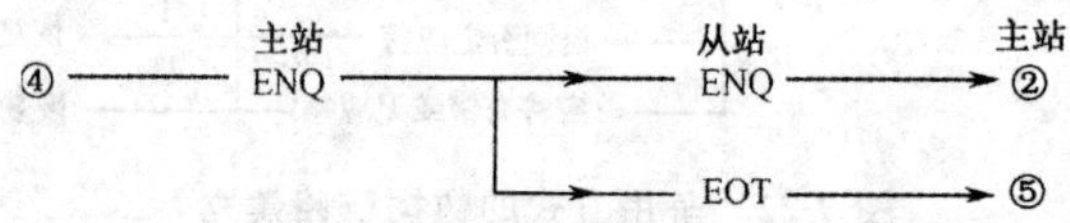


**图 9-25 释放数据链路**

(4)扩充基本型数据链路控制规程

基本型数据链路控制规程存在以下问题:

①不能实现透明传输:在正文和标题中可能出现与控制字符相同的序列,这在实际应用中不允许。这种代码的相关信息就无法再进行透明传输了。

②单向传输:按基本型控制规程,通信双方建立起数据链路后,就保持主站发、从站收的单向传输关系。从站再要发报文需等此次通信结束后,重新建立链路。单向传输虽控制简单,但传输效率低,不能充分利用信道资源。

③单一通信:每次建立的主、从站仅有一对,点对点发送信息就无法正常实现。

针对以上问题,ISO 对基本型规程进行了扩充,使基本型规程更加完善。

①实现透明传输。透明码型传输控制规程规定,在编码独立的信息报文中,透明传输的实现

是通过在控制字符中的格式字符前面加转义字符来实现的。当信息报文中需填充 SYN 时，SYN 会被 DLE SYN 来代替。若信息字符与 DLE 字符相同，则发送时在其相邻位置上插入一个 DLE，接收端在收到连续两个 DLE 时删除其中一个，认为另一个为数据信息。

②实现链路建立后的主、从站关系转换。会话型传输控制规程将基本型规程的信息传送阶段加以扩充，在不结束该阶段的情况下，正在通信的双方会改变主从关系，从而改变信息传送方向。会话型传输控制规程适用于点对点以及集中控制的多点系统需要交叉会话的场合。

③实现点对多点通信。选择多个从站型传输控制规程对基本型规程的阶段 2 和阶段 3 进行扩充，使主站可选择多个从站，让它们同时接收相同的信息报文。

④实现双工通信。全双工型传输控制规程对基本型规程进行了有效扩充，使通信双方同时具有主站和从站的功能。

### 3. 面向比特的协议

(1)概述

在过去的 20 年里出现了许多不同的面向比特的协议，制定的每个协议都想成为标准。但是大多数协议都是专用不具有普适性，是厂商为了支持他们自己的产品而设计的。ISO 组织设计了高级数据链路控制协议(HDLC)，该协议已成为现在使用的所有面向比特的协议的基础。

在 1975 年，IBM 首先研究开发了面向比特的协议：同步数据链路控制(SDLC)，ISO 提出了该协议，使之成为标准。在 1979 年，在 SDLC 的基础上，ISO 提出了高级数据链路控制协议(HDLC)。从 1981 年开始，ITU-T 开发了一系列基于 HDLC 协议的协议，称为链路访问协议(LAPx：LAPB、LAPD 及 LAPDm 等)，其他由 ITU-T 和 ANSI 研制的协议如帧中继协议、PPP 协议等也都是从 HDLC 协议发展而来的，并且现在的局域网访问控制协议(MAC)也是如此。因此，想要了解其他协议可先通过对 HDLC 协议的了解来实现。

(2)高级数据链路控制协议(HDLC)

HDLC 几种类似的形式如下：

①高级数据链路控制协议 HDLC。由国际标准化组织 ISO 制定。

②高级数据通信控制协议(ADCCP)。由美国国家标准学会制定，作为美国的国家标准。

③平衡数据链路存取协议(LAPB)。由国际电报电话咨询委员会制定，作为 X.25 建议中数据链路层的协议。

④同步数据链路控制协议(SDLC)。由 IBM 公司制定的链路控制协议。

HDLC 和 ADCCP 差别不大，LAPB 是 HDLC 的一个子集。SDLC 也是 HDLC 的一个子集，但也具有几个不同的特点。以下主要讨论 HDLC。

1)概况

和面向字符的链路控制规程比较起来，HDLC 具有如下特点：

①传输的透明性：在传输上任何比特组合的数据都可以正常传输。

②适应性：能适应各种不同类型的工作站和不同类型的链路。

③高效率：额外的开销比特少，允许高效的差错控制和信息流控制。

④高可靠性：能对传输中产生的错码进行差错检测和校正。

对站的类型、链路结构和数据传送模式的了解是能够准确理解 HDLC 的运行过程的前提。

站的类型：

①主站。控制整个数据链路的工作，主站能发出命令来确定和改变链路的状态。

②次站。在主站的控制下工作，能做的只是响应，主站与数据链路上每一次站保持一条独立的逻辑链路。

③复合站。兼有主站和次站的功能。

两种链路结构如图 9-26 所示，它们是：

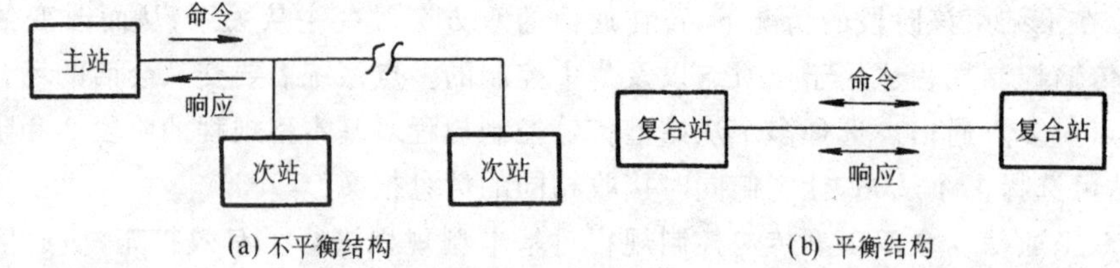


**图 9-26　HDLC 的链路结构**

①不平衡结构。适用于点到点或多点操作，从图 9-26 中可以看出，该结构是由一个主站和一个或多个次站组成的。

②平衡结构。适用于点到点操作，从图 9-26 中可以看出，该结构由两个复合站组成。

三种数据传送模式：

①正常响应模式。主站可以发起对次站的数据传送，而次站的数据传送是在只有在主站询问时才能够发生，它适用于图 9-26(a)所示的不平衡链路结构。

②异步响应模式。同样适用于不平衡结构，次站可以主动地传送数据。链路的初始化、差错校正和逻辑拆线是主站依然保留的功能。

③异步平衡模式。这是适用于平衡结构的模式，任一复合站均可以主动传送数据。

2)HDLC 的帧结构

当采用 HDLC 协议时，帧是在数据链路上传送的基本单元，HDLC 的帧结构如图 9-27 所示。HDLC 的帧由标志字段、地址字段、控制字段、数据字段、帧校验字段以及标志字段共同组成。每一字段的比特数已在图 9-27 中标出，下面分别叙述其中各字段的情况。

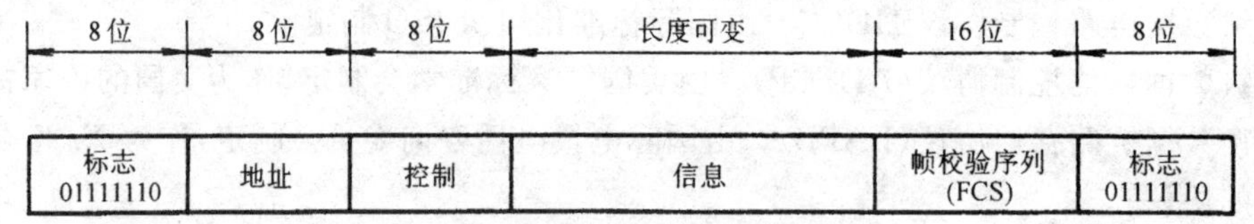


**图 9-27　HDLC 的帧结构**

①标志字段：标志字段位于帧的开始和结束位置，码型为 01111110。接收设备不断地搜寻标志字段，以实现帧同步，使得接收部分对后续字段的正确识别得以有效保障。

在一串数据比特流中，产生与标志字段的码型相同的比特组合的情况是有可能发生的。针对这种情况，保证对数据的透明传输，采取了比特填充技术，当采用比特填充技术时，在信码中连续的 5 个 1 以后插入 0；而在接收端，则去除 5 个 1 以后的 0 码，恢复原来的数据序列。比特填充技术的采用排除了在信息流中出现假的标志字段的可能性，数据信号的透明传输得到有效保证，比特填充技术举例如下：

原来的比特流：1111101111111111100

比特填充以后：111110011111011111000

恢复的比特流：1111101111111111100

②地址字段：在不平衡模式中，地址字段表示次站的地址，在平衡模式中，地址字段表示。

应答站的地址。在一般情况下，地址字段为 8bit 长，但也可以对其扩展。在扩展时，8bit 中的第一位如果是 0，则表示后面的字节继续为地址；如果是 1，则表示这是地址的最后一个字节。

③控制字段：HDLC 规定了三种类型的帧，即信息帧、监控和无编号帧，为了简化起见，分别简称为 I 帧、S 帧和 U 帧。每一种帧的控制字段有其不同格式。三种帧的控制字段格式如图 9-28所示。这里如第 1 位是 0，表示这是 1 帧，如果第 1、2 位是 1，0 表示这是 S 帧，如果第 1、2 位是 11，表示这是 U 帧。在图中，N (S)表示发送序号，N(R)表示接收序号，S 是监控功能比特，M 是无编号功能比特，P/F 查询/结束比特。

| | 1 | 2 | 3 | 4 | 5 | 6 | 7 | 8 |
|---|---|---|---|---|---|---|---|---|
| I：信息 | 0 | N(S) | | | P/F | N(R) | | |
| S：监控 | 1 | 0 | S | | P/F | N(R) | | |
| U：无编号 | 1 | 1 | M | | P/F | M | | |

**图 9-28**　HDLC **控制字段格式**

④数据字段。在 I 帧和某些 U 帧中具有数据字段，该字段的长度是任意的，但必须是 8bit 的倍数。

⑤帧校验序列字段。该字段的长度为 16bit，对从地址字段的第一比特到数据字段的最后一比特的序列进行循环冗余校验。

3) HDLC 帧的类型

为了明确 HDLC 的运行过程，我们进一步讨论 HDLC 帧的类型，通过前面的介绍可以知道，HDLC 的帧可以分为信息帧(I)、监控(S)帧和无编号(U)帧。

信息帧：数据的传送是该帧的主要目的，每一帧有一发送序号 N(S)和一接收序号 N(R)，N(R)表示期待的下一帧的序号，也表示对 N(R)以前的帧的确认。在帧的传送过程中，采用窗口控制法对信息流进行控制，窗口宽度一般可取为 7，对于远距离的卫星链路，窗口宽度可扩展为 127。

监控帧：用于信息流控制和差错控制。监控帧有四种类型，它依靠监控帧中的第 3、4 比特来区分，这四种类型的监控帧及其所起的作用如表 9-5 所示。

**表 9-5　监控帧的类型**

| 帧的类型 | S | 帧的功能及 N(R)的意义 |
|---|---|---|
| RR(Receive Ready)：接收准备就绪 | 00 | 准备接收，N(R)表示期待的下一帧的序号，并表示对 N(R)以前的帧的确认 |
| RNR(Receive Not Ready)：接收未准备就绪 | 10 | 停止接收，N(R)表示对 N(R)以前的帧的确认 |
| REJ(Reject)：拒绝接收 | 01 | N(R)表示对序号在 N(R)以前的帧的确认，序号为 N(R)的帧出现错误，序号为 N(R)及后续的帧均需重发 |
| SREJ(Selective Reject)：选择拒绝 | 11 | 需重发序号为 N(R)的帧 |

无编号帧：无编号帧不带序号，有序号的帧的次序和流动不会受到无编号帧的任何影响。无编号帧在 HDLC 中主要起控制作用。它可以分为命令帧和响应帧，具体的分类如表 9-6 所示。

表 9-6 无编号帧的命令与格式

| 名称 | 命令/响应(C/R) | 说明 |
|---|---|---|
| 模式置定命令和响应 | | |
| 置定正常响应(SNRM) | C | 置定模式 |
| 置定异步响应(SARM) | C | 置定模式 |
| 置定异步平衡(SABM) | C | 置定模式 |
| 置定初始化模式(SIM) | C | 初始化链路控制功能 |
| 拆链(DISC) | C | 终止逻辑链路连接 |
| 无编号肯定答复(UA) | R | 确认接受上述的一置定模式命令 |
| 拆链模式(DM) | R | 次站逻辑拆链 |
| 请求拆链(RD) | R | 请求 DISC |
| 请求初始化模式(RIM) | R | 请求初始化 |
| 信息传送命令和响应 | | |
| 无编号信息(UI) | C/R | 用于交换控制信息 |
| 无编号查询(UP) | C | 用于征求控制信息 |
| 恢复命令和响应 | | |
| 帧拒收(FRMR) | R | 报告收到无法接受的帧 |
| 重置(RESET) | C | 用于恢复,重置 N(S),N(R) |
| 其他命令和响应 | | |
| 交换标识(XID) | C/R | 用于要求/报告标识和状态 |
| 测试(TEST) | C/R | 证实链路是否正常 |

在 HDLC 的各类帧中,查询/结束(P/F)比特均包括在其内部。在 NRM 方式中,主站发出的帧中 P 位置 1 表示对次站的查询,次站如果有数据需要传送,则响应以 I 帧,并在送出的 I 帧的最后一帧中把 F 位置 1,表示数据传送已结束。次站如果没有数据需要传送,则响应以 S 帧,并把 F 位置 1,意味着没有数据被送出。

在 ARM 和 ABM 方式中,询问是可有可无的,P 位置 1 是迫使对方做出响应。对方需立即做出应答,并置 F 位为 1,表示该帧是对刚才的 P 位置 1 的命令帧的响应。P 位置 1 和 F 位置 1 总是在一一对应的基础上出现的,不应出现 P 位连续置 1 或 F 位连续置 1 的情况。

4)HDLC 的运行

HDLC 的运行包括 I 帧、S 帧、U 帧的交换,该运行过程由链路建立阶段、数据传送阶段和链路拆除阶段三个阶段组成。

①链路建立阶段。链路建立可以从任何一侧发起,通过发送模式设置命令来进行初始化,模式设置命令可以有以下三个含义:

- 表示某方请求建立连接。
- 设定模式 NRM、ABM、ARM 中的一种。
- 发送序号和接收序号是采用 3bit 还是 7bit 需要对其确定。

如果另一侧接受这个请求,那么 HDLC 另一侧送出无编号确认(UA),返回到发送侧如果请求被拒绝,返回包含 DM 响应的无编号帧,数据链路的建立是被拒绝的。

②数据传送阶段。当初始化已经完成,在两站之间建立了逻辑连接,两侧可以开始发送包含用户数据的 I 帧,发送序号从 0 开始,HDLC 按照次序发送 I 帧,当序列号取 3bit,采用模 8 方式,

序列号取 7bit，采用模 128 方式。

流量和差错的控制是通过 S 帧来实现的，当没有反向数据传送时，可以利用 RR 帧来携带确认信号，也可以利用 RNR 来携带确认信号，此时要求对方暂停 I 帧的传送，REJ 帧用于返回 NARQ 方式，它指出编号为 N(R)帧已经被拒绝，重新发送 N(R)以后所有的帧。

③链路拆除阶段。拆除链路的要求可以由任何一侧来提出，原因可以是高层用户的要求或链路本身有故障，HDLC 的实体发出一个 DISC 帧，另一侧则以 UA 为响应，于是数据链路终止。

为了更好地了解 HDLC 运行过程，图 9-29 所示为几个 HDLC 的运行例子，在图中每个箭头上方标明了帧的类型，同时还标明了 N(S)、N(R)的值，或 P/F 的值。

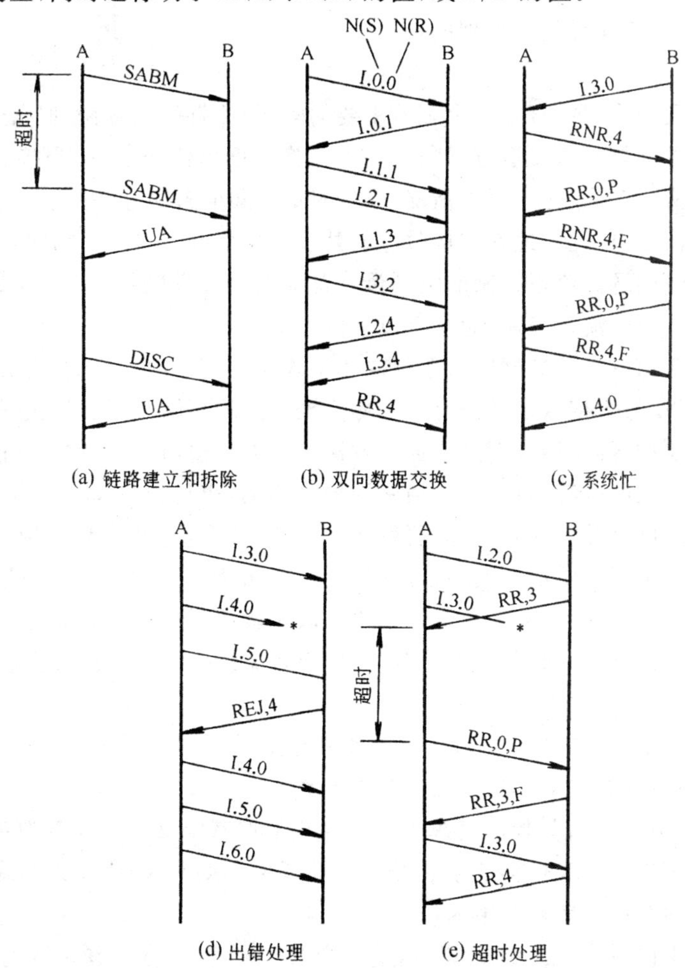


**图 9-29　HDLC 的运行示例**

图 9-29(a)所示为一个链路建立和拆除的例子，发送侧的 HDLC 的实体发出一个 SABM 命令，启动定时器，另一侧收到 SABM 命令后，返回 UA 响应，发送实体接收 UA 响应，停止定时器，这时逻辑连接建立起来，两侧可以进一步传输数据帧。如果接收侧没有响应，则发起方重复 SABM，这个动作一直持续下去直到收到响应为止，否则向管理实体报告链路建立失败。

图 9-29(b)所示为全双工 I 帧的交换。当一个实体发送一些 I 帧，但对接收到的对方的 I 帧为处理完毕的话，这时发出向的接收序号 N(R)可以保持不变，如 1，1，1，1，2，1。当一个实体接收到一些 I 帧，在反向送出 I 帧中，累积的校验的结果如 1，1，3 可通过 N(R)反映出来。

图 9-29(c)示出了在运行过程中某一方出现“忙”的情况，当 HDLC 实体不能及时地处理到达的 I 帧或用户不能及时接收数据的时候，实体的缓冲溢出，I 帧的输入必须将其暂停，这时可以利用 RNR 控制帧，即可在图 9-29(c)的例子中 A 发出 RNR 要求暂时停止 I 帧的传输，B 接收 RNR，将 RR 中 P 位置“1”，对忙的站隔一定的时间发出轮询，另一侧以 RR 或 RNR 响应，当忙的状态结束后，返回 RR，从 B 来的 I 帧继续传输下去。

图 9-29(d)中用 REJ 命令来恢复传输帧的错误，在这个例子中 A 传输帧 3，4，5，第 4 号帧发生错误并丢失，B 接收第 5 号帧后，发现 4 号帧丢失，B 发出 REJ，4，指出第 4 号帧出错，要求从第 4 号帧起开始重发。

图 9-29(e)给出了第 4 号超时处理的例子。

(3)流量控制

在数据链路层及较高层中存在一个至关重要的问题，那就是：如何处理发送方的传送能力比接收方接收能力大的问题？若发送方不断地高速地将数据帧传送出去，当接收方接收数据帧速率较低时，会最终“淹没”接收方。通常情况下，针对该问题的解决办法是引入流量控制来限制发送方所发出的数据流量，使发送速率在接收方能处理的速率区间之内。因此，流量控制实质反映的是一种“速度匹配”问题。流量控制的限制量通常需要某种反馈机制配合，使发送方能了解接收方是否能接收到。对于流量控制，通常有以下两个要点：

①任何接收设备都有一个处理输入数据的速率限制，并且存储输入数据的存储器容量也是有限的。一般情况下，每个接收设备都有一个称为缓冲区的存储器，处理之前的输入数据可以保存在该缓冲区。若缓冲区满，接收方必须通知发送方暂停传输，直到接收方又能接收数据。

②接收方对数据帧的应答，可以是一帧一帧地应答的，也可以一次对若干帧一起进行应答。若一个数据帧达到时已经被破坏，接收方要发送一个“NAK”信息否定应答帧。

流量控制可以在不同的层次上实现，在 OSI 模型中的数据链路层、网络层和传输层都可以处理流量控制问题。因此，对于大多数协议来说采取流量控制是非常关键的。

目前用得较多的链路流量控制技术有两类：停等式流量控制和滑窗式流量控制。

1)停等式流量控制

停等式流量控制是一种最简单，也是最常用的流量控制方式。它还可以进一步划分为 XON/XOFF 开关式流量控制和协议式流量控制两种。

①XON/XOFF 开关式流量控制。ASCII 码为流量控制定义了两个控制字符，符号 DC3 和 DC1，也分别称为 X-OFF 和 X-ON，它们也分别对应于 Ctrl-S 和 Ctrl-Q 键盘命令。终端和主机间的流量控制是这两个控制字符使用的位置。

现举一个例子来说明：假设 A 站和 B 站进行全双工通信，若 A 站缓冲区将满，它就在发送到 B 站的数据中插入 X-OFF 字符。当 X-OFF 字符达到时，B 站接收到 X-OFF 字符，B 站向 A 站传输数据就会停止。若缓冲区有空间，A 站可向 B 站发送 X-ON 字符，指示 B 站可恢复传输数据。

当某一站发送 X-OFF 字符时，由于 X-OFF 字符发送的时间和另一站的响应时间之间的延迟，它将继续接收一小段时间的数据。因此，通常在某一站在缓冲区内的数据超过某一值时将发送 X-OFF。

X-OFF/X-ON 流量控制的一个常用场合是在显示屏上显示大的文件时，为防止信息滚出显示屏，可以通过敲入 Ctrl-S 锁定显示屏。Ctrl-S 发送一个 X-OFF 字符，使得文件传输停止。阅读完后，再敲入 Ctrl-Q，它发送 X-ON 字符，接下来文件即可重新进行传输。

②协议式流量控制。上面介绍的 X-OFF/X-ON 协议是面向比特的，是一种典型的异步通信，传输可在任意给定的比特开始和暂停。协议式流量控制是同步通信，是面向帧的协议。数据传输之前，发送端已将要传输的数据分组装配成一定长度的数据帧，对所有的数据帧进行编号。发送时，一次发送一个数据帧后，就停顿下来，等待接收端回送的表示认可的响应帧"ACK"。一旦收到确认帧，就可继续发下一数据帧。如此重复，直到数据发送完毕。确认帧可以由 ASCII 码表中的 ACK 字符构成，或者由双方约定的其他合适的代码组合构成。图 9-30 示出了这一过程。

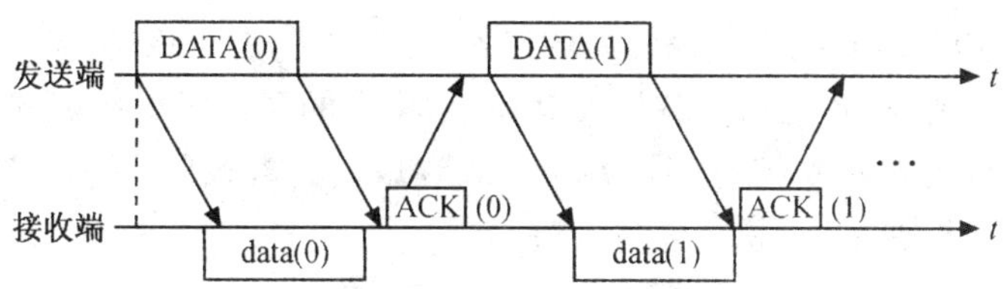


**图 9-30 协议式流量控制**

由图 9-30 可以看出，接收端的响应信息控制着发送端的发送速度。若接收端对一帧数据的处理时间较长，ACK 发出的时间就较晚，甚至当接收端因某种原因而不能继续接收数据时，可以发出表示拒绝接收的响应信息，迫使发送端停止发送数据。因此，协议式流量控制使发送端根据接收端对数据流量的要求来调整发送速度，从而保证了数据传输的可靠性。协议式流量控制也允许使用半双工链路，控制简单，而且还可与差错控制结合一起实现，之所以协议式流量控制的应用面非常广也是得益于以上优点。

2)滑窗式流量控制

停等式流量控制通常适用于近距离通信的场合。若通信距离较远和帧数增大时，就不得不考虑其他协议了，其中一种应用广泛的协议就是滑动窗口协议。在滑动窗口协议中，发送方在收到应答消息前可以发送多个帧，帧可以直接一次发送。这样一来链路的使用能力大大提高。接收方只对其中一些帧进行应答，使用一个"ACK"帧来对多个数据帧的接收进行确认。

①"窗口"的概念。滑动窗口协议中的"窗口"是指一个发送方和接收方都要创建的额外缓冲区。该窗口可以在收发两方存储数据帧，并且能够限制收到应答之前可以传输的数据帧的数目。滑动窗口协议允许不等待窗口被填满，而在任何一点对数据帧进行应答；若窗口未满可以继续传输数据帧。滑动窗口协议之所以引入了"窗口大小"的标识机制，是为了记录哪一帧已经被传输以及接收了哪一帧。使用的序号占帧的一个字段，因而序号的大小就有一个限制。例如，对于 3bit 长的字段，编号的范围只能从 0～7。相应地，帧的编号是模 8 的数值。一般来说，对于 $k$bit 长的字段，编号范围是 $2^k-1$。图 9-31 是描述滑动窗口的示意图。假设使用 3bit 编号，则这些帧从 0～7 顺序编号。从带阴影的窗口得知可以传送以帧 6 为首的 7 个帧。每当有一个帧发送出去，窗口就会变小。

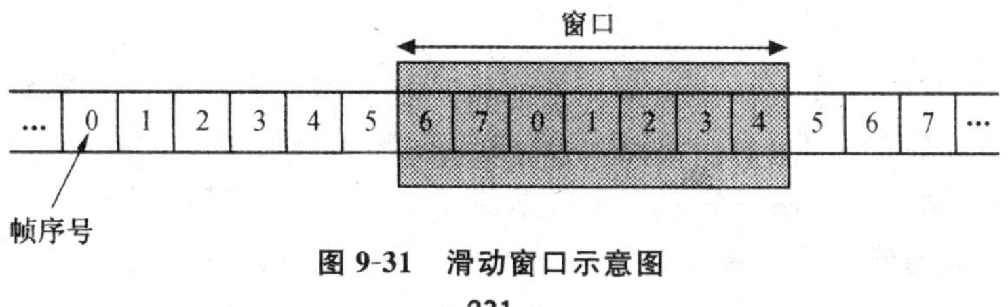


**图 9-31 滑动窗口示意图**

当接收方发出一个“ACK”应答帧，它采用捎带确认方法，例如，对以帧 4 结尾的一串数据帧进行应答，接收方就发送一个编号为 5 的应答帧。因此，在发送方和接收方的窗口都可以存储 $n-1$ 帧，在必须接收一个 ACK 帧之前最多可以发送 $n-1$ 帧。

②发送窗口。在传输的开始，发送方窗口有 $n-1$ 帧。随着数据帧的发送，窗口的左边界向右移动，窗口会不断缩小。若窗口大小是 $w$，并且自从最近一次应答以来已经发送了 3 帧，则在窗口剩余的帧数是 $w-3$。一旦一个应答帧“ACK”到来，窗口根据应答帧中应答的数据帧的个数对窗口进行相同数目的扩展。

图 9-32 所示为发送窗口大小为 7，若从第 0～4 号帧已经发送但还没有收到应答，窗口内包含有两帧(5 号和 6 号)。若收到带有编号 4 的应答帧“ACK”，就可以得出目前已经有 4 帧(从 0～3 号帧)已经正确达到，因此发送方就扩展其窗口，将它的缓冲区中相邻的 4 帧扩展到其窗口中。此时，发送方窗口包含有 6 帧(编号为 5，6，7，0，1，2)。若接收了一个带有编号 2 的 ACK 帧，则发送方窗口只会扩展 2 帧，总共包含 4 帧。

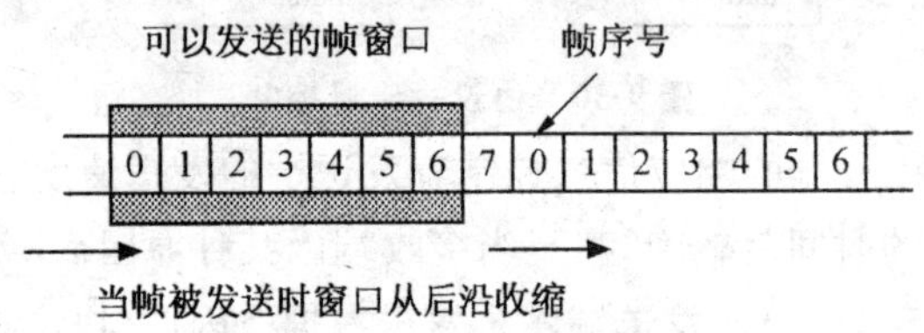


**图 9-32 发送窗口**

③接收窗口。在传输开始时，接收方窗口不是包含有 $n-1$ 帧，而是包含有 $n-1$ 个空间来接收帧。随着接收数据，接收窗口不断地缩小。注意，接收方窗口和接收的数据帧数没有直接关系，而代表在必须发送应答帧“ACK”前还可以接收的帧的数目。若窗口大小是 $w$，并且在没有返回应答帧前接收了 3 帧，则在窗口中剩余的空间数是 $w-3$。一旦发送一个应答信息，窗口就按照已经进行了应答的帧的个数进行扩展。图 9-33 表示了一个大小为 7 的接收窗口。在图中，窗口中含有容纳 7 帧的空间。若第 1 帧到来，接收窗口开始缩小，从空间 0 变为空间 1，窗口缩小了 1 帧，因此接收方现在不发送应答帧“ACK”之前还可以接收 6 帧。若 0 号帧到 3 号帧已经到达但未进行应答，窗口的空间就变成了只包含 3 帧的空间。

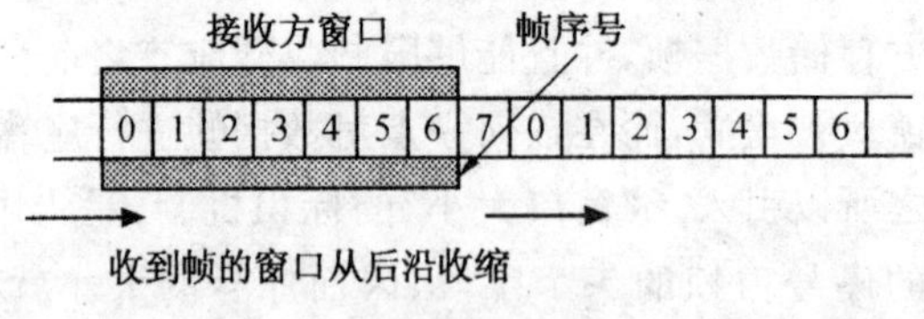


**图 9-33 接收窗口**

随着每个 ACK 帧的发出，接收窗口按照新应答的数据帧的个数扩充相同数目的空位。窗口扩充的数目等于最近的应答帧中包含的编号减去上一次应答帧中包含的编号。例如，在 7 帧窗口中，若上一次 ACK 帧是对 3 号帧进行应答，而当前 ACK 帧是对 1 号帧，则窗口扩展数是 6 $(=1+8-3)$。

有一点不得不考虑的是，以上讨论的滑动窗口协议都假设数据帧无差错到达。若在接收的帧发现错误，或者在传输中丢失了一帧或多帧，那么传输过程的复杂度将会增加。因此，流量控制通常是与差错控制要结合在一起的。在数据链路层的差错控制是基于 ARQ 方式的，通常在数据帧丢失、数据帧出错以及应答帧丢失这三种情况下要重传数据。ARQ 方式的差错控制在数据链路协议中是以流量控制的附属物形式实现的。实际上,停等流量控制通常以自动重复请求来实现的,而滑动窗口通常是以两种自动请求来实现的。

### 9.3.6　X.25 建议

1. X.25 建议概述

(1)X.25 建议的基本概念

CCITT 关于在公用数据网上以分组方式工作的 DTE 和 DCE 之间的接口建议就是 X.25 建议。1976 年 X.25 建议被正式通过而成为一项国际标准,近些年来又对该协议进行了补充和修订。

在公用数据网上,若 DTE 与通信子网的接口遵循 X.25 建议,则称为 X.25 网。X.25 建议接口如图 9-34 所示。X.25 建议是以虚电路为基础的,只适合于由同步传输电路连接的 DTE。

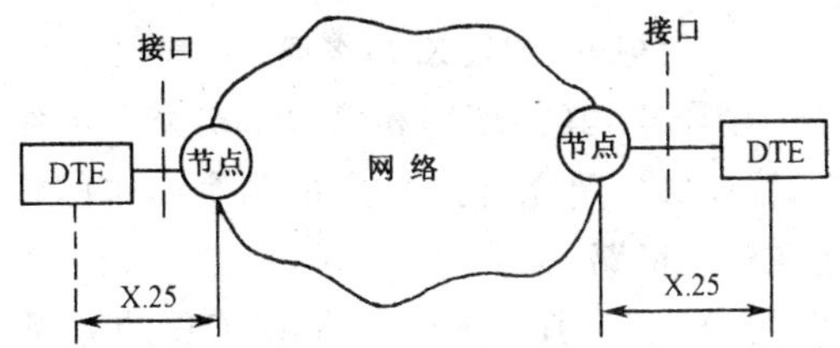


图 9-34　X.25 建议接口

X.25 建议实质上规定了用户终端和网络之间的接口,这一点使得分组网的外部特征体现的更加明显。截止到目前,这一协议被绝大多数分组交换网采用。

(2)X.25 层次结构

X.25 定义了三层通信建议——物理层、数据链路层和分组层,如图 9-35 所示。X.25 的三层分别对应于 OSI 低三层的同步传输,其基本功能一致。各层之间的信息关系如图 9-36 所示。

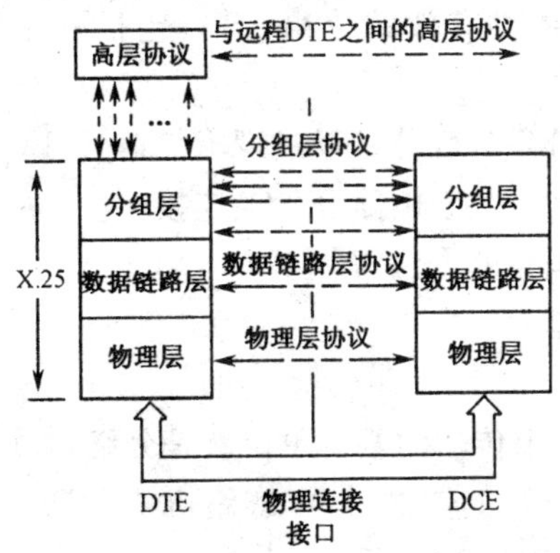


图 9-35　X.25 建议层次结构

2. 物理层及其建议

X.25 物理层只涉及接口处的电气和物理特性,DTE 利用此接口可通过租用线路或电路交换网进入本地分组交换机。X.21 和 X.21bis 建议是 X.25 规定的物理层建议。

3. X.25 数据链路层及其建议

分组在终端和分组交换网之间的无差错传输的实现是 X.25 数据链路层的基本功能。X.25 建议的链路层采用 HDLC 规程中的异步平衡方式(SABM),相应的规程为 LAPB。

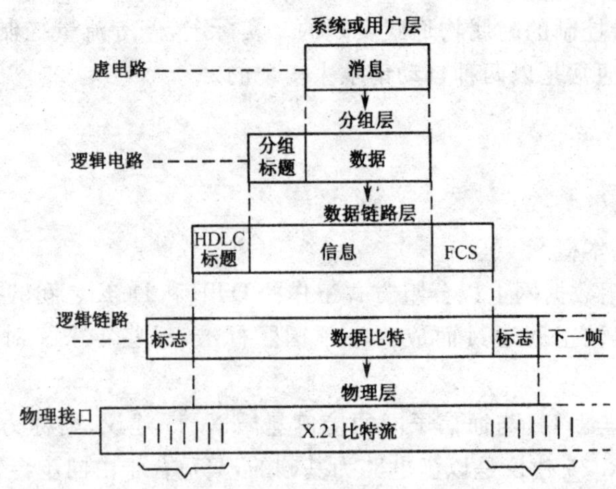


图 9-36　通过 X.25 各层的信息

LAPB 是 HDLC 规程的一个子集,其帧结构和使用术语完全符合 HDLC 建议。LAPB 通过 SABM 命令要求建立链路。用 LAPB 建立链路只要由两个站中的任意一个发出 SABM 命令,另一站发出 UA 响应即可建立双向链路。

1984 年增加了多链路规程(MLP),其基本思想是在传送的分组分散通过多个 LAPB 的单链路规程时,在收端能正确排序。

4. X.25 分组层

DTE 和 DCE 之间进行信息交换的分组格式是由 X.25 分组层规定的,分组交换的方法的采用也做了相关规定,在一条逻辑信道上对分组流量、分组传送差错执行独立的控制。

X.25 建议的着重点是描述分组层协议,分组层的主要功能有:

①在 X.25 接口为每一个用户呼叫提供一个逻辑信道(LC)。

②为每个用户的呼叫连接提供有效的分组传输,包括顺序编号、分组的确认和流量控制过程。

③同每个用户呼叫有关的分组的区分是通过逻辑信道号(LCN)来实现的。

④提供交换虚电路(SVC)和永久虚电路(PVC)连接。

⑤提供建立和清除交换虚电路的方法。

⑥检测和恢复分组层的差错。

(1)分组格式

DTE 和 DCE 之间在分组层上传输的基本单位就是分组,它可以是用户数据,也可以是网络所用的控制信息。分组在数据链路上传输时,由链路协议 HDLC 装配成帧格式。X.25 分组由分组头和数据两部分共同组成,如图 9-37 所示。

分组头中各字段的含义如下:

①通用格式标识:分组头中其他部分的一般格式的指出可通过该标识实现,占用第 1 字节的高 4 位。具体格式为"QDEG",其中 Q 位表示数据是用户数据(Q=1)还是网络信息(Q=0);D 位表示传送确认位,表示分组的确认方式,D=0 表示本地确认(DTE/DCE 接口之间确认),D=1 表示端到端(DTE 到 DTE)确认;E 位表示扩展分组编号模数,E=1 表示分组以 128 为模编号;G 位表示普通分组编号模数,G=1 表示分组以 8 为模编号。

②逻辑信道组号:用于标识逻辑信道(虚电路),占用第 1 字节的低 4 位。

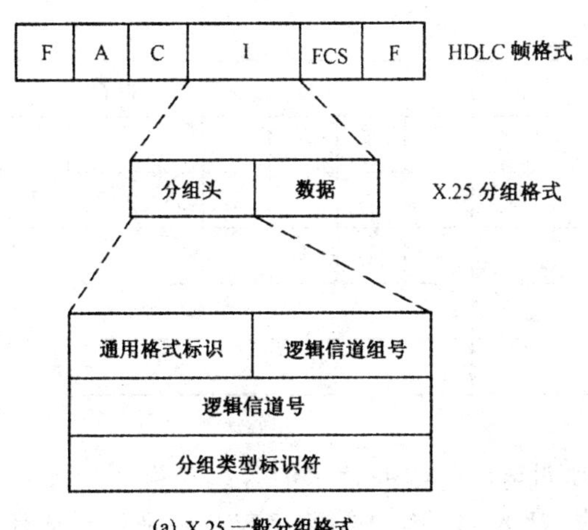


(a) X.25 一般分组格式

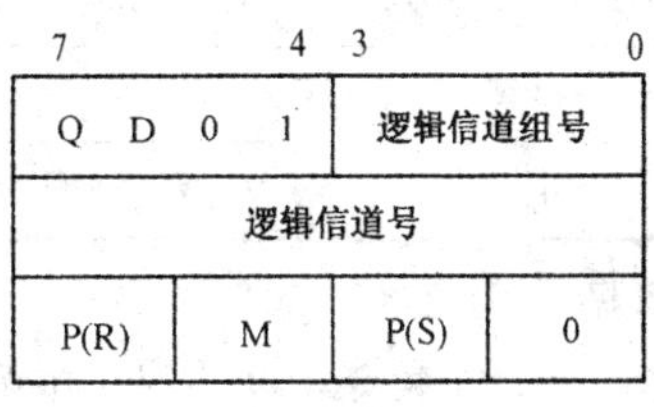


(b) X.25 数据分组头

**图 9-37　X. 25 分组格式**

③逻辑信道号:用于标识逻辑信道,占用 1 字节。逻辑信道组号和逻辑信道号是逻辑信道标识的两个部分,占用 12bit。它在 DTE/DCE 接口上只具有本地意义,即本地和远程 DTE/DCE 分别各自独立地选择逻辑信道来传送分组。X. 25 定义的分组基本上具有一一对应的关系。例如,呼叫请求与呼叫连通使用分组,呼叫指示与呼叫接受分组等,都有相对应的关系。有对应关系的两个分组必须使用同一条逻辑信道。

④分组类型标识符:分组的类型和功能的区别可通过该标识符实现,占用 1 字节。X. 25 分组类型如表 9-7 所示。对于非数据型分组表示的是分组类型标识,对于数据型分组表示的是序号。

**表 9-7　X. 25 分组类型**

| 类型 | | | 服务 | 分组类型标识符 | | | | | | | |
|---|---|---|---|---|---|---|---|---|---|---|---|
| | DCE→DTE | DTE→DCE | VC/PVC | 8 | 7 | 6 | 5 | 4 | 3 | 2 | 1 |
| 建立与清除 | 进入呼叫 | 呼叫请求 | √ | 0 | 0 | 0 | 0 | 1 | 0 | 1 | 1 |
| | 呼叫建立 | 呼叫接受 | √ | 0 | 0 | 0 | 0 | 1 | 1 | 1 | 1 |
| | 清除指示 | 清除请求 | √ | 0 | 0 | 0 | 1 | 0 | 0 | 1 | 1 |
| | DCE 清除确认 | DTE 清除确认 | √ | 0 | 0 | 0 | 1 | 0 | 1 | 1 | 1 |
| 数据和中断 | DCE 数据 | DTE 数据 | √√ | P(R) | | | M | P(S) | | | 0 |
| | DCE 中断 | DTE 中断 | √√ | 0 | 0 | 1 | 0 | 0 | 0 | 1 | 1 |
| | DCE 中断确认 | DTE 中断确认 | √√ | 0 | 0 | 1 | 0 | 0 | 1 | 1 | 1 |
| 流控制与重置 | DCE RR | DTE RR | √√ | P(R) | | | 0 | 0 | 0 | 0 | 1 |
| | DCE RNR | DTE RNR | √√ | P(R) | | | 0 | 0 | 1 | 0 | 1 |
| | | DTE REJ | √√ | P(R) | | | 0 | 1 | 0 | 0 | 1 |
| | 重置指示 | 重置指示 | √√ | 0 | 0 | 0 | 1 | 1 | 0 | 1 | 1 |
| | DCE 重置确认 | DTE 重置确认 | √√ | 0 | 0 | 0 | 1 | 1 | 1 | 1 | 1 |

续表

| 类型 | | | 服务 | 分组类型标识符 | | | | | | | |
|---|---|---|---|---|---|---|---|---|---|---|---|
| | DCE→DTE | DTE→DCE | VC/PVC | 8 | 7 | 6 | 5 | 4 | 3 | 2 | 1 |
| 再启动 | 再启动指示 | 再启动请求 | √√ | 1 | 1 | 1 | 1 | 1 | 0 | 1 | 1 |
| | DCE 再启动确认 | DTE 再启动确认 | √√ | 1 | 1 | 1 | 1 | 1 | 1 | 1 | 1 |
| 诊断 | 诊断 | | √√ | | | | | | | | |
| | 登记确认 | 登记请求 | √√ | | | | | | | | |

(2)数据传输过程

数据从 DTE1 传送到 DTE2，首先发出呼叫请求。呼叫请求的分组头格式如图 9-38(a)所示，其中第 3 字节为 00001011，表示呼叫请求(呼入)分组；从第 5 字节开始是被叫地址码，其地址长度的字节数由第 4 字节的右 4 位表示，主叫地址的结构跟该结构类似；最下面 3 行分别表示业务字段长度、业务字段和若干字节的呼叫用户数据，分别向交换机说明用户所选的补充业务及呼叫过程中主叫发给被叫的用户数据。

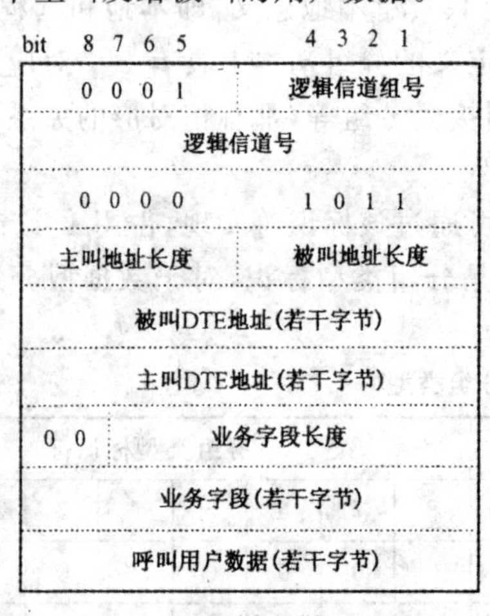


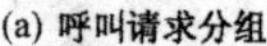
(a) 呼叫请求分组

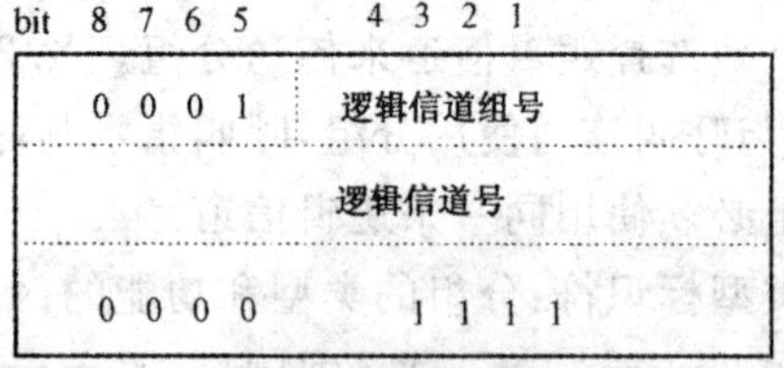


(b) 呼叫接受分组

(c) 数据分组

**图 9-38 呼叫建立分组和数据分组的格式**

当交换机收到主叫 DTE1 的请求分组后，发往的路由根据分组中被叫 DTE2 的地址和信道流量情况决定。在主叫 DTE1 和交换机、交换机和交换机、交换机和被叫 DTE2 之间建立逻辑信道连接。被叫 DTE2 收到呼叫请求分组后，如接受呼叫，便发出呼叫接受分组，如图 9-38(b)所示。当 DTE1 收到 DTE2 的呼叫接受分组后，两个终端的虚电路建立就完成了。

数据交流是在虚电路建成之后才开始的。数据分组格式如图 9-38(c)所示。在数据分组格式中，没有主被叫的地址，只有逻辑信道号表示传送的虚电路，所有数据分组都在该虚电路上传送，直到本次通信完毕。数据分组中的 P(S)和 P(R)分别表示发送的数据分组顺序编号和发送端接收对方发来的数据分组顺序编号，P(R)也是一种应答。

虚电路的释放过程类似于建立过程，在传送失败或结束时，主动要求释放虚电路的 DTE 必须发出释放请求分组，当主动请求释放的 DTE 收到交换机发来的释放确认分组后，虚电路就完全释放。释放请求分组和释放确认分组的格式如图 9-39 所示。

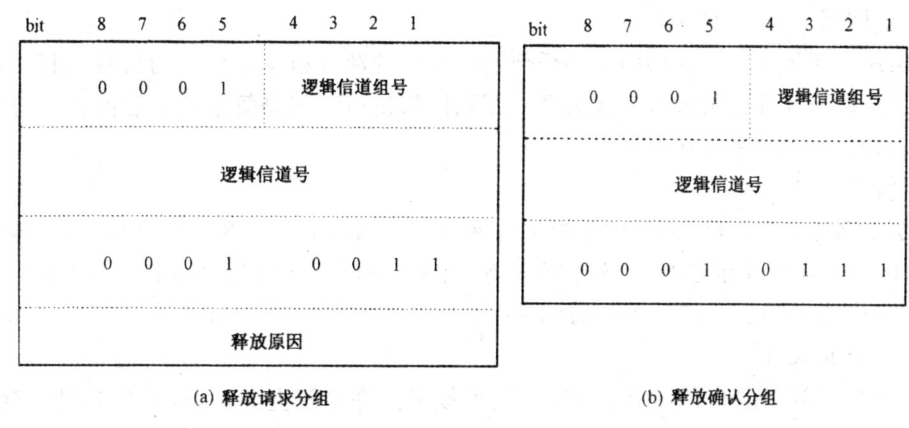


(a) 释放请求分组　　　(b) 释放确认分组

图 9-39　释放请求和确认分组的格式

### 9.3.7　TCP/IP 协议

尽管 OSI 参考模型得到了全世界的认同，但是，Internet 开发标准实际上都是 TCP/IP（传输控制协议/互联网协议）模型。

1. TCP/IP 协议参考模型

在 Internet 中，各种网络实现了互连，例如，分组交换网、局域网（以太网、FDDI 网）等，用户还可以经过公用电话网连接到 Internet 网上。之所以多种网络之间实现了互联是因为采用了 TCP/IP 协议，它很好地解决了异种网互联的问题。TCP/IP 这个术语并不仅仅指互联网协议（IP）和传输控制协议（TCP），它还包括许多与之相关的协议和应用程序，是一个协议簇。TCP/IP 与 OSI 模型类似，也形成一种层次模型，一共分为四层：应用层、传输层、互联网层和网络接入层，如图 9-40 所示。

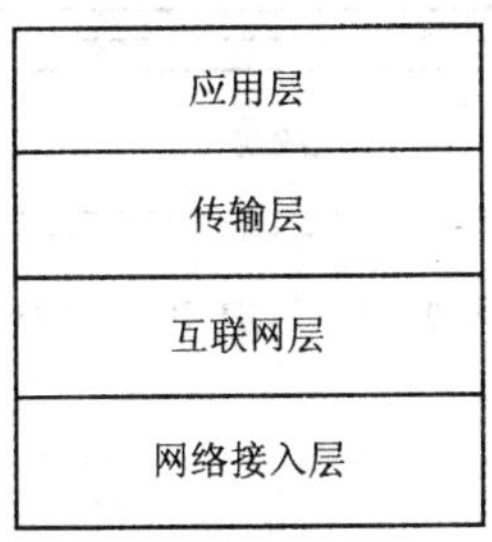


图 9-40　TCP/IP 协议模型

（1）应用层

TCP/IP 协议的设计者认为高层协议应该包括会话和表示层的细节，为了处理高层协议、有关表达、编码和对话控制就简单地创建了应用层。TCP/IP 将所有与应用相关的内容归为应用层，并保证下一层将数据分组（打包），所以这一层又称为处理层。

（2）传输层

可靠性、流量控制和重传机制等问题的解决是由传输层来处理的。传输层的协议为传输控制协议（TCP），它能提供灵活的方式以创建可靠的、流量控制和低差错率的网络通信过程。TCP 是一种面向连接的协议，在把应用层数据打包成数据单元（称为段）后，源和目的之间可进行对话。

(3)互联网层

互联网层用于把来自互联网络上的任何网络设备的源分组发送到目的设备，而且这一过程与它们所经过的路径和网络没有直接关系。互联网协议(IP)就是管理这一层的协议，这一层进行最佳路径的选择和分组交换。

(4)网络接入层

这一层的名称非常广泛，它也被称为主机-网络层。有时它表现为两层，如在 OSI 模型里，网络接入层涉及 IP 分组要求选择一条物理链路，局域网和广域网的技术细节也包括在内，以及 OSI 模型中物理层和数据链路层的所有细节。

2. TCP/IP 协议族

TCP/IP 协议族如图 9-41 所示，在应用层里接触到许多陌生的名词，但你若是互联网的用户，这些任务对你来说应该并不陌生。这些应用包括：

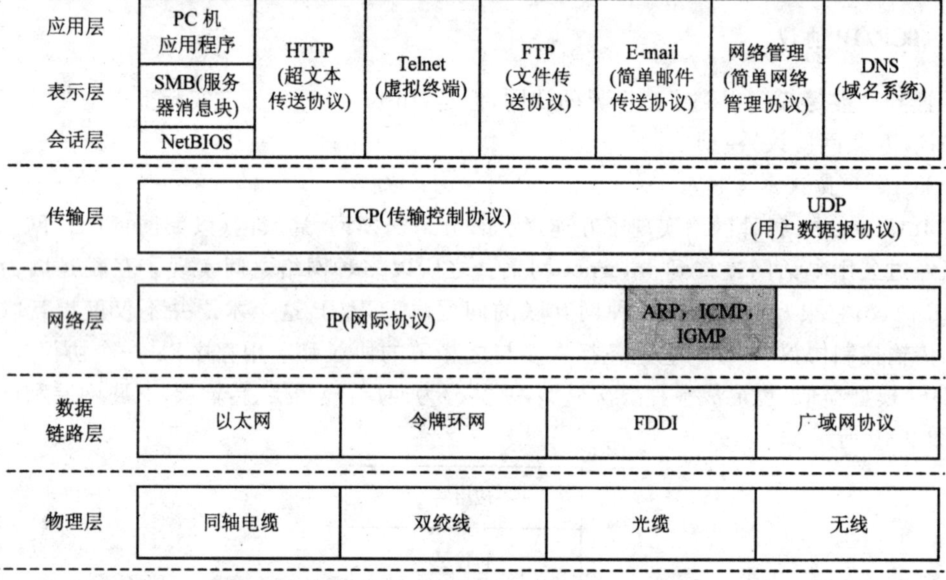


**图 9-41　TCP/IP 协议族**

①HTTP：超文本传输协议。

②SMTP：简单邮件传输协议。

③DNS：域名系统。

④TFTP：简单文件传输协议。

软件开发者的灵活性是 TCP/IP 协议模型在应用层比较重视的。传输层包括两种协议：传输控制协议(TCP)和用户数据报协议(UDP)。最下一层即网络接入层，该层有 IP 协议。在 TCP/IP 模型中，不管是哪个应用程序请求网络服务，也不管使用什么传输协议，都只有一种网络协议：互联网协议(IP)。IP 作为一种通用协议，允许任何地点的任何计算机在任何时间通信。

3. IP 基础

网络层负责将信息从源端传送到目的端，其主要实现以下功能：

①寻址：为网络设备决定地址的机制。

②路由：决定信息包(分组包)在整个网络之间的传送路径。

我们已经知道网络层的协议有 TCP/IP 中的 IP 和 Netware 中的 IPX 等，本节介绍目前互联网中最流行的 IP。

Internet Protocol(IP)是整个 TCP/IP 协议组合的运作核心，它可以说是互联网的基础部分。IP 对于 TCP/IP 协议栈来说，向上载送传输层各种协议信息，如 TCP 和 UDP 等，向下将 IP 包放到链路层，通过各种局域网等技术来传送。IP 所提供的服务大致为：

①IP 包的传送。

②IP 包的分割与重组。

下面重点介绍这两种服务。

(1)IP 包的传送

IP 是负责网络之间信息传送的协议，可将 IP 包从源设备传送到目的设备，IP 地址和 IP 路由是 IP 必须依赖的两种机制。

IP 规定网络上所有的设备都必须用一个独一无二的 IP 地址来识别，每个 IP 包都要记载目的设备的 IP 地址，这样 IP 包才能正确地传送到目的地。

若要在互联网中传送 IP 包，除了确保网络上每个设备都有一个独一无二的 IP 地址外，网络之间的传送机制还需得到保障，才能将 IP 包通过一个个的网络传送到目的地，这种传送机制称为 IP 路由。如图 9-42 所示，每个网络通过路由器相互连接：路由器的功能是为 IP 包选择传送的路径。

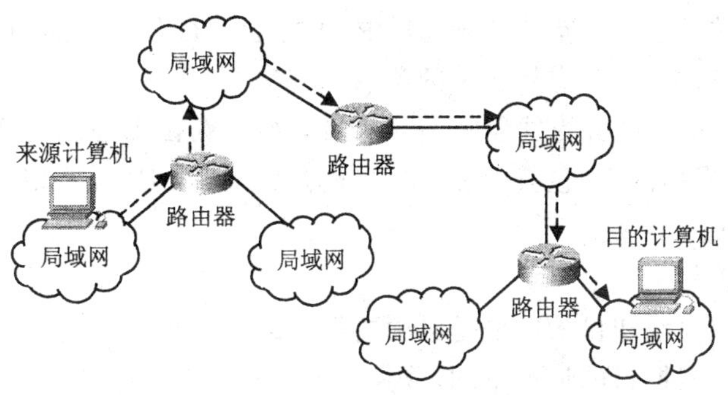


**图 9-42　互联网上的 IP 路由传送机制**

(2)IP 包的分割与重组

IP 必须将信息包放到链路层传送，每一种链路层的技术都会有所谓的最大传输单位(MTU)(最大信息包长度)。表 9-8 列出了几种常见的最大传输单位。

**表 9-8　常见的数据链路层的最大传输单位**

| 技术 | 最大传输单位 |
| --- | --- |
| 以太网 | 1500Byte |
| FDDI | 4352Byte |
| X.25 | 1600Byte |
| ATM | 9180Byte |

IP 包在传送过程中，可能它经过的不会局限于使用一种技术的网络，可能会经过许多个使用不同技术的网络。假设 IP 包是从 FDDI 网络发出，原始长度为 4352Byte，若 IP 路由途中经以太网时的信息包太大，在以太网中无法正常传输。针对该问题，路由器就必须对 IP 包进行分割与重组，将过长的 IP 包进行分割，以便在最大传输单位较小的网络上传输。分割后的 IP 包再由

目的设备重组，恢复成原来的IP包长度。

(3)IP包的结构

IP包主要是由两部分组成：IP报头和IP净荷，如图9-43所示。其中有关IP地址、路由和信息包的识别等信息是由IP报头(Header)记录的；上层协议(TCP或UDP)等的信息包是由IP净荷(Payload)载送的。在IP包的传递过程中，IP报头记录了与IP包有关的重要信息。IP报头中的重要信息如下。

图9-43　IP包的结构

①IP包的目的地址：IP报头记录了目的端的IP地址，它是IP报头中最重要的信息。

②IP包的源地址：记录了源端地址。

③上层协议：用来记录上层所使用的协议，即IP中所载送的是何种协议的数据。目的端收到此IP包后，才知道要将之送到何种上层协议。

④IP包标识码：IP包标识码是由源地址决定的，并按照IP包的递增1的。由于在IP路由的过程中，每个IP包所走的路径各不相同，到达目的地的先后顺序可能与发出时的顺序也会存在一定的差异。此时，目的设备就可利用IP包的标识码判断IP包原来的顺序。

⑤分割与重组相关信息：IP包在传送过程中，可能会进行分割，然后再由目的端将之重组。在IP报头中记录了所有与分割、重组相关的消息。

⑥存活时间(TTL)：IP路由的过程中必须靠沿途所有路由器通力合作才能完成，但是互联网上的路由万一故障，发出的IP包就无法到达目的。因此，在IP报头中记录了存活时间，限制IP包在路由器之间传送的次数。

(4)IP包的传递模式

在传送IP包时，源地址和目的地址是必须要指定的。源地址只有一个，但目的地址可能会代表单一或多个设备。根据目的地址不同，分为三种传递模式：单点传送、广播传送和多点传送。

①单点传送。一对一的传递模式，在此模式下，源端发出的IP包报头的目的地址只代表单一目的设备。因此，只有一个设备会收到此IP包。在互联网上传送的IP包，以单点传送的IP包为主，如图9-44所示。

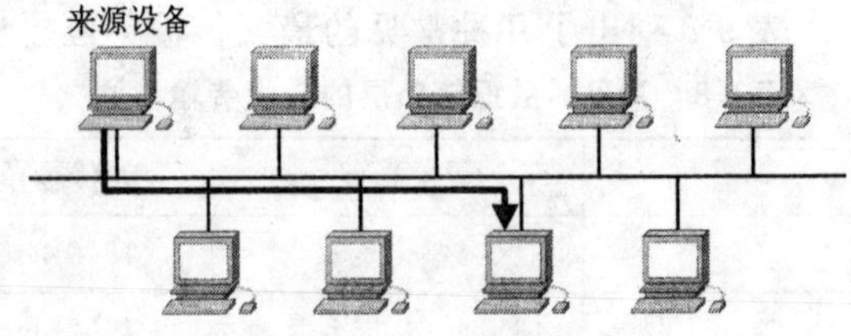


图9-44　单点传送

②广播传送。一对多的传递模式，在此模式下，源端设备所发出的IP包的报头中目的地址代表某一网络，而非单一设备。因此，该网络内的所有设备都会收到，并处理此类的IP广播信息。可以看出，广播信息的使用必须谨慎，否则的话就会波及该网络内的全部设备。由于某些协议必须通过广播实现，如ARP地址解析协议，对于局域网就会有不少的广播信息包，如图9-45所示。

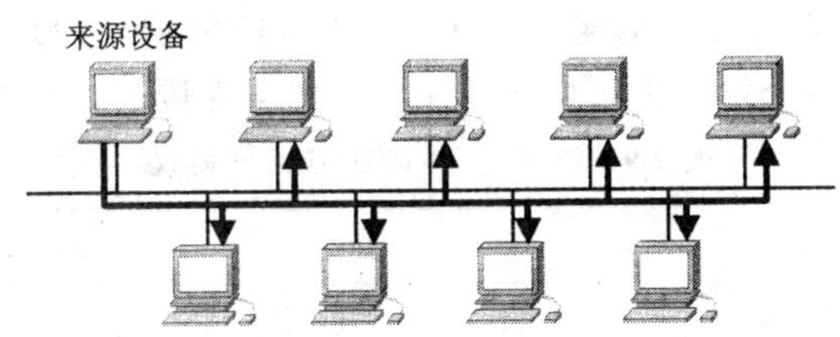


图 9-45 广播传送

③多点传送。多点传送是一种介于单点传送与广播传送之间的传送方式。多点传送也是属于一对多的传送方式,但是它与广播传送的区别非常明显。广播传送必定会传送到某一个网络内的所有设备,但是多点传送却可以将信息包传送给一些指定的设备。也就是说,多点传送的IP包,其报头中的目的地址代表的是一些设备,凡是这些设备都会收到多点传送的信息包,如图9-46所示。一些即时共享的信息的传送比较适合用多点传送技术来实现,例如,股票信息、多媒体影音信息等,若通过互联网时,则沿途的路由器都必须支持相关的协议才行。

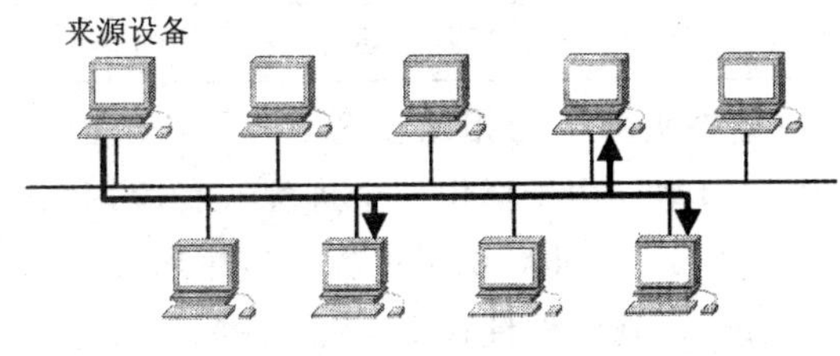


图 9-46 多点传送

4. TCP和UDP

(1)TCP

传输控制协议(TCP)是一个第四层面向连接的协议。在主机和不同主机的进程之间提供可靠的通信是由该协议负责的。对于在不同主机上的进程,TCP报文的结构使得同一台主机上的多应用程序能够同时与另一台主机上的进程进行通信,将不同应用进程之间的输入TCP信息进行分解和服务也能够给予有效支持。

为了评价TCP的功能特性和性能,下面来参考图9-47所示的TCP数据报文头部结构。

<table>
<tr><td colspan="7">0</td><td>16</td><td>31</td></tr>
<tr><td colspan="7">源端口</td><td colspan="2">目的端口</td></tr>
<tr><td colspan="9">顺序号</td></tr>
<tr><td colspan="9">确认号</td></tr>
<tr><td>TCP头长</td><td>备用</td><td>URG</td><td>ACK</td><td>PSH</td><td>SYN</td><td>FIN</td><td colspan="2">窗口大小</td></tr>
<tr><td colspan="7">校验和</td><td colspan="2">紧急指针</td></tr>
<tr><td colspan="9">可选项 (0或更多32位字)</td></tr>
<tr><td colspan="9">数据 (可选项)</td></tr>
</table>

图 9-47 TCP协议数据报文头部结构

①源端口和目的端口的字段(均为16bit):用于标识一个用户的进程和应用。源端口字段是可选的,如果不使用则用"0"填充。在TCP头标内的端口地址值一般称为"著名端口",一个应用层协议或进程的标识是通过该著名端口实现的。

表9-9列出了与8个流行的TCP/IP应用层协议相对应的"著名端口"值,从中可注意到有

些协议使用了两个端口地址或者逻辑连接。例如 FTP，使用端口地址(21)用于传送命令和响应，并用于控制路径，而另一个端口地址(20)用于实际的文件传送。

**表 9-9　流行的 TCP/IP 应用层协议**

| 协议 | 缩写 | 描述 | 著名端口 |
|---|---|---|---|
| 域名协议 | DOMAIN | 定义 DNS | 53 |
| 文件传送协议 | FTP | 支持计算机间的文件传送 | 20,21 |
| 指纹协议 | FINGER | 提供特定用户的信息 | 79 |
| 超文本传送协议 | HTTP | 在 Web 浏览器之间传送信息 | 80 |
| 邮局协议 | POP | 使主机能访问邮件服务器上的邮件 | 110 |
| 简单邮件传送协议 | SMTP | 用于传输电子邮件 | 25 |
| 简单网络管理协议 | SNMP | 用于交换网络管理信息 | 161,162 |
| Telnet 协议 | TELNET | 提供远程终端对主机的访问 | 23 |

IP 数据报头部与 TCP 数据报头部结构相比较而言，不难发现使用 TCP/IP 的应用在源点和目的点需要 3 个地址：一个端口地址用于标识一个进程或者应用，它包含在 TCP 数据报的头标内；而在 IP 数据报头标内，一个 IP 地址标识了进程和应用所在的网络和主机；最后，LAN 的信息传送需要使用一个硬件地址，该硬件地址在 LAN 的头标内，被用于传送 IP 数据报。

②序列号字段(32bit)：用于标识 TCP 数据报中被传送的数据在发送方的字节流中的位置，一种维持数据顺序的方法是由该字段提供的。

③确认号字段(32bit)：标识发送方想接收的下一个序列号。当序列号为行时，确认号表示前面行－1 个数据报已被正确接收。

④头标长度字段(4bit)：以 32bit 为单位，表示 TCP 数据报头标的长度。例如，该字段为“0010”则表示数据报头标长度是 64bit。

⑤码比特字段(6bit)：包括 6 个标志比特。当其中一些比特被设置时，表明在头标中一个指定的字段是有意义的，相反另一些比特则被用于控制连接和数据传送操作。表 9-10 列出了这 6 个码比特的使用。

**表 9-10　码比特字段值**

| 码比特 | 码比特字段的使用 | 码比特 | 码比特字段的使用 |
|---|---|---|---|
| URG | 加急指针字段有效 | RST | 复位连接 |
| ACK | 确认字段有效 | SYN | 同步序列号 |
| PSH | 推进功能 | FIN | 发放已发送完数据 |

⑥窗口字段(16bit)：表示数据报的发送方能够控制的字节数，该字节数在确认字段中以“1”开始。之所以每个路径的端点都是使用的是窗口字段来控制发送给它的数据数量是因为 TCP 是一个全双工的通信路径，这使得接收者能控制自身的状态。如果接收方因处理能力过载或者其他原因导致设备不能接收大量数据，它可以使用窗口字段作为流量控制机制来减少发送给它的数据数量。

⑦校验和字段(16bit)：提供对数据报中所承载的 TCP 头标、IP 头标和数据的可靠保障。因

此，每个数据报中检测错误的机制是由该字段提供的。

⑧加急指针字段(16bit)：该字段标识了在一个 TCP 数据报中加急数据的位置，并且只有当前面提到的 URG 比特被设置时，字段的值才有意义。当 URG 标志被设置时，加急指针字段的值表示的是正常(非加急)数据的开始。

(2)UDP

UDP 是一个无连接的服务，即该协议组的高层负责 UDP 数据的可靠传送。作为一个无连接的服务，UDP 对于数据传输采用的是"尽力而为"的方法，与目的端之间联络不要求先进行。由于这种联络在通过 TCP 进行数据传送时会导致时延，因此某些应用对于 UDP 来说更加适合，例如，对延迟非常敏感的数字话音的传送。图 9-48 说明了 UDP 数据报头部的组成。

| 0　　　　　　　　16 | 　　　　　　　　31 |
|---|---|
| 源端口 | 目的端口 |
| 数据报长度 | 校验和 |
| 数据（不固定长） | |

**图 9-48**　UDP **数据报头部的组成**

①源和目的端口字段的长度(16bit)：分别用于标识发送和接收进程的端口号。例如，在 UDP 中端口字段值 161 标识 SNMP。

②长度字段(16bit)：标识包括头标和用户数据在内的 UDP 分组的字节长度。

③校验和(16bit)：是对伪头标和整个 UDP 分组进行计算 1 的补码的算术和。从 IP 数据报头标中获得的源和目的地址也包括在伪头标中，该 IP 数据报头标是 UDP 头标的前缀。这个校验和用于保护 UDP 和 IP 数据报头标的地址字段，使得路由器在传输出现错误的时候将该数据报丢弃而不会将它们传送给错误的目的地。

# 第 10 章　典型数据通信网

## 10.1　分组交换网

### 10.1.1　分组交换网的构成

1. 基本结构

公用分组交换网的基本结构如图 10-1 所示，通常采用两级分层结构，根据业务需求、业务流量在不同的地区分别设立一级和二级交换节点(中心)。

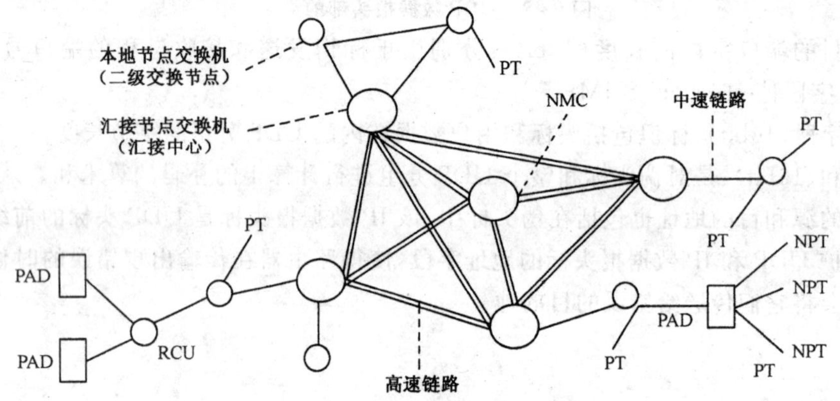


图 10-1　公用分组交换网的基本结构

一级交换节点作为汇接中心和传输信道组成数据通信骨干网。一级交换节点使用中转分组交换机或中转和本地合一的分组交换机，通常设置在业务流向较多及业务量较大的地点，如大、中城市，一般由高速数据链路构成网状网和网格型网。二级交换节点组成本地网或区域网，并与骨干网相连。二级交换节点通常分布在有一定数据业务需求的地点，如中小城市，在一些业务量较少的地点设置集中器，一级交换节点与二级交换节点之间用中速数据链路构成星状网，必要时也可以组成网格型网。

2. 分组交换机的设置

根据分组交换机在网中所处地位的不同，可分为中转交换机、本地交换机。前者通信容量大，每秒能处理的分组数多，所有的线路端口都是用于交换机之间互联的中继端口，为此，该机的路由选择功能强，能支持的线路速率高；后者通信容量小，每秒能处理的分组数少，绝大部分的线路端口为用户端口，主要接至用户数据终端，只允许一个或几个线路端口作为中继端口接至中转交换机或中转与本地合一交换机。它具有本地交换的功能，所以无路由选择功能或仅有简单的路由选择功能。有时，为了网络组织更灵活，把上述两种交换机功能合一，称为本地与中转合一的分组交换机，它既有中转交换机的功能，负责到其他交换机的转接或汇接，也有用户端口。

通常分组交换机(PSX)的设置：一、二级交换中心原则上设置本地/转接合一的分组交换机

(PTLS)，但对转接量大的一级交换中心，可以设置纯转接分组交换机(PTS)。

分组型终端(PT)将用户的数据文件通过用户线送到分组交换机，并存入交换机的存储器中；如果报文来自非分组型终端(NPT)，则该报文到达分组交换机后，经分组拆装设备(PAD) 形成分组，再存入存储区中；同样，如果接收段是非分组型终端，则需通过分组拆装设备把分组报文还原成原来的数据报文。为了提高电路利用率，所有来自各个终端的数据报文分组将通过公用的高速数字或模拟传输线路再往内传输。由于每个分组都有报头，所以到达接收端分组交换机后，按各个分组内所有携带的分组顺序编号进行分组重新排列，再通过用户线把按顺序排列好的分组传送给相应的接收终端。

3. 分组交换网的特点

分组交换网有以下特点：

①电路利用率高。在分组交换方式中，数据报文被分解为若干个分组，然后以存储一转发方式进行交换处理，不同的报文分组可经由不同的路径送达目的地终端，再还原成原来发送的报文，因而这种虚电路(为每个数据报文建立的传输路由)复用方式可以充分利用空闲电路，使得电路利用率较高。

②可在不同终端之间通信。分组交换机的存储一转发方式，可以把终端送出的报文变成对方终端能接收的形式，以实现不同速率、不同编码方式、不同同步方式以及不同传输规程终端之间的数据通信。

③传输质量高。分组交换机之间，在传送每一个分组时，都进行差错检查，一旦发现差错，立即要求发端重新发送。对于分组型终端，在用户线上也进行差错检查。由于采用了纠错和分组重发规程，提高了传输质量。分组交换网的平均误码率可小于 $10^1$。

④适合传送短报文。传送长报文时，由于分割成许多分组，每个分组都有标明接收终端地址等报头，要占用一些“开销”，因而分组交换最适宜于传送较短报文，这样可以充分发挥这种交换方式的特点。

4. 分组交换格式

一个端到端的通信往往要经过多个转接节点，即在分组网中端到端所建立的虚电路一般由多个逻辑信道串接而成，并由这些串接的逻辑信道号(标记)来识别这条虚电路。

(1)分组头格式

每个分组通过链路层都放在信息帧的 I 字段中，如图 10-2 所示。也就是每个信息帧要装配成一个分组，为了对其进行控制，每个分组都有一个分组头。

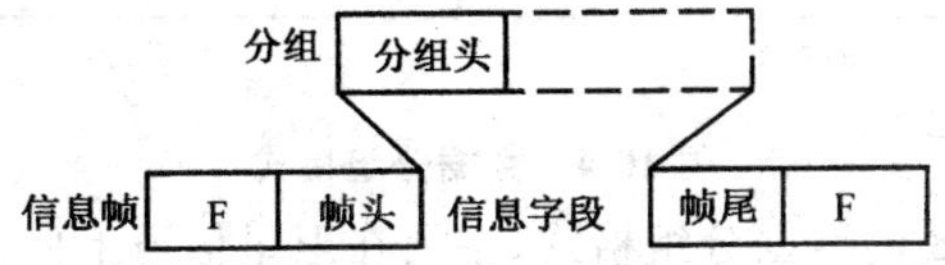


**图 10-2　信息帧**

分组头格式如图 10-3 所示，分组头有 GFI、LCGN、LCN 和分组类别格式共 3 个字节。

①GFI(通用格式表示符)。分组头格式 8～5 bit 位，其中：

Q=0 表示分组包装的是用户数据；

Q=1 表示分组包装的是控制信息；

D=0 表示数据分组由本地确认(DTE-DCE 接口之间)；

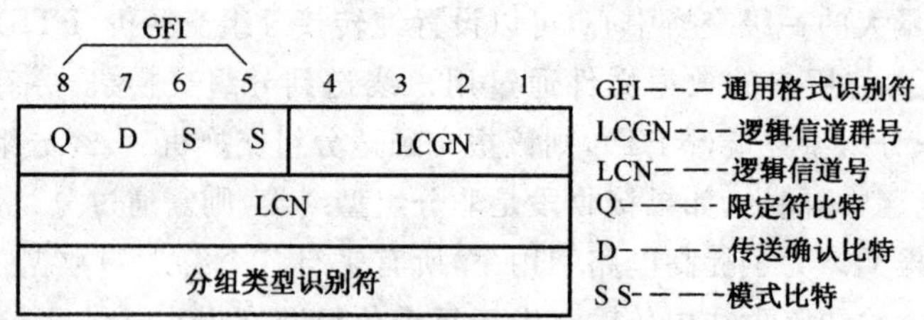


图 10-3　分组头格式

D=1 表示数据分组由端到端确认(DTED-TE 接口之间)

SS=01 表示分组顺序编号按模 8 方式工作

SS=10 表示分组顺序编号按模 128 方式工作

②LCGN+LCN(逻辑信道群号+逻辑信道号)。LCGN(分组头格式第 1 字节 4～1 比特位)为高 4 比特,LCN(第 2 字节 8～1 比特位)为低 8 比特这样可寻址 $2^{12}$=4096 个逻辑信道号,由于“0”编号留作其他用途,如再启动(Restart),诊断(Diagnostic)等分组,实际只有 4095 个。编号在 1～255 用 LCN 就够了。256～4095 用 LCGN 扩充。通常人们将 LCGN+LCN 统称逻辑信道号。

③分组类型识别符。分组头格式第 3 字节 8～1 比特位,用于不同得分组:呼叫建立分组、数据传输分组、恢复分组、呼叫清除分组等。

(2)数据分组格式

用于建立连接的分组有呼叫请求分组、呼叫接收分组、释放分组等。图 10-4(a)给出的是数据分组格式(模 8),它只有逻辑信道号,无主/被叫终端地址号。仅用 12 个比特位表示逻辑信道号(LCN),以示去向,省去了最少 32 位长的被叫地址,减小了分组的开销,提高了传输效率。每次通信前要先建立虚电路,然后通过虚电路传输数据分组,直至本次通信完成。交换机利用 LCN 寻址比利用被叫终端地址寻址要简单得多。

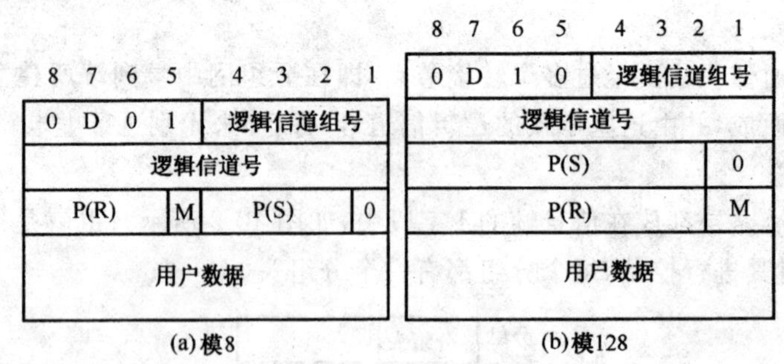


图 10-4　数据分组格式

图 10-4(b)所示为模 128 的数据分组格式,主要在卫星信道下使用。需要说明的是:P(R)表示数据分组证实,M 表示后续比特。M=0 表示该比特是用户报文的最后一个分组;M=1 表示后面还有同一份报文的数据分组。数据分组中的 P(S)为发送数据组的顺序编号,P(R)是接收端对发送端发来的数据分组的应答,它表示对方发来的 P(R)-1 以前的数据分组已被正确接收,希望对方下一次发来的数据分组序号为 P(R)。

### 10.1.2　中国公用数据交换网(CHINAPAC)

CHINAPAC 由前邮电部统一组建，引进加拿大北方电信公司的 DPN-100 分组交换系统。全网由 31 个省市中心城市的 32 台交换机组成(其中北京 2 台)。北京、上海、南京、武汉、西安、成都、广州、沈阳等 8 座城市为汇接中心，各汇接中心采用网状结构，其他中心之间采用网格型结构，但每台交换机至少有两条以上中继路由，并逐步向网状网过渡，北京为国际出入口局，上海也按国际出入口局配置，广州为港、澳区出入口局。

CHINAPAC 与公用电话网、用户电报网、DDN、VSAT、CHINANET，以及各省市的地区网、各大企事业单位的局域网均可实现互连，并与世界上几十个国家和地区的公用分组交换网互连，使得国内任何一终端都可通过 CHINAPAC 与国际间进行数据传输。CHINAPAC 的优点是覆盖面广、端口容量大、规模大、支持通信规程多、通信速率高、处理能力强、网络时延低等。

用户接入 CHINAPAC 的示意图如图 10-5 所示。用户终端有 PT、NPT 和 SNA/SDLC 三类，可根据不同的用户终端来划分用户业务类别，提供不同速率的数据通信业务。

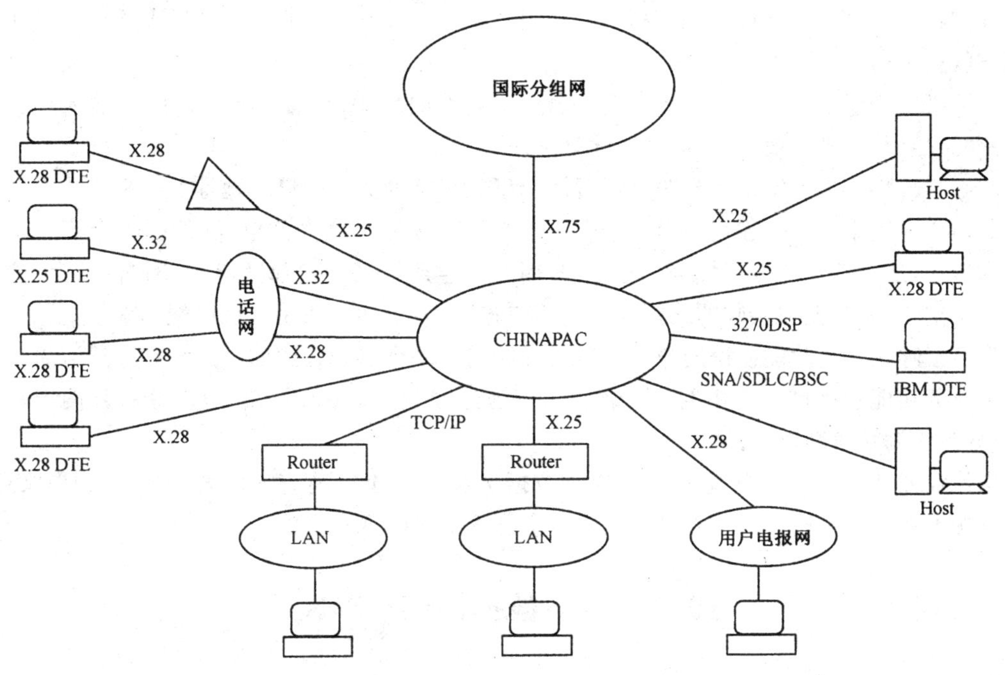


图 10-5　用户接入 CHINAPAC 的示意图

分组型终端(PT)采用同步工作方式。当 PT 通过专线电路接入网络时，可使用 X.25 接口规程，可提供 2400b/s、4800b/s、9600b/s、19.2kb/s、48kb/s 和 64kb/s 等速率的数据通信业务。当 PT 通过公用电话交换网接入分组网时，使用 X.32 规程，可提供 2400b/s、4800b/s、9600b/s 等速率的数据通信业务。

SNA/SDLC 终端是遵循 IBM 公司 SAN/SDLC 规程的同步终端，它在 DTE 和 DCE 之间使用 SNA/SDLC 规程。SNA/SDLC 同步终端经专线电路接入分组网的用户，可以提供 2400b/s、4800b/s、9600b/s、19.2kb/s、64kb/s 等速率的数据通信业务。

非分组型终端(NPT)采用起止式异步工作方式。当 NPT 通过用户电报网接入分组网时，使用 TEL/X.28 接口规程，可提供 50b/s 速率的数据通信业务。当通过公用电话交换网接入分组网时，使用 X.28 规程，可提供 300b/s、1200b/s、2400b/s、4800b/s、9600b/s、19.2kb/s 等速率的数据通信业务。

CHINAPAC 向用户提供的主要业务功能有基本业务功能、用户任选业务功能、新业务功能及增值业务功能等。基本业务功能包括交换虚电路(SVC)和永久虚电路(PVC)。用户任选业务功能包括以下几种：

①速率、分组长度、流量控制等参数的协商和选用，使用户可根据信息量的大小灵活处理，提高效率。

②闭合用户群。闭合用户群是指由若干个用户组成的封闭的通信群体，群体内用户间可以相互呼叫，但不允许群内用户呼出和群外用户呼入，这项业务方便了要求通信保密的用户。

③呼叫封阻，提供了用户选择来电和去电，可阻止无关人员的打扰。

④计费信息显示。选择该业务的用户，在每次通话结束时可收到网络的有关计费信息。

⑤反向计费及反向计费认可。反向计费是指由被呼叫方计费。要求被呼叫方计费的主呼方，在呼叫开始时向网络申请该业务，而被呼叫方接收此项功能(即反向计费认可)，网络才向被呼叫方收取费用。

⑥网络用户识别。这是一项提高网络通信安全性的功能，只有呼叫方向网络输入自己的网络用户标识字并正确有效时，呼叫请求才被网络接受。

⑦呼叫转移。这是网络将呼叫接通至用户事先规定的另一个终端地址的业务。

⑧用户连选组。用户连选组由若干个用户终端组成一个搜索群组，群组中每个用户不仅有自己的地址，还有群组的专用代号，当某主叫用户向连选组用户发起呼叫后，网络将在该群组中选择一个空闲的、有能力接收的终端与主叫用户连通，并告知主叫用户该终端的地址。

⑨直接呼叫。该功能使得用户在开机后即能与另一个事先指明的用户终端连通。

新业务功能包括虚拟专用网、广播功能、快速选择业务、SNA 网络环境、令牌环网智能网桥功能、异步轮询接口功能等。

增值业务功能包括电子函件业务、电子数据交换业务、传真存储—转发业务、可视图文业务、银行信用卡业务、电子银行业务、电子购物业务和家庭教学业务等。

## 10.2 数字数据网络(DDN)

### 10.2.1 DDN 的组成与特点

DDN(Digital Data Network)是提供语音、数据、图像信号的半永久性连接电路的传输网络。所谓半永久性连接，是指 DDN 所提供的信道是非交换型的，用户之间的通信通常是固定的，可以在网络允许的情况下由管理人员或用户自己对传输速率、传输数据的目的地与传输路由可进行修改，但这种修改不是经常性的，所以称为半永久性交叉连接或固定交叉连接。

目前有不少国家建立了自己的 DDN，向用户提供高质量的端到端的数字型信道传输业务。我国已建立了全国的数字数据骨干网及省、市内的数字数据网。我国数字数据网(CHINADDN)骨干网的网络结构如图 10-6 所示，DDN 已从最初提供简单的数据传输服务逐渐拓展到能支持多种业务的增值网。

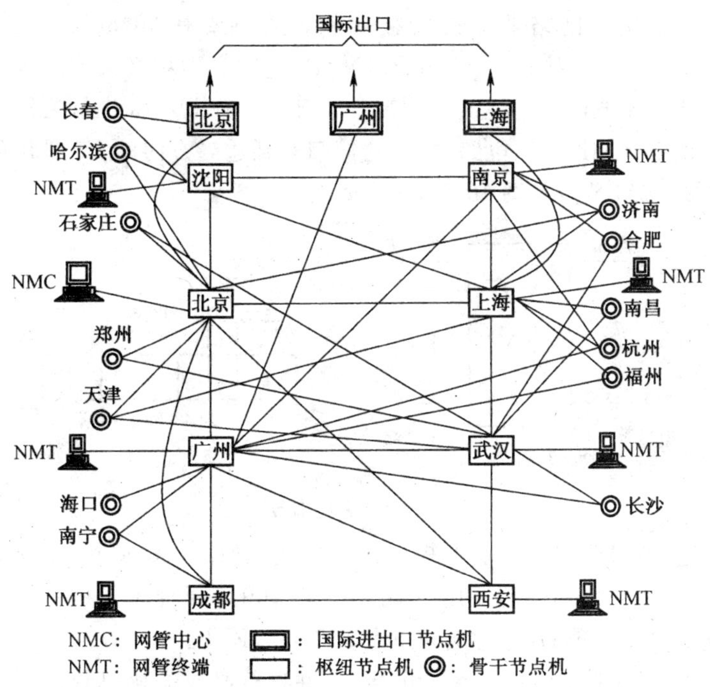


**图 10-6　CHINADDN 骨干网的网络结构**

DDN 的传输链路有光缆、数字微波和卫星信道。通过 DDN 向客户提供全程端到端的数字数据业务(DDS，Digital Data Service)，DDS 是指向最终用户提供全程端到端的数字数据传输的一种电信业务。由于 DDS 协议简单、速率较高、可提供各种数据接口、应用灵活并根据用户需求而开发，从而得到迅速发展。DDN 可支持内外时钟或独立时钟方式，是不具备交换功能的数据传输网，是依附在电信传输网的一个子网。

1. 组成

DDN 一般不包括交换功能，只采用简单的交叉连接与复用装置，由 DDN 节点、数字通道、网管维护系统、网络接入单元和用户设备组成，如图 10-7 所示。

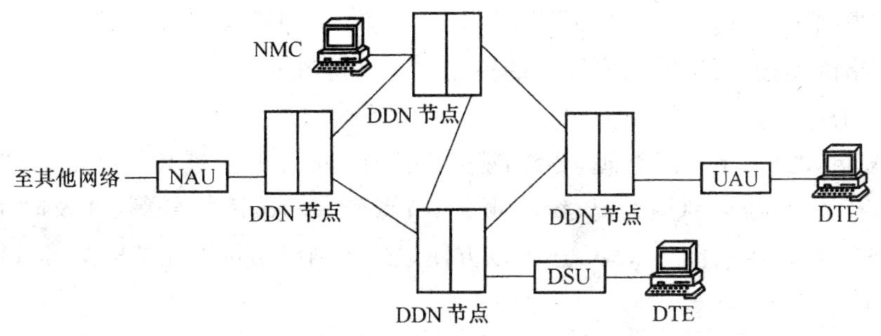


**图 10-7　DDN 网络结构**

(1)节点

从组网功能上，DDN 节点可分为 2M 节点、接入节点、用户节点。

①2M 节点。主要执行网络业务的转接功能。其主要有 2048kbit/s 数字通道的接口；2048kbit/s 数字通道的交叉连接；N×64kbit/s(N=1～31)复用和交叉连接；帧中继业务的转接功能。因此通常认为 2M 节点主要提供 E1 接口；对于 N×64kbit/s 进行复用和交叉连接，起到收集来自不同方向的 N×64kbit/s 电路，并把它们归并到适当方向的 E1 输出的作用，或者直接对 E1 进行交叉连接。2M 节点如图 10-8 所示。

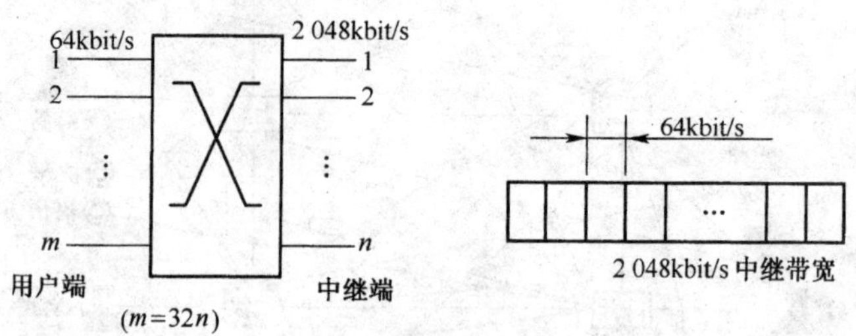


图 10-8　2 兆节点

②接入节点：主要为 DDN 各类业务提供接入功能。如 N×64kbit/s、2048kbit/s 数字通道的接 El；N×64kbit/s(N=1～31)的复用；小于 N×64kbit/s 子速率复用和交叉连接；帧中继业务用户接入和本地帧中继功能；压缩语音/G3 传真用户入网等。

③用户节点：主要为 DDN 用户入网提供接口，并进行必要的协议转换，包括小容量时分复用设备(包括压缩语音/G3 传真用户接口等)；LAN 通过帧中继互联的路由器等。用户节点也可以设置在用户处。

在实际组建时，可根据具体情况对上述类型进行划分。例如，把 2M 节点和接入节点归并为一类节点，或者把接入节点和用户节点归并为一类节点等。

(2)数字通道

由光纤或数字微波通信系统组成的传输网是 DDN 的建设基础，PCM 高次群设备和光缆的大量使用及 SDH 光同步传送网的建设，使 DDN 具有以数字传输网作为网络建设基础的条件。DDN 常用的 TDM 复用，如 2084kbit/s 数字电路复用帧结构，就是 PCM 的基群帧结构；DDN 的局间传输的数字信道通常是指电信数字传输系统中的低次群或高次群信道；DDN 向用户提供端到端的数字信道，它与在模拟信道上采用 Modem 来实现数据传输有很大的区别二数字通道应包括用户到网络的连接线路，即用户环路的传输也应该是数字的。

(3)网管中心

网管中心(NMC)采用分级管理，各级网管中心之间能互换管理和控制信息，网管中心可以查看网络的运行情况、线路利用情况、统计报告、节点告警和故障报告等，并及时反映到网管中心，以便实现统一的网管功能。NMC 还可以方便地进行网络结构和业务的配置等数字通道。

(4)用户接入

用户接入是指用户设备经用户环路与节点连接的方式及业务种类。用户接入可以是用户的网络接入单元(NAU)，单个或成对出现，或是节点直接与终端相连接的接 El；也可以是用户接入单元(UAU)或数据业务单元(DSU)，如调制解调器或基带传输设备，以及时分复用、语音/数字复用等设备。DSU 属于 UAU 的一种。

(5)用户环路

用户环路是指用户终端至本地局之间的传输系统。用户是如何接入 DDN 的呢？由于目前连接用户和 DDN 业务提供商的媒体主要是双绞线，用户接入主要采用 Modem 和 2B+D 线路终端设备，xDSL 设备也有所应用，PCM 是有条件大客户的另一选择。传输方式主要为以下 3 种：

①四线全双工基带传输。适用于距离较短或传输速率较高的情况。

②二线全双工基带传输。适用于距离 DDN 节点较远的用户。

③模拟专线方式。作为前两种方式的补充，尽量少用。

(6)用户设备

用户设备包括用户终端和连接线。用户端设备可以是局域网，通过路由器连至对端，也可以是一般的异步终端或图像设备，以及传真机、电传机、电话机、数据终端、个人计算机、用户交换机、LAN 的桥接机、路由器及视像等设备。

2. DDN 的特点

DDN 具有以下特点：

①DDN 是同步数据传输网，不具备交换功能。DDN 采用交叉连接装置，可以根据用户需要，定时接通所需的路由，具有极大的灵活性。

②传输速率高，网络时延小。由于 DDN 采用了同步转移模式的数字时分复用技术，用户数据在固定的时隙以预先设定的通道带宽和速率顺序传输，免去了目的终端对数据的重组，提高了速率，减小了时延。目前 DDN 可达到的最高传输速率为 155Mb/s，平均时延$\leqslant 450\mu s$。

③传输质量高。目前的 DDN 大量采用光缆传输，一般数字信号传输的误码率在 $10^{-6}$ 以下。

④DDN 为全透明网。DDN 是可以支持任何规程且不受约束的全透明网，对用户的技术要求较少，可满足数据、图像、声音等多种业务的需要。

### 10.2.2　DDN 的基本原理

DDN 基于同步时分复用基本原理实现，不需信令、编码，只需求网络同步。DDN 网管中心能与 DDN 节点交换信息，控制 DDN 节点的交叉连接及电路的自动调度等。

1. 节点的复用

(1)子速率复用

在 DDN 中，速率小于 64kbit/s 时称子速率，将各种子速率复用到 64kbit/s 数字信道上称子速率复用。子速率复用有多种标准，如原 CCITT 的 X. 50、X. 51、X. 58 建议等，其中 X. 50 最为常用。X. 50 建议帧结构为 8 比特包封帧结构，其中 S 比特用来区分传送的是信令信息还是用户信息，但 DDN 中没有信令，故将 S 比特作为帧长度调整比特。

(2)超速率复用

超速率复用是 DDN 经常采用的复用方式，即将多个低于 2048kbit/s 的支路复用到一条 2048kbit/s 的合路，从而使节点的业务范围扩大，如各种速率(N＝6384kbit/s，N＝12768kbit/s)的会议电视等。

2. 交叉连接

交叉连接是指对支路进行连接，DDN 上有子速率交叉连接，N×64kbit/s 交叉连接，也可以对 2048kbit/s 进行交叉连接。DDN 上可以根据节点的位置、规模，配置一种交叉连接，也可以配置多种交叉连接。DDN 节点中的交叉连接是以 64kbit/s 数字信号的 TDM 时隙进行交接的，DXC 通常采用单级时隙交换结构，由于没有中间交换，因而不存在中间阻塞路径。

3. DDN 的网管

我国的 DDN 骨干网的网络结构可分为一级干线网、二级干线网和本地网三级。DDN 的管理网与 DDN 的三级网结构相对应分为两级:全国网管理控制中心和省网管理控制中心。全国网管控制中心负责一级干线网的管理和控制,省网管控制中心负责本省、直辖市或自治区网络的管理和控制。对较大的本地网,可设 DDN 本地网网管中心。DDN 网管的主要功能应包括网络拓扑、配置和维护 3 个方面。

4. DDN 的同步

DDN 的网络同步是一个技术问题,要求全网时钟必须同步,否则无法实现电路的连续和数据的传输。用户入网同步,尽量安排用户使用网络提供的定时,如用户不能使用网络提供的时钟,DDN 节点应在用户接口处插入缓冲存储器,用于减少由于双方定时偏差而引起的滑动。

5. DDN 的网络结构

我国于 1994 年开始组建的公用数字数据网(CHINADDN),到 1996 年年底,已覆盖到 2100 个县级以上城市,端口总数达 18 万个。

(1)按地理区域划分

CHINADDN 按地理区域划分为国家骨干网、省 DDN 和本地网。

①国家骨干网。由设置在各省、自治区、直辖市的网络设备组成,提供省间的长途 DDN 业务,网络设置在省中心城市。

②省 DDN。由设置在各省、自治区、直辖市的网络设备组成,提供本省内的长途和出入省的 DDN 业务,一般设置在地级市。

③本地网。是 DDN 的末端网络,为本地用户提供本地和长途的 DDN 业务,设置在市话局内,是经营部门与客户的纽带。

(2)按功能层次划分

CHINADDN 按功能可划分为核心层、接入层和用户接入层。

①核心层:由大、中容量网络设备组成,用 2084kbit/s 或更高速率的数字电路相连。

②接入层:由中、小容量网络设备组成,用 2048kbit/s 的数字电路与核心层相连,并为各类 DDN 业务提供接入。

③用户接入层:由各种复用设备、网桥、路由器、帧中继业务的帧装/拆等设备组成,也可以在用户接入层设置小容量网络设备组,提供子速率复用、模拟语音等业务的接入。

### 10.2.3 DDN 的应用及发展

1. DDN 的应用

(1)公用 DDN 的应用

DDN 可向用户提供速率在一定范围内可选的同步、异步传输或半固定连接端到端的数字数据信道。其中,同步传输速率为 600bit/s～64kbit/s:异步传输速率用得较多的有 19.2kbit/s、56kbit/s 等;半固定连接是指其信道为非交换型,由网络管理人员在计算机上用命令对数字交叉连接设备进行操作。

(2)提供数据传输信道

目前,DDN 可为公用数据交换网、各种专用网、无线寻呼系统、可视图文系统、高速数据传真、会议电视、ISDN(2B+D 信道或 30B+D 信道)以及邮政储汇计算机网络等提供中继或用户数据信道。可为企业或办事处提供到其他国家或地区的租用专线。租用一条 DDN 国际专线，采用新的压缩技术，可以灵活地将 64kbit/s 划分为 2.4kbit/s(传送电报)、8kbit/s(传送电话)、9.6kbit/s(计算机联网)，且具有定时开放能力，即在约定的时间接通或拆除客户租用的数据电话，对客户而言更经济合理。

(3)网间连接的应用

DDN 可为帧中继、虚拟专用网、LAN 以及不同类型网络的互联提供网间连接；利用 DDN 实现大用户(如银行)局域网联网；可以使 DDN 网络平台成为一个多业务平台。

由于 DDN 独立于电话网，所以可使用 DDN 作为集中操作维护的传输手段。不论交换机处于何种状态，它均能有效地将信息送到操作维护中心。

(4)其他方面的应用

除了目前已有的帧中继延伸业务和语音交换、G3 传真业务外，还要采用最先进的设备和技术不断改造和完善 DDN，引入传输与接入、传输与交换等方面的变革，产生出具有交换型虚电路的 DDN 设备，积极地开展增值网服务，如数据库检索、可视图文等服务。

2. DDN 的发展

网络规模的扩大让 DDN 技术逐渐暴露出自身难以克服的问题，如 DDN 设备为用户提供的速率较低；DDN 所采用的 TDM 技术不能满足数据业务的突发性要求，中继带宽普遍不足，且无论使用与否，带宽时隙始终占用，中继电路利用率低等。可以看出，现在的 DDN 实际上已无法适应今后宽带多业务的发展需求。特别是多媒体通信的应用正在普及，电子商务(e-Business)、视频点播(IPTV)、IP 电话(IP Phone)电子购物等新应用正在推广，这些应用对网络的带宽、时延、传输质量等提出更高的要求。DDN 独享资源，传输信道专用将会造成一部分网络资源的浪费，且对于这些新技术的进一步应用，又会受到带宽太窄的限制。

要求 DDN 网络技术要不断地向宽带综合业务数字网方向发展，现有 DDN 的功能应逐步予以增强；由简单的电路或端口出租型向信息传递服务转变；为用户提供按需分配带宽的能力；为适应多种业务通信与提高信道利用率，应考虑统计复用；提高网管系统的开放性及用户与网络的交互作用能力；可以采用提高中继速率的办法，提高目前节点之间 2Mbit/s 的中继速率；相应的用户接入层速率也要大大提高，以适应新技术在 DDN 中的高带宽应用。这样，DDN 才能在现代宽带网络中继续发挥作用。随着经济的发展、计算机的普及，CHINADDN 已成为国民经济信息化的主要通信平台之一。

## 10.3　帧中继网(FRN)

### 10.3.1　帧中继概述

1. 帧中继概念

帧中继是快速分组技术帧方式的一种，是分组技术的升级技术。快速分组交换(FPS，Fast Packet Switching)的目标是通过简化通信协议来减少中间节点对分组的处理，发展高速的分组交换机，以获得高的分组吞吐量和小的分组传输时延，适应当前高速传输的需要。帧方式是在开放系统互连(OSI)参考模型的第二层(即数据链路层)上使用简化的方法传送和交换数据单元的一种方式。由于数据链路层数据单元一般称为帧，故这种方式称为帧方式。

2. 帧中继出现的原因

帧中继的提出基于以下几个原因：

①光纤信道已被大量使用。光纤传输线路具有容量大(速率高达几 Gb/s)、质量高(误码率低于 $10^{-11}$)的特点，这使得分组交换网络中节点交换机的差错控制显得多余。光纤信道中偶尔出现的错误可通过终端纠正。

②用户终端的智能化。用户终端智能化程度的不断提高，使得终端处理能力大大增强，从而可把分组交换网中由节点交换机完成的流量控制<纠错等功能交给终端去完成。

③用户量及用户传送的信息剧增。当前，用户终端不断快速增长，用户所发送的信息(如电子邮件、访问远程数据库以及视频会议等)也不断增加。如果仍使用分组交换网，会使传输效率低，网络时延大，吞吐量小，传输成本高。

为了给用户提供高质量、低成本的数据传输业务，在 20 世纪 80 年代末、90 年代初提出了帧中继(FR,Frame Relay)技术。帧中继简化了分组交换网中分组交换机的功能，从而可降低传输时延，节省开销，提高信息传输效率。

帧方式包括帧交换和帧中继两种类型。帧中继交换机只进行检测，但不纠错，而且省去流量控制等功能，这些均由终端完成；帧交换保留有差错控制和流量控制的功能。帧中继比帧交换更简化，传输效率更高，所以帧中继技术得到广泛应用。

3. 帧中继的特点

帧中继的主要特点如下。

(1)高效性

帧中继的高效性主要表现在高带宽利用率、高传输速率和网络时延小上。采用帧中继的网络，使用统计时分复用向用户提供共享资源，并简化了中间节点交换的协议处理，因而有高效性。

(2)经济性

由于帧中继技术可以有效地利用网络资源，从网络运营者的角度出发，可以经济地将网络空闲资源分配给用户使用，也即允许用户在网络资源空闲时超过预定值，占用更多的带宽，共享资源，而只需付预定带宽的费用。

(3)高可靠性

实现帧中继的基础是高质量的线路和智能化的终端。前者保证了数据传输中的低误码率，后者使少量的错误得以纠正。因此，帧中继具有高可靠性。

(4)灵活性

帧中继的灵活性表现三个方面：

①帧中继网组建简单，实现起来灵活、简便。这是由于帧中继的协议十分简单，只要将现在数据网的硬件设备稍加修改，同时进行软件升级就可实现帧中继网的组建。

②帧中继网络可为接入该网的用户所要传送的多种业务类型提供共同的网络传输能力，并对高层协议保持透明。这样，用户就不必担心协议不兼容，不必担心帧中继网的接入问题。

③帧中继具有长远性。从长远发展来看，另一种快速分组交换技术——ATM 适合承担高速宽带网的骨干部分，对于普通用户来说，使用帧中继网作为宽带业务的接入网是经济、有效的。

帧中继技术适用于三种情况。首先，当用户需要数据通信时，其带宽要求为64kHz～2MHz，而当参与通信的用户多于两个时，使用帧中继是一种较好的解决方案；其次，当通信距离较远时应优先选用帧中继，因为帧中继网络的高效性使用户可以享有较好的经济性；最后，当数据业务为突发性业务时，由于帧中继具有动态分配带宽的功能，选用帧中继可以有效地处理突发性数据。

### 10.3.2　帧中继网络结构

帧中继业务是在用户—网络接口(UNI)之间提供用户信息流的双向传送，并保持原顺序不变的一种承载业务。用户信息流以帧为单位在网内传送，UNI 以虚电路连接，对用户信息流进行统计复用。

典型的帧中继网络结构如图 10-9 所示，它支持各类用户的接入，包括在用户侧的 T1/E1 复用设备、路由器、前端处理机、帧中继接入设备等，有时也称这些设备为室内用户设备(CPE)。网内设备专用于帧中继业务的帧中继节点。

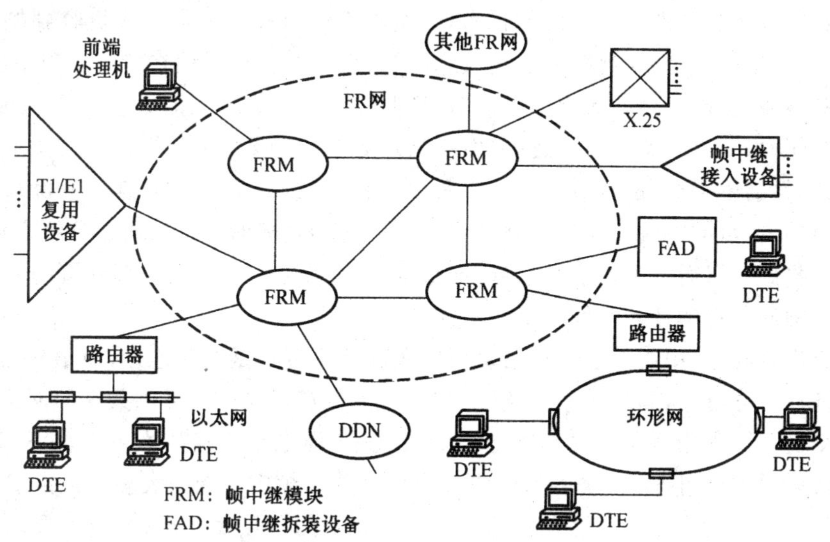


图 10-9　典型的帧中继网络

帧中继业务有两类：一类是具有 CCITT Q.922“帧方式承载业务 ISDN 数据链路层规范”接口的用户，称为帧中继用户；另一类是不具有 Q.922 接口的用户，称为非帧中继用户。帧中继用户可直接与 FRM 连接，非帧中继用户必须经帧中继拆装单元(FAD)及协议转换后才能与 FRM 相连。FRM 执行帧中继功能，即按照帧中继路由表和每个帧的帧头中数据链路连接标识符存储转发帧。由于 FRM 与 FAD 之间的专用电路可以独立于 DDN 节点和网络拓扑，所以可把帧中继业务看作是在专用电路上的增值业务和独立的帧中继网络(增值网络)。

帧中继业务主要作为一种承载业务应用在 WAN 中，支持多种数据型用户业务。可以通过在 DDN 节点内引入帧中继模块(FRM)来提供帧中继业务。根据帧中继业务的需求，可选择在某些 DDN 节点内设置 FRM，利用专线电路连通 FRM，所配置的专线电路专供帧中继业务使用。用户以一条专线接入 DDN 可以同时与多个点建立帧中继电路(PVC)，帧中继有一套专用的通信协议。所以，在这种情况下帧中继业务是由建立在 DDN 之上，逻辑上又独立于 DDN 的帧中继业务网络来提供的，可以认为 DDN 上存在一个虚拟的帧中继网络。这时帧中继用户的入网速率为 9.6～2048kbit/s，即 9.6kbit/s，14.4kbit/s，16kbit/s，19.2kbit/s，32kbit/s，48kbit/s，N×64kbit/s(N=1～32 可选)。

在以后的发展中，帧中继应作为一个业务网而独立存在，采用三级网络结构。其中，一级骨干网由设置在各省中心、自治区和直辖市的帧中继节点构成，一般枢纽节点间应采用全网状态连接；二级干线网由设置在省内的节点组成，主要疏通省内的帧中继业务量。当然，一些发达地区的大城市也有可能组建省级网以下的第三级帧中继网络。帧中继应设置全国和各省两级网络管理控制中心(NMC)，以对本节点的配置、运行状态和业务情况进行监视和控制。

帧中继网主要满足传输速率为 64kbit/s～45Mbit/s 的通信需求。它将作为 CHINAPAC、CHINANET 等的中继汇接、高速数据用户互联，满足医疗、设计、远程教学、服务及多媒体等宽带业务的需求。帧中继网要实现与分组网、DDN 和 CHINANET 之间的互联互通，以提供全国范围的端到端帧中继业务。

### 10.3.3 帧中继的工作原理

帧中继是一种减少节点处理时间的技术，其基本工作原理是节点交换机收到帧的目的地址后立即转发，无需等待收到整个帧并进行相应处理后再转发。如果帧在传输过程中出现差错，当节点检测到差错时，可能该帧的大部分已被转发到了下一个节点。解决这个问题的办法是当检测到该帧有误码时，节点立即终止传送，并发一指示到下一节点，下一节点接到指示后立即终止传输，并将该帧从网中丢弃，请求重发。可以看出，帧中继方式的中间节点交换机只转发帧而不回送确认帧，只有在目的终端交换机收到一帧后才回送端到端的确认。而在分组交换方式中，每一节点交换机收到一组后要回送确认信号，而目的终端收到一组后回送端到端的确认。所以该帧中继减少了中间节点的处理时间。

与分组交换相同，帧中继传送数据信息所使用的传输链路是逻辑连接，而不是物理连接。帧中继也采用统计时分复用，动态分布带宽(即按需分配带宽)，向用户提供共享的网络资源。帧中继也与分组交换一样采用面向连接的虚电路交换技术，虚电路交换技术可提供 SVC(交换虚电路)业务和 PVC(永久虚电路)业务。目前世界上已建成的帧中继网络大多只提供 PVC 业务。

帧中继网络应包含具有帧中继方式的用户终端和中间节点要实现帧中继，要求用户设备必须有高智能、高处理速度，另外还要有优质的线路条件。

### 10.3.4 帧中继操作

帧中继传输是基于永久虚电路(PVC)连接的。虚电路在其他标准中是在网络层实现的，而在帧中继中的虚电路是在数据链路层通过使用数据链路连接标识符(DLIC)实现的。DLIC 标识了在系统安装时设置的永久虚电路，它在指定站点之间的所有通信都沿着同样的路径进行。

1. 中继

(1)承诺信息速率(CIR)

帧中继网络适合为具有大量突发数据(如 LAN)的用户提供服务，并使用户交纳的通信费用将大大低于专线。帧中继网络通过确定用户进网的速率及有关参数对全网的带宽进行控制和管理，其中承诺信息速率(CIR)是一个传送速率的门限值，它是一个灵活的参数，网络运营者可以根据 CIR 针对不同的网络应用制定出多种不同的收费方式。所谓 CIR 是一种特定逻辑连接的传输速率，帧中继通常为每一个 PVC 指定一个 CIR，CIR 不应超过 PVC 两端中速率较低一端的速率。

(2)永久虚电路(PVC)和数据链路标识符(DLIC)寻址

在帧中继中，DLIC 包含于帧的地址字段中，其实质是附加在帧上的一种标记。当帧通过网络时,DLIC可以改变。因此,DLIC通常具有本地意义。如图10-10为PVC与DLIC组合实现寻址的示意图。从图中可以看出:DLIC的作用与X.25的逻辑信道号(LCN)的作用相似,帧中继由多段DLIC的链接构成端到端的虚电路。图中终端A—终端B和终端A—终端C间的两条永久虚电路分别由各段的DLIC构成,即35—45—55—65和40—50—60。

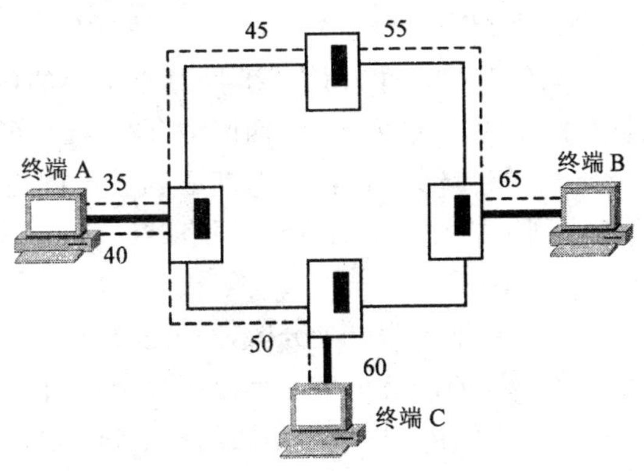


图10-10　帧中继的PVC和DLIC

图10-10也表明,从终端A到B总是经过同样的节点,若网络知道目的地址,该地址中同时包含了路由信息。通过使用PVC,原来由网络层实现的交换和路由功能现在可以由数据链路层实现。

2.交换

帧中继交换机只有两个功能。当收到一个帧时,交换机通过FCS进行校验,使用CRC检查它的错误。若帧是完整的,交换机将DLIC和交换机中的表项进行对比。该表项将查找DLIC对应的交换机输出端口,也就是对应的PVC。如图10-11为帧中继交换机中的表项。若该帧正确,交换机于是将该帧通过次端口发送出去;若该帧中出现了错误,交换机将丢弃它。

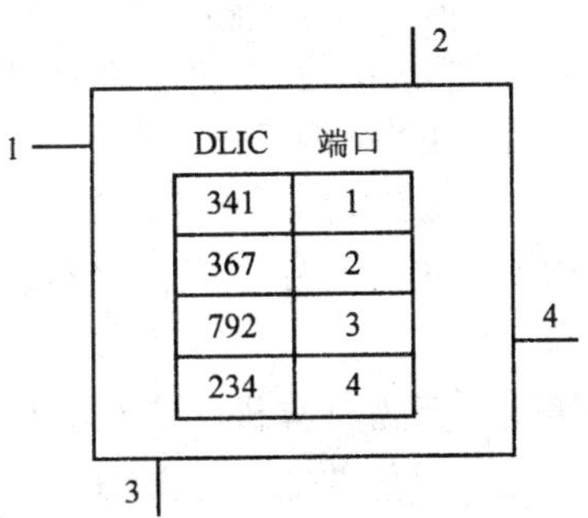


| DLIC | 端口 |
|---|---|
| 341 | 1 |
| 367 | 2 |
| 792 | 3 |
| 234 | 4 |

图10-11　帧中继交换机

若一个帧被丢掉发送者如何发现?帧中继将这些问题留给发送方的传输层来解决。发送方不需要知道一帧在何时、何地被丢弃,它所需要知道的仅仅是某一帧没有到达目的地。在接收方,传输层检查传输的完整性,若丢失了信息,它将要求该部分信息重传。在帧中继中,交换机的任务主要是检查差错但不纠正差错,同时按照预先设定好的路径发送帧。

### 10.3.5　帧中继的应用

帧中继技术作为一种新的通信手段为用户提供了优良的数据传送性能,因而帧中继业务的应用十分广泛。

(1)局域网互联

利用帧中继进行局域网互联是帧中继最典型的一种应用。目前已建成的帧中继网络中,局域网用户数量占90%以上。

(2)用帧中继连接X.25公用分组交换网

帧中继网络具有高吞吐量低延迟的特性,而X.25网具有很高的纠错能力以及对各种通信规程、各种速率的终端、主机和网络的适应能力。将两网结合在一起,可以发挥各自的优点,可以获得最佳的效果。在具有高质量的光纤传输网络下,建立帧中继网络,作为X.25网的中继网(或骨干网),将会大大提高整个网络的吞吐能力,降低网络时延。

(3)组建虚拟专用网(VPN)

帧中继可以将网络上的部分节点划分为一个分区,并设置相对独立的网络管理,对分区内的数据流量及各种资源进行管理。分区内的各节点共享分区内资源,它们之间的数据处理相对独立,这种分区结构就是虚拟专用网。虚拟专用网对集团用户十分有利,采用虚拟专用网较组建一个实际的专用网要经济合算。

## 10.4 综合业务数据网(ISDN)

### 10.4.1 ISDN的基本概念

1. 发展ISDN的必要性

ISDN的发展是与社会经济和文化的发展分不开的。原有的网络往往不能满足使用新技术和提供新业务的需要。解决这一问题的途径,一是利用原有网络开放新业务,二是开发新的网络。前者往往受旧网络体制制约,使新业务在传输速率和经济上受到限制,为了克服这种限制,需要建设新的网络,而现在一系列新的业务网纷纷诞生,如计算机网、各种速率的电路交换数据网、分组数据网以及各类专用网等。然而多种网络的兴起又给用户和通信经营者带来诸多新的问题。网络多、设备多、接口种类多、规范多等问题对使用与经营管理都带来了很多不便,独立网络各自的接入方式也很不经济。因此提出建立一个提供多种综合业务的网络,即ISDN。ISDN发展的必要性可以归纳为以下几点:

数字型非话业务迅速发展的需要。随着计算机的广泛应用,办公自动化和商业活动信息化的发展,用户对除电话、电报等传统业务以外的非话业务需求日益增多,业务比重日益增大。这些非话业务,如可视图文、电子信箱、数据、传真等均为数字信号,要求电信网直接提供端到端的数字连接。

用户线数字化的需要。数字网已不能满足用户需要,因为用户网没有数字化,数字信号需采用调制解调器将数字信号载荷到模拟信号上,再将模拟信号转换为数字信号,用数字网传输,在数据业务量不大的情况下是可行的,但在数据业务量较大时,会造成很大的浪费。

各专用网互连的需要。随着经济的快速发展,各企业和公共基础设施更加需要有效的通信手段来建立多点之间的远程连接,例如连锁店之间的通信以及多个专用局域网之间的通信。

分别发展各种非话业务专业网是不经济的,由于非话业务种类繁多,有些非话业务的量并不大,专业网的电路利用率不高。如果采用专业网,当一个用户有多种非话业务时,该用户不仅必须分别入网，而且不能充分利用占投资比重很大的电话用户线。

ISDN 的国际标准和实施技术已经成熟。目前已经具有了广泛的 ISDN 标准化产品选择，包括 ISDN 交换机、用户交换机、各类 ISDN 终端、适配器、适配卡以及各种可在 ISDN 环境下使用的应用软件。竞争环境的需要。其他运营公司和专用网络开始提供 ISDN 业务，首先为一些大用户提供基本的 ISDN 业务。

2. ISDN 的业务功能

ISDN 可实现网络业务功能主要有：中、高速专用线功能；中、高速电路交换功能；64Kb/s 的专线功能；64Kb/s 的电路交换功能；分组交换功能；实现传送用户到用户的公共信道信号功能，一般是采用 7 号信号系统；用户线交换功能。

64Kb/s 电路交换连接的功能是 ISDN 的基本功能。此外它还有 384Kb/s 的中速电路交换功能以及大于 2Mb/s 的高速电路交换功能。ISDN 的主要用户是企业和机关团体，利用从电信部门租用的专线，把分散在各地的专用小交换机(PBX)相互连接起来，构成本单位的专用网。随着宽带 ISDN 的出现，在实现以因特网和计算机数据接入方式上将提供理想的宽带互联技术。

3. ISDN 业务具有的特点

(1)综合性

ISDN 用户只需接入一个网络，就可进行不同方式的通信业务。用户在接口上可附接多个通信终端。

(2)多路性

一条 ISDN 至少提供两路传输通道，用户可同时使用两种以上方式的通信业务。

(3)高速率

ISDN 业务能够提供比普通市内电话高出几倍的通信速度，最高可以达到 128Kb/s，为用户上网、传输数据和使用可视电话提供了方便。

(4)方便性

ISDN 可提供许多普通电话无法实现的附加业务，如来电号码显示、限制对方来电、多用户号码等。

### 10.4.2　ISDN 用户/网络接口技术

ISDN 用户/网络接口的作用是使用户和网路相互交换信息。ITU(原 CCITT)制定的 ISDN 用户/网络接口国际标准，统一规定了用户终端设备与网路连接的条件，以及实现连接的用户/网络接口设备和接口标准，它是支持 ISDN 各种业务发展的重要技术之一。这种接口设备可视为各种终端接入网路的通用“插座”，用户终端通过该接口进网即可实现综合多种业务的通信。

ISDN 用户/网络接口中有两个重要因素，即通路类型和接口结构。

1. 通路类型

通路表示接口信息传送能力。通路根据速率、信息性质以及容量可以分成几种类型，称为通路类型。通路类型的组合称为接口结构，它规定了在该结构上最大的数字信息传送能力。

通路是提供业务用的具有标准传输速率的传输信道。在对承载业务进行标准化的同时，需要相应地对用户网络接口上的通路加以标准化。通路有两种主要类型，一种类型是信息通路，为用户传送各种信息流；另一种是信令通路，它是为了进行呼叫控制而传送的信令信息。在用户网络接口处向用户提供的通路有：B 通路、D 通路、$H_0$ 通路、$H_{11}$ 通路、$H_{12}$ 通路。

目前使用最普遍的是B通路，它可以利用已经和正在形成中的64Kb/s交换网络传递语音、数据等各类信息，还可以作为用户接入分组数据业务的入口信道。

2. 接口结构

标准化的ISDN用户网络接口有两类，一类是基本速率接口，另一类是基群速率接口。

(1)基本接口

基本接口是将现有电话网的普通用户线作为ISDN用户线而规定的接口，它是ISDN最常用和最基本的用户网络接口，由两个B通路和一个D通路(2B+D)构成。B通路的速率为64Kb/s,D通路的速率的16Kb/s。所以，用户可以利用的最高信息传递的速率是64×2+16=144Kb/s。

基本速率接口的传输速度为192Kb/s,B信道属清晰信道的连接方式，其主要功能是通过电路交换、分组交换和专线等方式，传送数字化语音、数字或影像信息服务。D信道则是用来载送共同信道信号，以控制在B信道中传送的信息，及其他如同步信号等辨识信号等。

(2)基群速率接口

基群速率接口传输的速率与PCM的基群相同，由于国际上有两种规格的PCM即1.544Mb/s和2.048Mb/s，所以ISDN用户网络接口也有两种速率。

基群速率用户网络接口的结构是*n*b+D。*n*的数值对应于2.048Mb/s和1.544Mb/s的基群，分别为30或23路，B通路和D通路的速率都是64Kb/s。这种接口结构，主要面向设有PBX或专用通信网单位等业务量需求大的用户。在这种情况下，一个基群速率的接口可能不够使用，可以多装用几个基群速率的用户网络接口，以增加通路数量。在多个基群速率接口时，不必在每个一次基群接口上都分别设置接口通路，而可以让*n*个接口合用一个D通路。

### 10.4.3 ISDN上提供的服务

ISDN上提供的服务如下：

(1)POTS—传统电话服务

现有的电话网络用来提供传真、语音和模拟式调制解调器的电信服务。

(2)按需分配带宽(BOD)

按需分配带宽(BOD)即Bandwidth－On－Demand，也就是可以根据网络需求自增加或断开一个B信道。当建立一个ISDN连接时，BOD通过合并所有B信道来实现。类似多链路PPP连接的软件技术(也称“捆绑”)，提供在数据通信领域更流行的方案。ISDN终端设备自动侦测网络带宽的利用情况，当用户在阅读下载的网页，或进行少量数据交换时，自动断开第二个B通道，当用户要使用最大带宽，如下载一个较大的文件，又能自动将第二个B通道连上。

(3)呼叫碰撞

当两个B通道都用来上网时，外来语音电话，会自动释放一个B通道来收听来电。既能享受128Kb/s的带宽，又不影响接听电话。

(4)线路保持(Short—hold)模式

如果在一段预订的时间内没有数据传输，ISDN线路能够自动断开。由于能够在极短的时间内重新建立ISDN线路的连接，用户察觉不到任何延迟。

(5)虚拟IP地址(Spoofing)

一种减少基于ISDN连接的局域网传输流量的专业术语。能够减少连接时间从而减少开销，就好像虚拟的链路，通过线路保持模式连接，能够防止线路在不用时仍保持连接。

(6)CAPI—通信应用程序接口

CAPI 是一种标准的 API,允许应用程序来控制 ISDN 的接口。CAPI 2.0 提供扩展功能,CAPI 1.1 基于德国 1TR6 标准。

(7)串行口仿真

通过这种功能能够实现应用程序与 ISDN 设备的会话,如同调制解调器使用的 AT 命令集。

(8)ISDN 上的调制解调器仿真

提供 ISDN 设备到调制解调器连接和“会话”的能力,在 ISDN 上使用调制解调器能够理解的模拟信号。

(9)RAS—远程访问服务

微软公司的一种实用工具用来实现一个远程设备通过拨号线路连接到中央服务器。RAS 支持通过拨号链路实现 IPX、TCP/IP 和 NetBEUI 连接。在 Windows 95 下集成为远程网络访问(RNA)或拨号网络(DUN)。

### 10.4.4　ISDN 的应用

1. ISDN 在电视会议和远端教学、远程医疗的应用

(1)在电视会议中的应用

普通电视会议系统提供两个以上异地用户的声频和视频连接,用户间可进行直观的、面对面的信息交流和讨论。ISDN 电视会议系统能为两个以上的异地用户建立话音桥路和数据桥路,使用户既可以进行面对面的信息交流,又可以利用数据会议的通信功能共同阅览、编辑同一个文件,共享图形、报表、文字处理文档等数据信息。数据会议功能的实现只需在每个会议成员的终端上预先装入 ISDN 会议软件即可。由于 ISDN 具有标准的接口和灵活接入的特点,故在组织电视会议时只需用拨号方式即可灵活、方便地将世界各地的用户连接起来。

(2)ISDN 在家庭中的应用。

居家办公需要经常从各类信息库中提取最新信息和应用程序,并将工作结果以计算机文件的形式传至公司和相关计算机系统,这就要在家庭计算机终端与远端的主机(或局域网、服务器)之间能建立高速通信连接。ISDN 应用于居家办公除了能提供 128Kb/s 的高速数据外,还能提供灵活的远程局域网的访问。一对 ISDN 线可同时提供 8 个终端使用,所以在一对 ISDN 线上除了连接 ISDN 数字话机外,还可通过 ISDN 终端适配器连接几台计算机终端、模拟话机、传真机和 Modem。此外,利用 ISDN 的主叫号码识别功能,在计算机终端上进行一定的编程,可对呼入的电话实现有选择的接入,确保计算机终端间的通信安全、可靠、实效。

(3)ISDN 在桌面系统、远端教学、远程医疗的应用

ISDN 应用于计算机桌面系统,使两个以上的用户通过端到端的数字连接进行可视文件、图像和数据图表的信息交换。尤为重要的是可进行交互式的通信,使得信息交换如同面对面的通信,特别适用于办公地点分散的公司和企业,将声频和视频技术加入教学过程,通过能够实时交互作用的 ISDN 技术将不同地理位置的学生与老师联系在一起。通过 ISDN 在医院之间建立高速的数字通信连接,确保医院间快速传送医疗文件诊病救人。所有远端的医生可以连到医疗技术中心,随时可就任何一个医疗项目请教专家或共享医疗信息资源,通过 ISDN 也可传送病人的 X 光片和病历等,帮助专家从远端对病情做出诊断。

2. 局域网应用

局域网(LAN)是一种在小区域内提供各类数据通信设备互连的通信网络，现已广泛应用于各大公司和商业，银行系统，其技术上的典型特征是数据传输速率高、性能好。但LAN用户越来越迫切希望局域网有与公用网相接的出口，使通信不局限于一个局域网的内部，能实行局域网间的相互连接，并为远程登录的用户提供高速率、高质量的优质服务。ISDN依据PRI和BRI的接口能力为用户实现灵活的端到端的数字连接，主要实现以下两个功能。

(1)局域网的扩展和互连

ISDN特性使带宽可以动态分配，可提供多个远程局域网系统的互连并组成Internet。ISDN可以在用户需要通信时建立高速、可靠的数字连接，取代局域网间的租用线路，从而大大节省了费用。ISDN还能够使主机或网络端口分享多个设备的接入。此外，本地的局域网还可以与异地的多个局域网一起构成一个虚拟网络，使得位于不同地区的局域网成为一个大型网络。局域网中的终端可以通过ISDN成为本地局域网的延伸或扩展，共享应用软件和数据库信息。

(2)提供远程局域网访问

由于ISDN提供了BIR(2个64Kb/s数字信道)和PRI(2Mb/s)接口，以电路交换方式提供用户端到端的数字连接，因而使得ISDN用户(2B＋D终端)可以很方便地实现远程局域网的访问，扩大了局域网资源(文件服务器、通信服务器、打印机、数据库等)的共享性。

3. 利用ISDN实现视像信息服务

目前，我国利用电话网的语音特性，开展了许多语音信息咨询服务业务。人们熟知如168、160等语音信息业务。利用ISDN的图像处理功能，通过建立图像信息库，可实现视频信息咨询服务。

4. 建立ISP平台

随着计算机网络的迅猛发展和因特网的普及，网上交易、网上支付、网上交流等新型的电子交易方式受到普遍重视。通过ISDN路由器可很方便地建立ISP平台，提供灵活、方便、高速的端至端的数字连接。通过家庭ISDN终端可直观地查询商务行情、查看商品质量的特色。随着现代技术的发展，人们可在电表、水表、煤气表前装上相关接口设备，由远端的计算机读表系统通过ISDN的D信道收集各类读表数据，而不影响用户正常的B信道的通信。

5. ISDN商业零售点(POS)的应用

采用ISDN提高商业零售连锁店经营效率，即POS(Point of Sales Service)，主要用ISDN网路传送各种销售数据、库存和发货情况，分析市场动态，检查商业广告效果等。

POS应用也可以提供各类卡(信用卡等)的服务。POS业务可以使远地终端通过ISDN连接访问中央计算机，实现信用卡核实、供贷卡核查、医疗保险的索赔处理、银行自动取款系统、自动售票和电子转账单位。

### 10.4.5 ISDN的发展前景

1. B-ISDN发展方向

宽带综合业务数字网(B-ISDN)指能综合支持多种业务的宽带数字网络。B-ISDN的网络设施主要有宽带交换机、数字交叉联接设备和保护切换设备。在传输线路上，由于传速速率极高，传统的铜线已不能满足要求，只有光缆才能实现宽带业务信息的传输。实现B-ISDN的关键在于宽带交换技术。从目前发展来看，光交换技术和ATM技术是实现B-ISDN的主要技术。

ATM 交换是一种具有分段和重装配功能的快速分组信元交换，能够把不同种类(语音、数据、图像)、不同速率(低速、高速)、不同性质(突发性、连续性)及不同性能要求(时延、误码)等信息分割，装拆成等长的信元来传送，并能根据需要动态地分配有效容量，大大提高了频带利用率和信息装拆的灵活性。ATM 技术可以广泛应用于桌面系统网络、骨干网和广域网中，ATM 除具备交换式局域网的全部优点外，还有网络带宽可以调节、预置和即时申请，极好的网络性能，以及完美的局域网到广域网的连接方式，由于简化了网络管理，投资成本降低等优点。

从局域网开始推广，是我国 B-ISDN 市场启动的着眼点。我国大部分省(区、市)已开始建设大容量、高速率的 2.5Gb/s 光纤传输系统，B-ISDN 及 ATM 宽带交换系统正在进行网上试验。随着帧中继业务需求的增长，更多的省市开始利用 ATM 交换机实现宽带网以支持帧中继商用，同时在网上开展多媒体业务和 B-ISDN 网络技术的试验。在初始阶段，B-ISDN 网络应具备帧中继能力、SMDS 及 SONET/SDH 传输能力。ATM 设备先以重叠网络的形式部署，在现有网络上增加宽带应用和业务。因此，N-ISDN/B-ISDN 的互联便成为通信发展进程中急需解决的一个重要课题。传统的信息网络传输主要采用电路交换和分组交换，电路交换的不足是宽带的严重浪费；分组交换的短处是系统延时的不确定性，无法支持实时业务。为了适应新业务的发展，一种结合电路交换和分组交换技术优点的传输方式，异步转移模式(ATM)开发成功，实现了在一个单一的主体网络上携带各种多媒体通信业务，进行多种通信。

2. N-ISDN 加快应用

近几年，随着用户对 Internet 接入和对较高带宽业务需求的增长，N-ISDN 市场出现转机，用户数量直线上升。

3. 三网融合扩展了 ISDN 业务功能

电信网、计算机通信网和广播电视网的融合，对 ISDN 业务综合扩展的功能，它不仅要求考虑各种网络服务的统一，还要同时考虑网络提供者与服务提供者的统一。三网融合发展趋势也将进一步拓展 ISDN 终端的业务功能。

NISDN(一线通)用户可以通过 NISDN 的 2B+D 接口以 128Kb/s 的速率接入N-ISDN交换机，以 2Mb/s (30B+D)的速度或帧中继方式接入 Internet 路由器，进入 Internet。N-ISDN的数字接入技术是目前各种接入技术应用最为广泛、技术性强、经济方便的解决方法，N- ISDN能够向用户提供高速、经济、有效的接入手段。因为对用户而言只需一个标准的接口，就能够得到综合服务，如图 10-12 所示。

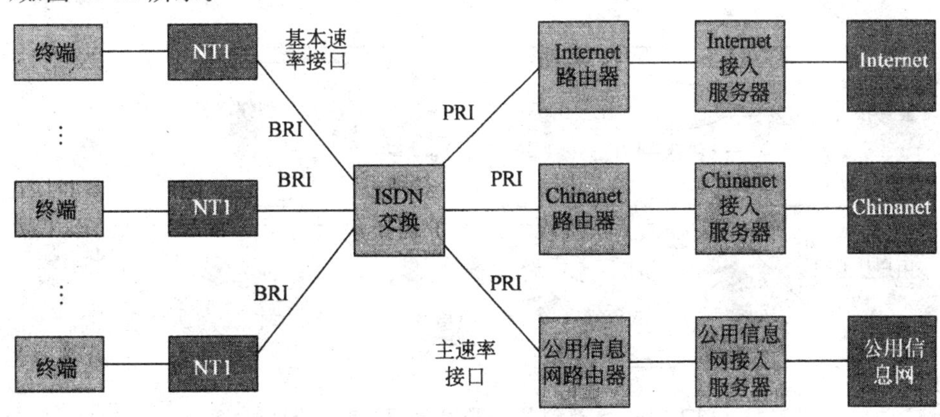


图 10-12　ISDN 接入 Internet

根据 ITU-T 的建设,B-ISDN 的业务主要包括交互型业务(会议型业务、电子信箱型业务、检索型业务)以及分配型业务。目前,在 ATM 网上的试验及推广的业务主要包括:会议电视、计算机网间互联、视频点播、高清晰度电视、高速图像传送、信息数据库访问、远程教学、远程医疗等,主要侧重于高质量的视频图像传输,B-ISDN 业务平台示意图如图 10-13 所示。

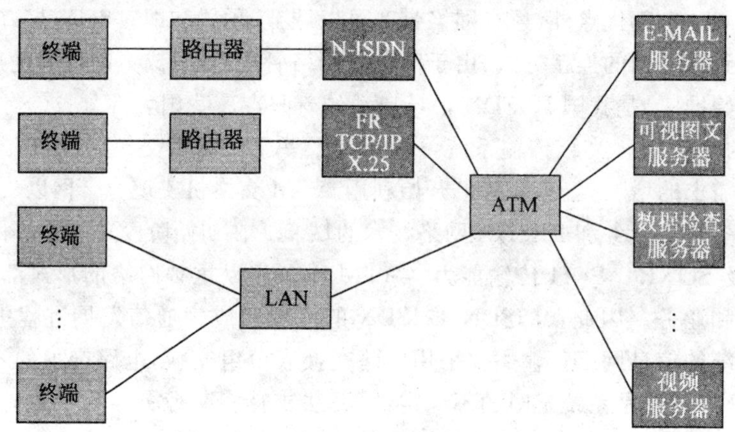


**图 10-13　B-ISDN 业务平台示意图**

与 N-ISDN 相比,B-ISDN 更加适合于高速数据和图像等多媒体信息的传送。N-ISDN 主要用于 2Mb/s 以下的业务,而 B-ISDN 能够提供 150Mb/s 的传输速率,因而特别适合于高质量高速数据的传送,使电信网与计算机网、电视网实现融合,从而成为骨干网络。

图 10-14 表示一种未来的 B-ISDN 传输与交换网络结构。从这个模型中我们可以看到未来的 B-ISDN 网络将分成三级或四级逻辑层次结构,分别为用户基地网(CPN)、业务接入网(Service Access Network)、信息传送网或叫中继网(Trunk Network)以及国家或地区骨干网。但是,

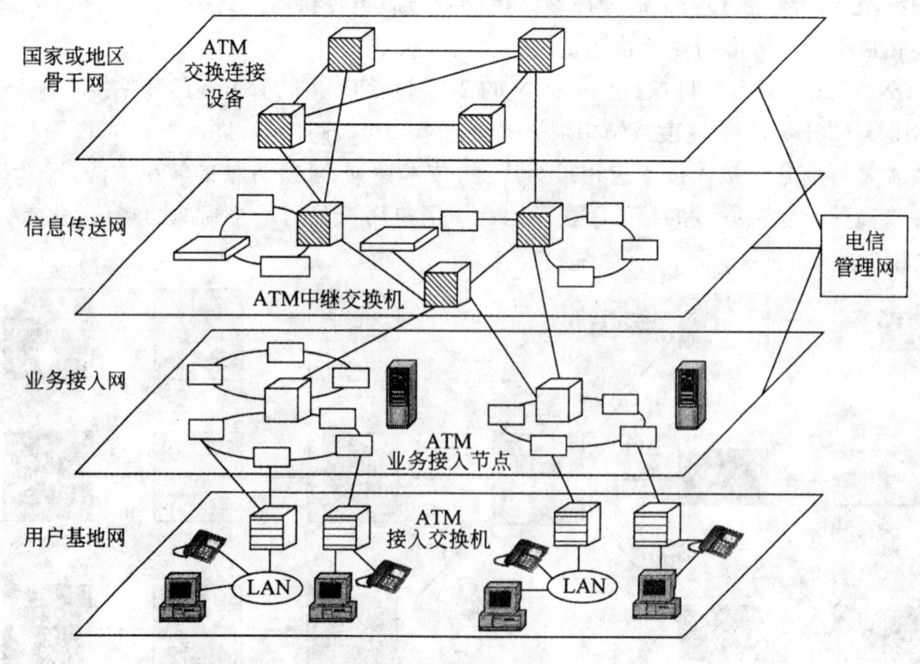


**图 10-14　未来的 B-ISDN 传输与交换网络结构**

由于目前已安装的大多数终端设备(电视、电话、路由器、计算机等)和电信网络(LAN、PBX 等)不是基于 ATM 的,因此必须制定一个合理的发展计划,以保证从当前状况向最终目标——ATM 网络的平滑过渡。

## 10.5　异步传输模式(ATM)

### 10.5.1　ATM 的定义

ATM 是一种传递模式,在这一模式中,信息被组织成信元(Cell),包含一段信息的信元不需要周期性地出现,从这个意义上讲,这种传递模式是异步的。

ATM 的异步传输模式采用面向连接的电路传送方式,在 ATM 中,将语音、数据及图像业务的信息分解成固定长度的数据块,加上信元头,形成一个完整的 ATM 信元。在每个时隙中放入 ATM 信元,ATM 信元在占用时隙的过程中采用时分统计的方式将来自不同信息源的信息汇集到一起,也就是说,每个用户不再分配固定的时隙,这样就不能靠时隙号来区别不同用户,而是靠 ATM 信元中的信头来区别各个用户,网络根据信头中的标记识别和转发信元。另外,在一帧中占用的时隙数也不固定,可以有一至多个时隙,完全根据当时用户通信的情况而定。而且各时隙之间并不要求连续,纯粹是"见缝插针",过程如图 10-15 所示。

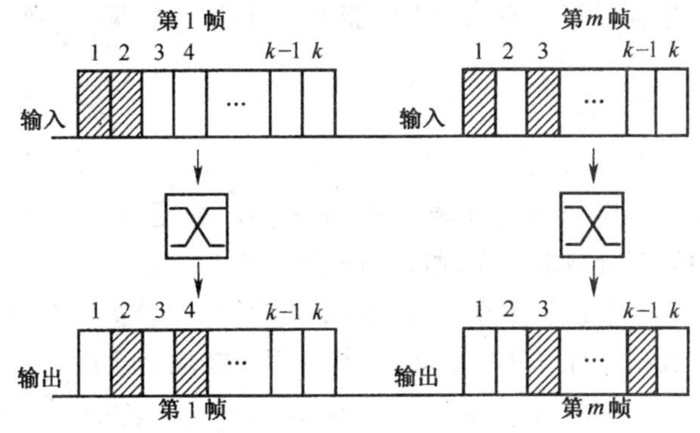


图 10-15　时隙的异步复用过程

由于在 ATM 中具有动态分配带宽的特点,可以充分地利用带宽资源,很好地满足传输突发性数据的要求,而不至于出现 ATM 延时或信元丢失的情况。ATM 方式克服了电路交换模式不能适应任意速率业务、难以导入未来新业务的缺点;简化了分组交换模式中的协议,并用硬件对简化的协议进行处理和实现;交换节点不再对信息进行差错控制,从而极大地提高了网络的通信信息处理能力。

### 10.5.2　ATM 的特点

ATM 是在分组交换技术上发展起来的快速分组交换。它综合吸取了分组交换高效率和电路交换高速率之优点,能够实现各种业务快速高效地交换和传输。ATM 技术的主要特点如下。

1. 采用了统计时分复用、按需动态分配带宽的技术

统计时分复用使得信道的利用率得到很大的提高,并可以根据用户的需要分配带宽。所以 ATM 既能支持恒定速率的连续性业务,又能支持突发性业务,可以同时支持低速、高速、变速和

实时性业务。

2.采用面向连接并预约传输资源的方式工作

在ATM方式中采用的是虚电路形式,同时在呼叫过程中可向网络提出传输所希望使用的资源。在ATM方式下,还可以根据呼叫请求设置多种优先级。ATM方式能够满足不同业务对QoS的要求。

3.以固定长度(53字节)的信元为传输单位

ATM采用信元作为信息传递的基本单位。每个信元的长度都是固定的53字节,比X.25网络中的分组长度要小得多,这样可以降低交换节点内部缓冲区的容量要求,减少信息在这些缓冲区中的排队时延,从而保证了实时业务短时延的要求。

4.取消逐段链路的差错控制和流量控制,将其推到了网络的边缘

ATM协议运行在误码率较低的光纤传输网上,同时预约资源保证网络中传输的负载小于网络的传输能力,所以不必像X.25一样逐段执行差错控制和流量控制。ATM将差错控制和流量控制放到网络边缘的终端设备中完成,这样可以减少网络开销,从而提高网络资源利用率,降低传输时延。

5.支持综合业务

ATM既具有电路交换处理简单的特点,支持实时业务、数据透明传输,在网络内部不对数据作复杂处理,采用端—端通信协议;又具有分组交换的特点,如支持可变比特率业务,对链路上传输的业务采用统计时分复用等。所以ATM能够支持话音、数据、图像等综合业务。

### 10.5.3 ATM的异步交换原理

1.异步时分复用

在传统的以电路交换为基础的传递模式中,常采用时分复用(TDM)技术,时分复用的基本方法是将时间按一定的周期分成若干个时隙。每个时隙携带用户数据。在连接建立后,用户会固定地占用每帧中固定的一个或若干个时隙,直到相应的连接被拆除为止。而在接收端,则从固定的时隙中提取出用户数据。如图10-16所示,某一用户在建立连接时,由网络系统将第2时隙分配给它,在通信过程中,它始终占用该时隙,而接收方每次只要从每帧的第2时隙中提取出数据就能保证收发双方间数据通信的正确。换句话说,收发双方的同步是通过固定时隙来实现的。因此,称这种时分复用技术为同步时分复用(STDM)。

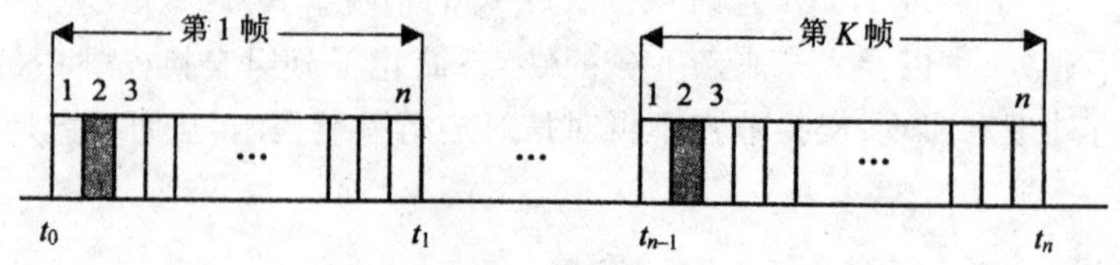


图10-16 同步时分复用

在异步时分复用中,同样是将一条线路按照传输速率所确定的时间周期将时间划分成为帧的形式,而一帧中又再划分时隙来承载用户数据。在异步时分复用中,用户的数据不再固定占用各帧中某一个或若干个时隙,而是根据用户的请求和网络资源的情况,由网络来进行动态分配。在接收端则不再是按固定的时隙关系来提取相应用户数据,而是根据所传输的数据中本身所携带的目的地信息来接收数据。在异步时分复用中,由于用户数据并不固定地占用某一时隙,而是

具有一定的随机性。因此，异步时分复用也称为统计时分复用。

在图 10-17 中，某一用户在建立连接后，数据在第 1 帧中占用的是第 2 时隙，而在第 $K$ 帧中则占用了第 3 时隙和第 $n-1$ 时隙。由于在异步时分复用中，用户数据不再固定占用某一个或若干个时隙。因此，其对带宽资源的占用是动态的，这样就可以实现在数据量少或无数据传输的情况下，可以将带宽资源供其他用户使用，从而有效地利用带宽资源。若某一用户出现突发性数据时，又可通过网络分配相应数量的时隙，以减少时延和避免不必要的数据丢失。与同步时分复用技术比较，异步时分复用十分适用于突发性数据业务，但其同步操作和实现较为复杂。

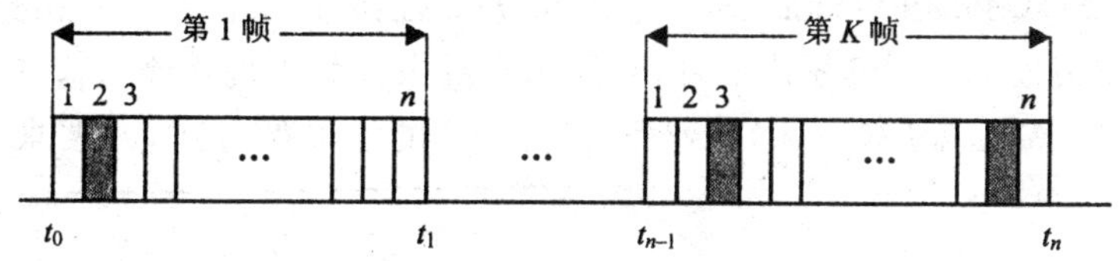


**图 10-17　异步时分复用**

2. 异步交换

在输入帧中某固定位置的时隙将被固定的交换到输出帧中的某一固定时隙。接收方通过确定时隙的位置就可以提取相应的用户数据。如图 10-18 中，某一用户数据固定地占用了传输帧中的第 3 时隙，在经过交换机后，其数据并不是占用了第 3 时隙，而是占用了第 5 时隙，而且在整个通信过程中都将保持对第 5 时隙的占用。

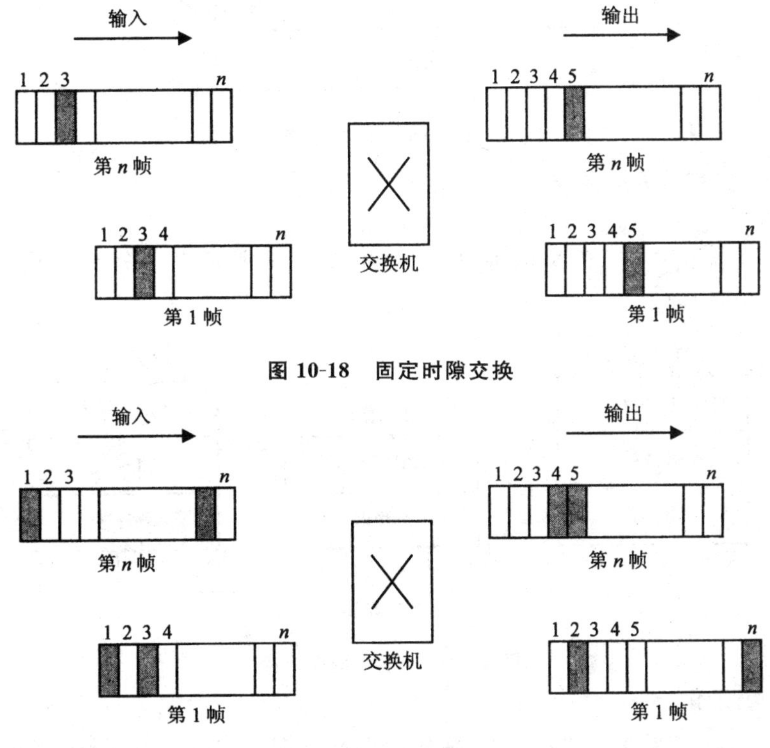


**图 10-18　固定时隙交换**

**图 10-19　异步时隙交换**

在 ATM 中，交换也是固定时隙的。当输入帧进入 ATM 交换机后，要在缓存器中进行缓存，并根据输出帧中时隙的空闲情况，随机地占用某一个或若干个时隙，而且，所占用的若干时隙并不要求相邻。这种在时隙位置关系上异步的交换示意于图10-19中。在图中，在输入的第1帧中的第1,3时隙被交换到输出第2,$n$时隙，而在输入的第$n$帧中的第1,$n-1$时隙被交换到输出第$n$帧的第4,5时隙。

### 10.5.4 ATM的体系结构

1. ATM协议参考模型

ATM协议参考模型是基于ITU-T的标准产生的，如图10-20所示。它由三个面组成：控制面(Control)、用户面(User)和管理面(Managerment)。控制面处理寻址、路由选择和接续功能；用户面在通信网中传递端到端的用户信息；管理面提供操作和管理功能。这三个面使用物理层和ATM层工作，ATM适配层(AAL)是业务特定的，它的使用取决于应用要求。

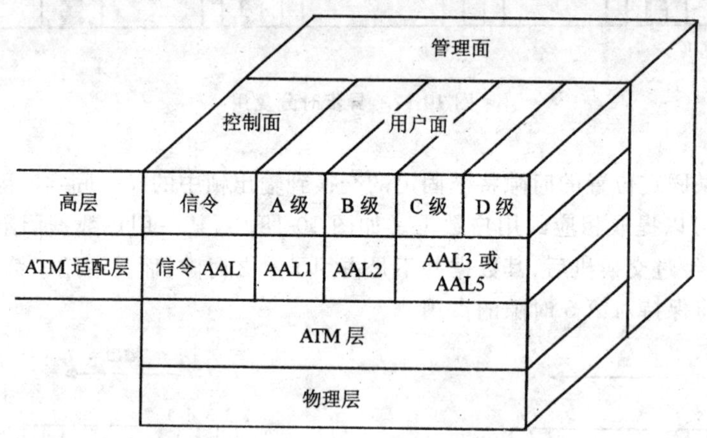


图10-20 ATM协议参考模型

2. ATM协议结构与各层功能

(1)协议结构

ATM协议结构由ITU-T的标准产生，如图10-21所示。它分为三层：ATM适配层(AAL)、ATM层和物理层。

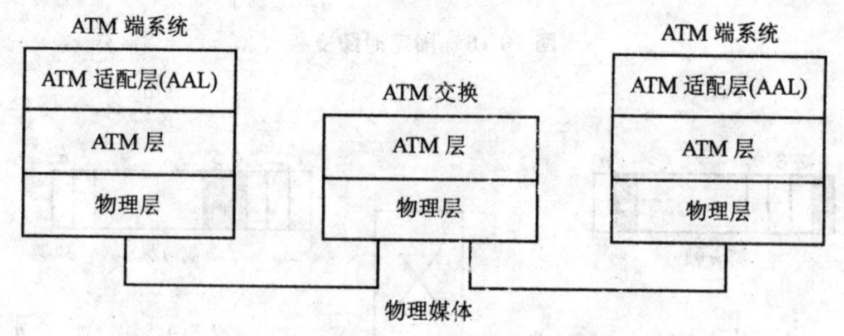


图10-21 ATM协议结构

(2)各层主要功能

①ATM层。ATM层主要执行交换、路由选择和多路复用。ATM网实际是在终端用户间提供端到端的ATM层连接。所以，ATM层主要执行网中业务量的交换和多路复用功能，它不涉及具体应用。这就使网络处理和高速链路保持同步，从而保证网络的高速性。由于用户设备和网络节点中ATM层的位置不同，因而所完成的功能也有所区别。

②物理层。它在相邻 ATM 层间传递 ATM 信元。

③AAL 层(ATM 适配层)。AAL 层主要是将业务信息适配到 ATM 信息流,应用特定业务在通话端 ATM 适配层提供。AAL 层在用户层和 ATM 层之间提供应用接口,但它不是 ATM 中间交换的用户面部分。

### 10.5.5　ATM 网络

1. ATM 网络结构

ATM 网络的概念性结构如图 10-22 所示,它包括公用 ATM 网络和专用 ATM 网络两部分。公用 ATM 网络属于电信公用网,它由电信部门建立、管理和运营,可以连接各种专用 ATM 网及 ATM 用户终端,作为骨干网络使用。专用 ATM 网络有时称为用户室内网络(CPN),经常用于一栋大厦或校园范围内。

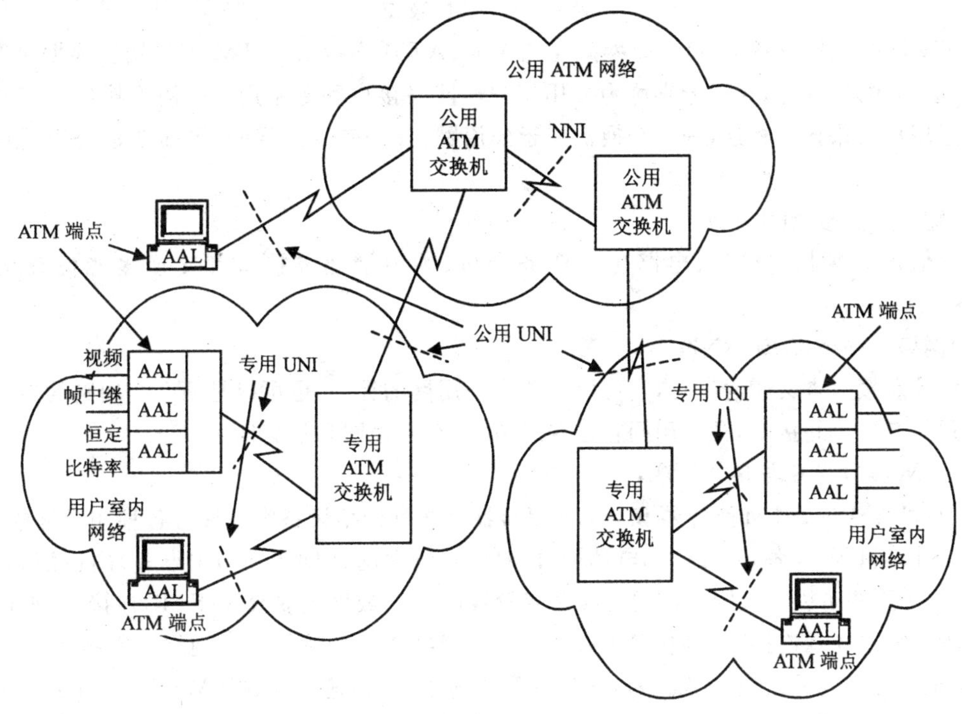


**图 10-22**　ATM 网络的概念性结构图

2. ATM 接口

ATM 标准为各厂家设备互操作性提供了基本框架,它也包括 ATM 网和非 ATM 网,现行和未来的网络应用之间的互通性。ATM 标准根据不同类型接口,定义了 ATM 网各部分的互连接性和互操作性,例如 ATM 终端和 ATM 交换系统、ATM 交换系统间以及 ATM 业务接口之间的接口。ITU-T 和 ATM 论坛定义的各种 ATM 接口,如图 10-23 所示。

(1)数据交换接(DXI)

ATM 数据交换接口允许利用路由器等数据终端设备和 ATM 网互连,不需要其他特殊的硬件设备。数据终端设备和数据通信设备协作提供用户网络接口。

(2)用户—网络接口(UNI)

用户网络接口是 ATM 终端设备和 ATM 通信网间的界面。终端设备是指将 ATM 信元传

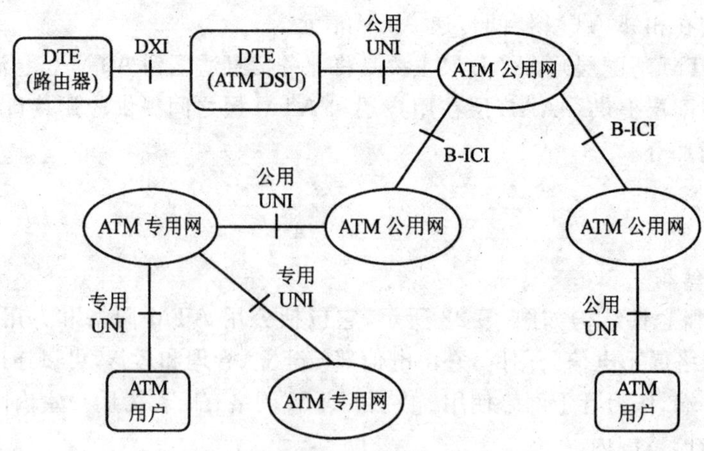


图 10-23　ATM 接口

递到 ATM 网的任何设备，它可以是网间互通单元、ATM 交换机、ATM 工作站。根据 ATM 网的性质(公网还是专网)，接口分别称为公用用户—网络接口和专用用户—网络接口。若两个交换机通过用户网络接口相连，一个交换机属于公用网，一个是专用网的，界面就是公用用户网络接口。

(3)宽带互连接 El(B-ICI)

包括信元中继业务接口、电路仿真业务接口、帧中继业务接口和交换多兆位数据业务(SMDS)接口等。

(4)网络—网络接 El(NNI)

网络节点接口含义较为广泛，它可以是两个公用网的界面，也可以是两个专用网的界面。它还可以用作交换机间接口，在公用网它是网络节点，在专用网它是交换接口。

3. ATM 接口设备与接口线路

目前，可以通过 ATM 路由器和 ATM 复接器等多种网络设备实现现有各种用户终端(如电视、电话、计算机等)及各种网络(如电话网、DDN 网、以太网、FDDI 和帧中继等)的适配和接入。专用 UNI 与用户可以在近距离使用无屏蔽双绞线(UTP)或屏蔽双绞线(STP)连接；在较远距离使用同轴电缆或光纤连接。公用 UNI 则通常使用光纤作为传输媒体。网络节点接 M(NNI)与 UNI 不同，它通常采用光纤形式接口，接口种类较简单，传输速率高(622Mbit/s、2.4Gbit/s 等)，具有很强的网络维护和管理能力，采用 NO.7 信令实现公用交换机之间的连接。

## 10.6　非对称数字用户环路(ADSL)

### 10.6.1　ADSL 的特点

ADSL 系统除了能向用户提供原有的电话业务外，还能向用户提供多种多样的宽带业务。与其他接入技术相比，ADSL 技术的主要特点是：

①可以充分利用现有铜线资源，只要在用户电话线路两端加装 ADSL 设备即可为用户提供服务。

②可同时支持话音业务和数据业务。即在一条普通电话线上接听、拨打电话的同时进行

ADSL 传输而又互不影响。

③ADSL 具有安装方便的特点，ADSL 除了在用户端安装 ADSL 通信终端外，不用对现有线路做任何改动。

④ADSL 具有经济、节省费用的特点。虽然使用的还是原来的电话线，但 ADSL 传输的数据并不通过电话交换机，所以 ADSL 上网不需要缴付额外的电话费，节省了费用。

⑤采用先进的线路编码和调制技术，具有较好的用户线路适应能力。

### 10.6.2 ADSL 的系统结构

ADSL 系统的基本结构如图 10-24 所示。

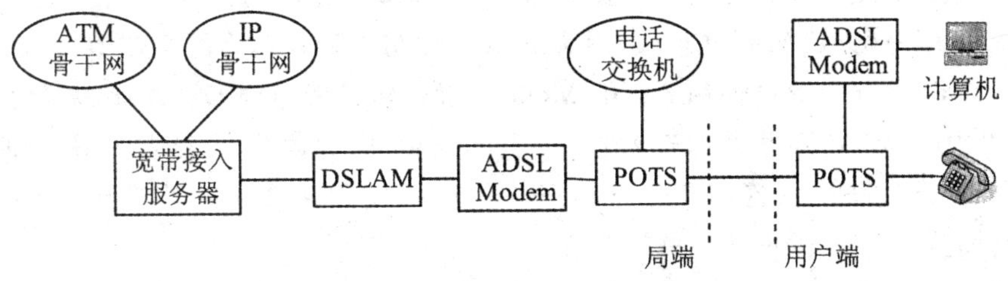


**图 10-24** ADSL 系统的基本结构

ADSL 系统由局端设备和用户端设备组成，局端设备包括位于中心机房的 ADSL Modem、DSL 接入多路复用器(DSLAM)和局端分离器(POTS)。用户端设备包括用户 ADSL Modem 和 POTS。

ADSL Modem 是 ADSL 系统的核心设备，其功能是对高速数据信号进行调制或解调，将高速数据信号安排在电话线频段的高频侧，从而实现在一对电话线上同时传输话音信号和高速数据信号的目的。目前在 ADSL 中广泛使用的调制技术有正交幅度调制(QAM)、无载波幅度相移调制(CAP)、离散多音频调制(DMT)等。由于 DMT 具有频带利用率高、抗噪声能力强、带宽可动态分配等优点，所以 DMT 调制方式比 QAM、CAP 获得更多厂商的支持。

位于局端的 DSLAM 能够对多条 ADSL 线路进行复用，对用户的权限、身份进行认证，并以高速接口接入高速数据网。DSLAM 能与多种数据网相连，接口速率支持 155Mb/s、100Mb/s、45Mb/s 和 10Mb/s。

为了使话音信号和数据信号能同时在同一条双绞线上传输，在双绞线两端都装有信号分离器(POTS)。信号分离器在一个方向上组合话音信号和数据信号，而在另一个方向上则将话音信号和数据信号进行分离。

### 10.6.3 ADSL 的工作原理

为了实现在一对电话线上同时传输话音信号和数据信号的目的，ADSL 采用频分复用技术，即将电话双绞线 0kHz 到 1.1MHz 频谱划分成三个频段：话音频段、上行频段和下行频段，如图 10-25 所示。其中 0～4kHz 的话音频段用于传送普通电话线上的话音信号；25～200kHz 的上行频段用于传输从用户端发往局端的数据信号，其最大速率可达 512～1Mb/s；200kHz～1.1MHz的下行频段用于传输从局端发往用户端的数据信号，其最大速率可达 6～8Mb/s。

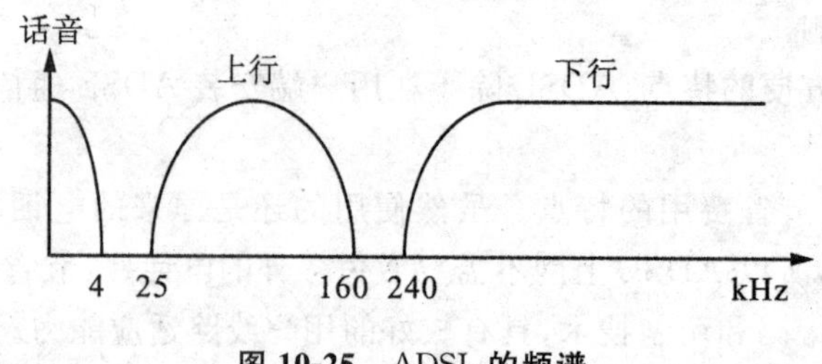


图 10-25　ADSL 的频谱

### 10.6.4　ADSL 的网络传送模式

当前 ADSL 系统的网络传送模式主要有两种：Packet 传送模式和 ATM 传送模式。传统的 ADSL 接入应用多采用 ATM 传送模式，因为 ADSL 最初设计并非为了宽带 IP 网接入，而是为了 VOD 等的应用，ADSL 终端使用 ADSL Modem，通过电话线连到 DSLAM 解调后送入 ATM 网。但原来设想的 ATM 应用业务未得到商业上的成功，而对宽带 IP 接入的需求却迅速增加，于是将 ATM 网通过路由器连接 Internet，使 ATM 的应用从骨干传输层退到网络边缘层，ADSL接入转而成为宽带 IP 网的一种接入方法。

采用 ATM 传送模式的 ADSL 系统所承载的传送数据格式为 ATM 信元，用户端计算机可通过 ATM 25 网卡、外置式的 ADSL Modem 或以太网网卡与 ATU-R 连接，一般以太网网卡方式用的最多，以太网卡将较高层的数据按照以太网的帧格式适配到以太网帧内，依以太网帧格式发送到 ATU-R，在 ATU-R 内进行 ATM 信元封装。局端 DSLAM 设备上行链路的数据接口通常为标准的 ATM 接口，并可直接或通过本地传输网络与 ATM 交换机相连，再通过路由器连到 IP 网络。因为考虑到 ATM 传输模式所具有的 QoS 机制可以保证大容量实时视频业务的顺利开展，所以大多数传统电信设备制造商仍倾向于采用 ATM 传送模式的 ADSL 设备，但这种模式增加了设备复杂度，提高了成本，对宽带 IP 接入是不合算的。

而采用 Packet 传送模式的 ADSL 系统中，局端 DSLAM 设备的上行链路数据接口和用户端设备的用户数据接口均为目前流行的以太网接口，ADSL 系统承载的传送数据格式通常可根据局端和用户端设备的功能变化而分别采用可变长度的第二层以太网帧或第三层 IP 包。这样 ADSL 终端做成了 IP 终端，IP 包经过 DMT 调制后通过电话线传输到电话交换局前端，经过解调后进入 10Mbit/s、100Mbit/s 或 1Gbit/s 的以太网交换机，再通过路由器连接 Internet。这样做可以采用统一的数据格式，中间不用做任何格式转换，可以大大简化设备、降低成本。

### 10.6.5　ADSL. lite

传统的 ADSL 技术和产品在 20 世纪 90 年代初就已经出现，但由于全速 ADSL 速率较高，每线成本比较昂贵，运营商需要较大的初期投资，预期回报也不大乐观，而且需要工程人员到用户家中安装分离器，相应地增加了安装成本。因而高速 ADSL 技术的应用比预计的要迟缓，其市场也一直很难形成规模。而在实际应用中大部分双绞线的传输速率只能略超过 1.5Mb/s，所以全速率 ADSL 对大多数实际应用来说是一种浪费。为了克服全速 ADSL 的这些缺陷，业界提出了一种无话音分离器的 G. lite 也称为 ADSL. lite、通用 ADSL 或轻便型 ADSL，其相应的标准为 G. 922. 2，它取消了用户家中的分离器，且最高速率为 1. 5Mb/s，从而大大降低了芯片的成本和功耗，便于更大规模地推广 ADSL。其用户侧 Modem 将成为计算机插卡，且性能价格比更好，线路条件要求不高，应用前景十分可观。其技术特点主要有：

①ADSL.lite仍采用抗扰性较好的DMT调制方式，但子信道数降为ADSL的一半，抗射频干扰能力有所增强。

②在用户处不用话音分离器，以分布式分路器即微滤波器来取代，微滤波器体积小，价格便宜，用户可以自己安装。

③传输速率较低，下行速率为64kb/s～1.5Mb/s，上行速率为32～512kb/s，因而技术复杂度也相应减小，有着比高速ADSL更好的价格带宽比。

④其传输速率的下降带来了传输距离的增加，最长可7km，因而提高了其覆盖范围。

⑤系统中嵌入了OAM和计费功能，无需外部网管系统的介入。

⑥ADSL.lite有着更好的兼容性，不同厂家设备的互通性将不存在问题，从而更有利于设备成本的降低。

但ADSL.lite的运行环境比ADSL要差，ADSL.lite必须要抵抗来自电话机非线性产物和串入用户室内布线的干扰，同时由于电话机摘挂机阻抗的巨变对其传输也会产生较大影响。而且为防止ADSL.lite中高频段ADSL信号会对POTS信号产生一定串扰，影响通话质量，当ADSL.lite Modem检测到电话摘机时就将发送功率和传输功率减小，用户挂机后，再将发送和传输功率恢复。所以最好不要用ADSL.lite传送需要保证比特率的业务，除非可以确信传输时不使用电话。

# 第11章　光纤通信系统

## 11.1　光纤通信概述

### 11.1.1　光纤通信发展概况

在20世纪，电信技术不断创新、发展，传输信号的带宽在不断加大，因而载波频率在不断提高，通信系统的容量也在不断加大，到1970年，通信系统的容量(BL，码速率与距离的乘积)达到约100Mb/s·km，以后电信系统的容量基本上被限制在这个水平上。

直到20世纪50年代末仍然没有找到光通信所必需的相干光源和合适的传输媒质。直到1960年发明了激光器，解决了光源问题。1966年，当时在英国标准电信研究所工作的华人高锟博士提出可以用石英光纤作为光通信的最佳传输媒质，但当时的光纤具有1000dB/km的巨大损耗，难以有效地传输光波。到了1970年，美国康宁玻璃公司研制出损耗为20dB/km的石英光纤，证明了光纤是光通信的最佳传输媒质，与此同时，实现了室温连续工作的GaAs半导体激光器。由于小型光源和低损耗光纤的同时实现，从此便开始了光纤通信迅速发展的时代，人们把1970年称为光纤通信的元年。

光纤通信传输的信号是光波信号，光波也就是人们熟知的电磁波，其波长是微米级，频率为$10^{14}\sim10^{15}$Hz数量级。

第一代的光传输系统，工作波长为0.85μm，传输媒质采用多模光纤，GaAs半导体激光器作为光源，20世纪80年代投入使用，其传输速率为45Mb/s，中继间距可达10km，与同轴电缆相比，其中继距离大大提高。20世纪70年代人们发现，如果光波系统波长在1.3μm附近，由于损耗小于1dB/km，并且有最低的色散，中继距离将大大增加。于是，开始开发用于1.3μm光纤通信系统的光源与探测器。

第二代光传输系统，出现在20世纪80年代早期，工作在1310nm，使用工作波长为1.3μm，传输媒质采用单模光纤，以InGaAsP半导体激光器作为光源，色散最小，比特率可高达1.7Gb/s，中继间距超过20km。但是，第二代光纤通信系统传输的中继距离受限于光纤的损耗，而理论研究发现光纤的最小的损耗是在0.5dB/km，而光纤的最小损耗在1.55μm附近。

第三代光纤传输系统，工作在1550nm，使用单模光纤，以InGaAsP半导体激光器为光源，光纤损耗最低可达0.2dB/km，其传输速率为4Gb/s，第三代1.55μm波长处有高的色散，由于当时采用的是多模InGaAsP半导体激光器，使光纤通信系统的使用受到色散的限制。后来设计的在1.55μm附近具有最小色散的色散位移光纤(DSF)与采用单模半导体激光器解决了这个问题。1996年，这两项技术的发展使得无中继距离为90km的通信系统数据率达到2.5Gb/s。经过精心设计，激光器和光接收机数据率已达到10Gb/s，并在一些国家得到重点发展。

第四代光纤通信系统以波分复用增加码速率和使用光放大器增加中继距离为标志，可以采用(也可不采用)相干接收方式，使系统的通信容量按数量级增加，特别是工作在1.55μm附近的掺铒光纤放大器增加了波分复用(WDM)系统的中继距离。在这样的系统中,光纤的损耗由间隔为 60～100km 的光放大器补偿。掺铒光纤放大器的应用使 WDM 系统得到了广泛应用。

第五代光纤通信系统的研究和开发,就是光孤子通信系统。这种系统基于一个基本概念——光孤子,即由于光纤非线性效应与光纤色散相互抵消,光脉冲在无损耗的光纤中形状不变地传输的现象。光孤子通信系统将使超长距离的光纤传输成为可能,实验已经证明,在 2.5Gb/s 码速率下光孤子沿环路可传输 14000km 的距离。

随着光电技术的进步,光纤通信技术有以下的发展趋势:

①低损耗单模光纤的研制。低损耗单模光纤的进一步开发和研制,这是一项长期而又需要不断完善的工作。

②光频带的利用。为增加光频带的利用,将致力于波分复用技术和相干光通信体制的研究和实用化。

③通信速度的提高。为进一步提高通信速度,将大力发展光电混合集成电路,提高光电转换的速度,增强现有光系统的传输能力,使更多的信号处理功能在光频上完成。

总之,光纤通信作为一项高新技术,近年来的研究和开发应用发展很快,成果辉煌,在光纤、光子器件及光波系统各方面都取得很大进步,其发展前景也很光明。

### 11.1.2　光纤通信的特点

1. 光纤通信的优点

(1)传输频带宽,通信容量大

光纤通信是以光纤为传输媒介,光波为载波的通信系统,其载波具有很高的频率(约 1014Hz),因此光纤具有很大的通信容量。如图 11-1 所示,其光频数量级为 $3\times10^{14}$ Hz,因此所容许的带宽很宽,具有极大的传输容量。现在单模光纤的带宽可达 1.5THz · km 量级,具有极宽的潜在带宽。

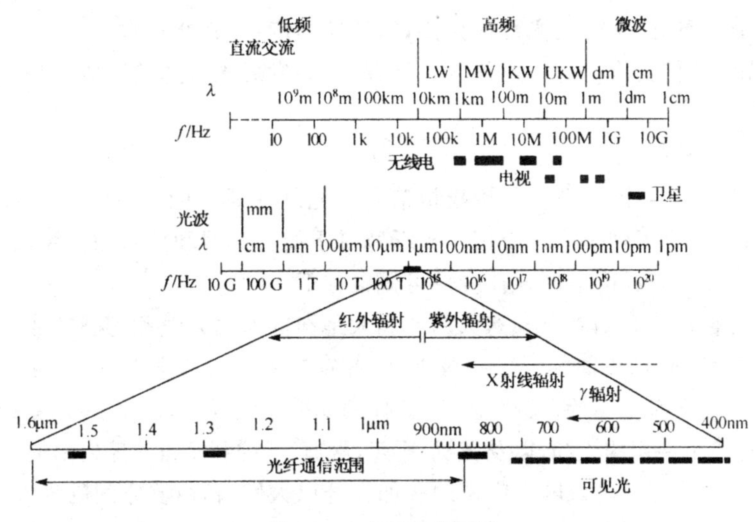


图 11-1　电磁波的频谱

(2)抗电磁干扰能力强

光纤由电绝缘的石英材料制成,光纤通信线路不受各种电磁场的干扰和闪电雷击的破坏。无金属光缆非常适合于在强电磁场干扰的高压电力线路周围和油田、煤矿等易燃易爆环境中使用。光纤(复合)架空地线(Optical Fiber Overhead Ground Wire,OPGW)是光纤与电力输送系统的地线组合而成的通信光缆,已在电力系统的通信中发挥重要作用。

(3)损耗低,中继距离长

目前,实用的光纤通信系统使用的光纤多为石英光纤,此类光纤在 1.55μm 波长区的损耗可低到 0.18dB/km,比已知的其他通信线路的损耗都低得多,因此,由其组成的光纤通信系统的中继距离也较其他介质构成的系统长得多。如果今后采用非石英光纤,并工作在超长波长(大于 2μm)中,光纤的理论损耗系数可以下降到 $10^{-3}\sim10^{-5}$ dB/km,此时光纤通信的中继距离可达数千甚至数万公里。

(4)保密性好

随着科学技术的发展,电通信方式很容易被人窃听。只要在明线或电缆附近(甚至几公里以外)设置一个特别的接收装置,就可以获取明线或电缆中传送的信息,更不用说无线通信方式。

(5)节省有色金属和原材料

制造同轴电缆和波导管的铜、铝、铅等金属材料,在地球上的储存量是有限的,而制造光纤的石英($SiO_2$)在地球上几乎是取之不尽的材料。所以,推广光纤通信,有利于地球资源的合理使用。

(6)体积小,重量轻

光纤重量很轻,直径很小一般只有几微米到几十微米。即使做成光缆,在芯数相同的条件下,其重量还是比电缆轻 90%～95%,体积也小得多,在运输和铺设方面更为方便,适合用于舰艇、飞机、车辆、导弹等场合。

(7)无接地和共地问题

当使用电器设备时,存在接地和共地问题,但进水和受潮对金属导线意味着接地和短路。光是由玻璃制成,不产生放电,也不存在发生火花的危险,是比较理想的防爆型传输线路。

2.光纤通信的缺点

光纤通信具有以下几个缺点:光纤连接困难,抗拉强度低,光纤怕水。

总的来说,光纤通信技术比其他通信方式优越,大力发展光纤通信已成趋势。

### 11.1.3 光纤通信的应用

光纤可以传输数字信号,也可以传输模拟信号。光纤在通信网、广播电视网、计算机网以及其他数据传输系统中,都得到了广泛应用。光纤宽带干线传送网和接入网发展迅速,是当前研究开发应用的主要目标。光纤通信的各种应用可概括如下。

①通信网。包括全球通信网,如横跨大西洋和太平洋的海底光缆和跨越欧亚大陆的洲际光缆干线;各国的公共电信网,如我国的国家一级干线、各省二级干线和县以下的支线;各种专用通信网,如电力、铁道、国防等部门通信、指挥、调度、监控的光缆系统;特殊通信手段,如石油、化工、煤矿等部门易燃易爆环境下使用的光缆,以及飞机、军舰、潜艇、导弹和宇宙飞船内部的光缆系统。

②构成因特网的计算机局域网和广域网。如光纤以太网、路由器之间的光纤高速传输链路。

③综合业务光纤接入网。分为有源接入网和无源接入网,可实现电话、数据、视频(会议电视、可视电话等)及多媒体业务综合接入核心网,提供各种各样的社区服务。

④有线电视网的干线、分配网和工业电视系统。如工厂、银行、商场、交通和公安部门的监控;自动控制系统的数据传输。

# 11.2 光纤、光缆与光端机

## 11.2.1 光纤

1. 光纤的结构

光纤是光导纤维(Optical Fiber,OF)的简称,在光纤通信系统中常常称为 Fiber。

目前通信用的光纤大多采用石英玻璃($SiO_2$)制成的横截面很小的双层同心圆柱体,未经涂覆和套塑时称为裸光纤,具体如图 11-2 所示。

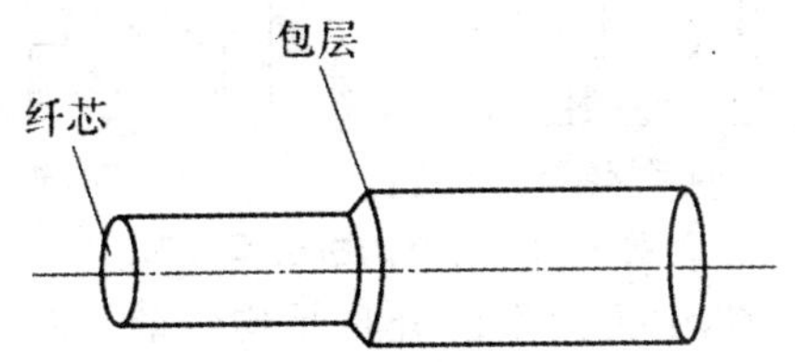


图 11-2 光纤的结构

从图 11-2 可以看出,光纤由纤芯和包层两部分组成,纤芯的材料是 $SiO_2$,掺杂微量的其他材料,掺杂的作用是为了提高材料的光折射率。包层的材料一般用纯 $SiO_2$,也有掺杂的,掺杂的作用是降低材料的光折射率。所以纤芯的折射率略高于包层的折射率,目的在于使进入光纤的光有可能全部限制在纤芯内部传输。

由于石英玻璃质地脆、易断裂,为保护光纤不受损害,提高抗拉度,一般需要在裸光纤外面再经过两次涂敷,光纤的剖面结构如图 11-3 所示。

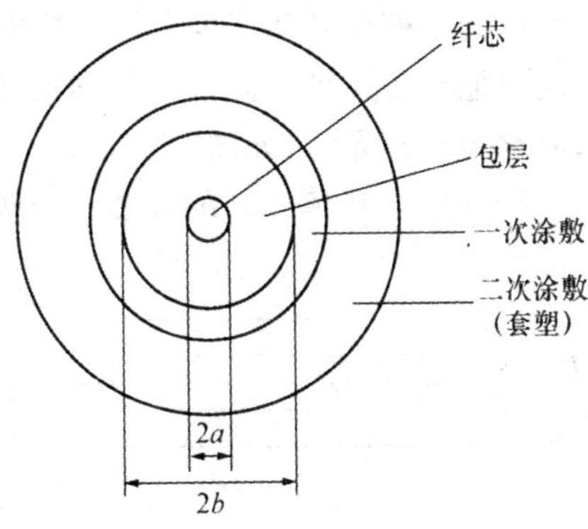


图 11-3 光纤的剖面结构

由图 11-3 可知,纤芯位于光纤中心,直径( $2a$ )为 5～75$\mu$m,作用是传输光波。包层位于纤芯外层,直径( $2b$ )为 100～150$\mu$m,作用是将光波限制在纤芯中。为了使光波在纤芯中传送,包层材料折射率 $n_2$ 比纤芯材料折射率 $n_1$ 小,即 $n_1 > n_2$。一次涂敷层是为了保护裸纤而在其表面涂上的聚氨基甲酸乙脂或硅酮树脂层,厚度一般为 30～150$\mu$m。套塑又称二次涂敷或敷层,多采用聚乙烯塑料或聚丙烯塑料、尼龙等材料。经过二次涂敷的裸光纤称为光纤芯线。

2. 光纤的分类

光纤的种类很多,根据用途不同,所需要的功能和性能也有所差异。具体的分类方法如下所示。

(1)按光纤横截面上折射率分布情况分

按光纤横截面上折射率分布情况来分类，光纤可分为阶跃折射率型即阶跃光纤和渐变折射率型(也称为梯度折射率型)即渐变光纤，具体可见图 11-4 所示。

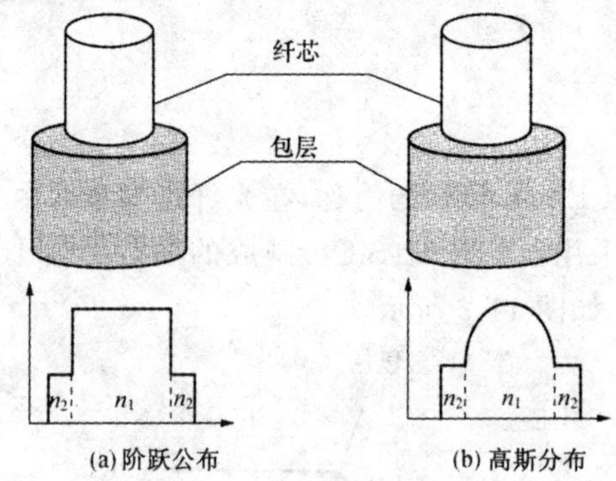


**图 11-4　光纤的折射率分布**

①阶跃型光纤(SIF)。在纤芯中折射率的分布是均匀的，在纤芯和包层的界面上折射率有一不连续的阶跃性突变；纤芯和包层相对折射率差为 1%～2%；单模光纤多属于此类，最早的多模光纤也属于此类。

②渐变型光纤(GIF)。渐变型光纤也称为梯度光纤，其纤芯中折射率的分布是变化的，而包层中的折射率通常是常数。在渐变光纤中，包层中的折射率常数用 $n_2$ 表示。纤芯折射率呈非均匀分布，在轴心处最大，而在光纤横断面内沿半径方向逐渐减小，在纤芯与包层的界面上降至包层折射率 $n_2$，其分布曲线近似为抛物线，多模光纤多呈现渐变的折射率特性。

(2)按传输模式的不同分

按传输模式的不同分，光纤可分为单模光纤和多模光纤。这里的模式，实质上是电磁场的一种分布形式。光纤中的模式，可简单地理解为光在光纤中传播时特定的路径。如果光纤中只容许一种路径的光束沿光纤传播，则称为单模光纤，如图 11-5(a)所示。如果光束的传播路径多于一条，则称为多模光纤，如图 11-5(b)所示。单模光纤的纤芯直径较多模光纤小。

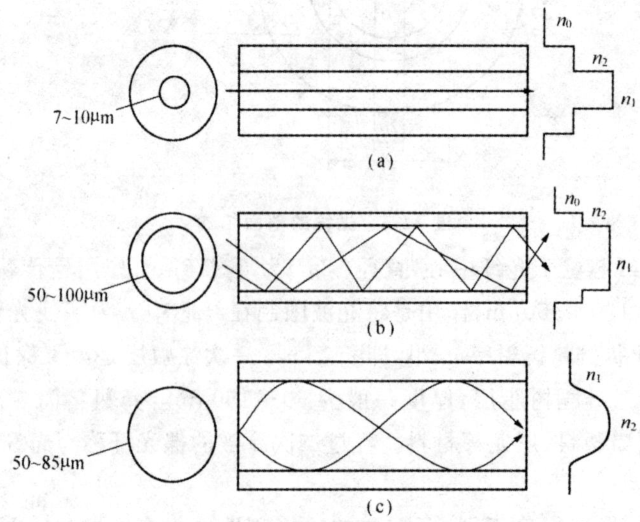


**图 11-5　三种光纤的纤芯和包层折射率分布**

(3)按光纤的套塑层分

①紧套光纤。在一次涂覆的光纤上，再紧紧地套上一层尼龙或聚乙烯等塑料套管，紧套光纤在套管内不能自由活动，是一个多层整体结构，如图 11-6(a)所示。紧套光纤适用于外界负载条件较恶劣，地形变化较大及受力较复杂的线路。

②松套光纤。松套光纤就是在光纤涂覆层外面再套上一层塑料套管。光纤可以在套管中自由活动，套管中充满油膏，以防止水分的渗入，如图 11-6(b)所示。松套光纤适用于外界负载条件较轻，地形变化不剧烈的线路。

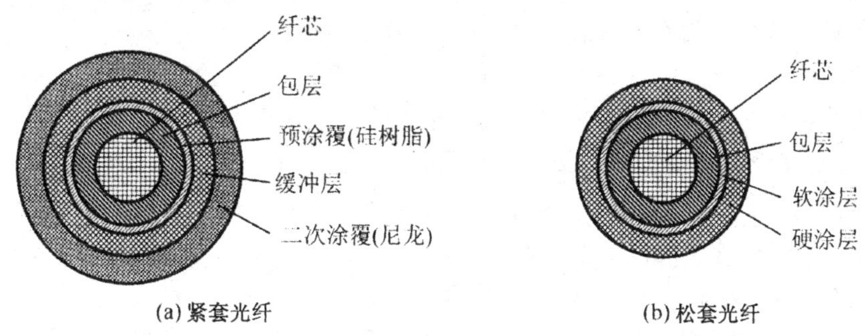


**图 11-6　紧套光纤和松套光纤**

(4)按 ITU-T 建议的光纤分

①G. 651 光纤。渐变多模光纤，工作波长为 1.31μm 和 1.55μm，在 1.31μm 处光纤有最小色散，而在 1.55μm 处光纤有最小损耗，主要用于计算机局域网或接入网。

②G. 652 光纤。常规单模光纤(非色散位移光纤)，其零色散波长为 1.31μm，在 1.55μm 处光纤有最小损耗，是目前应用最广的光纤。

③G. 653 光纤。色散位移光纤，在 155μm 处实现最低损耗与零色散波长一致，但由于在 1.55μm处存在四波混频等非线性效应，阻碍了其应用。

④G. 654 光纤。性能最佳单模光纤，在 1.55μm 处光纤具有极低损耗(大约 0.18dB/km)且弯曲性能好。

⑤G. 655 光纤。非零色散位移单模光纤，在 1.55～1.65μm 处色散值为 0.1～6.0ps/(nm・km)，用以平衡四波混频等非线性效应，适用于高速(10Gb/s)、大容量、高密度波分复用系统。

3. 光纤通信的特性

从通信的角度来看，人们最关注一个数字光脉冲信号注入到光纤之后，经过长距离传输对信号有影响，如脉冲的幅度、宽度等的变化。实验表明，一个很好的方波信号，经过传输后其幅度会下降，脉冲会展宽变成了一个类似高斯分布的光脉冲信号。分析其原因是：由于光纤中存在损耗，使光信号的能量随着距离的加大而减小，导致了光脉冲的幅度下降；另一方面，光脉冲信号中的不同频率成分的电磁信号传播时，由于存在时延差，因而使得原来能量集中的光脉冲信号，经传输后能量发生了弥散，光脉冲的宽度变宽了。

造成光纤衰减的主要因素有本征、弯曲、挤压、杂质、不均匀和对接等。

①本征：是光纤的固有损耗，包括瑞利散射，固有吸收等。

②弯曲：光纤弯曲时部分光纤内的光会因散射而损失掉，造成损耗。

③挤压：光纤受到挤压时产生微小的弯曲而造成损耗。

④杂质：光纤内杂质吸收和散射在光纤中传播的光，造成损耗。

⑤不均匀：光纤材料的折射率不均匀可造成损耗。

⑥对接：光纤对接时产生的损耗，如不同轴（单模光纤同轴度要求小于 0.8μm 、端面与轴心不垂直、端面不平、对接心径不匹配和熔接质量差等。

(1)光纤的损耗特性

光波在光纤中传输时，随着传输距离的增加，其强度逐渐减弱，光纤对光波产生严重衰减作用，这就是光纤的损耗。其大小在很大程度上决定着光中继距离的长短，是光纤最重要的传输特性之一。

光纤的损耗大致可分为吸收损耗、散射损耗以及辐射损耗。

1)吸收损耗

光纤的吸收损耗是由于光纤材料和杂质对光能的吸收而引起的；它们把光能以热能的形式消耗于光纤中，是光纤损耗中重要的损耗。吸收损耗包括以下几种。

①光纤本征吸收损耗。这是由于物质固有的吸收引起的损耗。它有两个频带，一个在近红外的 8～12μm 区域里，这个波段的本征吸收是由于振动。另一个物质固有吸收带在紫外波段，吸收很强时，它的尾巴会拖到 0.7～1.1μm 波段里去。

②掺杂剂和杂质离子引起的吸收损耗。光纤材料中含有跃迁金属离子如 Fe、Cu、Cr 等，跃迁金属离子吸收引起的光纤损耗取决于它们的浓度。另外，$OH^-$ 存在也产生吸收损耗，含量越多，损耗越严重。对于纯石英光纤，杂质引起的损耗影响可以不考虑。

③原子缺陷吸收损耗。光纤材料由于受热或强烈的辐射，它会受激而产生原子的缺陷，造成对光的吸收，产生损耗，这种损耗很小。

2)散射损耗

光纤内部的散射，会减小传输的功率，产生损耗。散射中最重要的是瑞利散射，它是由光纤材料内部的密度和成分变化而引起的。

①瑞利散射。瑞利散射是光纤本征散射损耗，它是由于光纤材料的分子密度不均匀，从而使折射率分布不均匀而引起的。因此，光纤的瑞利散射是固有的，不能消除。随着光波长的增加，瑞利散射迅速降低。

②结构散射。结构散射是由光纤材料不均匀引起的。光纤在制造过程中，由于操作不当或环境不净，致使光纤中出现气泡、未溶解的粒子和杂质等，使纤芯和包层的界面粗糙，造成光纤结构缺陷，产生结构散射。这种损耗与光波波长无关，可以通过改善工艺改进。

3)辐射损耗

①弯曲损耗。当光纤轴线弯曲时，将一部分光能从纤芯渗入包层和护层，甚至透过护层泄漏损失掉，造成光散射损失，产生弯曲损耗。

②连接损耗。连接损耗为由于被连接的两根光纤的端面发生空间错位造成的损耗。

光纤的损耗限制了光纤最大无中继传输距离，损耗可用损耗或衰减系数来表示，其单位是 dB/km，用于描述光纤损耗的主要参数。在长为 $L$(km)的传输线上传输，用 $P_i$ 表示输入光纤的功率，$P_o$ 表示输出光功率，且损耗均匀，则单位长度传输线的损耗即损耗系数 $a_L$ 为

$$a_L = \frac{10}{L}\lg\frac{P_i}{P_o}\ (\text{dB/km})$$

在石英光纤中有两个低损耗区域，分别在 1.31μm 和 1.55μm 附近，即通常说的 1.31μm 窗口和 1.55μm 窗口；1.55μm 窗口又可以分为 C_band（1525～1562nm）和 L_band（1565～

1610nm)。1.31μm 光纤的损耗值在 0.5dB/km 以下,而 1.55μm 的损耗为 0.2dB/km 以下,这个数量级接近了光纤损耗的理论极限,如图 11-7 所示。图中标出了几种主要的损耗机制。

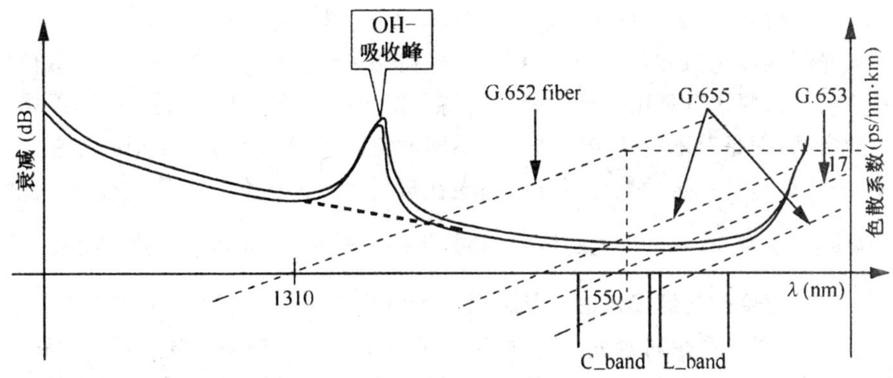


图 11-7　光纤损耗特性曲线

(2)光纤的色散特性

光纤色散是指不同频率成分或不同模式成分在光纤中以不同的群速度传播,这些频率成分和模式成分到达光纤终端有先有后,使得光脉冲发生展宽,如图 11-8 所示。光纤的色散与通信系统的有效性有关。如果脉冲展宽过大将会造成码间干扰,使误码率增加,通信的质量降低。因为脉冲宽度与频率宽度成反比,脉冲展宽越大,则带宽能力越小。色散的大小一般用时延差来表示,所谓时延差,是指不同频率的信号成分传输同样的距离所需要的时间之差。时延差越大,色散越严重。模间延迟主要存在于多模光纤中,光能量在光纤中的传输是分配到光纤中存在的模式中去的,然后由不同的模携带能量向前传播。

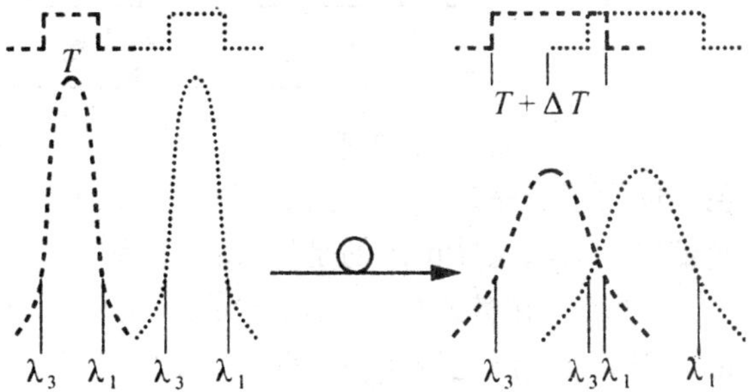


图 11-8　数字脉冲的码间干扰

光纤的色散根据机理可分为模式色散、色度色散和偏振模色散等。

1)模式色散

一般来说,不同的导模有不同的群速度,所以它们到达终端的时间也各不相同,从而形成了色散。由于产生色散的原因是各导模的速度不同,所以称为模式色散。

2)色度色散

色度色散主要是在光源的光谱中,不同波长成分在传输过程中具有不同的群速度,导致光脉冲展宽。色度色散包括波导色散和材料色散。

①波导色散。从理论上讲,光纤中的导波在纤芯中传输。由于光纤的几何结构、形状等方面的不完善,使光波一部分在纤芯中传输,另一部分在包层中传输。纤芯和包层的折射率不同,造成了光脉冲展宽的现象称为波导色散。

在一定的波长范围内,波导色散与材料色散相反,为负值,其大小由纤芯半径 $a$、相对折射率差 $\Delta$、归一化频率以及剖面形状决定。通常采用复杂的折射率分布形状和改变剖面结构参数的方法,可以获得适量的负波导色散来抵消石英玻璃的正色散,找出移动零色散波长的位置,在某个波长上实现光纤的零色散和负色散。目前,已经研制了色散位移光纤和非零色散位移光纤。

②材料色散。材料色散是由光纤材料自身特性造成的。石英玻璃的折射率,严格来说,并不是一个固定的常数,而是对不同的传输波长有不同的值。光纤通信实际上用的光源,并不是只有理想的单一波长,而是有一定的波谱宽度。当光在折射率为 $n$ 的介质中传播时,其速度与空气中的光速 $c$ 之间的关系为:$v=\frac{c}{n}$。光的波长不同,折射率就不同,光传输的速度也就不同。因此,当把具有一定光谱宽度的光源发出的光脉冲射入光纤内传输时,光的传输速度将随光波长的不同而改变,到达终端时将产生时延差,从而引起脉冲波形展宽。材料色散引起脉冲展宽与光源的谱线宽度和材料色散系数成正比。一般情况下,材料色散往往用色散系数来衡量。

3)偏振模色散

如图 11-9 所示,光信号在光纤中的传输可以描述为沿 $X$ 轴和 $Y$ 轴振动的两个偏振模。由于光纤中存在着双折射现象,$X$ 轴和 $Y$ 轴方向的折射率不同,造成这两个正交偏振态的传播时延不同,产生偏振模色散。从本质上讲,偏振模色散属于模式色散的范畴。

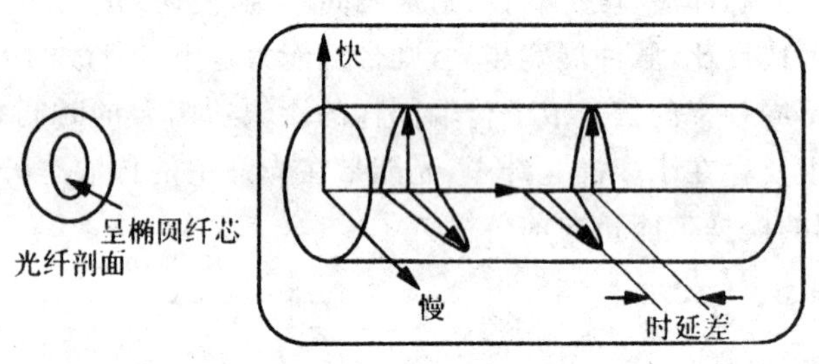


**图 11-9　偏振模色散**

一般来说,光纤 3 种色散的大小顺序是:模式色散、材料色散、波导色散。对于多模光纤,总色散等于三者相加,在限制带宽方面起主导作用的是模式色散,其他两个色散影响很小。对于单模光纤,因只有一个传输模式,故不存在模式色散,其总色散为材料色散和波导色散之和。为了减小总的波长色散,要尽量选用窄谱线激光器作为光源。对光纤用户来说,一般只关心光纤的总带宽或总色散。

总之,光纤通信不仅在技术上具有很大的优越性,而且在经济上具有巨大的竞争能力,因此其在信息社会中将发挥越来越重要的作用。从各种通信系统相对造价与传输容量(话路数)的关系来说,随着传输容量的增加,由于采用了新的传输媒质,使得相对造价直线下降。

### 11.2.2　光缆

光缆一般由缆芯、加强元件和护层三部分组成。

①缆芯:由单根或多根光纤芯线组成,有紧套和松套两种结构。紧套光纤有二层和三层结构。

②加强元件:用于增强光缆敷设时可承受的负荷,一般是用金属或非金属纤维制作。

③护层:具有阻燃、防潮、耐压、耐腐蚀等特性,主要是对已成缆的光纤芯线进行保护。根据敷设条件,护层可由铝带/聚乙烯综合粘接外护层(LAP)、钢带(或钢丝)铠装和聚乙烯护层等

组成。

根据缆芯结构的特点，光缆可以分为层绞式、骨架式、中心束管式和带状式共 4 种，如图 11-10所示。我国及欧亚各国选用较多的是传统结构的层绞式和骨架式。

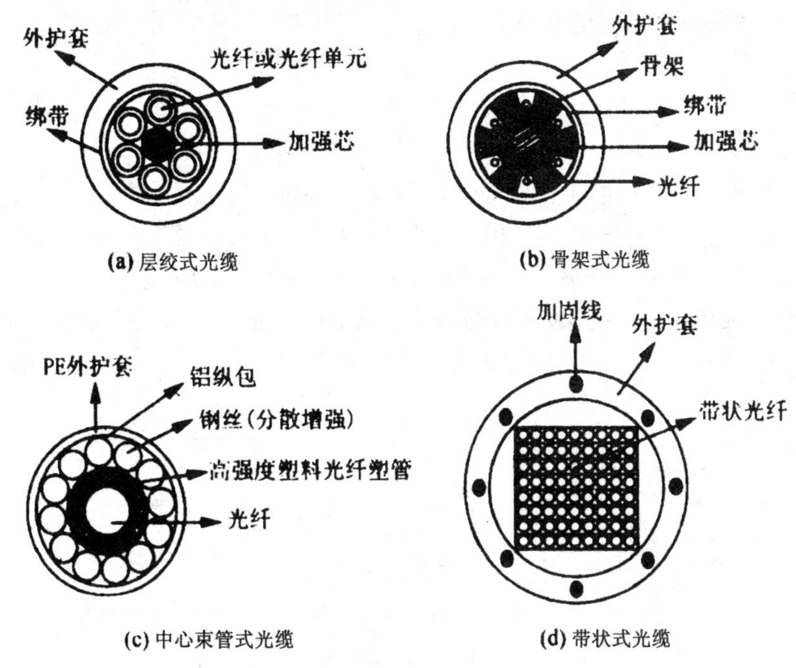


图 11-10　光缆结构

(1)层绞式光缆

如图 11-10(a)所示，层绞式光缆的加强件置于缆芯的中心位置上，加强件的外边为光纤层。将若干根光纤以加强件为中心螺旋绞合而成。缆芯制造设备简单，工艺成熟，得到了广泛应用。采用松套芯线可增强抗拉强度，改善温度特性。

(2)骨架式光缆

图 11-10(b)所示，骨架式光缆其缆芯为一具有若干 V 形槽的、用硬塑料制成的支架，光纤就置放在 V 形槽中，槽的纵向呈螺旋形或正弦形，一个空槽可放置 5～10 根一次涂覆光纤。加强件就放在缆芯的中央。这种结构的缆芯抗侧压力性能好，有利于对光纤的保护。

(3)中心束管式光缆

图 11-10(c)所示的中心束管式光缆，其缆芯中含有若干根硬塑料套管，每一管孔内置放一束或多束光纤，加强件配置在套管周围而构成。这种结构的加强件同时起到护层的部分作用，有利于减轻光缆的质量。近年来，中心束管式光缆得到了较快的发展。

(4)带状式光缆

把带状光纤单元放入大套管中，形成中心束管式结构；也可把带状光纤单元放入凹槽内或松套管内，形成骨架式或层绞式结构，如图 11-10(d)所示。带状式光缆宜在光纤数目较多的情况下采用，广泛应用于接入网。

目前通信用光缆可分为以下几种：

室(野)外光缆：用于室外直埋、管道、槽道、隧道、架空及水下敷设的光缆。

软光缆：具有优良的曲挠性能的可移动光缆。

室(局)内光缆：适用于室内布放的光缆。

设备内光缆：用于设备内布放的光缆。

海底光缆：用于跨海洋敷设的光缆。

### 11.2.3 光端机

1. 光发送机

图 11-11 所示为光发送机的工作原理，图中光源驱动电路是光发送机的主干电路，其中整形或码型变换、光源驱动和发射光源是光发送机的基本部分，而自动温度控制(ATC)、自动光功率控制(APC)和各种保护电路是光发送机的辅助部分。在以 LED 为光源的光发送机中，将只有上面三个基本部分。因此，可以说光发送机的本质含义就是根据光源器件的应用特性采取针对性的措施使光源器件能有效和可靠地应用在光纤传输系统中。

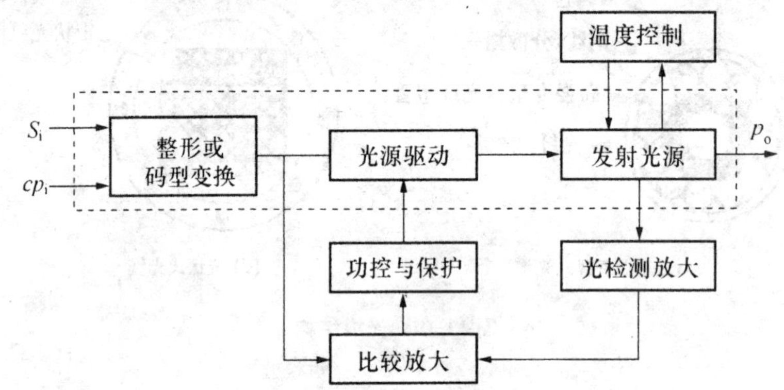


图 11-11　光发送机的工作原理

(1)光源

光源是光纤通信设备的核心，其作用是将电信号转换成光信号送入光纤。目前光纤通信广泛使用的光源主要有发光二极管或称发光管(LED)和半导体激光二极管或称激光器(LD)，有些场合也使用固体激光器。这两种二极管是由半导体材料制成的，它们各自有不同的特点。光源的选择取决于系统成本及性能要求。激光二极管的价格高、性能好；普通发光二极管价廉、性能差。为了说明其工作原理，这里简单介绍一下物质的发光机理的概念。

物质是由原子组成的，而原子是由原子核和核外电子构成的。原子核周围有电子，电子在原子核周围的轨道上运动，由内向外轨道的能量(称为能级)逐级降低，能级越低，其中电子占据的概率越大，电子数就越多。如果让当电子从占据较高能级 $E_2$ 跃迁至较低能级 $E_1$ 时，其能级间的能量差( $\Delta E = E_2 - E_1$ )以光子的形式释放出来，这个能量差 $\Delta E$ 与辐射光的频率 $f$ 之间的关系为

$$\Delta E = hf$$

式中，$h$ 是普朗克常数，$h=6.626\times10^{-34}\text{J}\cdot\text{S}$。

①发光二极管。发光二极管(LED)实质上就是 PN 结二极管，一般由半导体材料。LED 发射的光是电子与空穴复合自发产生的。当加在二极管两端的电压正向偏置时，注入的少数载流子通过 PN 结立即与多数载流子复合，释放的能量以光的形式发射出来。这个过程原理上同平常使用的二极管是一样的，只是在选择半导体材料及杂质上有所不同。制造的材料要求具有辐

射性，能够产生光子，光子以光速传播，但没有质量。而普通的二极管在工作过程中没有辐射性也不会产生光子。LED 材料的禁带宽度(Energy Gap)决定所要发出的光是不是可见光以及可见光的颜色(波长)。

②激光二极管。激光是利用谐振腔产生振荡的原理而形成的。

LD 的优点：LD 产生的是单色光。LD 比 LED 适用于更高的比特率。由于 LD 具有方向性很强的辐射特性，因而易于光到光纤的耦合，这降低了耦合损耗。LD 的输出光功率大于 LED。典型 LD 的输出功率是 5mW(7dBm)，一般的 LED 的输出功率只有 0.5mW(−3dBm)，因而可提供较强驱动能力的 LD，使系统具有更长的通信距离。

LD 的缺点：LD 比 LED 贵约 10 倍；由于 LD 辐射功率较高，因而寿命比 LED 短；与 LED 相比，LD 对温度的变化更敏感。

(2)整形或码型变换

在数字光纤传输系统设备的总体设计中，为了方便光发送机对其输入脉冲信号码型的选择，统一电路接口，简化设备的电路结构，一般输入到光发送机的脉冲信号都采用 NRZ 码型。而在光发送机中可以采用 NRZ 码型，也可采用 RZ 码型。一般来说，RZ 码型对数字光纤传输系统中的数字光接收机有利，而 NRZ 码型则相应增加了光接收机对信号波形均衡的难度。因此，目前在中等码速率的数字光纤传输系统中一般采用 RZ 码型，而在高码速率或超高码速率的数字光纤通信系统中多采用 NRZ 码型。

因此，在光发送机中，如果采用 NRZ 码型，则必须将输入的 NRZ 码型的脉冲信号通过整形电路进行码型整形，以便用十分标准或经过某些预处理的电脉冲信号去调制光源器件，从而发出符合系统性能要求的光脉冲信号。如果采用 RZ 码型，则必须将输入的 NRZ 码型转变成 RZ 码型。

(3)光源驱动电路(光调制)

要使光源发光，就必须给光源提供一定的调制信号，对 LD 而言，还必须提供一定的偏置电流。所谓的光源驱动电路，就是给光源提供恒定偏置电流和调制信号的电路，因此也可称作光源的调制电路。一般来说，光源驱动电路是一种电流开关电路，最常用的是差分电流开关电路。在对 LD 进行高速脉冲调制时，驱动电路开关速度既要快，又要保持有良好的电流脉冲波形。

光调制的方式有直接调制(内调制)和间接调制(外调制)。在光纤数字通信系统中主要是直接光强度，由光源驱动电路实现。直接调制就是将电信号直接注入光源，使其输出的光载波信号的强度随调制信号的变化而变化。

对光源驱动电路的要求主要是，能够提供较大的、稳定的驱动电流；有足够快的响应速度，最好大于光源的驱动速度；同时保证光源具有稳定的输出特性。目前，直接光强度的调制速率可达到 20Gb/s。

由于 LD 对环境温度敏感以及自身易老化等原因，其发光功率会发生改变，因而除了以上主要电路之外还应有自动温度控制电路和自动光功率控制电路。

①自动温度控制电路(ATC)。温度控制一般由微型致冷器、热敏元件及控制电路组成。热敏电阻监测激光器的结温，与设定的基准温度比较、放大后，驱动致冷器控制电路，改变致冷量，以保持激光器在恒定温度下工作。微型致冷器多采用半导体致冷器，它利用半导体材料的珀耳帖效应制成。所谓珀耳帖效应，是指当直流电流通过两种半导体(P 型和 N 型)组成电偶时，利用其一端吸热而另一端放热的效应。一对电偶的致冷量很小，可根据用途不同，将若干对电偶串

联或并联，组成温差功能器，其中微型半导体致冷器的控制温差可达 30℃～40℃。

为提高致冷效率和控制精度，常将致冷器和热敏电阻封装在激光器管壳内部，热敏电阻直接探测结区温度，致冷器直接与激光器的热沉接触，这种方法可使激光器的结温控制在±0.1℃范围内，从而使激光器有较恒定的输出光功率和发射波长。但温控无法阻止由于激光器老化而产生的输出功率和频率的变化。温控电路的控制精度，与外围电路的设计和激光器的封装技术有直接的关系，一个高质量的封装，应能使热敏电阻准确反映结温，同时致冷器与 PN 结应有良好的热传导。除了 ATC 方法外，另一种温度控制的方法是环境温度控制法，它主要是对通信机房进行温度控制，让 LD 在比较适宜的环境下工作。

②自动光功率控制(APC)。由于 LD 的性能参数，如阈值电流会随温度和器件的老化而变化，从而引起输出光功率的变化，这可以通过控制激光器的偏置电流，使其自动跟踪阈值的变化，从而使 LD 总是偏置在最佳状态，而达到稳定其输出光功率恒定不变。这是 APC 最常用的方法。

2. 光接收机

光接收机的作用是将光纤传输线路传来的对端的已调光信号转变成电信号，经处理后送至电端机。直接光强度调制和直接检测方式的数字光接收机的组成，如图 11-12 所示，主要包括光电检测器、前置放大器、主放大器、均衡器、时钟提取电路、判决器以及自动增益控制(AGC)电路等。在实际的光端机中，这些电路都安装在同一个机盘中，通常成为光接收盘。

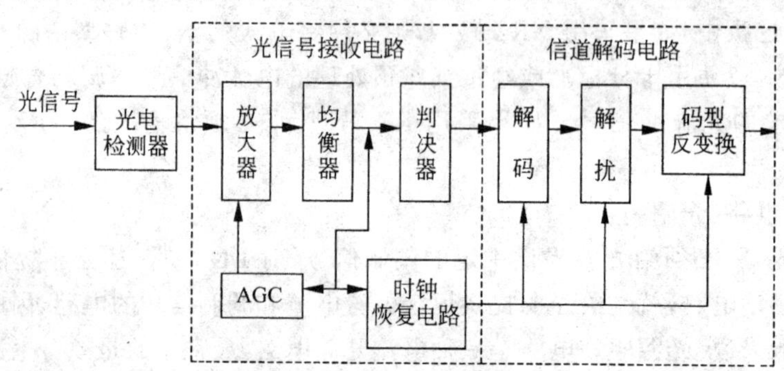


图 11-12　数字光接收机的组成

在数字光接收机中，光电检测器将光纤传来的微弱光脉冲信号经转换变为电脉冲，其输出电信号的大小与输入光的强弱变化一致。主要方法是将光纤出射的光直接照射至光电检测器的光敏表面(称直接检测)产生电信号。

前置放大器是具有低噪声，高增益的放大器，它能对这个微弱电信号进行放大，而产生的噪声很小。

主放大器是宽带高增益的放大器，它能提供可变的增益，并通过它实现自动增益控制(AGC)，以使输入光信号在一定范围内变化时，输出的电信号保持恒定。

自动增益控制(AGC)电路可以根据输入光功率的大小产生相应的控制电压，控制主放的增益相应调整。

均衡器的作用是对主放大器输出的失真的数字脉冲信号进行整形，使之成为最有利于判决和码间干扰最小的升余弦波形。均衡器的输出信号通常分为如下两路：一路经峰值检波电路变换成与输入信号的峰值成比例的直流信号，送入自动增益控制(AGC)电路，用以控制主放大器的增益;另一路送入判决再生电路,将均衡器输出的升余弦信号恢复为"0"或"1"的数字信号。

经过上面的放大及相关处理后,可对信号判决再生,恢复原数字信号。脉冲再生电路由判决器和时钟提取电路构成,它的作用是将均衡输出的升余弦频谱脉冲波形恢复为标准的数字脉冲信号。时钟提取电路是将信号码流提取与发送一样的时钟信号提取出来,在定时信号指定的时刻,判决由均衡器送来的信号;如果输入信号大于判决门限电平,则判为"1"码,低于判决电平,则判为"0"码。

(1)光电检测器

光电检测器是光接收机实现光/电转换的重要器件,其性能特别是响应度和噪声直接影响光接收机的灵敏度。光纤通信系统对光电检测器的基本要求包括以下几点:在系统的工作波长上具有足够高的响应度,即对一定的入射光功率,能够输出尽可能大的光电流;具有足够高的响应速度和足够的工作带宽,对高速光脉冲信号有足够快的响应能力;尽可能低的噪声;光电转换线性好,信号转换后的失真小;工作稳定可靠,功耗和体积小,工作寿命长等。

目前,满足上述要求,适合于光纤通信系统应用的光电检测器主要有PIN二极管和APD光电二极管。

①PIN二极管。PIN二极管是一种耗尽层光电二极管,是光纤通信系统中最常用的光电检测器。光电二极管是利用半导体PN结的光电效应实现光信号与电流信号的转换,其工作过程的基本机理是光的吸收。当有光照射到PN结上,如果光子能量$hf$可大于或等于半导体禁带宽度$Eg$时,占据较低能级价带的电子吸收光子能量,跃迁到高能级导带,在导带中出现电子,在价带中出现空穴,这种现象就是半导体PN结的光电效应。这些光生电子-空穴对,称为光生载流子。

如果光生载流子是在PN结耗尽区内产生的,则它们在内建场的作用下,电子向N区漂移,空穴向P区漂移,于是P区有过剩的空穴,N区有过剩的电子积累。即在PN结两边产生光生电动势,把外电路接通,就会有光生电流流过。在耗尽区内,由于有内建场的作用,响应速度快。如果在耗尽区外产生,就没有内建场的加速作用,运动速度慢,响应速度低,而且容易被复合,使光电转换效率差。

为了提高转换效率和响应速度,耗尽区需要尽量加宽,可以采用外加负偏压,P结接负极性,N结接正极性;还可以改变半导体的掺杂浓度。

PIN光电二极管是在光电二极管的基础上改进而成的。它是在P型材料和N型材料之间加一层轻掺杂的N型材料或不掺杂的本征材料,称为I层。由于是轻掺杂,电子浓度很低,经扩散后形成一个很宽的耗尽层,这样可以提高其响应速度和转换效率。

当有光照射到PIN光电二极管的光敏面上时,在整个耗尽区及其附近产生受激吸收现象,从而产生电子-空穴对。其中在耗尽区内产生的电子-空穴对,在外加负偏压和内建场的共同作用下,加速运动,当外电路闭合时,就会有电流流过。响应速度快,转换效率高。而在耗尽区外产生的电子-空穴对,因掺杂很重,很快复合掉,到耗尽区边缘的粒子数很少,其作用可忽略不计。

PIN光电二极管的耗尽层增宽,I区就有更多的光子被吸收,从而可以提高量子效率。当然,I区的宽度也不是越宽越好,宽度越大,光生载流子在耗尽区的漂移时间就越长,响应速度慢,故需综合考虑。一般I区厚度约为70～100$\mu$m,而P区和N区厚度约为数微米。

②APD光电二极管。图11-13所示是光电二极管(APD)的基本结构。APD是一种PIPN组成的四层结构。光入射二极管并被较薄的、重掺杂的N层吸收,使IPN结的电场强度增强。

在强反向电场的作用下，PN 结内部产生雪崩式的碰撞电离作用。当一个载流子获得足够能量后就再去碰撞其他束缚电子，而这些被电离的载流子又会继续去碰撞，产生更多的电离子。这个过程持续不断就像雪崩一样，实际上它就相当于内部增益或载流子放大。因此，APD 光电二极管比 PIN 更灵敏，而且对外部放大功能要求更低。APD 的缺点是具有相对较长的渡越时间以及由于雪崩放大造成的附加内部噪声。

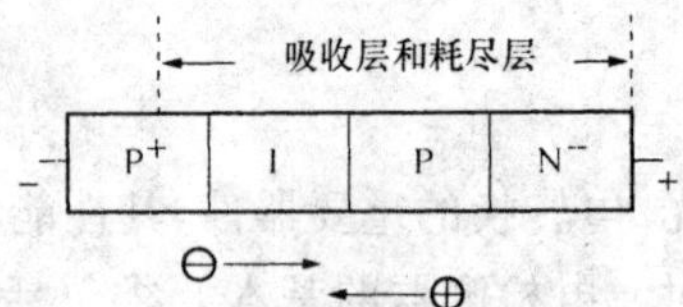


图 11-13　APD 光电二极管的结构

(2)光信号接收电路

光信号接收电路主要有以下三个作用。

①低噪声放大。由于从光电检测器出来的电信号非常微弱，在对其进行放大时首先必须考虑的是抑制放大器的内部噪声。我们知道，制作高灵敏度光接收机时，必须使热噪声最小，因此光接收电路首先应该是低噪声电路。

②给光电二极管提供稳定的反向偏压。光电二极管只需 5～8V 的非临界电压，雪崩二极管一般情况下要求偏压等于 100～400V。因此选择合适的偏压很重要，而且在设计过程中也比较困难，需要反复调试。

③自动增益控制。虽然光纤信道是恒参信道，但仍有可能因为整个系统中的光电器件的性能变化、控制电路的不稳定以及器件的更换等原因，使光接收电路所接收到的信号的电平发生波动，因此光接收机必须有自动增益控制的功能。

(3)信道解码电路

信道解码电路是与发端机的信道编码电路完全对应的电路，即包含解密电路、解扰电路和码型反变换电路。

3.光端机的主要性能指标

光接收机和光发送机都属于光端机。在工程验收或维护时，需要对以下光端机性能指标测试，保证达到要求。

(1)平均发送光功率及其稳定度

平均发送光功率又称为平均输出光功率，是指在光发送机的光源尾巴光纤的出射端测得的光功率。在工程中主要采用相对值表示，即

$$P_t = 10\lg P(\text{mW})/1(\text{mW})/(\text{dBm})$$

平均发送光功率的大小直接影响系统的中继距离，是进行光纤通信系统设计时不可缺少的一个原始数据。平均发送光功率的稳定度要求是指在环境温度变化或器件老化过程中，发送光功率要保持恒定。

(2)光接收机灵敏度

光接收机的灵敏度可以用满足给定的误码率指标条件下可靠工作所需要的最小平均光功率 $P_{\min}$ 来表示，单位是瓦(W)。工程上，光接收机的灵敏率常用光功率相对值来表示，单位是分贝毫瓦(dBm)。光接收机灵敏度的定义为

$$S_r = 10\lg P_{\min}(\text{dBm})$$

光接收灵敏度与系统的误码率、传输码速、发送部分的消光比、传输码速、发送部分的消光比、传输光波形状、接收检验器件的类型，以及接收机的前置放大电路等因素有关。因此，在衡量一个光端机接收灵敏度时，必须说明相应的条件，比如误码率、线路传输带宽的劣化等；在测试时也应注意误码的观察需要一定的时间，观察时间越长，准确度越高。由于灵敏度的测量是在连接器前测量的，因此实际的灵敏度应减去该连接器的损耗。

(3)光接收的动态范围

光接收的动态范围是指系统在保证满足某个误码率的条件下，光接收机能容许接收最大平均光功率与最小平均接收功率之比。光接收机的动态范围定义为

$$D = 10\lg[P_{max}/P_{min}]$$

当接收的信号低于动态范围的下限或高于动态范围的上限时，都将产生极大的误码。动态范围是光接收机性能的另一个重要指标，它表示光接收机接收强光的能力，一台质量好的光接收机应有较宽的动态范围，数字光接收机的动态范围一般都在20dB左右。测量光接收机的动态范围时，只要测出在一定误码率指标下，接收机的 $P_{max}$ 和 $P_{min}$ 值并代入定义式中即可算出动态范围。

(4)消光比(EXT)

消光比定义为发全“0”码时的平均发送光功率 $P_0$ 与发全“1”码时的平均发送光功率 $P_1$ 之比，通常用符号 EXT 表示，即

$$\mathrm{EXT} = \frac{P_0}{P_1}$$

在数字光纤通信系统中，性能优异的光端机的发射机盘在传输“0”码时，应无光功率输出。但是，实际的光发射机由于光源器件本身的问题，以及直流偏置，致使发“0”码时也有微弱的光输出，导致接收机的灵敏度下降。消光比反映了光发射机的调制状态，消光比太大，说明光发射机的调制不完善，电光转换效率低，消光比还影响接收机的接收灵敏度。通常光数字发射机的消光比值为10dB。在光端机内部设置有扰码电路，测量全“0”码时的平均功率时，可以采用切断送至光发送电路的电信号来实现。消光比的测量原理图同平均发送光功率的测量图是一样的。

## 11.3　光纤通信系统

光纤通信系统由光端机、光中继器、光纤和监控系统组成，具体如图11-14所示。

### 11.3.1　光纤通信系统的辅助设备及码型

1.光纤通信系统的辅助设备

通常情况下，要设置备用系统以确保光纤通信系统的畅通。正常情况下只有主系统工作，一旦主要系统出现故障，就可以立即切换到备用系统，这样就可以保障通信的正确无误。辅助设备对系统的完善，主要包括公务通信系统、监控系统、自动倒换系统等。

(1)公务通信系统

公务通信系统为各中继站与终端站之间提供业务联络。

(2)监控系统

监控系统可对组成光纤传输系统的各种设备自动进行性能和工作状态的监测，发生故障时

会自动告警并予以处理，对保护倒换系统实行自动控制。对于设有多个中继站的长途通信线路及装有通达多方向、多系统的线路维护中心局来说，集中监控是必须采用的维护手段。

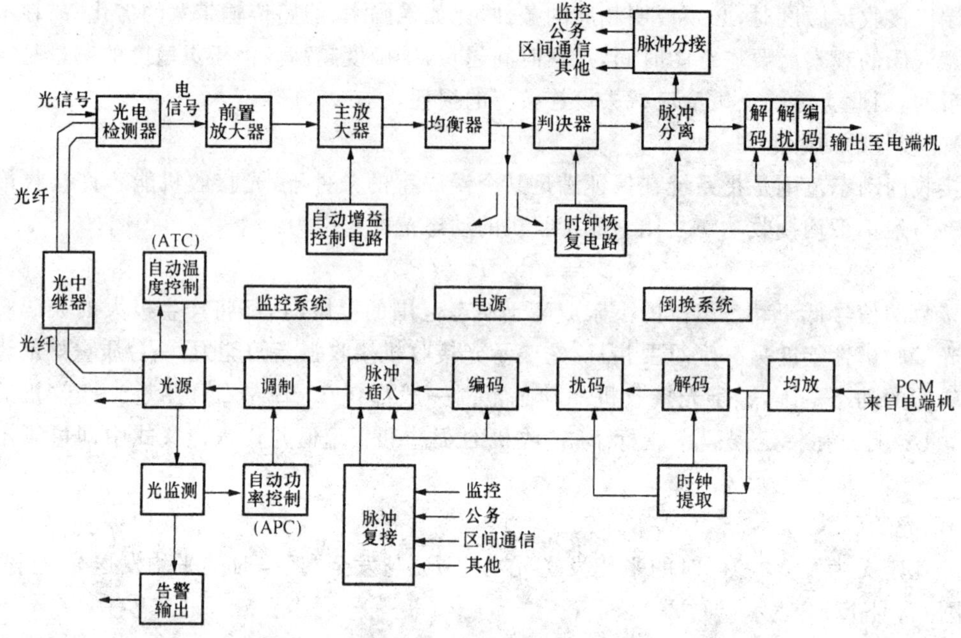


图 11-14　光纤通信系统

监控系统主要由对一个数字段进行监控、对多方向进行监控和对跨越数字段进行监控三部分组成。目前主要采用光纤来传输监控信号，这种方法又可分为如下两种方式。

①时分复用方式。这种方式就是在电的主信号码流中插入冗余(多余)的比特，用这个冗余的比特来传输监控等信号。

②频分复用传输方式。采用频分方式可有不同的方法，下面介绍其中一种方法——脉冲调顶方法。将主信号—数字信号电脉冲做“载波”，用监控电数字信号对这个主信号进行脉冲浅调幅，即使监控信号“载”在主信号脉冲的顶部，或者说对主信号脉冲“调顶”。最后，再将这个被“调顶”的主信号对光源进行强度强制，变为光信号耦合进光纤。

(3)自动倒换系统

“输入分配”和“输出倒换”组成了自动保护倒换装置。它是为提高线路的可靠性和可利用率而准备的热备用系统。主用系统出现故障时，会自动切换到备用系统工作。备用的方式是多种多样的，可以是一个主系统配备一个备用系统，也可以是多个主系统共用一个备用系统。是采用“一主一备”还是“多主一备”系统工作，要根据使用要求和使用条件而定。我国省内通信和本地网中采用“一主一备”方式较多，这主要是前期建设的系统数较少，又要设保护系统的缘故。而长途干线中主要采用“多主一备”系统，以提高机线设备的利用率。

2. 光纤通信系统的码型

(1)光纤对所传信号码型的要求

对于数字端机的接口码型，一般采用双极性码。目前常用的双极性码有 HDB3 码和 CMI 码。HDB3 码适用于 2～34Mb/s(1～3 次群)的数字信号接口。而 CMI 码适用于 140Mb/s 数字信号接口。对于光缆数字系统，目前主要采用光强度调制方式，即传输信息仅为发光器件发出的光"有"或"无"两种状态，且由于光电转换器件的特性，光源不可能发射负的光脉冲，因而，其线路码型一般只考虑二电平码，即应采用单极性码。光缆线路系统对传输码型的主要要求如下：

①能传输监控、公务和区间信号。

②能对中继器进行不中断业务的误码检测。

③减少码流中长连"0"或长连"1"的码字，以利于光端机和中继设备的定时提取，便于信号再生判决。

④能实现比特序列独立性，即不论传输的信息信号如何特殊，其传输系统都不依赖于信息信号而进行正确的传输。

(2)扰码

为了保证传输的透明性，在系统光发射机的调制器前，需要附加一个扰码器，将原始的二进制码序列进行变换，使其接近随机序列。它是根据一定的规则将信号码流进行扰码，经过扰码后使线路码流中的"0"、"1"出现概率相等，从而改善了码流的一些特性。但其仍具有如下缺点。

①信号频谱中接近于直流的分量较大。

②不能完全控制长连"1"和长连"0"序列的出现。

③没有引入冗余，不能进行在线误码检测。

(3)常用光纤路线码型

1)插入比特码($m$B1X 码)

这种码型是将输入的二进制原始码流每 $m$ 比特划分为一组，然后在这组的末尾一位之后插入 1 个比特码，组成 $m+1$ 位为一组的线路码流。由于插入的比特码的功能不同，这种码型又可分为 $m$B1C 码、$m$B1P 码和 $m$B1H 码三种形式。

①$m$B1C 码。这种码型是将信码流每 $m$ 比特分为一组，然后在其末位之后再插入一个反码(又称补码)即 C 码。C 码的作用是如果第 $m$ 位码为"1"码，则反码为"0"；反之则为"1"。

②$m$B1P 码。$m$B1P 码是将输入的二进制码每 $m$ 比特分为一组，检查每组中传号(即"1"码)的奇偶性，根据校验的结果，在 $m$ 比特之后插入一比特奇偶校正位(1P)，故称为 $m$B1P 码。如果 $m$B 中的传号为奇数个，则 1P 为传号("1")；如果 $m$B 中的传号为偶数个，则 1P 为空号("0")。根据码格式的不同，$m$B1P 码有多种派生情况，如间隔插入帧码的 $m$B1P 码(1F$m$B1P)、周期性插入传号和空号的 $m$B1P 码(PMSI$m$B1P)等。但是单纯性 $m$B1P 码使用最普遍，常见的是 $7\leqslant m\leqslant 17$ 构成的码。在实际使用中，$m$B1P 码往往和扰码结合在一起使用。

③$m$B1H 码。这种码是将信码流中每 $m$ 比特码分为一组，然后在其末位之后插入一个混合码，称为 H 码。这种码型具有多种功能，除可完成 $m$B1P 和 $m$B1PC 码的功能外，还可同时用来完成区间通信、公务联络、数据传输以及误码检测等功能。

$m$B1H 码的优点：码速提高不大，误码增值小；可实现在线误码监测、区间通信和辅助信息传送。

$m$B1H 码的缺点：码速的频谱特性不如 $m$B1B 码，但在扰码后再进行 $m$B1H 码变换，就可以满足通信系统的要求。

2)分组变换码(Block Code)

分组变换码又称 $m$B$n$B 码。最典型的分组码为 $m$B$n$B 码，它是把输入二进制码流中每 $m$ 比特码分为一组，然后变换为 $n$ 比特的二进制码。$m$、$n$ 均为正整数，且 $n>m$，一般 $n=m+1$。这样，变换之后码组的比特数比变换前大，即输入码字共有 $2^m$ 种，输出码字可能组成 $2^n$ 种，使变换后的码流出现冗余。有了它，在码流中除了可以传输原来的信息外，还可以传输与误码检测等有关的信息。另外，经过适当的编码之后，可以改善定时信号的提取和直流分量的起伏等问题。

*m*B*n*B 码型中有 1B2B、283B、384B、5B6B 等。其中，5B6B 码型被认为在编码复杂性和比特冗余度之间是最合理的折衷，因此使用较为普遍。5B6B 码型的编码表如表 11-1 所示。

**表 11-1　5B6B 码型的编码表**

| 输入码字(5B) | | 输出码字(6B) | |
|---|---|---|---|
| | | 正模式 | 负模式 |
| 0 | 00000 | 000111 | 000111 |
| 1 | 00001 | 011100 | 011100 |
| 2 | 00010 | 110001 | 110001 |
| 3 | 00011 | 101001 | 101001 |
| 4 | 00100 | 011010 | 011010 |
| 5 | 00101 | 010011 | 010011 |
| 6 | 00110 | 101100 | 101100 |
| 7 | 00111 | 111001 | 000110 |
| 8 | 01000 | 100110 | 100110 |
| 9 | 01001 | 010101 | 010101 |
| 10 | 01010 | 010111 | 1010000 |
| 11 | 01011 | 10111 | 011000 |
| 12 | 01100 | 101011 | 010100 |
| 13 | 01101 | 011110 | 100001 |
| 14 | 01110 | 101110 | 010001 |
| 15 | 01111 | 110100 | 110100 |
| 16 | 10000 | 001011 | 001011 |
| 17 | 10001 | 011101 | 100010 |
| 18 | 10010 | 011011 | 100100 |
| 19 | 10011 | 110101 | 001010 |
| 20 | 10100 | 110110 | 001001 |
| 21 | 10101 | 111010 | 000101 |
| 22 | 10110 | 101010 | 101010 |
| 23 | 10111 | 011001 | 011001 |
| 24 | 11000 | 101101 | 010010 |
| 25 | 11001 | 001101 | 001101 |
| 26 | 11010 | 110010 | 110010 |

续表

| 输入码字 (5B) | | 输出码字(6B) | |
|---|---|---|---|
| | | 正模式 | 负模式 |
| 27 | 11011 | 010110 | 010110 |
| 28 | 11100 | 100101 | 100101 |
| 29 | 11101 | 100011 | 100011 |
| 30 | 11110 | 001110 | 001110 |
| 31 | 11111 | 111000 | 111000 |

5B6B 码型的特点：码流中引入一定冗余度，便于在线误码监测；高低频分量少，基线漂移小；码流中的“1”、“0”码概率相等，连“1”或连“0”的数目减少，定时信息丰富。

3)其他线路码型

光纤通信中，有时利用电缆传送数字信号。因此可用 ITU-TG. 703 建议的物理/电气接口码型。如伪双极性码即 CMI 和 DMI 码。

CMI 码由于结构均匀，传输性能好，可以用游动数字和的方法检测误码，因此误码检测性能好。由于它是一种电接口码型，因此 139264kb/s 光纤传输系统就用 CMI 码作为光线路码型。另外，它还不需重新变换，直接用四次群复用设备送来的 CMI 信号调制光源。接收端也可直接将再生还原的 CMI 码直接送给四次群复用设备，而不需线路码型的变换和反变换设备。

CMI 码的缺点是码速提高率(等于 100%)太大以及传送辅助信息的性能较差。

### 11.3.2　光纤通信系统的传输性能指标

为了保证正常通信，必须对光纤通信系统的性能提出具体的、合理的指标要求。下面主要针对数字光纤通信系统，介绍其四种主要的性能指标：误码性能、抖动性能、抖动容限和可靠性与可用性。

1. 误码性能

误码性能是衡量数字光纤通信系统性能的重要指标之一，它反映了数字信息在传输过程中受到损害的程度。目前误码性能用误码率来衡量，即在特定的一段时间内接收的错误码元与同一时间内接收的总码元数之比。误码率(BER)定义为

$$\text{BER}=\text{错误接收的码元数}/\text{传输的总码元数}$$

2. 抖动性能

数字信号传输中一种瞬时不稳定现象便是抖动，即数字信号的各有效瞬间对其理想时间位置的短时间偏离。抖动可分为相位抖动和定时抖动。相位抖动是指传输过程中形成的周期性的相位变化。定时抖动是指脉码传输系统中的同步误差。图 11-15 为定时抖动的图解定义。抖动的大小或幅度通常可用时间、相位或数字周期表示。目前多用数字周期表示，即“单位间隔”，用符号 UI(Unit Interval)表示，也就是 1b 信息占有的时间间隔。

产生抖动的主要原因是随机噪声、时钟提取回路中调谐电路的调谐频率偏移、接收机的码间干扰等。

控制或抑制抖动的方法主要有两种：一种是对数字信号采用合适的线路编码，使“0”、“1”码的分布比较均匀；另一种是采用“缓冲存储器”和再定时技术，利用跟踪滤波器或模拟锁相环路的

功能，抑制信号的抖动。

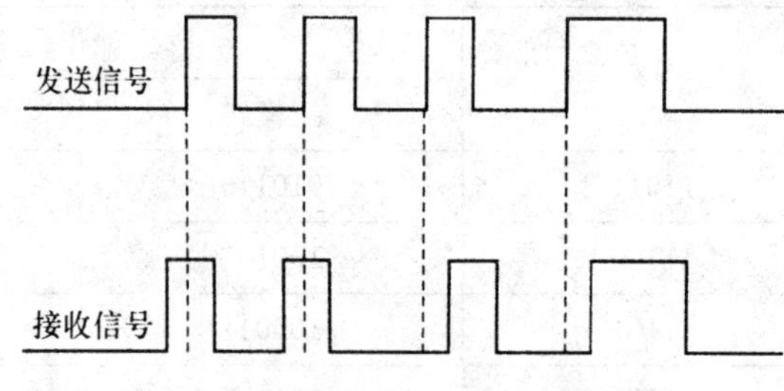


图 11-15　定时抖动的图解定义

3. 抖动容限

为了使光纤数字通信系统在有抖动的情况下仍能保证系统的指标，那么，抖动就应限制在一定范围之内，这就是所谓的抖动容限。

抖动容限可分为输入抖动容限和输出抖动容限。输入抖动容限是指光纤数字通信系统允许输入脉冲产生抖动的范围；输出抖动容限则为输入信号无抖动的情况下，光纤数字通信系统输出信号的抖动范围。

光纤通信系统的设计方面，主要包括以下两方面的内容：工程设计和系统设计。工程设计的主要任务是工程建设中的详细经费概预算和设备、线路的具体工程安装细节。主要内容包括对近期及远期通信业务量的预测，光缆线路路由的选择及确定，光缆线路敷设方式的选择，光缆接续及接头保护措施，光缆线路的防护要求，中继站站址的选择以及建筑方式，光缆线路施工中的注意事项。设计过程大致可分为：项目的提出和可行性研究；设计任务书的下达；工程技术人员的现场勘察；初步设计；施工图设计；设计文件的会审；对施工现场的技术帮导及对客户的回访等。系统设计的主要任务是遵循建议规范，采用较为先进成熟的技术，综合考虑系统经济成本，合理选用器件和设备，明确系统的全部技术参数，完成实用系统的合成。

4. 可靠性与可用性

可靠性与可用性是反映数字光纤通信系统发生故障的时间间隔以及每次故障的维修时间的指标。常用的表示可靠性与可用性的方法有如下几种。

①平均故障间隔时间：指相邻两次故障的间隔时间。

②平均故障修复时间：指每次排除故障所需的平均时间。

③可靠性：指产品在规定的条件下和时间内完成规定功能的能力。

④可用性：指产品在规定的条件下和时间内处于良好状态的概率。

## 11.4　SDH 光同步传送网

### 11.4.1　SDH 的概念与特点

1. SDH 的概念

SDH 是 ITUT 制定的，从统一的国家信息网和国际互通的高度来组建数字通信网，并构成 BIP-ISDN 的传送网络为其概念的核心。

SDH 是由一些光同步数字传输网的网络单元组成的，在传输媒质上进行同步信息传输、复用、分插和交叉连接的传送网络，它具有国际统一的网络节点接口(NNI)。

NNI 包含了两种基本设备:传输设备和网络节点。在现代传输网络中,要想统一上述技术和设备的规范,必须具有统一的接口速率、帧结构、线路接口、复接方法及相应的监控管理等,然而 SDH 网络正好具备了这些特点。

SDH 的帧结构是块状的,允许安排较多的开销比特用于网络管理,包括段开销(SOH)和通道开销(POH),同时具备一套灵活的复用与映射结构,允许将不同级别的准同步数字体系、同步数字体系、等经处理后放入不同的虚容器(VC)中,所以拥有广泛的适应性。在传输时,按照规定的位置结构将以上信号组装起来,利用传输媒质送到目的地。

SDH 有一套标准化的信息结构等级,称之为同步传输模块。最基本的模块为 STM-1,传输速率为 155.520Mb/s。更高速率等级的同步数字系列信号是 STM-N(N=1,4,16,64,…),可通过在 STM-1 信号的字节间插入同步信号复接而成,使 SDH 适用于高速大容量光纤通信系统,便于通信系统的扩容和升级换代。

SDH 是由软件控制的复杂系统和网络,在组网时采用了大量的软件功能进行网络管理、控制及配置,可扩充性和可维护性很强。

2. SDH 的特点

SDH 是完全不同于 PDH(准同步数字体系)的新一代传输网体制,其特点如下。

(1)灵活的复用映射方式

因为 SDH 采用了灵活的复用映射结构和同步复用方式,使低阶信号和高阶信号的复用/解复用一次到位,在很大程度上简化了设备的处理过程,省去了大量的有关电路单元、跳线电缆和电接口数量,从而简化了运营与维护,改善了网络的业务透明性。

(2)兼容性好

SDH 网不仅能与现有的 PDH 网实现完全兼容,同时还可容纳各种新的数字业务信号,因此 SDH 网具有完全的前向兼容性和后向兼容性。

(3)接口标准统一

由于 SDH 具有全世界统一的网络节点接口,并对各网络单元的光接口有严格的规范要求,从而使得任何网络单元在光路上得以互通,体现了横向兼容性。

(4)系列标准规范

SDH 提出了一系列较完整的标准,使各生产单位和应用单位均有章可循,同时使各厂家的产品可以直接互通,使电信网最终工作于多厂家的产品环境中,也便于国际互通。

(5)组网与自愈能力强

SDH 采用先进的分插复用(ADM)、数字交叉连接(DXC)等设备,使组网能力和自愈能力大大增强,不但提高了可靠性,也降低了网络的维护、管理费用。

(6)网络管理能力强

SDH 的帧结构中安排了充足的开销比特,使网络的运行、维护、管理(OAM)能力大大加强。

(7)先进的指针调整技术

因为在实际网络中,SDH 网络中的各网元可能分属于不同的运营者,所以只能在一定范围内同步工作(同步岛),如果超出该范围,则有可能出现一些定时偏差。SDH 采用了先进的指针调整技术,使来自于不同业务提供者的信息净负荷可以在不同的同步岛之间传送,并有能力承受一定的定时基准丢失,从而解决了节点之间的时钟差异带来的问题。

(8)独立的虚容器设计

虚容器(VC),是一种支持通道层连接的信息结构,当将各种业务信号经处理装入虚容器以后,系统只需处理各种虚容器就能达到目的。

SDH 系统目前的不足之处是:由于增加了大量的维护管理比特,因此频带利用率不如 PDH 系统;由于在复接中采用了指针调整技术,使技术设备复杂;由于大量采用了软件技术进行控制、管理与维护,如果出现人为和设备、软件故障及计算机病毒侵入,会导致系统发生重大故障,甚至造成系统瘫痪;由于 IP 业务量越来越大,将会出现业务量向骨干网转移、收发数据不对称等现象。

综上所述,虽然 SDH 还存在着一些弱点,但从总体技术上看,SDH 以其良好的性能得到了举世公认,成为目前传送网的发展主流。尤其是与目前一些先进技术相结合,如光波分复用技术、ATM 技术、Internet 技术(IP Over SDH,支持以太网接口)等,使 SDH 网络的作用越来越大,成为目前信息高速公路中的主要物理传输平台。

### 11.4.2 SDH 的帧结构

SDH 可对 NNI 进行统一的规范,使得 SDH 能实现横向兼容。SDH 信号的基本模块是同步传送模块(STM-1),其速率为 155.520Mb/s,STM-$N$($N$=4、16、64)为更高速率等级的同步数字系列信号,可通过简单地将 STM-1 信号进行字节间插入同步信号复接而成,简化了复接和分接过程,使 SDH 适合于高速大容量光纤通信系统,便于通信系统的扩容和升级换代。

SDH 的帧结构比较复杂,图 11-16 所示的是 STM-$N$ 帧结构,由 270×$N$ 列、9 行的字节组成,字节的传输顺序是从左到右、从上到下。

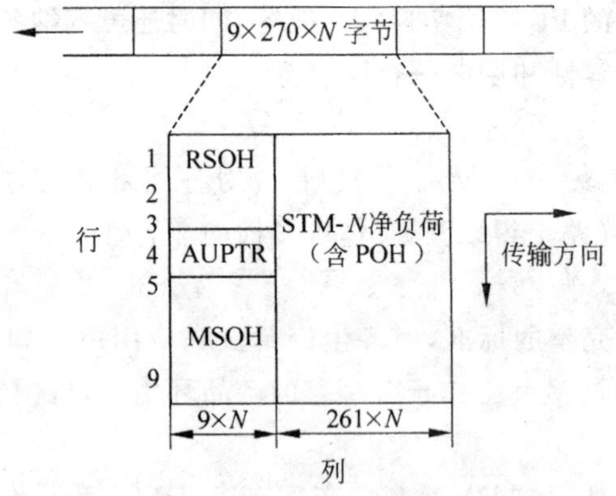


**图 11-16** STM-$N$ **帧结构**

图 11-16 中 $N$ 的取值范围为以 1 为基数,以 4 为等比的级数。然而,ITU-T 只对 STM-1、STM-4、STM-16、STM-64 做出了规定。SDH 的基础设备是同步传送模块(STM),下面我们列出了 $N$=1,4,16,64 时的线路码速和最大话路数。

第 1 级为 STM-1,线路码速为 155.520Mb/s,最大话路数为 1920CH。

第 2 级为 STM-4,线路码速为 622.080Mb/s,最大话路数为 7680CH。

第 3 级为 STM-16,线路码速为 2488.320Mb/s,最大话路数为 30720CH。

第 4 级为 STM-64,线路码速为 9953.280Mb/s,最大话路数为 122880CH。

SDH 结构中包括 STM-$N$ 净负荷(Payload)、段开销和管理单元指针(AUPTR)。

1. STM-$N$ 净负荷(Payload)

STM-$N$ 净负荷是存放待传送信息码的地方，并包含 POH(用于通道性能监视、管理和控制的通道开销字节)。

2. 段开销

SDH 帧结构中具有十分丰富的开销比特。这些开销比特包括了段开销(SOH)和通道开销(POH)，因而网络的运行、维护和管理(OAM)能力大大加强。SOH 主要提供网络运行、管理和维护使用的字节段，SOH 分为两部分：再生段开销(RSOH)和复用段开销(MSOH)。

STM-1 SOH 字节安排，如图 11-17 所示，其中 A1、A2 是帧定位字节，收端通过定位每个 STM-1 的起点来区别不同的 STM-1 帧；J0 为再生踪迹字节，用来重复地发送段接入标识符，从而使接收端确认发送端是否处于持续接入状态；$D_1 \sim D_{12}$ 表示数据通路(DCC)，提供所有 SDH 网元的通用数据通路，构成 SDH 管理网的传输链路，以完成业务的实时调配、告警故障定位、查询等功能；$E_1$、$E_2$ 为公务联络字节，提供公务联络语音通路；$F_1$ 为使用者通路字节，为使用者专用；$B_1$ 为比特间插偶校验 8 位码字节；$B_2$ 为比特间插奇校验 24 位码字节；$K_1$、$K_2$ 为自动保护倒换(APS)通路；$S_1$ 为同步状态字节，表示时钟质量的级别；$M_1$ 为复用远端误码指示(MS-REI)字节，是收端传给发端的告警信息。

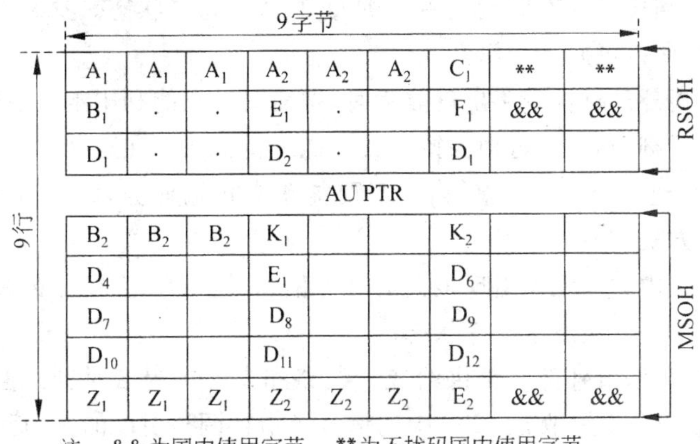


**图 11-17**　STM-1 SOH **字节安排**

3. 管理单元指针

管理单元指针(AUPTR)在帧结构中位于 $1 \sim 9 \times N$ 列、4 行，用来指示信息净负荷的第一字节在帧内的准确位置，因为低速的支路信号在高速 SDH 帧中的位置是有规律的，接收端可根据指针的指示找到信息净负荷第一字节的位置并将其正确地分离出来。采用指针处理的方式是 SDH 的重要创新，它消除了常规 PDH 系统中由于滑动缓存器所引起的延时和性能损伤。

### 11.4.3　SDH 传送网的同步技术

网络同步是数字网的一个特有问题。要想实现网络同步，就是通过一定的手段和机制，使网络的所有设备的时钟频率和相位的偏差都控制在允许的范围之内，从而确保通信网内的数字信号正常复用、交换与传送。

SDH 同步网络的结构分为两种：局内应用和局间应用。

局内应用是指在一个传输枢纽局中有许多个网元设备，这些设备所需的时钟是由一个时钟供给设备所提供的,如图 11-18(a)所示。

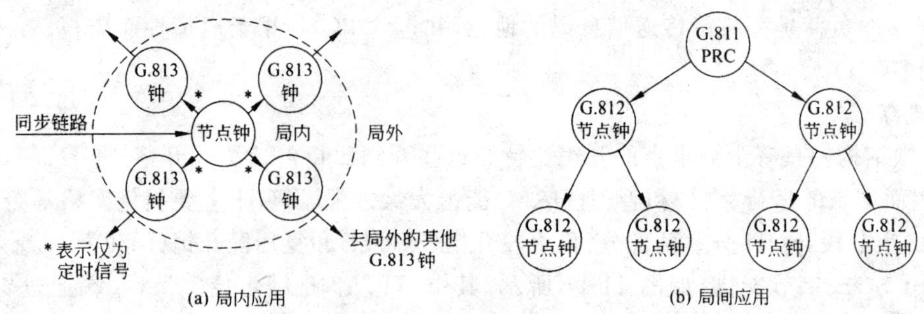


**图 11-18　SDH 同步网络的结构**

局间应用则是指时钟信号从一个局的设备传给另外局的设备。局间同步时钟采用树型结构,逐级向网络末端传送,如图 11-18(b)所示,使 SDH 网中的所有网元均能与更高级或同级时钟同步,从而实现整个 SDH 网络的同步。

同步方式是指从时钟能跟踪到网络基准时钟的工作方式。SDH 网同步方式有 3 种。

伪同步方式是指网络中各网元均与本同步区内的基准时钟同步,但每个同步区的基准时钟仍存在微小差别,使两网边界的网元设备并不是处于真正同步状态。这种方式在 SDH 的指针调整下仍能正常工作,所以也属于工作方式。

准同步方式是指当外部时钟链路出现故障时,网元时钟只能利用本设备的时钟源工作,或记录时钟链路出现故障时刻的时钟,这种保持模式不能维持很久。在这种方式下,时钟偏差的影响将导致 SDH 网元频繁地进行指针调整操作,只要能正常传输业务,就不可中断业务,但这是一种暂时的非正常工作方式。

异步方式是指网络内的网元间出现很大的时钟偏差,网络已经无法依靠指针调整来维护业务信号的正常传输。这种方式属于故障状态。

网元设备的定时,可以由外部时钟供给或从线路和支路中提取时钟。但应注意不能从 TU 中传送的 2.048Mb/s 信号中提取,因 TU 中的信号经指针调整引起的抖动和漂移很大。

## 11.5　光纤通信新技术

光纤通信由于具有许多优点和巨大的生命力,发展十分迅速。光纤通信作为现代通信的主要支柱之一,在现代通信系统中起到了重要的作用。近年来,随着光放大技术、光波分复用(WDM)技术和光纤孤子通信技术等的应用,光纤通信的发展又一次呈现了蓬勃发展的新局面。

### 11.5.1　光放大器

前面讲过,信号在进行长距离传输时,由于光纤中存在的损耗和色散,使得光信号能量降低、光脉冲展宽。因此每隔一定距离就需设置一个中继器,对信号进行放大和再生后才能继续传输。这种光-电-光中继器,先将接收到的微弱光信号经光电检测器转换成电流信号,然后对此电信号进行放大、均衡、判决等使信号再生,最后再通过半导体激光器完成电光转换,重新发送到下一段光纤中去。

为了能够适应光纤通信中不断提高的传输速率要求,人们希望采用光放大的方法来替代传统的中继方式，并延长中继距离。光放大器能直接放大光信号，无需转换成电信号，对信号的格式和速率具有高度的透明性，使得整个光纤通信传输系统更加简单和灵活。目前已成功研制出的光放大器有半导体光放大器和光纤放大器两类。

1. 半导体光放大器

半导体光放大器是一个具有或不具有端面反射的半导体激光器，其结构和工作原理与半导体激光器非常相似。当给器件加偏置电流时，电流可以使半导体增益物质产生粒子数反转，使电子从价带跃迁到导带，从而产生自发辐射，当外光场射入时会发生受激辐射，受激辐射产生信号增益。

半导体光放大器尺寸很小，容易与其他半导体器件集成，频带宽而且增益较高，一般在 15～30dB。但它与光纤的耦合损耗大，为 5～8dB。另外，由于增益与偏振态、温度等因素有关，因此稳定性差。在高速光信号的放大上，仍存在问题，即输出功率小，噪声系数较大。

2. 光纤放大器

光纤放大器的性能与光偏振方向无关，器件与光纤的耦合损耗很小，因而得到广泛应用。光纤放大器实际上是把工作物质制作成光纤形状的固体激光器，所以也称为光纤激光器。

光纤放大器有两种，分别是利用非线性效应制作的常规光纤放大器和稀土掺杂光纤放大器。

(1)利用非线性效应制作的常规光纤放大器

这种光纤放大器利用光纤的三阶非线性光学效应产生的增益机制对光信号进行放大。其传输线路和放大线路同为光纤，是一种分布参数式的光放大器。缺点是由于单位长度的增益系数较低，需要很高的泵浦光功率。这类器件中光纤拉曼放大器(FRA)是其中的佼佼者，它具有在 1770～1670nm 全波段实现光放大和利用传输光纤作在线放大的优点，使其成为继 EDFA 之后的又一颗璀璨的明珠。

(2)稀土掺杂光纤放大器

稀土掺杂光纤放大器是利用稀土掺杂物质引起的增益机制实现光放大的。掺杂的稀土元素有铒(Er)、镨(Pr)、铒镱(Er：Yb)等。其中掺铒光纤放大器(EDFA)的工作波长为 1550nm 波段；掺镨光纤放大器(PDFA)的工作波长为 1300nm 波段。目前已经商品化并大量应用于光纤通信系统的是 EDFA。

EDFA 的工作波长为 1550nm，与光纤的低损耗窗口一致，其典型结构如图 11-19 所示。它包括光路结构和辅助电路部分，光路部分有掺铒光纤、泵浦光源、光耦合器、光隔离器和光滤波器组成，辅助电路主要有电源、自动控制部分和保护电路。

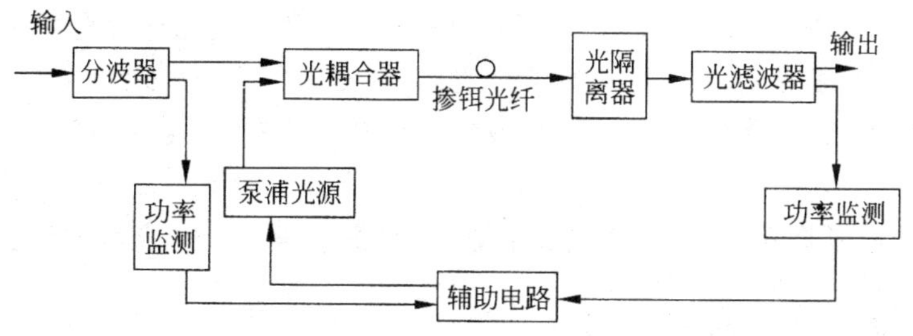


**图 11-19　EDFA 的典型结构**

掺铒光纤是 EDFA 的核心，它以石英光纤做基础材料，在光纤芯子中掺入一定比例的稀土元素——铒离子($Er^{3+}$)，这样就形成了一种特殊的光纤，这种光纤在一定的泵浦光激励下，处于

低能级的 $Er^{3+}$ 可以吸收泵浦光的能量，向高能级跃迁。由于 Er 在高能级上的寿命很短，很快以无辐射的形式跃迁到亚稳态，在该能级上，它有较长的寿命，从而在亚稳态和基态之间形成粒子数反转分布。当 1550nm 波段的光信号通过这段掺铒光纤时，亚稳态的 $Er^{3+}$ 以受激辐射的形式跃迁到基态，并产生出和入射光信号中的光子一模一样的光子，大大增加了信号光中的光子数量，实现了信号光在掺铒光纤中的放大。

EDFA 中的泵浦光源为信号光的放大提供足够的能量，它使处于低能级的 $Er^{3+}$ 被提升到高能级上，使掺铒光纤达到粒子数反转分布。一般采用的泵浦光源是半导体激光二极管，其泵浦波长有 800nm、980nm 和 1480nm 三种。其中应用最多的是 980nm 的泵浦光源，因为泵源具有噪声低、泵浦效率高、驱动电流小、增益平坦性好等优点。

EDFA 中的光耦合器的作用是将信号光和泵浦光合在一起，送入掺铒光纤中。光隔离器的作用是抑制反射光，以确保光放大器工作稳定。光滤波器的作用是滤除光放大器中的噪声，提高 EDFA 的信噪比。

辅助电路部分中的自动控制部分一般采用微处理器对 EDFA 的泵浦光源的工作状态进行监测和控制，对 EDFA 输入和输出光信号的强度进行监测，根据监测结果适当调节泵浦光源的工作参数，使 EDFA 工作在最佳状态。此外，辅助电路部分还包括自动温度控制和自动功率控制等保护功能的电路。

### 11.5.2 光波分复用(WDM)技术

由于光纤具有很宽的带宽，因此可在一根光纤中传输多个波长的光载波，这就是波分复用。它类似于无线电信道的频分复用。采用这种技术可以扩大光纤通信的容量，实现大容量的光纤通信系统。

在长距离光纤通信中，波分复用具有很大的经济性。因为线路的投资很大，占总投资的 70%～80%，采用波分复用，相当成倍地增加光纤线路的传输总量，提高了线路的利用率。

目前，许多国家采用这种技术，它在长途光纤通信与用户网光纤通信领域中均有着广阔的前景。

波分复用(WDM)按照信号间隔的差异，又可分为粗波分复用(CWDM，信道间隔小于 20nm)、密集波分复用(DWDM，信道间隔小于或等于 1.6nm)和超密集波分复用(SDWDM，信道间距小于或等于 25GHz)。在 DWDM 和 SDWDM 系统中，采用可调谐光源替代固定波长光源，以降低通信系统的成本。可调谐激光器主要有可调分布反馈激光器、分布布拉格反射激光器、垂直腔表面发射激光器、外腔二极管激光器、可调锁模激光器和可调光纤激光器共 6 种。波分复用(WDM)中另一关键技术是光波的合成器与分波器，制作光复用/解复用的技术很多，其中阵列波长光栅(AWG)由于结构具有复用/解复用双向对称功能，其信道数几乎不受限制而成为研究的热点。

现在商用化的一般是 8 波长和 16 波长系统，这取决于所允许的光载波波长的间隔大小，图 11-20 所示为波分复用系统原理图。

图 11-21 所示为 WDM 的频谱分布，即光域上的频分复用 FDM 技术，每个波长通路通过频域的分割实现。每个波长通路占用一段光纤带宽，与过去同轴电缆 FDM 技术不同的是：①传输媒质不同，WDM 系统是光信号上的频率分割，同轴电缆系统是电信号上的频率分割利用；②在每个通路上，同轴电缆系统传输的是 4kHz 模拟语音信号，而 WDM 系统目前每个波长通路上是

数字信号 SDH 2.5Gb/s 或更高速率的数字系统。

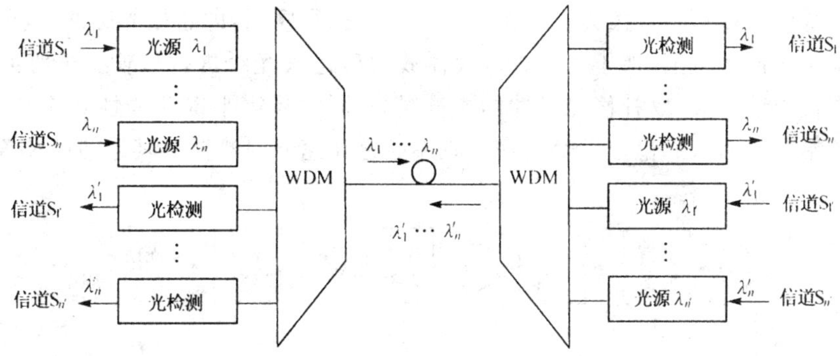


**图 11-20　波分复用系统原理**

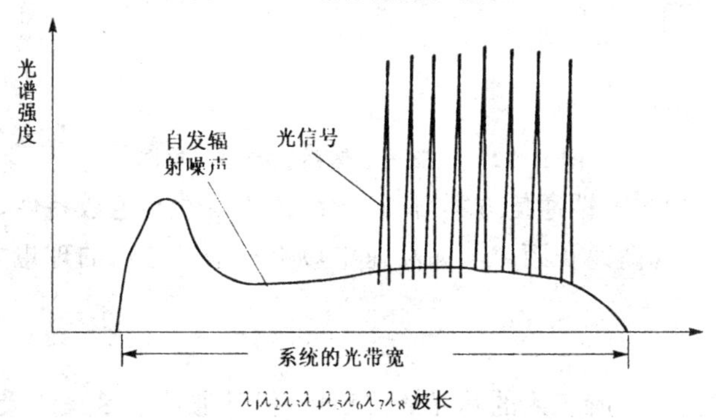


**图 11-21　WDM 的频谱分布**

### 11.5.3　光纤孤子通信技术

对于常规的线性光纤通信系统而言，限制其传输容量和距离的主要因素是光纤的损耗和色散。随着光纤制作工艺的提高，光纤的损耗已接近理论极限，因此光纤色散成为实现超大容量光纤通信有待解决的问题。光纤的色散使得光脉冲中不同波长的光传播速度不一致，结果导致光脉冲展宽，限制了传输容量和传输距离。由光纤的非线性所产生的光孤子可抵消光纤色散的作用，因此，利用光孤子进行通信可以很好地解决这个问题。它是一种很有前途的通信技术，是实现超大容量、超长距离通信的重要技术之一。它是靠不随传输距离而改变形状的一种相干光脉冲来实现通信的，这里的相干光脉冲即是光孤子。

研究表明，当进入光纤中的光功率较低时，光纤可以认为是线性系统，其折射率可以认为是常数；当使用大功率、窄脉冲的光源耦合进入光纤时，光纤的折射率将随光强的增加而变化，产生非线性效应。

光纤中的孤子是光纤色散与非线性相互作用的产物，服从非线性薛定谔方程，受光纤线性与非线性的支配。光纤的群速色散使孤子脉冲在传输过程中不断展宽；光纤损耗亦使脉冲按指数展宽，且幅度衰减。光纤的非线性则使脉冲压缩。光纤中孤子是色散与非线性相互作用达到平衡的产物，两者共同对光脉冲的作用结果是使光脉冲在传输中保持形状不变。所以光纤的特性对光孤子的形成、传输演变特性与通信能力有决定性的影响，是支撑光纤孤子通信的决定性因素。

光纤孤子通信系统的基本构成与一般光纤通信系统大体相似，其主要差别在于光源应为光孤子源,光放大器代替光-电-光中继器。此外,由于信号速率较高多采用外调制器。图 11-22 为光孤子通信系统的组成框图。由光孤子源产生一串光孤子序列,即超短光脉冲,电脉冲通过外调制器将信号载于光孤子流上,孤子流经光放大器放大后送入光纤进行传输。长距离传输途中需经光放大器进行中继放大,以补偿光脉冲的能量损失,同时还需平衡非线性效应与色散效应,最终保证脉冲的幅度与形状的稳定不变。在接收端通过高速光检测器及其他辅助装置将信号进行还原。

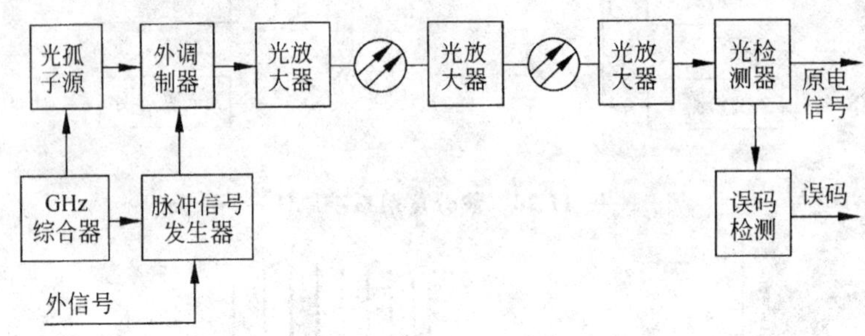


**图 11-22　光孤子通信系统的组成框图**

光纤孤子通信是一种非线性通信方案,依靠光纤的非线性和色散特性,实现传输过程中光信号的分布式自整形,是实现高速长距离与超高速中短距离全光通信的理想方案。

### 11.5.4　量子光通信系统

光子虽作为信息的载子,所应用的是光的波动性,但其通信容量最终受到量子噪声极限的限制,应用光子的量子特性进行通信则被称为量子光通信。

量子光通信是光通信技术的一种,是利用光子在微观世界的粒子特性,让一个个光子传输"0"和"1"的数字信息。理论上讲,量子通信可以传输无限量的信息,但由于光子的衰减特性,其传输的信息量受到限制。研究表明,量子通信的速度比目前光通信的速度高出 1000 万倍,可以应用在高速通信和大信息容量通信系统中。量子通信技术还可以开发出无法破译的密码,确保通信传输中的信息安全。

量子光通信系统在发射端采用新型的非经典激光器(或称亚伯松态,或称光子数态光子源),发射出均匀的光子流,经光子调制器,对每个光子编码载入信息。信道仍然是光纤,但属于非经典信道。接收端是由量子非破坏测量(QNDM)装置与光子计数器构成。由于是光子数态,并对光子与光子数编码,不再受量子噪声限制,因此,信息效率与信噪比大幅度增长。由于使用了 QNDM 解调和光子计数器接收,不但进一步提高了信噪比,而且接收灵敏度也有实质上的提高。尽管量子通信技术在国际上引起关注是在 1994 年,但在很短的时间内,已经取得了一系列重要的突破。

### 11.5.5　全光通信网络

全光通信指网络中所有的信号都用光学的方法进行处理,不需要经过光/电转换设备的处理。随着光纤放大器和光波分复用技术的出现,不仅具有巨大的传输容量,还可以在光路上实现类似 SDH 在电路上的分插功能和交叉连接功能。

光通信网络将是以波分多路为基础,在光纤接入网/光纤传输网络采用光波长的插分复接器(OADM)和光波长的交叉连接器(OXC),并且附有波长转换器,在交叉连接时可按需要改变波长,各节点的 OADM 经过光信号的分波和合波后,复合为完整的 WDM 信号继续向前输出。

# 第12章　卫星通信系统

## 12.1　卫星通信概述

### 12.1.1　卫星通信的基本概念

卫星通信是指利用人造地球卫星作为中继站来转发或反射无线电信号，在两个或多个地球站之间进行通信的技术。这里地球站是指设在地球表面（包括陆地、水上和低层大气层中）上的无线电通信站，而用于转发地球站信号的人造卫星称为通信卫星。

卫星通信是宇宙无线电通信的形式之一，是在空间技术和微波通信技术的基础上发展起来的一种通信方式。如果地球上微波通信系统中某个中继站由地球人造卫星携带，该卫星在地域上空按一定轨道运行而构成覆盖很广的通信就是卫星通信。所以卫星通信是以人造地球卫星作为中继站的微波通信系统。可以说，卫星通信是地面微波中继通信的继承和发展，是微波中继通信向太空的延伸。通信卫星是设置在太空中的无人值守的微波中继站，各地球站之间的通信都是通过它的转发实现的。

通常情况下，以宇宙飞行体或通信转发体为对象的无线电通信称为宇宙通信，国际电信联盟（ITU）称为宇宙无线电通信。共同进行宇宙无线电通信的一组宇宙站和地球站称为宇宙系统。规定它包括这三种形式：地球站与宇宙站之间的通信、宇宙站之间的通信、通过宇宙站的转发或反射实现的地球站之间的通信。

这里所说的宇宙站是指设在地球的大气层以外的宇宙飞行体或其他天体上的通信站。

微波频段的信号是直线传输的，既不能像中长波那样靠衍射传播，也不能像短波那样靠电离层的反射传播。所以，我们所熟悉的地面微波中继通信是一种“视距”通信，通信卫星相当于离地面很高的中继站。当卫星运行轨道较高时，相距较远的两个地球站便可“看”到卫星，卫星可将一个地球站发出的信号进行放大、频率变换和其他处理，再转发给另一个地球站。

当卫星的运行轨道为圆形且在赤道平面上，卫星离地面35786.5km，其运行方向与地球自转方向相同，公转周期与地球自转周期相等时，从地面任何一点看去，卫星是“静止”的。这种对地静止的同步卫星称为静止卫星。以这种静止卫星作为中继站的通信系统，称为静止卫星通信系统。

静止卫星距赤道的高度为35786km，从卫星向地球引两条切线，切线夹角为17.34°，两切点间的弧线距离为18101km，这是每颗卫星可以通信的最远距离。如果以120°的等间隔在静止轨道上配置三颗静止卫星，则卫星至地球覆盖边缘的最远距离为41756km，卫星与卫星间的空间距离为73155km，地球赤道上的直径约为12740km，则在地球表面除两极地区没被卫星波束覆盖外，其他地区均在覆盖范围内，且其中一部分地区还是两个静止卫星天线波束覆盖的重叠区域，借助于重叠区域内地球站的中继，便可实现在不同卫星覆盖区的地球站的通信。这样，利用三颗等间隔配置的静止卫星就可以实现全球通信。

随着人们对信息种类和容量的需求不断增长，卫星通信宽带化技术的发展已使卫星网在未来全球信息基础设施中扮演着越来越重要的角色。目前，卫星通信已成为远距离、全球通信的主要手段。通信业务从简单的电报、电话发展到电视、数据传输、传真、电传、综合业务数字网、导航、全球定位(GPS)、应急通信等新业务；站址从固定发展到移动；信号的特征从模拟发展到数字。只要卫星通信网设计得当，它就可在实现全球通信网的无缝连接中发挥关键的作用，成为国家信息基础结构和全球信息基础设施的重要组成部分。

### 12.1.2　卫星通信系统的特点

1. 卫星通信系统的优点

与地面通信相比，卫星通信具有以下优点。

(1)通信距离远

例如，静止卫星通信系统的最大通信距离可达 18000km。除了用于国际通信外，在国内通信中，尤其对边远的城市、农村和交通、经济不发达的地区，卫星通信是极为有效的通信手段。

(2)通信频带宽，传输容量大

通信卫星能传输的业务类型多，其射频采用微波频段，可供使用的频带很宽，适合传送大容量电话、电报、数据及宽带电视等多种业务。目前为止，一颗卫星的通信容量已可达同时传输数千路至上万路电话和多路电视信号以及其他数据。

(3)覆盖范围广，可进行多址通信

卫星通信覆盖面积大，在卫星天线波束覆盖的整个区域内的任何一点都可设置地球站，且这些地球站之间可共用一颗卫星进行通信，即进行多址通信。

(4)通信线路稳定可靠，传输质量高

卫星通信的电波主要在大气层以外的宇宙空间中传输，由于宇宙空间接近真空状态，相当于均匀介质，电磁波传播特性比较稳定。它不易受到自然条件和人为干扰的影响，几乎不受气候、季节变化等的影响，就是在发生磁暴和核爆炸的情况下，线路仍能畅通无阻。卫星线路的畅通率通常都在 99.8%，所以传输质量高。

(5)信号有较大的传播时延

由于卫星距离地球很远，因此信号的传播时延较大。例如，在静止卫星通信系统中，从地球站发射的信号经过卫星转发到另一个地球站时，电磁波传播距离为 72000km，单程传播时间约为 0.27s。

(6)通信线路灵活，机动性好

卫星通信不受地形、地貌等自然条件的影响，不仅能为地球站之间提供通信，还可以为车载、船载以及个人终端提供通信，能够在短时间内将通信网延伸至新的区域，或者使设施遭到破坏的地域迅速恢复通信。

由于卫星通信具有以上这些优点，半个世纪以来得到了迅速发展，应用范围极其广泛，不仅用于传输电话、传真、电报等业务，而且还广泛应用于民用广播电视节目的传送及移动通信业务，已成为现代通信强有力的手段之一。

2. 卫星通信系统的缺点

当然，卫星通信也存在缺点，主要有以下几个方面。

(1)卫星通信有较大的传输延时和回波干扰

在静止卫星通信中,通信系统的星站距离接近40000km,从地球站发射的信号经过卫星转发到另一地球站时,单程传播时间约为270ms,进行双向通信时,往返传播延迟约为540ms。所以,通过通信卫星通话时给人一种不自然的感觉。此外,由于电波传输的时延较长,如果不采取特殊措施,由于混合网络不平衡等因素还会产生"回波干扰",即发话者经过540ms以后会听到反射回来的自己的讲话回声,成为一种干扰。这是卫星通信的明显缺点。为了消除或抑制回波干扰,地球站需要增设回波抵消设备或回波抑制设备。

(2)卫星的发射和控制技术较复杂

静止通信卫星的制造、发射和测控需要先进的空间技术和计算机技术,目前,只有少数国家能自行研制和发射静止通信卫星。静止卫星与地面相距数万千米,要把卫星发射到静止轨道上精确定点,调整姿态,并长期保持位置和姿态的稳定,需要复杂的空间技术,难度较大,而且成本也较高。另外,由于卫星站间的通信距离较远,传播损耗大,为保证信号质量,需要采用大功率的发射机、高增益的天线、低噪声的接收设备和高灵敏度的解调器等,这就提高了设备的成本,同时还降低了其便携性。

(3)保密性能差

卫星通信是广播式的,非常不利于信息传输的保密,需采取专门的加密措施。对于军用卫星通信,卫星公开暴露在空间轨道上,容易被敌方窃收、干扰甚至摧毁。

(4)抗干扰性能差

任何一个地球站发射的信号参数偏离正常范围都可能对其他地球站造成影响,且卫星通信极易遭到人为的干扰和破坏,还能与地面微波系统之间存在同频干扰。

(5)静止卫星在地球两极地区有通信盲区,在高纬度地区的通信效果不佳

当静止卫星的星下点进入当地时间午夜前后,卫星、地球、太阳共处在同一条直线上,地球挡住了阳光,卫星进入了地球的阴影区,造成了卫星的日蚀,卫星的太阳能电池停止工作,卫星失去了主电源,称之为星蚀。在星蚀期间,卫星上的太阳能电池不能正常工作,整个卫星所需的能源通过星载蓄电池来供给。为了减轻蓄电池的负荷,可以通过卫星在轨道上定点位置的设计,使星蚀发生在服务区通信业务量最低的时间。星蚀和日凌会导致卫星通信暂时中断。

(6)要有高可靠和长寿命的通信卫星

卫星与地面相距甚远,然而一旦出现故障,进行人工维修十分困难。为了控制通信卫星的轨道位置和姿态,需要消耗推进剂。工作寿命越长,所需推进剂越多。而通信卫星的体积和重量是有限的,能够携带的推进剂有限,当推进剂用完,卫星就失去了控制能力,卫星的寿命也就结束了。

### 12.1.3　卫星通信的电波传播特点

卫星通信的工作频段的选择是十分重要的问题,它直接影响到传输质量、地面站发射机功率以及天线尺寸和设备的复杂程度等各项指标。

通常在选择卫星通信用的工作频段时,主要从以下一些方面来考虑:

①工作频段内的噪声与干扰小。

②电波传播过程中的损耗小。

③尽可能有较宽的频带,以满足通信业务的要求。

④充分利用现有的通信技术与现有的通信设备。

⑤与其他通信或雷达等微波设备之间的干扰尽可能小。

综合各方面因素，将工作频段选择在微波波段是最合适的，因为微波波段有很宽的频带，已有的微波通信设备可以稍加改造就可利用。而且，频率越高，天线增益越大，天线尺寸越小。因此，从降低系统噪声的角度来考虑，卫星通信工作波段最好选择在1～10GHz之间。随着通信技术的发展和通信业务的增加，新的波段不断被开发，目前Ku波段(11～14GHz)已大量应用于民用卫星通信和卫星广播业务，20～30GHz频段也已投入使用。

卫星通信使用的无线电波，主要在大气层以外的自由空间内传播。在目前使用的频段内，大气层的衰减损耗与自由空间的传播损耗相比是很小的，故可认为电波是在自由空间内传播。这和地面微波中继通信以及对流层散射等通信系统不同，即卫星通信的信道是比较稳定的，通常可以看作是恒参信道。当然，根据具体情况，有时还必须考虑对流层和电离层的影响。

### 12.1.4 卫星通信系统的分类

按不同的角度可以把卫星通信系统分成以下几类。

①按轨道倾角分：赤道轨道卫星，卫星运行轨道与地球赤道平面重合，卫星旋转方向与地球自转方向相同，约每24h绕地球旋转一周。从地球上看，卫星对地球是相对静止的，即静止轨道；极地轨道卫星，卫星运行轨道与地球赤道平面垂直，一般气象卫星用于此轨道；倾斜轨道卫星，卫星运行轨道平面与地球赤道面夹角成锐角，一般高纬度地区国家使用此轨道，如图12-1所示。

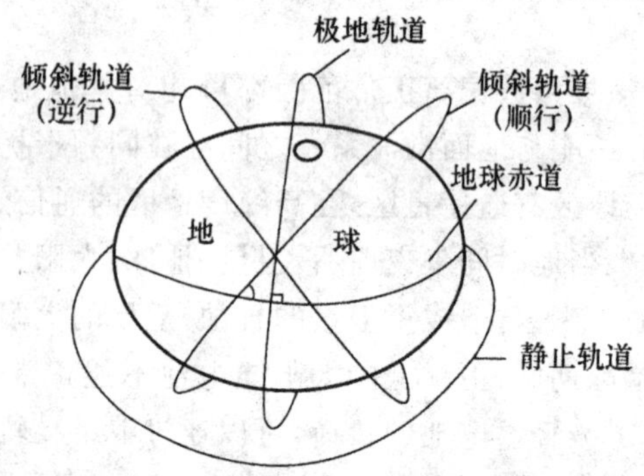


图12-1 卫星的三种轨道

②按通信覆盖区分：国际卫星通信系统，国内卫星通信系统和区域卫星通信系统。

③按通信业务分：固定地球站卫星通信系统，移动地球站卫星通信系统，广播电视卫星通信系统，科学试验卫星通信系统，气象、导航、教学、军事等卫星通信系统。

④按多址方式分：频分多址卫星通信系统，时分多址卫星通信系统，空分多址卫星通信系统，码分多址卫星通信系统，混合多址卫星通信系统。

⑤按用户分：公用卫星通信系统和专用卫星通信系统。

⑥按基带信号分：模拟卫星通信系统和数字卫星通信系统。

## 12.2 卫星通信的技术体制

卫星通信体制是指卫星通信系统的工作方式，即所采用的信号传输方式、信号处理方式和信号交换方式等，包括多址连接方式、卫星信号的传播、信道分配技术以及信号处理技术等。

### 12.2.1　多址连接方式

1. 多址连接的基本概念

传输技术中很重要的一点是有效性问题。信道可以是有形的线路，也可以是无形的空间。充分利用信道就是要同时传送多个信号。在两点之间的信道上同时传送互不干扰的多个信号是信道的“复用”问题，在多点之间实现相互间不干扰的多边通信称为多址通信。它们有共同的理论基础，就是信号分割理论，赋予各个信号不同的特征，也就是打上不同的“地址”，再根据各个信号特征之间的差异来区分，按“地址”分发，实现互不干扰的通信。

信号分割有两方面的要求：一是在采用各种手段赋予各个信号不同的特征时，要能忠实地还原各个原始信号，即这些手段应当是可逆的；二是要能分得清，要能有效地分割各个信号。“有效”是指在分割时，各个信号间互不干扰，这就要求赋予特征后的各个信号相互正交。随着社会的发展和技术的进步，通信已由点到点通信发展到多边通信和网络通信，多元连接或多址通信技术也由此迅速发展。

多址连接是指多个地球站通过共同的卫星，同时建立各自的信道，从而实现各地球站相互之间通信的一种方式。如图 12-2 所示，多址连接方式的出现大大提高了卫星通信线路的利用率和通信连接的灵活性。

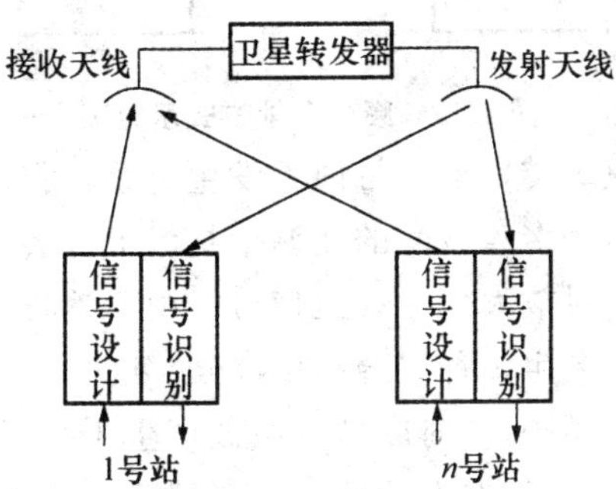


图 12-2　多址连接的原理图

实现多址连接技术的基础是信号分割，在发射端需要进行恰当的信号设计，使系统中各地球站发射的信号各有差别，而各地球站接收端则具有信号识别能力，能从复合的信号中取出本站所需要的信号。

通常情况下，一个无线电信号可以用若干个参量来表示，最基本的是信号的射频频率、信号出现的时间及信号所处的空间等。信号间的差别可集中反映在信号参量之间的差别上。在卫星通信中，信号分割和识别可以利用信号的任一种参量来实现。考虑到存在噪声和其他因素的影响，最有效的分割和识别方法就是利用某些信号所具有的正交性，来实现多址连接。

设计一个良好的多址系统是较复杂的工作，通常要考虑很多因素，如容量要求、卫星频带的有效利用、卫星功率的有效利用、互联能力要求、对业务量和网络增长的自适应能力、处理各种不同业务的能力、技术与经济因素等。

多址连接方式和实现的技术是多种多样的。目前常用的多址连接方式有 FDMA、TDMA、CDMA 和 SDMA 以及它们的组合形式。另外，还有利用正交极化分割多址连接方式，即所谓频率复用技术。由于计算机与通信的结合，多址技术在不断发展中。

另外，多址连接技术不只是应用在卫星通信上，在地面通信网中，多个通信台、站利用同一个射频信道进行相互间的多边通信，也需要多址连接技术。例如，移动通信、扩频通信、一点对多点微波通信等。

2. 多址方式

多址方式是指在卫星覆盖区内的多地球站，通过一颗卫星的转发信号，建立以地球站为站址的两址或多址间的通信。这里的多址是指在卫星转发器频带的射频信道的复用。

(1)频分多址(FDMA)

频分多址是指按地面站分配的射频不同来区别地球站的站址，如图 12-3 所示。

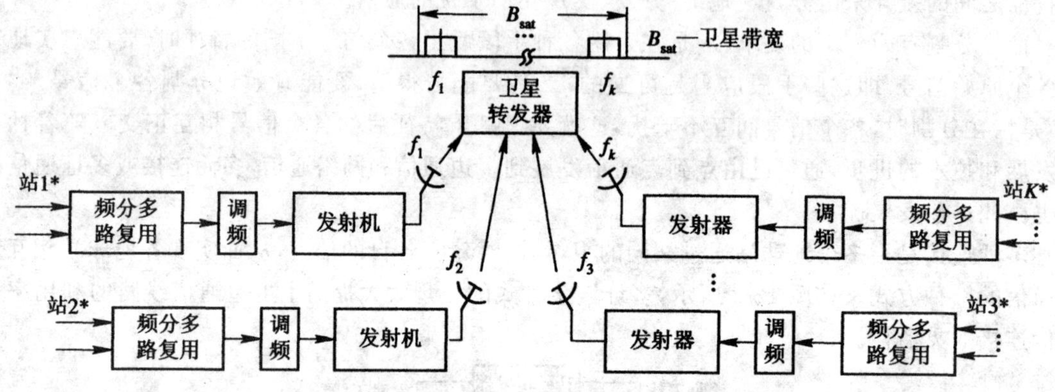


图 12-3 频分多址方式示意图

各地球站的地址频率，在卫星转发器频带内不发生重叠，而且还要留有保护频带，如图 12-4 所示。在频分多址中，要注意防止多载波间的互调干扰。卫星转发器和地球站的高功率射频信号由行波管或速调管放大，并同时放大多个载波信号。由于器件的输入、输出非线性以及调幅/调相的非线性，会使输出信号中产生多种组合频率成分。这些组合频率成分，特别是三阶组合频率成分，可能有与有用载波频率相同，会对原信号载波产生干扰，这就是交调干扰。为防止和克服交调干扰，采取了一系列的措施，如在设计地址频率时，对某些频率进行限制；注意发射功率控制，加能量扩散信号等。

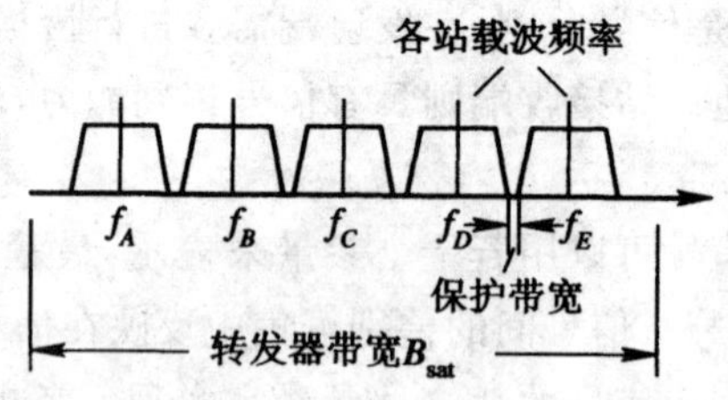


图 12-4 频分多址方式的频率配置

FDMA 方式的主要特点为：

①设备简单，技术较成熟。

②在大容量线路工作时效率较高。

③系统工作时不需要网同步，且性能非常可靠。

④转发器要同时放大多个载波，容易形成多个交调干扰，为了减少交调干扰，转发器要降低输出功率，从而降低卫星通信的有效容量。

⑤各站的发射功率要求基本一致，否则会引起强信号抑制弱信号的现象，因此，大站、小站不

易兼容。

⑥灵活性小，重新分配频率时比较困难。

⑦需要保护带宽以确保信号被完全分离开，频带利用不充分。

(2)时分多址(TDMA)

时分多址就是指用时间的间隙来区别地球的站址，各地球站的信号只在规定的时隙通过卫星转发器，如图12-5所示。

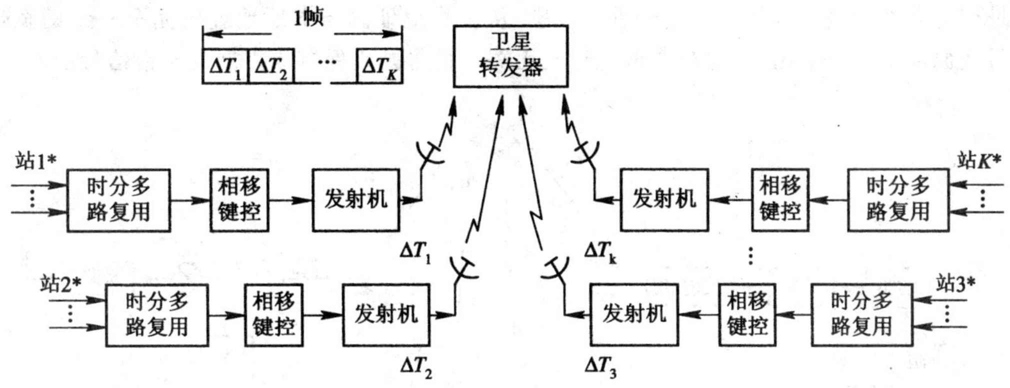


图12-5　TDMA方式示意图

从图12-5中看，各地面站在一定时间间隔内轮流发射一次信号，发射一次信号所占的时间称为时隙。每个地面站都轮流一次的时间间隔称为TDMA帧。为实现各地球站的信号按指定的时隙通过卫星转发器，必须要有一个时间基准。因此，就安排某个地球站作为基准站，它周期性地向卫星发射脉冲射频信号，经卫星“广播”给各地面站，作为该系统内各地球站共同的时间基准。各地球站以此为基准，按分配时隙发射载波通过卫星转发器，这就是通常说的数字系统同步。

TDMA方式具有以下几方面的特点：

①由于在任何时刻都只有一个站发出的信号通过卫星转发器，这样转发器始终处于单载波工作状态，因而从根本上消除了转发器中的互调干扰问题。

②与FDMA方式相比，TDMA方式能更充分地利用转发器的输出功率，不需要较多地输出补偿。

③由于频带可以重叠，频率利用率比较高。

④易于实现信道的“按需分配”。

⑤各地球站之间在时间上的同步技术较复杂，实现比较困难。

⑥各地面站发射的信号是射频突发信号，或者说它是周期性的间隙信号。

⑦因为各站信号在卫星转发器内是串行传输的，所以需要提高传输效率。但是各站输入的是低速数据信号，为了提高传输速率，使输入的低速率数据信号提高到发往卫星的高速率(突发速率)数据信号，需要进行变速。速率变化的大小根据帧长度与分帧长度之比来确定。

⑧为使各站信号准确地按一定时序进行排列，以便接收端正确地接收，需要精确的系统同步、帧同步和位同步。

(3)码分多址(CDMA)

CDMA是指分别给各地球站分配一个特殊的地址码进行信号的扩频调制，各地球站可以同时占用转发器的全部频带发送信号，而没有发射时间和频率的限制。接收站只有使用某发射站的地址码才能提取出该发射站的信号，其他接收站解调时由于采用的地址码不同，因而不能解调出该发射站的信号。

CDMA 的实现方式有多种，如直接序列扩频（DS）、跳频（FH）和跳时（TH）等。图 12-6 为 CDMA/DS 方式的示意图。图中各地球站的信息分别经地址码 $C_1$、$C_2$ 和 $C_3$ 进行扩频调制生成扩频信号，然后各路信号可使用相同频率同时发射到卫星并进行转发，在接收端以本地产生的已知地址码为参考对接收到的所有信号进行鉴别，从中将地址码与本地地址码完全一致的宽带扩频信号还原为窄带而选出，其他与本地地址码无关的信号则仍保持或扩展为宽带信号而滤除。

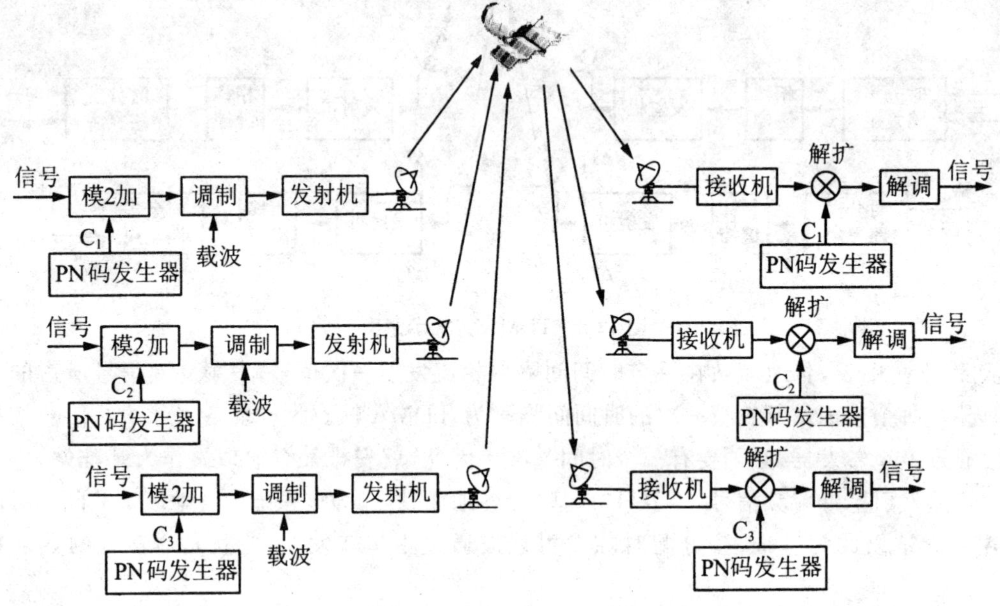


**图 12-6　CDMA/DS 方式示意图**

与 FDMA、TDMA 相比，CDMA 方式的主要特点是：

①具有较强的抗干扰能力。

②具有较好的保密通信能力。

③易于实现多址连接，灵活性大。

④占用的频带较宽，频带利用率较低，选择数量足够的可用地址码较为困难。

⑤接收时，需要一定的时间对地址码进行捕获与同步。

(4)空分多址（SDMA）

空分多址是以卫星天线指向地面的波束来区别站址的。即利用波束的方向性来分割不同区域地球站电波，使各地球站发射电波在空间不互相重叠，即使在同一时间，不同区域站使用同一频率工作，它们之间也不会形成干扰。这样，频率、时间都可再用，可容纳更多用户，减少干扰，这就对天线波束指向提出了更高的要求。

空分多址方式一般都是与时分多址方式相结合而构成所谓 TDMA/SS/SDMA 的。这里的卫星转发器应有信号处理功能，相当于一个电话自动交换机。

在空分多址系统工作中，因空分多址实际上是 TDMA/SS/SDMA，是在时分多址基础上进行工作的，所以上行的 TDMA 帧信号进入卫星转发器时，必须保证帧内各分帧的同步，这与时分方式帧同步相同。在转发器中，接通收、发信道和窄波束天线的转换开关的动作，分别与上行TDMA帧和下行TDMA帧保持同步。即每经过一帧，天线波束转换一下，这是空分多址方式的特有同步方式。每个地球站的相移键控调制和解调必须与各分帧同步。

SDMA方式的主要特点是：

①卫星天线增益高。

②卫星功率可得到合理有效的利用。

③对卫星的稳定及姿态控制提出了非常高的要求。

④不同区域地球站所发信号在空间互不重叠，即使在同一时间用相同频率，也不会相互干扰，因而可以实现频率重复使用，这会成倍地扩大系统的通信容量。

⑤设备较复杂。卫星的天线及馈线装置也比较庞大和复杂；转换开关不仅使设备复杂，而且由于空间故障难以修复，增加了通信失效的风险。

3. 多址连接方式的比较

上述的4种多址方式在卫星通信中得到了应用。表12-1列出了各种多址方式的特点、识别方法、主要优缺点以及适用场合。

**表12-1　各种多址方式的特点、识别方法、主要优缺点以及适用场合**

| 多址方式 | 特点 | 识别方法 | 主要优缺点 | 适用场合 |
|---|---|---|---|---|
| 频分多址 | 各站发的载波在转发器内所占频带并不重叠；各载波的包络恒定；转发器工作于多载波 | 滤波器 | 优点：可沿用地面微波通信的成熟技术和设备；设备比较简单，不需要网同步。<br>缺点：有互调噪声；不能充分利用卫星功率和频带；上行功率、频率需要监控；FDM/FM/FDMA方式多站运用时效率低；大小站不易兼容 | FDM/FM/FDMA方式适合站少容量中、大的场合；TDM/PSK/FDMA方式适合站少容量中等的场合 |
| 时分多址 | 各站的突发信号在转发器内所占的时间不重叠；转发器工作于单载波 | 时间选择门 | 优点：没有互调问题，卫星的功率与频率能充分利用；上行频率不需要严格控制；便于大、小站兼容，站多时通信容量仍较大。<br>缺点：对卫星控制技术要求严格；星上设备较复杂，需要交换设备 | 中、大容量线路 |
| 空分多址 | 各站发的信号只进入该站所属通信区域的窄波束中；可实现频率重复使用；转发器成为空中交换机 | 窄波束天线 | 优点：可以提高卫星频带利用率，增加转发器容量或降低对地面站的要求。<br>缺点：对卫星控制技术要求严格；尾上设备较复杂，需要交换设备 | 大容量线路 |
| 码分多址 | 各站使用不同的地址码进行扩展频谱调制；各载波包络恒定，在时域和频域均相互混合 | 相关器 | 优点：抗干扰能力强；信号功率谱密度低，隐蔽性好；不需要网定时；使用灵活。<br>缺点：频带利用率低，通信容量<br>较小；地址码选择较难；接收时地址码的捕获时间较长 | 军事通信、小线路通信 |

### 12.2.2 卫星信号的传播

卫星通信是在空间技术和地面微波中继通信的基础上发展起来的，靠大气外卫星的中继实现远程通信。卫星通信载荷信息的无线电波要穿越大气层，经过很长的距离在地面站和卫星间传播，因此它受到多种因素的影响。传播问题会影响到信号质量和系统性能，这也是造成系统运转中断的原因之一。因此，电波传播特性是卫星通信以及其他无线通信系统设计和线路设计时必须考虑的基本特性。卫星通信的电波要经过对流层、平流层、电离层和外层空间，跨越距离大，因此影响电波的传播因素很多。

卫星通信的电波在传播中要受到损耗，最主要的是自由空间传播损耗，其他损耗还有大气、雨、云、雪等造成的吸收和散射损耗等。卫星移动通信系统还会因为受到某种阴影遮蔽而增加额外的损耗，固定业务卫星通信系统则可通过适当选址来避免这一额外的损耗。

卫星移动通信系统中，由于移动用户的特点，接收电波不可避免地受到山、植被、建筑物的遮挡反射和折射所引起的多径衰落影响，这是不同于固定业务卫星通信的地方。海面上的船舶、海面上空的飞机还会受到海面反射等引起的多径衰落影响。固定站通信时，虽然存在多径传播，但是信号不会快速衰落，只有由温度等引起的信号包络相对时间的缓慢变化，当然条件是不能有其他移动物体发射电波等情况发生。

卫星通信接收机输入端存在着噪声功率，它由内部和外部噪声源引起。

内部噪声来源于接收机，它是由于接收机中含有大量的电子元件，由于温度的影响，这些元件中的自由电子会做无规则运动，这些运动影响了电路的工作，这就是热噪声。如果温度降低到绝对温度，这种内部噪声会变为零，但实际上达不到绝对温度，所以内部噪声不能根除，只能抑制。

外部噪声由天线引起，分为太空噪声和地面噪声。太空噪声来源于宇宙、太阳系等，地面噪声来源于大气、降雨、地面和工业活动人为噪声等。

卫星通信工作频段的选择将影响到系统的传输容量、地球站发信机及卫星转发器的发射功率、天线口径尺寸及设备的复杂程度等。虽然这个频段也属于微波频段，但由于卫星通信电波传播的中继距离远，从地球站到卫星的长距离传输中，电波既要受到对流层大气噪声的影响，又要受到宇宙噪声的影响，因此，在选择工作频段时主要考虑以下因素：

①天线系统接收的外界干扰噪声小。

②电波传播损耗及其他损耗小。

③设备重量轻，体积小，耗电小。

④可用频带宽，以满足传输容量的要求。

⑤与其他地面无线系统之间的相互干扰尽量小。

⑥能充分利用现有的通信技术和设备。

综合考虑各方面的因素，应将工作频段选在电波能穿透电离层的特高频段或微波频段。

目前大多数卫星通信系统选择在下列频段工作：

①超高频(UHF)频：400/200MHz。

②微波 L 频段：1.6/1.5GHz。

③微波 C 频：6.0/4.0GHz。

④微波 X 频段：8.0/7.0GHz。

⑤微波 Ku 频段:14.0/12.0GHz 和 14.0/11.0GHz。

⑥微波 Ka 频段:30/20GHz。

从降低接收系统噪声角度考虑,卫星通信工作频段最好选在1～10GHz间,而最理想的频率在6/4GHz附近。实际上,国际商业卫星和国内卫星通信中大多数都使用6/4GHz频段,其上行频段为5.925～6.425GHz,下行频段为3.7～4.2GHz,卫星转发器的带宽可达500GHz。6/4GHz频段带宽较宽,便于利用成熟的微波中继通信技术。

为了不受上述民用卫星通信系统的干扰,许多国家的军用和政府用卫星通信系统使用8/7GHz频段,其上行频段为7.9～8.4GHz,下行频段为7.25～7.75GHz。

目前,由于卫星通信业务量的急剧增加,1～10GHz的无线电窗口日益拥挤,14/11GHz频段已得到开发和使用,其上行频段为14～14.5GHz,下行频段为10.95～11.2GHz和11.45～11.7GHz等。

### 12.2.3 信道分配技术

信道分配技术与基带复用方式、调制方式、多址连接方式互相结合,共同决定转发器和各地球站的信道配置、信道工作效率、线路组成及整个系统的通信容量,以及对用户的服务质量和设备复杂程度等。

最早使用且目前使用最频繁的是预先固定分配方式,两个地球站间所需要的通道是预先半永久性分配给它们的,连接方便,且是专用的。但实际上各站的业务量是各不同的。对于业务量十分繁忙的通道,常会发生业务量过载,而出现呼叫阻塞;业务空闲的通道,则会发生通道闲置不用,造成浪费。如果能做到不管哪个站,不论什么时候,它当时面临有多大的业务量都能实时地、恰如其分地分配给它相应数量的通道,使既不发生阻塞又不浪费通道,通道的利用率就要高得多。所以,分配问题就是设法使分配给网中各站的通道数能随所要处理的业务景的变化而变化。这种动态的分配实现得越理想,通道利用率也就越高。为此,人们研究了各种分配制度。

"信道"在FDMA中,是指各地球站占用的转发器频段;在TDMA中,是指各站占用的时隙;在CDMA中,是指各站使用的正交码组。目前,最常用的分配制度有预分配方式和按需分配方式两种。

1. 预分配方式

(1)按时预分配方式

按时预分配方式是先要对系统内各地球站间的业务量随"时差"或随其他因素在一天内的变动规律进行调查和统计,然后根据网中各站业务量的重大变化规律,可预先约定做几次站间信道重分。这种方式的信道利用率显然要比固定预分配方式高,但从每个时刻来看,这种方式也是属于固定预分配的。所以它也适用于大容量线路,并且在国际通信网中较多采用。

(2)固定预分配方式

在卫星通信系统设计时,把信道按频率、时隙或按其他无线电信号参量分配给各地球站,每个站分到的数量可以不相等,以该站与其他站的通信业务量多少来决定,分配后使用中信道的归属一直固定不变。即各地球站只能使用自己的信道,不论业务量大小,线路忙、闲,都不能占用其他站的信道或借出自己的信道,这种信道分配方式就是固定预分配方式。

这种预分配方式的优点是通信线路的建立和控制非常简便,缺点是信道的利用率很低,因而这种分配方式只通用于通信业务量大的系统。

2.按需分配方式

为了克服预分配方式的缺点，而提出了按需分配方式，也称为按申请分配方式。

按需分配方式的特点是所有的信道为系统中所有的地球站公用，信道的分配要根据当时各站通信业务量而临时安排，信道的分配灵活。当某地球站需要与另一地球站通信时，首先提出申请，通过控制系统分配一对空闲信道供其使用。一旦通信结束，这对信道又会共享。由于各站之间可以互相调节使用信道，因而可用较少的信道为较多的站服务，信道利用率高，但控制系统较复杂。

显然，这种信道分配方式的优点是信道的利用率大大提高，但是通信的控制变得更复杂。通常都要在卫星转发器上单独规定一个信道作为专用的公用通信信道，以便各地球站执行申请和分配信道时使用。

常用的按需分配方式有以下几种类型。

(1)全可变方式

发射信道与接收信道都能随时地进行申请和分配。可选取卫星转发器的全部可用的信道。信道使用结束后，应立即归还，以供其他各地球站申请使用。

(2)分群全可变方式

分群全可变方式是把系统内业务联系比较密切的地球站分成若干群，卫星转发器的信道也相应分成若干群，各群内的信道可采用全可变方式，但不能转让给别的群。各群中设有一个主站，群内由公共信号通道(CSC)提供群内各站与主站连接。群间也设CSC，供各群主站相互连接使用，通过主站的连接把信道分给两个不同群的地球站，以建立这两个站间的通信连接。

(3)随机分配方式

随机分配方式是指网中各站随机占用卫星转发器的信道的一种多址方式。

随机分配是面向用户需要而选取信道的方法。通信网中的每个用户可以随机选信道。由于数据通信一般发送数据的时间是随机的、间断的，通常传送数据的时间很短促，对于这种“突发式”的业务，采用随机占用信道方式能够在很大程度上提高信道利用率。当然这时每逢两个以上用户同时争用信道时，势必发生“碰撞”，因此必须采取措施减少或避免“碰撞”并重发已遭“碰撞”的数据。

以上信道分配方式都是在每个地球站各具有一台交换机的条件下进行的，而卫星转发器是没有交换和分配信道的能力的。随着通信业务的增长和利用卫星转发器技术的发展，某些信道分配的功能已移到卫星上。这样的卫星就不是“透明”的，而是具有交换和信号加工的处理功能。

### 12.2.4 信号处理技术

近年来大规模集成电路的迅速发展，使得信号处理技术在卫星通信领域取得巨大的进展。本节仅就数字语音内插技术和回波控制技术进行介绍。

1.数字语音内插技术

数字语音内插技术是目前在卫星系统中广泛采用的一种技术，能够提高通信容量。由于在两个人通过线路进行双工通话时，总是一方讲另一方听，因而只有一个方向的话路中有语音信号，而另一方的线路则处于收听状态。统计分析资料显示，一个单方向路实际传送语音的平均时间百分比通常只有40%左右。因而可以设想，可以采用一定的技术手段，在讲话时间段为通话者提供讲话话路，在其空闲时间段将话路分配给其他用户，这种技术就叫语音内插技术，也称为语音激活技术，它特别适用于大容量数字语音系统中。

通常所使用的数字语音内插技术包括时分语音内插技术和语音预测编码技术两种。

(1)时分语音内插(TASI)技术

时分语音内插技术利用呼叫之间的间隙、听话而未说话以及说话停顿的空闲时间，把空闲的通路暂时分配给其他用户以提高系统的通信容量。而语音预测编码技术则是当某一个时刻样值与前一个时刻样值的 PCM 编码有不可预测的明显差异时，才发送此时刻的码组，否则不发送，这样便减少了需要传输的码组数量，以便有更多的容量供其他用户使用。下面首先介绍时分语音内插的基本原理。

图 12-7 所示是数字式语音内插系统的基本组成。从图中可以看出，当以 $N$ 路 PCM 信号经 TDM 复用后的信号作为输入信号时，在帧内 $N$ 个话路经语音存储器与 TDM 格式的 $N$ 个输出话路连接，其各部分功能如下。

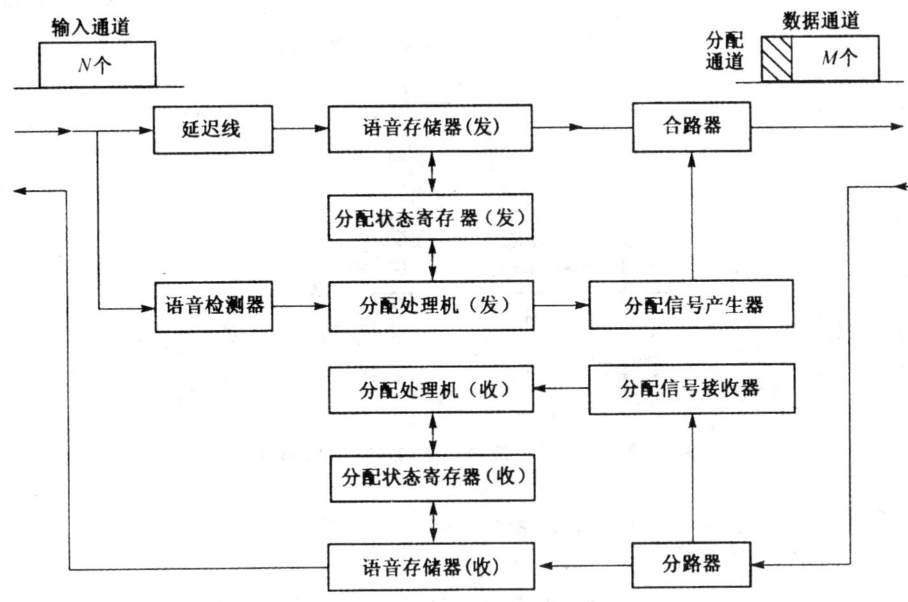


图 12-7　数字式语音内插系统的基本组成

(2)语音预测编码(SPEC)技术

语音预测编码发端的原理图如图 12-8 所示。

2. 回波控制技术

图 12-9 所示的是卫星通信线路产生回波干扰的原理图。在与地球站相连接的 PSTN 用户的用户线上采用二线制，即在一对线路上传输两个方向的信号，而地球站与卫星之间的信息接收和发送是由两条不同的线路完成的，故称为四线制。由图可知，通过一个混合线圈 H 实现了二线和四线的连接。这样，当混合线圈的平衡网络的阻抗心等于二线网络的输入阻抗 $R_A$（或 $R_B$）时，电话机 A 便可以通过混合线圈与发射机直接相连。发射机的输出信号被送往地球站，利用其上行链路发往卫星，经卫星转发器转发，使电话机 B 相连的地球站接收到来自卫星的信号，并通过混合线圈到达电话机 B。理想情况下，收、发信号彼此分开。但当 PSTN 电话端的二/四线混合线圈处于不平衡状态时，电话机 A 通过卫星转发器发送给电话机 B 的语音信号中就会有一部分泄露到发送端，重新发到卫星转发器后回到电话机 A，这样的一个泄露信号就是回波。

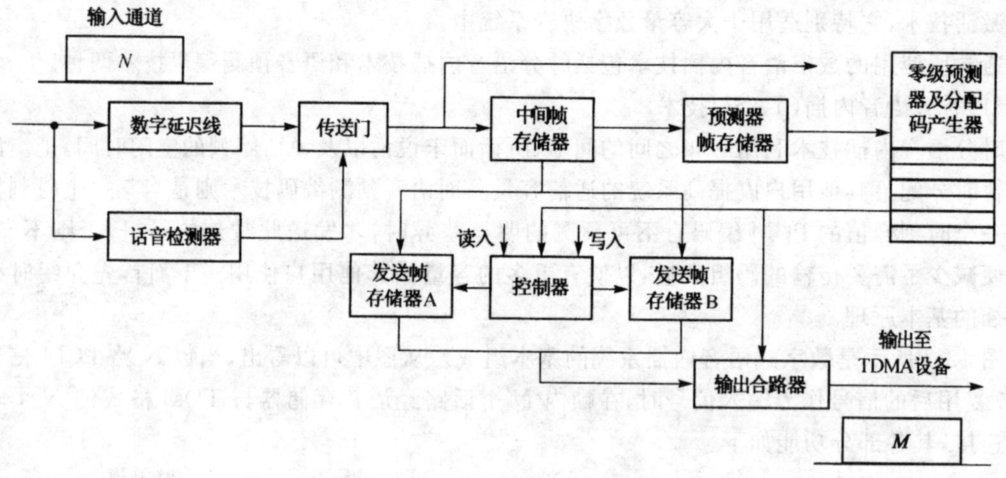


图 12-8　语音预测编码发端的原理图

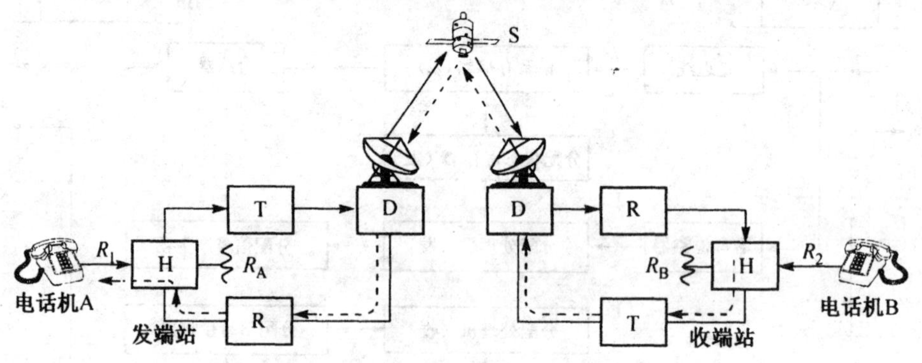


图 12-9　卫星通信线路产生回波干扰的原理图

S:卫星　D:双工器　T:发射机　R:接收机　H:混合线圈

——→信号传输路线　……→回波传输路线

在卫星系统中,信号传输时延较长,因而卫星终端发出的语音和收到的对方泄露语音的时延也较长。另外,还会出现严重的回波干扰。为了抑制回波干扰的影响,通常在语音线路中接入一定的电路,这样在不影响语音信号正常传输的条件下,可将回波消弱或者抵消。图 12-10 所示的是一个回波抵消器的原理图。它用一个横向滤波器来模拟混合线圈,使其输出与接收到的语音信号的泄露相抵消,以此防止回波的产生,而且对发送与接收通道并没有引入任何附加的损耗。

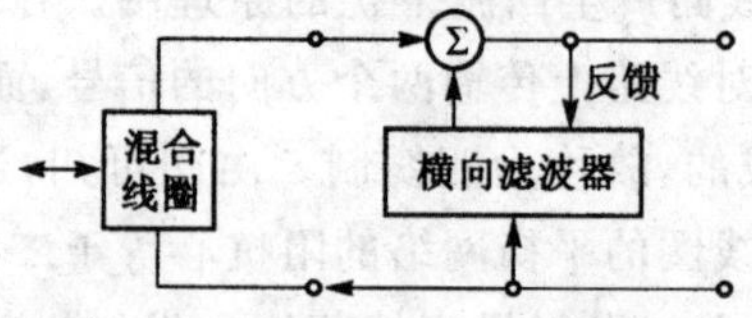


图 12-10　回波抵消器的原理图

图 12-11 所示的是一种数字式自适应回波抵消器原理图。首先把对方送来的语音信号 $x(t)$ 经过加变换变成数字信号,存储于信号存储器中,然后将存储于信号存储器中的信号 $x(t)$ 与存储于传输特性存储器中的回波支路脉冲响应 $h(t)$ 进行,构成作为抵消用的回波分量,随后再经加法运算从语音信号中扣除,于是便抵消掉了语音信号中经混合线圈带来的回波分量

$z(t)$。其中自适应控制电路可根据剩余回波分量和由信号存储器送来的信号，自动地确定 $h(t)$。通常这种回波抵消器可抵消回波约 30dB，自适应收敛时间为 250ms。

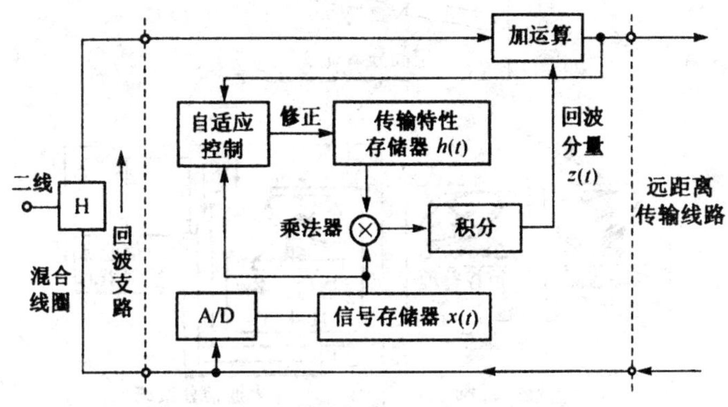


图 12-11　数字式自适应回波抵消器原理图

数字式自适应回波抵消器可以看作是一种数字滤波器，非常适于进行数字处理，因而已被广泛用于卫星系统中。

### 12.2.5　其他技术体制

1. 信号的调制与调节

在卫星通信系统中，模拟卫星通信系统主要采用频率调制(FM)，这是因为频率调制技术成熟，传输质量好，且能得到较高的信噪比。

在数字调制中以正弦波为载波信号，用数字基带信号去键控正弦信号的振幅、频率和相位便得到振幅键控(ASK)、频移键控(FSK)和相移键控(PSK 及 DPSK)三种基本调制方式。其中相移键控(PSK 及 DPSK)在卫星通信中使用较多。另外，正交振幅调制(QAM)、最小频移键控(MSK)和高斯最小频移键控(GMSK)也得到较多应用。

2. 编解码技术

卫星通信的编解码技术与微波通信中的基本相同，包括信源编码技术和信道编码技术。

3. 信号的传输与复用

在卫星系统中采用了频带传输方式。

卫星通信系统有单路制和群路制两种方式。单路制是指一个用户的一路信号去调制一个载波，即单路单载波(SCPC)方式；所谓群路制，就是多个要传输的信号按照某种多路复用方式组合在一起，构成基带信号，再去调制载波，即多路单载波(MCPC)方式。

## 12.3　卫星通信系统组成

卫星通信系统是一个非常复杂的系统，它由地面部分和空间部分组成。主要包括共 4 大部分：空间分系统、跟踪遥测指令分系统、监控管理分系统及通信分系统，如图 12-12 所示。

1. 空间分系统

空间分系统是卫星通信的核心，即通信卫星。主要包括通信卫星上用于完成通信任务的转发器、天线、用于对卫星的运行状态进行控制的星体遥测指令、控制系统和提供后勤保障的能源系统等。通信卫星主要起无线电中继站的作用，为各个有关的地球站转发无线电信号，以实现多地址的中继通信。

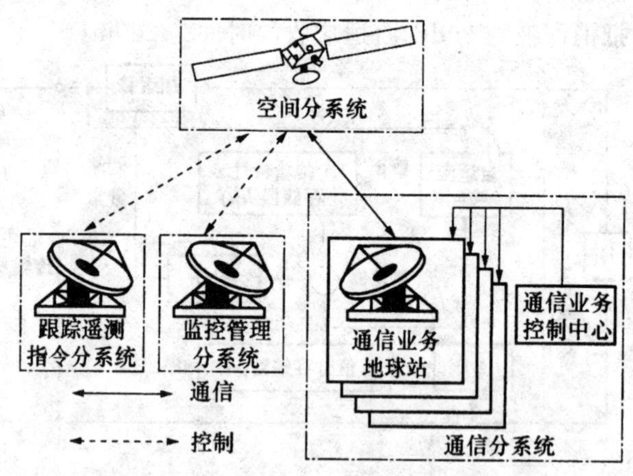


图 12-12　卫星通信系统构成

2.跟踪遥测指令分系统

跟踪遥测指令分系统也称为测控站。它主要用于对卫星进行跟踪测量,控制其准确进入轨道并到达指定位置;待卫星正常运转后,定期对卫星进行轨道修正和位置保持,必要时控制通信卫星返回地面等。

3.监控管理分系统

监控管理分系统也称为监控中心。主要用于对已定点的轨道上的卫星在业务开通前后进行通信性能的监测和控制。例如,对卫星转发器功率、卫星天线增益以及各地球站发射信号的功率、带宽和频率以及地球站天线的方向图等基本的系统通信参数进行监测和控制,以保证通信的正常进行。

4.通信分系统

通信分系统通常由中央站分系统和若干地面、海上和空中地方站分系统构成。中央站除具有普通地球站的通信功能外,还负责通信系统中的业务调度与管理,对普通地球站进行监测控制与业务转接等。用户通过地球站接入卫星通信系统进行通信,相当于微波中继通信的终端站。一般情况下,卫星地球站的天线口径越大,发射和接收能力就越强,功能也越多。

此外,地面通信系统的主要任务是接收卫星转发器转发下来的信号,或者把信息发射到卫星转发器上。

卫星通信的主体是其通信系统,辅助部分则是星体上遥测、控制系统和能源等。通信卫星是依靠通信系统的转发器和天线来完成无线电中继通信的。

一个卫星可以有一个以上的转发器,每个转发器能同时接收和转发多个地球站的信号。显然,当每个转发器所提供的功率和宽带一定时,转发器越多,卫星通信系统的通信容量就越大。

## 12.4　移动卫星通信

移动卫星通信一般是指利用卫星作为中继,实现地面、空中、海上移动用户之间,或移动用户与固定用户之间的相互通信。移动卫星通信是卫星通信的一种,它是固定卫星通信发展的结果。

移动卫星通信的用户,由于条件的限制,一般天线口径小,收发信能力差,在行进中通信又可能会遇到如传输延迟、背景噪声、多径衰落、遮挡等不利环境，因此移动卫星通信系统比固定站址的系统要复杂，一般要求较高的卫星功率和较大的卫星轨道弧段。

移动卫星通信系统主要由卫星转发器、地面主站、地面基站、地面网络协调站和众多的远程移动站等组成。

(1)卫星转发器

卫星转发器用于转发地面、空中、海上固定站和移动站的信息(亦称中继站)。

(2)地面主站

地面主站是移动卫星通信系统的核心，亦称为关口站或信关站。它担负公众电话网和移动卫星通信网之间的转接，为远端移动站和固定站用户提供话音和数据传输通道。对于公众数据业务的传送和接收，主站要完成数据的分组交换、接口协议变换、路由选择等。网络控制中心亦设在主站内，它主要执行以下的功能。

①对卫星转发器的性能、工作状态进行监控，根据要求控制卫星上转发器的切换。

②承担全网络的管理，如发送信令和信标信号，对整个系统性能和所有设备进行监测、故障查询和切断、频谱监视、频率和功率控制、计费等。

③完成按需分配多址(DAMA)控制。移动终端通过信令发出呼叫申请，网络控制中心收到申请信号后，通过数据库找出空闲业务信道，通过信令告知移动终端和相关的地球站。

(3)地面基站

地面基站是小容量的固定地球站，它主要完成远程移动终端与地面专用通信系统(或蜂窝通信网)之间的转接作用，其接口、协议和信令要和相应的地面网制式兼容。

(4)地面网络协调站

地面网络协调站负责某覆盖区内的信息分配和网络管理。协调站亦可由其覆盖区内的基站兼任。

(5)远端移动站

远端移动站可以是车、船、飞机及步行的人等。它的设备包括天线、射频单元和终端，终端又可以分为无线电终端、电话终端、数据终端。在终端设备上配置有单片机，担任 DAMA 处理功能，通过信令信道接收网络控制中心的指令，并自动调整业务信道。

## 12.5　VSAT 卫星通信网

VSAT 是 Very Small Aperture Terminal 的缩写，指天线口径小于 1.8 米，可直接延伸到用户住地的地球站。另外，因为源于传统卫星通信系统，所以 VSAT 也称为卫星小数据站或个人地球站(IPES)。大量这类小站与主站协同工作，构成 VSAT 数字卫星通信网，它能支持范围广泛的单向或双向数据、语音、图像、计算机通信和其他综合电信的数字信息业务。

### 12.5.1　VSAT 系统的特点

VSAT 系统具有设备简单，体积小，重量轻，耗电省，造价低，安装、维护和操作简便。安装只需要简单的工具和一般地基，同时可以直接放在用户室内外，如用户庭院、屋顶、阳台、墙壁或交通工具上。随着天线的进一步小型化还可以置于室内桌面上，只要天线能够通过窗口对准卫星而无遮挡即可。另外还具有以下特点：

①VSAT卫星通信系统是卫星通信技术演变的产物，是一系列先进技术综合运用的结果。这些技术包括了调制/解调技术，处理模块LSI以及维比特译码器VLSI阵列的数字技术及通信控制器和处理器。

②可建立直接面对用户的直达电路，与用户终端直接接口，无需地面线路引接，特别适合于用户分散、业务量轻的边远地区以及用户终端分布范围厂的专用和公用通信网。

③有效的多址和复接技术，分组交换和通信协议标准化。

④天线小型化及高功率卫星发展。

⑤集成化程度高，智能化(包括操作智能化、接口智能化、支持业务智能化、信道管理智能化等)功能强，能够进行无人操作。

⑥VSAT的组网优点有：成本低，体积小，易于安装维护，不受地形限制；组网方便，通信效率高；性能质量好、可靠性高，通信容量自适应且扩容简便等。

⑦波段扩展新技术(C波段、Ku段波)以及扩频通信技术。

⑧中枢站到小站的出站链路采用广播式的点到多点传输，向全网发布信息。

⑨独立性强，一般用作专用网，用户享有对网络的控制权。

⑩互操作性好，可使采用不同标准的用户跨越不同地面网而在同一个VSAT网内进行通信。

但是，由于地球站天线尺寸小，使VSAT网络中射频链路容易受到干扰。

VSAT系统在商业、医疗、金融业、教育、交通能源、新闻、科研等部门都能方便地组成自己独立的卫星网，可开通的业务有低速随机数据传输业务、批量数据传输业务和实时性要求较高的业务等。

VSAT网络可作为较经济的专用通用网，在网络寿命期间能灵活地满足网络业务增长的要求。此网络无需地面公用交换网的支持，对网络的故障诊断和维护较为容易。

### 12.5.2 VSAT网络的组成

从网络结构上分为星型网、网状网和混合网三种，如图12-13(a)、(b)、(c)所示。

星型网又称为卫星通信的单(双)跳形式，如图12-13(a)所示。此种通信方式是各远端的站(VSAT站)与处于中心城市的枢纽站间，通过卫星建立的双向通信信道。这里通常把远端站(PC)通过卫星到枢纽站称为内向信道，反之称为外向信道。这种方式使各远端站之间不能直接进行通信，称之为单跳方式，只经一次卫星转发。另一种情况为双跳方式，如图12-13(c)所示，当各小站内要进行双向通信时，必须首先通过内向信道与枢纽站联系，通过主站再与另一小站通过外向信道联系，即小站→卫星→枢纽站→卫星→另一小站，以“双跳”方式完成信号传送过程。这是VSAT系统最典型的常用结构。

网状网如图12-13(b)所示，它为全连接网形式，各站可通过单跳直接进行相互通信，为此，对各站的EIRP、G/T值均有较高的要求。此种系统虽然不经过枢纽站进行双向通信，但必须有一个控制站来控制全网，并根据各站的业务量大小分配信道。此种系统的地球站设备技术复杂一些，成本较高，但延时很小，可开展话音业务。

混合网如图12-13(c)所示，它兼顾了星型网和网状网的特性。它可实现在某些站间以双跳形式进行数据、录音电话等非实时业务，而在另一些站内进行单跳形式的实时话音通信，它比网状网的成本低。此种形式可以收容成千上万个小站组成特殊的VSAT卫星通信系统。

典型的VSAT网主要由卫星、主站和大量的远端小站(VSAT)三部分组成，通常采用星型网络结构。

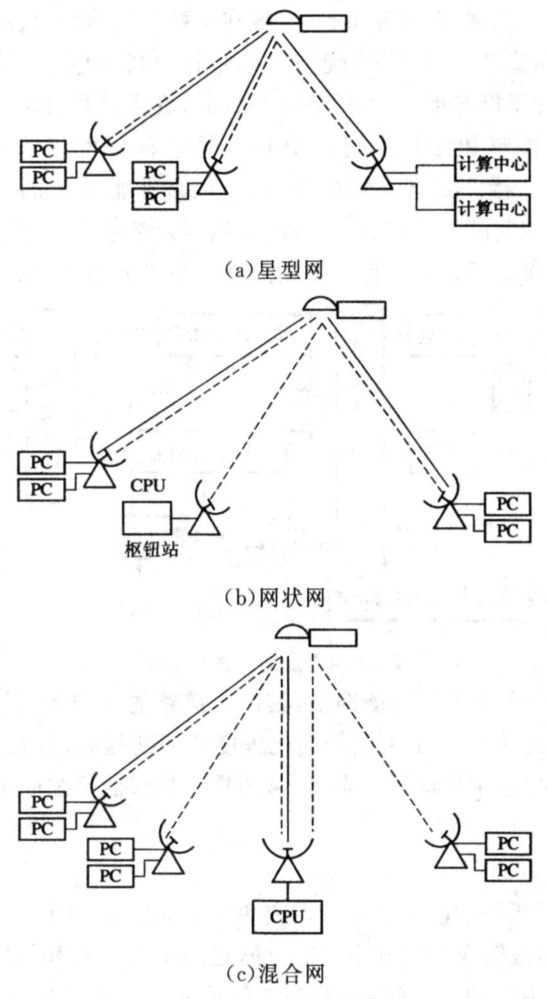


**图 12-13　VSAT 网状结构**

1. 卫星

VSAT 网的空间部分是工作在 C 频段或 Ku 频段的同步卫星转发器。C 频段电波传播条件好，降雨影响小，可靠性高，小站设备简单，可利用地面微波成熟技术，开发容易，系统费用低。但 C 频段为了减小天线尺寸，通常采用扩频技术降低功率谱密度，这样限制了数据传输速率的提高。Ku 频段不存在与地面微波线路相互干扰问题，架设时不必考虑地面微波线路，可随意安装；允许的功率谱密度较高，天线尺寸可以更小，传输速率可以更高。Ku 频段的传播损耗受降雨影响大。但实际上线路设计时都有一定的余量，线路可用性很高，在多雨和卫星覆盖边缘地区，使用稍大口径的天线即可获得必要的性能余量。因此目前大多数 VSAT 系统主要采用 Ku 频段。我国的 VSAT 系统工作在 C 频段，这是由目前所拥有的空间段资源所决定的。

2. 主站

主站又称中心站或枢纽站，它是 VSAT 网的心脏，具有全网的出站信息和入站信息传输、分组交换和控制功能。它与普通地球站一样，使用大型天线，天线直径一般约为 3.5～8m(Ku 波段)或 7～13m(C 波段)，并配有高功率放大器、低噪声放大器、上/下变频器、调制解调器及数据接口设备等。主站通常与主计算机放在一起或通过其他（地面或卫星）线路与主计算机连接。

为了对全网进行管理、控制、监测和维护，一般在主站内其他地点设有一个网络控制中心，对全网运行状况进行监控和管理。主站既是业务中心也是控制中心。主站通常与主计算机放在一起或通过其他线路与主计算机连接，作为业务中心；同时在主站内还有一个网络控制中心，负责对全网进行监测、管理、控制和维护。网控中心有时也称为网络管理系统或网管中心。在VSAT系统中，网管系统直接关系到网络的性能，所以是非常重要的，主站一般采用模块化结构，设备之间采用高速局域网的方式互联。另外，主站涉及整个VSAT网的运行，其故障会影响全网正常工作，所以主站设备都设有备份。主站的基本组成如图12-14所示。

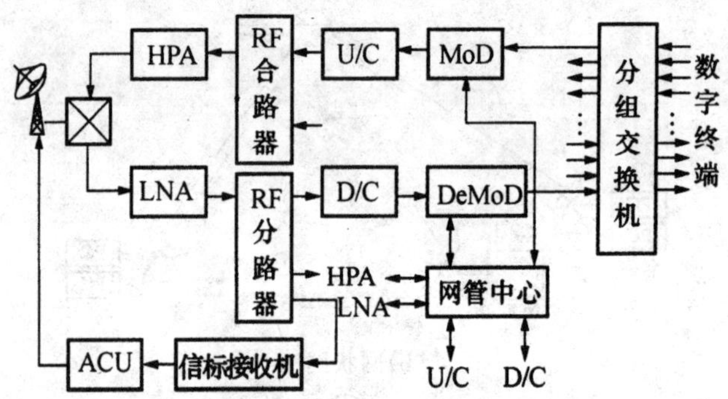


**图12-14 主站的基本组成**

由于VSAT系统是一个业务不平衡网络，其出站链路的数据流是连续的，入站链路的数据流是随机性、不连续的。随着VSAT网络智能化程度的不断提高，数目众多的VSAT小站在网络成本中占支配地位，所以在主站配置复杂、完善的技术是降低系统成本和提高全网性能价格比的主要措施。

3. VSAT小站

VSAT小站由小口径天线、室外单元和室内单元组成。VSAT天线有正馈和偏馈两种形式，正馈天线尺寸较大，而偏馈天线尺寸小，性能好，且结构上不易积冰雪，于是常被采用。室外单元主要包括GaAsFET固态功放、低噪声场效应管放大器、上/下变频器和相应的监测电路等。整个单元可以装在一个小金属盒子内直接挂在天线反射器背面。室内单元主要包括调制/解调器、编译码器和数据接口设备等。室内外两单元之间以同轴电缆连接，传送中频信号和供电电源，整套设备结构紧凑、造价低廉、全固态化、安装方便、环境要求低，可直接与其数据终端相连，不需要地面中继线路。

### 12.5.3 VSAT系统的分类

按照调制方式、应用目的和传输速率的不同，国外把VSAT系统分为5类，如表12-2所示。

**表12-2 VSAT系统分类**

| | VSAT | VSAT(扩频) | USAT | TSAT | TVSAT |
|---|---|---|---|---|---|
| 天线直径/m | 1.2～1.8 | 0.6～1.2 | 0.3～0.5 | 1.2～3.5 | 1.8～2.4 |
| 波段 | Ku | C | Ku | Ku/C | Ku/C |
| 外向速率/kb·s$^{-1}$ | 56～512 | 9.6～32 | 56 | 56～1544 | |
| 内向速率/kb·s$^{-1}$ | 16～128 | 1.2～9.6 | 2.4 | 56～1544 | |

续表

| | | VSAT | VSAT(扩频) | USAT | TSAT | TVSAT |
|---|---|---|---|---|---|---|
| 多址方式 | 内向 | ALOHA<br>S-ALOHA<br>R ALOHA | CDMA | CDMA | PA | |
| | 外向 | TDM | CDMA | CDMA | PA | PA |
| 调制方式 | | BPSK/QOSK | DS | FH/DS | QPSK | FM |
| 枢纽站 | | 无/有 | 有 | 有 | 无 | 有 |
| 支持的协议 | | SDLC,X.25,BSC,ASYNC | | | | |
| 网络运行 | | 共有/专用 | 共有/专用 | 共有/专用 | 专用 | 共有/专用 |

注:①PA——预分配;②DS——直接序列;③FH/DS——扩频调制方式中的调频/直接序列。

### 12.5.4 VSAT系统的工作原理

现以星状网络结构为例,介绍VSAT网的工作原理。因为主站接收系统的G/T值大,所以网内所有的小站都可直接与主站通信。对于小站,则由于它们的天线口径和G/T值小,EIRP低,需要在小站间进行通信时,必须经主站转发,以“双跳”方式进行。

在星形VSAT网中进行多址连接时,可以采用不同的多址协议,其工作原理也因此有所不同。这里主要结合随机接入时分多址(RA/TDMA)方式介绍VSAT网的工作原理。网中任何一个VSAT小站入网传送数据,一般都是以分组方式进行传输与交换。数据报文在发送之前,先划分成若干个数据段,并加入同步码、地址码、控制码、起始标志以及终止标志等,这样便构成了通常所说的数据分组。到了接收端再将各分组按原来“打包”时的顺序组装起来,恢复出原来的数据报文。

在VSAT网内,由主站通过卫星向远端小站发送数据通常称为外向传输,由各小站向主站发送数据称为内向传输。

1.外向传输

由主站向各远端小站的外向传输,通常采用时分复用或统计时分复用方式。首先由计算机将发送的数据进行分组并构成TDM帧,以广播方式向网内所有小站发送,而网内某小站收到TDM帧后,根据地址码从中选出发给本小站的数据。根据一定的寻址方案,一个报文可以只发给一个指定的小站,也可以发给一群指定的小站或所有的小站。为了使各小站可靠地同步,数据分组中的同步码特性应能保证VSAT小站在未加纠错码和误比特率达到$10^{-3}$时仍能可靠地同步。而且主站还应向网内所有地面终端提供TDMA帧的起始信息,TDM帧结构如图12-15所示。当主站不发送数据分组时,只发送同步分组。

2.内向传输

各远端小站通过卫星向主站传输的数据称为内向传输数据。在VSAT系统中,各个用户终端可以随机地产生信息。因此,内向数据一般采用随机方式发射突发性信号。采用信道共享协议,一个内向信道可以同时容纳许多小站,所能容纳的最大站数主要取决于小站的数据率。

许多分散的小站,以分组的形式通过具有延迟$\tau_s$S的RA/TDMA卫星信道向主站发送数据。由于VSAT小站本身收不到经卫星转发的小站所发射的信号,因而不能用自发自收的方法监视本站发射信号的质量。因此，利用争用协议时需要采用肯定应答方案，以防止数据的丢失，即主站成功收到小站信号后，需要通过 TDM 信道回传一个 ACK 信号，宣布已成功收到数据分组。如果由于误码或分组碰撞造成传输失败，小站收不到 ACK 信号，则为失败的分组，需重新传输。

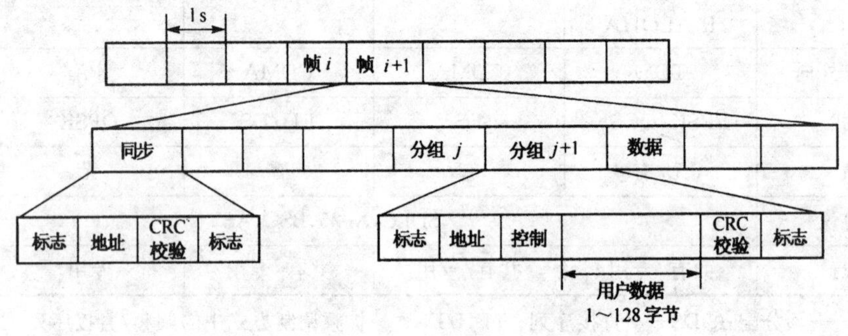


**图 12-15　VSAT 网外向传输的 TDM 帧结构**

RA/TDMA 信道是一种争用信道，可以利用争用协议由许多小站共享 TDMA 信道。TDMA 信道分成一系列连续性的帧和时隙，每帧由 $N$ 个时隙组成，如图 12-16 所示。各小站只能在规定的时隙内发送分组，一个分组不能跨越时隙界限，即分组的大小能够改变，但其最大长度绝对不能大于一个时隙的长度。各分组要在一个时隙的起始时刻开始传输，并在该时隙结束之前完成传输。在一个帧中，时隙的大小和时隙的数量取决于应用情况，时隙周期可用软件来选择。在系统中，所有共享 RA/TDMA 信道的小站都必须与帧起始(SOF)时刻及时隙起始时刻保持同步。这种统一的定时就由主站在 TDM 信道上从广播的 SOF 信息获得。

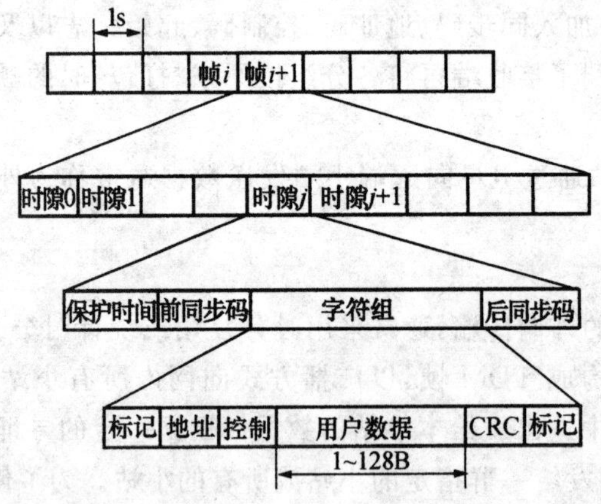


**图 12-16　TDMA 的帧结构**

综上所述，VSAT 系统与一般卫星系统不同，它是一个典型的不对称网络，即链路两端设备不同，执行的功能不同，内向和外向业务量不对称，内向和外向信号强度不对称，主站发射功率大得多，以适应 VSAT 小天线的要求。此外，VSAT 发射功率较小，主要利用主站的高接收性能来接收 VSAT 的低电平信号。

3. VSAT 网中的交换

在 VSAT 网中，各站通信终端的连接是唯一的，没有备份的路由，全部交换功能只能通过主站内的交换设备完成。为了提高信道利用率和可靠性，对于突发性数据，最好采用分组交换方式。特别是对于外向链路，采用分组传输便于对每次经卫星转发的数据进行差错控制和流量控制,成批数据业务也采用数据分组格式。显然,来自各 VSAT 小站的数据分组传到主站,也应采用分组格式和分组交换。通过主站交换设备汇集来自各 VSAT 小站的数据分组,以及从主计算机和地面网来的数据分组,同时又按照数据分组的目的地址,转发给外向链路、主计算机和地面网。采用分组交换不但提高了卫星信道利用率,而且还减轻了用户设备的负担。

然而,对于实时性要求很强的语音业务,因为分组交换的延时和卫星信道的延迟太长,则应采用线路交换。所以 VSAT 系统对于同时传输数据和语音的综合业务网,分别设置交换设备并提供自己的接口。

### 12.5.5 VSAT 系统的多址方式

卫星通信都是以多址方式来工作的,由于 VSAT 系统均采用小口径天线和低功率发射,速率较低,鉴于组网及其业务的要求,因此对多址方式也有特殊的要求:有较高的卫星信道共享效率,有较短的时延,信道在一定容量附近具有相对稳定性。

在 VSAT 卫星通信系统中,能够灵活地应用 SCPC、TDMA、CDMA 等这几种方式的特殊技术来实现组网。

1. SCPC 方式

由于 SCPC 系统组网方便、灵活,对于容量小,稀路由多址通信非常适宜。SCPC 设备可做成模块式的,每个站扩容很方便。它采用了话音激活和按需分配的信道分配技术等,这样可节省功率,减小互调干扰,增加通信容量,提高信道利用率等。许多国际卫星公司都推出了此新设备。

2. TDMA 方式

TDMA 方式在前面讲多址方式时已讲述,它是以时隙来分配站址的,每个地球站只能在规定的时隙内以突发的形式发射已调信号,这里是把 TDMA 方式具体应用到 VSAT 系统中来讲述。在 VSAT 系统中的 TDMA 方式与传统的 TDMA 方式是有很大差别的。主要的应用有 P-ALOHA、S-ALOHA、R-ALOHA、SREJ-ALOHA 及 AA/TDMA 等方式。

3. CDMA 方式

因为 CDMA 多址方式具有抗干扰能力强,能降低互调干扰,有保密通信的能力,实现多址联结灵活方便等优点,所以在现代某些特殊的环境和部门得到了广泛应用。美国的赤道公司推出的 C-200 型就是此种多址方式的例证。由于这种方式在外向、内向信道中均采用扩频码位和多址方式中的非对称结构,因此主站接收 VSAT 信号时起到了明显的抗窄带干扰作用。由于 CDMA 的优越性,使美国赤道公司推出的 CDMA 产品在全球很有竞争力,如 IESDC-200 型产品系列为印度所采用。

4. R-ALOHA

这是一种预约的时分多址方式,它以牺牲传输时延来取得较高的信息流通量。它的工作原理是:当 VSAT 要发送数据时,用 TDMA 先向主站的中心处理器提出申请,中心处理器指定被发数据将占用的时隙,同时禁止其他各站在此时隙内发射信息,于是,数据分组即在指定的时隙内发送,不发生碰撞。由于一个分组在发送前要经过预约申请和时隙指定两个阶段,所以该种方式延迟增加,至少为单跳的三倍左右,特别是要经过预约登记排队还会增加延迟。这也是此种方式的缺点,而且信道的稳定性也还待研究解决。

经理论分析,R-ALOHA 系统解决了长、短消息兼容,提高了信道利用率,但其平均延迟较长,且稳定性还未解决。

5. AA/TDMA 方式

AA/TDMA 系统是一种自适应 TDMA，它对于交互或信息或批量数据都适用，其原理是综合了交互式的 S-ALOHA 方式（减少时延）和 R-ALOHA 方式（传送批量数据业务获得高流通量）。

### 12.5.6 VSAT 系统的应用与发展

1. VSAT 的应用

VSAT 的应用主要有以下 3 个方面：

①国内/地区性公众通信网络：联络海岛及难达地区，由很小容量电路开始逐步发展至国内网或地区性国际网，并共用一个国际出口局。

②专用网：如使馆网、大跨国公司或联合企业联系位于各地的子公司的专用网、航空业务网等。

从发展上看，VSAT 业务在经济性上有更显著的优越性，并易于扩容。在采用集中管理式的按需分配系统后，将大大提高空间信道的利用率，并降低网络运营成本。

③为经济发展区建立的端站网：如石油、矿山、水利工程等工地用的卫星电路。

2. VSAT 系统的发展趋势

从整个卫星通信领域来看，今后的发展方向主要是：开展更高的工作频段，研究和发射先进的卫星星体，促进和提高卫星通信的数字化、集成化水平，积极发展卫星移动通信系统，研究解决星际激光链路和小卫星群的全球个人通信网络。这些技术发展方向也为 VSAT 网络确定了较为明确的发展目标。

(1)开发和使用更高的工作频段

在国际上，一般 VSAT 网络使用 Ku 频段，有的国家已启用宽带 VSAT。工作频率的提高，能够明显地缩小设备体积，扩大系统容量，节约成本，减少干扰，提高通信质量。

(2)提高 VSAT 网络管理的智能化

随着 VSAT 通信业务种类的多样化和使用更高的工作频段，要求网管系统能够根据全网业务容量、通信参数、传输性能等因素的变化，智能地控制和分配 VSAT 网络资源，使全网的利用率提高，处于最佳的工作状态。

(3)VSAT 网络接入 ISDN 网络

ISDN(综合业务数字网)是电信网络发展的基本目标。利用 VSAT 网络为 ISDN 提供传输信道，将 VSAT 与 ISDN 结合起来，是 VSAT 发展的又一重要方向。改造现有的 VSAT 设备，使其传输速率、信息协议、接口标准等都符合 ISDN 规范要求后，可用 VSAT 来旁路 ISDN 的本地接入网和运送网。

(4)提高传输速率，提供话音、数据、图像等业务

提高传输数据速率，扩大系统容量仍然是 VSAT 网络发展的重要方向，传输数据速率的提高使 VSAT 系统的职能和作用大大加强，除用于专业通信外，还将承担向用户提供各种综合性的通信业务。

(5)降低通信费用，改善服务质量

VSAT 的发展仍然面临着进一步降低通信费用，提高通信质量的问题。解决的办法是积极采用先进技术，同时加强网络的智能化管理，提高全网的运行效率和通信质量。

(6)发展大功率卫星、多波束覆盖和先进的星上处理技术

发展大功率输出卫星,采用卫星多波束覆盖技术,下行EIRP值将比单波束覆盖有明显的提高。

(7)建立国际VSAT通信网络

随着卫星通信技术日新月异地向前发展,VSAT系统的传输容量将不断扩大,能够同时提供话音、数据、图像等综合性数字业务。INTELSAT和美国COMSAT公司已开始策划、建设横跨几个洲的国际VSAT卫星通信网络,并制定统一的通信标准,以便与不同国家的通信标准相互兼容。

# 第 13 章　数据通信技术的应用

## 13.1　物联网

### 13.1.1　物联网概述

1. 物联网的发展历程

物联网概念最早出现于微软公司创始人比尔·盖茨 1995 年出版的《未来之路》，该书提出“物—物”相联的物联网雏形，因当时无线网络、硬件及传感器设备的局限而未引起重视。

1998 年，美国麻省理工学院提出了电子产品代码(EPC)的构想。

1999 年，美国麻省理工学院的自动识别(Auto-ID)实验室首先提出建立于 EPC、RFID 和因特网基础上的物联网概念。

2005 年，ITU 在《ITU 因特网报告 2005：物联网》中，正式提出物联网概念。

2008 年 3 月，在苏黎世举行了全球首个国际物联网会议“物联网 2008”，探讨了物联网的新理念、新技术。

2009 年 9 月，“传感器网络标准工作组成立大会暨感知中国高峰论坛”在北京举行，提出了传感网(Sensor Network)发展的一些相关政策。

2010 年年初，我国正式成立了传感(物联)网技术产业联盟；同时，成立全国推进物联网的部际领导协调小组，以加快物联网产业化进程。

2010 年 3 月，上海物联网中心正式揭牌。《2010 年政府工作报告》中明确提出：“要大力培育战略性新兴产业；要大力发展新能源、新材料、节能环保、生物医药、信息网络和高端制造产业；积极推进新能源汽车、电信网、广播电视网和因特网的三网融合取得实质性进展，加快物联网的研发应用；加大对战略性新兴产业的投入和政策支持”。显示出我国对物联网研究的重视。

2. 物联网产生的原因

物联网的产生有技术原因，也有应用环境和经济背景的需求。它之所以被称为第三次信息革命浪潮，主要源于以下 3 个方面的因素。

(1)经济危机催生新产业革命

2009 年爆发的金融危机把全球经济带入低谷，按照经济增长理论，每次经济低谷必然会催生某些新技术的发展，且这种新技术可以为绝大多数产业提供一种全新的应用价值，带动新一轮产业投资和消费增长。美国、欧盟、日本等均将注意力转向新兴产业，并给予强有力的政策支持。传感网就是一种全新的信息获取与信息处理模式。物联网技术作为下一个经济增长的重要助推器，催生了新产业革命。

(2)传感网技术的成熟应用

近年来，微型制造技术、通信技术及电池技术的改进，促使微小的智能传感器具有感知、无线通信及信息处理的能力。传感网能实现数据的采集量化、融合处理和传输，它综合了微电子技术、现代网络以及无线通信技术、嵌入式计算技术、分布式信息处理技术等，兼具感知、运算与网络通信能力，通过传感器检测环境温度、湿度、光照、气体浓度等，并通过无线网络将收集到的信息传送给监控者；监控者解读信息后，即可掌握现场状况。传感网拓展了目前的网络通信能力，使通过网络实时监控各种环境、设施及内部运行机理等成为可能。

(3)网络接入和数据处理能力基本适应多媒体信息传输处理的需求

随着信息网络接入多样化、IP宽带化及软件技术的飞跃发展，对海量数据采集融合、聚类或分类处理的能力显著提高。信息网络的进一步发展，显然是更多地与智能社会相关物品互联。以宽带化、多媒体化、个性化为特征的移动型信息服务业务，成为公众无线通信持续高速发展的源动力，目前，3G已开始商业应用，第4代移动通信系统(4G)也进入实质性研发阶段，网络接入和数据处理能力已适应构建物联网进行多媒体信息传输与处理的基本需求。

3.物联网的定义

物联网(IOT)是指通过各种信息传感设备，实时采集任何需要监控、连接、互动的物体或过程，采集其声、光、热、电、力学、化学、生物、位置等信息，与因特网(Internet)结合形成一个巨大的网络，目的是实现"物—物"、"物—人"、"人—人"等与网络的连接，方便识别、管理和控制。目前，物联网概念的精确定义并未统一，较有代表性的有如下几种。

(1)ITU给物联网的定义

物联网是在任何时间、环境，任何物品、人、企业、商业，采用任何通信方式(包括汇聚、连接、收集等)，以满足所提供的任何服务要求。按照ITU的定义，物联网主要解决"物—物"、"物—人"、"人—人"间的互联。它与因特网的最大区别是："人—物"指人利用通用装置与物品之间的连接；"人—人"指人与人之间不依赖于个人计算机进行互联。物联网主要解决因特网没有考虑的、对于任何物品连接的问题。

(2)欧盟给物联网的定义

物联网是个动态的全球网络基础设施，具有基于标准和互操作通信协议的自组织能力，其中物理的和虚拟的"物"具有身份标识、物理属性、虚拟的特性和智能的接口，并与信息网络无缝整合。物联网将与媒体因特网、服务因特网和企业因特网共同构成未来的因特网。

(3)中国给物联网的定义

物联网指将无处不在的末端设备和设施，包括具备"内在智能"的传感器、移动终端、工业系统、楼宇控制、家庭智能设施、视频监控系统等和"外在使能"(如贴上RFID标签)的各种资产、携带无线终端的个人与车辆等"智能化物件或动物"，通过各种无线和/或有线的长距离和/或短距离通信网络实现互联互通、应用大集成和基于云计算的相关模式，在内网、专网和/或因特网环境下，采用适当的信息安全保障机制，提供安全可控乃至个性化的实时在线监测、定位追溯、报警联动、调度指挥、预案管理、远程控制、安全防范、远程维保、在线升级、统计报表、决策支持等管理和服务功能，实现对"万物"的"高效、节能、安全、环保"的"管、控、营"一体化。

综合以上，物联网较为公认的定义：物联网是通过各种信息传感设备及系统(如传感网、射频识别系统、红外感应器、激光扫描器等)、条码与二维码、GPS，按约定的通信协议，将"物—物"、"物—人"、"人—人"连接起来，通过各种接入网、因特网进行信息交换，以实现智能化识别、定位、跟踪、监控和管理的一种信息网络。该定义主要包含以下3个含义。

①物联网是指对具有全面感知能力的物体及人的互联集合。两个或两个以上物体如果能交换信息即可称为物联。使物体具有感知能力需要在物品上安装不同类型的识别装置，如电子标

签、条码与二维码等，或通过传感器、红外感应器等感知其存在。同时，这一概念也排除了网络系统中的主从关系，能够自组织。

②物联网必须遵循约定的通信协议，并通过相应的软、硬件实现。互联的物品要互相交换信息，就需要实现不同系统中实体的通信。为了成功地通信，它们必须遵守相关的通信协议，同时需要相应的软件、硬件实现这些规则，并能通过现有的各种接入网与因特网进行信息交换。

③物联网可以实现对各种物品（包括人）进行智能化识别、定位、跟踪、监控和管理等。这也是组建物联网的目的。

物联网的“物”需满足以下条件：要有相应的信息接收器，要有数据传输通路，要有一定的存储功能，要有微处理器，要有操作系统，要有专门的应用程序，要有数据发送器，遵循物联网的通信协议，在世界网络有可被识别的唯一编号。ITU 定义的物联网示意图如图 13-1 所示。

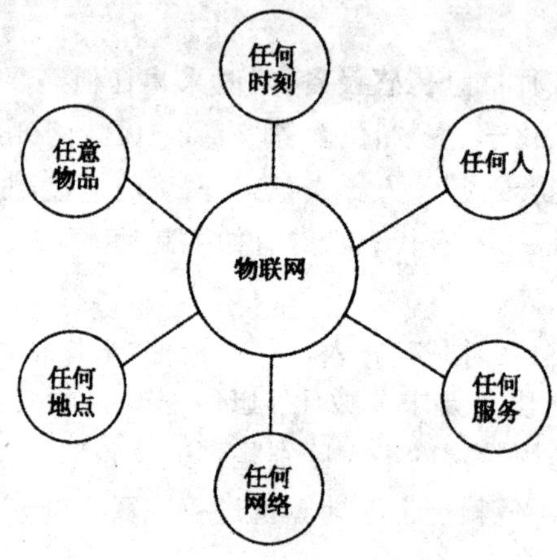


**图 13-1 ITU 物联网示意图**

4.物联网的特征与属性

(1)物联网的特征

和因特网相比，物联网有如下 3 个特征：

①它是各种感知技术的广泛应用。物联网部署了海量的多种类型传感器，每个传感器都是信息源，不同类别传感器捕获的信息内容和信息格式各异。传感器获得的数据具有实时性，按一定的频率周期性采集环境信息，实时更新数据。

②它是一种建立在因特网上的泛在网络。物联网的重要基础和核心是因特网，通过有线、无线网络与因特网融合，将物体的信息实时、准确地传输出去。物联网传感器定时采集的信息需要通过网络传输，因为数量极其庞大，形成了海量信息，所以在传输过程中，为保障数据正确性、及时性，必须适应各种异构网络。

③物联网不仅提供了传感器的连接，其本身也具有智能处理能力，能对物体实施智能控制。它将传感器和智能处理相结合，利用云计算、模式识别等智能技术，扩充了应用领域。从传感器获得的海量信息中分析、加工和处理出有意义的数据，以适应不同用户的需求，发现新的应用领域和应用模式。

(2)物联网的属性

根据目前对物联网概念的表述，其核心要素可归纳为“感知、传输、智能、控制”。因此，物联网具有以下 4 个重要属性。

①全面感知。利用RFID、传感器、二维码等智能感知设施，可随时随地感知、获取物体信息。

②可靠传输。通过各种信息网络与计算机网络的融合，将物体的信息实时、准确地传送到目的地。

③智能处理。利用数据融合及处理、云计算等计算技术，对海量的分布式数据信息分析、融合和处理，向用户提供信息服务。

④自动控制。利用模糊识别等智能控制技术对物体实施智能化控制和利用，最终形成物理的、数字的和虚拟的世界共生、互动的智能社会。

5.物联网、传感器网、泛在网的关系

(1)物联网与传感器网的关系

传感网是由若干具有无线通信与计算能力的感知节点，以网络为信息传输载体，实现对物理世界的全面感知而构成的自组织分布式网络。其突出特征是采用智能计算技术对信息分析处理，提升对物质世界的感知能力，实现智能化的决策、控制。传感网作为传感器、通信和计算机密切结合的产物，是一种全新的数据获取和处理技术。传感网的这个定义包含以下3个含义：

①传感网的感知节点包含传感器节点、汇聚节点和管理节点，具备无线通信与计算能力。

②大量传感器节点随机部署在感知区域内部或附近，这些节点能通过自组织方式构成分布式网络。

③传感器节点感知的数据沿其他传感器节点逐跳进行传输，到达汇聚节点，再通过因特网或其他通信网络传输到管理节点。传感网拥有者通过管理节点对传感网进行配置和管理，收集监测数据并发布监测控制任务，实现智能化的决策、控制。协作地感知、采集、处理、发布感知信息是传感网的基本功能。

可以看出，传感器网相当于“传感模块＋组网模块”构成的网络，仅感知到信号，并不强调对物体的标识；物联网概念比传感器网大，主要是人感知物、标识物的手段，除了传感器网，还可以有二维码/一维码/RFID等。例如，用RFID标识身份证即可形成物联网，但RFID并不属于传感器网的范畴。

(2)物联网与泛在网的关系

泛在网概念来自日本、韩国提出的U战略。其定义为：无所不在的网络社会将是由智能网络、最先进的计算技术以及其他领先的数字技术基础设施武装而成的技术社会形态。根据这样的构想，泛在网以“无所不在”、“无所不包”、“无所不能”为基本特征，帮助人类在任何时间、任何地点，实现任何人、任何物品间的通信。泛在网也被称为“网络的网络”，是面向泛在应用的各种异构网络的集合。它强调智能在周边的部署，以及自然人机交互和异构网络融合。

从泛在网的内涵来看，首先关注的是人与周边的和谐交互，各种感知设备与无线网络只是手段。最终的泛在网，在形态上既有因特网的部分，也有物联网的部分，同时还有一部分属于智能系统范畴。由于涵盖了物与人的关系，因此泛在网更大些。考虑到物联网与因特网的融合已是必然，研究物、感知物最终还是要为人类发展服务，因此，物联网与泛在网概念最为接近。

综上所述，物联网是关于“人－物”、“物－物”广泛互联，实现人与客观世界信息交互的网络；传感网是利用传感器作为节点，以专门的无线通信协议实现物品间连接的自组织网络；泛在网是面向泛在应用的各种异构网络的集合，强调跨网之间的互联互通和数据融合/聚类与应用；因特网是通过TCP/IP协议将异种计算机网络连接起来实现资源共享的网络，实现“人－人”之间的通信。物联网与传感网、因特网、泛在网络及其他网络间的关系如图13-2所示。可以看出，物联网与其他网络及通信技术之间是包容、交互作用的关系。物联网隶属于泛在网，但不等同于泛在网，它只是泛在网的一部分；物联网涵盖了物品间通过感知设施连接起来的传感网，不论是否接入因特网，都属于物联网的范畴；传感网可以不接入因特网，但需要时可利用各种方式接入因特网；因特网（包括NGN）、移动通信网等可作为物联网的核心承载网。

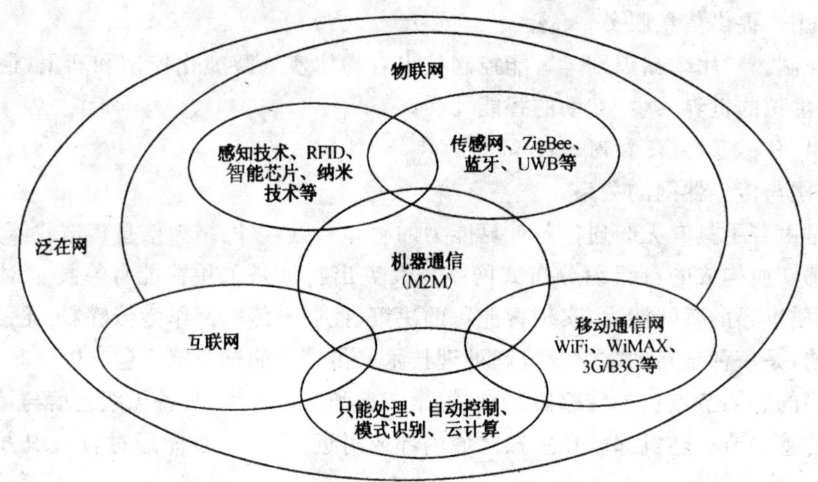


图13-2　物联网与其他网络间的关系

### 13.1.2　物联网的体系结构

物联网作为新兴的信息网络技术，将会对IT产业发展起巨大的推动作用。但物联网尚处于起步阶段，还没有广泛认同的体系结构。目前，较具代表性的物联网架构有欧美支持的EPC Global物联网体系架构和日本的UID物联网系统等。我国也积极参与了物联网体系结构的研究，正在制定符合社会发展实际情况的物联网标准和架构。下面主要介绍EPC Global物联网体系结构和一般的物联网体系结构。

1. 物联网体系结构设计原则

研究物联网的体系结构，首先需要明确架构物联网体系结构的基本原则，以便在已有物联网体系结构基础上形成参考标准。物联网有别于因特网，因特网的主要目的是构建一个全球性的计算机通信网络；物联网从应用出发，利用因特网、无线通信技术进行业务数据的传送，是因特网、移动通信网应用的延伸，是自动化控制、遥控遥测及信息应用技术的综合展现。物联网与近程通信、信息采集、网络技术、用户终端设备结合，其价值才能逐步展现。因此，设计物联网体系结构应遵循以下原则。

①互联性原则。物联网体系结构需要平滑地与因特网实现互联互通，不可能另行设计一套互联通信协议及其描述语言。

②多样性原则。物联网体系结构必须根据物联网服务类型、节点的不同，分别设计相应的体系结构，不能（也没有必要）建立唯一的标准体系结构。

③安全性原则。“物一物”互联后，物联网的安全性将比因特网更为重要，因此物联网的体系结构应能防御大范围的网络攻击。

④健壮性原则。物联网体系结构应具备相当好的健壮性和可靠性。

⑤时空性原则。物联网尚在发展之中，其体系结构应能满足在时间、空间和能源方面的需求。

⑥扩展性原则。对于物联网体系结构的架构，应具有一定的扩展性，以便最大限度地利用现有网络通信基础设施，保护已投资利益。

2. 物联网的 EPC 体系结构

随着全球经济一体化和信息网络化进程的加快，为满足对单个物品的标识和高效识别，Auto-ID提出 EPC 的概念，即每个对象都赋予一个唯一的 EPC，并由采用 RFID 技术的信息系统管理，彼此联系，数据的传输、存储均由 EPC 网络处理。EPC Global 对于物联网的描述是，一个物联网主要由 EPC 编码体系、射频识别系统及 EPC 信息网络系统三部分组成。

(1)EPC 编码体系

物联网实现的是全球物品的信息实时共享。显然，首先要做的是实现全球物品的统一编码，即对在地球上任何地方生产出来的任何一件物品，都要给它打上电子标签。这种电子标签携带有一个电子产品代码，且全球唯一。目前，常见的电子产品编码体系是欧美支持的 EPC 编码和日本支持的 UID 编码。

(2)射频识别系统

射频识别系统包括 EPC 标签和读写器。EPC 标签是每件商品唯一的号码(编号)的载体，当 EPC 标签贴在物品上或内嵌在物品中时，该物品与 EPC 标签中的产品电子代码就建立了一对一的映射关系。本质上，EPC 标签是个电子标签，通过 RFID 读写器可以读取 EPC 标签内存信息，这个内存信息通常就是 EPC。

(3)EPC 信息网络系统

EPC 信息网络系统包括 EPC 中间件、EPC 信息发现服务和 EPC 信息服务 3 部分。

①EPC 中间件。通常指一个通用平台和接口，是连接 RFID 读写器和信息系统的纽带。它主要用于实现 RFID 读写器和后端应用系统间信息交互、捕获实时信息和事件，或向上传送给后端应用数据库软件系统以及 ERP 系统等，或向下传送给 RFID 读写器。

②EPC 信息发现服务。包括 ONS 及配套服务，基于电子产品代码，获取 EPC 数据访问通道信息。目前，ONS 系统和配套的发现服务系统由 EPC Global 委托 Verisign 公司进行，其接口标准正在制定。

③EPC 信息服务(EPCIS)。即 EPC 系统的软件支持系统。用以实现最终用户在物联网环境下交互 EPC 信息。EPCIS 的接口和标准正在制定中。

综上，EPC 物联网主要由 EPC 编码、EPC 标签、RFID 读写器、EPC 中间件、ONS 服务器和 EPCIS 等构成，其体系结构如图 13-3 所示。

RFID 读写器从含有 EPC 标签的物品读取电子代码，将读取的代码信息送到中间件系统处理。如果读取的数据量较大而中间件系统处理不及时，可应用 ONS 来储存部分读取数据。中间件系统以该 EPC 数据为信息源，在本地 ONS 服务器获取包含该产品信息的 EPC 信息服务器的网络地址。当本地 ONS 不能查阅到 EPC 编码所对应的 EPC 信息服务器地址时，可向远程 ONS 发送解析请求，获取物品的对象名称，继而通过 EPC 信息服务的各种接口获得物品信息的各种相关服务。整个 EPC 网络系统借助因特网，利用因特网基础上产生的通信协议和描述语言运行。因此，也可以说物联网是架构于因特网基础上的关于各种物理产品信息服务的总和。

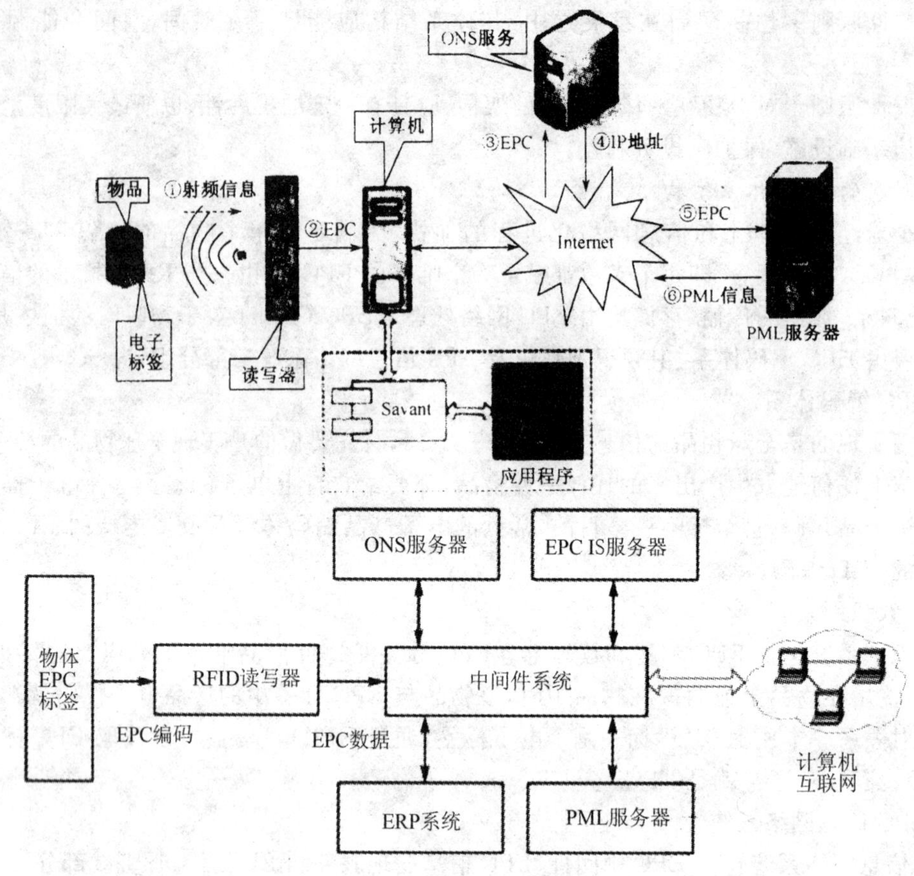


图 13-3　EPC 物联网体系结构

3. 一般的物联网体系结构

根据物联网的服务类型和节点等情况，通常由感知层、网络层和应用层组成一般的物联网体系结构，如图 13-4 所示。

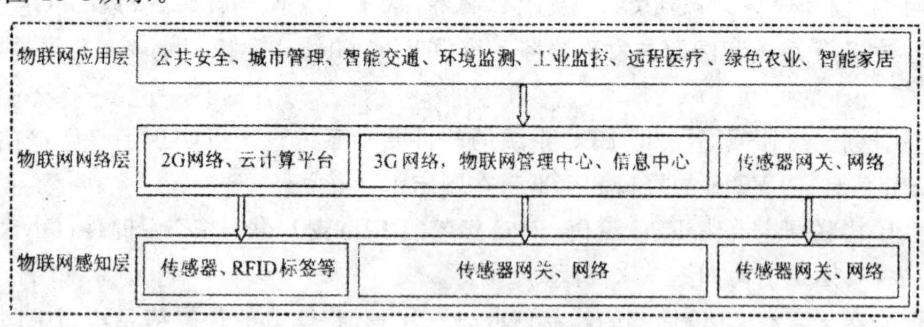


图 13-4　一般的物联网体系结构

(1)感知层

感知层由各种传感器及传感器网关构成，包括 RFID 标签和读写器、摄像头、GPS 等感知终端，以及浓度传感器、温度传感器、湿度传感器、二维码标签等，作用相当于人的眼、耳、鼻、喉、皮肤等神经末梢，是物联网获识别物体，采集信息的来源，主要功能是信息感知与采集。

(2)网络层

网络层是核心承载网络，承担物联网接入层与应用层之间的数据通信任务，由各种私有网络、因特网、有线/无线通信网、网络管理系统和云计算平台等组成，负责传递、处理感知层获取的信息，主要包括 2G、3G、因特网、无线城域网（WMAN）、企业专用网等。

（3）应用层

应用层是物联网和用户的接口，实现物联网的智能应用。它由各种应用服务器组成，功能包括对采集数据的汇聚、转换、分析，以及用户层呈现的适配和事件触发等。对于信息采集，由于从末梢节点获取了大量原始数据，且这些原始数据对用户而言只有经过转换、筛选、分析、处理才有实际价值。这些应用服务器根据用户的呈现设备完成信息呈现的适配，并根据用户的设置触发相关的通告信息。同时，当需要完成对末梢节点的控制时，应用层能完成控制指令生成和指令下发控制。此外，应用层还包括物联网管理中心、信息中心等利用 NGN 的能力对海量数据进行智能处理的云计算功能。

### 13.1.3　物联网的系统组成

物联网系统包括硬件平台和软件平台。

1. 物联网的硬件平台组成

物联网是以数据为中心的面向应用的网络，完成信息感知、数据处理、数据回传及决策支持等功能，其硬件平台如图 13-5 所示，由传感网、核心承载网络和信息服务系统等组成。其中，传感网包括感知节点（数据采集、控制）和末稍网络（汇聚节点、接入网关等）；核心承载网络为物联网业务的基础通信网络；信息服务系统硬件设施负责信息的处理和决策支持。

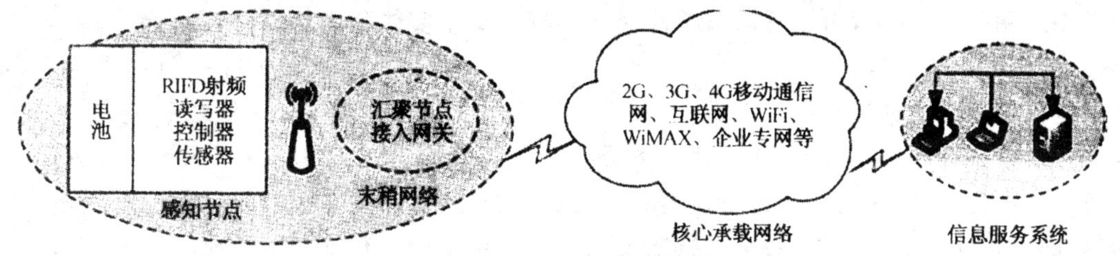


图 13-5　物联网的硬件平台

（1）感知节点

感知节点由各种类型的采集和控制模块组成，完成物联网应用的数据采集和设备控制等，包括 4 个单元：传感单元，由传感器和模数转换模块组成，如 RFID 射频、二维码识读设备、温感设备等；处理单元，由嵌入式系统构成，包括微处理器、存储器、嵌入式操作系统等；通信单元，由无线通信模块组成，实现末梢节点间以及它们与汇聚节点间的通信；电源/供电部分。感知节点综合了传感器技术、嵌入式计算技术、智能组网技术及无线通信技术、分布式信息处理技术等，能通过各类集成化的微型传感器协作地实时监测、感知和采集各种环境或监测对象的信息，通过嵌入式系统处理信息，并通过随机自组织无线通信网络以多跳中继方式将所感知信息传送到接入层的基站节点和接入网关，最终到达信息应用服务系统。

（2）末稍网络

末稍网络即接入网络，包括汇聚节点、接入网关等，完成应用末稍感知节点的组网控制、数据汇聚，或向感知节点发送数据的转发等。也就是在感知节点组网之后，如果感知节点需要上传数据，则将数据发送给汇聚节点（基站），汇聚节点收到数据后，通过接入网关完成和承载网络的连接。当用户应用系统需要下发控制信息时，接入网关接收到承载网络的数据后，由汇聚节点将数据发送给感知节点，完成感知节点与承载网络间的数据转发和交互功能。

(3)核心承载网络

核心承载网络主要承担接入网与信息服务系统间数据通信任务。根据具体应用的不同，承载网可以是公共通信网，如2G、3G、因特网、企业专用网等，甚至是新建的专用于物联网的通信网。

(4)信息服务系统硬件设施

由各种应用服务器、用户设备、客户端等组成，用于对采集数据的融合/汇聚、转换、分析，以及对用户呈现的适配和事件的触发，针对不同应用需设置相应的服务器。

2.物联网的软件平台组成

软件平台是物联网的神经系统。不同类型的物联网用途各异，软件平台也不同，但软件系统的实现技术与硬件平台密切相关。相对于硬件技术，软件平台开发及实现更具有特色。通常，物联网软件平台建立在分层的通信协议体系之上，包括数据感知系统软件、中间件系统软件、网络操作系统、物联网管理信息系统等。

(1)数据感知系统软件

完成物品识别和物品EPC码的采集、处理，主要由物品、电子标签、传感器、读写器、控制器、EPC等组成。存储有EPC码的电子标签在经过读写器感应区域时，EPC码会自动被读写器捕获，实现EPC信息自动化采集，采集的数据由上位机软件进一步处理，如数据校对、数据过滤、数据完整性检查等，这些经过整理的数据可以为物联网中间件、应用管理系统使用。目前，物品电子标签多采用EPC标签，用物理标识语言(PML)标记每个实体和物品。

(2)中间件系统软件

中间件是位于数据感知设施与后台应用软件间的一种应用软件，有两个关键特征：一是为系统应用提供平台服务；二是需要连接到网络操作系统，并保持运行状态。中间件为物联网应用提供计算和数据处理功能，对感知系统采集的数据进行捕获、过滤、汇聚、计算，数据校对、解调、数据传送、数据存储和任务管理，减少从感知系统向应用系统中心传送的数据量。同时，还可与其他RFID支撑软件系统进行互操作等。引入中间件使得原先后台应用软件系统与读写器间非标准的、非开放的通信接口，变成了后台应用软件系统与中间件间、读写器与中间件间的标准的、开放的通信接口。通常，物联网中间件系统包含读写器接口、事件管理器、应用程序接口、目标信息服务和ONS等功能模块。

(3)网络操作系统

物联网通过因特网实现物理世界中任何物品的互联，在任何地方、任何时间可识别任何物品，物品成为附有动态信息的“智能产品”，并使物品信息流和物流完全同步，为物品信息共享提供高效、快捷的网络通信及云计算平台。

(4)物联网信息管理系统

目前，物联网多基于简单网络管理协议(SNMP)建设的管理系统，这与一般的网络管理类似，提供ONS。ONS类似于因特网的DNS，能把每种物品的编码进行解析，再通过统一资源定位器(URL)服务获得相关物品的进一步信息。物联网管理机构包括：企业物联网信息管理中心，是最基本的物联网信息服务管理中心，负责为本地用户单位提供管理、规划及解析服务；国家物联网信息管理中心，负责制定、发布国家总体标准，与国际物联网互联，并对现场物联网管理中心进行管理；国际物联网信息管理中心，负责制定、发布国际框架性物联网标准，与各个国家的物联网互联，并对各国物联网信息管理中心进行协调、指导、管理等。

## 13.2　多媒体通信

### 13.2.1　多媒体通信概述

多媒体通信是通信技术和多媒体技术结合的产物，兼具计算机的交互性、多媒体的复合性、通信的分布性以及电视的真实性等优点。

1. 多媒体的定义及分类

媒体在计算机科学中有两层含义：一种指信息的物理载体，如磁盘、光盘、U盘等；另一种指信息的存在和表现形式，如文字、声音、图像等。多媒体中的媒体是指后者，CCITT对媒体的分类如下。

①感觉媒体。直接作用于人的感官，产生感觉（视、听、嗅、味、触觉）的媒体称为感觉媒体，如语言、音乐、音响、图形、动画、数据、文字、文件等。

②表示媒体。为了对感觉媒体进行有效的传输，以便于进行加工和处理，而人为地构造出的一种媒体称为表示媒体，如语言编码、静止图像编码、运动图像编码、文本编码等。

③显示媒体。显示媒体是显示感觉媒体的设备。显示媒体又分为两类：一类是输入显示媒体，如话筒、数码相机、摄像机、光笔、键盘等；另一种为输出显示媒体，如扬声器、显示器、打印机等。

④传输媒体。传输媒体是指传输信号的物理载体，如同轴电缆、光纤、双绞线等。

⑤存储媒体。用于存储表示媒体，即存放感觉媒体数字化后的代码的媒体，如U盘、磁盘、光盘等。

计算机与媒体间的对应关系如图13-6所示。

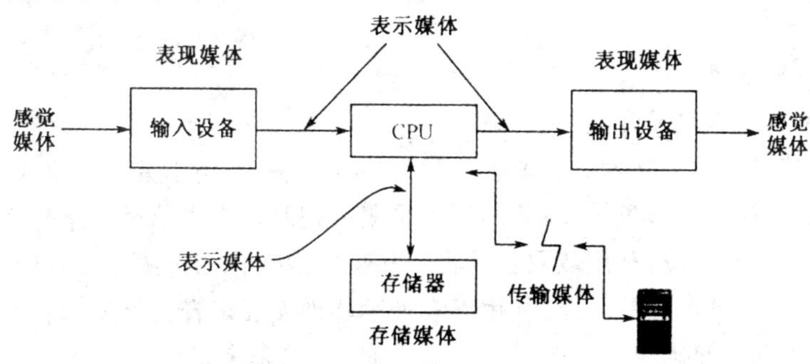


**图13-6　计算机与媒体间的对应关系**

2. 多媒体技术

通常认为“多媒体”是指同时获取、处理、编辑、存储和展示两个以上不同类型信息媒体的技术，从这个意义上，现在所说的“多媒体”主要指处理和应用它的一整套技术。因此，“多媒体”实际上成为“多媒体技术”的同义语。由于计算机数字化及交互式处理能力极大地推动了多媒体技术发展，通常把多媒体看成先进的计算机技术与视频、音频和通信等技术融为一体形成的新技术或新产品。多媒体系统则是利用计算机网和数字通信网技术对多媒体信息进行处理、控制的系统。

综上，多媒体技术是集计算机交互性、通信分布性和视听技术真实性为一体的技术，具有良好的人机界面，可以在时间域/空间域进行加工处理，并具备时/空同步性。主要特征如下。

(1)复合性

信息载体复合性是多媒体的主要特征，也是多媒体研究需解决的关键问题。把计算机处理的信息媒体种类或范围扩大，不局限于原来的数据、文本或单一的语音、图像。人类的视觉、听觉、嗅觉、味觉、触觉中，前 3 种占总信息量 95%以上。多媒体技术就是要把计算机处理的信息多样化或多维化，通过信息的捕获、处理与展现，使交互过程具有更加广阔和自由的空间，满足人类感官全方位的多媒体信息需求。信息复合化或多样化不仅指输入信息(获取)，还指信息输出(表现)。输入和输出并不一定相同，如果输入与输出相同，就称为记录或重放。如果对输入进行加工、组合与变换，则称为创作，以更好地表现信息，丰富其表现力，使用户更准确、生动地接收信息。

(2)交互性

交互性是多媒体技术的关键特征，它向用户提供更加有效的控制和使用信息的手段，同时也为应用开辟了广阔的领域。交互可以做到自由地控制、干预信息的处理，增加对信息的注意力和理解力，延长信息的保留时间。通常认为，媒体信息的简单检索与显示，是多媒体的初级交互应用:通过交互特性使用户介入到信息活动过程，是交互应用的中级水平;用户完全进入与信息环境一体化的虚拟信息空间自由遨游则是交互应用的高级阶段。

(3)集成性

早期多媒体技术和产品由不同厂商研制，只能单一、零散和孤立地使用，存在信息空间不完整、开发工具不协作、信息交互单调等问题，难以满足用户信息处理需求，严重制约多媒体系统的发展。多媒体集成性主要表现在两个方面:多媒体信息的集成，指各种信息媒体能按一定的数据模型和组织结构集成为有机整体，以便媒体的充分共享和操作使用;操作这些媒体信息的工具、设备的集成，它强调与多媒体相关的各种硬件、软件的集成，为多媒体系统的开发建立理想的集成环境。

3. 多媒体的关键技术

多媒体的关键技术有以下几点：

①视频/音频信息的获取技术。获取视频信息主要方法:利用工具软件生成静态图像和动态图像;利用扫描仪，扫描输入彩色图像;利用视频采集卡把彩色电视信号数字化后，输入到多媒体计算机，获得静态和动态图像;利用数码摄像机直接摄取数字化动态图像。音频信息可以利用声卡及控制软件实现对多种音源的采集，利用声音处理软件实现声音信号的编辑和处理。

②多媒体数据编码、解码技术。多媒体数据编码、解码是多媒体系统的关键。由于音频/视频的信息量非常大，存储、传输都比较困难，必须进行压缩编码，关于多媒体数据压缩现已形成许多标准。

③视频/音频数据的实时处理和特技。目前有多种处理手段完成视频、音频、数据的实时处理。

### 13.2.2 多媒体通信技术

1. 多媒体通信概述

多媒体通信是多媒体技术与通信技术发展到一定程度的必然产物，它将现代通信网络技术、计算机技术、声像技术结合起来，利用一种传输系统就能传输所有形式的信息。首先，以信息交流为主要任务的多媒体通信是多媒体技术发展的必然趋势；其次，在获取、处理和交流信息时，最自然的形态是以多媒体方式进行的。因此，通信技术必然向多媒体方式发展。

目前，影响多媒体通信的技术主要有：多媒体信息处理技术、多媒体通信网络技术、多媒体终端技术、多媒体通信同步技术、多媒体数据库技术和移动多媒体通信技术等。

2. 多媒体通信的特点

尽管多媒体通信也是一种数据通信，但与传统的数据通信相比，它具有以下特点。

(1)数据量大

由多媒体信息的特征可知，多媒体信息量很大。以声音数据为例，采用44.1kHz的频率采样量化，每个样值用16b表示，一路双声道立体声的信息量就有176kb/s。视频图像的数据更大，动态视频的数据量通常每秒几十兆字节，即使经过压缩，数据量仍然很大。由此可见，多媒体通信系统要求存储容量大的数据库和高传输速率的通信网络。

(2)实时性强

由于多媒体系统需要处理各种复合的信息媒体，决定了多媒体技术必然要支持实时处理。接收到的各种信息媒体时间上必须同步，例如电视会议系统的声音和图像须严格同步，包括"唇音同步"，否则传输的声音和图像就失去意义。影响多媒体通信实时性的因素很多，除传输网络的速度和通信协议外，还与系统处理环节有关，如采样、编码、打包、传输、缓冲、拆包、解码、表现等。

(3)码率可变、突发性强

代表多媒体信息的数据流随信息内容、时间而变化。讲话时的停顿、场景图像中物体的运动等会导致码率波动，且这种波动呈现极强的突发性。此外，采用多种压缩编码方法更加剧了这种变化，故多媒体通信码率必须可变。各种信息媒体所需传输码率如表13-1所示。

**表13-1　各种信息媒体所需的传输码率**

| 媒体 | 传输码率 | 压缩后码率 | 突发性峰值/平均峰值 |
|---|---|---|---|
| 数据、文本、静止图像 | 155 b/s～12Gb/s | <1.2Gb/s | 3～1000 |
| 语音、音频 | 64 kb/s～1536Mb/s | 16～384kb/s | 1～3 |
| 视频、动态图像 | 3～166Mb/s | 56kb/s～35Mb/s | 1～10 |
| HDTV | 1 Gb/s | 20Mb/s | |

(4)交互式工作

多媒体通信显著特点是系统必须能以交互方式工作，真正实现多点之间、多种媒体信息间的自由传输和交换，而不是简单地单向、双向传输或广播。

此外，多媒体通信同步性、实时性要求高，还有分布式处理、协同工作和时空约束等特点。

3. 多媒体通信的体系结构

国际电联(ITU-T)在I.211建议中提出了一种适用于多媒体通信的体系结构模式，如图13-7所示。

该结构模式主要包括5个方面内容：

①传输网络。传输网络是体系结构的最底层，包括局域网、广域网、ISDN、ATM、FDDI等。该层为多媒体通信的实现提供最基本的物理环境。选用多媒体通信网络时应视具体应用环境或

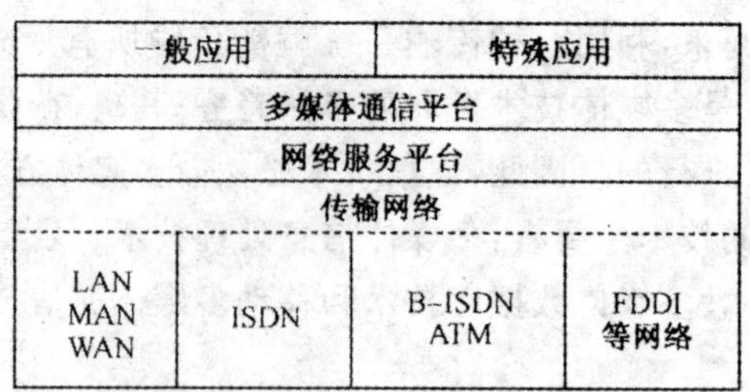


图 13-7　多媒体通信的体系结构模式

系统开发目标而定，可选择该层中的某种网络，也可组合使用不同的网络。

②网络服务平台。网络服务平台主要提供各类网络服务，使用户能直接使用这些服务内容，而无需知道底层传输网络是怎样提供这些服务的，即网络服务平台的创建使传输网络对用户而言是透明的。

③多媒体通信平台。多媒体通信平台主要以不同媒体如文本、图形、图像、话音、视频等的信息结构为基础，提供通信支援，并支持各类多媒体应用。

④一般应用。一般性应用指常见的一些多媒体应用，如多媒体文本检索、宽带单向传输、联合编辑，以及各种形式的远程协同工作等。

⑤特殊应用。特殊应用所支持的应用是指业务性较强的某些多媒体应用，如电子邮购、远程培训、远程维护、远程医疗等。

从上述多媒体通信的体系结构模式可以看出，其系统组成与现有的数据通信系统类似，分传输/交换和终端设备两个主要部分。前者承担多种媒体信息传输的网络连接，对传输信息分配、管理等；后者承担多种媒体的输入/输出、多媒体信息的处理、多媒体之间的同步等。

### 13.2.3　多媒体通信网络

1. 多媒体通信网络概述

多媒体通信网络是将处于不同地理位置的具有处理多媒体功能的终端、服务器等通过高速通信线路互联起来，以达到多媒体通信和共享资源的目的。由于多媒体通信的集成性，网络所传输的信息由传统的单一媒体转变成多种媒体信息，这些信息不是简单地组合在一起，它们之间存在着内在的联系。因此，多媒体通信网络必须能将这种有机结合于一体的多媒体信息有效传输、交换，才能达到多媒体通信的目的，其中，网络带宽、传输时延、交换方式、用户接入方式、高层协议等直接决定着信息传输及服务的质量。

2. 多媒体通信对通信网的要求

多媒体通信系统传输的是多种媒体综合而成的复杂数据流，如何处理速率相差悬殊的信息，对通信网提出了相当高的要求，它不仅要求网络有高速传输能力，还要求网络对各种信息具有高效综合的能力。多媒体通信网络性能基本要求如下。

(1)传输带宽

通信网络需有充足的传输带宽才能完成多媒体信息的传输，多媒体传输由大量突变数据组成，包括实时音频、视频信息，要求网络具备成倍处理这类信息资源的能力。多媒体通信业务中，带宽要求与通信质量密切相关，高带宽意味着高质量，但成本随之增加，应用时根据应用场合采取带宽与质量的折中方案。通常，传输速率 100Mb/s 以上的网络才能较好地满足多媒体通信应用的需要。

(2)实时性

多媒体通信的实时性要求除与网络速率有关,还受通信协议等的影响。在多媒体通信中,为了获得真实的临场感,实时性要求较高,即传输时延要小。例如,在分组交换中,当组与组之间的时延小于 10ms 时,图像才有连续感。

(3)同步性

多媒体通信系统中,同一对象的各种媒体间是相互约束、相互关联的,它包括时间上和空间上的关联及约束,多媒体通信系统必须正确反映这种约束关系。而信息传输又具有串行性,这就要求采取延迟同步的方法进行再合成。其中,时间合成将在时间轴上统一原来属于同一时间轴的各类媒体时序,使其能在时间上正确表现;空间合成指在空间上正确排放媒体位置,最后使时间/空间统一成正确的表现;通过时间和空间上的合成,达到多种媒体的时空同步。

(4)吞吐量

网络吞吐量就是它的有效比特率或有效带宽,即传输网络物理链路的比特率减去各种额外开销,如网络拥塞、流量控制等。多媒体通信网络必须能处理视频、音频等冗长信息流,即网络必须有足够的吞吐能力。

(5)可靠性

鉴于人类感知能力的局限性,多媒体应用在一定程度上允许传输网络存在错误。例如,一个冗长的视频流中个别组块出了错,这种错误人眼通常感觉不到。音频传输同样也会出现类似情况,但视觉和听觉对这类错误的容忍程度不同。由于多媒体通信系统对传输信息进行了压缩编码,为获得高可靠性,对网络的误码性能要求很高。如压缩的活动图像,要求误码率$\leqslant 10^{-6}$,误分组率$\leqslant 10^{-9}$。

各种媒体信息对通信网性能参数要求不尽相同,为了满足多媒体通信要求,网络要能满足表 13-2 所示参数的不同组合。

**表 13-2　各种媒体信息对通信网性能参数要求**

| 要求<br>业务 | 最大时延/s | 最大时延抖动/ms | 平均吞吐量/Mbps | 可接受误码率 | 可接受误组率 |
|---|---|---|---|---|---|
| 语音 | 0.25 | 10 | 0.064 | $<10^{-1}$ | $<10^{-1}$ |
| 活动图像 | 0.25 | 10 | 100 | $<10^{-2}$ | $<10^{-3}$ |
| 压缩活动图像 | 0.23 | 1 | 2～100 | $<10^{-6}$ | $<10^{-9}$ |
| 数据文件传输 | 1 | / | 2～100 | 0 | 0 |
| 实时数据 | 0.001～1 | / | <10 | 0 | 0 |
| 静止图像 | 1 | / | 2～10 | $<10^{-4}$ | $<10^{-9}$ |

3.现有网络对多媒体通信的支撑

目前,通信网络主要分三大类:第一类为电信网络,如 PSTN、分组交换公众数据网(PSPDN)、DDN、FR、ISDN 等;第二类为计算机网络,如局域网、广域网、FDDI、IP 网等;第三类为电视传播网络,如 CATV、HFC、卫星电视网等。这些网络虽能传输多媒体信息,但存在各种缺陷,因为它们都是为某种应用建立的,有的是网络本身结构不适合传输多媒体信息,有的是网络协议不能满足多媒体通信的要求。真正能为各种多媒体信息服务的通信网络须满足以下要求:数据传输速率>100Mb/s;连接时间范围从秒级到数小时;增加语音、数据图像、视频信息的检索服务;增加网络控制能力以适应不同媒体传输的需要;提高网络交换能力以适应不同数据流的需要;提供多种网络服务以适应不同应用的需要。

总体而言,多媒体通信网络技术向信息传输的超高速和网络功能的高度智能化方向发展。随着网络体系结构的演变和宽带技术的发展,传统网络向下一代网络(NGN)的演进已是必然。

### 13.2.4 多媒体通信的应用

1. 多媒体通信的应用概述

根据 ITU-T 的定义,多媒体通信业务有 6 种,对其进一步归类可分为以下 4 类。

①"人一人"交谈型。会议业务和会话业务在多媒体通信体系中,实际上是一类业务,因为它们都是"人一人"之间的通信业务,且采用的标准基本相同。

②"人一机"交互型信息检索。这类业务完成"人一机"间交互操作,操作内容有两方面:其一是用户通过"人一机"接口向主机发送检索请求,主机收到用户请求后,将满足要求的信息传送给用户,完成交互过程,实现检索目的;其二是用户通过"人一机"接口与主机交互信息,完成"人一机"交易,如远程购物、电子银行等。

③多媒体采集业务。多媒体采集业务是一种"机一机"或"人一机"间多点向一点汇集信息的业务。信息采集业务应用十分普遍,如城市交通信息采集、智能楼宇监控、现场实时监控等。

④多媒体消息业务。这是一种存储转发型多媒体通信业务。

实际应用时,上述业务以相互交织形式存在。多媒体业务的应用类型,如表 13-3 所示。

**表 13-3 多媒体业务的应用类型**

| 应用类型 | 具体应用 | 业务类型 |
|---|---|---|
| 多媒体检索应用 | 远程文件/远程图书馆 | 多媒体交互型信息检索 |
| 多媒体分配型应用 | 准点播电视(NVOD) | 多媒体分配 |
| 多媒体会议 | 管理或技术会议/商业协商 | 多媒体会议 |
| 远程医疗 | 诊断/专家会诊;文件检索/X 射线图像检索 | 多媒体会议<br>多媒体交互型信息检索 |
| 远程教育 | 课堂授课;教育信息检索/远程培训 | 多媒体会议<br>多媒体交互型信息检索 |
| 远程专家系统 | 远程故障检测、诊断和维护;专家系统 | 多媒体会议<br>多媒体交互型信息检索 |
| 多媒体监视 | 安全警卫/远距离小型会议;远距离证实(诉状) | 多媒体会话<br>多媒体交互型信息检索 |
| 多媒体信息应用 | 旅游信息检索及预约/房地产交易 | 多媒体交互型信息检索 |
| 电子交易 | 远程购物/家庭银行 | 多媒体交互型信息检索 |
| 娱乐 | 视频点播/卡拉 OK 游戏 | 多媒体交互型信息检索 |
| 多媒体合作应用 | 电子出版,协同设计/联合软件开发 | 多媒体会议 |
| 多媒体邮件应用 | 多媒体电子信箱 | 多媒体消息 |
| 多媒体交互应用 | 远程投票 | 多媒体交互型信息检索 |

多媒体通信业务之所以受到如此多的关注,主要缘于其具有丰富多彩的应用。下面简介多媒体通信业务的典型应用——数字电视(DTV)、视频点播(VOD)。

2.数字电视(DTV)

(1)传统电视简介

电视是用电子学方法实时地远距离传输图像的技术,包括电视信号的产生、处理、存储、传输、接收及显示,涉及电子学、色度学、光度学等。由于电视系统处理对象是图像与伴音,涉及人的视觉、听觉特性,因此远比广播复杂。早在意大利人马可尼发明无线通信后,人类就开始设想研制可远距离传输图像及伴音的电视系统。1884年德国人P.G.尼普科夫发明了可实现机械电视的扫描盘;1897年德国人K.F.布劳恩发明了阴极射线管(CRT);1925年英国人J.L.贝尔德表演了实用的机械扫描电视;1927年美国人P.法恩斯沃思取得电子电视专利,其基本原理是发送端的"光—电"转换单元将景物图像变成电信号,通过无线或有线方式传输至接收端,再经"电—光"反变换重显出景物图像;1933年美国人V.K.兹沃赖金发明了晃电摄像管,为真正的电子电视奠定了基础;1936年英国贝尔德电视公司开始黑白电视广播。因受第二次世界大战的影响,直到20世纪50年代初,黑白电视才逐渐普及,并开始彩色电视的研制。

根据电视信号采用标准的不同形成了多种电视制式。电视制式指一个国家电视系统所采用的特定制度和技术标准,包括图像信号和伴音信号的扫描参数、基带信号结构、频道间隔、调制方式等。电视发展过程中,曾出现过多种制式:黑白电视制式主要有13种,我国1959年开始广播的黑白电视属D/K制;彩色电视根据收、发两端对三基色(R、G、B)处理方式的差异分多种制式。如按使用目的不同分兼容制、非兼容制。兼容是指:"彩色电视和黑白电视可相互收看",即黑白电视机可接收彩色电视节目,显示黑白图像;彩色电视机可接收黑白电视节目,显示黑白图像。称前者为兼容,后者为逆兼容。目前,主要有正交平衡调幅制(NTSC)、逐行倒相正交平衡调幅制(PAL)、顺序传输彩色信号与存储恢复彩色信号制(法文缩写SECAM)3种兼容性彩色电视制式。

①NTSC制式。由美国研制并于1954年使用,美国、日本等采用该制式。其特点是两色差信号分别对频率相同而相位相差90°的两个副载波进行正交平衡调幅,再将已调幅的两个色差信号叠加后穿插在亮度信号频谱的高端进行传输。NTSC制式的缺点是对信号相位失真较敏感,即信号相位失真易引起色调变化,而人眼对色调变化很敏感。为了减少色调失真,对设备的要求较高。

②PAL制式。由原联邦德国研制并于1967年使用,中国、英国等采用该制式。其信号处理方式与NTSC制基本相同,也是将两个色差信号对频率相同、相位正交的两个副载波进行正交平衡调幅。不同的是PAL制对已调幅的红色差信号进行了逐行倒相处理,利用相邻行色彩的互补性消除相位失真引起的色调失真,克服NTSC制的相位敏感性。PAL制式的缺点是接收机电路较复杂。1973年,我国开始采用PAL/D制。

③SECAM制式。由法国提出并于1966年使用,东欧、中东等采用该制式。它从另一角度克服了NTSC制相位敏感的缺点:发送端,两色差信号分别对频率不同的两副载波进行调频,并逐行轮流插到亮度信号频谱高端一起传输,由于每行只传输一个色差信号,克服了信号间的相互串扰:接收端恢复三基色信号时,需对每行传输的一个色差信号存储一行的时间,作为下一行的色差信号之一使用,即每个色差信号需使用两次。SECAM制式的缺点是接收机复杂,且图像质量较差。

上述3种制式共同点是都传输亮度信号、红色差信号、蓝色差信号,且都采用色差信号调制在彩色副载波方式实现频谱间置,达到兼容目的;差别是色差信号调制载波的方式不同。3种主流模拟电视制式参数比较如表13-4所示。还需指出,虽然3种制式都与黑白电视兼容,但它们之间互不兼容,因此,相关交换节目时要进行制式转换。此外,接收不同制式电视信号,要有相应制式的电视接收机。

**表 13-4　主流模拟电视制式比较**

| TV 制式 | NTSC-M | PAL-D | SECAM |
|---|---|---|---|
| 帧频/Hz | 30 | 25 | 25 |
| 行/帧 | 525 | 625 | 625 |
| 亮度带宽/MHz | 4.2 | 6.0 | 6.0 |
| 彩色副载波/MHz | 3.58 | 4.43 | 4.25 |
| 色度带宽/MHz | 1.3(I),0.6(Q) | 1.3(U),1.3(V) | ＞1.0(U),＞1.0(V) |
| 声音载波/MHz | 4.5 | 6.5 | 6.5 |

需要指出，彩色电视虽已达到色彩鲜艳、形象逼真的效果，但信号处理、控制调节、存储重放、传输转播、接收显示等都为模拟信号，存在诸多缺点：稳定度差、可靠性低、调整繁杂、自动控制困难；远距离传输导致信噪比降低，图像清晰度受损；放大器的非线性积累导致图像对比度畸变增大；相位失真积累导致色彩失真等。因此，有必要发展新颖的数字电视(DTV)。

(2)数字电视概述

20 世纪 70 年代，电视技术开始向数字化过渡。最初是数字时基校正器、数字电视制式转换器等局部设备的数字化，然后是数字录像机、数字摄像机等整机的数字化。20 世纪 90 年代，计算机技术、多媒体技术迅猛发展，对高质量视频的要求越来越高，集数字压缩/解压缩技术、显示技术、存储技术、传输技术、多媒体技术等最新成果于一体的 DTV 应运而生。DTV 的视频采集、发射、传输、接收、还原等均使用数字信号，实现了电视节目摄、录、播、发、输、收整个系统的数字化，是继黑白模拟电视、彩色模拟电视之后的第三代电视。目前，DTV 正逐步取代模拟电视。

需指出的是，1998 年推出的数码电视是在现有模拟电视体制下，利用数字技术对模拟电视信号进行处理，以获得较好的图像重现效果。但从本质而言，数码电视仍属模拟电视，只是模拟电视向 DTV 的过渡产品。模拟电视与数字电视的性能比较如表 13-5 所示。

**表 13-5　模拟电视与数字电视性能比较**

| | 模拟电视 | 数字电视 |
|---|---|---|
| 描述 | 采用模拟信号传输电视图像、伴音、附加功能等信号 | 采用数字信号传输电视图像、伴音、附加功能等信号 |
| 信源编解码 | 信号数据量不大，无信息编码压缩问题 | 电视信号数字化后，数据传输率很高，可达 1Gb/s，必须有良好的数据编码技术，这是 DTV 首要的技术难点 |
| 复用 | 无复用器，视频、音频信号分别传输 | 编码后的视频、音频等分别打包后复合成单路串行的比特流，使 DTV 具备了可扩展性、分级性、交互性、与网络互通性的基础 |
| 信道编解码调制解调 | 图像信号按行、场排列，具有行、场同步信号及前后均衡脉冲等，并对视频信号有补偿处理；多采用调频或调幅方式 | 因压缩及复用，传输信号不再有场、行标志。通过纠错、均衡来提高信号抗干扰能力，调制采用 QAM、COFDM 等新方法；且同一种调制方法随技术的改进，传输效率提高，每套节目所占的带宽越来越小 |
| 特点 | 技术成熟，价格便宜 | 信号传输不易失真、清晰度高，占用频带窄，如 PAL 信道可播 4 套标准 DTV 节目；DTV 信号可方便地在数字网络传输，与计算机接口良好 |

(3)数字电视分类

数字电视有多种分类方法，通常按清晰度或信号传输方式的不同进行分类。

①按清晰度分。数字电视按清晰度不同，分普通清晰度电视、标准清晰度电视和高清晰度电视。普通清晰度电视(LDTV)的图像水平清晰度250～300线，对应VCD分辨率量级，采用MPEG-1标准的VCD已逐渐被采用MPEG-2标准的DVD所替代，同样，LDTV也将逐渐淘汰；标准清晰度电视(SDTV)的水平清晰度500～600线，对应现有电视分辨率量级，图像质量为演播室水平。通过普通电视增加STB即可实现SDTV，这样既能充分利用已有模拟电视资源，又能实现交互式电视、VOD等多样性服务，为"三网融合"提供了可能；高清晰度电视(HDTV)的水平清晰度800～1000线，图像质量可达到35mm宽银幕电影效果，分模拟HDTV和数字HDTV。随着数字技术迅猛发展，数字HDTV的优势日趋明显，20世纪80年代末，美国、欧洲、日本先后提出了各自的数字HDTV标准。

②按信号传输方式分。数字电视按信号传输方式不同，分卫星数字电视、有线数字电视、地面数字电视3类。早期电视广播只能利用超高频、甚高频频段进行地面开路广播，覆盖范围有限，质量也难以保证。目前，地面开路广播、有线电视广播、卫星电视广播3种方式共存且互为补充，既扩大了节目覆盖范围，又能提高传输的质量。我国多采用有线电视台集中接收DTV信号，转化为模拟信号后再通过CATV网络传输给用户的方式，成本较低，且不受相关政策限制，故推广较快。

(4)数字电视系统构成

数字电视系统由数字前端系统、双向传输网络、用户终端系统三部分组成：前端系统完成节目数字化、加扰、授权、认证等；双向传输网络通过卫星、同轴电缆、地面发射等将节目传输到用户端，回传可采用HFC回传通道、PSTN和其他网络；用户终端系统采用机顶盒(STB)收看DTV节目或实现交互式功能，如收看付费电视、网络浏览、远程教育等。

目前，数字节目的制作手段有数码摄像机、数码相机、计算机等；数字信号处理手段有数字信号处理器(DSP)、压缩/解压缩等：传输手段有地面广播传输、CATV传输、卫星广播、DVD等；显示手段有CRT、LCD、PDP等。信号处理流程包括编辑、处理、传输、接收、显示，如图13-8所示。其传输过程：电视信号经数字压缩和数字调制形成数字电视信号，经卫星、地面无线广播或有线电缆等方式传输，用户接收后，通过数字解调和数字视音频解码处理还原出原来的图像及伴音。因为全过程均采用数字技术处理，因此，信号损失小，接收效果好。

(5)数字电视主要业务

数字电视技术可提供丰富的业务内容，简介如下：

①免费基本数字电视业务。直接接收和转播国内外未加密高质量数字卫星电视节目。

②按频道付费数字电视业务。接收和录制经批准的境外加密卫星电视节目，通过数字加密加扰系统分级别向观众播放。以专题频道方式对多种片源进行编辑和选择，完成格式转换、分类和存储，通过视频服务器按节目类别在专门的数字电视频道上循环播出。

③VOD业务。提供若干频道的VOD节目，用户能在不同时间完整地观看播放的电视节目。

④数字音乐广播。播出CD、DVD音频质量的音乐CD、磁带、MTV、网上MP3等数字音乐节目，可在一个模拟频道上提供上百个数字音乐频道广播。

⑤交互式数字电视业务。双向CATV网络中，采用双向Cable Modem可实现数据上传功

能，进而实现金融服务、因特网接入、E-mail、电视购物、家庭保安监控、观众参与等多媒体信息服务。

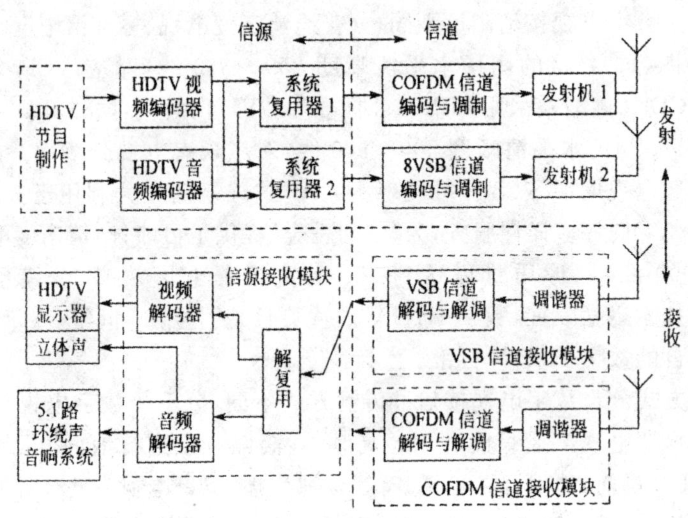


**图 13-8 数字电视广播流程**

⑥数据广播业务。数据广播是指由视频、音频、软件程序、流式数据或其他数字/多媒体所组成的内容被连续地传输到 STB，是提供快速和丰富媒体内容的有效方式。

⑦远程教育。通过数字电视，在家中就能查阅相关课程和教学资料，选择上课时间，下载课程内容等。

(6)数字电视的优点

数字电视主要优点如下：

①抗干扰能力强。电视信号数字化后，通过数字信号再生可有效清除处理、传输过程中的各种干扰。即使干扰电平超过额定值造成误码，也可利用纠错编/解码技术纠正，避免串台、串音、噪声等影响。

②合理利用各类频谱资源。以地面广播而言，数字电视可以启用模拟电视“禁用频道”，还能采用“单频率网络”技术，目前只能传输一个模拟电视节目的 8MHz 带宽，DTV 可传输 DVD 质量节目 5～6 个，或传输 HDTV 节目 1～2 个。以我国现行电视频道 68 个计，DTV 可传输 DVD 质量节目 340～408 个，频谱资源利用率显著提高。

③信号易存储，且存储时间与信号特性无关。近年来，超大规模集成电路(VLSI)迅猛发展，可存储多帧电视信号，实现模拟技术手段无法达到的效果。如帧存储器可实现帧同步、制式转换等。

④压缩后的数字电视信号经数字调制后，可进行开路广播，在设计的服务区内(地面广播)，观众将以极高的概率实现“无差错接收”，收看到的电视图像及声音质量非常接近演播室质量。

⑤同步转移模式(STM)通信网络中，可实现多种业务的“动态组合”。例如，数字高清晰度电视节目经常会出现图像细节较少的时刻，由于压缩后的图像数据量较少，此时可插入其他业务，如电视节目指南、传真、电子游戏软件等，而不必插入大量没有意义的“填充比特”。

⑥改变接收电视的方式。如交互电视的产生为电视的应用开辟了新天地。交互电视 NOD 使在收看高清晰电视的同时，可以享受到“电视导演或电视编辑”的乐趣，足不出户收看高清晰电影。

⑦数字电视的出现改变了信息家电的市场结构。目前,模拟电视机除了产业结构不合理以外,重要的是技术含量不高,在飞速发展的电子产品竞争中处于不利地位。而数字电视能促进电视机扩大画面、提高分辨率及展宽屏面,提高市场竞争力。

此外,DTV 兼容现有模拟电视,普通电视机加装 STB 即可收看 DTV 节目;同样覆盖范围,DTV 的发射功率比模拟电视小一个数量级;提供全新的业务,如借助双向网络,DTV 既可实现用户自点播节目,也可提供多种增值业务;DTV 特有的电子节目菜单可提供节目自动分类、节目时间表等,方便用户搜索、欣赏喜欢的节目;数字音频技术使 DTV 伴音更逼真、临场感更强。

(7)数字电视制式

DTV 制式指所采用的视频/音频采样、压缩格式、传输方式、服务信息格式等方面的规定。目前,主要有美国 ATSC、欧洲 DVB、日本 ISDB 等 3 种制式,视频压缩均采用 MPEG-2 标准,但为了各自的兼容性,视频采样格式有差别,体现在行分辨率、列分辨率、场频等方面。下面简介应用广泛的 DVB 制式和 ATSC 制式。

①DVB 制式。DVB 主要目标是寻找能对所有传输媒体都适用的 DTV 技术。1995 年起,欧洲陆续发布了数字电视卫星广播(DVB-S)、数字电视有线广播(DVB-C)、数字电视地面广播(DVB-T)的标准。其中,DVB-S 用于卫星信道。卫星信道的特点要求采用高可靠性调制方式、强信号纠错能力。因此 DVB-S 采用前向纠错、正交移相键控(QPSK)调制的信道处理,然后反馈给卫星链路。接收时进行相反的处理。该标准已为全球认同。我国也采用 DVB-S 标准,预计 2015 年,国内电视广播将全面实现数字化。DVB-S 主要优点:可用于 SDTV 和 HDTV,适用于不同带宽卫星转发器,符合 MPEG-2 编码和复用标准的数字电视业务均可进入 DVB-S 传输系统,主要规范了发送端的系统结构和信号处理方式,对接收端则是开放的,厂商可开发各自的 DVB-S 接收设备,自由度高。但存在以下不足之处:信噪比降低,限制了信号传输距离;对脉冲干扰较敏感;需较高功率的发射机;保护间隔降低了频谱效率。DVB-S 信号处理过程如图 13-9 所示。

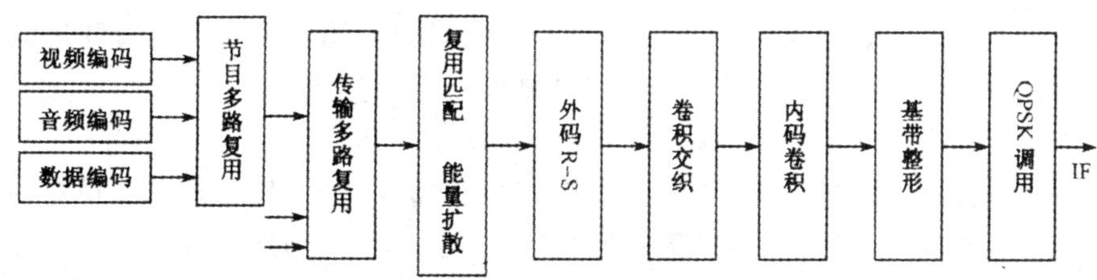


**图 13-9**　DVB-S 信号处理过程

②ATSC 制式。1995 年发布的 ATSC 制式已被美国、加拿大等采用,其视频压缩采用 MPEG-2、音频压缩采用 AC-3、信道编码采用 VSB 调制。ATSC 由 4 层组成,依次为:图像层,确定图像的形式,包括像素阵列、幅型比、帧频;图像压缩层,采用 MPEG-2 压缩标准;系统复用层,特定的数据被纳入不同压缩包,采用 MPEG-2 压缩标准;传输层,确定数据传输调制和信道编码方案。主要提供地面广播模式(8VSB)和高数据率模式(16VSB)。ATSC 优点:能以较低发射功率覆盖目前的 NTSC 覆盖区;脉冲干扰显著降低;与 NTSC 信号的同频、邻频干扰小。但抗多径干扰能力差,特别是高楼对接收效果有影响。

主流 DTV 标准比较如表 13-6 所示。

表 13-6 主流数字电视标准比较

| 比较项目 | 美国标准 ATSC | | | 欧洲标准 DVB | | | 日本标准 ISDB | | |
|---|---|---|---|---|---|---|---|---|---|
| 数字电视类型 | 地面 | 卫星 | 有线 | 地面 | 卫星 | 有线 | 地面 | 卫星 | 有线 |
| 调制方式 | 8/16VSB | QPSK | QAM | 2k/8kCOFDM | QPSK | QAM | 分段COFDM | QPSK | QAM |
| 视频编码方式 | MPEG-2 | | | MPEG-2 | | | MPEG-2 | | |
| 音频编码方式 | AC-3 | | | MPEG-2 | | | MPEG-2 | | |
| 复用方式 | MPEG-2 系统 | | | MPEG-2 系统 | | | MPEG-2 系统 | | |
| 带宽/MHz | 5.6 | | | 6.6,7.6 | | | 5.6 | | |
| 载频数 | 单载频 | | | 1705 行(2K 模式)/6817 行(8K 模式) | | | 1045 行(2K 模式)/5617 行(8K 模式) | | |
| 信息码率/Mbps | 19.39 | | | 4.35～31.67 | | | 3.68～21.46 | | |
| 移动接收 | 不可以 | | | 困难(有条件的可以) | | | 可以 | | |

3.视频点播(VOD)

(1)VOD 系统概述

DTV 重要服务是 VOD,也称交互式电视点播系统,意即根据用户需要播放视频节目,从根本上改变用户被动式看电视的局限。它通过 CATV 网络,采用多媒体技术将音频、视频、数据等集成为一体,向特定用户播放其指定的节目。VOD 摆脱了用户只能被动接收节目的传统电视模式,提供了良好自由度、选择权、交互性,解决了想看什么就看什么、想何时看就何时看的问题,提高了节目的参与性、互动性、针对性。还提供数据传输、图文广播等,把电视单向的封闭窗户变成双向的交流窗口。

工作过程:用户在客户端启动播放请求,该请求通过网络到达并由服务器接收,经验证后,服务器把存储子系统中可访问的节目名准备好,用户即可浏览所喜爱的节目单并选择节目,再由服务器从存储子系统中取出节目内容传输到客户端播放。这样,用户能在任何时间播放服务器视频存储器中的任何多媒体资料。可以相信,VOD 是电视的发展方向。

(2)VOD 系统构成

VOD 由服务端系统、网络系统、客户端系统三部分构成,如图 13-10 所示。用户向服务器提出点播请求,服务器端将点播的视频流调制到 CATV 网;用户端通过 STB 解码,在电视机上实现全动态视频实时回放。点播的视频节目既可以是影视节目、卡拉 OK、音乐歌曲,也可以是由服务方提供的自制节目,如服务介绍、商务信息、风景名胜等。

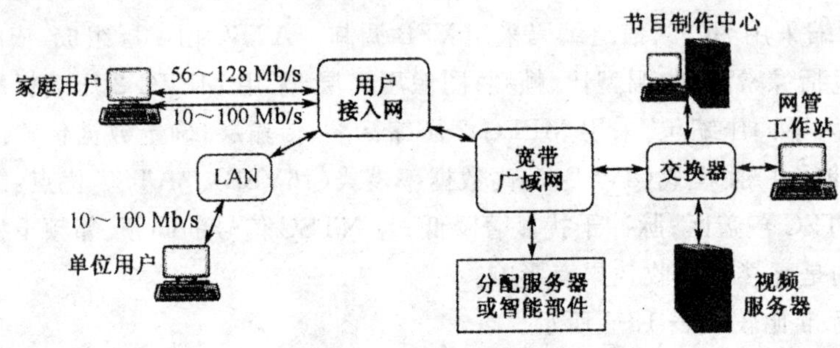


图 13-10 VOD 系统组成

1)服务端系统

服务端系统由视频服务器、档案管理服务器、内部通信子系统和网络接口等组成。其中,视频服务器由存储设备、高速缓存和控制管理单元组成,目标是实现对媒体数据的压缩和存储,以及按请求进行媒体信息的检索和传输;档案管理服务器承担用户信息管理、计费、影视材料的整理和安全保密等任务;内部通信子系统完成服务器间信息的传输、后台影视材料和数据的交换;网络接口实现与外部网络的数据交换和提供用户访问的接口。

2)网络系统

网络系统包括主干网络和本地网络两部分。因为它负责视频信息流的实时传输,所以是影响连续媒体网络服务系统性能极为关键的部分。同时,媒体服务系统的网络部分投资巨大,故而在设计时不仅要考虑当前的媒体应用对高带宽的需求,而且还要考虑将来发展的需要和向后的兼容性。

3)客户端系统

目前,根据不同的功能需求和应用场景,主要有近式点播电视(NVOD)、真实点播电视(TVOD)、交互式点播电视(IVOD)3种VOD系统。

①NVOD。多个视频流依次间隔一定的时间启动发送同样的内容。比如,12个视频流每隔十分钟启动一个发送同样的两小时电视节目。这种方式下,一个视频流可能为许多用户共享。

②TVOD。真正支持即点即放,用户提出请求时,视频服务器会立即传送用户所要的视频内容。如果有另一个用户提出同样的需求,视频服务器会立即启动另一个传输同样内容的视频流。不过,一旦视频流开始播放就连续不断播放下去,直到结束。该方式下,每个视频流转为某个用户服务。

③IVOD。它不仅支持即点即放,还可以让用户对视频流进行交互式控制。这时,用户就可像操作传统的录像机一样,实现节目的播放、暂停、倒回、快进和自动搜索等。

只有使用相应的终端设备,用户才能与某种服务或服务提供者进行联系和互操作。VOD系统中,需要电视机和STB。其中,STB是信号传输介质与电视机间的设备,把数字电视信号转换成模拟电视机可以接收的信号,还可实现电视广播从模拟信号向数字信号的过渡。根据使用条件的不同,STB分卫星直播数字电视机顶盒、交互式数字有线电视机顶盒、上网机顶盒3类。实现模拟电视广播、FM广播等业务外,STB除还可实现许多增值业务,如因特网接入、IP电话、高速数据广播、软件在线升级等。STB的关键技术有嵌入式(实时)操作系统技术、条件接收技术、信号处理技术、加密/解密技术等。

(3)VOD系统特征

VOD系统主要特征如下:

①信息发送及重现的实时性与同步要求。VOD系统信息发送及重现的实时性与同步要求都较其他信息检索系统高,特别是视频、音频信息的点播,必须保证视频媒体与音频媒体内部的自同步以及媒体间的同步,这对系统时延及抖动特性均提出了较高要求。

②点播信息内容和点播时间的集中性。VOD系统多数用户点播的信息内容常集中在信息中的很小一部分,且用户点播信息的时间分布不均匀,这正是造成信息流量突发的根本原因。

③信息流向不对称性。多数通信系统两个方向的信息流量基本对称,系统为通信双方提供同等的通信能力;VOD采用不对称的双向传输网络将信息提供者与用户连接起来,用户信息通过窄带的上行信道传到信息中心,信息中心到用户的下行信道是具有视频音频传输能力的宽带

信道，这种非对称双工形式的多媒体通信技术与多媒体信息检索业务的特点一致。

(4)VOD关键技术

VOD系统具有三大关键技术，即多媒体网络传输技术、多媒体数据库技术和多媒体数据压缩技术。

①多媒体网络传输技术。高速接入网和高速互联互通的传输网是实现VOD的基础。VOD中的视频、音频数据时间相关性很强，对网络的延迟特别敏感，带宽和实时性要求尤为突出。应保证在任意网络交换能力下提供用户可靠、稳定的带宽及高传输速率，合理动态分配网络带宽以适应多媒体数据高速率和突发性传输要求，以保证实现高质量、平滑和动态视频的多媒体数据流传输。

②多媒体数据库技术。多媒体数据量非常巨大，VOD的数据库管理系统必须保证用户能迅速方便地找到所需素材，有效完成对素材的各种管理。因此，VOD系统的结构设计中必须采用优化策略，使VOD系统的多媒体存储部分与信息处理部分逻辑上分开，以改善系统性能。

③多媒体数据压缩技术。多媒体数据压缩技术是多媒体技术中最为关键的核心技术，相关标准主要由ITU-T和ISO/IEC开发。其中，MPEG标准在高压缩比的情况下，仍能保证高质量画面，最适于视频VOD的存储、点播和网上传输。

(5)VOD工作过程

VOD工作过程分为以下几步：

①用户第一次通信呼叫。用户通过自己的VOD用户终端，向就近的VOD业务接入点发起第一次通信呼叫，要求使用VOD业务。

②业务接入点第一次响应。VOD业务接入点收到用户的呼叫请求后，即向用户STB发出命令，要求报告用户身份号码，以便确定用户的权限和身份。

③用户终端向业务接入点发标识符。STB接到命令后，自动向业务接入点发出用户标识。

④业务接入点检验用户身份。业务接入点收到用户标识后，检验用户身份的合法性和使用权限，一经确认，即向用户发出VOD系统目录清单供用户选择。

⑤用户选择节目。用户可以按照目录清单以点菜单的方式进行寻找，也可以用填表格的方式要求系统查找想要观看的节目，找到后并经确认。

⑥业务接入点向视频服务器发出呼叫。选定节目确定后，VOD业务接入点即自动向所在的视频服务器发出两次呼叫，并报告STB所在的地址。

⑦建立与STB的数据通道。视频服务器接到请求后，先建立与STB的数据通道，开始向STB发送视频信息，随后启动VOD业务接入点开始计费。在此期间，用户可以使用控制器像操作家用录像机或影碟机一样进行快进、快退、播放等操作。

⑧发送停止播放命令。当用户不再观看或节目播放完后，可以发出停止播放命令。视频服务器收到此命令后，立即关闭数据通道，并随即给VOD业务接入点发出停止计费的信息。

⑨重新选择新节目。VOD业务接入点收到视频服务器发来的信息后，立即停止计费，并向用户重新发出节目清单供用户再次选择。如果用户还需要看其他节目，可以重复以上过程。

⑩发出拆线命令。如果用户不再观看节目，可以发出拆线命令，切断与VOD业务接入点的通道。一次完整的VOD交互过程到此结束。

# 13.3　三网融合

## 13.3.1　三网融合概述

1. 三网融合的定义

“三网”是指电信网、有线电视网、计算机网的网络资源；“融合”是指 3 种网络及其所承载的业务在某种程度上统一。三网融合的目的是通过优化现有网络配置、综合利用现有网络资源、采用全数字化连接、宽带数据交换与传输、高度集成业务、简化终端接口、智能化管理与控制等方式改造多媒体信息网络，向用户提供语音、视频、数据等多媒体信息服务。信息传输时，把广播传输的“点一面”、通信传输的“点一点”等融合在一起，通过三者的相互渗透、互相兼容，逐步整合为统一的信息通信网络，实现网络资源的共享，避免低水平的重复建设，形成适应性广、容易维护、高速带宽的多媒体基础平台。

三网融合是一种广义的、社会化的说法，现阶段并不意味着三大网络的物理合一，主要指高层业务应用的融合。从不同角度和层次分析，三网融合涉及技术融合、业务融合、行业融合、终端融合、网络融合，乃至行业管制和政策等的融合。表现为技术上趋向一致，网络层可以实现互联互通，业务层互相渗透和交叉，应用层趋向使用统一的 IP 协议，行业管制和政策方面也渐趋统一。目前，更主要的是应用层次上使用统一的 IP 协议，提供多样化、多媒体化、个性化的服务。三网融合示意图如图 13-11 所示。

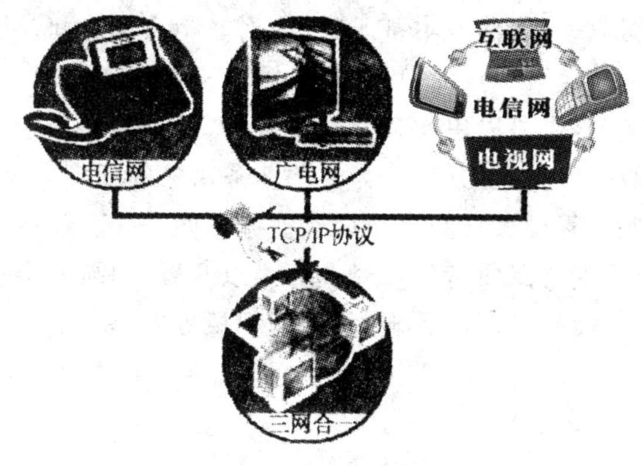


图 13-11　三网融合示意图

2. 三网融合的必然性

三网融合之所以引起广泛重视，除技术背景外，更主要的是三大网络优势互补。

(1)电信网

电信网是世界上规模最大、历史最悠久、组织最严密、管理最科学、经验最丰富、性能最优良的网络，且电信运营商经过长期发展，积累了大型网络设计、管理、运营经验，特别是最接近用户，与用户有长期的服务关系，这些优势是数据公司不具备的。电信网主要特点：能在任意两个用户间实现“点一点”、双向、实时的连接；通常使用电路交换系统和面向连接的通信协议，通信期间每个用户都独占一条 64kb/s 的恒定带宽信道；采用电路交换形式，实时电话业务最佳，业务质量高且有保证；能传输多种业务，以电话业务为主。随着数据业务的增长，电信网可提供准宽带数据服务和传统语音服务，两种业务互不影响。电信网在提供全球性业务，实现全球无缝的“端一端”

信息服务方面远胜过有线电视网,因为电信业已建成了覆盖全球的网络。

电信网局限性如下:呼叫成本基于距离和时间,资源利用率低;电信公司最大资产是铜缆接入网,利用 xDSL 技术能够提供一些多媒体业务,但铜缆接入网在提供宽带多媒体业务方面存在先天不足,成为制约由单一电信服务向综合宽带多媒体服务转变"瓶颈";电信网规模巨大,在向 IP 网络演化方面包袱较大;提供多样化、多层次电信服务的同时,我国目前仍处于普及基本电信服务阶段,相当长时期内电话收入仍是电信部门的主要方面;受传统的垄断经营机制制约,观念较保守、经营不够灵活、反应不够灵敏、思路不够开阔、改革动力不足,这些已成为制约电信发展的主要因素。

(2)有线电视网

有线电视网通常由多个处于孤岛状态的城域规模的电视信号分配网组成。我国的有线电视起步较晚,但发展迅速,其接入网带宽最大、同时掌握着众多的视频资源,但网络大部分是以单向、树状网络方式连接到终端用户,用户只能被动地选择是否接收此种信息。如果将有线电视网从目前的广播式网络改造为双向交互式网络,将电视与电信业务集成一体,使有线电视网成为一种新的计算机接入网。三网融合过程中,有线电视网的策略是首先用 Cable Modem 抢占 IP 数据业务,再逐渐争夺语音业务和 VOD 业务。

有线电视网局限性如下:网络分散、制式太多、互联性差、质量一般、可靠性较低;缺乏通信与数据业务方面的运营管理经验;主要面向家庭用户,在企事业网方面尤显不足。

(3)计算机网

计算机网是近年来发展最快的,特别是因特网。因特网采用分组交换方式和面向无连接的通信协议,适用于传送数据业务,通信成本基于带宽,而非距离和时间。因特网中,用户间的连接可以是"点一点",也可以是一点对多点的;用户间的通信多数情况下是非实时的,采用存储转发方式;通信方式既可双向交互,也可以单向。其结构较为简单,以前主要依靠电信网或有线电视网传输数据,部分城市开始兴建独立的以 IP 为主要业务对象的新型骨干传送网。

因特网局限性如下:缺乏管理大型网络与话音业务方面的技术和运营经验,缺乏有效的全网控制能力,业务质量不高,特别是高质量的实时业务难以开展,网络安全性、可靠性有待改进。

从上面三网的现状及发展趋势可以看出,每种网都想提供丰富的业务、都需要高速的带宽和可以保证的服务质量。这必然促使原来独立设计运营的传统电信网、Internet 和广播电视网通过各种方式趋向于相互渗透和融合。

3.三网融合的意义

近年来,各国先后开始推进三网融合,部分国家已实现多种形式、不同程度的融合。我国实现三网融合的主要意义如下:

①三网融合的实质是在现有市场格局下,实现某种程度的异质竞争,促进行业、监管、市场、技术、业务、网络、终端、支撑系统等方面的融合与创新。

②三网融合已成为电信业、广电业共同的发展方向。用户对通信信道带宽能力的需求日益增长,需要建立真正的高速宽带信息网络。融合有利于形成完整的信息通信业产业链,发展新的市场空间和实施信息通信产业结构的升级换代,进一步提升信息通信业在国民经济中的战略地位。

③三网融合有利于创新宣传方式,促进文化繁荣,将因特网内容纳入到国家统一监管的范畴,推进统一的监管框架的确立。

④统一的适应三网融合的监管政策和监管架构既有利于吸引投资，又减小新业务开发风险，激发行业技术创新和业务创新，特别是视频这样一个对网络及业务具有战略影响力和价值的新领域。

此外，三网融合的实施还将为国民经济的发展注入新的源动力，创造新的市场空间。综合考虑各种业务系统、基础网络设施、信息服务平台的建设和运营，预计未来几年可直接拉动的市场约 1000 亿元人民币，考虑到连带的辐射作用，长期的市场发展空间更大。

4. 三网融合存在的问题

目前，三网融合存在的问题如下。

(1)三网标准不统一

3 种网络结构各异，存在不兼容的问题，要完成三网融合必须找到共同认可的网络结构、技术标准和通信协议。IP 交换是可以被三网接纳的通信协议，三网融合最大困难是接入网，要求既价廉物美又便于建设。

(2)IP 协议问题

虽然 IP 技术的优点在三网融合过程中得以充分发挥，但基于 IP 技术的三网融合仍有许多问题需要解决，主要集中在传输网络层和中间网络层。首先，需要建立一系列传输协议和标准，赋予多种介质支持 IP 数据的能力；其次，IP 服务质量的控制难度随业务种类增加和业务统计特性的差异而增大，尤其是实时交互业务的服务质量；最后，网络管理与控制、对 IP 协议在安全性方面的改进等也是三网融合过程中需要解决的问题。

(3)不同行业和网络的利益冲突

由于三大网分别由不同的行业部门经营管理，网络互联互通存在技术、网关、资费结算等问题。三网融合将带来各种业务和应用的重新整合，必然会带来工作方式、业务流程的转变和各方利益的调整。因此，三网融合只有解决好行业、部门间的利益冲突问题，才能有效实施。

(4)三网业务定位不同

有线电视网主要提供广播式的视频业务，要发展交互式业务，必须进行大规模的双向化改造，工程巨大；电信网络面临最后 100m 宽带化问题；计算机网难以保证音频、视频信号的服务质量和实时性要求。

### 13.3.2　三网融合技术

1. 三网融合技术概述

(1)三网融合的技术基础

随着数字技术、光纤通信技术、软件技术的发展以及统一的 TCP/IP 协议的广泛应用，以三大业务来分割市场的技术基础已不存在。三网融合的技术背景主要有以下 4 个方面：

①数字技术。数字技术取代传统的模拟技术已是信息社会发展的必然，基于数字技术可以对话音、数据和图像信号统一编码，“0/1”比特流在信息的传输、交换、选路和处理过程中实现融合。

②光纤通信技术。光纤通信技术的发展为综合传送各种业务信息提供了充分的带宽和传输质量，且传输成本显著下降。光纤传输网是传输各类业务的理想平台，为三网融合提供了传输上的保证，从传输平台而言具备了三网融合的技术条件。

③软件技术。不必改动或过多改动硬件即可使网络的特性和功能不断变化、升级，使现在的

三大网络最终都能支持各种功能和业务。软件技术正从以计算机为中心向以三网融合的多媒体信息服务为中心转变，为三网融合提供支持。

④TCP/IP 协议。作为三大网络都能接受的通信协议，TCP/IP 从技术上为三网融合奠定了最坚实的联网基础，使得各种业务都能以 IP 为基础实现互通，从接入网到骨干网，整个网络将实现协议的统一，各种终端最终都能实现透明的连接。

尽管目前三大网络仍有自己的特点，但技术特征已渐趋一致，IP 技术已成为三网发展的共同趋向。融合的目的已不是为了简单消除底层独立存在，而是为了在业务层和应用层繁衍出大量新的业务和应用，可以说三网融合在技术上已是必然。

(2)三网融合技术难点

IP over everything 体现了 IP 的优势，通过统一的 IP 层协议屏蔽下层各种物理网络的差异，实现异构网互联，但基于 IP 技术的三网融合仍有许多问题需要解决，主要有以下几点：

①时延问题，每个数据包的逐个路由器寻址造成"端一端"时延和抖动很大，路由器逐个包的地址解析、寻址和过滤也引入了额外的时延。IP 服务质量控制难度也随着业务种类的增加和业务统计特性的差异而增大，尤其是实时交互业务的服务质量，如何降低时延和抖动是目前研究热点。

②网络管理与控制、对 IP 协议在安全性方面的改进是三网融合过程中需要解决的问题。

③缺乏流量控制机制。这些机制包括对因特网流量运用测量、建模、描述和控制等原理和技术以达到指定的性能目标。

④缺乏 QoS 保证，因特网主要问题是缺乏大型网络与电话业务方面的技术和运营经验，缺乏全网有效的控制管理能力，"端一端"性能无法保障，难以实现统一的网络管理，实时业务质量目前也无法保证，其网络体系结构缺乏内置的扩展性，网络可靠性和可用性很差(可用性仅25%)，要想成为真正意义上的电信级企业务提供者，这些问题都需要解决。

2.三网融合技术关键技术——MPLS

(1)MPLS 概述

MPLS 最初是为提高路由器转发速度而提出的协议，目前广泛应用于流量工程、VPN、QoS等，成为大规模 IP 网络的重要标准。三网融合最终结果是各运营商从事多业务运营，为此，需要多通道传输。从技术上讲，最后传输部分应该是都被光网络替换，应用都会 IP 化，即同一介质不同通道下的 IP 协议化。但 IP 是为传输数据设计，不能保证传输的实时性。ATM 曾经是普遍看好的能提供多种业务的交换技术，由于网络中普遍采用 IP 技术，目前 ATM 的使用多用来承载 IP。因此，希望 IP 也能提供 ATM 一样的多种类型服务。为解决 IP 和 ATM 的结合，IETF 制定、推行的 MPLS 就是在这种背景下产生的一种技术。

作为一种利用数据标记引导数据包在通信网高速、高效传输的新技术，MPLS 基本思想是在三层协议分组前加上一个携带了标签的 MPLS 分组头，每台标签交换设备上，MPLS 分组按照标签交换的方式被转发，而不像传统的 IP 路由那样采用最长前缀匹配的方式转发分组。MPLS 最基本的功能就是代替 IP 分组转发，运送 IP 所要传输的报文达到目的地。它能在一个无连接的网络中引入连接模式的特性，即先把选路和转发分开，生成一个标记交换面，由标记来规定一个分组通过网络的路径。分组在转发至后面多跳之前被贴上标记，所有转发都按标记进行。MPLS 能提供更好的"端一端"服务，特别是可以根据网络流量特性规定转发路径，优点是能规划、预测数据流量和流向，有效提高网络利用率，保证用户 QoS。MPLS 流量工程和 MPLS VPN

是该技术在网络应用的主要方面。前者将流量合理地在链路、节点上进行分配，减少和抑制网络拥塞，如网络出现故障，能快速重组路由，提升网络服务质量；后者在公用网络上向用户提供 VPN 服务，不仅能满足用户对信息传输安全性、实时性、灵活性和带宽保证方面的需要，还能节约组网费用。

(2)MPLS 基本术语

①标签(Label)。标签是一个比较短的、定长的，通常只具有局部意义的标识，这些标签通常位于数据链路层的数据链路层封装头和三层数据包之间，它通过绑定过程同 FEC 相映射，用来识别一个 FEC。传统路由器需分析每个分组头以确定下一站转发地点。MPLS 只需入口端处理一个流束，属于同一 FEC 的分组流，流经同一节点，从相同的通道传输以相同方式转发到目的地，它们在 MPLS 里被称为“流束”。对属于同一流束的分组将被用一个固定长度的字段加以编号。这一字段在 MPLS 里称为标签。

②转发等价类(FEC)。MPLS 实际上是一种分类转发的技术，它将具有相同转发处理方式的分组归为一类，这种类别就称为转发等价类。这里的相同转发处理方式指目的地相同、使用的转发路径相同、具有相同的服务等级 QoS，也可以是相同的 VPN 等。MPLS 网络给每个 FEC 分配一个标签。各节点通过分组标记来识别分组所属的转发等价类，属于相同转发等价类的分组在 MPLS 网络中将获得完全相同的处理。

③标签交换路由器(LSR)。LSR 是 MPLS 的网络的核心交换机，具有第三层存储转发和第二层交换的功能，同时还能运行传统 IP 路由协议，执行一个特殊控制协议与相邻 LSR 协调 FEC/标签绑定信息。在 LSR 处不再检查 IP 包头，只需对标签栈的顶部标签进行处理，检索一个包含出口和新标签的标签表并用新标签替换旧标签完成标签交换。

④标签边缘路由器(LER)。它位于网络的边缘，作为 MPLS 的入口/出口路由器，进行数据包处理。进入 MPLS 网络的流量由 LER 分为不同的 FEC，并为这些 FEC 请求相应的标签；离开 MPLS 网络的流量由 LER 弹出标签还原为原始报文。因此，LER 提供了流量分类、标签的映射和标签的移除功能。LER 一定是 LSR，但是 LSR 不一定是 LER。

⑤标签交换路径(LSP)。LSP 是指具有一个特定的 FEC 的分组，在传输经过的标签交换路由器集合构成的传输通路。它由 MPLS 节点建立，目的是采用一个标签交换转发机制转发特定的 FEC 分组，即 MPLS 数据包通过 LSP 传送。

⑥标签分发协议(LDP)。该协议是 MPLS 的控制协议，主要作用：在 LER 与 LSR 间提供通信，在路由选择协议的配合下分发标签，在交换表和路由表间进行映射，建立路由交换表，建立标签交换通路 LSP。即负责 FEC 的分类，标记的分配，分配结果的传输及 LSP 的建立和维护等。

⑦标记信息库(LIB)。类似于路由表，包含各个标记所对应的转发信息。LIB 是保存在一个 LSR(LER)中的连接表，LSR 包含 FEC/标签绑定信息、关联端口及媒体封装信息。LIB 通常包括：入、出口端口，入、出口标签，FEC 标识符，下一跳 LSR，出口链路封装等。

⑧MPLS 的封装。通用 MPLS 封装包括标签、业务级别(Class of Service，CoS)、堆栈标志(S) 和 TTL 等字段，由边缘 LSR 完成，如图 13-12 所示。它在 IP 数据包前加入固定长度的包头(标签)，不对 IP 数据包内容进行任何处理。采用固定长度的标签，加快了 MPLS 交换机查找路由表的速度，减轻了交换机的负担。

(3)MPLS 数据转发原理

基本的 MPLS 网络如图 13-13 所示。MPLS 域的数据以标签进行高速交换。从 LER 到

| 用户数据 | IP头 | MPLS封装 | 第二层帧头 |
| --- | --- | --- | --- |

| 标签 | CoS | S | TTL |
| --- | --- | --- | --- |

标签：20 b

CoS：业务等级，3 b

S：堆栈标志，1 b

TTL：生存期，8 b

**图 13-12　MPLS 标签格式**

LER，为不同的 IPv4 域或 IPv6 域提供快速优质 LSP 转发通道。LER 负责将 IP 或 ATM 报文压入标签，封装成 MPLS 报文，然后将其投入 MPLS 隧道。同时 LER 还负责将 MPLS 报文的标签弹出，转发至 IP 或 ATM 域。

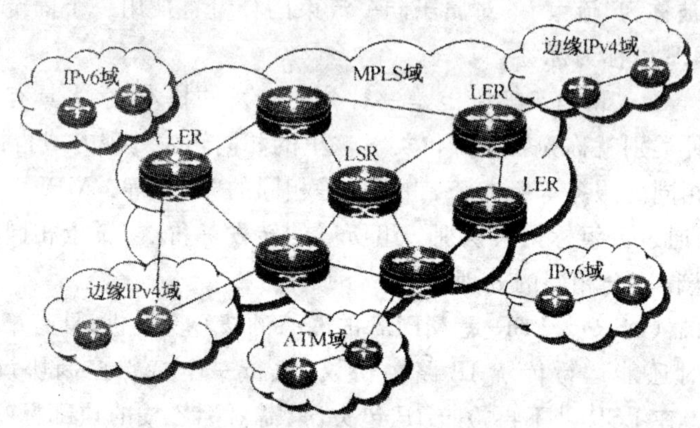


**图 13-13　基本的 MPLS 网络**

1)标签分配与分发

标签分配是根据输出端口和下一跳相同的 IP 路由的选路信息，划分为一个转发等价类；然后从 MPLS 标签资源池中取一个标签分配给这个转发等价类，同时节点主机应记录下此标签和这个 IP 转发等价类的对应关系；最后将这个对应关系封装成消息报文，通告身边的节点主机，该通告过程称为标签的分发。

2)MPLS 标签分组

MPLS 标签分组是将 IP 分组报文封装上定长而具有特定意义的标签，以标签标识该报文为 MPLS 分组报文。封装标签的方式按照协议栈结构的层次进行，封装的标签应置于分组报文协议栈的栈头。封装了标签的分组报文就如同贴了邮票的信件一样能邮到目的地。

3)MPLS 分组转发方式

MPLS 分组转发分为 3 个过程：进入 LSP、LSP 中传输、脱离 LSP。

①进入 LSP。进入 LSP 是根据 IP 分组报文的目的 IP 地址查 IP 选路表，此时查到的 IP 选路表已和下一跳标签转发表关联。接着从下一跳标签转发表中得到这个 IP 分组所分配的标签和下一跳地址等，一般输出端口信息在 IP 选路表中得到。然后将得到的标签封装 IP 分组报文为 MPLS 标签分组报文，再根据 QoS 策略处理 EXP、TTL 等，最后将封装好的报文送给下一跳。这样，IP 分组报文即进入 LSP 隧道。

②LSP 中传输。LSP 中传输是逐跳使用 MPLS 分组报文中的协议栈项的标签(入标签)，直接以标签索引(Index)方式，查询入标签映射表，得到输出端口信息和下一跳标签转发表的索引，使用其索引查询下一跳标签转发表，从中得到标签操作的动作，欲交换的标签和下一跳地址等。

如果 MPLS 分组报文未到达 LSP 终点，查表得到的标签操作动作一定为 SWAP。接着使用查表得到的新标签，替换 MPLS 分组报文中的旧标签，同时处理 TTL 和 EXP 等。最后将替换完标签的 MPLS 分组报文发送给下一跳。

③脱离 LSP。使用 MPLS 分组报文中的协议栈顶的标签（入标签），以标签 Index 方式，直接查询入标签映射表，得到输出端口信息和下一条标签转发表的索引。接着用查到的索引继续查询下一跳标签转发表，得到标签操作动作物理层协议（PHP）或入网点（POP）和下一跳地址等。PHP 和 POP 的实现流程类似，都是删除 MPLS 分组报文中的标签，同时处理 TTL 和 EXP，接着封装下一跳链路协议，最后将封装好的 IP 分组报文发给下一跳。

(4)MPLS 的 QoS 实现

MPLS 的 QoS 实现是由 LER 和 LSR 共同完成的。在 LER 上进行 IP 包的分类，将 IP 包的业务类型映射到 LSP 的服务等级上，在 LER 和 LSR 上同时进行带宽管理和业务量控制，保证每种业务的服务质量得到满足。由于带宽管理的引入，MPLS 改变了传统 IP 网只是一个“尽力而为”的状况。IP 包在进入 MPLS 域之前，MPLR 将会根据 IP 包所携带的信息将其分成不同的类别，这个类别就代表网络为其提供的服务等级。

LSP 是针对每个 FEC 配置的，而 FEC 通常包含一个 IP 目的地址或前缀。不论什么样的数据类型，拥有相同目的地址的数据包通过同一条标记交换路径（LSP）传输。这种情况下，当入口处检测到的数据流和 MPLS 头部信息中的一部分（EXP/QoS 字节）有联系，并且沿着 LSP 存在基于 EXP 字段的队列和传输控制时，即可对 MPLS 网络的 QoS 进行控制。

(5)MPLS 流量工程

流量工程指控制网络中的通信流的能力，目的在于减少拥塞并充分利用可用的功能。流量工程问题的解决方案即通过各种不同的控制模块建立标记和标记交换路径。例如，流量控制模块可以建立一条从 A—C—D—E 的标记交换路径，另一条从 B—C—F—G—E 的路径。通过定义一些选择某些信息包来跟随这些路径的策略，对网络通信流进行管理。MPLS 利用基于限制的路由选择来确定流量工程策略，这种环境中只需指定网络的不同点间预计流动的负载量，路由选择系统将会计算出传送该负载的最佳路径。

传统 IP 网络一旦为某个 IP 包选择了一条路径，不管这条链路是否拥塞，IP 包都会沿着这条路径传送，造成整个网络在某处资源过度利用，而另外一些地方网络资源闲置不用。MPLS 可以控制 IP 包在网络中所走过的路径，避免业务流向已经拥塞的节点，实现网络资源的合理利用。MPLS 流量管理机制的功能有两个，从网络运营商角度看，是保证网络资源得到合理利用：从用户角度看，是保证用户申请的服务质量得到满足。MPLS 的流量管理机制包括路径选择、负载均衡、路径备份、故障恢复、路径优先级及碰撞等。

(6)基于 MPLS 的 VPN

MPLS VPN 的基本工作方式是采用第三层技术，每个 VPN 具有独自的 VPN-ID，每个 VPN 的用户只能与自己 VPN 网络中的成员通信，也只有 VPN 的成员才能有权进入该 VPN。MPLS 实际上就是一种隧道技术，因此建立 VPN 隧道十分容易。同时，MPLS 又是一种完备的网络技术，可用来建立 VPN 成员间简单、高效的 VPN。MPLS VPN 适用于实现对于 QoS、服务等级划分以及对网络资源的利用率、网络的可靠性有较高要求的 VPN 业务。

服务者为每个 VPN 分配唯一的路由标识符（RD），转发表中包括 RD 和用户 IP 地址连接形成的唯一地址（VPN-IP 地址）。因为数据是通过使用 LSPS 转发的，LSP 定义一条特定的路径，不可以被改变，这样对安全性也有保证。这种基于标签的模式可与帧中继和ATM一样提供保密性。服务提供商，而不是用户，应用VPN时将一个特定的VPN与接口联系起来，数据包的转发是由用于入口的标签决定的。VPN转发表中包括与VPN-IP地址相对应的标签。通过这个标签将数据传送到相应地址。由于标签代替了IP地址，用户可以保持用地址结构，无须进行网络地址翻译(NAT)来传送数据。根据数据入口，交换机选择一特定的转发表，该表中只包括在VPN中有效的目的地址。

(7)MPLS分组转发优点

MPLS技术是对现有因特网协议体系结构的扩充，它通过对IP体系结构增加新的功能来支持新的服务和应用。MPLS把整个网络的节点设备分为两类，即边缘标签路由LER和标签交换路由器LSR，由LER构成MPLS网的接入部分，LSR构成MPLS网的核心部分。LER发起或终止标签交换通道LSP连接，并完成传统IP数据包转发和标记转发功能。入口LER完成IP包的分类、寻路、转发表和LSP表的生成、FEC至标签的映射；出口LER终止LSP，并根据弹出的标签转发剩余的包。LSR只根据交换表完成高速转发功能，所有复杂的功能都在LER内完成。

MPLS技术将复杂的事务处理放到网络边缘完成，内部只负责转发功能，优点是有利于维护大规模网络中IP协议的可扩展性，MPLS的实现将使路由器变得很小，改善了路由扩展能力，加快分组的转发速度，由于MPLS将路由与分组转发从IP网中分离开来，使得在MPLS网络中可以通过修正转发方法来推动路由技术的改进，新的路由技术可以在不间断网络运行的情况下直接应用到网络中，而不必改动现有路由器上的转发技术，这是目前的网络技术不易做到的。

## 13.4 下一代网络(NGN)

### 13.4.1 下一代网络概述

1.下一代网络的背景

20世纪60年代步入数字程控交换时代。程控数字交换技术使电话网在全世界迅速普及，到20世纪90年代发展到技术顶峰，成为的第一大电信网络。随着移动通信技术的发展，程控交换技术与无线接入技术的结合使这种主要提供话音业务的电路交换网络的应用进一步扩展。

但电路交换网络存在电路利用率低、无法提供多媒体业务以及新业务扩展困难等缺点。进入20世纪80年代后，这些缺点在用户对于多媒体业务需求日益增加的情况下变得越来越突出。随着电信垄断经营局面变为历史，市场竞争加剧，传统电路交换网络无法快速提供新的增值业务的缺点使运营商处于不利地位。

20世纪60年代，产生了分组交换技术，用来满足数据业务的传输，并且很快得到了大规模的应用。由于它具有电路利用率高、可靠性强、适应于突发性业务的优势，TCP/IP、X.25、帧中继和ATM等各种分组交换技术层出不穷。在各种分组交换技术中，IP技术在很长一段时间内因为其无法保证业务质量而不为人们所重视；X.25、帧中继技术在相当长一段时间内承担起分组数据电信业务的服务，但是先天不足以及ATM技术的提出使它们很快退出了历史舞台或仅在某些局部范围应用。

但是ATM技术由于被赋予过多的责任及业务质量保证要求，使得技术变得非常复杂，造成商用化的缓慢进程与建设使用成本问题等，再加上半导体技术和计算机技术的发展，IP路由技术上的突破，路由器转发IP的速率得到了极大的提高，以往制约IP路由器处理能力的问题得到解决。最终使ATM逐步退出了历史的舞台。

以IP技术为核心的互联网在20世纪90年代末期得到了飞速发展，其增长趋势是爆炸性的。基于H.323的IP电话系统的大规模商用有力地证明了IP网络承载电信业务的可行性，也让人们看到了利用一个网络承载综合电信业务的希望，下一代网络的概念就是在这样的一种背景下提出来的。随着通信网络技术的飞速发展，人们对于宽带及业务的要求也在迅速增长，为了向用户提供更加灵活、多样的现有业务和新增业务，提供给用户更加个性化的服务，提出了下一代网络的概念。

下一代网络的英文是Next Generation Network简写为NGN。当前所谓的下一代网络是一个很松散的概念，不同的领域对下一代网络有不同的看法。一般来说，所谓下一代网络应当是基于“这一代”网络而言，在“这一代”网络基础上有突破性或者革命性进步才能称为下一代网络。

在计算机网络中，“这一代”网络是以IPv4为基础的互联网，下一代网络是以高带宽以及IPv6为基础的NGI(下一代互联网)。在传输网络中，“这一代”网络是以TDM为基础以SDH以及WDM为代表的传输网络，下一代网络是以ASON为基础的网络。

在移动通信网络中，“这一代”网络是以GSM为代表的网络，下一代网络是以3G为代表的网络。在电话网中，“这一代”网络是以TDM时隙交换为基础的程控交换机组成的电话网络，下一代网络是指以分组交换和软交换为基础的电话网络。从业务开展角度来看，“这一代”网络主要开展基于话音、文字或图像的单一媒体业务，下一代网络应当开展基于视频、音频和文字图像的混合多媒体业务。

尽管目前被广泛使用的互联网，基于分组技术，较适应可变比特率的数据业务传送，为用户提供了越来越多的话音、数据、图像和文件传送等业务，但是其尽力而为的设计思想，在服务质量和安全性方面仍不能满足要求，特别是互联网没有合适的商业模式，使现阶段的运转不能获得良好的经济效益。

因此，从满足用户长远的业务需求来分析，现有的网络存在很大的局限性，不能完全满足业务快速发展的迫切需要，从而也就促使了现有网络向下一代网络的演进。

业务需求是网络发展演进的主要驱动力，从电话网向移动网、互联网、数据网的发展最主要的因素均来源于业务的驱动。现阶段用户对电信业务的需求主要表现在：对数据业务的需求呈几何级数增长，对内容和应用的需求增加，对移动性要求的增加和对多种接入方式的需求。

市场的动态也迫使运营商对语音业务收益的缓慢增长甚至下降做出反应，要求他们寻找新的机会对网络进行改造，以便发现新的收益来源。其次是电信市场的竞争加剧和监管制度方面的改革。一些老的运营商开始检查自己的经营模式，新的运营商则寻找更能赢利的商机。而NGN创导了一种新型的管理模式，它支持各式各样的用户接入，支持多种计费模式，保证集中统一的高效管理。

首先，业务创建平台和业务逻辑分离的原则已经在智能网中得到了充分的证实，它们可以推广到NGN上。其次，能够使NGN成为现实的具有成本优势的技术现在已经可以在市场上获得，如基于高度集成、高性能半导体技术的功能强大的分组设备，使带宽成本大为降低的光技术，为商业和住宅用户提供更高带宽的新接入技术等。最后，VoIP技术的提升、QoS技术的发展、标准的成熟等都开始在为最终推广NGN铺平道路。NGN能够用统一的设备组成其核心网，降低了建设和运营成本。NGN的结构不仅有利于语音与数据的融合，而且有利于光传输与分组技术的融合以及固定与移动网的融合。

下一代网络是一个建立在IP技术基础上的新型公共电信网络，能够容纳各种形式的信息，在统一的管理平台下，实现音频、视频、数据信号的传输和管理，提供各种宽带应用和传统电信业务，是一个真正实现宽带窄带一体化、有线无线一体化、有源无源一体化、传输接入一体化的综合业务网络。

下一代网络除了能向用户提供语音、高速数据、视频信息业务外，还能向用户方便地提供视频会议、电话会议功能，而且能像广播网一样，向有此项要求的用户提供统一的消息、时事新闻等。

2. 下一代网络的定义

ITU关于NGN最新的定义是：它是一个分组网络，它提供包括电信业务在内的多种业务，能够利用多种带宽和具有QoS能力的传送技术，实现业务功能与底层传送技术的分离；它提供用户对不同业务提供商网络的自由接入，并支持通用移动性，实现用户对业务使用的一致性和统一性。

可以说下一代网络实际上是一把大伞，涉及的内容十分广泛，其含义不只限于软交换和IP多媒体子系统(IMS)，而是涉及到网络的各个层面和部分。它是一种端到端的、演进的、融合的整体解决方案，而不是局部的改进、更新或单项技术的引入。从网络的角度来看，NGN实际涉及了从干线网、城域网、接入网、用户驻地网到各种业务网的所有层面。NGN包括采用软交换技术的分组化的话音网络；以智能网为核心的下一代光网络；以MPLS、IPv6为重点的下一代IP网络；采用3G、4G技术的下一代无线通信网络以及下一代业务网及各种宽带接入网等。

由以上定义可以看出，NGN需要做到以下几点：一是NGN一定是以分组技术为核心的；二是NGN一定能融合现有各种网络；三是NGN一定能提供多种业务，包括各种多媒体业务；四是NGN一定是一个可运营、可管理的网络。

3. 下一代网络的组成部分

现在人们比较关注NGN的业务层面，尤其是其交换技术，但实际上，NGN涉及的内容十分广泛，广义的NGN包含了以下几个部分：下一代传送网、下一代接入网、下一代交换网、下一代互联网和下一代移动网。

(1)下一代传送网

下一代传送网是以ASON为基础的，即自动交换光网络。其中，波分复用系统发展迅猛，得到大量商用，但是普通点到点波分复用系统只提供原始传输带宽，需要有灵活的网络节点才能实现高效的灵活组网能力。随着网络业务量继续向动态的IP业务量的加速汇聚，一个灵活动态的光网络基础设施是必要的，而ASON技术将使得光联网从静态光连网走向自动交换光网络，这将满足下一代传送网的要求，因此ASON将成为以后传送网发展的重要方向。

(2)下一代接入网

下一代接入网是指多元化的无缝宽带接入网。当前，接入网已经成为全网宽带化的最后瓶颈，接入网的宽带化已成为接入网发展的主要趋势。接入网的宽带化主要有以下几种解决方案：一是不断改进的ADSL技术及其他DSL技术；二是WLAN技术和目前备受关注的Wi-MAX技术等无线宽带接入手段；三是长远来看比较理想的光纤接入手段，特别是采用无源光网络(PON)用于宽带接入。

(3)下一代交换网

下一代交换网指网络的控制层面采用软交换或IMS作为核心架构。传统电路交换网络的业务、控制和承载是紧密耦合的,这就导致了新业务开发困难,成本较高,无法适应快速变化的市场环境和多样化的用户需求。软交换首先打破了这种传统的封闭交换结构,将网络进行分层,使得业务、控制、接入和承载相互分离,从而使网络更加开放,建网灵活,网络升级容易,新业务开发简捷快速。在软交换之后3GPP提出的IMS标准引起了全球的关注,它是一个独立于接入技术的基于IP的标准体系,采用SIP协议作为呼叫控制协议,适合于提供各种IP多媒体业务。IMS体系同样将网络分层,各层之间采用标准的接口来连接,相对于软交换网络,它的结构更加分布化,标准化程度更高,能够更好地支持移动终端的接入,可以提供实际运营所需要的各种能力,目前已经成为NGN中业务层面的核心架构。软交换和IMS是传统电路交换网络向NGN演进的两个阶段,两者将以互通的方式长期共存,从长远看,IMS将取代软交换成为统一的融合平台。

(4)下一代互联网

NGN是一个基于分组的网络,现在已经对采用IP网络作为NGN的承载网达成了共识,IP化是未来网络的一个发展方向。现有互联网是以IPv4为基础的,下一代的互联网将是以IPv6为基础的。IPv4所面临的最严重问题就是地址资源的不足,此外在服务质量、管理灵活性和安全方面都存在着内在缺陷,因此互联网逐渐演变成以IPv6为基础的下一代互联网(NGI)将是大势所趋。

(5)下一代移动网

下一代移动网是指以3G和B3G为代表的移动网络。总的来看,移动通信技术的发展思路是比较清晰的。下一代移动网将开拓新的频谱资源,最大限度实现全球统一频段、统一制式和无缝漫游,应付中高速数据和多媒体业务的市场需求以及进一步提高频谱效率,增加容量,降低成本,扭转ARPU下降的趋势。

总之,广义的NGN实际上包含了几乎所有新一代网络技术,是端到端的、演进的、融合的整体解决方案。

4. 下一代网络的基本特点

NGN具有以下基本特点。

(1)开放的、分层的网络构架体系

NGN强调网络的开放性,包括网络架构、网络设备、网络信令和协议的开放。开放式网络架构能让众多的运营商、制造商和服务提供商方便地进入市场参与竞争,易于生成和运行各种服务,而网络信令和协议的标准化可以实现各种异构网的互通。

NGN将网络分为用户层(包括接入层和传输层)、控制层和业务层,用户层负责将用户接入到网络之中并负责业务信息的透明传送,控制层负责对呼叫的控制,业务层负责提供各种业务逻辑,三个层面的功能相互独立,相互之间采用标准接口进行通信。NGN的分层架构使复杂的网络结构简单化,组网更加灵活,网络升级容易;同时分层架构还使得承载、控制和业务这三个功能相互分离,这就使得业务能够真正的独立于下层网络,为快速、灵活、有效地提供新业务创造了有利环境,便于第三方业务的快速部署实施。

(2)提供各种业务

随着技术的进步和生活水平的提高,人们已经不满足于仅仅利用语音来交换信息,尤其随着Internet的迅猛发展,多媒体服务已经越来越多的融入人们的日常生活之中。

NGN的最终目标就是为用户提供各种业务，这包括传统语音业务、多媒体业务、流媒体业务和其他业务。NGN的生命力很大程度上取决于是否能够提供各种新颖的业务，因此在NGN的发展中如何开发有竞争力的业务将是今后的一个问题。

(3)支持各种业务和用户无拘束的接入

NGN是一个基于分组传送的网络，能够承载话音、多媒体、数据和视频等所有比特流的多业务网，并能通过各种各样的传送特性(实时与非实时、由低到高的数据速率、不同的QoS、点到点/多播/广播/会话/会议等)满足多样化、个性化业务需求，使服务质量得到保证，令用户满意。普通用户可通过智能分组话音终端、多媒体终端接入，通过接入媒体网关、综合接入设备(IAD)来满足用户的语音、数据和视频业务的共存需求。

(4)具有通用移动性

与现有移动网能力相比，NGN对移动性有更高的要求：通用移动性是指当用户采用不同的终端或接入技术时，网络将其作为同一个客户来处理，并允许用户跨越现有网络边界使用和管理他们的业务。通用移动性包括终端移动性和个人移动性及其组合，即用户可以从任何地方的任何接点和接入终端获得在该环境下可能得到的业务，并且对这些业务用户有相同的感受和操作。通用移动性意味着通信实现个人化，用户只使用一个IP地址便可以实现在不同位置、不同终端上接入不同的业务。

(5)具有可运营性和可管理性

NGN是一个商用的网络，必须具备可运营性和可管理性。可运营性主要包括QoS能力和安全性能，NGN需要为业务提供端到端的QoS保证和安全保证，当提供传统电信业务时，应至少能保证提供与传统电信网相同的服务质量。可管理性是指NGN应该是可管理和可维护的，其网络资源的管理、分配和使用应该完全掌握在运营商的手中，运营商对网络有足够的控制力度，明确掌握全网的状况并能对其进行维护。NGN应能够支持故障管理、性能管理、客户管理、计费与记账、流量和路由管理等能力，运营商能够采取智能化的、基于策略的动态管理机制对其进行管理。

NGN的业务处理部分运行于通用的电信级硬件平台上，运营商可以通过选购性能优越的硬件平台来提高处理能力。

NGN一个重要的关键特征就是不同功能之间的分离，它影响了相关的商业模型以及相应网络体系结构。目前，电信运营商都有针对于某些业务的多张专用网络，如针对固定电话业务的PSTN固定网络，针对移动电话业务的GSM、CDMA的PLMN移动网络，针对数据业务的IP网络和针对视频业务的视频网络。随着NGN的发展，电信运营商可以将这些专用网络融合到基于IP的多业务承载网络这一张大网上来，节省网络的投资和维护成本，同时各专用网络的呼叫和业务控制器将由以软交换为核心的控制器所替代。原有专用网络上的各种业务也将演变为宽带综合业务，各种业务的产生、管理和维护将基于统一的业务管理平台，方便运营商对业务的维护和新业务的推出，如图13-14左边部分所示。

图13-14右边所示表明了NGN的接入能力与核心传输能力。这一特性可能影响改变商业环境。接入网络提供商域的商业环境将根据不同的接入技术而得到动态的扩展，用户将有更大的自由来选择基于自己要求的接入能力。此外，另一个重要的方面是促进了固定和移动的融合。

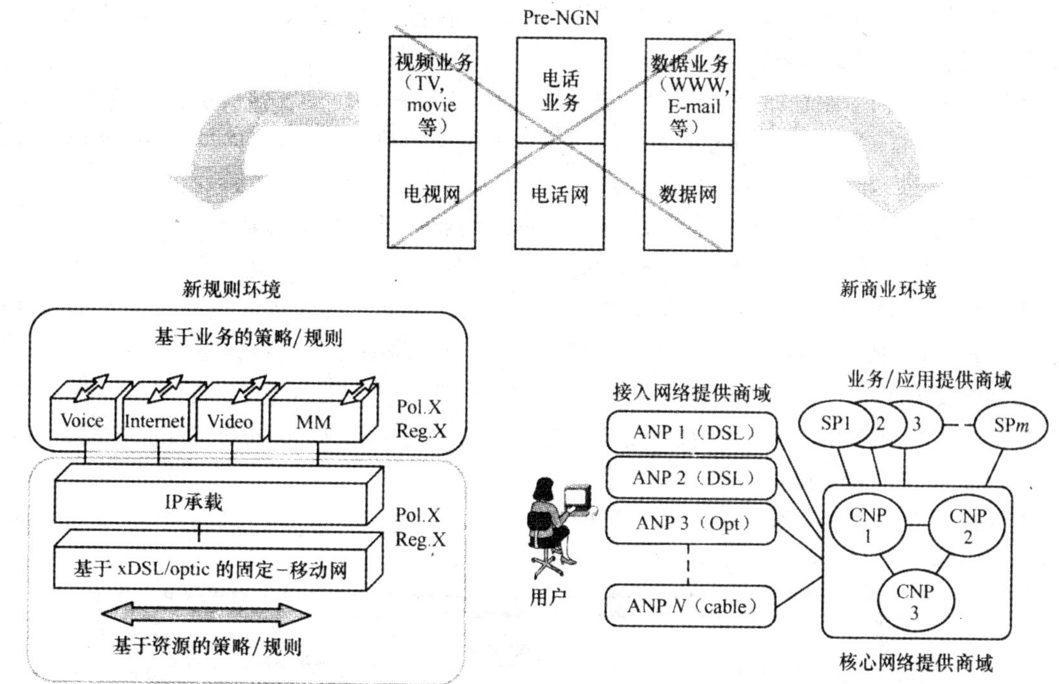


图 13-14　NGN

### 13.4.2　下一代网络的体系结构

如图 13-15 所示，从功能上来看，下一代网络从上到下是由网络业务层、控制层、媒体层、接入和传送层 4 层组成。

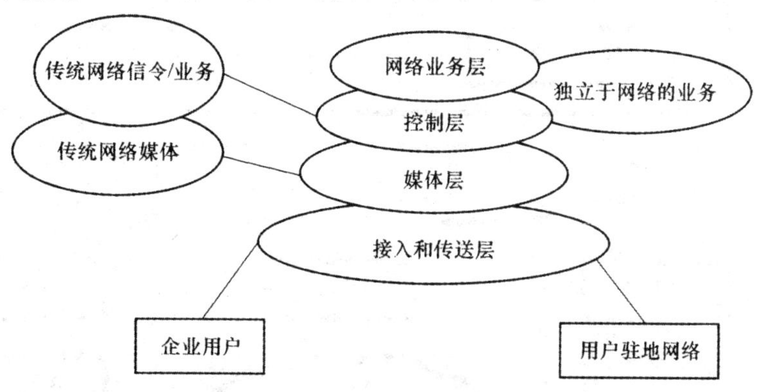


图 13-15　下一代网络的功能分层结构图

网络体系结构（Network Architecture）有时也称为网络顶层设计，是一个网络系统（从物理连接到应用）的总体结构，包括描述协议和通信机制的设计原则。

ITU 第 13 研究组作为 ITU 内的领导组就已将 NGN 的研究列为重点内容，并已经组织了多次研讨会，但是到目前为止还没有对 NGN 的体系结构给出明确的定义。

欧洲电信标准协会（ETSI）较早就开展了对 NGN 的研究，它们之前曾经对 TIPHON、PARLAY 方面进行过研究，这些研究为 NGN 打下了一定基础。

Internet 工作任务组（IETF）对于 NGN 的领域仍然专注于中间层（网络层、传送层和应用层)的研究,内容包括 VoIP、软交换、呼叫管理器、统一消息、光纤接入、移动性管理、VOD、分布式计算、远程学习、活动入口、图像等。

现有各种典型网络的体系结构是按照核心设备的功能纵向划分网络的层次。例如,在电路交换网络中,将网络的交换设备分为本地交换机和长途交换机;在分组交换网络中,分组交换设备也可以分为边缘设备与核心设备。这种纵向划分的网络结构实际上是一个分级的网络结构。这种划分方法的缺陷是网络体系结构不够灵活,网络的业务开放性受到限制。

下一代网络不再是以核心网络设备的功能纵向划分网络,而是按照信息在网络传输与交换的逻辑过程来横向划分网络。我们可以把网络为终端提供业务的逻辑过程分为承载信息的产生、接入、传输、交换及应用恢复等若干个过程,下一代网络是基于分组网络的,所有的业务应用数据最终都要变换为适合于在分组网络中传输的分组,然后在分组网络中传输。为了使分组网络能够适应各种业务的需要,下一代网络将业务和呼叫控制从承载网络中分离出来。因此,下一代网络的体系结构实际上是一个分层的网络。

下一代网络的体系结构可以分为 4 个层面,分别是接入层、传输层、控制层和业务层。典型的下一代网络的体系结构如图 13-16 所示。

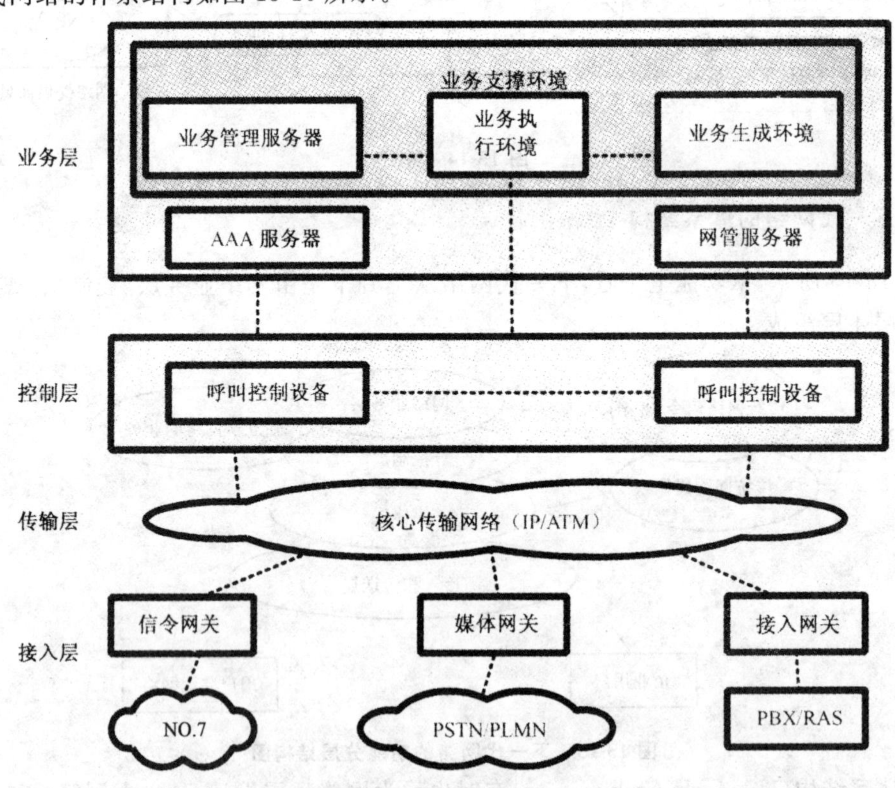


**图 13-16　NGN 的体系结构**

①接入层:接入层由与现有各种网络相连的接入网关/中继网关以及具有分组网络接口的智能终端组成,主要作用是进行媒体格式及信令信息格式的转换。

②传输层:传输层由路由器和 ATM 交换机等网络设备组成,主要是负责分组信息的传输,传输层在传递分组时与业务无关。

③控制层:控制层是由一些用于呼叫控制的服务器组成的,主要完成呼叫处理控制、接入协

议适配及互连互通等综合控制处理功能，并提供应用支持平台。

④业务层：业务层提供业务逻辑生成环境及业务逻辑执行环境，提供面向客户的综合智能业务，实现业务的客户化。

与传统的分级体系结构相比，下一代网络这种分层的体系结构具有如下优点：

①将一个复杂的网络分解为若干互相独立的层面，简化了网络规划与设计。

②各个独立的层面便于独立地引入新技术、新拓扑和新业务与应用。

③使网络规范与具体实施方法无关，使通道层和物理层等规范保持相对稳定，不随电路组织和技术的变化而轻易变化。

④可以采用统一的操作维护系统，也可以每层都有独立的OAM&P。

⑤支持业务和网络分离的变革趋势。

现有各类网络中，从体系结构而言，有三种典型的体系结构。一是电路交换网络的体系结构，如PSTN/ISDN和第二代移动通信网络等；二是分组交换网络的体系结构，如基于IP的因特网、X.25/帧中继网络和ATM网络等；三是智能网，是在电路交换网络的基础上附加的一套网络体系结构。

(1)电路交换网络的体系结构

电路交换网络主要提供传统电话业务。在通话期间，交换设备必须自始至终保持已建立的连接通路，通常采用面向连接的时分数字电路交换技术，利用信令系统为通信双方预先建立连接通路。电路交换网络主要由终端(电话机)、电路交换设备和传输/复用设备等组成，其体系结构如图13-17所示。

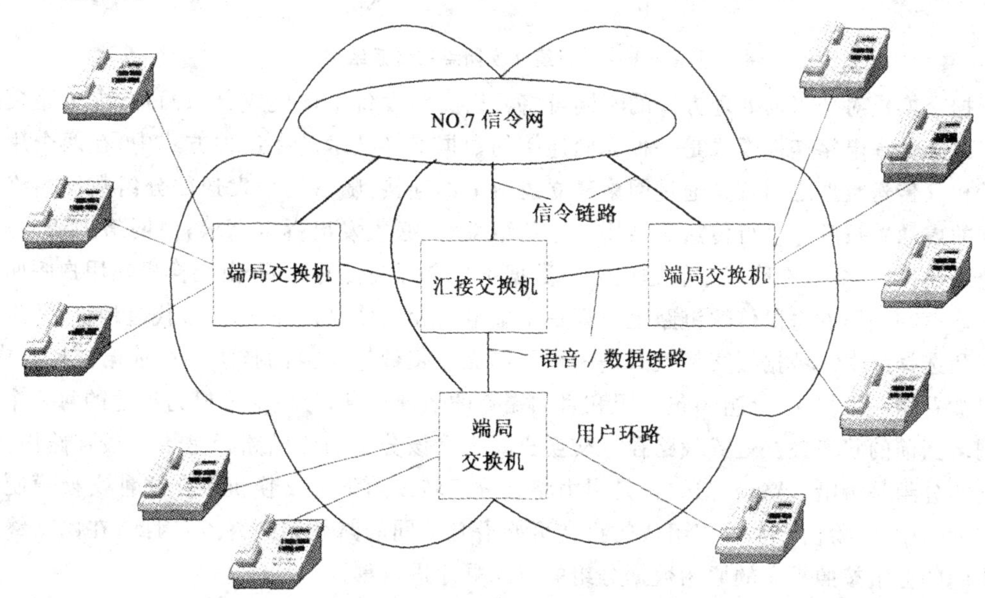


图13-17　电路交换网络体系结构

电路交换网络中任意两个终端用户进行通信时，需要在两点之间有传输通道相连接，网络设备按照电路交换方式为通信双方提供传输信道。在双方通信开始之前，主叫方(发起通信一方)首先通过拨号的方式通知网络被叫方的电话号码，用户拨号通常称做用户信令，网络设备根据被叫号码在主叫电话机和被叫电话机之间寻找并预约一条电路。当被叫话机空闲时，由连接被叫话机的端局交换机向被叫发出振铃，提示有一个来电请求，同时向主叫方回送被叫状态消息。被叫摘机后由交换设备停送通知消息并建立通话通路，当双方通话结束时，交换设备负责拆线复原操作。

传统电路交换网络体系结构使连接建立的速度快，业务的服务质量有保证；但是，这种体系结构的带宽利用率很低，不易于扩展新的业务与应用。

(2)分组交换网络的体系结构

分组交换也称为包交换，它将用户的一整份报文分割成若干定长或不定长的数据块(分组)，让这些数据块以"存储—转发"方式在网络内传输。每一个分组消息都装载有接收和发送地址标识、序号、优先等级和纠错校验序列等信头和包封，以分组为单位在线路上采用统计复用方式进行传输。

分组交换网络主要由智能终端、传输/复用设备和分组交换设备组成，具体的体系结构图可见图 13-18。

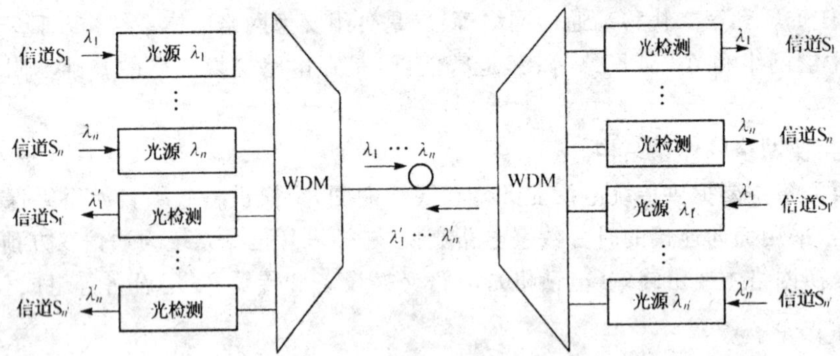


**图 13-18　分组交换网络的体系结构**

根据交换机对分组的处理方式的不同可将分组交换设备工作模式分为两种，虚电路模式和数据报模式。虚电路交换模式是一种面向连接的数据交换技术。在这种方式中，在两个用户终端开始相互传送数据之前首先通过网络建立逻辑上的连接，随后用户发送的分组数据始终沿着已建立的虚通路按顺序进行传送。当用户通信结束时，必须发出拆链请求，由网络来清除连接。在虚电路交换方式中，在网络中转送的分组数据不包含源—目的地址，由交换机在用户呼叫请求时为该通信在经历的每段传输链路上分配一个虚电路标识号，利用该标识号代替地址，并进行分组复用和选择路由。数据报交换模式是一种面向无连接数据交换的技术。在数据报模式中，每个分组被看做一份报文，分组中包含源和目的端点的地址信息，分组交换机为抵达的每一个分组按照网络当前的状态独立地寻找路径。交换机既不管该分组的传输路径是否为最佳路由，也不管先前的分组是否沿该路径传送，只是尽力将该分组转发给下一交换机。在这种交换模制组成的数据网络中，一份由多个分组组成的报文可能沿着不同的路径到达终点，因此，在网络终点必须对收到的分组按照报文的原始数据分组的组织顺序进行重排。

分组交换网络的主要优势是电路利用率高，网络结构灵活，便于增加新的业务与应用，缺点是网络实现复杂，无法保证业务服务质量。

(3)智能网的体系结构

智能网是一种在电路交换网络基础上发展起来的应用网络，是电路交换网络上的一套附加设施，主要为了电路交换网络提供更多的增值业务。

智能网只要由业务控制点(SCP)、业务交换点(SSP)、智能外设(IP)、业务数据点及业务管理系统(SMS)等组成,具体可见图 13-19 所示的体系结构。

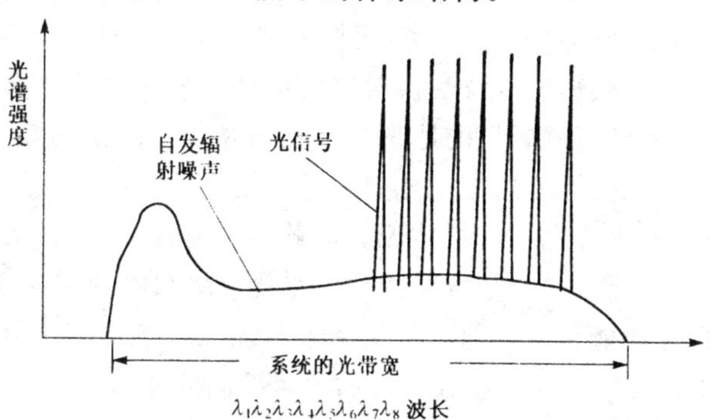


**图 13-19　智能网体系结构**

电路交换网络中的终端发起智能业务呼叫时,所有智能业务汇集到业务交换点(SSP),业务交换点探测到智能业务呼叫后,将业务逻辑的控制权交给业务控制点(SCP),这个过程是通过 NO. 7 信令来完成的,SCP 将根据呼叫的类别执行相应的智能业务逻辑,并给 SSP 返回相应的执行结果。

智能网中对电路交换网络呼叫控制过程的控制只是部分地参与,这是由于智能网只附加在电路交换网络上的一个业务提供系统,所以智能网提供的业务具有很多局限性,尤其是在多媒体增值业务的提供上,但智能网能够快速部署。

### 13.4.3　下一代网络与其他网络的关系

1. 下一代网络与传统电信网的关系

图 13-20 所示的为从 PSTN 到 NGN 的演进,从图中可以看出 NGN 与传统电信网有以下的几点区别。

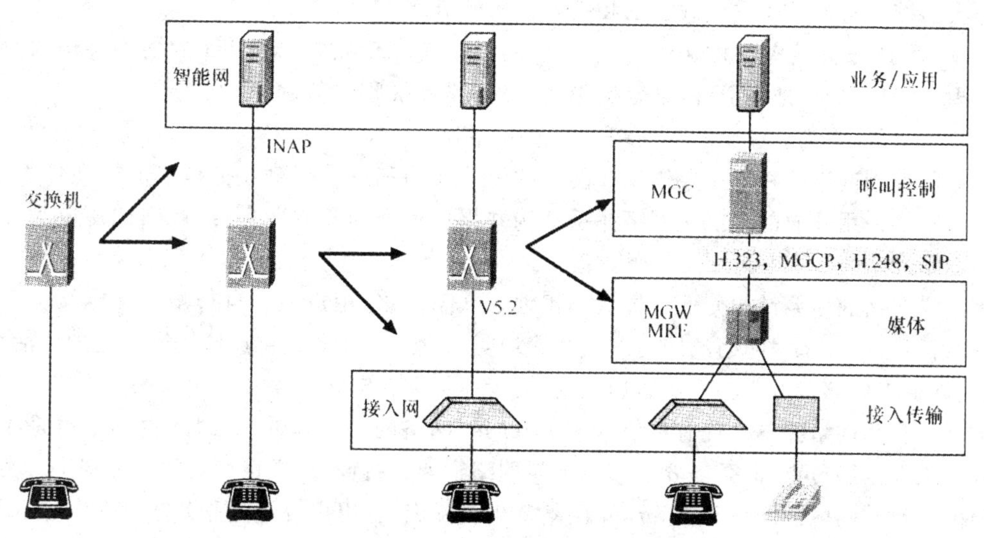


**图 13-20　从 PSTN 到 NGN 的演进**

(1)下一代网络具有开放的分层体系结构

开放的体系结构主要体现在:一是传统程控交换机的各个功能被分离成独立的网络层次,分别构成了下一代网络的接入层、传输层、控制层和业务层,实现了业务提供与呼叫控制相分离,呼叫控制与承载相分离，各层次技术独立发展，设备分布式部署。特别是在承载方面，电路交换网中传统交换机内采用交换矩阵进行时隙交换，交换机之间采用 TDM 技术进行话音承载。而在软交换网络中，原来传统的交换矩阵以及交换机之间的传送网络演变为分组承载网，宽带 IP 网络通过将分组化的信息路由到正确的目的地来实现交换功能。由于功能的分离，各种接入媒体网关的设置可以更加灵活，软交换机的控制能力和管理范围可以很大。因此，其网络带宽是共享的，不同于传统电路交换网，语音和控制媒体流的承载可以是端到端的，无需像电路交换网那样受交换机容量的限制以及为提高单位带宽利用率而采用分级组网的方式。其二是各层之间的协议接口逐渐标准化，使网络的能力从目前的封闭和半封闭状态走向完全开放。传统的智能网通过标准的协议（如 INAP、CAP）实现了业务提供和呼叫控制的分离，但由于没有实现呼叫控制和承载网络的分离，导致传统智能网的业务提供不得不与某种承载网络绑定，从而产生固定智能网、移动智能网等不同类型的智能网。一方面，下一代网络通过支持标准化的呼叫控制协议（如 SIP、H. 323）和承载控制协议（如 MGCP、H. 248/Megaco）实现了呼叫控制和承载的分离，屏蔽了底层网络实现技术的差异，使上层的业务不再与底层网络绑定。另一方面，下一代网络采用开放的标准业务接口（如 Parlay API、JAIN 等）对业务屏蔽了下层网络的技术细节，支持独立的第三方业务的开发和提供。

(2)下一代网络有选择地采用 IP 分组技术网络

下一代网络将融合电信网、计算机网和有线电视网，这些网络在网络结构和承载技术有着显著的差异，下一代网络如果要融合这些网络，就必须提供统一的核心承载技术并首先实现业务层的融合。由于 Internet 的巨大成功，IP 技术被认为是这一核心承载技术的首要选择。同时，业界也看到 Internet 获得成功的主要原因是其客户机/服务器(Client/Server)机制与 E-mail、Web 等业务的良好配合，而电信业务并不都具有 Client/Server 特征，加上安全、可靠 QoS、计费等因素的考虑，下一代网络尚需要有一个独立于 IP 网络的控制层，通过标准的基于 IP 的控制协议实现业务会话控制与各种媒体承载控制和接入技术的分离。

可见，以 IP 技术为基础构建的下一代网络，并不是完全照搬 Internet 的网络架构和业务提供的原理，而是有选择地将 IP 网络定位于其媒体、控制和管理信息的承载网络。

(3)下一代网络为业务驱动的网络

业务驱动型网络的特征主要体现在网络的体系架构和技术围绕业务提供的方便性而演进。而下一代网络采用开放的多层次网络体系结构并提供标准的开放业务接口，因此便成为真正的业务驱动型网络。

下一代网络的体系结构使业务提供真正地独立于网络，用户能够自行配置和定义自己的业务特征，而不必关心承载网络的网络形式和终端类型，因此，业务提供比传统网络更加灵活有效，同时，允许更多的第三方业务提供商加入，扩展了业务创新空间。

但是下一代网络并不是现有电信网或 Internet 网络的简单延伸和叠加，也不单单是改进传输方式或添加网络节点，而是需要从整体上对网络框架进行调整，提供集成的业务解决方案。另一方面由于目前的电信网络和 Internet 网络基础设施庞大，用户数量和业务数量众多，因此向下一代网络演进必然是一种渐进的过程。下一代网络部署初期必须对现有的电信网络和电信业务提供良好的支持，以实现现有网络向下一代网络的平滑过渡。

2. 下一代网络与第三代移动通信网的关系

首先，第三代移动通信系统是提供移动综合电信业务的通信系统，简称为 3G。第三代移动通信网的结构主要包括核心网、无线接入网及移动用户终端三大部分。用户通过用户终端来接入移动业务。无线接入网连接到核心网，以便为用户提供宽带接口。

广义 NGN 应包括下一代移动通信网络，从这个角度来说，第三代移动通信网(3G)是 NGN 的一个子集。但从狭义 NGN 来看，它与 3G 又是有区别的。首先需要说明的是狭义 NGN 主要指固定电话网中的软交换系统，它一方面是为了将现有的电路交换网逐步向 IP 分组网过渡，替代传统的电路交换网；另一方面，使用软交换技术不仅能够移植传统电路交换网提供的所有业务，而且便于提供更多的业务。如果限定在固网 NGN 范围内，那么可以说 3G 和 NGN 最大的区别是在接入网上，因为 3G 涉及到无线的接入系统。

3GPP(3G Partnership Project)和 3GPP2 合作项目是为了加速开放全球认可的 3G 技术规范而设立的。3G 的主要标准均由 3GPP 制定，历经了 R99、R4、R5、R6 等版本。

3GPP R4 是 CS 域引入的软交换架构，它实现控制与承载相分离，话音分组化，由包方式承载；PS 域与 GPRS 基本相同。引入 TFO、TrFO 技术，CAMEL 和 OSA 得到增强。该版本于 2001 年 3 月冻结。

3GPP R5 提出了 IP 多媒体子系统 IMS。IMS 是在承载网络的基础上附加的网络，用户通过无线接入网和 3G 核心网的 PS 域接入 IMS。IMS 主要采用 SIP，可以向用户提供综合的话音、数据和多媒体业务，IMS 子系统与电路域相对独立，于 2002 年 6 月冻结。

3GPP R6 是在 R5 的基础上进一步完善，它定义了 IMS 与 CS 网络互通、IMS 与 IP 网络互通、WLAN 接入、基于 IPv4 的 IMS、IMS 组管理、IMS 业务支持、基于流量计费、Gq 接口以及 QoS 增强等方面的内容。该版本于 2004 年 12 月冻结。

3GPP R7 加强了对固定、移动融合的标准化制定，增加 IMS 对 xDSL、Cable 等固定接入方式的支持，还定义了 FBI(Fixed Broadband Access to IMS)、CSI(Combining. CS bearer with IMS)、VCC(Voice Call Continuity)、PCC(Policy and Charging Control)、端到端 QoS 及 IMS 紧急业务等内容。

其中 3GPP R5 版本在分组域引入了 IMS 的基本框架，并在 R6、R7 中对 IMS 进行了分阶段的完善。IMS 是基于 IP 的网络上提供多媒体业务的通用网络架构。IMS 是一个相对开放的体系架构，它的特点是对控制层功能做了进一步分解，实现了软交换技术中的会话控制实体 CSCF 和承载控制实体 MGCF 在功能上的分离，使网络架构更为开放、灵活。IMS 能以一系列新业务和业务实现方式来推动固定和移动的网络融合和业务融合，具体如图 13-21 所示。

ETSI TISPAN 将 3GPP 的 IMS 成果应用到固定网当中的研究工作，希望通过解决固定接入等相关的问题，使得 IMS 成为固定和移动网络融合的业务控制层面的体系架构。同时，TISPAN 将一部分的研究结果输入到 ITU-T，从而影响 ITU-T 的研究方向和内容。

ETSI TISPAN 是 ETSI 中专门从事固定网标准化的 SPAN 组织和从事 VoIP 研究的 TIPHON 组织进行合并而成立的一个新的委员会，它专门对 NGN 进行研究和标准化工作。TISPAN 基于 3GPP R6 版本进行研究，分成 8 个工作组：业务、体系、协议、号码和路由、服务质量、测试、安全和网络管理。TISPAN NGN 的功能结构包括业务层和基于 IP 的传输层，NGN 网络体系架构如图 13-22 所示。

业务层包括的部件有：资源与接入控制子系统 RACS、网络附着子系统 NASS、IP 多媒体子系统(核心 IMS)、PSTN/ISDN 仿真子、流媒体、其他多媒体子系统和应用以及公共部件。

传输层在网络附着子系统和资源与接入控制子系统的控制下，向 TISPAN NGN 终端提供

IP 连接性,这些子系统隐藏了 P 层下使用的接入和核心网的传输技术。这些子系统可以分布在网络/业务提供者域,例如网络附着子系统可以分布在拜访网络和用户归属网络之间。只有与业务层交互的功能实体在传输层可见。主要包括边界网关功能实体和媒体网关功能实体。

而 ITU-T 提出的 NGN 体系架构如图 13-23 所示。

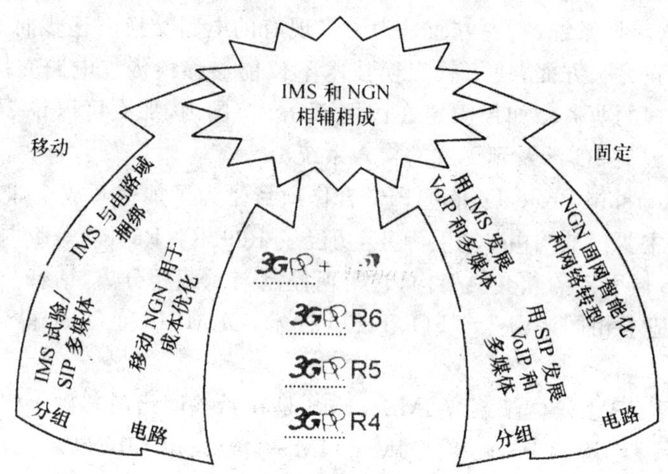


图 13-21　移动与固定的融合

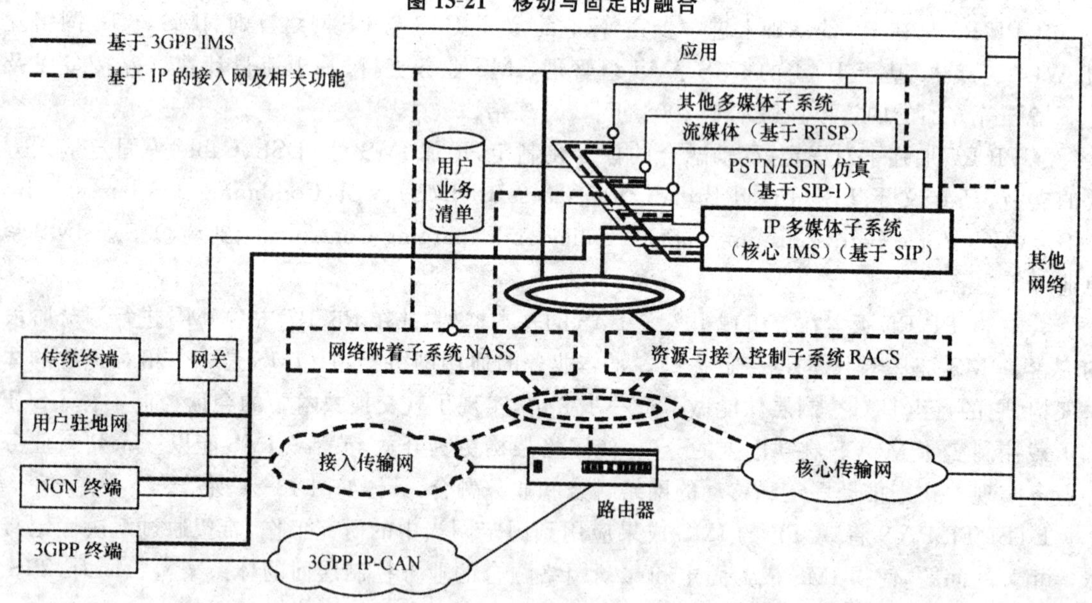


图 13-22　NGN 网络体系架构

在这个架构里面,ITU-T 把 NGN 的功能同样分为业务功能和传送功能。在传送层,接入传送功能位于接入网,核心传送功能位于核心网;业务和控制功能位于业务层。

NGN 与其他网络之间通过 NNI 相连,与客户网络之间通过 UNI 相连。NGN 通过应用功能、业务功能和控制功能支持端用户的业务。NGN 还支持开放的 API 接口,从而允许第三方业务提供者应用 NGN 的能力为 NGN 用户创建增强的业务。

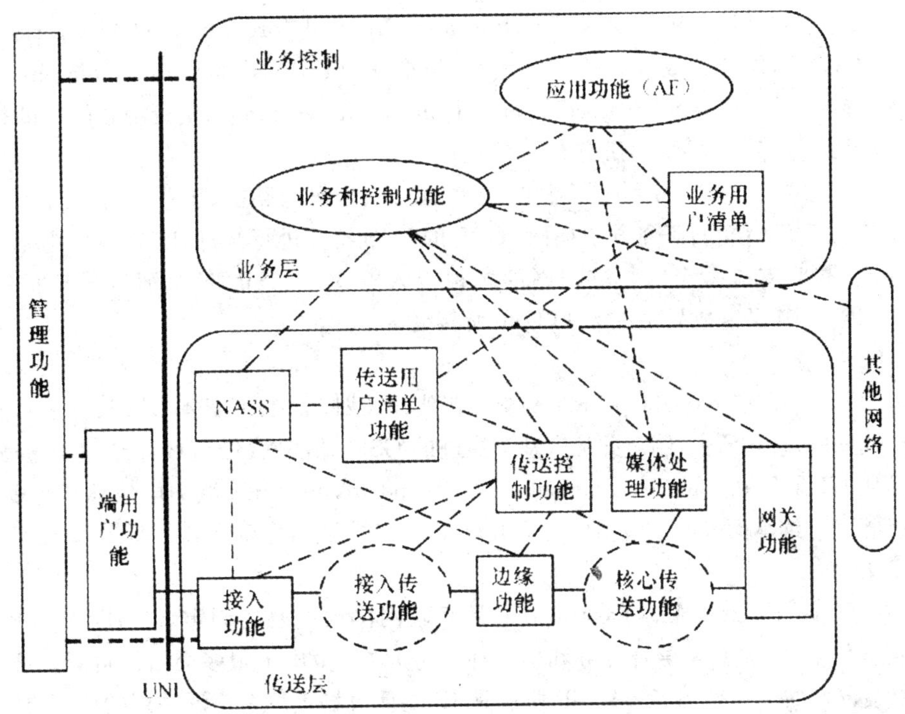


图13-23 ITU-T的NGN体系架构

### 13.4.4 下一代网络的国内外研究

下一代网络是当前电信领域的热点，受到世界各个国家政府、国际标准化组织、设备制造商和运营商的重视。

1. NGN的国际研究

国际上研究NGN的标准化组织主要有4个，分别是ITU-T、ETSI、3GPP和IETF。除此以外，还有一些国家或地区性的组织，如美国的ATIS(Alliance for Telecommunications Industry Solutions)、中日韩合作组织CJK、日本的NTF和中国的CCSA等，都在积极开展NGN方面的研究。

(1)ITU-T

ITU-T从事与NGN研究有关的研究组有3个，分别是11、13、15研究组，他们分别从协议和框架、承载等方面推进NGN的研究工作。为了加快NGN标准的研究步伐，ITU-T在2004年6月专门成立了一个下一代网络专题组，名称为NGN Focus Group(简称为FGNGN)，专门致力于NGN标准方面的研究。

ITU-T还制定了H.248协议的标准，成为主流的媒体控制协议。为了扩展SIP的应用，制定了SIP-I标准体系，这些标准在NGN中都具有十分重要的地位。

(2)ETSI

ETSI(European Telecommunications Standards Institution)虽是一个区域性组织，但在国际标准界具有十分重要的地位，其很多研究成果为ITU-T等其他国际标准化组织采纳。ETSI从2000年开始将重心转移到下一代网络相关技术与标准方面的研究，并于2003年推出TIPHON R2～R4版本，其中提出了下一代网络的体系结构，该结构是由网络模型和功能模型两部分组成。

2003年9月，ETSI将其SPAN(Services and Protocol for Advanced Networks)和研究VoIP的TIPHON组织合并成立一个新的组织，取名为TISPAN(Telecommunications and Internet Converged Services and Protocols for Advanced Networking)，负责融合网络的标准化工作，实际上就是进行有关NGN的研究。

TISPAN的8个工作组，分别进行业务、体系、协议、号码与路由、服务质量、测试、安全和网络管理的研究。TISPAN的研究方法是把3GPP的IMS特性进行修订，使IMS成为基于SIP会话的通用平台，同时支持固定网与移动网的多种接入方式。TISPAN的研究成果推动了全球NGN标准的进展，其研究成果正在为ITU-T所接受。

(3)3GPP

3GPP(3 Generation Partnership Project)第三代伙伴计划，由欧洲、日本、韩国、美国和中国的标准化机构所成立的，旨在研究、制定并推广基于演进的GSM核心网络的3G标准，其大部分工作和基础规范是从ETSI(European Telecommunications Standards Institute，欧洲电信标准化委员会)移动特别小组(SMG)继承而来的。最初推出了R99(1999年完成)，之后是R4、R5、R6和R7。

(4)IETF

IETF(Internet Engineering Task Force)是互联网协议主要的制定者。IETF在推动在IP网络上开展电信业务(尤其是语音业务和多媒体业务)方面做出了很多突出的贡献。IETF一直是VoIP相关技术的主要推动者，MGCP协议是IP电话市场上一个广泛采用的协议，IETF制定的SIP协议有望成为下一代网络中最重要的协议。IETF在其RFC2719提出的网关分解模型以及SIGTRAN协议的框架，对于固定网络分组化和网络融合有直接的推动作用。

IETF定义的协议具有很强的可操作性，很多协议(如SIP和MGCP和SIGTRAN等)已经成为其他各标准化组织应用或参考的重要文件。

2. NGN的国内研究

我国NGN标准的研究工作主要是在CCSA(中国通信标准化协会)内进行的。我国在NGN的研究和标准化方面与世界标准化组织处于同步阶段，目前正在不断研究与制定我国的标准，并将这些标准提交给国际标准化组织。我国的标准化研究与制定工作处于世界领先水平，很多标准为国际标准化组织采纳。

我国的NGN标准体系分为NGN框架体系、组网设备、组网协议、口与多媒体、接入网、传输网和移动通信网几个方面。在软交换、$n$N6、接入、传输和3G等方面都取得了很多重要的进展。

NGN应用方面，国内外大的电信设备厂商，如西门子、北电网络、爱立信、阿尔卡特、华为、中兴通讯、大唐电信和烽火通信等公司纷纷推出了基于软交换的下一代网络解决方案，而且在积极研制基于IMS的下一代网络解决方案。

在电信运营商方面，中国移动、中国电信、中国网通和中国联通都开展了NGN方面的应用项目，有些已经开始向用户提供服务。国际中，欧洲、北美、日本及韩国发达国家都十分重视NGN的应用实践，并积极开展实验网及商用网的建设。

可以说，作为下一代网络的第一阶段解决方案的软交换技术已经成熟，开始投入大规模的商用；以IMS为核心的第二阶段解决方案正处于设备研发的高峰期，在未来1～2年的时间内也会投入大规模的商用化。当然也要注意到，作为下一代网络承载网络的下一代互联网(NGI)的安全问题、服务质量问题、网络管理问题和移动性等问题。

# 附　录

## 一、基于GPRS电力远动通道监控系统设计

金香，鲁毅，赵建军，吴鸿业，刘桂香，邢茹
（包头师范学院物理科学与技术学院.内蒙古包头014030）

**摘要**：针对电力远动通道监控系统实时性较差的问题，设计了一个基于GPRS(General Packet Radio Service)的电力远动通道监控系统。该监控系统由终端机和监控中心两部分组成。终端机以单片机Atmega128为控制核心，辅之以内置TCP/1P传输协议的GPRS模块WISMO QuikQ2406B。实现对远动通道数据的采集、处理以及报警信息的无线传输监测中心软件采用Borland C++ Builder 6.0开发设计实际应用表明该系统能很好地满足系统的实时性要求。

**关键词**：电力远动通道；监控系统；通用分组无线业务(GPRS)；实时性

**中图分类号**：TM 734 文献标识码：A 文章编号：1001－8735(2010)04－0382－03

当电力远动通道发生故障时，一般很难及时有效地指出发生故障的位置并加以处理，这就要求对电力远动通道进行实时监控，以保证电力调度的正常进行[1]。目前，电力远动通道监控系统的结构大致分为下位机、上位机和通信信道三部分。参考文献[2]～[5]中的通信信道采用的是有线方式，这种系统结构简单、实用性强，但是利用有线方式传输数据受覆盖范围制，而且遇到自然灾害，不能保证可靠的通信。在此基础上，参考文献[6]～[7]设计了基于GSM无线方式的监控系统，可以有效地避免由有线方式带来的问题。但是GSM通信的速率比较低，不能很好地满足监控的实时性要求。GPRS(General Packet Radio Service，通用分组无线业务)具有传输速率高、实时在线、覆盖范围广、按流量计费等特点[8]，不仅可以满足远动通道监控系统的实时性要求，而且成本低、可靠性高。基于此，本文设计了基于GPRS无线数据传输技术的电力远动通道监控系统。

### 1.系统综述

系统结构框图如图1所示。监控系统主要由终端机和监控中心服务器组成。分布在各监控点的终端机负责采集远动通道各点的参数，并将参数传递给单片机。单片机对数据进行处理和判决，如果有异常情况，数据通过嵌入在GPRS模块中的TCP/IP协议栈打包，再由GPRS模块通过基站传到GPRS网络。GPRS网络通过路由器与Internet相连，最后将数据包发送到具有固定IP地址的监控中心服务器端口，向监控中心服务器报警。如果数据没有异常，则不发送此组数据。

### 2.终端机的硬件设计

根据终端机硬件要实现的功能，采用模块化思想设计了硬件结构框图，如图2所示，将传感器采集到的参数送入各自的信号调理单元进行耦合、滤波、放大等前期调理。调理后的模拟信号

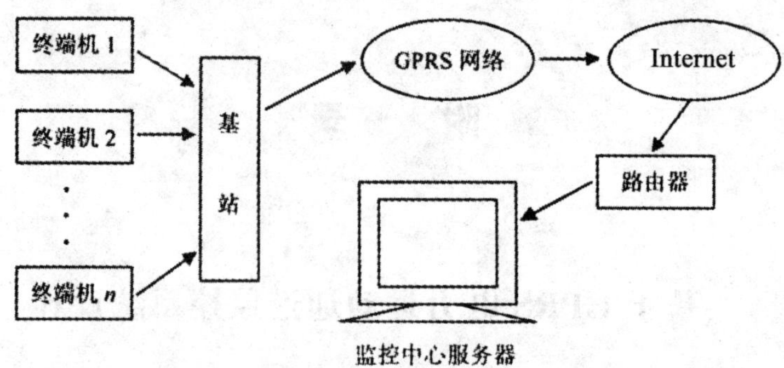


图 1　系统结构框图

Fig. 1　System Structure Diagram

一路进入单片机的 A/D 转化器进行电平数据处理和判决，另一路进入单片机输入捕获进行频率及数据处理和判决，开关量信号送入单片机的 I/O 端口。由于检测参数较多，所以单片机采用定时循环方式采集各参数。采集到的数据经单片机处理后，如果有异常情况则通过嵌入在 GPRS 的 TCP/IP 协议栈打包处理，再由 GPRS 模块将报警数据传输到 GPRS 网络。

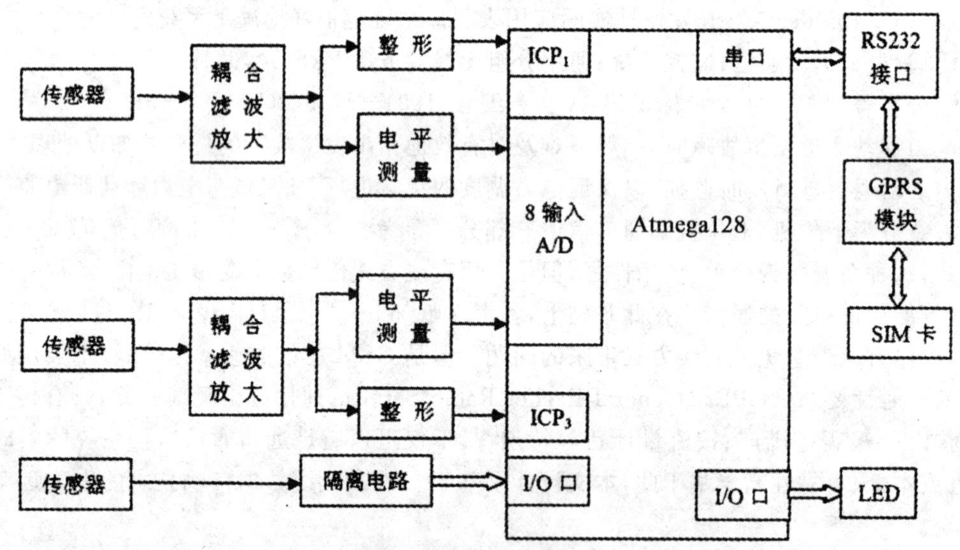


图 2　终端机硬件结构框图

Fig. 2　Hardware Structure Diagram of Terminal

2.1　单片机

单片机是整个终端机的核心，它的主要任务是完成与各个模块的接口并实现对数据的采集和处理，以及与 GPRS 模块的通信。根据系统设计功能的要求，并考虑芯片性价比等方面的因素，选用 Atmega128 作为系统的核心芯片——Atmega128 内部资源丰富，几乎是一种零外设芯片，极大地简化了外围电路的设计。另外：可以自制下载线从而降低设计成本。该单片机具有在线调试、编程及低功耗等优点。

2.2　GPRS 无线模块

GPRS(General Packet Radio Service，通用无线分组业务)是一种基于 GSM 的移动分组数据业务，提供端到端的、广域的无线 IP 连接，可以提供多种业务应用。GPRS 无线模块采用 Wavecom 公司的 WISMO QuikQ2406B。该模块工作频带为双频 EGSM 900/GSM 1800MHz

或 GSM850/GSM 1900MHz，可以提供语音、数据、传真和短信等服务功能，工作电压为 3.3～4.5V。模块基带部分内嵌了 GSM/GPRS 协议栈，GPRS 模块与单片机的连接如图 3 所示。

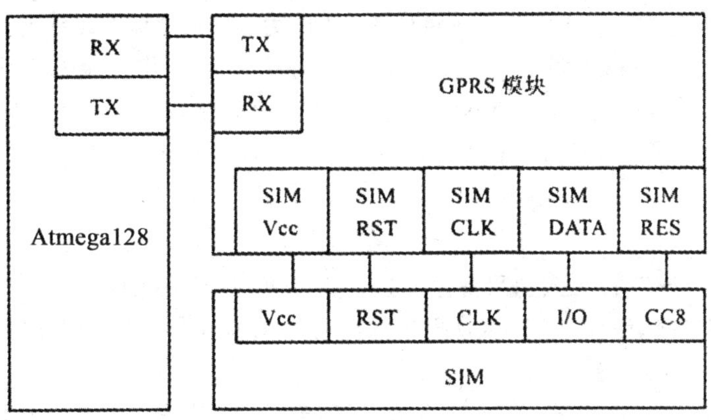


**图 3　GPRS 模块连接图**

**Fig. 3　Connection Graph of GPRS Module**

### 3. 终端机软件设计

系统中单片机的主要任务是完成采集信号并对所采集的数据进行处理和判决，另一方面还要与 GPRS 无线模块进行通信以实现报警数据的传输。终端软件流程图如图 4 所示。

程序初始化后启动 GPRS，使其处于待机状态，然后将采集的数据进行处理，并根据事先约定判决通道的情况。如果通道有异常，将报警数据发送给 GPRS 模块，并通过单片机发出指令控制其将数据发送到基站。GPRS 模块有 UDP 和 TCP 两种通信模式，本设计选择 TCP 方式，因为这种方式具有传输稳定和数据不易丢失的优点。

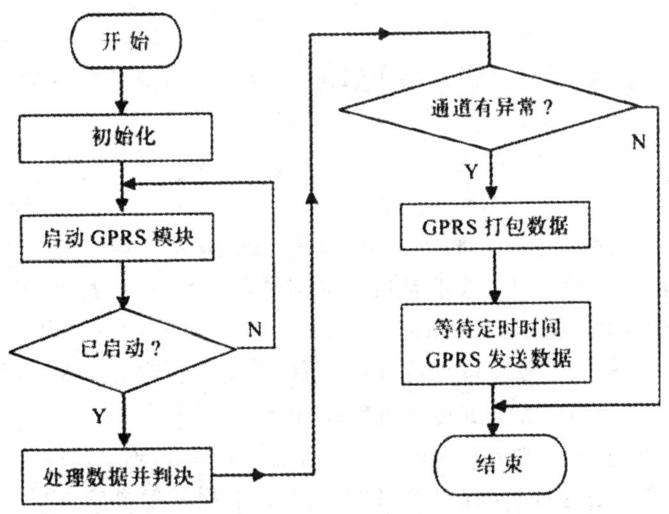


**图 4　终端机软件流程图**

**Fig. 4　Software Flow Chart of Terminal**

### 4. 监控中心硬件设计

监控中心硬件由一台工业控制计算机和 GPRS 模块构成。监控中心软件采用 BorlandC＋

＋ Builder 6.0 开发，主要由信息管理模块、GPRS通信模块和数据库管理模块组成，具有菜单操作、屏幕显示、声光报警和防止系统被恶意删改或误操作等功能，报警位置由电子地图显示。

综上所述，本文提出了一个基于GPRS网络实现电力远动通道监控系统的方案，并给出系统终端机和监控中心的具体设计思路。该系统具有以下优点：一是采用公用GPRS网络，通信及时可靠、成本低、覆盖范围广；二是监控中心可以对监控范围内的所有分散点集中管理，提高了工作效率，能实现真正意义上的无人值守。该系统在某供电局试运行后状况良好，达到了预期的目标。

**参考文献**


[1]程明，金明，李建英．无人值班变电站监控技术[M]．北京：中国电力出版社，1999

[2]谢志远，刘玉璞，张伟．基于参数测量的电力远动监控与故障诊断系统[J]．华北电力大学学报，2003，30(3)：65－68

[3]吴新玲，张伟，侯思祖．基于DSP技术的智能电力远动信道监控系统[J]．电力系统通信2002(8)：11－16

[4]宗慧，周路明．远动通道监测系统的设计[J]．南京工程学院学报，2001，l(1)：9－11

[5]周响凌．远动通道监测系统的设计和实现[J]．电力系统通信，2001(2)：19－20

[6] 曾一凡，孙渡，王家同．变电站RTU及远动信道故障诊断检测系统设计[J]．电网技术，2005，29(8)：75－79

[7]邹全平，孟垂懿，万国强．基于GSM电力远动通道监控系统设计[J]．沈阳工程学院学报：自然科学版，2007，4(1)：35－36

[8] Sivaraman D，Prabakaran D. Sujathas. Dynamic Multimedia Content Retrieval System in Distributed Environment [J]. International of Computer Science and Information Security，2009，4(1/2)：1－2


## 二、基于GPRS变电站RTU监控系统设计


金香[1]，周波[2]，鲁毅[1]，刘桂香[1]，赵建军[1]

(1．包头师范学院物理科学与技术学院．内蒙古包头 014030；

2．沈阳师范大学物理科学与技术学院．辽宁沈阳 110034)



**摘要**：针对当前RTU监控系统实时性较差的问题，设计了一个基于GPRS的RTU监控系统。GPRS(General Packet Radio Service，通用分组无线业务)具有传输速率高、实时在线、覆盖范围广、按流量计费等特点，不仅可以满足RTU监控系统实时性的要求，而且节约成本、可靠性高。并且可以有效地避免由有线方式传输报警数据带来的多种问题。该监控系统由下位机和上位机两部分组成，下位机硬件以单片机Atmega128作为控制核心，辅之以内置TCP/IP传输协议的GPRS模块WISMO QuikQ2406B实现对RTU的监控以及报警信息的无线传输。软件部分采用Code Vision AVRC语言开发设计；上位机软件采用Visual C＋＋ 6.0开发设计，具有菜单操作、屏幕显示和声光报警等功能。实际应用表明该系统可以很好地满足系统的实时性要求，达到了预期的目标，该系统为无人值守的系统开发提供了许多可借鉴的宝贵经验，具有广阔的发展前景。



**关键词**：GPRS；RTU；Atmega128；WISMO QuikQ2406B；监控

**中图分类号**：TM 63 文献标识码：A

doi:10 3969/j. iml 1673—5862 2010 02 018

## 引言

RTU(Remote Terminal Unit,远动终端)是无人值守变电站中的关键设备。如果 RTU 运行不稳定就有可能引起电力系统运行的事故。鉴于此,有必要对 RTU 进行实时监控,以保障电力系统的安全可靠运行[1]。目前,对 RTU 监控主要有两种方案。第一种方案是利用 SCADA (Supervisor Control and Data Acquisition,远程控制和数据采集系统)的基本功能实现对 RTU 的监控。它是一种简单、实用的远方诊断 RTU 运行状态的方法。但是,当远动通道出现故障的时候,此系统将会失去作用。第二种方案是自组成一个 RTU 远程监控系统。此种系统一般由 3 个组成部分,即上位机、传输通道和下位机。传输通道在参考文献[2]~[6]中是采用有线方式进行的,此种系统投资较低、实用性强,可大大提高工作效率及电网运行的安全性和可靠性,将有力地促进无人值班变电站建设步伐。但是利用有线方式传输数据受覆盖范围限制,而且遇到自然灾害,不能保证可靠的通信。参考文献[7]在此基础上设计了基于 GSM 无线方式的监控系统,可以有效地避免由有线方式带来的通信可靠性问题。但由于 GSM 通信的速率比较低,不能较好地满足监控的实时性要求。GPRS(General Packet Radio Service,通用分组无线业务)具有传输速率高、实时在线、覆盖范围广等优点。按流量计费等特点,不仅可以满足 RTU 监控系统实时性的要求,而且节约成本、可靠性高[8]。因此,设计了基于 GPRS 无线数据传输技术的 RTU 监控系统。

### 1. 对 RTU 监控的要求及方案设计

对 RTU 监控的主要技术要求有:监测 RTU 电压电流情况;监测 RTU 的相关状态;可对 RTU 或其他设备进行遥控操作;上述操作过程中的数据可供查询。

根据上述要求,设计一个二级临控系统,系统结构框图如图 1 所示。在每个变电站各安装 1 台下位机,上位机用 1 台控机进行集中管理控制。分布在各监控点七位机负责监视 RTU 的电源电平以及遥信信号的状态,如果有异常情况.数据通过嵌入在 GPRS 模块中的 TCP/IP,协议栈打包,再由 GPRS 模块通过基站传到 GPRS 网络,GPRS 网络通过路由器与 Internet 相连,最后将数据包发送至有固定 IP 地址的位机端口,实现向监控中心服务器报警。如果数据没有异常,则不发送此组数据。

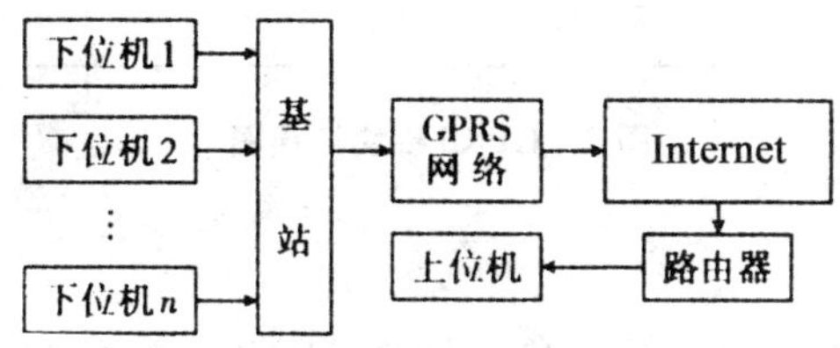


图 1　系统结构框图

### 2. 下位机硬件设计

根据下位机硬件要实现的功能,采用模块化思想设计了详细的硬件结构框图,如图 2 所示。

将传感器采集到的参数送入各自的信号调理单元进行前期调理。调理后的模拟信号进入单片机的 A/D 转换器进行电平数据处理和判决,开关量信号送入单片机的 I/O 端口。采集到的数据经单片机处理后，如果有异常情况，则通过嵌入在 GPRS 的 TCP/IP 协议栈打包处理，再由 GPRS 模块将报警数据传输到 GPRS 网络。

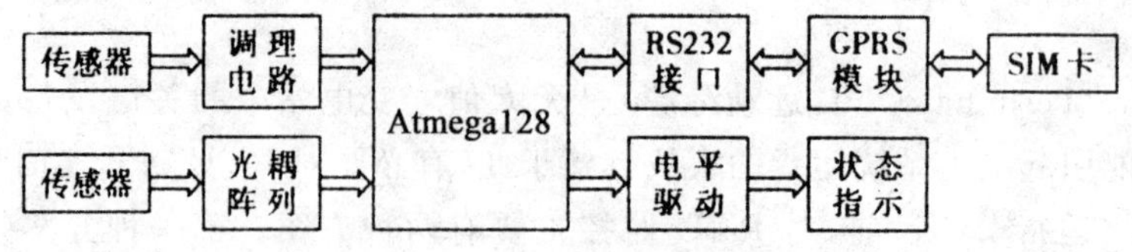


图 2　下位机结构框图

2.1　单片机

在本设计中，单片机是整个下位机硬件部分的核心[9]，它的主要任务是完成与各个模块的接口，并实现对数据的采集和处理以及与 GPRS 模块的通信。Atmega128 是一款配置全、功能强的单片机[10]。在全面了解它的硬件结构、掌握其特性及应用，并结合此设计功能的要求，考虑到芯片性价比等各方面的因素后，确定在本次设计中选用 Atmega128 作为系统的核心芯片。Atmega128 内部资源丰富，可以堪称是一种零外设芯片，简化了外围电路的设计。可以自制下载线从而降低了设计成本。另外，该单片机具有在线调试、编程功能且低功耗。

2.2　GPRS 无线模块

GPRS(General Packet Radio Service，通用无线分组业务)是一种基于 GSM 的移动分组数据业务，提供端到端的、广域的无线 IP 连接。GPRS 可提供多种业务应用。

GPRS 无线模块采用 Wavecom 公司的 WISMOQuikQ2406B。该模块工作频带为双频 EGSM900/GSM1800MHz 或 GSM850/GSM1900MHz，可提供语音、数据、传真和短信服务功能。工作电压范围为 3.3～4.5V。模块基带部分内嵌了 GSM/GPRS 协议栈，GPRS 模块与单片机的连接如图 3 所示。

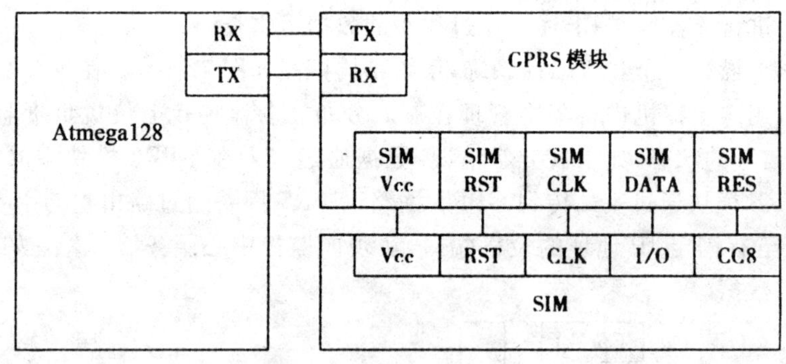


图 3　GPRS 模块连接图

## 3. 下位机软件设计

下位机中单片机的主要任务是完成采集信号并对所采集数据进行处理和判决。另一方面要与 GPRS 无线模块进行通信以实现报警数据的传输，下位机软件流程图如图 4 所示。

程序开始先进行初始化，然后启动 GPRS，使其处于待机状态然后将采集的数据进行处理，并根据事先的约定判决 RTU 的情况。如有异常，将报警数据发送给 GPRS 模块，并通过单片机发出指令控制其将数据发送到基站。GPRS 模块有 UDP 和 TCP 两种通信模式，选择 TCP 方式，因为此方式具有传输稳定、数据不易丢失的优点。

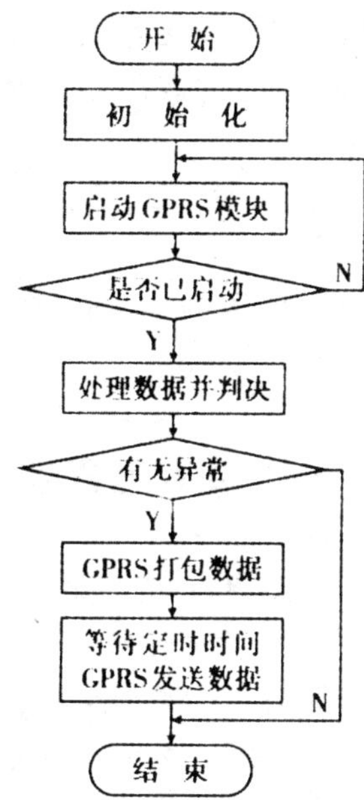


图4　下位机软件流程图

### 4. 上位机硬件和软件设计

上位机硬件由一台工业控制计算机和 GPRS 模块构成，软件采用 Visual C＋＋ 6.0 开发而成，主要由信息管理、GPRS 通信和数据库管理 3 个模块组成。具有菜单操作、屏幕显示和声光报警，由电子地图显求报警位置，防止系统被恶意删改或误操作等功能。

### 5. 结论

本文提出了一个基于 GPRS 网络实现 RTU 监控系统的方案，并给出了系统上位机和下位机的具体设计思路。它具有以下优点：一是采用公用 GPRS 网络，成本低，覆盖范围广，且满足系统的实时性要求；二是监控中心可以对监控范围内的所有分散点集中管理，提高了工作效率，能实现真正意义上的无人看守。该系统实际运行状况良好，达到预期目标。

### 参考文献

[1] 马永红. 电网自动化调度的无功电压管理与优化分析[J]. 沈阳师范大学学报：自然科学版，2009，27(2)：192－193

[2]金新颖. 地区电网 RTU 远程维护系统的探讨[J]. 浙江电力，1999(6)：32－34

[3]肖小刚，钱榕. RTU 远程维护系统的开发[J]. 华中电力，2001(6)：10－12

[4]高峰，胡绵超，张扬志等. 远动系统中远程维护的技术探讨与实现[J]. 继电器，2001，29(8)：42－45

[5]龚强. 变电站 RTU 运行稳定性问题探讨[J]. 电力自动化设备，2001，21(3)：49－51

[6]赵祖康，唐涛. 远方数据终端(RTU)论析[J]. 电力系统自动化，1989，13(1)：6，13

[7]曾一凡，孙波，王家同. 变电站 RTU 及远动信道故障诊断检测系统设计[J]. 电州技术，2005，29(8)：75－ 79

[8] XAVIERL. GSM 网络与 GPRS[M]. 顾肇基译. 北京：电子工业出版社，2002

[9]张志霞，丛伟波，张大鹏. 一种电力数据检测记录装置的设计与实现[J]. 沈阳师范大学学报：自然科学版，2007，25(2)：179－182

[10]马潮. 高档 8 位单片机 Atmega128 原理与开发应用指南：上 [M]. 北京：北京航空航天大学出版社，2004

[11] SCOFFG，MARY JC. 移动应用开发——短消息业务和 SIM 卡开发包[M]. 田敏，黄翊译. 北京：人民邮电出版社，2003

## 三、GSM 短消息在远动通道远程监测系统中的应用

金香，鲁毅，郭凯敏

（内蒙古科技大学包头师范学院物理系. 内蒙古包头 014030）

**摘要**：介绍了 GSM 通信模块 TC35T 的工作原理及其在单片机控制下的短消息发送方法。在电力远动通道远程监测系统中采用 GSM 短消来传送报警数据，实现了远程无线通讯的工业监测系统。为无人值守的系统开发提供了许多可借鉴的宝贵经验，具有广阔的发展前景。

**关键词**：GSM；短消息；远动通道；TC35T

**The Application of GSM SMS On the Power Telecontrol Channel Remote Monitoring System**

Jin Xiang, Lu Yi, Guo Kaimin

(Physics Department of Baotou Teachers College，Inner Mongolia science& Technology Unversity；Baotou Inner Mongolia 014030)

Abstract：this paper introduced working principle of the GSM modem（TC35T）and its sending method of SMS (short message service)，under the control of MCU(Micro Control Unit)in details. The alarming data of power telecontrol channel remote monitoring system are transrmitted by the way of GSM SMS，which could realize an industrial monitoring system of remote wireless communication，It offers valuable experience for other unmanned watched system and has a wide developing prospect.

Key Words：GSM；SMS；telecontrol channel；TC35T

### 引言

随着电力系统自动化应用水平的提高，对远动通道运行的可靠性要求越来越高。一旦远动通道出现故障，将会给电力系统的生产、指挥自动化以及整个电力系统的安全运行带来严重的影响。这就要求对远动通道进行实时的监测，以便在发生故障时，及时地找出故障原因，缩短故障处理时间，减小故障损失，以保证电力调度的正常进行。目前的监测系统在监测中心与监测终端之间都是以公用电话网作为通信信道，实现远程异步拨号连网，不占用独立的通道。此种系统投资较低、实用性强。但是利用公用电话网传输数据受长途限制使其覆盖范围有限，而且当遇到自然灾害时，不能保证可靠的通信。

GSM 通信模块 TC35T 是一个用手机基站网络作为信道的工业通信模块。目前的手机基站网络覆盖面广，传输数据快，运行费用相对很低，具有很强的适应性。在远动通道远程监测系统

中使用这种 GSM 通信器进行数据通信，实现了数据的无线传输，可以实现真正意义上的无人值守变电站，在实际应用中取得了良好的效果。

## 1. TC35T 简介

新一代无线通信模块 TC35T 是 SIEMENS 的产品，具有强大的功能，可以快速可靠地实现短消息的传输，是理想的 GSM 通信模块。

该通信模块的工作电压为 3.3～5.5V，可以工作在 900MHz 和 1800MHz 两个频段，所在频段功耗分别为 2W(900M)和 1W(1800M)。模块有 AT 命令集接口，支持文本和 PDU 模式的短消息、第三组的二类传真以及 2.4k、4.8k、9.6k 的非透明模式。此外，该模块还具有电话簿、多方通话、漫游检测功能，常用工作模式有省电模式、IDLE、TALK 等模式。通过独特的 40 引脚的 ZIF 连接器，实现电源连接，及指令、数据、语音信号、控制信号的双向传输[1]。

它的主要应用接口有 RS232 数据接口、控制线接口、声音接口和 SIM 卡接口。其中，RS232 数据接口是一个标准的 DB9 接口，通信模块通过 RS232 接口与单片机相连。控制线接口主要有同步信号线、电源控制线等。声音接口包括耳机和麦克风的接口。各有两组接口，第一组接口包括一个模拟信号的麦克风输入和一个模拟信号的耳机输出。另一组为模拟信号的麦克风输入和用于手持设备的模拟信号输出。SIM 卡接口即 SIM(Subscriber Identity Model)用户识别模块。SIM 卡是数字移动通信系统中不可缺少的一个重要组成部分。只有通过对 SIM 卡定义后，即在 SIM 卡中存入用户相关的数据，通过对 SIM 卡鉴权，移动电话才能有效完成与网络设备的连接与信息交换。

## 2. TC35T 的工作原理

TC35T 插好 SIM 卡上电后，绿色的指示灯表明其工作状态(指示灯常亮表示正在搜索网络，较慢闪动表示正常待机，较快闪动表示正在通讯)，外部的 MCU 可以对 TC35T 进行操作。TC35T 与 MCU 之间的通讯协议是一些 AT 命令集，每个命令以 AT+开头，以回车结尾。每个命令执行以后是否成功都有相应的返回[2]。

### 2.1　常用 AT 命令集

AT 命令是调制解调器的控制命令，在调制解调器中几乎所有的操作都是通过 AT 命令来完成的。TC35T 模块的数据传输有两种方式：一种是 TEXT 方式，在此方式下，发送及接收到的数据均以 ASCII 码的形式来表示；另一种方式是 PDU 方式，在此方式下，发送及接收到的数据均以二进制的形式来表示，过程较繁琐。本系统中采用 TEXT 方式。

(1)短消息格式设置指令 AT+CMGF

AT+CMGF 的命令及响应如表 1 所示。

**表 1　短消息格式设置指令**

| 命令及相应 | 描述 |
|---|---|
| AT+CMGF? | 查询当前值 |
| +CMGF:1 OK | TEXT |

(2)短消息到达自动提示指令 AT+CNMI

AT+CNMI 的命令格式为：

AT+CNMI=<mode>,<mt>,<bm>,<ds>,<bfr>

其中，<mode>表示新收到的短消息在数据模式与命令模式下的显示方式，TC35T只支持0、1、3模式，0表示将非主动请求获得的数据存储在缓存区，不立即显示到终端上，1表示当终端正在数据通信时不直接显示，3表示任何情况下都直接显示；<mt>为SMS-DELIVERS设置结果码提示发送路径；<bm>设置存储接收的广播消息的规则；<ds>表示SMS-STATUS-REPORT的指示方式。

AT+CNMI的命令及响应如表2所示。

**表2　AT+CNMI的命令及响应**

| 命令及其相应 | 描述 |
|---|---|
| AT+CNMI=1,1,0,0,1 | <mt>=1 |
| OK | 设置成功 |

(3)读取短消息指令AT+CMGR

AT+CMGR的命令格式：AT+CMGR：<index>，<index>表示所要读取的消息的存放位置，该指令常与新消息到达提示一起使用。

AT+CMGR的命令及响应如表3所示。

**表3　读取短信指令**

| 命令及相应 | 描述 |
|---|---|
| +CMGM："REC NURED"，"139＊＊＊＊＊＊＊＊"，"06/11/10,10:30:20+00" hello OK | 用TEXT格式 |

读短消息有两种方式：路由方式和查询方式。路由方式是将网络上发来的短消息直接通过串口读入；查询方式是先不处理网络上发来的短消息，使之存到SIM卡上，然后通过主动向GSM网络发出AT命令来查询是否有新的短消息到达，如果有就读入交给上级程序处理，然后将此短消息删除。采取查询方式的实时性不高，采取路由方式需要不断地扫描串口，一发现有短消息来，必须马上读出。因此终端采用了路由和查询相结合的方式，新到达的短消息通过串口中断进行处理，同时定时扫描SIM卡内存，以提高读取新消息的实时性。查询方式的AT命令如下：

方法一：

AT+CMGL=0(读取Received Unread Message，即列出所有收到但未读取的短消息)

方法二：

AT+CPMS=？(读取存储空间短消息条数，以此判断是否收到新的短消息)

AT+CMGR=1(读Index=1处的短消息)

因为每次读完短消息后立刻删除，所以一般来说短消息是从Index=1处开始存储的，每次从1依次往后读。

(4)发送短消息指令AT+CMGS

TEXT方式下AT+CMGS的命令及响应如表4所示。其中，“>”是由终端输出的提示符，是按Ctrl+Z键后显示的符号(ASCII码为1A)。

**表4　发送短消息指令**

| 命令及相应 | 描述 |
|---|---|
| AT+CMGS="+86139＊＊＊＊＊＊＊＊">hello <ctrl+> | 用TEXT发送短信 |
| +CMGS | 发送成功 |

2.2　TC35T 的初始化

TE35T 模块在使用前需要用一台计算机对 TC35T 进行初始化设置，并将设置参数存储在 TE35T 中。其相关命令为 AT＋IPR＝9600（设置通信速率）、AT＋CMGF＝1（设置短消息为文本模式）和 AT＋&W（设置参数存储）。设定完成后即可正常使用。

2.3　单片机对 TC35T 的控制

单片机可以通过正确的 AT 指令对 TC35T 模块进行初始化和短消息的接收发送。在编程中，如何发送 AT 命令，如何控制 TC35T 模块的操作是一个难点。经过大量的研究，采用如下方法解决了这个难点问题。

```
    unsigned char GSM CMGS[8]＝{'A','T','＋','C','M','G','S','＝'}；
/＊定义一个数组，里边存有发送短消息命令前半部分 AT＋CMGS＝＊/
unsigned char GSM ADDR[13]；/＊定义一个存放手机号码的数组＊/
unsigned char GSM END[2]＝{0x0D,0x0A}；
/＊定义一个存放回车换行的数组＊/
    GSM ADDR[]＝{"13998181180"}；
    /＊给号码数组赋值＊/
FF＝0；
/＊发送中断标志位清零＊/
for(i＝0；i＜21；i＋＋)
/＊发送短消息命令＊/
{
while(FF＝＝0)
    {
        if(i＜8)
          SBUF＝GSM－CMGS[i]；
        if(i＞＝8&&i＜＝18)
          SBUF＝GSM－ADDR[i－8]；
        if(i＞18)
          SBUF＝GSM－END[i－19]；
    }
}
```

若发送成功，TC35T 模块会返回确认信息，之后紧接着把消息内容以同样的方法发出去，最后以 Ctrl＋Z 结束。其他 AT 命令也采用同样的方法，即把 AT 命令及其参数通过串口发送出去，把 AT 命令的返回数据通过串口接收进来。

## 3. TC35T 在远动通道远程监测系统中的应用

远动通道远程监测系统的系统结构图如图 1 所示。

整个系统包括监测终端和监测中心两部分。MCU 将数据采集模块采集到的数据读入，在软件的控制下来判断系统是否有故障，如果发现系统出现异常，则启动 TC35T 模块将报警信息通过 GSM 的 SMS 方式发送至后台监测中心。后台监测中心主要由一台工控机和 TC35T 构成。监控中心接收由监测终端上传的报警数据，并可实现声光报警。采用基于 Windows 下的可视化编程语言 Visual Basic 编写监测中心后台软件，在软件的支持下，完成上述功能。两部分之间的通信借助了 GSM 短消息业务，完成了对远动通道的有效监测。

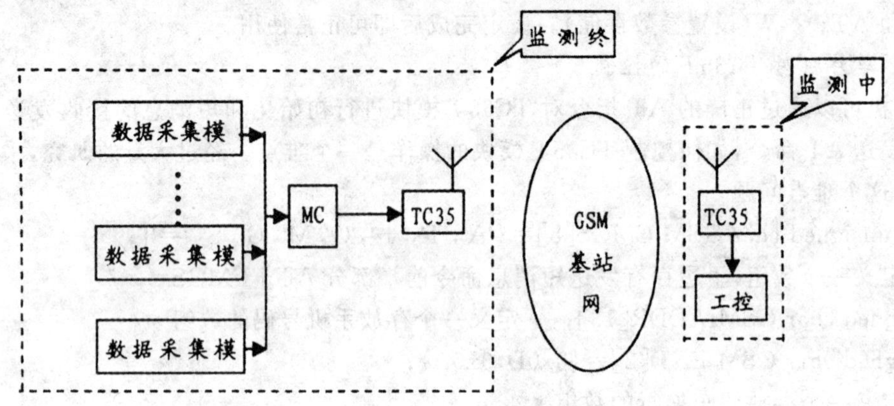


图 1 监控系统中的系统结构图

**4. 结束语**

利用 GSM 短消息业务传输报警信号并构成远程监测系统是一项比较新的技术，与传统的有线传输相比，减少了信号干扰、降低了设备投资及维护成本。具有通信成本低，不受通信线路及地区限制等特点，使用方便可靠。通过融合单片机控制和无线数据通信技术，利用现有的 GSM 无线通信网络，实现了对远动通道的远程监测和对报警数据的无线传输，有效地解决了变电站无人值守的难题。

**参考文献**

[1]洋梅. 基于 GSM 的油田无线报警系统的研究[D]. 沈阳：沈阳工业大学研究生院，2005

[2]张恺，乐恺，和丽. GSM 在自动抄表系统中的应用[J]. 应用科技，2002(1). 23－24

## 四、基于 GPRS 的变电站 RTU 监控终端机设计

金香[1]，周波[2]，鲁毅[1]，赵建军[1]，刘桂香[1]，郑琳[1]

(1. 包头师范学院物理科学与技术学院，内蒙古包头 014030；

2. 沈阳师范大学物理科学与技术学院. 辽宁沈阳 110034)

**摘要**：设计了一个基于 GPRS 的 RTU 监控终端机以解决当前 RTU 监控实时性差的问题。终端机硬件以单片机 ADUC845BSZ62-5 作为控制核心，辅之以内置 TCP/IP 传输协议的 GPRS 模块 WISMO QuikQ2406B 实现对 RTU 的监控以及报警信息的无线传输，终端机软件采用 Keil 平台 C 语言开发设计。实际应用表明该系统可以很好地满足系统的实时性要求。

**关键词**：GPRs；RTU；ADUC845BSZ62-5；WISMO QuikQ2406B

**中图分类号**：TP368.2 文献标识码：A 文章编号：1004-1869(2010)03－0030－03

**引言**

RTU(Remote Terminal Unit，远动终端)是电力系统调度自动化的重要设备。一旦 RTU

出现故障将会给电力系统带来巨大的经济损失。因此,需要对 RTU 进行实时监控,以保障电力系统的安全、可靠运行[1]～[6]。GPRS(General Packet Radio Service,通用分组无线业务)具有较高的传输速率,而且按流量计费,不仅可以满足 RTU 监控系统实时性的要求,而且能降低开发成本,将 GPRS 技术引入到电力系统中是电力系统现代化的重要体现。鉴于此,本文设计了基于 GPRS 无线数据传输技术的 RTU 监控终端机。

**1. 终端机的技术要求**

对 RTU 监控的主要技术要求有:监测 RTU 电压电流情况;监测 RTU 的相关状态;当 RTU 电源电平低于规定值后使 RTU 电源重新启动。

**2. 终端机硬件设计**

根据终端机要实现的功能和技术要求,采用模块化思想设计了详细的硬件结构框图,如图 1 所示。将 6 路 RTU 电平信号送入各自的信号预处理电路进行前期处理。处理后的模拟信号进入单片机的 A/D 转换器进行电平数据处理和判决。采集到的数据经单片机处理后,如果 RTU 电源电平低于规定值则通过嵌入在 GPRS 的 TCP/IP 协议栈打包处理,再由 GPRS 模块将异常状况传输到 GPRS 网络,最后上传到监控中心;在相反方向上,通过 GPRS 模块接收监控中心的指令,利用单片机控制继电器使 RTU 电源重新启动,确保 RTU 重新正常工作。而 RTU 的状态信号为开关量信号,为了避免与本监控终端的相互干扰,需要经过一个光电耦合电路再进入单片机的 I/O 口,通过软件编程来判断状态是否有变化,如有变化则通过 GPRS 模块将变化上传到监控中心,并利用单片机点亮对应路数上的 LED 来指示 RTU 的状态变化。

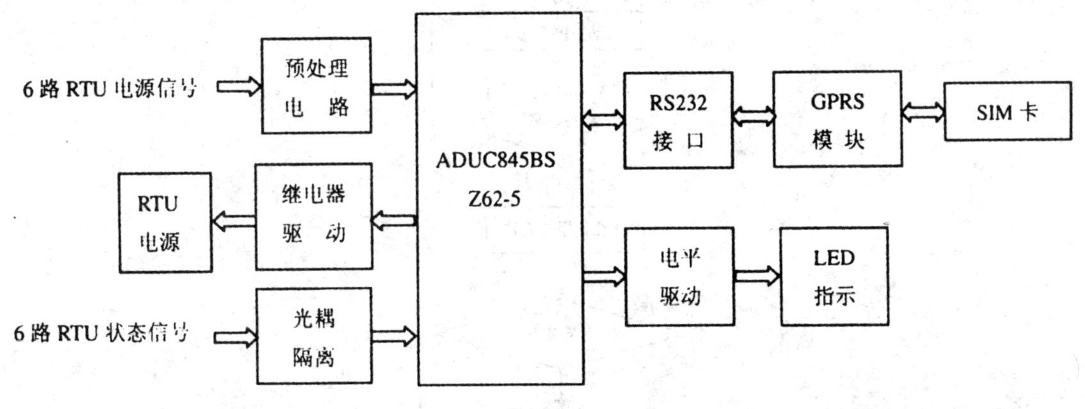


**图 1　终端机硬件结构框图**

2.1　单片机

在本设计中,单片机是整个终端机的核心,它的主要任务是完成与各个模块的接口并实现对数据的采集和处理以及与 GPRS 模块的通信。

ADUC7026BSTZ62 是 ADI 公司生产的一款配置全、功能强大的单片机,内核是 ARM7TDMI。其资源丰富,可以堪称是一种零外设芯片,简化了外围电路的设计。可以自制下载线从而降低了设计成本。另外,该单片机具有在线调试、编程功能,功耗低。

根据本设计的功能要求,考虑到芯片性价比等各方面的因素,确定在本次设计中选用 ADUC7026BSTZ62 作为系统的核心芯片。

2.2 GPRS 无线模块

GPRS 无线模块采用 Wavecom 公司的 WISMO QuikQ2406B。该模块可提供语音、数据、传真和短信服务功能，而且内嵌了 TCP/IP 协议，可以降低开发周期。该模块具有通用的串口，可以直接和单片机的串口连接，然后利用单片机的串口发送 AT 指令控制 GPRS 模块进行报警数据的传输。

2.3 预处理电路

本设计中要实现对 6 路 RTU 电源电平信号的预处理。RTU 电源电平信号的范围在 －30V～＋30V之间，已远远超出单片机处理信号范围。对于＋30V 的输入电压，采用了电阻分压衰减电路，将＋30V 的输入电压降为＋5V 输入。而为了测量－30V 的输入电压，采用运算放大器（TIJ382）进行反相放大，将 30V 的输入电压降低为＋5V 输入。两种电路设计在同一电路板上，用短路跳线方法进行切换正负输入。并在单片机的 I/O 口利用拨码开关设置了正负标志位。根据标志位的情况对信号做出相应的处理。这种设计方法大大简化了设计的复杂度。

**3. 终端机软件设置**

终端机中单片机的主要任务是完成采集信号并对所采集数据进行处理和判决，另一方面要与 GPRS 无线模块进行通信以实现报警数据的传输，终端机软件流程图如图 2 所示。

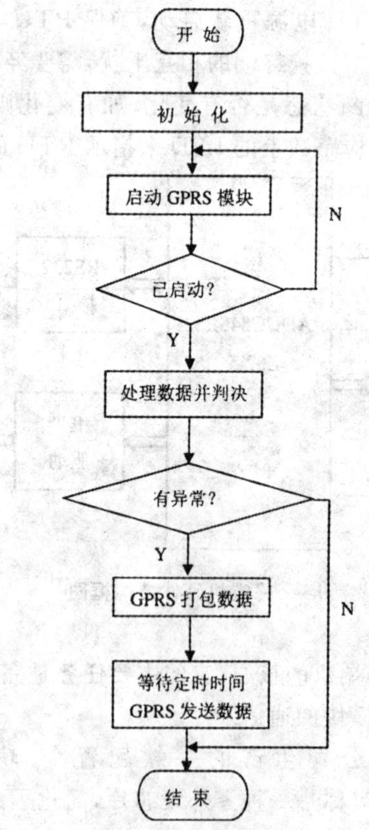


**图 2 终端机的软件流程**

程序初始化后启动 GPRS。接着根据事先的约定判决 RTU 的情况。如果有异常，将报警数据发送给 GPRS 模块，并通过单片机发出指令控制其将数据发送到监控中心 GPRS 模块有 UDP

和 TCP 两种通信模式，本设计中选择数据不易丢失的 TCP 方式。流程图中的关键部分是单片机控制 GPRS 模块的数据传输。因此，我们重点介绍一下此部分内容。

GPRS 模块在开始工作之前需要进行初始化设置，将 WISMO QuikQ2406B 的串口与计算机的串口连接后，利用 Windows 的超级终端对其进行初始化，包括设置模块的工作类型和设置通信波特率等。

下面是建立一个 TCP 连接过程的相关 AT 指令：

AT＋CGATT＝l；//附着到网络

AT＃CONNECTIONSTART；//启动 GPRS 连接

AT＃TCPSERV＝1，"221199. 150. 106"；//设置监控中心的 IP 地址

AT＃TCPPORT＝1，5999；//设置通信连接的端口

AT＃OTCP＝0；//建立终端机和监控中心的连接，若返回"Ok_Inh～_WaitingForData"表明此时模块进入数据传输模式，就可以开始传输报警数据了。

如果数据发送完毕则可以向模块发送终止字符＜ETX＞，使模块返回到接收 AT 指令状态。

AT＃CONNECTIONSTOP；//关闭 GPRS 连接

AT＋CGATY＝O；//取消附着

ROM 通过串口收发。在编程过程中需要注意两个问题：一是在通过单片机串口向 GPRS 模块发送数据过程中需要注意写入数据的速率不能大于 GPRS 模块的传输速率，否则会出现数据丢失现象；二是在每发送完一条 AT 指令都需要延时一段时间后再发送下一条指令。

**4. 结束语**

本文设计了一个基于移动公司提供的无线网络平台实现对变电站 RTU 实时监控的终端机，并给出了终端机硬件和软件的具体设计思路。它采用公用 GPRS 网络，通信及时可靠，不需要单独布线和日常网络维护。降低了开发成本，而且覆盖面又广。该系统在实际运行中状况良好，达到了预期目标。

**参考文献**


[1]金新颜. 地区电网 RTU 远程维护系统的探讨[J]. 浙江电力，1999(6)：32－34

[2]肖小刚，钱榕. RTU 远程维护系统的开发[J]. 华中电力，2000(6)：10－12

[3]高峰，胡绵超，张扬志. 远动系统中远程维护的技术探讨与实现[J]. 继电器，2001，29(8)：42－45

[4]龚强. 变电站 RTU 运行稳定性问题探讨[J]. 电力自动化设备，2001，21(3)：49－51

[5]赵祖康，唐涛. 远方数据终端(RTU)论析[J]. 电力系统自动化，1989，13(1)：6－13

[6]曾一凡，孙波，王家同. 变电站 RTU 及远动信道故障诊断检测系统设计[J]. 电网技术，2005，29(8)：75－79

# 五、基于 DSP 的螺纹检测仪

金香

（包头师范学院物理系内蒙古包头 014030）

**摘要**：介绍了基于浮点 DSP 处理器 CCD 摄像头的螺纹检测仪，探讨了系统的基本原理和设计方法，并给出了系统的原理和数字图像处理中中值滤波和 Sobel 边缘检测算子的算法。

**关键词**：DSP 处理器；螺纹检测；数字图像处理

**中图分类号**：TP334 22 文献标识码：文章编号：1004－1869(2007)03－0016－03

## 引言

现代制造中在线检测手段成为了阻碍现代制造的瓶颈[1]，特别是在一些标准件的大批量生产过程中，如螺栓，更是无法做到百分百的检测，以至于出厂的标准螺栓，有的质量不合格的厂家买到螺栓后，因为其数量大，再加上传统的螺纹检测方式是利用手工的方式——用螺纹塞规单件检测，所以，只能采用抽检。因此，既浪费了时间，又影响了生产，正是基于以上情况，本文提出了利用数字图像处理技术，采用 DSP 芯片，制作一个自动螺纹检测仪。

## 1. 硬件实现

### 1.1 系统原理

整个系统的原理框图如图 1 所示。系统上电后，FPGA 配置子板把配置文件加载到 FPGA 中。DSP 由外部 Flash 引导，通过 FPGA 先设置 1394 接口芯片的内部寄存器，再通过 I$^2$C 总线设置摄像头的控制寄存器。FPGA 提供摄像头的工作时序和图像序列的读写时序。云台在 DSP 的控制下可以上下左右调整，捕捉合适的目标。8 片 IMB 的 SDRAM 作为摄像头的数据存储器，16MB 的 SDRAM 则充当 DSP 的外部数据缓冲。处理后的图像既可以直接输出至 LCD 进行显示。也可以通过 1394 总线传送至 PC 机。

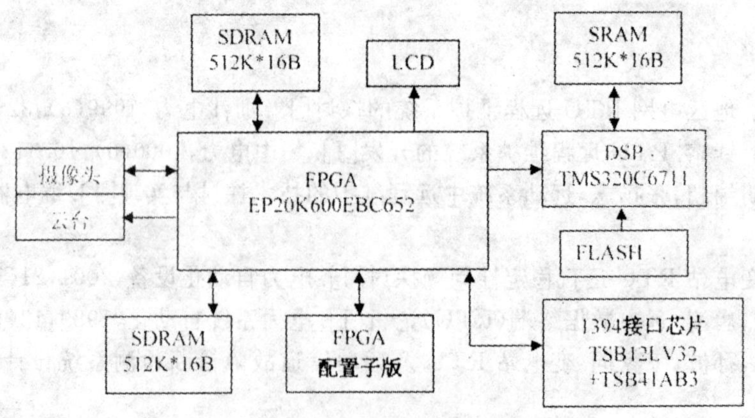


**图 1 系统原理框图**

### 1.2 TMS320C6711DSP 芯片

TMS320C6711 是 TI 公司发布的面向视频处理领域的新款高速数字处理芯片，适用于移动通信基站、图像监控、雷达系统等对速度要求高和高度智能化的应用领域。

由于要实现实时检测，所以，对 DSP 数据处理的速度要求较高。当摄像头采集速度为每秒 25 帧图像时，它留给 DSP 处理的时间最多为每帧 40ms。如果考虑系统有一定的延时以及处理后图像的存储时间，那么，DSP 处理一幅图像的时间不能超过 30ms。而 TMS320C6711 最高时钟可达 200MHz，峰值性能可达 1600MIPS（百万条指令/秒），按照这样的速度，C6711 可以在 30ms 内处理 48M 条指令，让其处理一张压缩图像片，显然是绰绰有余。

**2. 软件实现**

2.1　图像预处理

图像在形成、传输、接收和处理的过程中，不可避免的存在着外部或内部干扰，我们将其称之为噪声，噪声的存在，给分析带来了困难。因此，在预处理阶段，主要目的是去除图像的噪声。对噪声的处理有均值滤波、高斯滤波等多种方法，本系统采用中值滤波的方法，其算法如下：

设有一个一维序列 $f_1, f_2, f_3, \cdots, f_n$，取该窗口长度（点数）为 $m$（$m$ 为基数），对一系列进行中值滤波，就是从序列中相继抽取 $m$ 个数 $f_{i-v}, \cdots f_{i-1}, f_i, f_{i+1}, \cdots, f_{i+v}$。其中，$f_i$ 为窗口的中心点值，$v = \dfrac{m-1}{2}$。

再将这 $m$ 个点值按其数值大小排序，取中间的那个作为滤波输出，用数学公式表示为：

$$y_i = \mathrm{med}\{f_{i-v}, \cdots, f_{i-1}, f_i, f_{i+1}, \cdots, f_{i+v}\}$$

其中 $i \in Z, v = \dfrac{m-1}{2}$。

2.2　边缘轮廓提取

提取边缘的算法就是检出符合边缘特性的边缘像素的数学算子。边缘检测算子检查每个像素的邻域并对灰度变化率进行量化。通常也包含方向的确定，有若干种方法可以使用。其中大多数是基于方向导数模板求卷积的方法。

Sobel 边缘检测算子是先做成加权平均，再微分，然后求梯度。以下两个卷积核形成了Sobel 边缘检测算子，圈像中的每个点都用这两个核做卷积，一个核通常对垂直边缘的影响最大，而另一个对水平边缘的影响最大。边缘检测算子的中心与中心像素相对应，进行卷积运算，两个卷积核的最大值作为该点的输出位。运算结果是一幅边缘幅度图像。

$$\begin{bmatrix} -1 & -2 & -1 \\ 0 & 0 & 0 \\ +1 & +2 & +1 \end{bmatrix} \begin{bmatrix} +1 & 0 & -1 \\ +2 & 0 & -2 \\ +1 & 0 & -1 \end{bmatrix}$$

2.3　DSP 中数据处理的实现

我们只对摄像头采集的一块数据进行 Sobel 边缘提取，采用一维 EDMA 传送方式，每一次传送采集的一行中的部分数据（DAT-copy()函数）。在 PAL 制式下，先把一行数据放到 nMemTemp 数组中。比如我们要把从 144 行到 432 行，从 180 列到 435 列的图像进行 Sobel 边缘提取，最后把变换后的数据输出到显示缓冲区。程序如下：

```
unsigned char nMemTemp[720]；
for(i=0;i<numLines;i++)
{
m_nID=DAT_copy(capFramBuf->fram.iFrm.yl+i * capLinePitch,nMuPixels)；
```

```
DAT_wait(m_nID)
if(i)(i>? &&i<432)
Soble()
DAT_copy(nMemTem,disFramBuf->fram.iFrm.yl+i*disLinePitch,nMuPixels);
}
```

因为 Sobel 算法需要三行数据，我们可以开辟一个可以存放三行数据的缓冲区，通过指针的交换把从视频通道过来的数据分别放到缓冲区中。保存的三行图像使用翻卷的缓冲区管理，三个变量分别指示当前使用的 y 行、y－1 行和 y－2 行在缓冲区中的起始偏移量。我们可以这样来做：轮流往三块缓存区拷贝数据。只要拷贝的指针变化就可以在我们拷贝当前这一块的时候，已经拷贝的另外两块数据依然没有变化，所以我们就可以实现三块数据保存采集图像中的相邻的三行数据：

缓冲区 1 Clines[0－255]

缓冲区 2 Clines[256－512]

缓冲区 3 Clines[513－768]

### 3. 结束语

本系统图像的最大数据量为 640×480×30×2＝184Mb/s，1394a 最高支持 400Mb/s 的传输速率，图像实时传输不需要经过压缩。实际传输过程中，为确保每帧图像的完整，采用异步传输模式，图像序列之间加入了帧同步信号，使带宽利用率有所下降，最终的实测速率为对 640×480图像 20fps。该系统采用 32 位浮点 DSP 和大容量、多 I/O 口的高速 FPGA，数据处理能力强，电路设计灵活，提高了螺纹检测的效率，实现了螺纹检测的自动化。

### 参考文献

[1]张少军等. 利用数字图像处理技术测量几何尺寸[J]. 北京科技大学学报，2006(6)

[2]杨淑莹. VC＋＋图像处理程序设计[M]. 北京：清华大学出版社，2003

# 参考文献

[1]鲜继清.通信技术基础.北京:机械工业出版社,2009
[2]陈光辉.数据通信技术与应用.北京:北京邮电大学出版社,2005
[3]张晓华.现代通信基础.北京:北京工业大学出版社,2005
[4]陶亚雄.现代通信原理.3版.北京:电子工业出版社,2009
[5]刘玉军.现代网络系统原理与技术.北京:清华大学出版社;北京交通大学出版社,2007
[6]鲜继清,张德民.现代通信系统.西安:西安电子科技大学出版社,2003
[7]杨裕亮,周贤伟.现代通信网.北京:国防工业出版社,2006
[8]王练.现代通信网.北京:机械工业出版社,2008
[9]陶亚雄.现代通信原理与技术.北京:电子工业出版社,2009
[10]黄一平.通信与网络技术.北京:北京邮电大学出版社,2007
[11]沈庆国,邹仕祥.现代通信网络.2版.北京:人民邮电出版社,2011
[12]李斯伟,雷新生.数据通信技术.2版.北京:北京邮电出版社,2007
[13]毕丽红.通信网络技术.北京:中国电力出版社,2007
[14]张卫东.数字通信原理.西安:西北工业大学出版社,2012
[15]赵利.现代通信网及其关键技术.北京:国防工业出版社,2011
[16]长沙通信技术学院编写组编.现代通信网络技术.北京:中国邮电出版社,2004
[17]姚楠.通信网.北京:人民邮电出版社,2007
[18]唐宝民.通信网基础.北京:机械工业出版社,2002
[19]邵汝峰.现代通信网.北京:北京师范大学出版社,2009
[20]崔健双.现代通信概论.北京:机械工业出版社,2009
[21]达新宇.数据通信原理与技术.2版.北京:电子工业出版社,2010
[22]张亮.现代数据通信技术与应用.北京:电子工业出版社,2011
[23]杨彦彬.数据通信技术.北京:北京邮电大学出版社,2009
[24]许辉,王永添,陈多芳.现代通信网技术.北京:清华大学出版社,2004
[25]李文海.现代通信网.2版.北京:北京邮电大学出版社,2007
[26]王兴亮.现代通信技术与系统.北京:电子工业出版社,2008
[27]李斯伟,雷新生.数据通信技术.2版.北京:北京邮电大学出版社,2007
[28]张辉.现代通信原理与技术.3版.西安:西安电子科技大学出版社,2012